高等学校"十二五"省级规划教材

工程流体力学

李文科　任　能◎编著

中国科学技术大学出版社

内 容 简 介

本书是根据能源与动力工程专业和建筑环境与能源应用工程专业"工程流体力学"课程教学大纲的基本要求编写而成的。内容包括流体及其物理性质、流体静力学、流体动力学基础、流体的有旋流动和无旋流动、黏性流体的流动阻力与管路计算、黏性流体绕物体的流动、相似原理与因次分析、可压缩流体的流动、紊流射流、喷射器与烟囱、泵与风机概述、泵与风机的基本结构、离心泵与风机的基本理论与性能、泵与风机的运行调节与使用等。重点强调对基本概念、基本理论和基本计算方法的理解、掌握和应用。各章中附有大量的例题和习题,便于学生自主学习。

本书为能源与动力工程专业以及建筑环境与能源应用工程专业本科生主干专业基础课程教材,也可作为冶金、机械、化工、环境、仪器仪表类等相关专业的参考教材,以及有关工程技术人员的参考书。

图书在版编目(CIP)数据

工程流体力学/李文科,任能编著. —合肥:中国科学技术大学出版社,2017.1
ISBN 978-7-312-04078-8

Ⅰ. 工… Ⅱ. ①李… ②任… Ⅲ. 工程力学—流体力学 Ⅳ. TB126

中国版本图书馆 CIP 数据核字(2016)第 321813 号

出版	中国科学技术大学出版社 安徽省合肥市金寨路 96 号,230026 http://press.ustc.edu.cn
印刷	合肥市宏基印刷有限公司
发行	中国科学技术大学出版社
经销	全国新华书店
开本	787 mm×1092 mm 1/16
印张	32
字数	846 千
版次	2017 年 1 月第 1 版
印次	2017 年 1 月第 1 次印刷
定价	57.00 元

前　言

本书是在省属高校"十五"规划教材《工程流体力学》的基础上，根据能源与动力工程专业和建筑环境与能源应用工程专业"工程流体力学"课程教学大纲的基本要求重新编写而成的，为安徽省"十二五"规划教材。本书是能源与动力工程专业以及建筑环境与能源应用工程专业本科生主干专业基础课程教材，也可作为冶金、机械、化工、环境、仪器仪表类等相关专业的参考教材，以及有关工程技术人员的参考书。

本书共分14章。第1章介绍了流体的概念及其物理性质。第2章和第3章主要介绍了流体静力学、流体运动学和流体动力学的基本概念、基础理论和基本的计算方法，着重分析了理想流体三维至一维的欧拉平衡方程、欧拉运动方程、连续性方程、伯努利方程、动量方程和动量矩方程的意义和工程应用。第4章介绍了理想流体的有旋运动和无旋运动，对流体微团运动进行了分析，重点论述了有势流场中流函数和速度势函数的概念和性质，以及有势流动的叠加原理等。第5章重点介绍了黏性流体在管内的流动规律，流动阻力产生的原因和计算方法，流体经孔口和管嘴的流出计算，管路及管路计算等。第6章介绍了黏性流体的绕流运动，主要论述了黏性流体的运动微分方程，附面层的概念和特征，黏性流体绕流平板、圆柱体、圆球体以及不规则形状物体的阻力计算问题。第7章介绍了相似原理和因次分析方法以及模型实验的研究方法。第8章论述了可压缩流体的流动规律，重点分析了可压缩流体的一维等熵流动、摩擦管的绝热流动、摩擦管的等温流动的规律和计算，对激波和膨胀波的概念、形成过程以及气流参量的变化等也做了简要的分析。第9章和第10章分别论述了紊流自由射流、旋转射流以及半限制射流等流场的结构特征和参量的变化规律，喷射器和烟囱的结构、工作原理和设计计算等。第11～14章分别介绍了离心式泵与风机的叶轮理论，离心式泵与风机设备性能及运行与调节等。

本书的主要特点之一就是循序渐进，深入浅出，通俗易懂。重点强调对基本概念、基本理论和基本计算方法的理解、掌握和应用。同时，题材新颖、系统性强、理论联系实际。各章中附有大量的例题和习题，便于学生自主学习。

另外，本书在选材上兼顾到能源与动力工程专业和建筑环境与能源应用工程专业等各不同专业方向对实际内容的不同需求，读者在学习中可根据各自专业的需要对个别章节做适当的取舍。

本书由安徽工业大学李文科(第1～10章)和任能(第11～14章)编著，王计敏及邱冰冰老师参与了部分章节内容的整理工作，作者的几名研究生参与了习题及插图的整理工作。刘勋赛、刘燕春及祝立萍教授等审阅了全部书稿，并提出了许多宝贵意见，在此表示衷心的感谢。

限于水平，书中难免存在错误和不足之处，恳请读者批评指正。

编著者
2016年2月

目 录

前言 ·· (i)

第1章　流体及其物理性质 ··· (1)
 1.1　流体的定义和特征 ··· (1)
 1.2　流体作为连续介质的假设 ·· (2)
 1.3　流体的密度和重度 ··· (2)
 1.4　流体的压缩性和膨胀性 ·· (5)
 1.5　流体的黏性及牛顿内摩擦定律 ···································· (8)
 1.6　液体的表面性质 ·· (17)
 习题1 ··· (19)

第2章　流体静力学 ·· (21)
 2.1　作用在流体上的力 ··· (21)
 2.2　流体的静压力及其特性 ·· (22)
 2.3　流体平衡微分方程和等压面 ······································· (24)
 2.4　流体静力学基本方程 ··· (28)
 2.5　绝对压力、相对压力和真空度 ··································· (30)
 2.6　大气浮力作用下气体的静力学基本方程 ··················· (31)
 2.7　液柱式测压计原理 ··· (32)
 2.8　液体的相对平衡 ·· (37)
 2.9　静止液体作用在平面上的总压力及压力中心 ············ (43)
 2.10　静止液体作用在曲面上的总压力 ···························· (49)
 习题2 ··· (51)

第3章　流体动力学基础 ·· (59)
 3.1　流体流动的起因 ·· (59)
 3.2　流场的特征及分类 ··· (60)
 3.3　迹线与流线 ·· (66)
 3.4　流管、流束、流量和平均流速 ···································· (69)
 3.5　流体的连续性方程 ··· (71)
 3.6　理想流体的运动微分方程 ·· (77)
 3.7　理想流体沿流线的伯努利方程及其应用 ··················· (81)
 3.8　沿流线非稳定流动的伯努利方程 ······························· (86)
 3.9　沿流线主法线方向速度和压力的变化 ······················· (88)
 3.10　动量方程和动量矩方程 ··· (90)

习题 3 ·· (97)

第 4 章　流体的有旋流动和无旋流动 ··· (103)
4.1　流体微团运动的分析 ··· (103)
4.2　涡线、涡管、涡束和旋涡强度 ··· (110)
4.3　平面流与流函数 ·· (113)
4.4　势流与速度势函数 ··· (116)
4.5　几种基本的平面有势流动 ·· (121)
4.6　有势流动的叠加 ·· (127)
习题 4 ·· (136)

第 5 章　黏性流体的流动阻力与管路计算 ··· (139)
5.1　流体的流动状态 ·· (139)
5.2　黏性流体总流的伯努利方程 ··· (141)
5.3　流动阻力的类型 ·· (145)
5.4　圆管内流体的层流流动 ··· (146)
5.5　圆管内流体的紊流流动 ··· (150)
5.6　沿程阻力的计算 ·· (160)
5.7　局部阻力的计算 ·· (168)
5.8　孔口及管嘴流出计算 ·· (172)
5.9　管路计算 ·· (179)
习题 5 ·· (187)

第 6 章　黏性流体绕物体的流动 ·· (195)
6.1　黏性流体的运动微分方程 ·· (195)
6.2　附面层的基本特征 ··· (200)
6.3　层流附面层的微分方程式 ·· (202)
6.4　附面层的动量积分方程式 ·· (204)
6.5　附面层的位移厚度、动量损失厚度和能量损失厚度 ················ (206)
6.6　平板层流附面层的计算 ··· (208)
6.7　平板紊流附面层的近似计算 ··· (215)
6.8　平板混合附面层的近似计算 ··· (218)
6.9　曲面附面层的分离现象 ··· (221)
6.10　黏性流体绕圆柱体的流动 ·· (224)
6.11　黏性流体绕球体的流动 ·· (228)
习题 6 ·· (233)

第 7 章　相似原理与因次分析 ·· (236)
7.1　概述 ··· (236)
7.2　相似的概念 ··· (237)
7.3　有因次量和无因次量 ·· (242)
7.4　描述现象的微分方程及单值条件 ··· (246)
7.5　相似三定理 ··· (248)

 7.6 相似准数的导出 ································ (253)
 7.7 瑞利因次分析法及伯金汉 π 定理 ························ (259)
 7.8 相似准数的转换 ·································· (265)
 7.9 模型实验研究方法 ································ (267)
 习题 7 ··· (273)

第 8 章 可压缩流体的流动 ································ (276)
 8.1 热力学的基本参量和定律 ····························· (276)
 8.2 弱扰动波传播的物理过程 ····························· (280)
 8.3 弱扰动波在运动流场中的传播特征 ······················· (282)
 8.4 可压缩理想流体一维稳定流动的基本方程 ··················· (284)
 8.5 亚音速流动与超音速流动的差异 ························ (289)
 8.6 完全气体的一维等熵流动 ····························· (293)
 8.7 可压缩流体经收缩型喷管的流动特征 ····················· (304)
 8.8 喷管的计算 ···································· (306)
 8.9 激波 ······································· (313)
 8.10 膨胀波 ····································· (326)
 8.11 斜激波及膨胀波的反射和相交 ························ (330)
 8.12 可压缩流体经拉瓦尔喷管的流动特征 ···················· (335)
 8.13 等截面有摩擦绝热管道中流体的流动 ···················· (336)
 8.14 等截面无摩擦非绝热管道中流体的流动 ··················· (345)
 8.15 等截面有摩擦非绝热管道中流体的等温流动 ················ (351)
 习题 8 ··· (356)

第 9 章 紊流射流 ······································· (359)
 9.1 自由射流 ····································· (359)
 9.2 温差射流和浓差射流 ······························ (369)
 9.3 旋转射流 ····································· (375)
 9.4 半限制射流 ···································· (382)
 9.5 环状射流与同心射流 ······························ (386)
 9.6 超音速射流 ···································· (387)
 习题 9 ··· (392)

第 10 章 喷射器与烟囱 ································· (394)
 10.1 喷射器 ····································· (394)
 10.2 烟囱 ······································ (402)
 习题 10 ·· (410)

第 11 章 泵与风机概述 ································· (412)
 11.1 泵与风机的分类 ································ (412)
 11.2 泵与风机的工作原理 ····························· (413)
 11.3 泵与风机的主要性能参数 ··························· (418)

第 12 章　泵与风机的基本结构 (420)
12.1　离心式泵的基本构造 (420)
12.2　离心式风机的基本构造 (425)
12.3　轴流泵与轴流风机的基本构造 (428)

第 13 章　离心泵与风机的基本理论与性能 (432)
13.1　流体在叶轮中的运动分解 (432)
13.2　离心泵与风机的基本方程式 (434)
13.3　叶轮叶片形式及其对理论性能的影响 (438)
13.4　泵与风机的损失与效率 (441)
13.5　离心式泵与风机的性能曲线 (444)
13.6　泵与风机的相似律 (449)
13.7　泵与风机的比转数 (458)
习题 13 (462)

第 14 章　泵与风机的运行调节与使用 (464)
14.1　管路特性曲线与工作点 (464)
14.2　泵的汽蚀与安装高度 (467)
14.3　泵与风机运行工况的调节 (472)
14.4　泵与风机的联合运行 (479)
14.5　泵与风机的选型 (485)
习题 14 (489)

习题参考答案 (492)

参考文献 (503)

第1章 流体及其物理性质

1.1 流体的定义和特征

物质在不同的温度和压力下存在的形态有三种:固体、液体和气体。我们通常把能够流动的液体和气体统称为流体。从力学角度来说,流体在受到微小的剪切力作用时,将连续不断地发生变形(即流动),直到剪切力的作用消失为止。所以,流体可以这样来定义:在任何微小剪切力作用下就能够连续变形的物质叫作流体。

流体和固体由于分子结构和分子间的作用力不同,因此,它们的性质也不同。在相同体积的固体和流体中,流体所含有的分子数目比固体少得多,分子间距就大得多,因此,流体分子间的作用力很小,分子运动强烈,从而决定了流体具有流动性,而且流体也没有固定的形状。

概括起来说,流体与固体相比有以下区别:

(1) 固体既能够抵抗法向力——压力和拉力,也能够抵抗切向力。而流体仅能够抵抗压力,不能够承受拉力,不能抵抗拉伸变形。另外,流体即使在微小的切向力作用下,也很容易变形。

(2) 在弹性限度内,固体的形变是遵循应变与所作用的应力成正比这一规律(弹性定律)的;而对于流体,则是遵循应变速率与应力成正比的规律的。

(3) 固体的应变与应力的作用时间无关,只要不超过弹性极限,作用力不变,固体的变形也就不再变化,当外力去除后,形变也就消失;对于流体,只要有应力作用,它将连续变形,当应力去除后,它也不能恢复到原来的形状。

液体和气体虽都属于流体,但两者之间也有所不同。液体的分子间距和分子的有效直径相当。当对液体加压时,只要分子间距稍有缩小,分子间的排斥力就会增大,以抵抗外压力。所以液体的分子间距很难缩小,即液体很难被压缩,以至一定质量的液体具有一定的体积。液体的形状取决于容器的形状,并且由于分子间吸引力的作用,液体有力求自己表面积收缩到最小的特性。所以,当容器的容积大于液体的体积时,液体不能充满容器,故在重力的作用下,液体总保持一个自由表面,通常称为水平面。

气体的分子间距比液体的大,在标准状态($0\ ℃$,$101\ 325\ Pa$)下,气体的平均分子间距约为 $3.3×10^{-6}\ mm$,其分子平均直径约为 $2.5×10^{-7}\ mm$。分子间距比分子平均直径约大十倍。因此,只有当分子间距缩小得很多时,分子间才会出现排斥力。可见,气体是很容易被压缩的。此外,因气体分子间距与分子平均直径相比很大,以至分子间的吸引力很微小,而分子热运动起决定性作用,所以气体没有一定的形状,也没有固定的体积,它总是能均匀地充满容纳它的容器而形成不了自由表面。

1.2 流体作为连续介质的假设

众所周知,任何流体都是由无数的分子组成的,分子与分子之间具有一定的空隙。这就是说,从微观的角度来看,流体并不是连续分布的物质。但是,流体力学所要研究的并不是个别分子的微观运动,而是由大量分子组成的宏观流体在外力作用下的机械运动。我们所测量的流体的密度、速度和压力等物理量,正是大量分子宏观效应的结果。因此,在流体力学中,取流体微团来代替流体的分子作为研究流体的基本单元。所谓流体微团是指一块体积为无穷小的微量流体。由于流体微团的尺寸极其微小,故可作为流体质点来看待。这样,流体就可以看成是由无限多的连续分布的流体质点所组成的连续介质。这种对流体的连续性假设是合理的。因为在流体介质中,流体微团虽小,但却包含着为数众多的分子。例如,在标准状态下,$1\,\text{mm}^3$ 的气体中含有 2.7×10^{16} 个分子;$1\,\text{mm}^3$ 的液体中含有 3×10^{19} 个分子。可见,分子之间的间隙是极其微小的。因此,在研究流体的宏观运动时,可以忽略分子间的空隙,而认为流体是连续介质。

当把流体看作是连续介质以后,表征流体属性的各物理量在流体中也应该是连续分布的(例如流体的密度、速度、压力、温度等物理量在流体中都应是连续分布的)。这样,就可将流体的各物理量看作是空间坐标和时间的连续函数,如密度 $\rho = \rho(x,y,z,\tau)$ 等,从而可以引用连续函数的解析方法等数学工具来研究流体的平衡和运动规律。

把流体作为连续介质来处理,对于大部分工程技术问题来说都是正确的,但对于某些特殊问题则是不适用的。例如,火箭在高空非常稀薄的气体中飞行以及高真空技术中,其分子间距与设备尺寸可以比拟,不再可以忽略不计,这时不能再把流体看成连续介质来研究,而需要运用分子运动论的微观方法来研究。

1.3 流体的密度和重度

单位体积流体所具有的质量称为流体的密度。它表示流体质量在空间分布的密集程度。

对于流体中各点密度相同的均匀流体,其密度为

$$\rho = \frac{m}{V} \tag{1.1}$$

式中:ρ 为流体的密度(kg/m^3);m 为流体的质量(kg);V 为流体的体积(m^3)。

对于各点密度不同的非均匀流体,在流体的空间中某点取包含该点的微小体积 ΔV,该体积内流体的质量为 Δm,则该点的密度为

$$\rho = \lim_{\Delta V \to 0} \frac{\Delta m}{\Delta V} = \frac{\mathrm{d}m}{\mathrm{d}V} \tag{1.2}$$

单位体积流体所具有的重量,即作用在单位体积流体上的重力称为流体的重度。它表

示流体重量在空间分布的密集程度。

均匀流体的重度为

$$\gamma = \frac{G}{V} \tag{1.3}$$

式中：γ 为流体的重度（N/m³）；G 为流体的重量（N）；V 为流体的体积（m³）。

对于各点重度不同的非均匀流体，某点的重度为

$$\gamma = \lim_{\Delta V \to 0} \frac{\Delta G}{\Delta V} = \frac{\mathrm{d}G}{\mathrm{d}V} \tag{1.4}$$

式中：ΔV 为包含某点的微小体积；ΔG 为该体积内的流体重量。

在地球的重力场中，流体的密度和流体的重度之间的关系为

$$\gamma = \rho g \tag{1.5}$$

注意：流体的密度 ρ 与地理位置无关，而流体的重度 γ 由于与重力加速度 g 有关，所以它将随地理位置的变化而变化。

还应该注意，不要把流体的重度和流体的比重（或称比密度）混淆起来。在工程上，液体的比重或比密度是指液体的重度或密度与标准大气压下 4 ℃纯水的重度或密度之比，用 S 来表示，即

$$S = \frac{\gamma}{\gamma_{H_2O}} = \frac{\rho}{\rho_{H_2O}} \tag{1.6}$$

它是一个无因次量。

至于气体的比重或比密度，是指某气体的重度或密度与在某给定的压力和温度下空气或氢气的重度或密度之比。它没有统一的规定，必须视给定的条件而定。

通常把流体密度的倒数称作比容，也称比体积，即单位质量的流体所占有的体积，用 v 来表示，即

$$v = \frac{1}{\rho} \tag{1.7}$$

表 1.1 列出了在标准大气压下一些常用液体的物理性质。表 1.2 列出了在标准状态下一些常用气体的密度和重度值。表 1.3 是在标准大气压下水、空气和水银的密度随温度变化的数值。

表 1.1　标准大气压下常用液体的物理性质

液体种类	温度 t（℃）	密度 ρ（kg/m³）	重度 γ（N/m³）	比重 S	动力黏度 $\mu \times 10^4$（Pa·s）
纯净水	4	1 000	9 806.65	1.00	15.65
海水	15	1 020～1 030	10 000～10 100	1.02～1.03	10.6
20%盐水	20	1 149	11 268	1.15	—
酒精	15	790～800	7 747～7 845	0.79～0.80	11.6
苯	20	895	8 777	0.90	6.5
四氯化碳	20	1 594	15 631	1.59	9.7
氟利昂 12	20	1 335	13 092	1.34	—
甘油	20	1 258	12 337	1.26	14 900

续表

液体种类	温度 t (℃)	密度 ρ (kg/m³)	重度 γ (N/m³)	比重 S	动力黏度 $\mu \times 10^4$ (Pa·s)
汽油	15	700~750	6 865~7 355	0.7~0.75	2.9
煤油	15	790~820	7 747~8 041	0.79~0.82	19.2
原油	20	850~920	8 336~9 022	0.85~0.92	72
润滑油	20	890~920	8 728~9 022	0.89~0.92	—
水银	15	13 600	133 370	13.60	15.6
熔化生铁	1 200~1 280	6 800~7 000	66 685~68 647	6.8~7.0	—
液氢	-257	72	706	0.072	0.21
液氧	-195	1 206	11 827	1.206	2.8

表 1.2 标准状态下常用气体的密度和重度值

气体种类	密度 ρ (kg/m³)	重度 γ (N/m³)	气体种类	密度 ρ (kg/m³)	重度 γ (N/m³)
空气	1.293	12.68	二氧化碳	1.976	19.40
氧气	1.429	14.02	一氧化碳	1.250	12.27
氮气	1.251	12.28	氦	0.179	1.75
氢气	0.089 9	0.881	氩	1.783	17.49
甲烷	0.716	7.02	饱和水蒸气*	0.804	7.88

* 为便于计算,水蒸气的数值已推算到 0 ℃时的数值。

表 1.3 标准大气压下水、空气和水银的密度(kg/m³)随温度变化的数值

流体名称	温度(℃)						
	0	10	20	40	60	80	100
水	999.87	999.73	998.23	992.24	983.24	971.83	958.38
空气	1.293	1.247	1.205	1.128	1.060	1.000	0.946 5
水银	13 600	13 570	13 550	13 500	13 450	13 400	13 350

我们经常见到的煤气和烟气等都是混合气体,混合气体的密度可按各组分气体所占体积百分数来计算,即

$$\rho = \rho_1 \alpha_1 + \rho_2 \alpha_2 + \cdots + \rho_n \alpha_n = \sum_{i=1}^{n} \rho_i \alpha_i \qquad (1.8)$$

式中:$\rho_1, \rho_2, \cdots, \rho_n$ 为混合气体中各组分气体的密度;$\alpha_1, \alpha_2, \cdots, \alpha_n$ 为混合气体中各组分气体所占的体积百分数。

例 1.1 某烟气成分为 $\alpha_{CO_2} = 12.8\%$,$\alpha_{CO} = 9.4\%$,$\alpha_{O_2} = 3.6\%$,$\alpha_{N_2} = 69.8\%$,$\alpha_{H_2O} = 4.4\%$,试求标准状态下烟气的密度。

解 由表 1.2 查得标准状态下烟气各组分的密度分别为 $\rho_{CO_2} = 1.976 \text{ kg/m}^3$,$\rho_{CO} = 1.250 \text{ kg/m}^3$,$\rho_{O_2} = 1.429 \text{ kg/m}^3$,$\rho_{N_2} = 1.251 \text{ kg/m}^3$,$\rho_{H_2O} = 0.804 \text{ kg/m}^3$,将已知数值代入

式(1.8)得烟气密度为

$$\rho = 1.976 \times 12.8\% + 1.250 \times 9.4\% + 1.429 \times 3.6\%$$
$$+ 1.251 \times 69.8\% + 0.804 \times 4.4\%$$
$$= 1.33(\text{kg/m}^3)$$

1.4 流体的压缩性和膨胀性

1.4.1 流体的压缩性

在一定的温度下,流体的体积随压力升高而缩小的性质称为流体的压缩性。流体压缩性的大小用体积压缩系数 β_p 表示。它表示当温度保持不变时,单位压力增量所引起的流体体积的相对缩小量,即

$$\beta_p = -\frac{\mathrm{d}V/V}{\mathrm{d}p} = -\frac{1}{V}\frac{\mathrm{d}V}{\mathrm{d}p} = \frac{1}{\rho}\frac{\mathrm{d}\rho}{\mathrm{d}p} \tag{1.9}$$

式中:β_p 为流体的体积压缩系数(m^2/N);$\mathrm{d}p$ 为流体的压力增量(Pa);$\mathrm{d}V/V$ 为流体体积的相对变化量;$\mathrm{d}\rho/\rho$ 为流体密度的相对变化量。

由于压力增加时,流体的体积缩小,即 $\mathrm{d}p$ 与 $\mathrm{d}V$ 的变化方向相反,故在上式中加一负号,以使体积压缩系数 β_p 保持正值。

液体的体积压缩系数都很小。表 1.4 列出了 0℃时水在不同压力下的 β_p 值。

表 1.4 0℃时水在不同压力下的 β_p 值

压力(10^5 Pa)	4.90	9.81	19.61	39.23	78.45
压缩系数 β_p(10^{-9} m^2/N)	0.539	0.537	0.531	0.523	0.515

体积压缩系数的倒数称为体积弹性系数,或称体积弹性模量,用 E 表示,即

$$E = \frac{1}{\beta_p} = -V\frac{\mathrm{d}p}{\mathrm{d}V} = \rho\frac{\mathrm{d}p}{\mathrm{d}\rho} \tag{1.10}$$

工程上常用体积弹性系数来衡量流体压缩性的大小。式(1.10)表明,对于同样的压力增量,E 值小的流体,其体积变化率大,较易压缩;E 值大的流体,其体积变化率小,较难压缩。E 的单位与压力相同,为 Pa 或 N/m^2。

1.4.2 流体的膨胀性

在一定的压力下,流体的体积随温度升高而增大的性质称为流体的膨胀性。流体膨胀性的大小用体积膨胀系数 β_T 来表示,它表示当压力保持不变时,温度升高 1 K 所引起的流体体积的相对增加量,即

$$\beta_T = \frac{\mathrm{d}V/V}{\mathrm{d}T} = \frac{1}{V}\frac{\mathrm{d}V}{\mathrm{d}T} = -\frac{1}{\rho}\frac{\mathrm{d}\rho}{\mathrm{d}T} \tag{1.11}$$

式中：β_T 为流体的体积膨胀系数，也称温度膨胀系数或热膨胀系数（℃$^{-1}$或 K^{-1}）；dT 为流体温度的增加量（K）。

其他符号同前。由于温度升高，流体的体积膨胀，故 dT 与 dV 同号。

液体的体积膨胀系数也很小。表1.5列出了在一定压力作用下水的体积膨胀系数与温度的关系。

表1.5 水的体积膨胀系数 β_T（K^{-1}）与温度的关系

压力 （MPa）	温度（K）				
	274~283	283~293	313~323	333~343	363~373
0.098 1	14×10^{-6}	150×10^{-6}	422×10^{-6}	556×10^{-6}	719×10^{-6}
9.807	43×10^{-6}	165×10^{-6}	422×10^{-6}	548×10^{-6}	704×10^{-6}
19.61	72×10^{-6}	183×10^{-6}	426×10^{-6}	539×10^{-6}	—
49.03	149×10^{-6}	236×10^{-6}	429×10^{-6}	523×10^{-6}	661×10^{-6}
88.26	229×10^{-6}	289×10^{-6}	437×10^{-6}	514×10^{-6}	621×10^{-6}

流体的体积膨胀系数 β_T 还决定于压力。对于大多数液体，β_T 随压力的增加稍有减小。但水的 β_T 值在50 ℃以下时，随压力的增加而增大，在50 ℃以上时，也是随压力的增加而减小的。

1.4.3 理想气体状态方程

气体的压缩性和膨胀性要比液体大得多。这是由于气体的密度随温度和压力的改变将发生显著的变化。对于理想气体，其密度与温度和压力之间的关系可用理想气体状态方程式来表示，即

$$pv = RT \tag{1.12}$$

或写成

$$p = \rho RT \tag{1.12a}$$

式中：p 为气体的绝对压力（Pa）；v 为气体的比容（m^3/kg）；R 为气体常数（J/(kg·K)）；T 为热力学温度，$T = t\ ℃ + 273$（K）；ρ 为气体的密度（kg/m^3）。

状态方程说明，气体的密度同绝对压力成正比，而同热力学温度成反比。

当气体在运动过程中压力变化不大时，其绝对压力可视为常数，此时，气体的密度可按等压过程来计算。

由 $\rho_0 T_0 = \rho_t T$ 得

$$\rho_t = \frac{\rho_0 T_0}{T} = \frac{\rho_0 T_0}{T_0 + t} = \frac{\rho_0}{1 + t/T_0} = \frac{\rho_0}{1 + \beta t} \tag{1.13}$$

式中：ρ_0 表示温度为 0 ℃时气体的密度（kg/m^3）；ρ_t 表示温度为 t ℃时气体的密度（kg/m^3）；T_0、T 分别为 0 ℃和 t ℃时的热力学温度（K）；β 为气体的体积膨胀系数，$\beta = 1/273$（K^{-1}）。

同理可以得到气体的体积在等压过程中随温度的变化关系式为

$$V_t = V_0(1 + \beta t) \tag{1.14}$$

式中：V_t 表示温度为 t ℃时气体的体积（m^3）；V_0 表示温度为 0 ℃时气体的体积（m^3）。

例 1.2 体积为 5 m³ 的水,在温度不变的情况下,压力从 9.8×10⁴ Pa 增加到 4.9×10⁵ Pa,体积减小了 10^{-3} m³,求水的体积弹性系数。

解 将上述实测数据代入式(1.10),可得

$$E = -\frac{V \mathrm{d}p}{\mathrm{d}V} = -\frac{5 \times (4.9 - 0.98) \times 10^5}{-10^{-3}} = 1.96 \times 10^9 (\mathrm{N/m^2})$$

例 1.3 某膨胀水箱内的水温升高了 50 ℃,体积增大了 0.2 m³,求水箱内原有水的体积(水的体积膨胀系数为 0.000 4 ℃⁻¹)。

解 由式(1.11)可得

$$V = \frac{\mathrm{d}V}{\beta_\mathrm{T} \mathrm{d}T} = \frac{0.2}{0.000\ 4 \times 50} = 10 (\mathrm{m^3})$$

1.4.4 可压缩流体和不可压缩流体

由上述可知,压力和温度的变化都会引起流体密度的变化。即任何流体,不论是气体还是液体都是可以压缩的,只是可压缩的程度不同而已。这就是说,流体的压缩性是流体的基本属性。

液体的压缩性都很小,随着压力和温度的变化,液体的密度仅有微小的变化,在工程上的大多数情况下,可以忽略压缩性的影响,认为液体的密度不随压力和温度的变化而变化,是一个常数。于是通常把液体看成是不可压缩流体。例如,可在通常的压力和温度变化范围内,取一个标准大气压下 4 ℃时水的最大密度 $\rho = 1\ 000$ kg/m³ 作为计算值。这样并不影响工程上的精度要求,而且使工程计算大为简化。

气体的压缩性都很大,从热力学中可知,当温度不变时,理想气体的体积与压力成反比(玻意耳定律),压力增加一倍,其体积减小为原来的一半;当压力不变时,气体的体积与热力学温度成正比(盖·吕萨克定律),温度升高 1 ℃,气体的体积就比 0 ℃时的体积膨胀 1/273。所以,通常把气体看成是可压缩流体,即它的密度不能作为常数,而是随压力和温度变化的。

把液体看作是不可压缩流体,把气体看作是可压缩流体,这都不是绝对的。在实际工程中,要不要考虑流体的压缩性,要视具体情况而定。例如,在研究管道中的水击现象(水击现象是指在有压管流中,由于某种原因,流速突然发生变化时,引起管内液体压力交替升降并在整个管长范围内传播的现象)和水下爆炸等问题时,水的压力变化较大,而且变化过程非常迅速,这时水的密度变化就不可忽略,即要考虑水的压缩性,把水当作可压缩流体来处理;又如,在加热炉或锅炉尾部的烟道和通风管道中,气体在整个流动过程中,压力和温度的变化都很小,其密度变化也很小,可作为不可压缩流体来处理;再如,当气体对物体流动的相对速度比音速小得多时,气体的密度变化很小,可近似地看成是常数,也可当作不可压缩流体来处理。

气体的可压缩性通常用马赫数来度量,马赫数定义为

$$M = \frac{u}{a} \tag{1.15}$$

式中:M 为马赫数,无因次量;u 为气体的流速(m/s);a 为在该气体温度下,声音在气体内的传播速度,即当地音速(m/s)。

在 $M < 0.3$ 的情况下,流体的密度变化约在 4%以内,因此,对于以 $M < 0.3$ 流动的气

体,可按不可压缩流体处理。以空气为例,标准状态下的空气,当 $M=0.3$ 时,其速度约相当于 100 m/s,这就是说,在标准状态下,若空气流速 $u<100$ m/s,就可以不考虑压缩性的影响。

对于流体的可压缩性,也有人直接采用流体密度的变化率来度量,即当流体在流动过程中,其密度变化为 3%～5% 时可作为不可压缩流体来处理,否则,将作为可压缩流体处理。

1.5 流体的黏性及牛顿内摩擦定律

1.5.1 流体的黏性和黏性力

所谓流体的黏性是指流体在流动时,流体内部质点间或流层间因相对运动而产生内摩擦力,以抵抗其相对运动的性质。自然界中所存在的各种流体内部都有阻碍流体流动的作用,即都具有黏性。但是,不同的流体其黏性的大小是不相同的。流体的黏性是由流体分子之间的内聚力和分子不规则热运动的动量交换综合构成的。流体与不同相的表面接触时,黏性表现为流体分子对表面的附着作用。

由于流体的黏性作用,在流体的流层之间所产生的阻滞其流动的作用力,称为内摩擦力或黏性力。现通过实验来进一步说明:将两块平板相隔一定的距离水平放置,其间充满某种流体,并使下板固定不动,上板以某一速度 u_0 向右平行移动,如图 1.1 所示。由于流体与平板间有附着力,紧贴上板的一薄层流体将以速度 u_0 随上板一起向右运动,而紧贴下板的一薄层流体将和下板一样静止不动。两板之间的各流体薄层在上板的带动下均做平行于平板的运动,且其速度均匀地由下板的零变化到上板的 u_0,即在这种情况下,板间流体流动的速度是按直线变化的。可见,由于各流层的速度不同,流层间就有相对运动,因而必定产生切向阻力,即内摩擦力。作用在两个流体层接触面上的内摩擦力总是成对出现的,它们大小相等而方向相反,分别作用在相对运动的两流体层上。速度较大的流体层作用在速度较小的流体层上的内摩擦力 T,其方向与流体流动的方向相同,使速度较小的流体层加速;而速度较小的流体层作用在速度较大的流体层上的内摩擦力 T',其方向与流体流动的方向相反,阻碍流体流动,使速度较大的流体层减速。

应该指出,在一般情况下,流体流动的速度并不按直线规律变化,而是按曲线规律变化的,如图 1.2 所示。

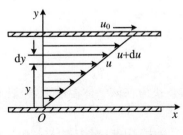

图 1.1 流体黏性实验示意图

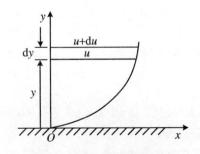

图 1.2 黏性流体的速度分布

1.5.2 牛顿内摩擦定律

根据牛顿实验研究的结果得知,运动的流体所产生的内摩擦力(即黏性力)的大小与垂直于流动方向的速度梯度成正比,与接触面的面积成正比,并与流体的物理性质有关,而与接触面上压力的关系甚微,这就是牛顿内摩擦定律,也叫牛顿黏性定律,其数学表达式为

$$T = \pm \mu A \frac{du}{dy} \tag{1.16}$$

式中:T 为流体层接触面上的内摩擦力(N);A 为流体层间的接触面积(m^2);$\frac{du}{dy}$ 为垂直于流动方向上的速度梯度(s^{-1});μ 为与流体的物理性质有关的比例系数,称为动力黏性系数或动力黏度,简称黏度,有时也称为绝对黏度。在一定的温度和压力下,动力黏度为一常数。它的单位为 Pa·s、kg/(m·s)或 N·s/m^2。

流体的动力黏性系数 μ 是衡量流体黏性大小的物理量。从式(1.16)可知,当速度梯度 $\frac{du}{dy}=0$ 时,内摩擦力等于零。所以,当流体处于静止状态或以相同的速度流动(各流层之间没有相对运动)时,流体的黏性就表现不出来。

式(1.16)中所用的正负号的意义是:当速度梯度 $\frac{du}{dy}<0$ 时取负号;当 $\frac{du}{dy}>0$ 时取正号,使 T 始终保持为正值。然后根据坐标轴的方向决定 T 值的正负,当 T 的方向与坐标轴的方向相同时则为正,与坐标轴的方向相反时则为负。

流体层之间单位面积上的内摩擦力称为内摩擦切应力或黏性切应力,用 τ 表示,其表达式为

$$\tau = \frac{T}{A} = \pm \mu \frac{du}{dy} \tag{1.17}$$

式中符号同上。

在研究流体流动问题和推导流体运动规律的公式时,常常同时存在黏性力和惯性力,黏性力与动力黏度 μ 成正比,而惯性力与流体的密度 ρ 成正比,因此比值 $\frac{\mu}{\rho}$ 经常出现在公式中。为了计算方便起见,常以 ν 来表示其比值,即

$$\nu = \frac{\mu}{\rho} \tag{1.18}$$

式中:ν 称为流体的运动黏性系数或运动黏度(m^2/s)。

流体的黏性随压力和温度的变化而变化。在通常的压力下,压力对流体的黏性影响很小,可忽略不计。在高压下,流体(包括液体和气体)的黏性随压力的升高而增大。流体的黏性受温度的影响很大,而且液体和气体的黏性随温度的变化是不同的。液体的黏性随温度的升高而减小,气体的黏性随温度的升高而增大。造成液体和气体的黏性随温度不同变化的原因是构成它们黏性的主要因素不同。分子间的吸引力(内聚力)是构成液体黏性的主要因素,温度升高,液体分子间的吸引力减小,其黏性降低;构成气体黏性的主要因素是气体分子做不规则热运动时,在不同速度分子层间所进行的动量交换。温度越高,气体分子热运动越强烈,动量交换就越频繁,气体的黏性就越大。

水的动力黏度 μ 与温度的关系,可以近似地用下述经验公式来计算:

$$\mu_t = \frac{\mu_0}{1 + 0.033\,7t + 0.000\,221t^2} \tag{1.19}$$

式中:μ_t 为 t ℃时水的动力黏度(Pa·s);μ_0 为 0 ℃时水的动力黏度,其值为 1.792×10^{-3} Pa·s;t 为水温(℃)。

气体的动力黏度 μ 与温度的关系,可用下面的经验公式来计算:

$$\mu_t = \mu_0 \frac{273 + C}{T + C}\left(\frac{T}{273}\right)^{\frac{3}{2}} \tag{1.20}$$

式中:μ_t 为气体在 t ℃时的动力黏度(Pa·s);μ_0 为气体在 0 ℃时的动力黏度(Pa·s);C 为与气体种类有关的常数;T 为气体的热力学温度,$T = t$ ℃ $+ 273$(K)。

式(1.20)只适用于压力不太高(例如 $p < 10^6$ Pa)的场合,这时可视气体的黏度与压力无关。水蒸气的动力黏度随温度和压力而变,压力稍高,上式便不适用。

在标准状态下常用气体的黏度、分子量 M 和常数 C 列于表 1.6 中。在标准大气压下水和空气的黏度随温度的变化分别列于表 1.7 和表 1.8 中。某些常用气体和液体的动力黏度和运动黏度随温度的变化曲线分别如图 1.3 和图 1.4 所示。

表 1.6 在标准状态下常用气体的黏度、分子量 M 和常数 C

流体名称	$\mu_0 \times 10^6$ (Pa·s)	$\nu_0 \times 10^6$ (m²/s)	M	C	备注
空气	17.09	13.20	28.96	111	
氧气	19.20	13.40	32.00	125	
氮气	16.60	13.30	28.02	104	
氢气	8.40	93.50	2.016	71	
一氧化碳	16.80	13.50	28.01	100	
二氧化碳	13.80	6.98	44.01	254	
二氧化硫	11.60	3.97	64.06	306	
氨气	9.61	12.64	17.03	377	
甲烷	11.96	16.71	16.04	198	
乙烯	9.61	7.67	28.05	226	
水蒸气	8.93	11.12	18.01	961	为便于计算而推算到 0 ℃
烟气	~14.71	—	—	~170	

表 1.7 在标准大气压下水的黏度随温度的变化

温度 (℃)	$\mu \times 10^3$ (Pa·s)	$\nu \times 10^6$ (m²/s)	温度 (℃)	$\mu \times 10^3$ (Pa·s)	$\nu \times 10^6$ (m²/s)
0	1.792	1.792	15	1.140	1.141
5	1.519	1.519	20	1.005	1.007
10	1.308	1.308	25	0.894	0.897

温度 (℃)	$\mu \times 10^3$ (Pa·s)	$\nu \times 10^6$ (m²/s)	温度 (℃)	$\mu \times 10^3$ (Pa·s)	$\nu \times 10^6$ (m²/s)
30	0.801	0.804	60	0.469	0.477
35	0.723	0.727	70	0.406	0.415
40	0.656	0.661	80	0.357	0.367
45	0.599	0.605	90	0.317	0.328
50	0.549	0.556	100	0.284	0.296

表 1.8　在标准大气压下空气的黏度随温度的变化

温度 (℃)	$\mu \times 10^6$ (Pa·s)	$\nu \times 10^6$ (m²/s)	温度 (℃)	$\mu \times 10^6$ (Pa·s)	$\nu \times 10^6$ (m²/s)
0	17.09	13.20	260	28.06	42.40
20	18.08	15.00	280	28.77	45.10
40	19.04	16.90	300	29.46	48.10
60	19.97	18.80	320	30.14	50.70
80	20.88	20.90	340	30.80	53.50
100	21.75	23.00	360	31.46	56.50
120	22.60	25.20	380	32.12	59.50
140	23.44	27.40	400	32.77	62.50
160	24.25	29.80	420	33.40	65.60
180	25.05	32.20	440	34.02	68.80
200	25.82	34.60	460	34.63	72.00
220	26.58	37.10	480	35.23	75.20
240	27.33	39.70	500	35.83	78.50

混合气体的动力黏度可用下列近似公式来计算：

$$\mu = \frac{\sum\limits_{i=1}^{n} \alpha_i M_i^{\frac{1}{2}} \mu_i}{\sum\limits_{i=1}^{n} \alpha_i M_i^{\frac{1}{2}}} \tag{1.21}$$

式中：α_i 为混合气体中 i 组分气体所占的体积百分数；M_i 为混合气体中 i 组分气体的分子量；μ_i 为混合气体中 i 组分气体的动力黏度(Pa·s)。

例 1.4　试求空气在 127 ℃时的动力黏度。

解　由表 1.6 查得空气的 $\mu_0 = 17.09 \times 10^{-6}$ Pa·s，$C = 111$，代入式(1.20)得

$$\mu = 17.09 \times 10^{-6} \times \frac{273 + 111}{400 + 111} \left(\frac{400}{273}\right)^{\frac{3}{2}} = 22.78 \times 10^{-6} (\text{Pa·s})$$

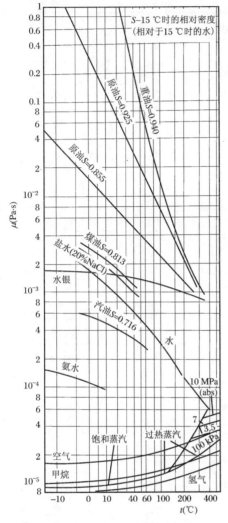

图 1.3 流体的动力黏度曲线　　　　图 1.4 流体的运动黏度曲线

例 1.5 试计算例 1.1 所述烟气在标准状态下的动力黏度和运动黏度。

解 将由表 1.6 查得的各组分气体的 μ_0 和 M 值代入式(1.21)，则得到在标准状态下烟气的动力黏度为

$$\mu = (0.128\sqrt{44} \times 13.8 + 0.094\sqrt{28} \times 16.8 + 0.036\sqrt{32} \times 19.2$$
$$+ 0.698\sqrt{28} \times 16.6 + 0.044\sqrt{18} \times 8.93) \div$$
$$(0.128\sqrt{44} + 0.094\sqrt{28} + 0.036\sqrt{32} + 0.698\sqrt{28} + 0.044\sqrt{18}) \times 10^{-6}$$
$$= 16.01 \times 10^{-6}(\text{Pa} \cdot \text{s})$$

烟气的运动黏度为

$$\nu = \frac{\mu}{\rho} = \frac{16.01}{1.33} \times 10^{-6} = 12.04 \times 10^{-6}(\text{m}^2/\text{s})$$

例 1.6 如图 1.5 所示，长度 $l = 1.0$ m，直径 $d = 200$ mm 的圆柱体，置于内径 $D = 206$ mm 的圆管中以 1.0 m/s 的速度相对移动，已知间隙中油液的比重为 0.92，运动黏性系数为 5.6×10^{-4} m²/s，求所需拉力 T。

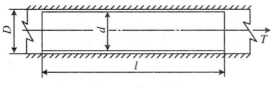

图 1.5 例 1.6 图

解 圆柱体与圆管之间的间隙为

$$\delta = \frac{D-d}{2} = \frac{206-200}{2} = 3 \text{(mm)}$$

因间隙 δ 很小,故可以认为间隙内油液的速度分布为线性变化,因而其速度梯度为

$$\frac{\mathrm{d}u}{\mathrm{d}y} = \frac{u}{\delta} = \frac{1.0}{3 \times 10^{-3}} = 333.33 \text{(s}^{-1}\text{)}$$

圆柱体与油液的接触面积为

$$A = \pi d l = 3.14 \times 0.2 \times 1.0 = 0.628 \text{(m}^2\text{)}$$

油液的动力黏度为

$$\mu = \rho \nu = \rho_{\mathrm{H_2O}} S \nu = 1\,000 \times 0.92 \times 5.6 \times 10^{-4} = 0.515 \text{(Pa·s)}$$

将以上数据代入牛顿内摩擦定律公式,则得到所求的拉力为

$$T = \mu A \frac{\mathrm{d}u}{\mathrm{d}y} = 0.515 \times 0.628 \times 333.33 = 107.8 \text{(N)}$$

1.5.3 流体黏度的测量:恩氏黏度

要直接测量流体的黏度 μ 或 ν 是非常困难的,它们的值往往是通过测量与其有关的其他物理量,然后再由相关的方程进行计算而得到的。由于计算所依据的基本方程不同,测定的方法也各异,所要测量的有关物理量也不尽相同。常用的方法主要有以下几种:

(1) 落球方法:是使已知直径和重量的小球,沿盛有试验液体的玻璃圆管中心线垂直降落,用测量小球在试验液体中自由沉降速度的方法去计算该液体的黏度。

(2) 管流方法:是让被测黏度的流体,以一定的流量流过已知管径的管道,再在管道的一定长度上用测压计测出这段管道上的压力降,从而计算出流体的黏度。

(3) 旋转方法:是在两不同直径的同心圆筒的环形间隙中,充以试验流体,其中一圆筒固定,另一圆筒以已知角速度旋转,由于可以测定所需力矩,则可由计算求得该流体的黏度。

(4) 泄流方法:是将已知温度和体积的待测液体,通过仪器下部已知管径的短管自由泄流而出,测定规定体积的液体全部流出的时间。这也是工业上测定各种液体黏度最常用的方法。由于泄流的时间与黏度的关系不能精确地按方程计算,所以这种方法都是把待测液体的泄流时间与同样体积已知黏度的液体的泄流时间相比较,从而推求出待测液体的黏度。

上述几种流体黏度测定方法的原理和有关计算公式,在这里还不能加以叙述,以后将在叙述有关基本理论时适当引入。下面只就工业黏度计的结构及其测量方法简述一下。

工业黏度计也有好几种,目前我国和俄罗斯、德国等欧洲国家都是采用恩格勒(Engler)黏度计,英国采用雷氏(Redwood)黏度计,美国采用赛氏(Saybolt)黏度计。它们只是具体结构上的差别,原理都是一样的。恩格勒黏度计的结构如图 1.6 所示。测量时,先用木制针阀堵住锥形短管 3,再将体积为 220 cm³ 的被测液体注入贮液罐 1 内,将水箱 2 中的水加热,

以便使贮液罐1内的被测液体保持一定的温度(一般情况下,水和酒精等液体要求保持在20 ℃,润滑油50 ℃,燃料油80 ℃),而后迅速拔起针阀,使被测液体从锥形短管3内流入长颈瓶4中,流出至200 cm³时为止,记下所需要的时间 τ,然后用同样的方法测定200 cm³蒸馏水在20 ℃下经锥形短管流出所需要的时间 τ_0(此时间约为51秒)。于是,被测液体在规定温度下的恩格勒黏度(简称恩氏黏度)为

$$E = \frac{\tau}{\tau_0} \doteq 0.02\tau \tag{1.22}$$

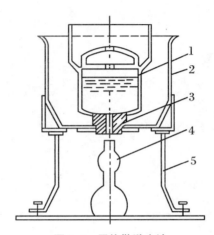

图 1.6 恩格勒黏度计
1. 贮液罐; 2. 水箱; 3. 锥形短管;4. 长颈瓶; 5. 支架

求得恩氏黏度后,可由下面的半经验公式求出被测液体的运动黏度:

$$\nu = \left(0.073\,1 E - \frac{0.063\,1}{E}\right) \times 10^{-4} (\text{m}^2/\text{s}) \tag{1.23}$$

采用赛氏黏度计时,液体运动黏度的半经验公式为

$$\nu = \left(0.002\,197\tau - \frac{1.798}{\tau}\right) \times 10^{-4} (\text{m}^2/\text{s}) \tag{1.24}$$

式中:τ 为给定温度下60 cm³的某液体通过锥形短管所需要的时间,一般 $\tau > 32$ s。

例 1.7 某油液重度为 $\gamma = 8\,340$ N/m³,用恩氏黏度计测得其200 cm³的流完时间 $\tau = 408$ s,试求其动力黏度。

解 首先求恩氏黏度

$$E = \frac{\tau}{\tau_0} = \frac{408}{51} = 8$$

将恩氏黏度 E 值代入式(1.23)求得运动黏度

$$\nu = \left(0.073\,1 \times 8 - \frac{0.063\,1}{8}\right) \times 10^{-4} = 5.77 \times 10^{-5} (\text{m}^2/\text{s})$$

油液的密度为

$$\rho = \frac{\gamma}{g} = \frac{8\,340}{9.81} = 850 (\text{kg/m}^3)$$

则油液的动力黏度为

$$\mu = \rho\nu = 850 \times 5.77 \times 10^{-5} = 0.049 (\text{Pa}\cdot\text{s})$$

1.5.4 黏性流体和理想流体

自然界中的各种流体都是具有黏性的，统称为黏性流体或实际流体。由于黏性的存在，实际流体的运动一般都很复杂，这给研究流体的运动规律带来很多困难。为了使问题简化，便于进行分析和研究，在流体力学中常引入理想流体的概念。所谓理想流体，是一种假想的、完全没有黏性的流体。实际上这种流体是不存在的。根据理想流体的定义可知，当理想流体运动时，不论流层间有无相对运动，其内部都不会产生内摩擦力，即无黏性切应力。流层间也没有热量传输。这就给研究流体的运动规律等带来很大的方便。因此，在研究实际流体的运动规律时，常先将其作为理想流体来处理，找出流体流动的基本规律后，再对黏性的影响进行试验观测和分析，用以对由理想流体所得到的流动规律加以修正和补充。从而得到实际流体的流动规律。另外，在很多实际问题中流体的黏性作用并不占主导地位，甚至在某些场合实际流体的黏性作用表现不出来（如 $\dfrac{\mathrm{d}u}{\mathrm{d}y}=0$），这时可将实际流体当作理想流体来处理。

应该指出，这里所说的理想流体和热力学中的理想气体的概念完全是两回事。理想气体是指服从于理想气体状态方程的气体，而理想流体是指没有黏性的流体。为了区别起见，在流体力学中，常将服从于理想气体状态方程的气体定义为完全气体。

1.5.5 牛顿流体和非牛顿流体

运动流体的内摩擦切应力与速度梯度间的关系符合牛顿内摩擦定律，这样的流体称为牛顿流体，即

$$\tau = \mu \dfrac{\mathrm{d}u}{\mathrm{d}y}$$

如图 1.7 中曲线 1 所示。所有的气体以及如水、甘油等这样一些液体都是牛顿流体。实验表明，橡胶液、泥浆、纸浆、油漆、低温下的原油等，它们的内摩擦切应力与速度梯度间的关系

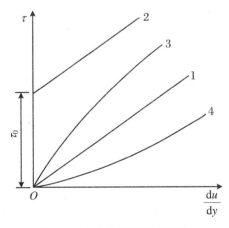

图 1.7 非牛顿流体流变特性

1. 牛顿流体；2. 塑性流体；3. 假塑性流体；4. 胀塑性流体

并不符合牛顿内摩擦定律,这样的流体称为非牛顿流体。非牛顿流体又可分为好几种不同类型。下面简单介绍一下。

1. 塑性流体(宾厄姆流体)

这种流体的内摩擦切应力与速度梯度间的关系为

$$\tau = \tau_0 + \mu \frac{du}{dy} \tag{1.25}$$

这种流体与牛顿流体的不同之处在于其开始流动以前,能够承受一初始切应力 τ_0,即要有一个初始的切应力 τ_0 才能使它流动。而且开始流动后其所受的内摩擦切应力与速度梯度之间仍然保持直线关系,即

$$\tau - \tau_0 = \mu \frac{du}{dy} \tag{1.25a}$$

如图 1.7 中曲线 2 所示。某些砂浆、矿浆、有机胶浆、钟乳液等都属于此类流体。

2. 假塑性流体和胀塑性流体

这两种流体的内摩擦切应力与速度梯度间的关系为

$$\tau = \mu \left(\frac{du}{dy}\right)^n \tag{1.26}$$

而且 μ 和 n 均为常数。对于假塑性流体,$n<1$;对于胀塑性流体,$n>1$。若 $n=1$,则为牛顿流体。假塑性流体与胀塑性流体的区别在于前者内摩擦切应力增大的速率随速度梯度的增加而减小,后者内摩擦切应力增大的速率随速度梯度的增加而增大。如图 1.7 中曲线 3 和曲线 4 所示。像油漆、纸浆、高分子溶液等都属于假塑性流体。

3. 屈服假塑性流体

这种流体的内摩擦切应力与速度梯度间的关系为

$$\tau = \tau_0 + \mu \left(\frac{du}{dy}\right)^n \tag{1.27}$$

在流动开始前,它能承受一初始切应力 τ_0,在这一点上它类似于宾厄姆流体,但其内摩擦切应力与速度梯度间的关系是非线性的。像黏土浆等属于这类流体。

4. 时关性流体

上面介绍的几种非牛顿流体,其黏性都不随时间而改变。除此之外,还有一类流体,这类流体即使在定温下承受定常的切应力,它们的黏性也会随时间而变化,有的黏性随时间的增长而增大,有的黏性随时间的增长而减小。这类流体就称为时间相关性黏性流体。

本门课程只讨论牛顿流体,这里简单地介绍一下非牛顿流体,是为了强调要注意牛顿内摩擦定律(式 1.16)的适用范围。牛顿内摩擦定律只适用于牛顿流体,而不适用于非牛顿流体。非牛顿流体的研究对食品、化工等工业部门有重要的意义,而这是流变学的研究对象。

1.6 液体的表面性质

1.6.1 表面张力

在日常生活中经常会看到清晨的露珠或雨天的水滴挂在树叶或草叶上,水银在平滑的表面上成球形滚动等,这些现象表明液体自由表面有明显的欲成球形的收缩趋势,引起这种收缩趋势的力称为液体的表面张力。

表面张力是由分子的内聚力引起的,其作用结果使液体表面看起来好像是一张均匀受力的弹性膜。不难想象,处于自由表面附近的液体分子所受到周围液体和气体分子的作用力是不平衡的,气体分子对它的作用力远小于相应距离另一侧液体分子的作用力。因此,这部分分子所受到的合力是将它们拉向液体内部。受这种作用力最大的是处于液体自由表面上的分子,随着同自由表面距离的增加,所受到的作用力将逐渐减小。直到一定距离以后,液体周围所施加的力彼此抵消。

若假想在液体自由表面上任取一条线将其分开,则表面张力的作用将使两边彼此吸引,作用方向将与该线相垂直。可见,表面张力实际是一种拉力。我们将单位长度上所受到的这种拉力定义为表面张力系数,用 σ 表示,它的单位是 N/m。

表面张力的数值是很小的,在一般计算中可以不予考虑。只有当液体自由表面的边界尺寸非常小(如很细的玻璃管、很狭小的缝隙等)时,表面张力的影响才明显,不可忽略不计。

表面张力随温度变化而变化。当温度升高时,表面张力减小。表面张力也因液体自由表面所接触的气体不同而有差异。表 1.9 中给出了几种常用液体在 20 ℃时与空气接触的表面张力系数。

表 1.9 常用液体在 20 ℃时与空气接触的表面张力系数

液体名称	表面张力 σ(N/m)	液体名称	表面张力 σ(N/m)
纯水	0.072 8	煤油	0.023 4~0.032 1
酒精	0.022 3	原油	0.023 4~0.037 9
苯	0.028 9	润滑油	0.035 0~0.037 9
四氯化碳	0.026 6	水银	0.513 7

表面张力所引起的附加法向压力可由拉普拉斯公式求得:

$$\Delta p = \sigma \left(\frac{1}{R_1} + \frac{1}{R_2} \right) \tag{1.28}$$

式中:σ 为表面张力系数(N/m);R_1、R_2 为液体曲面在互相垂直的二平面上的曲率半径(m)。

对于球形液滴,$R_1 = R_2 = R$,液滴内外的压力差为

$$\Delta p = \frac{2\sigma}{R} \tag{1.29}$$

式中:R 为球形液滴的半径(m)。

1.6.2 毛细现象

当把直径很小、两端开口的细管插入液体中时,表面张力的作用将使管内液体出现升高或下降的现象,我们称之为"毛细现象"。这种足以形成毛细现象的细管称为"毛细管"。

产生毛细现象的根本原因是液体表面张力的作用以及液体对固体壁面的润湿性能。如图 1.8 所示,当把细管插入液体中时,若液体分子间的内聚力小于它同固体管壁间的附着力,液体将能附着、润湿该固体壁面,并沿固体管壁向外伸展,产生向上弯曲的液面。另外,由于表面张力的存在,将产生一向上的附加压力,而使液体沿固体管壁上升到一定的高度(图 1.8(a))。若液体的内聚力大于液体与固体管壁间的附着力,液体将不能附着、润湿固体壁面,而沿管壁向内回缩产生向下弯曲的液面。另外,表面张力将产生向下的附加压力,而使液体沿固体管壁下降到一定高度(图 1.8(b))。

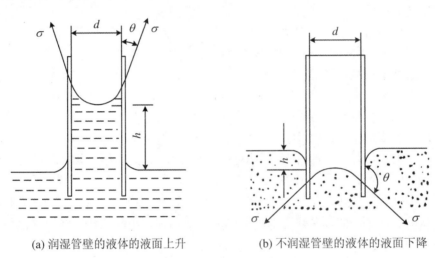

(a) 润湿管壁的液体的液面上升　　　　(b) 不润湿管壁的液体的液面下降

图 1.8　液体在毛细管内上升和下降

毛细管中液体上升或下降的高度可由图 1.8 求得。沿液面与管壁的接触角为 θ,管径为 d,液体密度为 ρ,表面张力系数为 σ,由液柱重量与表面张力垂直分量相平衡,即

$$\pi d \sigma \cos \theta = \frac{1}{4}\pi d^2 h \rho g$$

可得

$$h = \frac{4\sigma \cos \theta}{\rho g d} \tag{1.30}$$

式中:θ 角取决于液、气的种类,管壁材料等因素。通常,对于水和洁净的玻璃 $\theta = 0°$,水银和洁净的玻璃 $\theta = 139°$。

工程中常用的测压管,毛细现象往往造成较大的误差,一般情况下测压管的管径应大于 10 mm。另外,在研究液滴的破碎、气泡的形成等问题时,也必须要考虑表面张力的作用。

习 题 1

1.1 已知油的重度为 7 800 N/m³,求它的密度和比重,并求 0.2 m³ 此种油的质量和重量。

1.2 已知 300 L 水银的质量为 4 080 kg,求其密度、重度和比容。

1.3 某封闭容器内空气的压力从 101 325 Pa 提高到 607 950 Pa,温度由 20 ℃ 升高到 78 ℃,空气的气体常数为 287.06 J/(kg·K)。问每千克空气的体积将比原有体积减小多少?减小的百分比又为多少?

1.4 图 1.9 为一水暖系统,为了防止水温升高时体积膨胀将水管胀裂,在系统顶部设一膨胀水箱,使水有膨胀的余地。若系统内水的总体积为 8 m³,加温前后温差为 50 ℃,在其温度范围内水的膨胀系数为 $\beta_T = 9 \times 10^{-4}\ ℃^{-1}$,求膨胀水箱的最小容积。

1.5 图 1.10 为压力表校正器。器内充满压缩系数为 $\beta_p = 4.75 \times 10^{-10}\ Pa^{-1}$ 的油液,器内压力为 10^5 Pa 时油液的体积为 200 mL。现用手轮丝杆和活塞加压,活塞直径为 1 cm,丝杆螺距为 2 mm,当压力升高至 20 MPa 时,问需将手轮摇多少转?

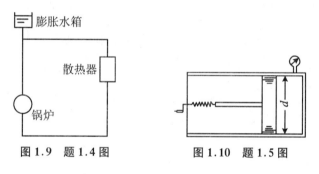

图 1.9 题 1.4 图　　　　图 1.10 题 1.5 图

1.6 海水在海面附近的密度为 1 025 kg/m³,在海面下 8 km 处的压力为 81.7 MPa,设海水的平均弹性模量为 2 340 MPa,试求该深度处海水的密度。

1.7 盛满石油的油槽内部绝对压力为 5×10^5 Pa,若从槽中排出石油 40 kg,槽内压力就降低至 10^5 Pa。已知石油的比重为 0.9,体积弹性系数为 1.35×10^9 N/m²,求油槽的体积。

1.8 体积为 5 m³ 的水在温度不变的条件下,压力从 1 大气压增加到 5 大气压,体积减小了 1 L,求水的体积压缩系数和弹性系数值。

1.9 某液体的动力黏度为 0.004 5 Pa·s,其比重为 0.85,试求其运动黏度。

1.10 某气体的重度为 11.75 N/m³,运动黏度为 0.157 cm²/s,试求其动力黏度。

1.11 温度为 20 ℃ 的空气在直径为 2.5 cm 的管道中流动。在距管壁 1 mm 处空气流速为 3 cm/s,试求:

(1)管壁处的切应力;

(2)单位管长的黏性阻力。

1.12 有一块 30 cm×40 cm 的矩形平板,浮在油面上,其水平运动的速度为 10 cm/s,油层厚度 δ = 10 mm,油的动力黏度 μ = 0.102 Pa·s,求平板所受的阻力。

1.13 图 1.11 为上、下两块平行圆盘,直径均为 d,间隙厚度为 δ,间隙中液体的动力黏度为 μ,若下盘固定不动,上盘以角速度 ω 旋转,求所需力矩 M 的表达式。

1.14 图 1.12 为一转筒黏度计,它由半径分别为 r_1 及 r_2 的内、外同心圆筒组成,外筒以角速度 n r/min 转动,通过两筒间的液体将力矩传至内筒。内筒挂在一金属丝下,该丝所受扭矩 M 可由其转角来测定。若两筒间的间隙及底部间隙均为 δ,筒高为 h,试证明动力黏度 μ 的计算公式为

$$\mu = \frac{60M\delta}{\pi^2 r_1^2 n(4r_2 h + r_1^2)}$$

1.15 图 1.13 为一圆锥体绕其中心轴做等角速度 $\omega = 16\ \text{s}^{-1}$ 旋转,锥体与固定壁面间的距离 $\delta = 1\ \text{mm}$,用 $\mu = 0.1\ \text{Pa·s}$ 的润滑油充满间隙,锥体半径 $R = 0.3\ \text{m}$,高 $H = 0.5\ \text{m}$,求作用于圆锥体的阻力矩。

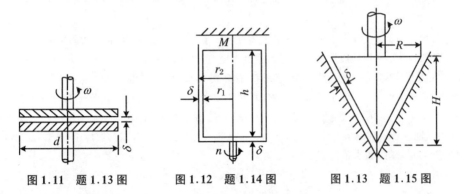

图 1.11 题 1.13 图   图 1.12 题 1.14 图   图 1.13 题 1.15 图

1.16 空气中水滴直径为 0.3 mm 时,其内部压力比外部大多少?

1.17 在实验室中如果用内径 0.6 cm 和 1.2 cm 的玻璃管做测压管,管中水位由于毛细管现象而引起的上升高度各为多少?

1.18 两块竖直的平行玻璃平板相距 1 mm,求其间水的毛细升高值。

第 2 章　流体静力学

流体静力学是研究静止状态下的流体在外力作用下的平衡规律,以及这些规律的实际应用的科学。

众所周知,宇宙万物都处在不停的运动之中,真正静止的物体是不存在的。但是,从工程应用的角度来看,在多数情形下,忽略地球自转和公转的影响,而把地球选作惯性参照系,对于研究问题的结果还是足够精确的。当物体相对于惯性参照系没有运动时,我们便说该物体处于静止状态或平衡状态。如果我们选择本身具有加速度的物体作为参照系,即非惯性参照系,当物体相对于非惯性参照系没有运动时,便说它处于相对静止或相对平衡状态。对于研究流体宏观机械运动的流体力学来说,也是如此。

既然处于静止或相对静止状态的流体对参照系没有运动,则实际流体的黏性作用表现不出来,黏性切应力 $\tau = 0$。所以本章所讨论的流体平衡规律,不论是对理想流体,还是对黏性流体都是适用的。

2.1　作用在流体上的力

作用在流体上的力大致可分为两类:表面力和质量力。

2.1.1　表面力

表面力是指作用在所研究的流体的表面上,并且与流体的表面积成正比的力。也就是该流体体积周围的流体或固体通过接触面作用在其上的力。表面力不仅是指作用在流体外表面上的力,也包括作用在流体内部任一表面上的力。表面力一般可分解成两个分力,即与流体表面相垂直的法向力 P 和与流体表面相切的切向力 T。在连续介质中,表面力不是一个集中的力,而是沿着表面连续分布的。因此,在流体力学中,常用单位表面积上所作用的表面力——法向应力和切向应力来表示它,其单位为 N/m^2。表面力的例子有很多种,如在流动的流体中,由黏性所产生的内摩擦力和流体受到的固体壁面的摩擦力,以及固体壁面对流体的压力等都是表面力。

如图 2.1 所示,在流体中任取一体积为 V、表面积为 A 的流体作为研究对象,则所取的这部分流体(分离

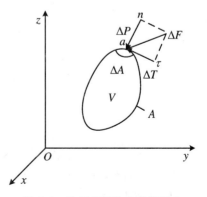

图 2.1　作用在流体上的表面力

体)以外的流体或固体通过接触面必定对该部分流体产生作用力。在分离体表面的 a 点取一微元面积 ΔA,作用在 ΔA 上的表面力为 ΔF,将 ΔF 分解为沿法线方向 n 的法向力 ΔP 和沿切线方向 τ 的切向力 ΔT,当 ΔA 缩小趋近于点 a 时,便得到作用在 a 点的法向应力 p 和切向应力 τ:

$$p = \lim_{\Delta A \to 0} \frac{\Delta P}{\Delta A} = \frac{\mathrm{d}P}{\mathrm{d}A} \tag{2.1}$$

$$\tau = \lim_{\Delta A \to 0} \frac{\Delta T}{\Delta A} = \frac{\mathrm{d}T}{\mathrm{d}A} \tag{2.2}$$

可见,流体的压力 p 就是指作用在单位面积上的法向应力的大小。流体的压力和切向应力是研究流体流动中经常遇到的两种表面力。

在第1章中曾介绍过的表面张力也是表面力的一种,它是一种特殊类型的表面力,它并不是接触面以外的物质的作用结果,而恰恰是由液体内部的分子对处于表面层的分子的吸引产生的。这就是这种特殊表面力与一般表面力的区别之处。

2.1.2 质量力

质量力是指作用在流体的所有质点上,并且和流体的质量成正比的力。它可以从远距离作用于流体内每一个流体质点上。对于均匀流体,质量力又与流体的体积成正比,因此,质量力又称为体积力。例如,在重力场中由地球对流体全部质点的引力作用所产生的重力,带电流体所受的静电力,以及有电流通过的流体所受的电磁力等都是质量力。当我们应用达朗贝尔原理去研究流体的加速运动时,虚加在流体质点上的惯性力也属于质量力。惯性力的大小等于质量乘以加速度,其方向与加速度的方向相反。

质量力的大小常以作用在单位质量流体上的质量力,即单位质量力来度量。单位质量力通常用 f 来表示。

在直角坐标系中,设质量为 m 的流体所受的质量力为 F,它在各坐标轴上的投影分别为 F_x、F_y、F_z,则单位质量力 f 在各坐标轴上的分量分别为

$$f_x = \frac{F_x}{m}, \quad f_y = \frac{F_y}{m}, \quad f_z = \frac{F_z}{m} \tag{2.3}$$

则

$$f = f_x \boldsymbol{i} + f_y \boldsymbol{j} + f_z \boldsymbol{k} \tag{2.4}$$

单位质量力及其在各坐标轴上的分量的单位是 N/kg 或 m/s²,与加速度的单位相同。如在重力场中,对应于单位质量力的重力数值就等于重力加速度 g,其单位为 m/s²。

2.2 流体的静压力及其特性

在流体内部或流体与固体壁面间所存在的单位面积上的法向作用力称为流体的压力。当流体处于静止或相对静止状态时,流体的压力则称为流体的静压力。

流体的静压力具有两个基本特性:

特性一：流体静压力的方向与作用面相垂直，并指向作用面的内法线方向。

特性二：静止流体中任一点流体静压力的数值与作用面在空间的方位无关，只是该点坐标的函数。也就是说，在静止流体中的任一点处，来自各个方向的流体静压力值均相等。

下面就来证明这两个特性，根据流体的特征可知，流体不能够承受拉力（表面层的表面张力除外），在微小的剪切力作用下也会发生变形，变形必将引起流体质点的相对运动，这就破坏了流体的平衡。因此，在平衡条件下的流体不能承受拉力和切力，只能承受压力，而压力正是沿内法线方向垂直作用于作用面上的。这就证明了流体静压力的第一个特性。如图 2.2 所示，静止流体对容器的静压力恒垂直于器壁。

为了证明第二个特性，在静止流体中取出直角边长各为 dx、dy、dz 的微元四面体 $ABCD$，如图 2.3 所示。假设作用在 $\triangle ACD$、$\triangle ABD$、$\triangle ABC$ 和 $\triangle BCD$ 四个平面上的平均流体静压力分别为 p_x、p_y、p_z 和 p_n，p_n 与 x、y、z 轴的夹角（亦即斜面 $\triangle BCD$ 的法线 n 与 x、y、z 轴的夹角）分别为 α、β、γ。由于静止流体不存在拉力和切力，因此作用在静止流体上的表面力只有压力。作用在各面上流体的总压力分别为

$$P_x = p_x \cdot \frac{1}{2} dydz$$

$$P_y = p_y \cdot \frac{1}{2} dzdx$$

$$P_z = p_z \cdot \frac{1}{2} dxdy$$

$$P_n = p_n \cdot dA_n \quad (dA_n \text{ 为 } \triangle BCD \text{ 的面积})$$

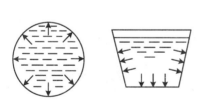

图 2.2 静压力恒垂直于器壁

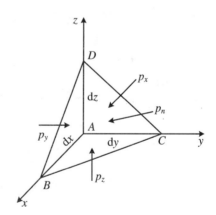

图 2.3 微元四面体受力分析

除表面力外，还有作用在微元四面体流体微团上的质量力，该质量力分布在流体微团的全部质点中，设流体微团的平均密度为 ρ，而微元四面体的体积为 $dV = \frac{1}{6} dxdydz$，则微元四面体内流体的质量为 $dm = \frac{1}{6} \rho dxdydz$。假设作用在流体上的单位质量力 f 在各坐标轴上的分量分别为 f_x、f_y、f_z，则作用在微元四面体上的总质量力 W 在各坐标轴上的分量分别为

$$W_x = \frac{1}{6} \rho dxdydz f_x$$

$$W_y = \frac{1}{6}\rho dxdydz f_y$$

$$W_z = \frac{1}{6}\rho dxdydz f_z$$

由于流体的微元四面体处于平衡状态,故作用在其上的一切力在各坐标轴上投影的总和等于零。对于直角坐标系,则有 $\sum F_x = 0, \sum F_y = 0, \sum F_z = 0$。

在 x 轴方向上力的平衡方程为

$$P_x - P_n \cos\alpha + W_x = 0$$

把 P_x、P_n 和 W_x 的各式代入得

$$p_x \cdot \frac{1}{2}dydz - p_n dA_n \cos\alpha + \frac{1}{6}\rho dxdydz f_x = 0$$

由于 $dA_n \cos\alpha = \frac{1}{2}dydz$,代入上式并化简得

$$p_x - p_n + \frac{1}{3}\rho f_x dx = 0$$

当微元四面体以 A 点为极限时,dx、dy、dz 都趋近于零,则上式成为

$$p_x = p_n$$

同理可证

$$p_y = p_n, \quad p_z = p_n$$

所以

$$p_x = p_y = p_z = p_n \tag{2.5}$$

由于 n 的方向是完全可以任意选取的,则式(2.5)表明:从各个方向作用于一点的流体静压力大小是相等的。也就是说,作用于一点的流体静压力的大小与该点处的作用面在空间的方位无关。从而证明了流体静压力的第二个特性。

虽然流体中同一点的各方向的静压力相等,但空间不同点的静压力则可以是不同的。因流体是连续介质,所以流体静压力应是空间点的坐标的连续函数,即

$$p = p(x, y, z)$$

2.3 流体平衡微分方程和等压面

2.3.1 流体平衡微分方程

静止流体在外力作用下,其内部形成一定的压力分布,为了弄清外力作用下静止流体内的压力分布规律,并用来解决工程实际问题,首先需要建立流体平衡微分方程式。

如图 2.4 所示,从静止流体中取出一边长分别为 dx、dy、dz 的微元平行六面体,其中心点为 a,坐标为 (x,y,z),该点的流体静压力为 $p = p(x,y,z)$。

作用在平衡六面体上的力有表面力和质量力。由于流体处于平衡状态,所以没有切应力,故表面力只有沿内法线方向作用在六面体六个面上的静压力。

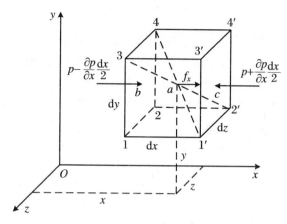

图 2.4　平衡微元平行六面体及 x 方向的受力

过 a 点作平行于 x 轴的直线，交于左、右两平面的中心 b、c 两点。由于静压力是点的坐标的连续函数，所以在 b、c 两点上的静压力按泰勒级数展开后①，并略去二阶以上的无穷小量，分别等于 $p-\dfrac{\partial p}{\partial x}\dfrac{\mathrm{d}x}{2}$ 和 $p+\dfrac{\partial p}{\partial x}\dfrac{\mathrm{d}x}{2}$。由于六面体的面积都是微元面积，故可把这些压力视为作用在这些面上的平均压力。此外，设微元六面体流体的平均密度为 ρ，流体的单位质量力为 f，它在各坐标轴上的分量分别为 f_x、f_y、f_z。则微元六面体的质量力沿 x 轴的分力为 $f_x\rho\mathrm{d}x\mathrm{d}y\mathrm{d}z$。由于微元六面体处于平衡状态，则有 $\sum F_x = 0, \sum F_y = 0, \sum F_z = 0$。在 x 轴方向上

$$\left(p-\frac{\partial p}{\partial x}\frac{\mathrm{d}x}{2}\right)\mathrm{d}y\mathrm{d}z - \left(p+\frac{\partial p}{\partial x}\frac{\mathrm{d}x}{2}\right)\mathrm{d}y\mathrm{d}z + f_x\rho\mathrm{d}x\mathrm{d}y\mathrm{d}z = 0$$

或

$$f_x\rho\mathrm{d}x\mathrm{d}y\mathrm{d}z - \frac{\partial p}{\partial x}\mathrm{d}x\mathrm{d}y\mathrm{d}z = 0$$

如果用微元体的质量 $\rho\mathrm{d}x\mathrm{d}y\mathrm{d}z$ 去除上式，则得到单位质量流体在 x 方向上的平衡方程，同理可得

$$\left.\begin{aligned} f_x - \frac{1}{\rho}\frac{\partial p}{\partial x} &= 0 \\ f_y - \frac{1}{\rho}\frac{\partial p}{\partial y} &= 0 \\ f_z - \frac{1}{\rho}\frac{\partial p}{\partial z} &= 0 \end{aligned}\right\} \tag{2.6}$$

写成向量形式

---

① b、c 两点上的静压力的泰勒展开式分别为

b 点：$p\left(x-\dfrac{\mathrm{d}x}{2},y,z\right) = p(x,y,z) + \dfrac{1}{1!}\dfrac{\partial p}{\partial x}\left(x-\dfrac{\mathrm{d}x}{2}-x\right) + \dfrac{1}{2!}\dfrac{\partial^2 p}{\partial x^2}\left(x-\dfrac{\mathrm{d}x}{2}-x\right)^2 + \cdots$

c 点：$p\left(x+\dfrac{\mathrm{d}x}{2},y,z\right) = p(x,y,z) + \dfrac{1}{1!}\dfrac{\partial p}{\partial x}\left(x+\dfrac{\mathrm{d}x}{2}-x\right) + \dfrac{1}{2!}\dfrac{\partial^2 p}{\partial x^2}\left(x+\dfrac{\mathrm{d}x}{2}-x\right)^2 + \cdots$

$$f = \frac{1}{\rho} \operatorname{grad} p \qquad (2.6a)$$

这就是流体的平衡微分方程式。它是欧拉在 1755 年首先提出的,所以又称为欧拉平衡微分方程式。该方程的物理意义为:当流体处于平衡状态时,作用在单位质量流体上的质量力与压力的合力相互平衡,它们沿三个坐标轴的投影之和分别等于零。欧拉平衡微分方程是流体静力学的最基本的方程组,应用它可以解决流体静力学中的许多基本问题,它在流体静力学中具有很重要的地位。

式(2.6)是流体在直角坐标系下的平衡微分方程式,在圆柱坐标系下流体的平衡微分方程式的形式为

$$\left. \begin{array}{l} f_r - \dfrac{1}{\rho} \dfrac{\partial p}{\partial r} = 0 \\[4pt] f_\theta - \dfrac{1}{\rho} \dfrac{\partial p}{r \partial \theta} = 0 \\[4pt] f_z - \dfrac{1}{\rho} \dfrac{\partial p}{\partial z} = 0 \end{array} \right\} \qquad (2.7)$$

式中:f_r、f_θ、f_z 分别为单位质量力在径向 r、切向 θ 和轴向 z 上的分量。

在推导欧拉平衡微分方程的过程中,对质量力的性质及方向并未做具体规定,因而本方程既适用于静止的流体,也适用于相对静止的流体。同时,在推导中对整个空间的流体密度是否变化或如何变化也未加限制,所以它不但适用于不可压缩流体,而且也适用于可压缩流体。另外,流体是处在平衡或相对平衡状态的,各流层间没有相对运动,所以它既适用于理想流体,也适用于黏性流体。

为了便于积分和工程应用,流体平衡微分方程式可以改写为另一种形式,即全微分形式。现将式(2.6)中各分式分别乘以 $\mathrm{d}x$、$\mathrm{d}y$、$\mathrm{d}z$,然后相加得

$$(f_x \mathrm{d}x + f_y \mathrm{d}y + f_z \mathrm{d}z) - \frac{1}{\rho}\left(\frac{\partial p}{\partial x}\mathrm{d}x + \frac{\partial p}{\partial y}\mathrm{d}y + \frac{\partial p}{\partial z}\mathrm{d}z\right) = 0$$

因为压力 p 是坐标的连续函数,故 p 的全微分为

$$\mathrm{d}p = \frac{\partial p}{\partial x}\mathrm{d}x + \frac{\partial p}{\partial y}\mathrm{d}y + \frac{\partial p}{\partial z}\mathrm{d}z$$

于是,流体平衡微分方程式(2.6)又可表示为

$$\mathrm{d}p = \rho(f_x \mathrm{d}x + f_y \mathrm{d}y + f_z \mathrm{d}z) \qquad (2.8)$$

这就是直角坐标系下流体平衡微分方程的全微分形式。

同样,对于圆柱坐标系下流体平衡微分方程式的全微分式为

$$\mathrm{d}p = \rho(f_r \mathrm{d}r + f_\theta r \mathrm{d}\theta + f_z \mathrm{d}z) \qquad (2.9)$$

2.3.2 有势质量力及力的势函数

根据场论的知识,有势质量力及力的势函数有如下的定义:

设有一质量力场 $f(x,y,z)$,若存在一单值函数 $U(x,y,z)$,满足 $f = \operatorname{grad} U$,则称该质量力场为有势力场,力 f 称为有势质量力,函数 $U(x,y,z)$ 称为该力场的势函数。

由流体平衡微分方程式(2.6a)可以看出,如果流体为不可压缩流体,其密度 $\rho =$ 常数,则存在一单值函数 $U(x,y,z)$,满足

$$\text{grad}\, U = \frac{1}{\rho}\text{grad}\, p = \boldsymbol{f}$$

所以,根据有势质量力的定义,可以得出这样的结论:"凡满足不可压缩流体平衡微分方程的质量力必然是有势质量力。"或者说:"不可压缩流体只有在有势质量力的作用下才能够处于平衡状态。"

上式中 $U = U(x,y,z)$ 为力的势函数,质量力 $\boldsymbol{f}$ 为有势质量力。由于

$$\text{grad}\, U = \frac{\partial U}{\partial x}\boldsymbol{i} + \frac{\partial U}{\partial y}\boldsymbol{j} + \frac{\partial U}{\partial z}\boldsymbol{k}, \quad \boldsymbol{f} = f_x\boldsymbol{i} + f_y\boldsymbol{j} + f_z\boldsymbol{k}$$

比较以上两式可得

$$f_x = \frac{\partial U}{\partial x}, \quad f_y = \frac{\partial U}{\partial y}, \quad f_z = \frac{\partial U}{\partial z} \tag{2.10}$$

将上述向量式的两边同时点乘以 $\text{d}\boldsymbol{s} = \text{d}x\boldsymbol{i} + \text{d}y\boldsymbol{j} + \text{d}z\boldsymbol{k}$,得

$$\text{d}U = \frac{\partial U}{\partial x}\text{d}x + \frac{\partial U}{\partial y}\text{d}y + \frac{\partial U}{\partial z}\text{d}z = f_x\text{d}x + f_y\text{d}y + f_z\text{d}z = \boldsymbol{f}\cdot\text{d}\boldsymbol{s} \tag{2.11}$$

上式表明,力的势函数的全微分 $\text{d}U$ 为单位质量力 $\boldsymbol{f}$ 在空间移动 $\text{d}\boldsymbol{s}$ 距离所做的功。可见,有势质量力所做的功与路径无关。

比较式(2.8)和式(2.11)可得

$$\text{d}p = \rho\text{d}U \quad \text{或} \quad p = \rho U + C \tag{2.12}$$

上式即为不可压缩流体内部静压力 p 与力的势函数 U 之间的关系式,积分常数 C 可由边界条件确定。

2.3.3 等压面及其特性

静止流体中压力相等的各点所组成的面称为等压面。例如液体与气体交界的自由表面就是最明显的等压面,其上各点的压力都等于液面上气体的压力。既然在等压面上各点的压力都相等,则可用 $p(x,y,z) = C$ 来表示。在不同的等压面上其常数 C 的值是不同的,而且流体中任意一点只能有一个等压面通过。所以,在流体中可以作出一系列的等压面。在等压面上 $\text{d}p = 0$,代入式(2.8),可得到等压面微分方程为

$$f_x\text{d}x + f_y\text{d}y + f_z\text{d}z = 0 \tag{2.13}$$

等压面具有以下三个重要特性:

(1) 不可压缩流体中,等压面与等势面相重合。

所谓等势面就是力的势函数 $U(x,y,z) = C$ 的面。由式(2.12)可以看出,对于不可压缩流体,等压面也就是等势面。

(2) 在平衡流体中,作用于任一点的质量力必定垂直于通过该点的等压面。

在等压面上某点 A 任取一微元弧段 $\text{d}\boldsymbol{s}$,作用在该点上的质量力为 $\boldsymbol{f}$(图2.5),由等压面微分方程式(2.13)可知,$\boldsymbol{f}\cdot\text{d}\boldsymbol{s} = 0$,因此 $\boldsymbol{f}$ 与 $\text{d}\boldsymbol{s}$ 必定垂直,这就说明,作用在平衡流体中任一点的质量力必定垂直于通过该点的等压面。由等压面的这一特性,我们

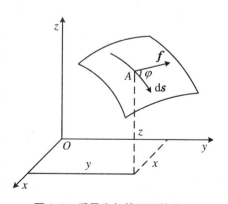

图 2.5 质量力与等压面的关系

就可以根据作用在流体质点上的质量力的方向来确定等压面的形状了,或者由等压面的形状去确定质量力的方向。例如,对于只有重力作用的静止流体,因重力的方向总是竖直向下的,所以其等压面必定是水平面。

(3) 两种互不相混的流体处于平衡状态时,其分界面必定为等压面。如处于平衡状态下的油水分界面、气水分界面等都是等压面。

2.4 流体静力学基本方程

欧拉平衡微分方程式是流体静力学的最一般的方程组,它代表流体静力学的普遍规律,它在任何质量力的作用下都是适用的。但在自然界和工程实际中,经常遇到的是作用在流体上的质量力只有重力的情况。作用在流体上的质量力只有重力的流体简称为重力流体。现在我们就来研究质量力只有重力的静止流体中的压力分布规律。

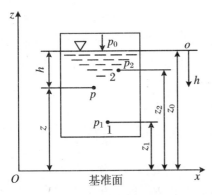

图 2.6 重力作用下的静止流体

如图 2.6 所示,坐标系的 x 轴和 y 轴为水平方向,z 轴垂直向上。因为质量力只有重力,故单位质量力在各坐标轴上的分量分别为

$$f_x = 0, \quad f_y = 0, \quad f_z = -g$$

此处 g 为重力加速度,它代表单位质量流体所受的重力。因为重力加速度的方向垂直向下,与 z 轴方向相反,故式中加一"-"号。将上述质量力各分量代入压力微分方程式(2.8)得

$$dp = -\rho g dz$$

或写成

$$\frac{dp}{\gamma} + dz = 0$$

对于不可压缩流体,γ = 常数。对上式积分得

$$\frac{p}{\gamma} + z = C \tag{2.14}$$

或写成

$$p + \gamma z = C \tag{2.14a}$$

式中:C 为积分常数,可由边界条件确定。这就是重力作用下的流体平衡方程,通常称为流体静力学基本方程。它适用于平衡状态下的不可压缩均质重力流体,对于可压缩或非均质流体是不适用的。

对于在静止流体中任取的 1 和 2 两点,它们的垂直坐标分别为 z_1 和 z_2,静压力分别为 p_1 和 p_2(图 2.6)。则式(2.14)可以写成

$$\frac{p_1}{\gamma} + z_1 = \frac{p_2}{\gamma} + z_2 \tag{2.15}$$

现在来讨论流体静力学基本方程的力学意义、能量意义和几何意义。

力学意义:式(2.14a)中 p 为单位面积上流体所受的法向力,即流体的静压力,简称静

压;γz 为单位底面积、z 高度的流体柱具有的重力,简称位压。它们的单位都是 N/m^2。式(2.14a)表明,平衡状态下的不可压缩重力流体所受到的静压和位压彼此平衡。

能量意义:从物理学得知,把质量为 m 的物体从基准面提升一定高度 z 后,该物体所具有的位能是 mgz,则单位重量物体所具有的位能为 z。所以,式(2.14)中的 z 表示单位重量流体相对于某一基准面的位能,称为比位能。式(2.14)中的 p/γ 表示单位重量流体的压力能,即单位重量流体所做的推动功 $pV/G = p/\gamma$,称为比压力能。比位能 z 和比压力能 p/γ 的单位都是 J/N。关于比压力能的概念,还可参照图 2.7 做进一步解释:将图中右侧玻璃管上端封闭,并抽成真空($p_0' = 0$)。然后与大容器相连,在开孔处液体静压力 p 的作用下,液体进入测压管克服重力做功,在管中上升一定的高度 h_p,从而增加了液柱的位能。所以,称 p/γ 为单位重量流体的压力能(即比压力能),它的大小恰好等于

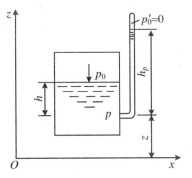

图 2.7 闭口测压管中液柱上升高度

液柱上升的高度 h_p,即 $h_p = p/\gamma$。比压力能与比位能之和 $(p/\gamma + z)$ 称为单位重量流体的总势能。所以,式(2.14)表示在重力作用下静止流体中各点的单位重量流体的总势能是相等的。这就是静止流体中的能量守恒定律。

几何意义:式(2.14)中的 p/γ 表示单位重量流体的压力能与一段液柱的高度相当,称为压力高度,或称为压力压头或静压头;式(2.14)中的 z 为流体质点距某一基准面的高度,称为位置高度,或称为几何压头或位压头。它们的单位都是 m。静压头与位压头之和 $(p/\gamma + z)$ 称为测压管压头。因此,式(2.14)也表示静止流体中各点的测压管压头都是相等的。如图2.8 所示,图中 AA 线或 $A'A'$ 线称为测压管压头线,它们都是水平线。

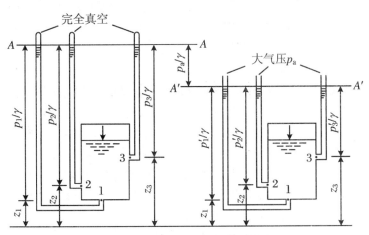

图 2.8 静止流体的测压管压头线

在工程实际中,常常需要计算有自由液面的静止液体中任意一点的静压力。为此,可取自由液面为基准面,向下取液体深度 h 为垂直坐标(图 2.6)。由于深度 h 的方向与 z 轴的方向相反,所以 $dh = -dz$,于是

$$dp = -\rho g dz = \gamma dh$$

对于不可压缩流体,$\gamma =$ 常数。对上式积分得

$$p = \gamma h + C \tag{2.16}$$

式中：C 为积分常数，可由边界条件确定。因为当 $h=0$ 时，$p=p_0$ 为自由液面上的气体压力，则 $C=p_0$，代入上式得

$$p = p_0 + \gamma h \tag{2.17}$$

式(2.17)为流体静力学基本方程的另一种形式，通常又称为水静力学基本方程。由它得到以下四个重要结论：

(1) 在重力作用下的静止液体中，静压力 p 随深度 h 按线性规律变化。即随深度 h 的增加，液体静压力 p 值随之成正比地增大。

(2) 静止液体内任一点的静压力由两部分组成：一部分是自由液面上的压力 p_0；另一部分是底面积为 1、深度为 h、重度为 γ 的一段液体柱的重量 γh。

(3) 在静止液体中，位于同一深度（$h=$ 常数）的各点的静压力都相等，即静止液体内任一水平面都是等压面。

(4) 静止液体表面上所受到的压力 p_0（即外部压力），能够大小不变地传递到液体内部的每一点上去。此即帕斯卡定律。

通过上述分析可知，流体静力学基本方程的适用条件是：只受重力作用的不可压缩的静止流体。应当指出，对于某些特殊情况下的相对静止的不可压缩流体，流体静力学基本方程式(2.17)也是适用的（见液体的相对平衡一节）。还应指出，在应用流体静力学基本方程式时，往往首先需要选取基准面和确定等压面。基准面一般是选取一个与地球同心的椭球面。对于研究小范围内的工程问题时，可取水平面作为基准面。至于基准面的具体位置，原则上是可以任意选定的，视计算的方便而定。关于等压面的确定，对于静止的流体，主要是看等密度的同种流体是否连通，如果该流体是连通的（包括上连通或下连通），则该流体内的任一水平面都是等压面。否则（如某一流体被另一流体隔开），该流体内的水平面就不一定是等压面，要视具体情况确定。对于相对静止的流体，除了做匀速直线运动和垂直等加速运动的流体可用上述方法确定等压面外，一般情况下是用解析方法由等压面方程来确定等压面的。

2.5 绝对压力、相对压力和真空度

对于流体压力的测量和标定有两种不同的基准，一种是以没有流体分子存在的完全真空时的绝对零压力（$p=0$）为基准来度量流体的压力，称为绝对压力。另一种是以同一高度的当地大气压力为基准来度量流体的压力，称为相对压力。绝对压力与相对压力的关系为

$$p_m = p - p_a \quad \text{或} \quad p = p_m + p_a \tag{2.18}$$

式中：p 为流体的绝对压力（Pa）；p_a 为当地大气压力（Pa）；p_m 为流体的相对压力（Pa）。

由于流体的相对压力 p_m 可以由压力表直接测得，所以又称之为表压力。若流体的绝对压力高于当地大气压力，其相对压力为正值，我们称为正压；若流体的绝对压力低于当地大气压力，其相对压力为负值，我们称为负压。具有负压的流体处于真空状态，例如水泵或风机的吸入管中，锅炉炉膛以及烟囱底部等处，其绝对压力都低于当地大气压力，这些地方的相对压力都是负值，即都是负压。

所谓真空度是指流体的绝对压力小于当地大气压力所产生真空的程度。它不是流体的

绝对压力,而是流体的绝对压力不足于当地大气压力的差值部分,即负的相对压力,也称为真空压力,常用 p_v 表示。用数学式表示为

$$p_v = p_a - p = -p_m \tag{2.19}$$

如以液柱高的形式来表示真空压力就称为真空高度,即

$$h_v = \frac{p_v}{\gamma} = \frac{p_a - p}{\gamma} \tag{2.20}$$

例如:某设备内流体的绝对压力为 0.2 at(1 at = 9.81×10⁴ Pa),求其相应的真空度为多少?

真空度(真空压力):

$$p_v = p_a - p = 1 - 0.2 = 0.8(\text{at})$$

真空高度(以水柱高表示):

$$h_v = \frac{p_v}{\gamma} = \frac{0.8 \times 9.81 \times 10^4}{9.81 \times 10^3} = 8(\text{mH}_2\text{O})$$

由此可见,若某点的绝对压力为零,则 $p_v = p_a$,称该点处于绝对真空,即理论上的最大真空度。

在工程上还常以真空压力与大气压力相比的百分数($\frac{p_v}{p_a} \times 100\%$)来表示真空的程度。

为了正确地区别和理解绝对压力、大气压力、相对压力和真空度及其相互间的关系,可用图 2.9 来表示。

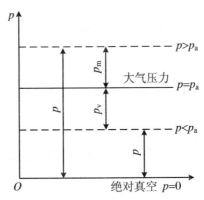

图 2.9 绝对压力、大气压力、相对压力和真空度的相互关系

2.6 大气浮力作用下气体的静力学基本方程

在工程实际中所使用的加热炉、锅炉以及热交换设备等,并不是置于真空之中,而是放置在大气空间、处于大气的包围之中的,所以,这些设备内的流体都要受到大气浮力的作用。特别是热气体受大气浮力的影响会更大。因此,讨论大气浮力作用下气体的静力学规律更具有实际意义。

图 2.10 为一盛有某种气体的容器或设备(如空调室、锅炉炉膛等)置于大气空间中,设

容器内气体的重度为 γ_g，容器外空气的重度为 γ_a，在容器内距基准面 z 高度处，气体的绝对压力为 p，在容器外同一高度处大气的压力为 p_a。现在用式(2.14a)对容器内的气体和容器外的大气分别列出静力学基本方程，即

$$p + \gamma_g z = C_1 \qquad (2.21)$$

$$p_a + \gamma_a z = C_2 \qquad (2.22)$$

式(2.21)减去式(2.22)，并注意到 $p - p_a = p_m$ 为气体的相对压力，则得

$$p_m + (\gamma_g - \gamma_a)z = C \qquad (2.23)$$

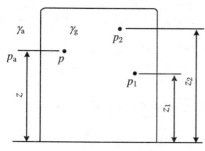

图 2.10　大气浮力作用下的静止气体

式(2.23)就是大气浮力作用下气体的静力学基本方程。该方程的使用条件与式(2.14)相同。

下面来说明式(2.23)的力学意义和能量意义。

力学意义：式(2.23)中 p_m 为容器内 z 高度处气体的相对压力，单位为 N/m^2。$(\gamma_g - \gamma_a)z$ 为底面积为 1，高度为 z 的气体柱的重力 $\gamma_g z$ 与其所受到的大气浮力 $\gamma_a z$ 之差，即气体柱的有效重力，单位为 N/m^2。式(2.23)表明，静止状态下气体的相对压力与其所受的有效重力相平衡。

由式(2.23)可以看出，对于热的气体，$\gamma_g < \gamma_a$，$\gamma_g - \gamma_a < 0$，因此，热气体的相对压力 p_m 沿高度方向越往上越大，越往下越小。

能量意义：式(2.23)中 p_m 为单位体积气体所具有的相对压力能，即相对于大气所做的推动功。$(\gamma_g - \gamma_a)z$ 为单位体积气体相对于基准面所具有的相对位能，即有效重力相对于基准面所具有的做功的本领。它们的单位是 J/m^3。式(2.23)表明，静止状态下单位体积气体所具有的总相对势能是守恒的。

对于容器中的 1、2 两点，式(2.23)可以写成

$$p_{m1} + (\gamma_g - \gamma_a)z_1 = p_{m2} + (\gamma_g - \gamma_a)z_2 \qquad (2.24)$$

2.7　液柱式测压计原理

流体静压力的测量仪表很多，根据测量原理不同，常用的测压计可分为液柱式、机械式和电气式三类。本节只介绍液柱式测压计的原理，对于机械式和电气式测压计的测量原理将在以后的热工测量及仪表书中介绍。液柱式测压计是以重力作用下的液体平衡方程为基础的，它是用液柱高度或液柱高度差来测量流体的静压力或压力差的。液柱式测压计结构简单，使用方便，一般适用于测量低压(1.5×10^5 Pa 以下)、真空压力和压力差。

下面介绍几种常用的液柱式测压计及其测压原理。

2.7.1　测压管(单管测压计)

测压管是一种最简单的液柱式测压计。为了减少毛细现象所造成的误差，通常采用一根内径大于 10 mm 的直玻璃管。测压时，将测压管的下端与盛有液体的压力容器所要测量

处的小孔相连接,上端开口与大气相通,如图 2.11 所示。

在被测液体的压力作用下,若液体在玻璃管中上升的高度为 h,液体的重度为 γ,当地大气压力为 p_a,则根据流体静力学基本方程式(2.17)得容器中 A 点的绝对压力为

$$p = p_a + \gamma h$$

A 点处的相对压力为

$$p_m = p - p_a = \gamma h$$

于是,用测得的液柱高度 h,则可得到容器中某处的绝对压力和相对压力。但应注意,由于各种液体重度不同,所以仅标明高度尺寸不能代表压力的大小,还必须同时注明是何种液体的液柱高度才行。

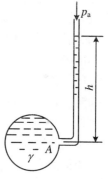

图 2.11 测压管

测压管只适用于测量较小的压力,一般不超过 10 kPa。如果被测压力较高,则需要加长测压管的长度,使用就很不方便。此外,测压管中的工作介质就是被测容器(或管道)中的流体,所以测压管只能用于测量液体的正压值,而对于测量液体的负压值以及气体的压力则不适用。并且在测量过程中,测压管一定要垂直放置,否则将会产生测量误差。

例 2.1 已知测压管中液面比管道中心高出 1.2 m(可参见图 2.11),油液的密度为 640 kg/m³,当地大气压力为 735 mmHg。求管道中心处的绝对压力和相对压力。

解 查表知水银的密度为 13 600 kg/m³,则当地大气压力为

$$p_a = \gamma_{水银} \cdot h_{水银} = 9.81 \times 13\,600 \times 0.735 = 98\,061 (\text{Pa})$$

所以,管道中心处油液的绝对压力为

$$p = p_a + \gamma h = 98\,061 + 9.81 \times 640 \times 1.2 = 105\,595 (\text{Pa})$$

管道中心处的相对压力为

$$p_m = \gamma h = 9.81 \times 640 \times 1.2 = 7\,534 (\text{Pa})$$

2.7.2 U形管测压计

这种测压计是一个装在刻度板上的两端开口的 U 形玻璃管。测量时,管的一端与大气相通,另一端与被测容器相接(图 2.12),然后根据 U 形管中液柱的高度差来计算被测容器

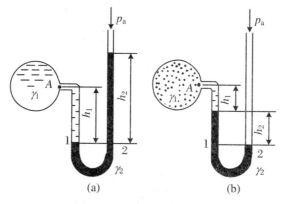

图 2.12 U形管测压计

中流体的压力。U 形管内装有重度 γ_2 大于被测流体重度 γ_1 的液体工作介质,如水、酒精、四氯化碳和水银等。它是根据被测流体的性质、被测压力的大小和测量精度等来选择的。如果被测压力较小时(如测量气体的压力时),可用水或酒精作为工作介质;如果被测压力较大时(如测量液体的压力时),可用水银作为工作介质。但一定要注意,工作介质与被测流体相互不能掺混。

U 形管测压计的测量范围比测压管大,但一般也不超过 0.3 MPa。U 形管测压计可以用来测量容器中高于大气压的流体压力,也可以用来测量容器中低于大气压的流体压力,即也可作为真空计来测量容器中的真空度。

下面分别介绍用 U 形管测压计测量 $p>p_a$ 和 $p<p_a$ 两种情况的测压原理。

当被测容器中的流体压力高于大气压力,即 $p>p_a$ 时,如图 2.12(a)所示。U 形管在没有接到测点 A 以前,左、右两管内的液面高度相等。U 形管接到测点上后,在测点 A 的压力作用下,左管液面下降,右管液面上升,直至达到平衡。这时,被测流体与管内工作介质的分界面 1—2 为一水平面。由于 U 形管测压计是连通器,1—2 断面以下都是工作液体,所以 1—2 断面为等压面。因此,U 形管左、右两管中的点 1 和点 2 的静压力相等,即 $p_1=p_2$。由式(2.17)可得

$$p_1 = p + \gamma_1 h_1, \quad p_2 = p_a + \gamma_2 h_2$$

所以

$$p + \gamma_1 h_1 = p_a + \gamma_2 h_2$$

则容器中 A 点的绝对压力为

$$p = p_a + \gamma_2 h_2 - \gamma_1 h_1 \tag{2.25}$$

A 点的相对压力为

$$p_m = p - p_a = \gamma_2 h_2 - \gamma_1 h_1 \tag{2.26}$$

于是,可以根据测得的 h_1 和 h_2 以及已知的 γ_1 和 γ_2 计算出被测容器中流体某点处的绝对压力和相对压力。

当被测容器中的流体压力小于大气压力,即 $p<p_a$ 时,如图 2.12(b)所示。在大气压力作用下,U 形管右管内液面下降,左管内液面上升,直到平衡为止。这时两管工作介质的液面高度差为 h_2。过右管工作介质的分界面作水平面 1—2,它是等压面,即 $p_1=p_2$。由式(2.17)可得

$$p_1 = p + \gamma_1 h_1 + \gamma_2 h_2, \quad p_2 = p_a$$

所以有

$$p + \gamma_1 h_1 + \gamma_2 h_2 = p_a$$

则容器中 A 点的绝对压力为

$$p = p_a - \gamma_1 h_1 - \gamma_2 h_2 \tag{2.27}$$

A 点的真空度(或负表压)为

$$p_v = p_a - p = \gamma_1 h_1 + \gamma_2 h_2 \tag{2.28}$$

如果 U 形管测压计用来测量气体的压力,则因为气体的重度很小,式(2.25)~式(2.28)中的 $\gamma_1 h_1$ 项可以忽略不计。

如果被测流体的压力较高,用一个 U 形管则较长,可以采用串联 U 形管组成多 U 形管测压计。通常采用双 U 形管或三 U 形管测压计。

例 2.2 如图 2.13 所示,双 U 形管测压计各段液柱高分别为 $h = h_1 = h_3 = 300$ mm,h_2

=200 mm,水银密度 $\rho_{水银}$ = 13 600 kg/m³,酒精密度 $\rho_{酒精}$ = 800 kg/m³,当地大气压力为 760 mmHg,求容器中水面上气体的绝对压力和相对压力。

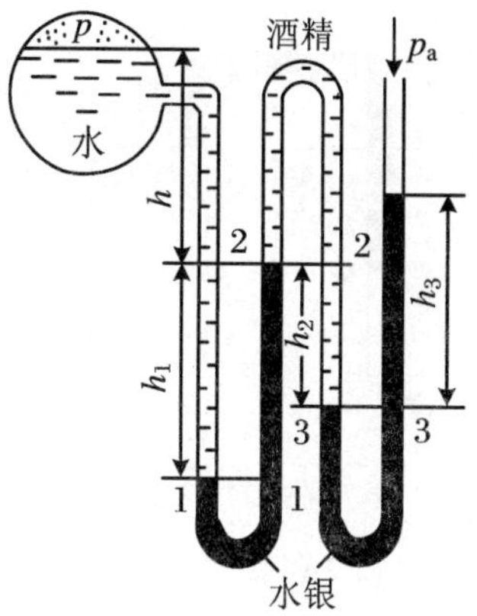

解 因为 1—1 面、2—2 面和 3—3 面都是等压面,因此

$$p_3 = p_a + \gamma_{水银}h_3$$
$$p_2 = p_3 - \gamma_{酒精}h_2$$
$$p_1 = p_2 + \gamma_{水银}h_1$$
$$p = p_1 - \gamma_水(h + h_1)$$

将以上各式的关系代入最后一式,经整理后则得到容器中水面上气体的绝对压力为

$$\begin{aligned}p &= p_a + \gamma_{水银}(h_1 + h_3) - \gamma_{酒精}h_2 - \gamma_水(h + h_1)\\&= \gamma_{水银}(h_a + h_1 + h_3) - \gamma_{酒精}h_2 - \gamma_水(h + h_1)\\&= 9.81 \times 13\,600 \times (0.76 + 0.3 + 0.3) - 9.81 \times 800 \times 0.2 - 9810 \times (0.3 + 0.3)\\&= 1.74 \times 10^5 (\text{Pa})\end{aligned}$$

图 2.13 双 U 形管测压计

容器中水面上气体的相对压力为

$$p_m = p - p_a = 72\,594 (\text{Pa})$$

2.7.3 U 形管差压计

U 形管差压计用来测量两个容器或同一容器(或管道等)流体中不同位置两点的压力差。测量时,把 U 形管两端分别和不同的压力测点 A 和 B 相接,如图 2.14 所示。U 形管中应注入较两个容器内的流体重度为大且不相混淆的液体作为工作介质(即 $\gamma > \gamma_A, \gamma > \gamma_B$)。若 $p_A > p_B$,则 U 形管内液体沿右面管上升,平衡后,1—2 断面为等压面,即 $p_1 = p_2$。由静力学基本方程(2.17)得

$$p_1 = p_A + \gamma_A(h_1 + h)$$
$$p_2 = p_B + \gamma_B h_2 + \gamma h$$

由于 $p_1 = p_2$,因此

$$p_A + \gamma_A(h_1 + h) = p_B + \gamma_B h_2 + \gamma h$$

则

$$\begin{aligned}p_A - p_B &= \gamma_B h_2 + \gamma h - \gamma_A(h_1 + h)\\&= (\gamma - \gamma_A)h + \gamma_B h_2 - \gamma_A h_1\end{aligned}$$

若两个容器内是同一流体,即 $\gamma_A = \gamma_B = \gamma_1$,则上式可写成

$$p_A - p_B = (\gamma - \gamma_1)h + \gamma_1(h_2 - h_1)$$

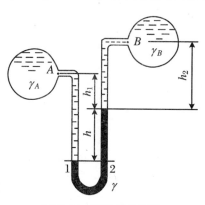

图 2.14 U 形管差压计

若两个容器内是同一气体,由于气体的重度很小,U 形管内的气柱重量可以忽略不计,上式可简化为

$$p_A - p_B = \gamma h$$

如果测量较小的液体压力差,也可以采用倒置式 U 形管差压计。如果被测量的流体的压力差较大,则可采用双 U 形管或多 U 形管差压计。

例 2.3 图 2.15 为一倒置的 U 形管差压计,已知 h_1 = 300 mm,h_2 = 200 mm,h_3 =

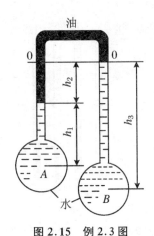

图 2.15 例 2.3 图

600 mm，$S_油 = 0.80$，问：

(1) $p_A - p_B$ 为多少？

(2) 若 $p_B = 5.0$ 绝对大气压，当地大气压力计的读数为 730 mmHg，求 A 处的压力。

解 (1) 图中 0—0 面为等压面，则
$$p_A = p_0 + \gamma_油 h_2 + \gamma_水 h_1$$
$$p_B = p_0 + \gamma_水 h_3$$

所以
$$p_A - p_B = \gamma_油 h_2 + \gamma_水 h_1 - \gamma_水 h_3 = \gamma_水(S_油 h_2 + h_1 - h_3)$$
$$= 9\,810 \times (0.8 \times 0.2 + 0.3 - 0.6) = -1\,373\,(\text{N/m}^2)$$

(2) 已知
$$p_B = 5.0 \times 0.73 \times 13\,600 \times 9.81 = 486\,968\,(\text{N/m}^2)$$

所以
$$p_A = 486\,968 - 1\,373 = 485\,595\,(\text{N/m}^2)$$

2.7.4 斜管微压计

当测量很微小的流体压力时，为了提高测量精度，常常采用斜管微压计。斜管微压计的结构如图 2.16 所示。它是由一个大容器连接一个可以调整倾斜角度的细玻璃管组成的，其中盛有重度为 γ 的工作液体（通常用密度为 $\rho = 800\,\text{kg/m}^3$ 的酒精作为工作液体）。

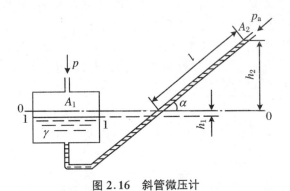

图 2.16 斜管微压计

在测压前，斜管微压计的两端与大气相通，容器与斜管内的液面平齐（如图中的 0—0 断面）。当测量容器或管道中的某处压力时，将微压计上端的测压口与被测气体容器或管道的测点相接，若被测气体的压力 $p > p_a$，则在该压力作用下，微压计容器中液面下降 h_1 的高度至 1—1 位置，而倾斜玻璃管中的液面上升了 l 长度，其上升高度 $h_2 = l\sin\alpha$。这样，微压计中两液面的实际高度差为 $h = h_1 + h_2$。若设微压计中容器的横截面积为 A_1，斜管中的横截面积为 A_2，由于容器内液体下降的体积与斜管中液体上升的体积相等，则 $h_1 = lA_2/A_1$。于是，根据流体静力学基本方程式(2.17)，得被测气体的绝对压力为

$$p = p_a + \gamma h = p_a + \gamma(h_1 + h_2) = p_a + \gamma\left(\frac{A_2}{A_1} + \sin\alpha\right)l = p_a + kl \quad (2.29)$$

其相对压力为

$$p_\mathrm{m} = p - p_\mathrm{a} = kl \qquad (2.30)$$

式(2.29)和式(2.30)中 $k = \gamma\left(\dfrac{A_2}{A_1} + \sin\alpha\right)$，称为斜管微压计常数，当 A_1、A_2 和 γ 不变时，它仅是倾斜角 α 的函数。改变 α 的大小，可以得到不同的 k 值，即可使被测压力差得到不同的放大倍数。对于每一种斜管微压计，其常数 k 值一般都有 0.2、0.3、0.4、0.6 和 0.8 五个数据以供选用。

如果用斜管微压计测量两容器或管道上两点的压力差，可将压力较大的 p_1 与微压计测压口相接，压力较小的 p_2 与倾斜的玻璃管出口相连，则测得的压力差为

$$p_1 - p_2 = \gamma h = kl$$

除斜管微压计外，常用的微压计还有双杯双液微压计和补偿式微压计等。

2.8 液体的相对平衡

前面我们讨论了静止流体在重力作用下的一些特性和规律。现在我们再来研究流体相对静止时的平衡规律。

2.8.1 匀速直线运动液体的相对平衡

若盛有液体的容器做匀速直线运动，容器内的液体相对于地球是运动的，但液体相对于容器却是静止的，液体质点之间也不存在相对运动。因此，作用在液体上的质量力只有重力而没有惯性力。此外，液体质点间也不存在黏性力。这样，只要把坐标系取在容器上，前面所讨论的关于重力作用下的静止流体的平衡规律及其特性将完全适用。即它们的等压面是水平面，等压面方程为

$$z = C$$

液体内任一点的静压力可以由流体静力学基本方程式求得，即

$$p = p_0 + \gamma h$$

2.8.2 水平等加速运动液体的相对平衡

若盛有液体的容器在水平方向上做等加速直线运动，那么容器内的液体相对于该容器来说是静止的，但容器是等加速前进的，必然带动其中的液体等加速前进，即液体实际上处于等加速运动中。假若我们把参考坐标系选在容器上（非惯性参照系），则容器中的液体相对于该参照系便处于相对平衡状态。为了方便起见，我们将 x 轴和 y 轴放在容器中的液体自由表面上，坐标原点放在液体自由表面中心，x 轴的方向与运动方向一致，z 轴垂直向上，如图 2.17 所示。当我们应用达朗贝尔原理来分析液体对该非惯性参照系 xyz 的相对平衡时，作用在液体质点上的质量力除重力外，还要虚加一个大小等于液体质点的质量乘以加速度、方向与加速度方向相反的惯性力。设容器的加速度为 a，则作用在单位质量液体上的质量力为

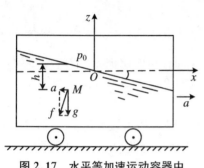

图 2.17 水平等加速运动容器中液体的相对平衡

$$f_x = -a, \quad f_y = 0, \quad f_z = -g$$

将上述单位质量力的分量代入压力微分方程式(2.8)得

$$dp = \rho(-adx - gdz)$$

将上式积分,得

$$p = -\rho(ax + gz) + C \tag{2.31}$$

为确定积分常数 C,我们引进边界条件:当 $x=0$,$z=0$ 时,$p=p_0$,代入上式得 $C=p_0$。于是

$$p = p_0 - \rho(ax + gz) \tag{2.32}$$

式(2.32)就是水平等加速直线运动容器中液体的静压力分布公式。它表明,压力 p 不仅随 z 的变化而变化,而且还随 x 的变化而变化。

下面进一步研究图 2.17 所示情况的等压面方程。

将单位质量力的分量代入等压面微分方程式(2.13)得

$$adx + gdz = 0$$

将上式积分,得

$$ax + gz = C \tag{2.33}$$

这就是等压面方程。显然,水平等加速直线运动容器中液体的等压面已不是水平面,而是一族平行的斜面。该倾斜的平面族与 x 轴所在的水平面的夹角为

$$\alpha = \arctan(a/g) \tag{2.34}$$

在自由液面上,因 $x=0$ 时,$z=0$,则等压面方程中的积分常数 $C=0$,因此自由液面的方程式为

$$ax_s + gz_s = 0 \tag{2.35}$$

或写成

$$z_s = -\frac{a}{g}x_s \tag{2.35a}$$

式中:x_s、z_s 为自由液面上任意一点的坐标。

将式(2.32)改写成下面的形式:

$$p = p_0 - \rho(ax + gz) = p_0 + \rho g\left(-\frac{a}{g}x - z\right)$$

将式(2.35a)代入上式得

$$p = p_0 + \rho g(z_s - z) = p_0 + \gamma h \tag{2.32a}$$

式中:$h = z_s - z$,h 为某点距液体倾斜自由液面下的深度,简称淹深。

比较式(2.32a)和式(2.17)可以看出,水平等加速直线运动容器中液体的静压力在深度方向的分布规律与静止流体中的静压力分布规律是相同的,即液体内任一点的静压力均等于液面上的压力 p_0 加上液体的重度 γ 与该点淹深 h 的乘积。

例 2.4 如图 2.18 所示,油罐车内装着 $\gamma = 8\,630\text{ N/m}^3$ 的石油,以水平直线速度 $u = 10\text{ m/s}$ 行

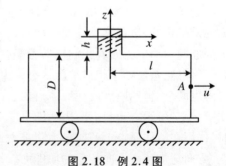

图 2.18 例 2.4 图

驶。油罐车的尺寸为 $D=2\text{ m}, h=0.3\text{ m}, l=4\text{ m}$,在某一时刻开始减速行驶,经 100 m 距离后完全停止。若考虑为均匀制动,求作用在侧面 A 上的作用力的大小。

解 均匀制动加速度为

$$a = -\frac{u^2}{2s} = -\frac{10^2}{2\times 100} = -0.5(\text{m/s}^2)$$

由式(2.32)得

$$p = p_0 - \rho(ax + gz)$$

若坐标的选取如图 2.18 所示,则对右侧 A 的中心点,$x=l, z=-(h+D/2)$,故其相对压力为

$$p_{mA} = p_A - p_a = -\rho\left[al - g\left(h+\frac{D}{2}\right)\right] = \gamma\left(h+\frac{D}{2} - \frac{a}{g}l\right)$$

因此,油罐车右侧面 A 上的总作用力为

$$F = \frac{1}{4}\pi D^2 p_{mA} = \frac{1}{4}\pi D^2 \gamma\left(h+\frac{D}{2}-\frac{a}{g}l\right)$$
$$= \frac{1}{4}\pi\times 2^2\times 8\,630\times\left(0.3+\frac{2}{2}+\frac{0.5}{9.81}\times 4\right) = 40\,752(\text{N})$$

2.8.3 等角速度旋转液体的相对平衡

如图 2.19 所示,盛有密度为 ρ 的液体的圆筒形的容器绕其铅直中心轴 z 以等角速度 ω 旋转。开始时液体受离心惯性力的作用向外甩,原来静止时的水平自由液面中心处的液体下降,而周围的液体沿器壁上升。当旋转达到稳定后,整个液体就像刚体一样随容器的转动而转动,自由液面成为稳定的凹形曲面。这时液体质点之间以及液体质点与器壁之间都没有相对运动,液体相对容器处于相对平衡状态(即对非惯性参照系的平衡)。根据达朗贝尔原理,作用在液体质点上的质量力除了重力以外,还要虚加一个离心惯性力,它的大小等于液体质点的质量乘以向心加速度,方向与向心加速度的方向相反。于是,在圆柱坐标系下,作用在单位质量流体上的质量力的各分量为

$$f_r = \omega^2 r, \quad f_\theta = 0, \quad f_z = -g$$

式中:r 为液体质点到旋转轴的距离,即液体质点所在位置的半径。

将单位质量力的各分量代入压力微分方程式(2.9),得

$$dp = \rho(\omega^2 r dr - g dz)$$

对上式积分,得

$$p = \rho\left(\frac{\omega^2 r^2}{2} - gz\right) + C \tag{2.36}$$

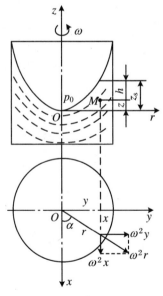

图 2.19 等角速度旋转容器中液体的相对平衡

根据边界条件,当 $r=0, z=0$ 时,$p=p_0$,则积分常数 $C=p_0$。于是

$$p = p_0 + \rho\left(\frac{\omega^2 r^2}{2} - gz\right) = p_0 + \gamma\left(\frac{\omega^2 r^2}{2g} - z\right) \tag{2.37}$$

这就是等角速度旋转容器中液体的静压力分布公式。公式表明:在同一高度上,液体的静压力沿径向按半径的二次方增长。

下面进一步求出旋转容器中液体的等压面方程。

将单位质量力的各分量代入等压面微分方程式 $f_r dr + f_\theta r d\theta + f_z dz = 0$,得

$$\omega^2 r dr - g dz = 0$$

积分得

$$\frac{\omega^2 r^2}{2} - gz = C \qquad (2.38)$$

式(2.38)表明,等角速度旋转容器中液体的等压面是一族绕 z 轴的旋转抛物面。在自由表面上,当 $r=0$ 时,$z=0$,可得积分常数 $C=0$。故自由表面方程为

$$\frac{\omega^2 r_s^2}{2} - gz_s = 0 \qquad (2.39)$$

或

$$z_s = \frac{\omega^2 r_s^2}{2g} \qquad (2.39a)$$

式中:r_s、z_s 为自由表面上任一点的坐标。

将式(2.39a)代入式(2.37),可得

$$p = p_0 + \gamma(z_s - z) = p_0 + \gamma h \qquad (2.37a)$$

式中:$h = z_s - z$,h 为液体中某点距自由表面的垂直距离,即距自由表面下的深度,简称淹深。

可以看出,绕铅直轴等角速度旋转容器中液体的静压力分布公式(2.37a)与静止液体中静压力分布公式(2.17)完全相同,即液体内任一点的静压力均等于液面上的压力 p_0 加上液体的重度与该点淹深的乘积。

下面我们再来讨论两种特殊的情况:

(1) 如图 2.20 所示,在装满液体的圆筒形容器顶盖中心处开口,当这种容器绕其垂直中心轴做等角速度旋转时,液体虽然受离心惯性力的作用而向外甩,但由于受容器顶盖的限制,液面并不能形成旋转抛物面。尽管如此,但根据边界条件,当 $r=0$,$z=0$ 时 $p=p_a$,故容器中液体内各点的静压力分布仍为

$$p = p_a + \gamma \left(\frac{\omega^2 r^2}{2g} - z \right)$$

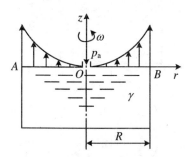

图 2.20 顶盖中心开口的容器

作用在顶盖上各点的流体静压力仍按旋转抛物面分布:中心点 O 处的流体静压力为 $p = p_a$,离开中心各点压力都大于 p_a,顶盖边缘点 B 处的流体静压力为最大,其值为 $p = p_a + \gamma \frac{\omega^2 R^2}{2g}$,如图 2.20 中的箭头所示。角速度 ω 越大,则边缘处的流体静压力越大。

(2) 如图 2.21 所示,在装满液体的圆筒形容器的顶盖边缘处开口,当这种容器绕其垂直中心轴做等角速度旋转时,液体由于受离心惯性力的作用而向外甩,但在容器内部产生的真空又将液体吸住,以致液体跑不出去。根据边界条件,当 $r=R$,$z=0$ 时,$p=p_a$,得积分

常数 $C = p_a - \gamma \dfrac{\omega^2 R^2}{2g}$，故液体内各点的静压力分布规律为

$$p = p_a - \gamma \left[\dfrac{\omega^2(R^2 - r^2)}{2g} + z \right] \quad (2.40)$$

可见，尽管液面没有形成旋转抛物面，但作用在容器顶盖上各点的流体静压力仍按旋转抛物面的规律分布。顶盖边缘开口 B 处为大气压力 p_a，大气压力的等压面如图 2.21 中的 ACB 所示。旋转抛物面 ACB 以上的流体静压力均小于大气压力，即有真空存在，越靠近顶盖中心 O 处，其真空度越大。O 点处的真空度最大，其真空度为 $\gamma \dfrac{\omega^2 R^2}{2g}$（即为 OC 液柱高）。顶盖上各点的真空度如图 2.21 中的箭头所示，顶盖中心点 O 处的流体静压力为

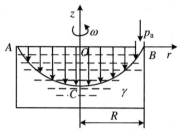

图 2.21 顶盖边缘开口的容器

$$p = p_a - \gamma \dfrac{\omega^2 R^2}{2g} \quad \text{或} \quad p_m = p - p_a = -\gamma \dfrac{\omega^2 R^2}{2g}$$

可见，角速度 ω 越大，则中心处的真空度越大。工程上所用的离心式泵和离心式风机都是应用流体静力学的这一规律制作的。当叶轮回转时，在中心处形成真空，将流体吸入，再借离心惯性力的作用甩向边缘，提高压力，而后输送出去。

例 2.5 如图 2.22 所示，在一直径 $d = 300\ \text{mm}$、高 $H = 500\ \text{mm}$ 的圆筒形容器中注入水至高 $h_1 = 300\ \text{mm}$，容器绕其铅直中心轴做等角速度旋转。

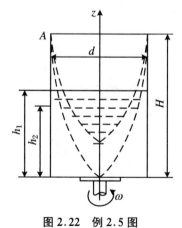

图 2.22 例 2.5 图

（1）试确定使水的自由液面正好达到容器上缘时的转数 n_1；

（2）求抛物面顶端碰到容器底时的转数 n_2；

（3）此时，若容器停止旋转，水面高度 h_2 是多少？

解 （1）取圆柱坐标系，坐标原点取在旋转抛物面顶点上。等压面微分方程为

$$\omega^2 r\,\mathrm{d}r - g\,\mathrm{d}z = 0$$

对上式积分，得

$$\dfrac{1}{2}\omega^2 r^2 - gz = C$$

在自由表面上，当 $r = 0$ 时，$z = 0$，则积分常数 $C = 0$。于是得自由面方程

$$z_s = \dfrac{\omega^2 r_s^2}{2g}$$

由于容器旋转后，水面最高点正好达到容器上缘 A 处，故没有水溢出。所以抛物体的空间体积应等于原静止时水面上部容器空间的体积。抛物体空间的体积为

$$V_1 = \int_0^R \pi r_s^2\,\mathrm{d}z_s = \int_0^R \pi r_s^2\,\mathrm{d}\left(\dfrac{\omega^2 r_s^2}{2g}\right) = \int_0^R \pi r_s^2 \dfrac{\omega^2}{2g} 2r_s\,\mathrm{d}r_s$$

$$= \dfrac{\pi \omega^2}{g}\int_0^R r_s^3\,\mathrm{d}r_s = \dfrac{\pi \omega^2 R^4}{4g}$$

静止时容器上部空间的体积为

$$V_2 = \pi R^2(H - h_1)$$

因为 $V_1 = V_2$，于是

$$\frac{\pi \omega^2 R^4}{4g} = \pi R^2 (H - h_1)$$

所以

$$\omega_1 = \frac{2}{R}\sqrt{g(H-h_1)} = \frac{2}{0.15}\sqrt{9.81 \times (0.5-0.3)} = 18.68(\text{rad/s})$$

又因为

$$\omega = \frac{2\pi n}{60}$$

所以

$$n_1 = \frac{60\omega_1}{2\pi} = \frac{60 \times 18.68}{2 \times 3.14} = 178.5(\text{r/min})$$

(2) 抛物面顶端达到容器底时的情况：

仍取圆柱坐标系，坐标原点取在容器底部中心处，与上同理，得液体自由面方程为

$$\frac{1}{2}\omega^2 r_s^2 \ gz_s = 0$$

于是

$$\omega = \frac{1}{r_s}\sqrt{2gz_s}$$

容器上缘 A 点处的坐标为 $r = R = 0.15 \text{ m}, z = H = 0.5 \text{ m}$，代入上式，得

$$\omega_2 = \frac{1}{0.15}\sqrt{2 \times 9.81 \times 0.5} = 20.88(\text{rad/s})$$

所以

$$n_2 = \frac{60\omega_2}{2\pi} = \frac{60 \times 20.88}{2 \times 3.14} = 199.5(\text{r/min})$$

(3) 在旋转抛物面顶端达到容器底时，其抛物体的体积为

$$V_1' = \frac{\pi \omega_2^2 R^4}{4g} = \frac{3.14 \times 20.88^2 \times 0.15^4}{4 \times 9.81} = 0.017\,66(\text{m}^3)$$

则容器中液体的体积为

$$V_{液2} = \pi R^2 H - V_1' = 3.14 \times 0.15^2 \times 0.5 - 0.017\,66 = 0.017\,66(\text{m}^3)$$

故转数为 $n_2 = 199.5 \text{ r/min}$ 的容器停止转动后，容器中液面的高度为

$$h_2 = \frac{V_{液2}}{\pi R^2} = \frac{0.017\,66}{3.14 \times 0.15^2} = 0.25(\text{m})$$

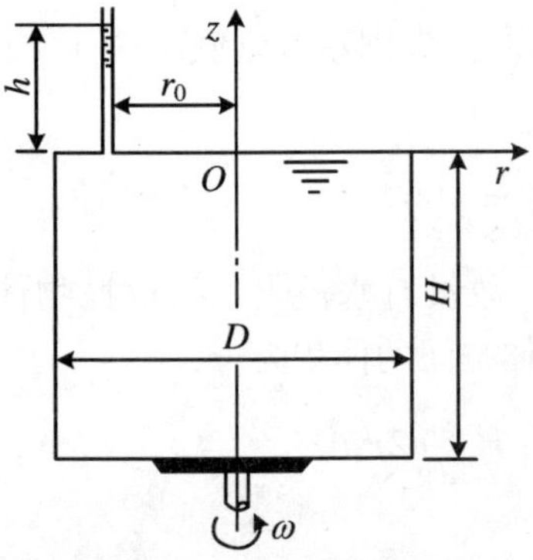

例 2.6 图 2.23 所示为一圆筒形容器，直径 $D = 1.2 \text{ m}$，完全装满水，顶盖上在 $r_0 = 0.43 \text{ m}$ 处开一小孔，装有一敞口测压管，管中水位 $h = 0.5 \text{ m}$。问：

(1) 此容器绕其立轴旋转的转速 n 为多大时，顶盖所受的静水总压力为零？

(2) 若容器深度 $H = 1.0 \text{ m}$，此时容器底部中心处的相对压力为多大？

图 2.23 例 2.6 图

解 (1) 取圆柱坐标系如图 2.23 所示，坐标原点取在顶盖中心 O 处，z 轴铅直向上。

由压力微分方程式
$$dp = \rho(\omega^2 r dr - g dz)$$
对上式积分,得
$$p = \rho\left(\frac{\omega^2 r^2}{2} - gz\right) + C$$

由边界条件 $r = r_0, z = 0$ 时, $p = p_a + \gamma h$,得积分常数 $C = p_a + \gamma h - \dfrac{\rho\omega^2 r_0^2}{2}$。于是,容器中液体内各点的静压力分布为

$$p = p_a + \gamma h + \rho\left(\frac{\omega^2 r^2}{2} - gz\right) - \frac{\rho\omega^2 r_0^2}{2}$$
$$= p_a + \frac{1}{2}\rho\omega^2(r^2 - r_0^2) + \gamma(h - z) \tag{2.41}$$

故容器顶盖上各点所受的静水压力(相对压力)为

$$p_{m(z=0)} = p - p_a = \frac{1}{2}\rho\omega^2(r^2 - r_0^2) + \gamma h$$

所以容器顶盖所受的静水总压力为

$$P = \int_0^R p_{m(z=0)} \cdot 2\pi r dr = \int_0^R \left[\frac{1}{2}\rho\omega^2(r^2 - r_0^2) + \gamma h\right] 2\pi r dr$$
$$= \frac{1}{4}\pi R^2 \rho\omega^2(R^2 - 2r_0^2) + \pi R^2 \gamma h$$

令静水总压力 $P = 0$,得

$$\frac{1}{4}\pi R^2 \rho\omega^2(R^2 - 2r_0^2) + \pi R^2 \gamma h = 0$$

整理上式,得

$$\omega = \sqrt{\frac{4gh}{2r_0^2 - R^2}} = \sqrt{\frac{4 \times 9.81 \times 0.5}{2 \times 0.43^2 - 0.6^2}} = 44.74(\text{rad/s})$$

则顶盖所受静水总压力为零时容器的转速为

$$n = \frac{60\omega}{2\pi} = \frac{60 \times 44.74}{2 \times 3.14} = 427(\text{r/min})$$

(2) 容器底部中心处的坐标是 $r = 0, z = -H = -1.0$ m,代入上述静压力分布公式(2.41),得容器底部中心处的相对压力为

$$p_m = p - p_a = -\frac{1}{2}\rho\omega^2 r_0^2 + \gamma(h + H)$$
$$= -\frac{1}{2} \times 1\,000 \times 44.74^2 \times 0.43^2 + 9\,810 \times (0.5 + 1.0)$$
$$= -170(\text{kN/m}^2)$$

2.9 静止液体作用在平面上的总压力及压力中心

前面我们研究了平衡状态下流体内部的静压力分布规律。在工程实际中,有时还需要

解决液体对固体壁面的总作用力问题。在已知流体的静压力分布规律后,求总压力的问题,实质上就是求受压面上分布力的合力问题。受压面可以是平面,也可以是曲面。本节先讨论作用在平面上的总压力及其压力中心。

作用在平面上总压力的计算一般有两种方法:解析法和图解法。

2.9.1 解析法

2.9.1.1 确定总压力的大小和方向

设有一面积为 A 的任意形状的平面 ab,与水平液面成 α 的夹角,液面上的压力为 p_0,如图 2.24 所示。取平面 ab 的延伸面与水平液面的交线为 Ox 轴,取 ab 所在平面上与 Ox 轴垂直的线为 Oy 轴。为了分析方便起见,我们将平面 ab 绕 Oy 轴转动 90°(图 2.24)。图中 C 点为 ab 面的形心,D 点为总压力的作用点。

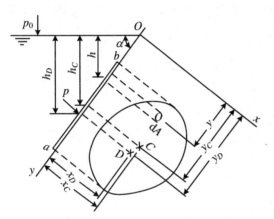

图 2.24 作用在平面上的液体总压力

由于流体静压力的方向指向作用面的内法线方向,所以,作用在平面上各点的静压力的方向相同,其合力可按平行力系求和的原理来确定。设在受压平面上任取一微元面积 dA,其中心点在液面下的深度为 h,作用在 dA 中心点上的压力为 $p = p_0 + \gamma h$,则作用在微元面积 dA 上的总压力为

$$dP = pdA = (p_0 + \gamma h)dA = p_0 dA + \gamma y \sin \alpha dA$$

根据平行力系求和原理,作用在整个面积 A 上的总压力为

$$P = \int_A p dA = \int_A p_0 dA + \gamma \sin \alpha \int_A y dA = p_0 A + \gamma \sin \alpha \int_A y dA$$

式中:$\int_A y dA$ 为面积 A 对 Ox 轴的静面矩,由理论力学知,它等于面积 A 与其形心坐标 y_C 的乘积,即 $\int_A y dA = y_C A$。如以 p_C 代表形心 C 处液体的静压力,则上式可写成

$$P = p_0 A + \gamma \sin \alpha y_C A = (p_0 + \gamma h_C)A = p_C A \tag{2.42}$$

上式表明:静止液体作用在任意形状平面上的总压力的大小,等于该平面形心处的静压力与平面面积的乘积。

液体总压力的方向垂直指向受压面的内法线方向。

2.9.1.2 确定总压力的作用点——压力中心

总压力的作用点又称为压力中心。由于液体的静压力与液深成正比,越深的地方其静压力越大,所以压力中心 D 在 y 轴上的位置必然低于形心 C。

压力中心 D 的位置,可根据理论力学中的静力矩定理求得,即各分力对某一轴的静力矩之和等于其合力对同一轴的静力矩。现在,作用在每个微元面积 dA 上的微小总压力 dP 对 Ox 轴的静力矩之和为

$$\int_A y dP = \int_A y(p_0 + \gamma y \sin \alpha) dA = p_0 \int_A y dA + \gamma \sin \alpha \int_A y^2 dA$$
$$= p_0 y_C A + \gamma \sin \alpha I_x \tag{2.43}$$

式中：$I_x = \int_A y^2 dA$ 为面积 A 对 Ox 轴的惯性矩。

总压力 P 对 Ox 轴的静力矩为

$$Py_D = (p_0 + \gamma h_C) A y_D = (p_0 + \gamma y_C \sin \alpha) A y_D \tag{2.44}$$

由于合力对某轴之矩等于各分力对同轴力矩之和,因此有

$$(p_0 + \gamma y_C \sin \alpha) A y_D = p_0 y_C A + \gamma \sin \alpha I_x \tag{2.45}$$

根据惯性矩平行移轴定理,如果面积 A 对通过它的形心 C 并与 x 轴平行的轴的惯性矩为 I_{xC},则 $I_x = I_{xC} + y_C^2 A$,代入式(2.45)后得

$$y_D = \frac{p_0 y_C A + \gamma \sin \alpha (I_{xC} + y_C^2 A)}{(p_0 + \gamma y_C \sin \alpha) A} = y_C + \frac{\gamma \sin \alpha I_{xC}}{(p_0 + \gamma y_C \sin \alpha) A} \tag{2.46}$$

当 $p_0 = 0$ 时,上式简化为

$$y_D = y_C + \frac{I_{xC}}{y_C A} \tag{2.47}$$

或写成

$$y_D - y_C = \frac{I_{xC}}{y_C A} \tag{2.47a}$$

由于 $I_{xC}/(y_C A)$ 恒为正值,故有 $y_D > y_C$。说明压力中心 D 点总是低于形心 C。

如果平面 ab 在 x 方向不对称,则可用与上述同样的方法求得压力中心的 x 坐标为

$$x_D = \frac{I_{xy}}{y_C A} = x_C + \frac{I_{xyC}}{y_C A} \tag{2.48}$$

式中：$I_{xy} = \int_A xy dA$ 为面积 A 对 x 轴和 y 轴的惯性积；I_{xyC} 是对通过形心 C 且平行于 x 轴和 y 轴的轴的惯性积。在工程实际中,受压面常是对称于 y 轴的,则压力中心 D 一定在平面的对称轴上,不必另外计算 x_D。

表 2.1 列出了常见图形的面积 A、形心距离 y_C 以及惯性矩 I_{xC} 的计算式,可供查阅。

表 2.1　常见图形的 A、y_C 及 I_{xC} 值

几何图形名称	面积 A	形心坐标 y_C	对通过形心轴的惯性矩 I_{xC}
矩形	bh	$\frac{1}{2}h$	$\frac{1}{12}bh^3$

几何图形名称	面积 A	形心坐标 y_c	对通过形心轴的惯性矩 I_{xC}
三角形	$\dfrac{1}{2}bh$	$\dfrac{2}{3}h$	$\dfrac{1}{36}bh^3$
梯形	$\dfrac{h}{2}(a+b)$	$\dfrac{h}{3}\cdot\dfrac{a+2b}{a+b}$	$\dfrac{h^3}{36}\cdot\dfrac{a^2+4ab+b^2}{a+b}$
圆	$\dfrac{\pi}{4}d^2$	$\dfrac{1}{2}d$	$\dfrac{\pi}{64}d^4$
半圆	$\dfrac{\pi}{8}d^2$	$\dfrac{4}{3\pi}r$	$\dfrac{9\pi^2-64}{72\pi}r^4$
椭圆	$\dfrac{\pi}{4}bh$	$\dfrac{1}{2}h$	$\dfrac{\pi}{64}bh^3$

2.9.2 图解法

用图解法来计算静止液体作用在平面上的总压力,仅适用于底边平行于水平面的矩形平面的情况。使用图解法,首先需要绘制静压力分布图,然后再根据它来计算总压力。

静压力分布图是依据水静力学基本方程 $p=p_0+\gamma h$,直接在受压面上绘制表示各点静压力大小和方向的图形。现以图 2.25 中垂直壁面 AB 左侧为例绘制静压力分布图。设横坐标为 p,纵坐标为 h,坐标原点与壁面的 A 点重合。根据静压力与液深成线性变化的规律,先按比例定出 AB 两端点的静压力,并用线段表示在相应点上,用箭头表示静压力作用的方向,然后用直线连接线段的两端点 C、D,便绘出壁面 AB 左侧的静压力分布图(梯形 $ABDC$)。

现把静压力分布图分成 p_0 和 γh 作用的两部分。过 A 点作 $AE /\!/ CD$,平行四边形 $AEDC$ 部分就是液面上静压力 p_0 作用的静压力分布图;三角形 ABE 部分就是液柱高 h 产生的静压力 γh 作用的静压力分布图。实际中,液面上的压力常为大气压,大气压不仅对 AB 的左侧面有作用,对 AB 的右侧面也同样有作用,而且两侧面的压力大小相等,方向相反,互相抵消,对受压面不产生力学效应。因此工程计算中,只考虑相对压力的作用,不计及大气压的影响,即只考虑静压力分布图 ABE。

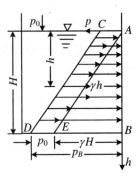

图 2.25 静压力分布图

图 2.26 绘出了几种常见受压面的静压力分布图。

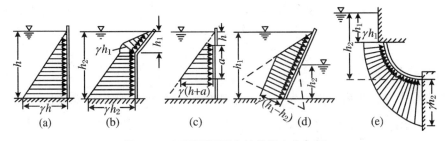

图 2.26 不同受压面上的静压力分布图

现在用式(2.42)对高为 H、宽为 b、底边平行于水平面的垂直矩形平面 AB(图 2.25)计算其总压力,为

$$P = p_c A = (p_0 + \gamma h_c) Hb = \left(p_0 + \frac{1}{2}\gamma H\right) Hb$$
$$= \frac{1}{2}(2p_0 + \gamma H) Hb$$

由图 2.25 看出,上式中 $\frac{1}{2}(2p_0 + \gamma H) H$ 恰为静压力分布图 $ABDC$ 的面积,我们用 S 表示,则上式可写成

$$P = Sb \tag{2.49}$$

由此可见,液体作用在底边平行于水平面的矩形平面上的总压力,等于静压力分布图的面积与矩形平面宽度的乘积。或者说,其总压力等于静压力分布图的体积。

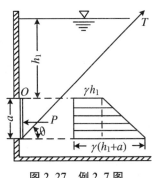

图 2.27 例 2.7 图

由于静压力分布图所表示的正是力的分布情况,而总压力则是平面上各微元面积上所受液体压力的合力。所以总压力的作用线,必然通过静压力分布图的形心,其方向垂直指向受压面的内法线方向。而且压力中心位于矩形平面的对称轴上。如果静压力分布图为三角形,则压力中心位于距底边三分之一高度处。

例 2.7 在一水池的泄水孔上装有一高为 $a = 1$ m,宽为 $b = 2$ m 的矩形闸门(图 2.27)。闸门上缘在水面下的淹没深度为 $h_1 = 3$ m,闸门可绕 O 轴旋转,并可用与水平面成 $\theta =$

45°角的索链开启。求开启闸门时所需要的拉力 T。

解 （1）用解析法计算。

由于闸门两侧均有大气压的作用，故采用相对压力计算闸门所受液体的总压力。由式(2.42)得

$$P = p_C A = \gamma\left(h_1 + \frac{a}{2}\right)ab = 9\,810 \times \left(3 + \frac{1}{2}\right) \times 1 \times 2$$
$$= 68\,670(\text{N})$$

由式(2.47)求得压力中心的位置为

$$y_D = y_C + \frac{I_{xC}}{y_C A} = \left(h_1 + \frac{a}{2}\right) + \frac{\frac{1}{12}ba^3}{\left(h_1 + \frac{a}{2}\right)ab}$$

$$= \left(3 + \frac{1}{2}\right) + \frac{1^2}{12\left(3 + \frac{1}{2}\right)}$$

$$= 3.5 + 0.024 = 3.524(\text{m})$$

即压力中心在闸门形心之下 0.024 m 处。

现在求拉力 T。当启门力矩大于总压力对 O 轴的力矩时，闸门可能被打开，故有

$$Ta\cos\theta = P\left(\frac{a}{2} + y_D - y_C\right)$$

$$T = \frac{P\left(\frac{a}{2} + y_D - y_C\right)}{a\cos\theta} = \frac{68\,670 \times \left(\frac{1}{2} + 0.024\right)}{1 \times \cos 45°} = 50\,888(\text{N})$$

（2）用图解法计算。

绘制闸门所受静压力分布图，如图 2.27 中梯形所示，其面积为

$$S = \frac{1}{2}[\gamma h_1 + \gamma(h_1 + a)]a = \gamma a\left(h_1 + \frac{a}{2}\right) = 9\,810 \times 1 \times \left(3 + \frac{1}{2}\right)$$
$$= 34\,335(\text{N/m}^2)$$

由式(2.49)可得闸门所受的总压力为

$$P = Sb = 34\,335 \times 2 = 68\,670(\text{N})$$

为求压力中心的位置，先将梯形的静压力分布图分成已知形心位置的矩形和三角形，再利用总面积对某轴之静面矩等于各部分面积对同轴静面矩之和的原理求得。现对通过闸门形心 C 的水平轴取矩，得

$$S(y_D - y_C) = \frac{1}{2}\gamma a^2\left(\frac{a}{2} - \frac{a}{3}\right)$$

所以

$$y_D - y_C = \frac{\gamma a^3}{12S} = \frac{9\,810 \times 1^3}{12 \times 34\,335} = 0.024(\text{m})$$

同样，令启门力矩大于总压力对 O 轴之矩，可得到启门之力 T 为 50 888 N。

2.10 静止液体作用在曲面上的总压力

计算静止液体作用在曲面上的总压力,同样是求作用在每个微元面积上微小压力的合力问题。但是,组成整个曲面的各个微元面各自具有不同的方位,它们的法线方向既不平行,也不一定交于一点。因此,作用在各微元面积上的压力不是平行力系,而是空间力系。所以,不能用平行力系求和的原理或直接积分的方法来计算其总压力。一般是将作用在曲面上的总压力分解为水平方向和垂直方向的分力分别进行计算。本节以工程上常见的二维曲面为例,分析曲面上总压力的计算方法,进而将结论推广到一般曲面。

如图 2.28 所示,设有一面积为 A 的二维曲面,它在纸面上的投影为 AB,垂直于纸面的宽度为 b,液体在曲面左侧。设在曲面 AB 上,液深为 h 处取一与底边平行的长条形微元面积 $\mathrm{d}A$,作用在 $\mathrm{d}A$ 上的微小总压力为

$$\mathrm{d}P = (p_0 + \gamma h)\mathrm{d}A$$

$\mathrm{d}P$ 垂直于 $\mathrm{d}A$,并与水平面成夹角 α。现将其分解为水平方向和垂直方向的两个分力 $\mathrm{d}P_x$ 和 $\mathrm{d}P_z$。那么

$$\mathrm{d}P_x = \mathrm{d}P\cos\alpha = (p_0 + \gamma h)\mathrm{d}A\cos\alpha$$

$$\mathrm{d}P_z = \mathrm{d}P\sin\alpha = (p_0 + \gamma h)\mathrm{d}A\sin\alpha$$

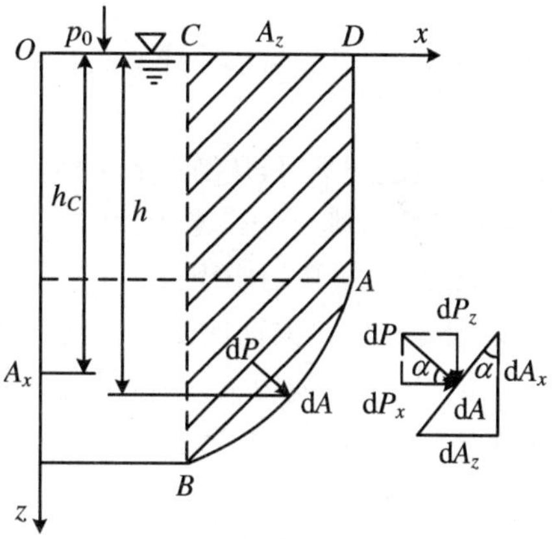

由于 $\mathrm{d}A\cos\alpha$ 和 $\mathrm{d}A\sin\alpha$ 分别为微元面积 $\mathrm{d}A$ 在垂直面上和水平面上的投影面积,分别以 $\mathrm{d}A_x$ 和 $\mathrm{d}A_z$ 表示,代入上式得

$$\mathrm{d}P_x = (p_0 + \gamma h)\mathrm{d}A_x$$

$$\mathrm{d}P_z = (p_0 + \gamma h)\mathrm{d}A_z$$

图 2.28 作用在二维曲面上的总压力

将上两式分别积分,即得到总压力的水平分力和垂直分力分别为

$$P_x = \int_{A_x}(p_0 + \gamma h)\mathrm{d}A_x = p_0 A_x + \gamma\int_{A_x} h\mathrm{d}A_x \tag{2.50}$$

$$P_z = \int_{A_z}(p_0 + \gamma h)\mathrm{d}A_z = p_0 A_z + \gamma\int_{A_z} h\mathrm{d}A_z \tag{2.51}$$

式(2.50)中 $\int_{A_x} h\mathrm{d}A_x = h_C A_x$ 为曲面 AB 在垂直面上的投影面积 A_x 对水平轴 y 的静面矩。因此,式(2.50)可写成

$$P_x = p_0 A_x + \gamma h_C A_x = (p_0 + \gamma h_C)A_x = p_C A_x \tag{2.52}$$

上式表明,静止液体作用在曲面上的总压力的水平分力,等于该曲面在垂直于所求分力的垂直投影面上的总压力。因此,可以运用上节所讨论的求解平面上的总压力及其作用点的方法来确定曲面上总压力的水平分力。

由图 2.28 可见,式(2.51)中 $\int_{A_z} h\mathrm{d}A_z$ 为受压曲面 AB 与其在自由液面上的投影面 CD 之

间的柱体 $ABCD$ 的体积。由于该体积的大小决定于 P_z 的值,所以又称此体积为压力体,用 V_P 表示。因此,式(2.51)可写成

$$P_z = p_0 A_z + \gamma V_P \tag{2.53}$$

上式表明,静止液体作用在曲面上的总压力的垂直分力,等于自由液面上的压力作用在该曲面在水平面的投影面积上的总压力与压力体内液体的重量之和。总压力的垂直分力的作用线通过压力体的形心(重心)而指向受压面。

总压力的垂直分力 P_z 的方向取决于受压曲面与液体的相对位置以及曲面所受相对压力的正负,可能是向下的,也可能是向上的,要根据具体情况加以判断。一般地,如果压力体与作用液体位于曲面的同一侧,则 P_z 的方向向下,这种压力体称为实压力体;如果压力体与作用液体分别位于曲面的两侧,则 P_z 的方向向上,这种压力体称为虚压力体。

在求出液体对二维曲面的分力 P_x 和 P_z 后,就不难求出液体对曲面的总压力 P 了。即

$$P = \sqrt{P_x^2 + P_z^2} \tag{2.54}$$

总压力 P 的作用线与水平线的夹角 α 为

$$\alpha = \arctan(P_z / P_x) \tag{2.55}$$

P 的作用线通过 P_x 和 P_z 作用线的交点,但该交点不一定在曲面上。如要确定总压力 P 在曲面上的作用点,则可先作出 P_x 和 P_z 的作用线,然后作出 P 的作用线,这条作用线与曲面的交点即为总压力 P 的作用点。

以上是对二维曲面所受液体总压力的分析和计算,对于三维曲面所受液体总压力的计算,上述方法同样适用。只要再求出另一个水平分力 P_y 即可。类似于 P_x 的计算,总压力 P 在 y 轴方向的水平分力为

$$P_y = (p_0 + \gamma h_C) A_y = p_C A_y \tag{2.56}$$

则三维曲面所受液体的总压力为

$$P = \sqrt{P_x^2 + P_y^2 + P_z^2} \tag{2.57}$$

例 2.8 有一高为 $a = 2\,\mathrm{m}$、宽为 $b = 5\,\mathrm{m}$ 的深孔弧形闸门,闸门的圆心角 $\varphi = 45°$,轴与闸孔上缘位于同一高度,闸孔下缘淹没在水面下的深度为 $H = 6\,\mathrm{m}$(图 2.29)。求液体作用在闸门上的总压力。

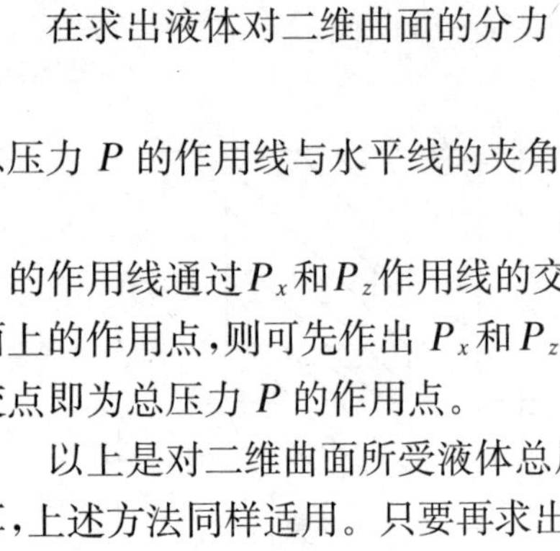

解 先求总压力在水平方向和垂直方向的分力。由于自由液面上的压力为大气压,所以总压力在水平方向的分力为

$$P_x = \gamma h_C A_x = \gamma \left(H - \frac{a}{2} \right) ab$$

$$= 9\,810 \times \left(6 - \frac{2}{2} \right) \times 2 \times 5$$

$$= 4.905 \times 10^5 (\mathrm{N}) = 490.5 (\mathrm{kN})$$

图 2.29 例 2.8 图

垂直分力 P_z 等于压力体 $ABEF$ 内液体的重量。压力体的体积为图示 $ABEF$ 的面积与闸门宽度 b 的乘积。即

$$V_P = (S_{ABC} + S_{ACEF}) b = \left[\frac{1}{8} \pi \left(\frac{a}{\sin \varphi} \right)^2 - \frac{1}{2} a^2 + \left(\frac{a}{\sin \varphi} - a \right) (H - a) \right] b$$

$$= \left[\frac{1}{8} \times 3.14 \times \left(\frac{2}{\sin 45°}\right)^2 - \frac{1}{2} \times 2^2 + \left(\frac{2}{\sin 45°} - 2\right)(6-2)\right] \times 5$$

$$= 22.27(\text{m}^3)$$

所以，总压力在垂直方向的分力为

$$P_z = \gamma V_P = 9\,810 \times 22.27 = 2.185 \times 10^5(\text{N}) = 218.5(\text{kN})$$

因此，液体作用在闸门上的总压力为

$$P = \sqrt{P_x^2 + P_z^2} = \sqrt{490.5^2 + 218.5^2} = 537(\text{kN})$$

总压力 P 的作用线与水平线的夹角 α 为

$$\alpha = \arctan\left(\frac{P_z}{P_x}\right) = \arctan\left(\frac{218.5}{490.5}\right) = 24°$$

因圆弧形闸门上各微小总压力都垂直于弧面，并指向圆弧中心 O 点，所以它们的合力 P 也必然垂直于弧面并指向 O 点。设 P 的作用线与弧形闸门的交点为 D，这点与圆弧中心 O 点的垂直距离为 Z_D，则

$$Z_D = R\sin\alpha = \frac{2}{\sin 45°}\sin 24° = 1.15(\text{m})$$

习 题 2

2.1 质量为 1 000 kg 的油液（$S = 0.9$）在有势质量力 $F = -2\,598i - 11\,310k(\text{N})$ 的作用下处于平衡状态，试求油液内的压力分布规律。

2.2 如图 2.30 所示，容器中空气的绝对压力为 $p_B = 93.2$ kPa，当地大气压力为 $p_a = 98.1$ kPa，试求玻璃管中水银柱上升高度 h_v。

2.3 如图 2.31 所示，封闭容器中水面的绝对压力为 $p_1 = 105$ kPa，当地大气压力为 $p_a = 98.1$ kPa，A 点在水面下 6 m，试求：

(1) A 点的相对压力；

(2) 测压管中水面与容器中水面的高差。

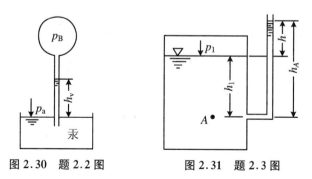

图 2.30　题 2.2 图　　　　图 2.31　题 2.3 图

2.4 如图 2.32 所示，已知水银压差计中的读数 $\Delta h = 20.3$ cm，油柱高 $h = 1.22$ cm，油的重度 $\gamma_{油} = 9.0$ kN/m³，试求：

(1) 真空计中的读数 p_v；

(2) 管中空气的相对压力 p_{m0}。

2.5 如图 2.33 所示，设已知测点 A 到水银测压计左边水银面的高差为 $h_1 = 40$ cm，左、右水银面高差

为 $h_2 = 25\ \text{cm}$，试求 A 点的相对压力。

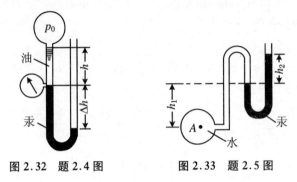

图 2.32　题 2.4 图　　　图 2.33　题 2.5 图

2.6　封闭容器的形状如图 2.34 所示，若测压计中的汞柱读数 $\Delta h = 100\ \text{mm}$，求水面下深度 $H = 2.5\ \text{m}$ 处的压力表读数。

2.7　如图 2.35 所示，封闭水箱的测压管及箱中水面高程分别为 $\nabla_1 = 100\ \text{cm}$ 和 $\nabla_4 = 80\ \text{cm}$，水银压差计右端高程为 $\nabla_2 = 20\ \text{cm}$，问左端水银面高程 ∇_3 为多少？

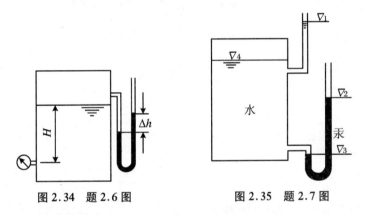

图 2.34　题 2.6 图　　　图 2.35　题 2.7 图

2.8　如图 2.36 所示，两高度差 $z = 20\ \text{cm}$ 的水管，与一倒 U 形管压差计相连，压差计内的水面高差 $h = 10\ \text{cm}$，试求下列两种情况下 A、B 两点的压力差：

（1）γ_1 为空气；

（2）γ_1 为重度 $9\ \text{kN/m}^3$ 的油。

2.9　如图 2.37 所示，有一半封闭容器，左边三格为水，右边一格为油（比重为 0.9）。试求 A、B、C、D 四点的相对压力。

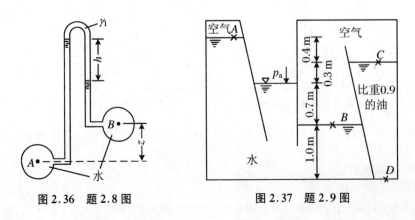

图 2.36　题 2.8 图　　　图 2.37　题 2.9 图

2.10 如图 2.38 所示,一小封闭容器放在大封闭容器中,后者充满压缩空气。测压表 A、B 的读数分别为 8.28 kPa 和 13.80 kPa,已知当地大气压为 100 kPa,试求小容器内的绝对压力。

2.11 如图 2.39 所示,两个充满空气的封闭容器互相隔开,左边压力表 M 的读数为 100 kPa,右边真空计 V 的读数为 3.5 mH$_2$O,试求连接两容器的水银压差计中 h 的读值。

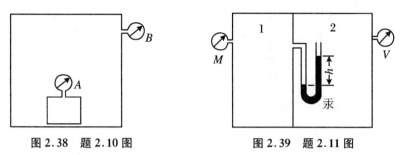

图 2.38 题 2.10 图　　　　图 2.39 题 2.11 图

2.12 如图 2.40 所示,水泵的吸入管与压出管的管径相同,今在其间连接一水银压差计,测得 Δh = 120 mm,问经水泵后水增压多少? 若将水泵改为风机,则经过此风机的空气压力增加了多少?

2.13 如图 2.41 所示,有两个 U 形压差计连接在两水箱之间,读数 h、a、b 及重度 γ 已知,求 γ_1 及 γ_2 的表达式。

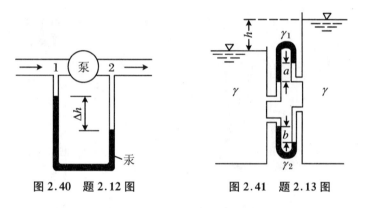

图 2.40 题 2.12 图　　　　图 2.41 题 2.13 图

2.14 如图 2.42 所示,用真空计测得封闭水箱液面上的真空度为 981 N/m^2,敞口油箱中的油面比水箱水面低 H = 1.5 m,汞比压计中的读数 h_1 = 5.6 m,h_2 = 0.2 m,求油的比重。

2.15 如图 2.43 所示,试比较同一水平面上的 1、2、3、4、5 各点压力的大小,并说明其理由。

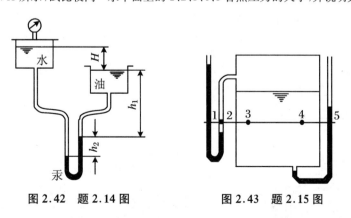

图 2.42 题 2.14 图　　　　图 2.43 题 2.15 图

2.16 多管水银测压计用来测水箱中的表面压力。图 2.44 中高程的单位为 m,当地大气压力为 10^5 Pa,试求水面的绝对压力 p_0。

2.17 如图 2.45 所示,倾斜式微压计中的工作液体为酒精($\rho = 800 \text{ kg/m}^3$),已测得读数 $l = 50$ cm,倾角 $\alpha = 30°$,求液面气体压力 p_1。

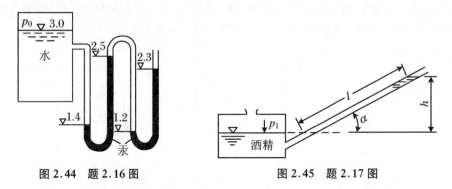

图 2.44　题 2.16 图　　　　　　图 2.45　题 2.17 图

2.18 如图 2.46 所示,U 形水银压差计中,已知 $h_1 = 0.3$ m,$h_2 = 0.2$ m,$h_3 = 0.25$ m。A 点的相对压力为 $p_A = 24.5$ kPa,酒精的比重为 0.8,试求 B 点空气的相对压力。

2.19 如图 2.47 所示,一直立的煤气管,在底部的测压管中读数为 $h_1 = 100$ mmH$_2$O,在 $H = 20$ m 高处测得 $h_2 = 115$ mmH$_2$O。管外空气的重度 $\gamma_a = 12.64$ N/m^3,求管中静止煤气的重度。

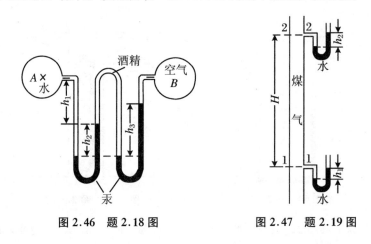

图 2.46　题 2.18 图　　　　　　图 2.47　题 2.19 图

2.20 如图 2.48 所示,封闭容器中有空气、油和水三种流体,压力表 A 的读数为 -1.47 N/cm^2。
(1) 试绘出容器侧壁上的静压力分布图;
(2) 求水银测压计中的水柱柱高度差。

2.21 三个 U 形水银测压计,其初始水银面如图 2.49 中的(A)所示。当它们装在同一水箱底部时,使其顶边依次低下的距离为 $a = 1$ m,水银的比重为 13.6,试问三个测压计中的读数 h_1、h_2、h_3 各为多少?

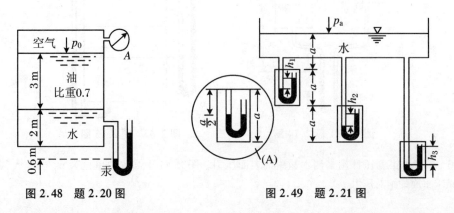

图 2.48　题 2.20 图　　　　　　图 2.49　题 2.21 图

2.22 如图 2.50 所示,已知 U 形管水平段长 $l=30$ cm,当它沿水平方向做等加速运动时,$h=10$ cm,试求它的加速度 a。

2.23 图 2.51 容器中 l、h_1、h_2 为已知,当容器以等加速度 a 向左运动时,试求中间隔板不受力时 a 的表达式。若 $l=1$ m,$h_1=1$ m,$h_2=2$ m,a 值应为多少?

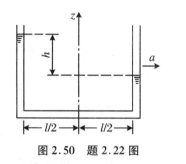

图 2.50 题 2.22 图

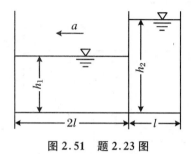

图 2.51 题 2.23 图

2.24 如图 2.52 所示,一矩形水箱长为 $l=2.0$ m,箱中静水面比箱顶低 $h=0.4$ m,问水箱运动的直线加速度为多大时,水将溢出水箱?

2.25 如图 2.53 所示,一盛水的矩形敞口容器,沿 $\alpha=30°$ 的斜面向上做加速度运动,加速度 $a=2$ m/s²,求液面与壁面的夹角 θ。

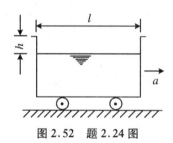

图 2.52 题 2.24 图

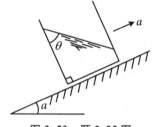

图 2.53 题 2.25 图

2.26 图 2.54 为一圆筒形容器,半径 $R=150$ mm,高 $H=500$ mm,盛水深 $h=250$ mm。今以角速度 ω 绕 z 轴旋转,试求容器底开始露出时的转速。

2.27 如图 2.55 所示,圆柱形容器的半径 $R=15$ cm,高 $H=50$ cm,盛水深 $h=30$ cm。若容器以等角速度 ω 绕 z 轴旋转,试求 ω 最大为多少时才不致使水从容器中溢出。

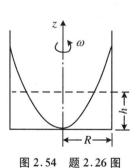

图 2.54 题 2.26 图

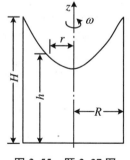

图 2.55 题 2.27 图

2.28 如图 2.56 所示,一封闭容器,直径 $D=0.6$ m,高 $H=0.5$ m,内装水深至 $h=0.4$ m,上部装比重 $S=0.8$ 的油。封闭容器的上盖中心有一小孔,当容器绕 z 轴旋转时,使油水分界面下降至底部中心,试求:

(1) 这时的旋转角速度;

(2) a、b、c、d 各点的压力(用 mH₂O 表示);

(3) 液体作用在容器底和顶盖上的力。

2.29 如图 2.57 所示,已知矩形闸门高 $h=3\,\mathrm{m}$,宽 $b=2\,\mathrm{m}$,上游水深 $h_1=6\,\mathrm{m}$,下游水深 $h_2=4.5\,\mathrm{m}$,试求:

(1) 作用在闸门上的总静水压力;
(2) 压力中心的位置。

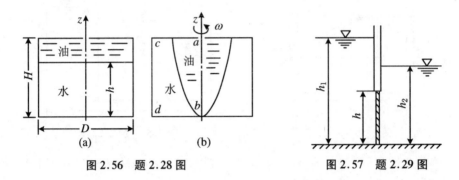

图 2.56 题 2.28 图   图 2.57 题 2.29 图

2.30 如图 2.58 所示,在倾角 $\alpha=60°$ 的堤坡上有一圆形泄水孔,孔口装一直径 $d=1\,\mathrm{m}$ 的平板闸门,闸门中心位于水深 $h=3\,\mathrm{m}$ 处,闸门 a 端有一铰链,b 端有一钢索可将闸门打开。若不计闸门及钢索的自重,求开启闸门所需的力 F。

2.31 如图 2.59 所示,有一三角形闸门,可绕 AB 轴旋转,油液的重度为 γ,求液体对闸门的总压力及总压力对 AB 轴的力矩。

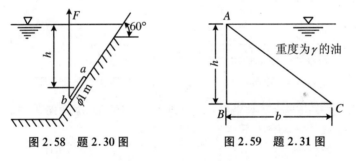

图 2.58 题 2.30 图   图 2.59 题 2.31 图

2.32 如图 2.60 所示,倾斜的矩形平板闸门,长为 AB,宽 $b=2\,\mathrm{m}$,设水深 $h=8\,\mathrm{m}$,试求作用在闸门上的静水总压力及其对端点 A 的力矩。

2.33 如图 2.61 所示,矩形平板闸门,宽 $b=0.8\,\mathrm{m}$,高 $h=1\,\mathrm{m}$,若要求箱中水深 h_1 超过 $2\,\mathrm{m}$ 时闸门即可自动开启,铰链的位置 y 应设在何处?

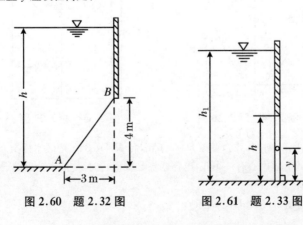

图 2.60 题 2.32 图   图 2.61 题 2.33 图

2.34 如图2.62所示,金属的矩形平板闸门,宽1 m,由两根工字钢横梁支撑。闸门高 $h=3$ m,容器中水面与闸门顶齐平,如要求两横梁所受的力相等,两工字钢的位置 y_1 和 y_2 应为多少?

2.35 如图2.63所示,一弧形闸门,宽2 m,圆心角 $\alpha=30°$,半径 $r=3$ m,闸门转轴与水平面齐平,求作用在闸门上的静水总压力的大小与方向(即合力与水平面的夹角)。

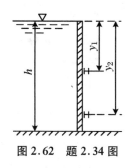

图2.62 题2.34图

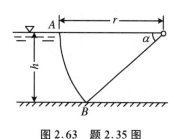

图2.63 题2.35图

2.36 如图2.64所示,一圆柱形闸门,长 $l=10$ m,直径 $D=4$ m,上游水深 $h_1=4$ m,下游水深 $h_2=2$ m,求作用在该闸门上的静水总压力的大小与方向。

2.37 图2.65为一封闭容器,宽 $b=2$ m,AB 为一1/4圆弧闸门。容器内 BC 线以上为油,以下为水。U形测压计中液柱高差 $R=1$ m,闸门 A 处设一铰,求 B 点处力 F 为多少时才能把闸门关住。

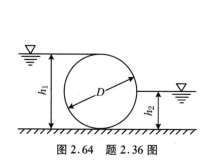

图2.64 题2.36图

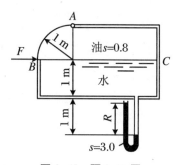

图2.65 题2.37图

2.38 如图2.66所示,用一圆柱形圆木挡住左边的油,油层浮在水面上,设圆木正处于平衡状态,试求:
(1) 单位长圆木对岸的推力;
(2) 单位长圆木的重量;
(3) 圆木的比重。

2.39 半径为 R 的封闭圆柱形容器内装满重度为 γ 的液体,测压管如图2.67所示,试求:
(1) 作用在单位长 AB 面上的水平分力及作用线;
(2) 作用在单位长 AB 面上的铅垂分力及作用线。

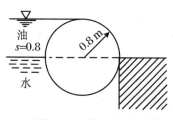

图2.66 题2.38图

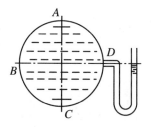

图2.67 题2.39图

2.40 如图2.68所示,一直径$d=2$ m 的圆柱体,长度 $l=1$ m,放置于 $\alpha=60°$ 的斜面上,一侧有水,水深 $h=1$ m,求此圆柱体所受的静水总压力。

2.41 如图2.69所示,油库侧壁有一半球形盖,直径为 $d=0.6$ m,半球中心在液面下的淹没深度 $H=2.0$ m,测压管中液面高出油库中液面的高度 $h=0.6$ m,石油重度为 6867 N/m³,试求液体作用在半球盖上的水平分力及铅垂分力。

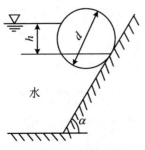
图2.68 题2.40图

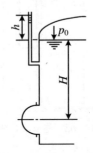
图2.69 题2.41图

第 3 章　流体动力学基础

本章将阐述研究流体流动的一些基本方法,以及流体运动学方面的某些基本概念,并应用物理学中的质量守恒定律、牛顿第二定律和动量守恒定律等推导出理想流体动力学中的几个重要的基本方程:连续性方程、欧拉运动方程和伯努利方程、动量方程等。并举例说明它们在工程实际中的应用。

3.1　流体流动的起因

由不同的起因所造成的流体的流动过程具有不同的流动特征。造成流体流动的原因可分为两大方面:一是由浮力造成的,二是由外力或压差造成的。根据流体流动的起因不同,可将流体的流动分为自然流动和强制流动。

3.1.1　自然流动

在流体流动的体系内,因各部分流体的温度不同所导致的密度不同而产生的浮力作用所造成的流动,称为自然流动。在某流体中,当流体的某一部分受热时,则会因温度的升高而使其密度减小,此时,将在周围温度较低、密度较大的流体所产生的浮力作用下产生上浮的流动;反之,则产生下降的流动。

流体的自然流动一般都是和热量的传递过程同时存在的,流体流动的特征则直接和换热过程有关,流场的特征与换热的温度场相互制约而并存。因此,自然流动中的动量交换过程一般来说是较为复杂的。

3.1.2　强制流动

在流体流动的体系内,流体在外力或压差的作用下所产生的流动,称为强制流动。如在泵或风机所提供的压力以及在喷射器所提供的喷射力作用下的流体的流动都属于强制流动。

对于流体流动的分类,除按流体流动的起因分类外,还有其他一些分类方法,如前面已提到过的不可压缩流体的流动和可压缩流体的流动、理想流体的流动和黏性流体的流动,以及以后我们将要学到的稳定流动和非稳定流动、层流流动和紊流流动、有旋流动和无旋流动、亚音速流动和超音速流动等。

3.2 流场的特征及分类

3.2.1 流场的概念

流体是由无限多的连续分布的流体质点所组成的,流体的运动一般都是在固体壁面所限制的空间内外进行的。例如,室内空气的流动,室外大气的绕流,管道中水蒸气或煤气的流动等,都是在建筑物的墙壁、管道的管壁等固体壁面所限制的空间内外进行的。因此,流体在流动过程中将连续地占据这些空间。我们把流体流动所占据的全部空间称为流场。流体力学的主要任务就是研究流场中流体的运动规律。

3.2.2 研究流体运动的方法

流体力学中,研究流体运动的方法有两种:拉格朗日法和欧拉法。

3.2.2.1 拉格朗日法

拉格朗日法是将整个流体的运动看作是各个单一流体质点运动的总和。它首先着眼于描述单个质点在运动时的位置、速度、压力及其他流动参量随时间的变化规律,然后把全部质点的运动情况综合起来,得到整个流体的运动。拉格朗日法实质上是利用质点系动力学来研究连续介质的运动。

既然拉格朗日法首先描述单个质点沿其轨迹的运动,而流体又是由无数质点组成的,这就需要设法标明所描述的是哪个质点的运动。为此,选取在某一初始时刻 τ_0 各个质点的位置坐标 a、b、c 来作为它们的标记。不同的质点在 τ_0 时必然占有各自不同的位置,因此,把 a、b、c 作为变数就能代表所有的流体质点。同时,每个流体质点在运动过程中的空间位置都随时间 τ 在不断变化着。所以,在直角坐标系中流体质点的轨迹方程可表示为

$$\left. \begin{array}{l} x = x(a,b,c,\tau) \\ y = y(x,y,z,\tau) \\ z = z(x,y,z,\tau) \end{array} \right\} \tag{3.1}$$

式中:a、b、c 和 τ 称为拉格朗日变数。

将式(3.1)对时间求导,可得到某个流体质点的速度为

$$\left. \begin{array}{l} u_x = \dfrac{\mathrm{d}x}{\mathrm{d}\tau} = \dfrac{\partial x}{\partial \tau} = \dfrac{\partial x(x,y,z,\tau)}{\partial \tau} \\ u_y = \dfrac{\mathrm{d}y}{\mathrm{d}\tau} = \dfrac{\partial y}{\partial \tau} = \dfrac{\partial y(x,y,z,\tau)}{\partial \tau} \\ u_z = \dfrac{\mathrm{d}z}{\mathrm{d}\tau} = \dfrac{\partial z}{\partial \tau} = \dfrac{\partial z(x,y,z,\tau)}{\partial \tau} \end{array} \right\} \tag{3.2}$$

同理可得到某个流体质点的加速度为

$$\left. \begin{aligned} a_x &= \frac{\partial u_x}{\partial \tau} = \frac{\partial^2 x(x,y,z,\tau)}{\partial \tau^2} \\ a_y &= \frac{\partial u_y}{\partial \tau} = \frac{\partial^2 y(x,y,z,\tau)}{\partial \tau^2} \\ a_z &= \frac{\partial u_z}{\partial \tau} = \frac{\partial^2 z(x,y,z,\tau)}{\partial \tau^2} \end{aligned} \right\} \quad (3.3)$$

以上两式在求导过程中应将 a、b、c 视为定值。

流体质点的其他流动参数可以类似地表示为 a、b、c 和 τ 的函数。如

$$p = p(a,b,c,\tau)$$
$$\rho = \rho(a,b,c,\tau)$$

拉格朗日法物理概念简单明了,能直接求出各质点的运动轨迹及其流动参数在运动过程中的变化。但是在方程的建立和数学处理上常会遇到很大的困难。另外,对大多数的工程问题并不需要详细了解每个质点的运动情况,如工程中的管流问题,一般只要知道流动截面上的速度分布、流量及压力的沿程变化就够了。因此,在工程上拉格朗日法很少被采用,广泛采用的是欧拉法。

3.2.2.2 欧拉法

欧拉法是以流体运动的空间作为观察的对象,即着眼于整个流场的状态。研究某一时刻位于各不同空间点上流体质点的速度、压力、密度及其他流动参数的分布,然后把各个不同时刻的流体运动情况综合起来,从而得到整个流体的运动。实质上,欧拉法就是研究表征流场内流体流动特征的各种物理量的场——向量场和标量场,如速度场、压力场和密度场等。

一般情况下,同一时刻不同空间点上的流动参数是不同的,因此,流动参数是空间点的坐标 (x,y,z) 的函数,而在不同时刻同一空间点上的流动参数也是不同的,因而,流动参数也是时间 τ 的函数。如

$$\boldsymbol{u} = \boldsymbol{u}(x,y,z,\tau) \quad (3.4)$$

或

$$\left. \begin{aligned} u_x &= u_x(x,y,z,\tau) \\ u_y &= u_y(x,y,z,\tau) \\ u_z &= u_z(x,y,z,\tau) \end{aligned} \right\} \quad (3.4a)$$

$$p = p(x,y,z,\tau) \quad (3.5)$$
$$\rho = \rho(x,y,z,\tau) \quad (3.6)$$

式(3.4)~式(3.6)所表示的函数式依次代表速度场、压力场和密度场。对于流体运动中的其他物理参量也可用同样的函数形式来表示。

在欧拉法中,通过流场中某点的流体质点的加速度可表示为

$$\boldsymbol{a} = \frac{d\boldsymbol{u}}{d\tau} = \frac{\partial \boldsymbol{u}}{\partial \tau} + \frac{\partial \boldsymbol{u}}{\partial x}\frac{dx}{d\tau} + \frac{\partial \boldsymbol{u}}{\partial y}\frac{dy}{d\tau} + \frac{\partial \boldsymbol{u}}{\partial z}\frac{dz}{d\tau} \quad (3.7)$$

或

$$\left.\begin{aligned} a_x &= \frac{\mathrm{d}u_x}{\mathrm{d}\tau} = \frac{\partial u_x}{\partial \tau} + \frac{\partial u_x}{\partial x}\frac{\mathrm{d}x}{\mathrm{d}\tau} + \frac{\partial u_x}{\partial y}\frac{\mathrm{d}y}{\mathrm{d}\tau} + \frac{\partial u_x}{\partial z}\frac{\mathrm{d}z}{\mathrm{d}\tau} \\ a_y &= \frac{\mathrm{d}u_y}{\mathrm{d}\tau} = \frac{\partial u_y}{\partial \tau} + \frac{\partial u_y}{\partial x}\frac{\mathrm{d}x}{\mathrm{d}\tau} + \frac{\partial u_y}{\partial y}\frac{\mathrm{d}y}{\mathrm{d}\tau} + \frac{\partial u_y}{\partial z}\frac{\mathrm{d}z}{\mathrm{d}\tau} \\ a_z &= \frac{\mathrm{d}u_z}{\mathrm{d}\tau} = \frac{\partial u_z}{\partial \tau} + \frac{\partial u_z}{\partial x}\frac{\mathrm{d}x}{\mathrm{d}\tau} + \frac{\partial u_z}{\partial y}\frac{\mathrm{d}y}{\mathrm{d}\tau} + \frac{\partial u_z}{\partial z}\frac{\mathrm{d}z}{\mathrm{d}\tau} \end{aligned}\right\} \quad (3.7\mathrm{a})$$

在流场中任一流体质点都沿着一定的轨迹运动,可见,运动的流体质点所经过的空间点的坐标也是随时间变化的,即 x, y, z 都是时间 τ 的函数：

$$x = x(\tau), \quad y = y(\tau), \quad z = z(\tau) \quad (3.8)$$

式(3.8)是流体质点的运动轨迹方程。将式(3.8)对时间 τ 求导即得到流体质点沿运动轨迹的三个速度分量分别为

$$\frac{\mathrm{d}x}{\mathrm{d}\tau} = u_x, \quad \frac{\mathrm{d}y}{\mathrm{d}\tau} = u_y, \quad \frac{\mathrm{d}z}{\mathrm{d}\tau} = u_z \quad (3.9)$$

将式(3.9)代入式(3.7)和式(3.7a)得

$$\boldsymbol{a} = \frac{\partial \boldsymbol{u}}{\partial \tau} + u_x \frac{\partial \boldsymbol{u}}{\partial x} + u_y \frac{\partial \boldsymbol{u}}{\partial y} + u_z \frac{\partial \boldsymbol{u}}{\partial z} \quad (3.7\mathrm{b})$$

和

$$\left.\begin{aligned} a_x &= \frac{\partial u_x}{\partial \tau} + u_x \frac{\partial u_x}{\partial x} + u_y \frac{\partial u_x}{\partial y} + u_z \frac{\partial u_x}{\partial z} \\ a_y &= \frac{\partial u_y}{\partial \tau} + u_x \frac{\partial u_y}{\partial x} + u_y \frac{\partial u_y}{\partial y} + u_z \frac{\partial u_y}{\partial z} \\ a_z &= \frac{\partial u_z}{\partial \tau} + u_x \frac{\partial u_z}{\partial x} + u_y \frac{\partial u_z}{\partial y} + u_z \frac{\partial u_z}{\partial z} \end{aligned}\right\} \quad (3.7\mathrm{c})$$

由式(3.7b)可知,用欧拉法求得的流体质点的加速度由两部分组成,第一部分是由于某一空间点上的流体质点的速度随时间变化而产生的,称为当地加速度或时变加速度,即式(3.7b)中等式右端的第一项 $\frac{\partial \boldsymbol{u}}{\partial \tau}$；第二部分是由于某一瞬时流体质点的速度随空间点的变化而引起的,称为迁移加速度或位变加速度,即式(3.7b)中等式右端的后三项 $u_x \frac{\partial \boldsymbol{u}}{\partial x} + u_y \frac{\partial \boldsymbol{u}}{\partial y} + u_z \frac{\partial \boldsymbol{u}}{\partial z}$。当地加速度与迁移加速度之和称为总加速度。为了加深对当地加速度与迁移加速度的理解,现举例说明这两个加速度的物理意义。如图3.1所示,不可压缩流体流过一个中间有收缩形的变截面管道,截面2比截面1小,则截面2的速度就要比截面1的速度大。所以当流体质点从1点流到2点时,由于截面的收缩引起速度的增加,从而产生了迁移加速度；如果在某一段时间内流进管道的流体输入量有变化(增加或减少),则管中每一点上流体质点的速度将相应发生变化(增大或减少),从而产生了当地加速度。

在流体运动过程中,流体质点的其他流动参量的变化率也可写成与式(3.7b)同样的形式,如

$$\frac{\mathrm{d}p}{\mathrm{d}\tau} = \frac{\partial p}{\partial \tau} + u_x \frac{\partial p}{\partial x} + u_y \frac{\partial p}{\partial y} + u_z \frac{\partial p}{\partial z}$$

$$\frac{\mathrm{d}\rho}{\mathrm{d}\tau} = \frac{\partial \rho}{\partial \tau} + u_x \frac{\partial \rho}{\partial x} + u_y \frac{\partial \rho}{\partial y} + u_z \frac{\partial \rho}{\partial z}$$

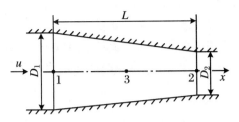

图 3.1　流体在变截面管道内的流动

在圆柱坐标系下,流体质点的加速度计算式为

$$\left.\begin{aligned} a_r &= \frac{\partial u_r}{\partial \tau} + u_r \frac{\partial u_r}{\partial r} + u_\theta \frac{\partial u_r}{r\partial \theta} + u_z \frac{\partial u_r}{\partial z} - \frac{u_\theta^2}{r} \\ a_\theta &= \frac{\partial u_\theta}{\partial \tau} + u_r \frac{\partial u_\theta}{\partial r} + u_\theta \frac{\partial u_\theta}{r\partial \theta} + u_z \frac{\partial u_\theta}{\partial z} + \frac{u_r u_\theta}{r} \\ a_z &= \frac{\partial u_z}{\partial \tau} + u_r \frac{\partial u_z}{\partial r} + u_\theta \frac{\partial u_z}{r\partial \theta} + u_z \frac{\partial u_z}{\partial z} \end{aligned}\right\} \quad (3.10)$$

3.2.3　稳定流场和非稳定流场

由前可知,流体质点的流动参量是位置坐标(x, y, z)和时间τ的函数,即一般情况下流体质点的流动参量是随位置坐标和时间而变化的。

当流场中的流体在流动时,若流体质点的流动参量(如速度u和压力p等)不随时间τ而变化,而只是位置坐标(x, y, z)的函数,这种流场被称为稳定流场。稳定流场中流体的流动参量,如速度u和压力p的表达式可写为

$$\left.\begin{aligned} u &= u(x, y, z) \\ p &= p(x, y, z) \end{aligned}\right\} \quad 或 \quad \left.\begin{aligned} \frac{\partial u}{\partial \tau} &= 0 \\ \frac{\partial p}{\partial \tau} &= 0 \end{aligned}\right\}$$

稳定流场内流体的流动称为稳定流动。如图3.2(a)所示,在容器的侧壁开一小孔,液体从小孔向外流出。如果设法使容器内的液面高度保持不变(如连续往容器内注入一定量的液体),那么所观察到的从小孔流出的流股轨迹也是不变的。这说明孔口处的流速以及流股内各空间点上的流速都不随时间而变化,这种情况下的流动即为稳定流动。但是,在流股内

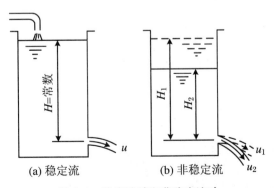

图 3.2　稳定流动和非稳定流动

不同的位置上的流体质点的运动速度则是不同的。就是说，稳定流动时，流场中各点的流动参量虽然与时间无关，但一般仍是空间坐标的函数。

如果流场中的流体在流动时，流体质点的流动参量既随时间而变化又随坐标而变化，这种流场则称为非稳定流场。这时的流动参量是时间 τ 和坐标 (x,y,z) 的函数，如速度 u 和压力 p 的表达式可写为

$$\left.\begin{aligned} u &= u(x,y,z,\tau) \\ p &= p(x,y,z,\tau) \end{aligned}\right\} \quad 或 \quad \left.\begin{aligned} \frac{\partial u}{\partial \tau} &\neq 0 \\ \frac{\partial p}{\partial \tau} &\neq 0 \end{aligned}\right\}$$

非稳定流场内流体的流动称为非稳定流动。如图 3.2(b)所示，如果不往容器内补充液体，显然随着流体从小孔向外流出，容器内液面不断下降。这时可观察到，随着时间的增长，从小孔流出的流股的轨迹从初始状态逐渐向下弯曲。这说明流股内部各点的流速等各流动参量不仅是坐标的函数，而且随时间在不断地变化。这种情况下的流动则为非稳定流动。

非稳定流动是比较多见的。但如果我们观察的时间比较长，其流动参量的变化平均值趋于稳定；或者流体的流动参量随时间的变化非常缓慢，且在较短的时间内研究这种流动时，都可以近似地认为它们是稳定流动或作为稳定流动来处理。这样做，方法比较简便，而且能满足工程上的实际需要。

3.2.4 一维流场、二维流场和三维流场

一般地，流体的流动都是在三维空间内进行的，流体的流动参量多是三个坐标的函数，这种流场称为三维流场。如自然环境中风或水的流动等都属三维流场内的流动。如果流场中流体的流动参量是两个坐标或是一个坐标的函数，则它们分别被称为二维流场和一维流场。很显然，自变量的数目越少，问题就越简单，因此在流体力学的研究和实际工程技术中，在可能的条件下应尽量将三维的流场简化为二维流场甚至一维流场予以解决或近似求解。

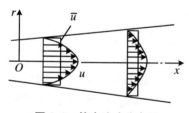

图 3.3 管内流速分布图

例如图 3.3 所示一变截面圆管内黏性流体的流动，流体质点的速度既是半径 r 的函数，又是沿轴线距离 x 的函数，即

$$u = f(r,x)$$

显然这种流场为二维流场，但在工程上常将其简化为一维流场来求解。其办法就是在每个截面上取速度的平均值，图 3.3 中的 $\bar{u}$ 就是速度 u 在相应截面上的平均值。于是有

$$\bar{u} = f(x)$$

即速度场只是 x 的函数，这就是一维流场的问题。

3.2.5 控制体的概念

研究流体平衡和运动规律的基本方法之一是取一个流体微团（微元体），分析微团的受力、变形和运动，建立平衡或运动微分方程，然后求解微分方程，从而得到各流动参量之间的

关系,即用微分的方法来建立基本方程式。但在有些情况下,采用积分的方法去建立基本方程式以求解流动规律,则更为简便。积分方法不是从分析无限小的微团出发,而是从分析有限体积内的流体质点的运动出发来建立方程的。这里就要用到控制体的概念。

所谓控制体,就是根据所研究问题的需要,在流场中划定的某一个确定的空间区域。这个区域的周界称为控制面。控制体的形状是根据流体的流动情况和边界位置任意选定的,但一旦选定之后,则不再随流体的流动及过程的进行而变化。同时,控制体的形状和位置相对于所选定的坐标系来说也是固定不变的。另外,控制面可以是实际存在的表面,也可以是设想的表面。如图3.4所示的1234区域是研究液体流过一无限大平板情况时所选取的控制体。该控制体确定之后,不再随流体的流动而变化,并且相对于坐标系 xOy 也是固定不变的。图中1—3控制面和2—4控制面是实际存在的表面,1—3面为气液界面,2—4面为液固界面。1—2控制面和3—4控制面为设想的表面,它们都是在液体中划定的表面。

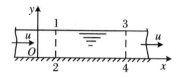

图 3.4 控制体和控制面

例 3.1 不可压缩流体通过收缩形管道做一维稳定流动,其速度为 $u = u_0\left(1 + \dfrac{x}{L}\right)\boldsymbol{i}$,$u_0$ 为起始速度,L 为特征尺寸。

(1) 求流场中流体质点的加速度 a;

(2) 已知起始时刻 $\tau = 0$ 时,$x = 0$,求质点在流场中的位置 x 与时间 τ 的函数关系,以及流体质点加速度 a 与时间 τ 的函数关系。

解 根据题意作图,并建立坐标系如图 3.5 所示。

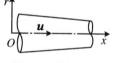

图 3.5 例 3.1 图

(1) 根据式(3.7b),流场中运动流体质点的加速度为

$$a = \frac{du}{d\tau} = \frac{\partial u}{\partial \tau} + u_x \frac{\partial u}{\partial x} + u_y \frac{\partial u}{\partial y} + u_z \frac{\partial u}{\partial z}$$

因为流场是稳定的一维流场,所以

$$\frac{\partial u}{\partial \tau} = 0, \quad u_y = u_z = 0$$

而 $u_x = u = u_0\left(1 + \dfrac{x}{L}\right)$,只是坐标 x 的函数,故有

$$a = \frac{du}{d\tau} = u_x \frac{du_x}{dx} = u_0\left(1 + \frac{x}{L}\right)\frac{u_0}{L} = \frac{u_0^2}{L}\left(1 + \frac{x}{L}\right) \tag{3.11}$$

很显然,只要知道坐标 x 的数值,就可求得流场中任一点的加速度。

(2) 根据速度的定义 $u_x = \dfrac{dx}{d\tau}$,求得

$$dx = u_x d\tau = u_0\left(1 + \frac{x}{L}\right)d\tau$$

上式分离变量得

$$\frac{dx}{1 + x/L} = u_0 d\tau$$

积分得

$$L\ln\left(1 + \frac{x}{L}\right) = u_0\tau + C$$

积分常数 C 由边界条件确定,当 $\tau=0$ 时,$x=0$,所以 $C=0$,则上式整理后,得

$$x = L(e^{\frac{u_0}{L}\cdot\tau} - 1) \qquad (3.12)$$

式(3.12)就是所求的位置坐标 x 与时间 τ 的函数关系式。

由式(3.12)可求得流体质点的加速度 a 与时间 τ 的函数关系式,即

$$a = \frac{d^2 x}{d\tau^2} = \frac{u_0^2}{L}e^{\frac{u_0}{L}\cdot\tau} \qquad (3.13)$$

必须指出,虽然我们讨论的是稳定流场,但是当我们跟踪某些特定的流体质点的时候,该流体质点所在的位置、速度和加速度等仍然是时间的函数,如上面的式(3.12)和式(3.13)等。

3.3 迹线与流线

上节说明了流场中流体质点的流动参量随时间的变化关系。为了使整个流场形象化,进而得到不同流场的运动特征,还要研究同一流体质点在不同时间内或者同一瞬时众多流体质点间流动参量的关系,也就是质点参量的综合特性。前者称为迹线研究法,后者称为流线研究法。

3.3.1 迹线

迹线就是流体质点在一段时间内的运动轨迹线。如在水流中撒入细微的铝粉或镁粉,然后去跟踪某些铝粉或镁粉微粒(每一铝粉或镁粉微粒可近似表示一个流体质点),就可观察到它们的运动轨迹,也就是流体质点的迹线。通过迹线可以看出流体质点是做直线运动,还是做曲线运动,以及它们的运动途径在流场中是如何变化的。在一般情况下,只有以拉格朗日法表示流体质点的运动时才能作出迹线。迹线的特点是:对于每一个质点都有一个运动轨迹,所以迹线是一族曲线,而且迹线只随质点不同而异,而与时间无关。研究流体质点的迹线是拉格朗日法的内容,为了适应欧拉法的特点,还必须引入流线的概念,它也能形象地描绘出流场内的流动形态。

3.3.2 流线

流线与迹线不同,它不是某一质点经过一段时间所走过的轨迹,而是在同一瞬时流场中连续分布的不同位置的质点的流动方向线。或者说,流线是某一瞬时的一条空间曲线,该曲线上每一流体质点的速度方向都与曲线在该点的切线方向相重合,亦即流线上各质点的流速都与流线相切。

如图3.6(a)所示,设在某一瞬时 τ,流场内某一空间点 a 处的流体质点速度为 u_a,沿 u_a 方向无穷小距离 b 处的流体质点在同一瞬时 τ 的流速为 u_b,沿 u_b 方向无穷小距离 c 处的流体质点在同一瞬时 τ 的流速为 u_c,依次类推,在同一瞬时 τ 的流场空间内,有一条经过流体质点 $a,b,c,d,e,\cdots$ 的折线 $abcde\cdots$,如果把这条折线上相邻点间的距离无限缩短并趋于

零,则该折线就成为一条光滑的曲线,如图3.6(b)所示,这条光滑的曲线就是τ瞬时流场中的一根流线。我们还可以用简单的实验来显示出流场中的流线形状。例如在水流中撒布闪光铝粉或镁粉,在摄影灯光照射下,用快速照相机在极短的曝光时间内拍摄水流的照片,即可得到流线图。在照片上可以看出,这些流线是由很多闪亮的短线汇聚组成的,这些短线是在短促的曝光时间内,由很多铝粉或镁粉颗粒各自划出的。可见流线是客观存在的,它直接显示出流场内的流动形态。

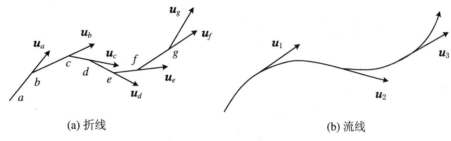

图 3.6　流线示意图

通过上述分析可知,流线具有以下两个特点:

(1) 流线是在某一瞬时所得到的一条曲线,而不是在一段时间内跟踪流体质点运动所得到的曲线。

(2) 它不是某一流体质点在运动中的轨迹线,而是通过很多个位于不同坐标点上的流体质点的运动速度向量所描绘出的曲线。

3.3.2.1　流线的性质

(1) 在稳定流场中,流线在空间的位置和形状都不随时间而变化。任意坐标点上的流体质点的流动参量仅仅是坐标的函数,而与时间无关。不论哪一个流体质点通过指定的坐标点时,其速度向量都是不变的。所以流线的位置和形状自然保持不变。

在非稳定流场中,流体质点的流动参量不仅是坐标的函数,同时也是时间的函数,如式(3.4)~式(3.6)。所以流线的位置和形状自然要发生变化。如图3.2(b)所示的非稳定出流情况。

(2) 在稳定流场中,流线和迹线相重合。在非稳定流场中,流线和迹线不重合。

(3) 流线与流线之间不能相交,即不可能有横过流线的流体流动。我们可以用反证法解释这一结论。如图3.7所示,假定有两条流线1、2在A点相交,按流线的定义,在A点所作出的代表流体质点速度向量的切线应有两条。可是在同一瞬时,一个流体质点只能有一个速度向量,不可能同时有两个不同的速度向量,即一个流体质点在同一瞬时不可能同时向两个方向运动。除非A点的速度为零,是一个驻点;或者A点的速度为无穷大,是一个奇点。这样,流线已被分割成了四条,而不再是两条相交的流线。所以过A点只能有一条流线。故流线是不可能相交的。同时,流线也不可能有分支(两条流线在某点相切除外)。

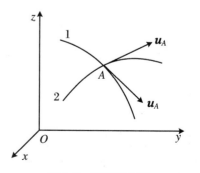

图 3.7　流线相交图

(4) 流线不能发生突然折转。流体被视为连续介质,其中各点的流动参量都是坐标的连续函数。如果出现流线急剧折转现象,则必然破坏函数的连续性规律。所以只有在平滑曲线形状时才能保证连续流动条件。在工程设计中,对于和流体运动有直接关系的物体表面,如管嘴的入口和风机的叶片等总是尽量做成流线型的,以减少能量损失。

3.3.2.2 流线的微分方程

如图 3.8 所示,在流线上 A 点处的流体质点的速度为 u,它在 x,y,z 坐标轴上的投影分别为 u_x、u_y、u_z,A 点处流线上的一微元段长为 ds,其投影分别为 dx、dy、dz。根据流线的定义,A 点的速度 u 必与 A 点的切线相重合,于是有

$$\frac{u_x}{u} = \frac{dx}{ds}, \quad \frac{u_y}{u} = \frac{dy}{ds}, \quad \frac{u_z}{u} = \frac{dz}{ds}$$

由此得到

$$\frac{dx}{u_x} = \frac{dy}{u_y} = \frac{dz}{u_z} \tag{3.14}$$

式(3.14)就是直角坐标系下的流线微分方程式。

在圆柱坐标系下的流线微分方程式为

$$\frac{dr}{u_r} = \frac{rd\theta}{u_\theta} = \frac{dz}{u_z} \tag{3.15}$$

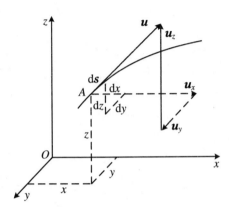

图 3.8 流线上速度向量分解

例 3.2 有一流场内的速度分布为 $u = 5y\boldsymbol{i} + 2\tau\boldsymbol{j}$。$u$ 的单位是 m/s,y 的单位是 m,τ 的单位是 s。

(1) 问该流场是几维流场?为什么?
(2) 该流场是稳定流场还是非稳定流场?
(3) 求当 $\tau = 3$ s 时,点(1,2,0)处的速度分量 u_x、u_y 和 u_z。
(4) 求 $\tau = 3$ s 时,过点(1,2,0)处流线的斜率。

解 (1) 该流场是一维流场。因为流场中的速度分布仅仅是 y 坐标的函数,而与坐标 x、z 无关,所以是一维流场。

(2) 该流场属于非稳定流场。因为流速 u 是时间 τ 的函数,即 $\frac{\partial u_y}{\partial \tau} = 2 \neq 0$,所以是非稳定流场。

(3) 因为

$$u = u_x\boldsymbol{i} + u_y\boldsymbol{j} + u_z\boldsymbol{k}$$

已知速度为

$$u = 5y\boldsymbol{i} + 2\tau\boldsymbol{j}$$

所以有

$$u_x = 5y, \quad u_y = 2\tau, \quad u_z = 0$$

则当 $\tau = 3$ s 时,在点(1,2,0)处的速度分量分别为

$$u_x = 5 \times 2 = 10(\text{m/s}), \quad u_y = 2 \times 3 = 6(\text{m/s}), \quad u_z = 0$$

(4) 根据流线的定义,在某一瞬时,流线上各流体质点的速度方向都与曲线上该点的切线方向相重合。因此,由流线微分方程,当 $\tau = 3$ s 时,过点(1,2,0)处流线的斜率为

$$\frac{dy}{dx} = \left.\frac{u_y}{u_x}\right|_{(1,2,0)} = \frac{2\times 3}{5\times 2} = 0.6$$

例 3.3 有一流场其 x、y、z 三个坐标方向的分速度分别为 $u_x = -ky$，$u_y = kx$，$u_z = 0$（k 为正常数），求其流线方程式，并分析其流动状况。

解 因为 u_x 和 u_y 只是坐标 x 和 y 的函数，而 $u_z = 0$，所以流动是二维的。将三个速度分量代入流线微分方程，得到

$$\frac{dx}{-ky} = \frac{dy}{kx}$$

即

$$x dx + y dy = 0$$

此微分方程的解为

$$x^2 + y^2 = C$$

即流线族是以坐标原点为圆心的同心圆。其速度与坐标轴夹角的余弦是

$$\cos(u, x) = \frac{u_x}{u} = \frac{-y}{\sqrt{x^2 + y^2}}$$

$$\cos(u, y) = \frac{u_y}{u} = \frac{x}{\sqrt{x^2 + y^2}}$$

当 x、y 都是正值时，流速 u 与 x 轴的夹角为钝角，当 x、y 都是负值时，流速 u 与 y 轴的夹角也为钝角，所以流体质点的运动方向是逆时针方向。其流线族如图 3.9 所示。

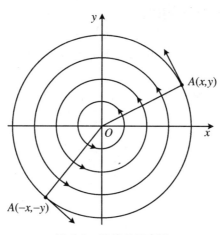

图 3.9 流线族示意图

3.4 流管、流束、流量和平均流速

流线只能表示流场中流体质点的流动参量及流场的形态，但不能表明流过的流体数量。为此引入流管和流束的概念。

如图 3.10 所示，在给定的瞬时，在流场内任作一条不是流线的封闭曲线 B，通过封闭曲

线 B 上各点作流线,这些流线所构成的管状表面称为流管。因为流管是由流线构成的,所以它具有流线的一切特性。即流管上各点的流速方向都与流管的表面相切,流体质点不能穿过流管流进或流出(否则就要有两条流线相交)。流管就像固体管子一样,将流体限制在管内(或管外)流动。流管内部流动的流体,亦即充满流管的一束流线族,则称为流束。在稳定流场中,流束或流管的形状不随时间而改变;在非稳定流场中,其形状和位置将随时间改变。

在流管内的流束中与各流线都相垂直的横截面称为流管或流束的有效截面(或称过流截面)。流束中流线互相平行时,其有效截面为平面;流线不平行时,其有效截面为曲面,如图3.11所示。对于不可压缩流体,当流线皆为平行直线时的流动称为均匀流;否则,称为非均匀流。均匀流同一流线上各质点的速度相等,因此,其迁移加速度皆为零。

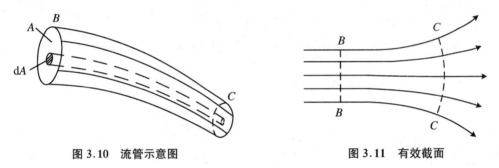

图 3.10　流管示意图　　　　　图 3.11　有效截面

有效截面面积为无限小的流束或流管,称为微元流束或微元流管。对于微元流束,其有效截面上各点的速度可以认为是相同的。

单位时间内通过有效截面的流体的数量,称为流量。流体的数量可以用体积、质量或重量来计量,因此流量又分为体积流量(m^3/s)、质量流量(kg/s)和重量流量(N/s),并分别用 Q、M 和 G 来表示。

在流管内取一微小的有效截面 dA,在 dA 上可以认为流体的各个流动参量各点都相同(图3.10)。因此,通过有效截面 A 的体积流量 Q、质量流量 M 和重量流量 G 分别为

$$Q = \int_A u \, dA \tag{3.16}$$

$$M = \int_A \rho u \, dA \tag{3.16a}$$

$$G = \int_A \rho g u \, dA \tag{3.16b}$$

式中:u 为有效截面上任意一点的速度(m/s);ρ 为与速度 u 相对应的流体的密度(kg/m^3)。

以上计算必须先找出微元流束的速度 u 在整个有效截面 A 上的分布规律,然后才能积分求解,但其速度分布规律在大部分工程问题中是很难能用解析法来确定的。因此,在工程计算中为了方便起见,引入平均流速的概念。平均流速是一个假想的流速。即假定在有效截面上各点都以相同的平均流速流过,这时通过该有效截面上流体的体积流量仍与各点以真实流速 u 流动时所得到的体积流量相同。

若以 $\bar{u}$ 表示流管有效截面上的平均流速,按其定义可得

$$Q = \bar{u} A = \int_A u \, dA$$

则

$$\bar{u} = \frac{Q}{A} = \frac{1}{A}\int_A u\,\mathrm{d}A \tag{3.17}$$

对于一个具体的流道(如管道等),也可以看成是一个流管,其流量也可以按上述各式进行计算。

例 3.4 温度为 400 ℃,绝对压力为 0.104 MPa 的空气从空气预热器流出,经两条热风管道送往炉子燃烧器。已知热风总流量为 78 400 N/h,热风管内径为 300 mm。求热风管内空气的平均流速。

解 在 400 ℃ 和 0.104 MPa 条件下空气的密度为

$$\rho = \frac{p}{RT} = \frac{0.104 \times 10^6}{287 \times (400 + 273)} = 0.538 (\mathrm{kg/m^3})$$

每条热风管内热风的体积流量为

$$Q = \frac{G}{3\,600 \times 2\rho g} = \frac{78\,400}{3\,600 \times 2 \times 0.538 \times 9.81} = 2.063(\mathrm{m^3/s})$$

所以热风管道内空气的平均流速为

$$\bar{u} = \frac{Q}{A} = \frac{4Q}{\pi d^2} = \frac{4 \times 2.063}{3.14 \times 0.3^2} = 29.2(\mathrm{m/s})$$

3.5 流体的连续性方程

连续性方程是质量守恒定律在流体力学中的应用。我们认为流体是连续介质,它在流动时连续地充满整个流场。在这个前提下,当研究流体经过流场中某一任意指定的空间封闭曲面时,可以断定:若在某一定时间内,流出的流体质量和流入的流体质量不相等,则这封闭曲面内就一定会有流体密度的变化,以便使流体仍然充满整个封闭曲面内的空间;如果流体是不可压缩的,则流出的流体质量必然等于流入的流体质量。上述结论可以用数学分析表达成微分方程,称为连续性方程。

3.5.1 直角坐标系下的三维连续性方程

在流场中任取一个微元平行六面体作为控制体,其边长分别为 $\mathrm{d}x$、$\mathrm{d}y$、$\mathrm{d}z$(图 3.12)。假设微元六面体形心 a 的坐标为 (x,y,z),密度为 $\rho(x,y,z)$,速度为 $u = u(x,y,z)$。现在来讨论流体经微元六面体各表面的流动情况。

首先确定微元体六个面上的有关流动参量。由于微元六面体的各个表面都是很小的,故可以认为每个表面上各不同流体质点的流动参量都是相同的。因此,六个微元表面上的有关的流动参量可利用泰勒公式展开成以点 $a(x,y,z)$ 的有关流动参量来表示。现在先讨论 x 轴方向上的流动情况,在垂直于 x 轴的左侧面上(b 点)流体的密度和流速按泰勒级数展开后分别为

$$\rho\left(x - \frac{\mathrm{d}x}{2}, y, z\right) = \rho(x,y,z) + \frac{1}{1!}\frac{\partial \rho}{\partial x}\left(x - \frac{\mathrm{d}x}{2} - x\right) + \frac{1}{2!}\frac{\partial^2 \rho}{\partial x^2}\left(x - \frac{\mathrm{d}x}{2} - x\right)^2 + \cdots$$

$$u_x\left(x-\frac{\mathrm{d}x}{2},y,z\right) = u_x(x,y,z) + \frac{1}{1!}\frac{\partial u_x}{\partial x}\left(x-\frac{\mathrm{d}x}{2}-x\right) + \frac{1}{2!}\frac{\partial^2 u_x}{\partial x^2}\left(x-\frac{\mathrm{d}x}{2}-x\right)^2 + \cdots$$

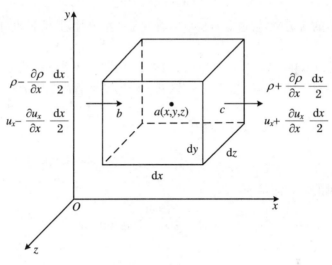

图 3.12 微元六面体

以上两式忽略二阶以上无穷小量,并简化后为

$$\rho\left(x-\frac{\mathrm{d}x}{2},y,z\right) = \rho(x,y,z) - \frac{\partial\rho}{\partial x}\frac{\mathrm{d}x}{2}$$

$$u_x\left(x-\frac{\mathrm{d}x}{2},y,z\right) = u_x(x,y,z) - \frac{\partial u_x}{\partial x}\frac{\mathrm{d}x}{2}$$

应用同样的分析方法,可写出垂直于 x 轴的右侧面上(c 点)流体的密度和流速表示式,即

$$\rho\left(x+\frac{\mathrm{d}x}{2},y,z\right) = \rho(x,y,z) + \frac{\partial\rho}{\partial x}\frac{\mathrm{d}x}{2}$$

$$u_x\left(x+\frac{\mathrm{d}x}{2},y,z\right) = u_x(x,y,z) + \frac{\partial u_x}{\partial x}\frac{\mathrm{d}x}{2}$$

所以,在单位时间内从左侧微元面 $\mathrm{d}y\mathrm{d}z$ 流入微元体的流体质量为

$$\left(\rho-\frac{\partial\rho}{\partial x}\frac{\mathrm{d}x}{2}\right)\left(u_x-\frac{\partial u_x}{\partial x}\frac{\mathrm{d}x}{2}\right)\mathrm{d}y\mathrm{d}z$$

同样在单位时间内从右侧微元面 $\mathrm{d}y\mathrm{d}z$ 流出微元体的流体质量为

$$\left(\rho+\frac{\partial\rho}{\partial x}\frac{\mathrm{d}x}{2}\right)\left(u_x+\frac{\partial u_x}{\partial x}\frac{\mathrm{d}x}{2}\right)\mathrm{d}y\mathrm{d}z$$

单位时间内沿 x 轴方向流体质量的变化为

$$\left(\rho-\frac{\partial\rho}{\partial x}\frac{\mathrm{d}x}{2}\right)\left(u_x-\frac{\partial u_x}{\partial x}\frac{\mathrm{d}x}{2}\right)\mathrm{d}y\mathrm{d}z - \left(\rho+\frac{\partial\rho}{\partial x}\frac{\mathrm{d}x}{2}\right)\left(u_x+\frac{\partial u_x}{\partial x}\frac{\mathrm{d}x}{2}\right)\mathrm{d}y\mathrm{d}z$$

$$= -\left(\rho\frac{\partial u_x}{\partial x} + u_x\frac{\partial\rho}{\partial x}\right)\mathrm{d}x\mathrm{d}y\mathrm{d}z = -\frac{\partial(\rho u_x)}{\partial x}\mathrm{d}x\mathrm{d}y\mathrm{d}z$$

同理,在单位时间内沿 y 轴和 z 轴方向流体质量的变化分别为

$$-\frac{\partial(\rho u_y)}{\partial y}\mathrm{d}x\mathrm{d}y\mathrm{d}z, \quad -\frac{\partial(\rho u_z)}{\partial z}\mathrm{d}x\mathrm{d}y\mathrm{d}z$$

因此,在单位时间内经过微元六面体的流体质量总变化为

$$-\left[\frac{\partial(\rho u_x)}{\partial x}+\frac{\partial(\rho u_y)}{\partial y}+\frac{\partial(\rho u_z)}{\partial z}\right]\mathrm{d}x\mathrm{d}y\mathrm{d}z \tag{3.18}$$

由于流体是作为连续介质来研究的,所以,式(3.18)所表示的六面体内流体质量的总变化,必然引起六面体内的流体的密度的变化。在单位时间内,微元六面体内流体因密度变化而引起的质量变化为

$$\frac{\partial \rho}{\partial \tau}\mathrm{d}x\mathrm{d}y\mathrm{d}z \tag{3.19}$$

根据流体流动的连续性,式(3.18)和式(3.19)必然是相等的,即

$$-\left[\frac{\partial(\rho u_x)}{\partial x}+\frac{\partial(\rho u_y)}{\partial y}+\frac{\partial(\rho u_z)}{\partial z}\right]\mathrm{d}x\mathrm{d}y\mathrm{d}z = \frac{\partial \rho}{\partial \tau}\mathrm{d}x\mathrm{d}y\mathrm{d}z$$

全式通除以 $\mathrm{d}x\mathrm{d}y\mathrm{d}z$,移项后得

$$\frac{\partial \rho}{\partial \tau}+\frac{\partial(\rho u_x)}{\partial x}+\frac{\partial(\rho u_y)}{\partial y}+\frac{\partial(\rho u_z)}{\partial z}=0 \tag{3.20}$$

或写成

$$\frac{\partial \rho}{\partial \tau}+\mathrm{div}(\rho \boldsymbol{u})=0 \tag{3.20a}$$

将式(3.20)中各项展开、合并整理后,可得到连续性微分方程的另一种形式,即

$$\frac{\mathrm{d}\rho}{\mathrm{d}\tau}+\rho\left(\frac{\partial u_x}{\partial x}+\frac{\partial u_y}{\partial y}+\frac{\partial u_z}{\partial z}\right)=0 \tag{3.20b}$$

式(3.20)就是直角坐标系下可压缩流体不稳定流动的三维连续性方程,该式具有普遍意义。

对于可压缩流体的稳定流动,由于 $\frac{\partial \rho}{\partial \tau}=0$,则上式可写为

$$\frac{\partial(\rho u_x)}{\partial x}+\frac{\partial(\rho u_y)}{\partial y}+\frac{\partial(\rho u_z)}{\partial z}=0 \tag{3.21}$$

或

$$\mathrm{div}(\rho \boldsymbol{u})=0 \tag{3.21a}$$

若流体是不可压缩的,则不论是稳定流动还是非稳定流动,其密度 ρ 均为常数,故式(3.20)可简化为

$$\frac{\partial u_x}{\partial x}+\frac{\partial u_y}{\partial y}+\frac{\partial u_z}{\partial z}=0 \tag{3.22}$$

或

$$\mathrm{div}\,\boldsymbol{u}=0 \tag{3.22a}$$

式(3.22)为不可压缩流体的三维连续性方程。它对于稳定流动和非稳定流动都适用。其物理意义是:在单位时间内通过单位体积流体表面流入和流出控制空间的流体体积是相等的。

对于二维流动的不可压缩流体,式(3.22)可写为

$$\frac{\partial u_x}{\partial x}+\frac{\partial u_y}{\partial y}=0 \tag{3.23}$$

3.5.2 圆柱坐标系下的三维连续性方程

在圆柱坐标系下的流场中,取出一微元六面体 ABCD 作为控制体,如图 3.13 所示。与上述推导方法相似,在忽略高阶无穷小量后,做如下简化推导:

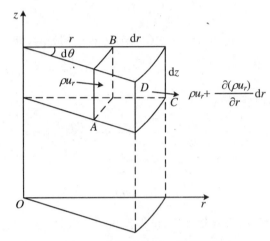

图 3.13 圆柱坐标系下的微元体

单位时间内经 AB、BC 和 CA 面流入微元体的流体质量分别为

$$\rho u_r r\mathrm{d}\theta\mathrm{d}z$$

$$\rho u_\theta \mathrm{d}r\mathrm{d}z$$

$$\rho u_z r\mathrm{d}\theta\mathrm{d}r$$

同样,单位时间内经 CD、DA 和 BD 面流出微元体的流体质量分别为

$$\left[\rho u_r + \frac{\partial(\rho u_r)}{\partial r}\mathrm{d}r\right](r + \mathrm{d}r)\mathrm{d}\theta\mathrm{d}z$$

$$\left[\rho u_\theta + \frac{\partial(\rho u_\theta)}{\partial \theta}\mathrm{d}\theta\right]\mathrm{d}r\mathrm{d}z$$

$$\left[\rho u_z + \frac{\partial(\rho u_z)}{\partial z}\mathrm{d}z\right]r\mathrm{d}\theta\mathrm{d}r$$

则单位时间内,微元体中的流体质量改变量为

$$-\left[\rho u_r + r\frac{\partial(\rho u_r)}{\partial r} + \frac{\partial(\rho u_\theta)}{\partial \theta} + r\frac{\partial(\rho u_z)}{\partial z}\right]\mathrm{d}r\mathrm{d}\theta\mathrm{d}z \tag{3.24}$$

同时,在单位时间内由于微元体中流体的密度变化而引起的微元体中流体质量的改变量为

$$\frac{\partial \rho}{\partial \tau}r\mathrm{d}\theta\mathrm{d}r\mathrm{d}z \tag{3.25}$$

根据质量守恒原理可知,式(3.24)必然与式(3.25)相等,即

$$-\left[\rho u_r + r\frac{\partial(\rho u_r)}{\partial r} + \frac{\partial(\rho u_\theta)}{\partial \theta} + r\frac{\partial(\rho u_z)}{\partial z}\right]\mathrm{d}r\mathrm{d}\theta\mathrm{d}z = \frac{\partial \rho}{\partial \tau}r\mathrm{d}\theta\mathrm{d}r\mathrm{d}z$$

上式两边同除以 $r\mathrm{d}\theta\mathrm{d}r\mathrm{d}z$,并整理后得

$$\frac{\partial \rho}{\partial \tau} + \frac{\rho u_r}{r} + \frac{\partial(\rho u_r)}{\partial r} + \frac{\partial(\rho u_\theta)}{r\partial \theta} + \frac{\partial(\rho u_z)}{\partial z} = 0 \tag{3.26}$$

式(3.26)就是圆柱坐标系下的三维连续性方程。

对于不可压缩流体，密度 ρ = 常数，连续性方程为

$$\frac{u_r}{r} + \frac{\partial u_r}{\partial r} + \frac{\partial u_\theta}{r \partial \theta} + \frac{\partial u_z}{\partial z} = 0 \qquad (3.27)$$

3.5.3 一维稳定管流的连续性方程

如图 3.14 所示，A_1、A_2 为流管的两个有效截面。$\mathrm{d}A_1$、$\mathrm{d}A_2$ 为微元流束的有效截面，相应截面上的流体速度分别为 u_1 和 u_2，流体密度分别为 ρ_1 和 ρ_2。选取控制体如图 3.14 中的虚线所示。根据质量守恒定律，在稳定流动的条件下，单位时间内流入控制体的质量应等于流出控制体的质量，即控制体内的质量应保持不变，即

$$\int_A \rho u_n \mathrm{d}A = 0 \qquad (3.28)$$

式中：A 为整个控制体的表面积，即控制面的面积(m^2)；u_n 为控制面上各点的外法向速度($\mathrm{m/s}$)。

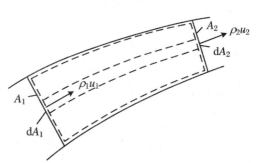

图 3.14 流管内的流动

根据流管的性质，不可能有流体穿过流管管壁流进或流出，即在流管侧表面上的法向速度 $u_n = 0$，因此，式(3.28)可以写成

$$\int_{A_1} \rho_1 u_1 \mathrm{d}A_1 = \int_{A_2} \rho_2 u_2 \mathrm{d}A_2 \qquad (3.29)$$

如果取 ρ_1、u_1 和 ρ_2、u_2 分别表示 A_1 和 A_2 截面上的平均密度和平均流速，则式(3.29)可写为

$$\rho_1 \bar{u}_1 A_1 = \rho_2 \bar{u}_2 A_2 \qquad (3.30)$$

对于不可压缩流体，ρ 为常数，则有

$$\bar{u}_1 A_1 = \bar{u}_2 A_2 \qquad (3.31)$$

或

$$\frac{\bar{u}_1}{\bar{u}_2} = \frac{A_2}{A_1} \qquad (3.31a)$$

式(3.31)是不可压缩流体一维稳定管流的连续性方程。它说明管截面上的平均流速与有效截面的面积成反比，即对于同一根流管（或固体管道），在不可压缩流体稳定流动的条件下，管径大的截面上平均流速小，而管径小的截面上平均流速大。

应当指出，在推导流体连续性方程的过程中，并没有涉及作用于流体上的力。故上述推导的各连续性方程式对于理想流体和黏性流体都是适用的。

例 3.5 试判断下列流场的流动是否连续(ρ = 常数)：

(1) $u_x = 6(x + y^2)$，$u_y = 2y + z^3$，$u_z = x + y + 4z$；

(2) $u_r = 2r\sin\theta\cos\theta$，$u_\theta = 2r\cos^2\theta$，$u_z = 0$。

解 (1) 根据式(3.22)，$\dfrac{\partial u_x}{\partial x} = 6$，$\dfrac{\partial u_y}{\partial y} = 2$，$\dfrac{\partial u_z}{\partial z} = 4$，所以

$$\frac{\partial u_x}{\partial x} + \frac{\partial u_y}{\partial y} + \frac{\partial u_z}{\partial z} = 12 \neq 0$$

故该流场内的流动是不连续的。

(2) 根据式(3.27),有

$$\frac{u_r}{r} = 2\sin\theta\cos\theta, \quad \frac{\partial u_r}{\partial r} = 2\sin\theta\cos\theta, \quad \frac{\partial u_\theta}{\partial \theta} = -4r\sin\theta\cos\theta, \quad \frac{\partial u_z}{\partial z} = 0$$

所以

$$\frac{u_r}{r} + \frac{\partial u_r}{\partial r} + \frac{\partial u_\theta}{r\partial \theta} + \frac{\partial u_z}{\partial z} = 0$$

故该流场内的流动是连续的。

例 3.6 有一可压缩流体的流场可用下式描述：

$$\rho \boldsymbol{u} = (ax\boldsymbol{i} - bxy\boldsymbol{j})e^{-k\tau}$$

式中：x、y 为坐标(m)；τ 是时间(s)；ρ 是密度(kg/m³)；u 是速度(m/s)；a、b、k 是有单位的常量。试计算 $\tau = 0$ 时点(3,2,2)处密度随时间的变化率。

解 由式(3.20a)得

$$\frac{\partial \rho}{\partial \tau} = -\mathrm{div}(\rho \boldsymbol{u}) = -\left[\frac{\partial(ax\mathrm{e}^{-k\tau})}{\partial x} + \frac{\partial(-bxy\mathrm{e}^{-k\tau})}{\partial y}\right]$$

$$= -a\mathrm{e}^{-k\tau} + bx\mathrm{e}^{-k\tau} = (bx - a)\mathrm{e}^{-k\tau}$$

因此,当 $\tau = 0$ 时,点(3,2,2)处密度随时间的变化率为

$$\frac{\partial \rho}{\partial \tau} = 3b - a \text{ kg}/(\text{m}^3 \cdot \text{s})$$

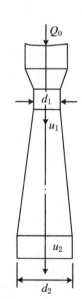

图 3.15 文氏管

例 3.7 某座 6 t 转炉的烟气量为 4 300 m³/h(标态),流经文氏管喉口处的平均流速为 $u_1 = 100$ m/s,出口流速为 $u_2 = 10$ m/s,喉口和出口处烟气温度均为 70 ℃,求喉口直径 d_1 和出口直径 d_2(图 3.15)。

解 烟气每秒钟的流量为

$$Q_0 = 4\,300/3\,600 = 1.2(\text{m}^3/\text{s})(\text{标态})$$

由式(1.14)可算得烟气在 70 ℃时的秒流量

$$Q_t = Q_0(1 + \beta t) = 1.2 \times (1 + 70/273) = 1.5(\text{m}^3/\text{s})$$

根据式(3.31),$Q = u_1 A_1 = u_2 A_2$,得

$$A_1 = Q_t/u_1 = 1.5/100 = 0.015(\text{m}^2)$$

则喉口直径为

$$d_1 = \sqrt{\frac{4A_1}{\pi}} = \sqrt{\frac{4 \times 0.015}{3.14}} = 0.138(\text{m}) = 138(\text{mm})$$

$$A_2 = Q_t/u_2 = 1.5/10 = 0.15(\text{m}^2)$$

则出口直径为

$$d_2 = \sqrt{\frac{4A_2}{\pi}} = \sqrt{\frac{4 \times 0.15}{3.14}} = 0.437(\text{m}) = 437(\text{mm})$$

3.6 理想流体的运动微分方程

理想流体的运动微分方程是牛顿第二定律在流体力学上的具体应用。它建立了理想流体的密度、流速、压力和外力之间的关系。下面就来讨论理想流体的运动微分方程。

3.6.1 直角坐标系下理想流体的运动微分方程

如图 3.16 所示,在流动的流体中取出一边长分别为 dx、dy、dz,平均密度为 ρ 的微元平行六面体作为研究对象。由于是理想流体,所以作用在微元六面体上的外力只有质量力和垂直于表面的压力,而没有黏性力。若微元六面体的形心 A 点的坐标为 (x,y,z),速度为 u,速度分量分别为 u_x、u_y、u_z,压力为 p,则作用在微元体六个表面中心点的压力可按泰勒级数展开后,并忽略二阶以上无穷小量,表示于图 3.16 上。例如在垂直于 x 轴的左、右两个平面中心点上的压力分别为 $p-\dfrac{\partial p}{\partial x}\dfrac{dx}{2}$ 和 $p+\dfrac{\partial p}{\partial x}\dfrac{dx}{2}$,由于各表面都是微元面积,所以这些压力可以作为各表面上的平均压力。另外,假设作用在微元六面体上的单位质量力 f 的分量分别为 f_x、f_y 和 f_z,则按牛顿第二定律 $\sum F = ma$,可以得到 x 轴方向的运动微分方程

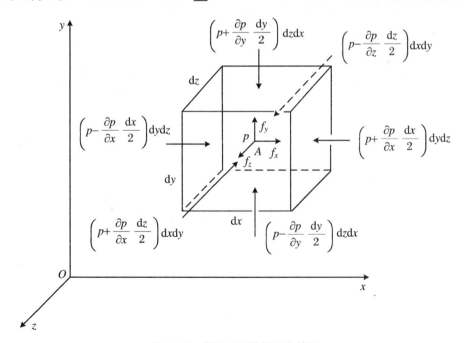

图 3.16 微元六面体的受力情况

$$\left(p-\dfrac{\partial p}{\partial x}\dfrac{dx}{2}\right)dydz - \left(p+\dfrac{\partial p}{\partial x}\dfrac{dx}{2}\right)dydz + f_x\rho dxdydz = \rho dxdydz\dfrac{du_x}{d\tau}$$

整理后,得

$$f_x - \frac{1}{\rho}\frac{\partial p}{\partial x} = \frac{\mathrm{d}u_x}{\mathrm{d}\tau}$$

同样可得到 y 轴方向和 z 轴方向上的运动微分方程。于是,理想流体的运动微分方程为

$$\left.\begin{aligned} f_x - \frac{1}{\rho}\frac{\partial p}{\partial x} &= \frac{\mathrm{d}u_x}{\mathrm{d}\tau} \\ f_y - \frac{1}{\rho}\frac{\partial p}{\partial y} &= \frac{\mathrm{d}u_y}{\mathrm{d}\tau} \\ f_z - \frac{1}{\rho}\frac{\partial p}{\partial z} &= \frac{\mathrm{d}u_z}{\mathrm{d}\tau} \end{aligned}\right\} \quad (3.32)$$

它的向量形式为

$$f - \frac{1}{\rho}\mathrm{grad}\, p = \frac{\mathrm{d}u}{\mathrm{d}\tau} \quad (3.33)$$

若以当地加速度和迁移加速度表示方程组(3.32)中各式右边的加速度,便得到

$$\left.\begin{aligned} f_x - \frac{1}{\rho}\frac{\partial p}{\partial x} &= \frac{\partial u_x}{\partial \tau} + u_x\frac{\partial u_x}{\partial x} + u_y\frac{\partial u_x}{\partial y} + u_z\frac{\partial u_x}{\partial z} \\ f_y - \frac{1}{\rho}\frac{\partial p}{\partial y} &= \frac{\partial u_y}{\partial \tau} + u_x\frac{\partial u_y}{\partial x} + u_y\frac{\partial u_y}{\partial y} + u_z\frac{\partial u_y}{\partial z} \\ f_z - \frac{1}{\rho}\frac{\partial p}{\partial z} &= \frac{\partial u_z}{\partial \tau} + u_x\frac{\partial u_z}{\partial x} + u_y\frac{\partial u_z}{\partial y} + u_z\frac{\partial u_z}{\partial z} \end{aligned}\right\} \quad (3.34)$$

理想流体的运动微分方程又称为欧拉运动微分方程。它对于不可压缩流体和可压缩流体都是适用的。很显然,当流体处于平衡状态时,$u_x = u_y = u_z = 0$,则欧拉运动微分方程即成为欧拉平衡微分方程。

3.6.2 圆柱坐标系下理想流体的运动微分方程

理想流体的运动微分方程在圆柱坐标系下的形式,可以用上述同样的办法,在流场中取一微元六面体(类似于图 3.13),然后根据牛顿第二定律列出微元体的受力平衡式,从而得到该坐标系下的运动微分方程。也可以根据直角坐标与圆柱坐标的参量换算关系,从式(3.34)直接求得。在这里我们不再详细推导,只给出推导结果:

$$\left.\begin{aligned} f_r - \frac{1}{\rho}\frac{\partial p}{\partial r} &= \frac{\partial u_r}{\partial \tau} + u_r\frac{\partial u_r}{\partial r} + u_\theta\frac{\partial u_r}{r\partial \theta} + u_z\frac{\partial u_r}{\partial z} - \frac{u_\theta^2}{r} \\ f_\theta - \frac{1}{\rho}\frac{\partial p}{r\partial \theta} &= \frac{\partial u_\theta}{\partial \tau} + u_r\frac{\partial u_\theta}{\partial r} + u_\theta\frac{\partial u_\theta}{r\partial \theta} + u_z\frac{\partial u_\theta}{\partial z} + \frac{u_r u_\theta}{r} \\ f_z - \frac{1}{\rho}\frac{\partial p}{\partial z} &= \frac{\partial u_z}{\partial \tau} + u_r\frac{\partial u_z}{\partial r} + u_\theta\frac{\partial u_z}{r\partial \theta} + u_z\frac{\partial u_z}{\partial z} \end{aligned}\right\} \quad (3.35)$$

式(3.35)就是圆柱坐标系下的理想流体运动微分方程,或称为欧拉运动微分方程。它的应用条件同式(3.34)。圆柱坐标系下的欧拉运动微分方程对于解析轴对称的流动问题更为方便。

3.6.3 理想流体沿流线的运动微分方程

如图 3.17 所示,于理想流体的流场中,在流线方向上取出一柱形微元流体,长为 ds,端面面积为 dA。根据流线的定义,速度向量必定与流线相切,因此,可给出速度场为

$$u = u(s,\tau)$$

设柱形微元流体的平均密度为 ρ,中心处的压力为 p,上、下游两端面上的压力按泰勒级数展开后,并略去二阶以上无穷小量为 $p - \dfrac{\partial p}{\partial s}\dfrac{ds}{2}$ 和 $p + \dfrac{\partial p}{\partial s}\dfrac{ds}{2}$,方向垂直于两端面。由于是理想流体,没有黏性力,所以柱形微元流体侧面上的表面力只有压力,都垂直于轴线,它们在流线方向上的分量为零。又设微元柱形流体所受的质量力只有重力,方向垂直向下,大小为 $\rho g dA ds$。微元柱形流体运动所产生的切向加速度为 a_s,其受力情况如图 3.17 所示。根据牛顿第二定律 $\sum F_s = m a_s$,有

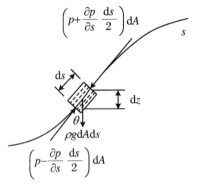

图 3.17 流体微团受力分析

$$\left(p - \frac{\partial p}{\partial s}\frac{ds}{2}\right)dA - \left(p + \frac{\partial p}{\partial s}\frac{ds}{2}\right)dA - \rho g dA ds \cos\theta = \rho dA ds\, a_s$$

式中:θ 为流线切线与铅直轴的夹角。

上式化简后并用 $\rho dA ds$ 去除,得

$$\frac{1}{\rho}\frac{\partial p}{\partial s} + g\cos\theta + a_s = 0 \tag{3.36}$$

由于

$$\frac{\partial z}{\partial s} = \lim_{\Delta s \to 0}\frac{\Delta z}{\Delta s} = \cos\theta \tag{3.37}$$

$$a_s = \frac{du}{d\tau} = \frac{\partial u}{\partial \tau} + \frac{\partial u}{\partial s}\frac{ds}{d\tau} = \frac{\partial u}{\partial \tau} + u\frac{\partial u}{\partial s} \tag{3.38}$$

将式(3.37)、式(3.38)代入式(3.36),得

$$\frac{1}{\rho}\frac{\partial p}{\partial s} + g\frac{\partial z}{\partial s} + \frac{\partial u}{\partial \tau} + u\frac{\partial u}{\partial s} = 0 \tag{3.39}$$

这就是理想流体沿流线流动的运动微分方程,或称为欧拉运动微分方程。它适用于理想流体在重力作用下沿流线方向流动的情况,并且对于可压缩流体和不可压缩流体的非稳定流动也都适用。同时,它表达了某一瞬时沿任意一根流线流体质点的压力、密度、速度和位移之间的微分关系。

在稳定流动条件下,$\dfrac{\partial u}{\partial \tau}=0$,同时 p、z、u 只是距离 s 的函数,可将偏导数改写为全导数,从而得到理想流体在重力作用下沿流线稳定流动的运动微分方程为

$$\frac{dp}{\rho} + g dz + u du = 0 \tag{3.40}$$

如果流体只是在水平面内流动,则上式可简化为

$$\frac{\mathrm{d}p}{\rho} + u\mathrm{d}u = 0 \qquad (3.41)$$

例 3.8 设有一不可压缩的理想流体稳定流动,其流线方程为 $x^2 - y^2 = C$。
(1) 计算其加速度 a,并证明 a 与离坐标原点的距离 r 成正比;
(2) 当质量力可忽略不计时,求压力分布方程式。

解 (1) 对给定的流线方程 $x^2 - y^2 = C$ 进行微分,得微分方程

$$2x\mathrm{d}x - 2y\mathrm{d}y = 0 \qquad (3.42)$$

同时,二维流动的流线微分方程式为

$$\frac{\mathrm{d}x}{u_x} = \frac{\mathrm{d}y}{u_y} \quad \text{或} \quad u_y\mathrm{d}x - u_x\mathrm{d}y = 0 \qquad (3.43)$$

比较式(3.42)和式(3.43),可知

$$u_x = 2y, \quad u_y = 2x$$

那么

$$\left.\begin{array}{l} a_x = \dfrac{\mathrm{d}u_x}{\mathrm{d}\tau} = \dfrac{\mathrm{d}u_x}{\mathrm{d}y}\dfrac{\mathrm{d}y}{\mathrm{d}\tau} = 2u_y = 4x \\ a_y = \dfrac{\mathrm{d}u_y}{\mathrm{d}\tau} = \dfrac{\mathrm{d}u_y}{\mathrm{d}x}\dfrac{\mathrm{d}x}{\mathrm{d}\tau} = 2u_x = 4y \end{array}\right\}$$

所以

$$a = \sqrt{a_x^2 + a_y^2} = \sqrt{16x^2 + 16y^2} = 4r$$

即加速度 a 与离坐标原点的距离 r 成正比。

加速度 a 与 x 轴方向的夹角为

$$\alpha = \arctan\left(\frac{a_y}{a_x}\right) = \arctan\left(\frac{y}{x}\right)$$

(2) 根据二维流动的欧拉运动微分方程(忽略质量力)

$$\left.\begin{array}{l} -\dfrac{1}{\rho}\dfrac{\partial p}{\partial x} = \dfrac{\mathrm{d}u_x}{\mathrm{d}\tau} \\ -\dfrac{1}{\rho}\dfrac{\partial p}{\partial y} = \dfrac{\mathrm{d}u_y}{\mathrm{d}\tau} \end{array}\right\}$$

得

$$\left.\begin{array}{l} \dfrac{\partial p}{\partial x} = -\rho\dfrac{\mathrm{d}u_x}{\mathrm{d}\tau} = -4\rho x \\ \dfrac{\partial p}{\partial y} = -\rho\dfrac{\mathrm{d}u_y}{\mathrm{d}\tau} = -4\rho y \end{array}\right\}$$

所以

$$\mathrm{d}p = \frac{\partial p}{\partial x}\mathrm{d}x + \frac{\partial p}{\partial y}\mathrm{d}y = (-4\rho x\mathrm{d}x) + (-4\rho y\mathrm{d}y) = -2\rho\mathrm{d}(x^2+y^2)$$

对上式积分,得

$$p = -2\rho(x^2+y^2) + C = -2\rho r^2 + C$$

积分常数 C 可根据具体的边界条件来确定。

例 3.9 已知在稳定流场中,理想流体一维流动的速度 u 和坐标 z 沿流线变化的规律

分别为 $u = 3s^2 + 30 (\text{m/s})$，$z = 5s$ m，流体密度 $\rho = 1.25$ kg/m³。求流线方向上的加速度 a_s 的表达式以及在 $s = 2$ m 处的压力梯度。

解 加速度

$$a_s = \frac{\partial u}{\partial \tau} + u \frac{\partial u}{\partial s} = u \frac{du}{ds} = 18s^3 + 180s (\text{m/s}^2)$$

应用欧拉运动微分方程式(3.39)，有

$$\frac{dp}{ds} = -\rho \left(g \frac{dz}{ds} + u \frac{du}{ds} \right) = -1.25 \times (9.81 \times 5 + 18 \times 2^3 + 180 \times 2)$$
$$= -691.3 (\text{N/m}^3)$$

压力梯度等于负值，说明流体的压力沿流线方向是减小的。

3.7 理想流体沿流线的伯努利方程及其应用

前面已经推导出理想流体在重力作用下沿流线稳定流动的欧拉运动微分方程

$$\frac{dp}{\rho} + g dz + u du = 0 \tag{3.40}$$

对上式沿流线积分，得

$$\int \frac{dp}{\rho} + gz + \frac{u^2}{2} = C \tag{3.44}$$

对于可压缩流体，必须根据状态方程等，找出压力 p 与密度 ρ 之间的函数关系，上式第一项才能积分。对于不可压缩流体，ρ 为常数，于是得到

$$\frac{p}{\rho} + gz + \frac{u^2}{2} = C \tag{3.45}$$

式(3.45)就是著名的伯努利方程，它是单位质量流体的机械能守恒方程，所以也称能量方程。它是由伯努利于1738年首先提出的。伯努利方程在工程实际中得到广泛的应用。

根据伯努利方程的推导过程，我们可以得到其应用条件是：不可压缩理想流体只在重力作用下沿着某一根特定的流线稳定流动的情况。在应用伯努利方程式(3.45)时必须满足这些条件。

对于单位重量流体，式(3.45)可写成

$$\frac{p}{\gamma} + z + \frac{u^2}{2g} = C_1 \tag{3.45a}$$

对于单位体积流体，式(3.45)还可写成

$$p + \gamma z + \frac{u^2}{2g}\gamma = C_2 \tag{3.45b}$$

或

$$p + \rho g z + \frac{1}{2}\rho u^2 = C_2 \tag{3.45c}$$

式(3.45a)多用于液体的流动情况，式(3.45b)或式(3.45c)多用于气体的流动情况。下面我们进一步讨论伯努利方程的物理意义。

伯努利方程的能量意义：

式(3.45a)中 p/γ 和 z 的能量意义在第2章第2.4节中已讨论过，它们分别表示单位重量流体所具有的压力能和位能，称之为比压力能和比位能，单位是 J/N。式(3.45a)中的第三项 $u^2/(2g)$ 表示单位重量流体所具有的动能，称之为比动能，单位也是 J/N。另外，单位重量流体所具有的压力能和位能之和($p/\gamma+z$)称为单位重量流体的总势能；同样，单位重量流体所具有的压力能、位能和动能之和($p/\gamma+z+u^2/(2g)$)称为单位重量流体的总机械能。式(3.45a)表明，理想的不可压缩流体在重力作用下沿流线稳定流动时，其单位重量流体的压力能、位能和动能之和保持为常数，即机械能是守恒的，并且它们之间可以互相转换。但是沿不同的流线其积分常数值一般不同。同样，式(3.45)和式(3.45b)中各项分别表示单位质量流体和单位体积流体所具有的压力能、位能和动能，也分别称为比压力能、比位能和比动能，单位分别为 J/kg 和 J/m³。

下面仍以式(3.45a)为例来说明伯努利方程的几何意义：

p/γ 表示单位重量流体的压力能与一段液柱的高度相当，称为压力高度，或称为压力压头和静压头，单位为 m；

z 为流体质点相对于基准面的高度，称为位置高度，或称为几何压头和位压头，单位为 m；

$u^2/(2g)$ 表示在没有阻力的情况下，具有速度 u 的流体质点沿铅直方向向上自由喷射所能达到的高度，称为速度压头或动压头，单位为 m。

伯努利方程式(3.45a)中的静压头和位压头之和称为测压管压头；静压头、位压头和动压头三者之和称为总压头，分别用 H_c 和 H_z 表示。即

$$H_c = \frac{p}{\gamma} + z$$

$$H_z = \frac{p}{\gamma} + z + \frac{u^2}{2g}$$

由于伯努利方程式(3.45a)中各项都表示一高度，所以可用几何图形来表示它们之间的关系，如图3.18所示。设以管中心线上的这根流线作为分析对象，连接中心线上各点 z 的

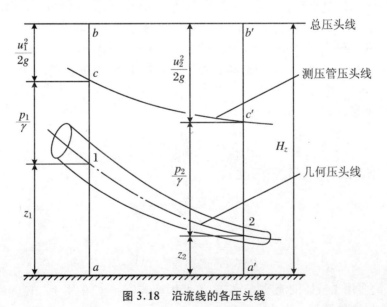

图3.18 沿流线的各压头线

线叫作几何压头线或位压头线;连接 p/γ 各顶点而成的线叫作测压管压头线,它表示流线上各点 $(p/\gamma+z)$ 的变化情况。就理想的不可压缩流体而言,由于没有能量损失,沿流线各点的总压头不变,即总压头线是一条水平线。但是在这根流线上各点的 p/γ、z、$u^2/(2g)$ 之间是可以相互转换的。

另外,伯努利方程是由欧拉运动微分方程积分得来的,所以它除了具有能量意义和几何意义外,还具有力学意义。现以式(3.45c)来说明伯努利方程的力学意义:

p 为单位面积上流体所受到的压力,称为静压,单位为 N/m²;

ρgz 为单位面积上 z 高度的流体柱所具有的重力,称为位压,单位为 N/m²;

$\rho u^2/2$ 相当于流体对单位面积上所作用的惯性冲击力,称为动压,单位为 N/m²。

流场中某点处流体的静压与动压之和称为总压或全压,单位为 N/m²。

如果流体只在水平方向上流动,或者流场中坐标 z 的变化与其他流动参量相比可以忽略不计时,则式(3.45)可写为

$$\frac{p}{\rho} + \frac{u^2}{2} = C \tag{3.46}$$

式(3.46)表明,沿流线压力越低,则流速越高。对于液体而言,当压力降低到汽化压力以下时,液体汽化生成气泡,称为空泡现象,这时伯努利方程不再适用。

当伯努利方程应用于同一根流线上的不同两点时,式(3.45)~式(3.45c)可分别写成

$$\frac{p_1}{\rho} + gz_1 + \frac{u_1^2}{2} = \frac{p_2}{\rho} + gz_2 + \frac{u_2^2}{2} \tag{3.47}$$

$$\frac{p_1}{\gamma} + z_1 + \frac{u_1^2}{2g} = \frac{p_2}{\gamma} + z_2 + \frac{u_2^2}{2g} \tag{3.47a}$$

$$p_1 + \rho gz_1 + \frac{1}{2}\rho u_1^2 = p_2 + \rho gz_2 + \frac{1}{2}\rho u_2^2 \tag{3.47b}$$

式中:p_1、z_1、u_1 和 p_2、z_2、u_2 分别为同一根流线上 1、2 两点处流体质点的参量。

应当指出,对于液体来说,由于在流动过程中受大气浮力的影响甚小,可以忽略不计,所以伯努利方程式(3.47)中的压力 p_1 和 p_2 可以用绝对压力,也可以用相对压力,而不必考虑因大气浮力的影响,使得流体的比位能产生的变化,但方程式两边的压力必须统一;对于气体来说,特别是热气体,由于在流动过程中受大气浮力的影响很大,比位能也将产生很大的变化,所以伯努利方程式(3.47)中的压力只能用绝对压力(对于在同一水平面内的流线除外)。关于这方面的工程计算问题将在第 5 章中详细介绍。下面举例说明伯努利方程的应用。

例 3.10 如图 3.19 所示,在直径 $D=600$ mm 的圆管内装有测总压的管 A,在同一截面上装有测静压的管 B,两管均连接于酒精压力计,酒精密度 $\rho'=800$ kg/m³,若 B 管上酒精压力计读数为 $h_1=114$ mm,A 管上为 $h_2=122$ mm,圆管内空气的密度 $\rho_a=1.25$ kg/m³,管截面上的流速均匀分布,求风管内空气的流速和流量。

解 流场中某点处的静压和动压之和称为全压或总压。右图中 A 管压力计所测量的是风管轴线上 M 点处流体的全压,即

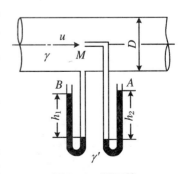

图 3.19 测压管

$$p + \frac{1}{2}\rho u^2 = p_a + \rho' g h_2 \tag{3.48}$$

B 管压力计所测量的是 M 点处流体的静压,即

$$p = p_a + \rho' g h_1 \tag{3.49}$$

式(3.48)减式(3.49)得

$$\frac{1}{2}\rho u^2 = \rho' g (h_2 - h_1)$$

所以

$$u = \sqrt{\frac{2g\rho'(h_2 - h_1)}{\rho}} = \sqrt{\frac{2 \times 9.81 \times 800 \times (0.122 - 0.114)}{1.25}} = 10.0 (\text{m/s})$$

则空气流量为

$$Q = \frac{1}{4}\pi D^2 u = \frac{1}{4}\pi \times 0.6^2 \times 10 = 2.83 (\text{m}^3/\text{s})$$

工程上经常使用的测量流体流速的毕托管就是根据这个原理制成的,见例 3.11。

例 3.11 图 3.20 为测量锅炉烟道内烟气流速的毕托管,与毕托管连接的酒精差压计的读数为 $h = 5$ mm,酒精的比重 $S' = 0.8$,若烟气温度为 180 ℃,烟气在标准状态下的密度为 $\rho_0 = 1.30$ kg/m³,求测点处烟气的流速。

解 根据例 3.10 所讨论的毕托管的测速原理(伯努利方程的应用),可得到测点处的动压为

$$\frac{1}{2}\rho u^2 = p_\text{全} - p_\text{静} = \rho' g h$$

则测点的流速为

$$u = \sqrt{\frac{2(p_\text{全} - p_\text{静})}{\rho}} = \sqrt{\frac{2\rho' g h}{\rho}} = \sqrt{\frac{2gS'\rho_{H_2O}h}{\rho}}$$

$$= \sqrt{\frac{2 \times 9.81 \times 0.8 \times 1\,000 \times 0.005}{1.3/(1 + 180/273)}} = 10.0 (\text{m/s})$$

例 3.12 一倾斜装置的文丘里流量计如图 3.21 所示,已知 1、2 两截面直径 $D = 50$ mm,$d = 25$ mm,汞差压计的读数 $h = 100$ mm,汞的比重 $S' = 13.6$。

(1) 证明流量一定时,汞差压计的读数与文丘里流量计安装的倾斜角度无关;
(2) 计算理论过水流量。

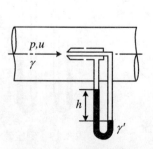

图 3.20 毕托管示意图

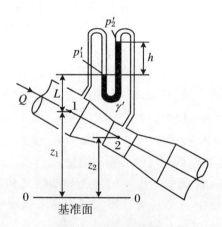

图 3.21 文丘里流量计

解 取基准面如图 3.21 所示,沿流线的 1、2 两点列伯努利方程

$$\frac{p_1}{\gamma} + z_1 + \frac{u_1^2}{2g} = \frac{p_2}{\gamma} + z_2 + \frac{u_2^2}{2g} \tag{3.50}$$

由静力学可得

$$\frac{p_1}{\gamma} = \frac{p_1'}{\gamma} + L$$

$$\frac{p_2}{\gamma} = \frac{p_2'}{\gamma} + h + L + (z_1 - z_2)$$

$$p_1' = p_2' + \gamma' h$$

所以

$$\frac{p_1 - p_2}{\gamma} = \frac{p_1' - p_2'}{\gamma} - h - (z_1 - z_2) = \frac{\gamma' h}{\gamma} - h - (z_1 - z_2) = \left(\frac{\gamma'}{\gamma} - 1\right)h - (z_1 - z_2) \tag{3.51}$$

由连续性方程 $A_1 u_1 = A_2 u_2$,得

$$u_1 = \frac{A_2}{A_1} u_2 = \left(\frac{d}{D}\right)^2 u_2 \tag{3.52}$$

将式(3.51)和式(3.52)代入伯努利方程式(3.50),得

$$u_2 = \sqrt{\frac{2gh(\gamma'/\gamma - 1)}{1 - (d/D)^4}}$$

故流量为

$$Q = \frac{1}{4}\pi d^2 u_2 = \frac{\pi d^2}{4\sqrt{1 - (d/D)^4}}\sqrt{2gh\left(\frac{\gamma'}{\gamma} - 1\right)} \tag{3.53}$$

从式(3.53)可以看出,当流量 Q 一定时,汞差压计的读数 h 与文丘里流量计安装的倾斜角度无关。

将已知数据代入式(3.53),得

$$Q = \frac{3.14 \times 0.025^2}{4\sqrt{1 - (0.025/0.05)^4}}\sqrt{2 \times 9.81 \times 0.10 \times (13.6 - 1)} = 2.52 \times 10^{-3} (\text{m}^3/\text{s})$$

例 3.13 已知虹吸管的直径 $d = 150$ mm,布置情况如图 3.22 所示,喷嘴出口直径 $d_2 = 50$ mm,出口截面速度为均匀分布,不计阻力。求虹吸管的输水流量及管中 A、B 两点的相对压力。

解 (1) 选取喷嘴出口中心线所在的水平面作为基准面,沿流线的 1、2 两点列伯努利方程

$$\frac{p_{m1}}{\gamma} + z_1 + \frac{u_1^2}{2g} = \frac{p_{m2}}{\gamma} + z_2 + \frac{u_2^2}{2g}$$

由于容器截面积 A_1 远远大于虹吸管出口截面积 A_2,所以 u_1 相对于 u_2 来说可以忽略不计,即 $u_1 \approx 0$。又因为容器上部和喷嘴出口处均为大气压力,所以 $p_{m1} = 0$,$p_{m2} = 0$。同时,$z_1 = 4$ m,$z_2 = 0$,所以上式简化为

$$z_1 = \frac{u_2^2}{2g}$$

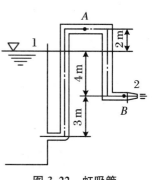

图 3.22 虹吸管

则
$$u_2 = \sqrt{2gz_1} = \sqrt{2 \times 9.81 \times 4} = 8.86(\text{m/s})$$

所以虹吸管的输水流量为

$$Q = \frac{1}{4}\pi d_2^2 u_2 = \frac{1}{4}\pi \times 0.05^2 \times 8.86 = 1.74 \times 10^{-2}(\text{m}^3/\text{s})$$

(2) 根据连续性方程得

$$u_A = u_B = u_2\left(\frac{d_2}{d}\right)^2 = 8.86 \times \left(\frac{0.05}{0.15}\right)^2 = 0.984(\text{m/s})$$

(3) 沿流线写 1 点到 A 点的伯努利方程

$$z_1 = \frac{p_{mA}}{\gamma} + z_2 + \frac{u_A^2}{2g}$$

所以

$$p_{mA} = (z_1 - z_2)\gamma - \frac{u_A^2}{2g}\gamma = \left(4 - 6 - \frac{0.984^2}{2 \times 9.81}\right) \times 9\,810 = -20.1(\text{kN/m}^2)$$

(4) 同样沿流线写 1 点到 B 点的伯努利方程

$$z_1 = \frac{p_{mB}}{\gamma} + \frac{u_B^2}{2g}$$

所以

$$p_{mB} = z_1\gamma - \frac{u_B^2}{2g}\gamma = \left(4 - \frac{0.984^2}{2 \times 9.81}\right) \times 9\,810 = 38.76(\text{kN/m}^2)$$

由此可见,虹吸管中 B 点的相对压力为正值,而 A 点的相对压力为负值。说明虹吸管具有一定的抽吸能力。但当 A 点处的压力低于当时温度下的汽化压力时,将会产生空泡现象。

3.8 沿流线非稳定流动的伯努利方程

前面我们推导的理想流体沿流线非稳定流动的运动微分方程式(3.39)为

$$\frac{1}{\rho}\frac{\partial p}{\partial s} + g\frac{\partial z}{\partial s} + \frac{\partial u}{\partial \tau} + u\frac{\partial u}{\partial s} = 0 \tag{3.39}$$

对于不可压缩流体,ρ = 常数,上式可以写成

$$\frac{\partial}{\partial s}\left(\frac{p}{\rho} + gz + \frac{u^2}{2}\right) + \frac{\partial u}{\partial \tau} = 0$$

一般来说,$\partial u/\partial \tau$ 是流线上位置坐标 s 的函数。令时间保持不变,沿流线对上式积分,可得

$$\frac{p}{\rho} + gz + \frac{u^2}{2} + \int_0^s \frac{\partial u}{\partial \tau}\text{d}s = C$$

现设 1、2 是流线上的两点,则有

$$\frac{p_1}{\rho} + gz_1 + \frac{u_1^2}{2} + \int_0^{s_1}\frac{\partial u}{\partial \tau}\text{d}s = \frac{p_2}{\rho} + gz_2 + \frac{u_2^2}{2} + \int_0^{s_2}\frac{\partial u}{\partial \tau}\text{d}s$$

或

$$\frac{p_1}{\rho} + gz_1 + \frac{u_1^2}{2} = \frac{p_2}{\rho} + gz_2 + \frac{u_2^2}{2} + \int_{s_1}^{s_2}\frac{\partial u}{\partial \tau}\text{d}s \tag{3.54}$$

式(3.54)就是不可压缩理想流体在重力作用下沿流线非稳定流动的伯努利方程。

例 3.14 一长管与一大容器相连接,如图 3.23 所示,管长为 12 m,管径为 150 mm,容器内水的深度为 7 m,保持不变。设容器与管截面相比为足够大。试求开始时水在流动过程中出口处流速随时间的变化规律。

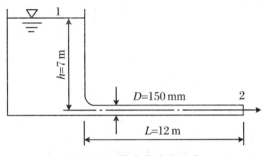

图 3.23 管内非稳定流动

解 沿流线写 1、2 两点非稳定流的伯努利方程

$$\frac{p_1}{\rho} + gz_1 + \frac{u_1^2}{2} = \frac{p_2}{\rho} + gz_2 + \frac{u_2^2}{2} + \int_{s_1}^{s_2} \frac{\partial u}{\partial \tau} ds$$

基准面选在管中心线所在的水平面内,所以 $z_2 = 0$。又知 $p_1 = p_2 = p_a$,$u_1 \approx 0$,$z_1 = h = 7$ m,则有

$$gh = \frac{u_2^2}{2} + \int_{s_1}^{s_2} \frac{\partial u}{\partial \tau} ds$$

因为容器足够大,所以容器内的速度变化可以忽略不计,则

$$\int_{s_1}^{s_2} \frac{\partial u}{\partial \tau} ds = \int_0^L \frac{\partial u_2}{\partial \tau} ds$$

又因为管截面不变,所以管内流速不随 s 而变,只是时间 τ 的函数,故上式又可写成

$$\int_0^L \frac{\partial u_2}{\partial \tau} ds = \int_0^L \frac{du_2}{d\tau} ds = L \frac{du_2}{d\tau}$$

于是,伯努利方程成为

$$gh = \frac{u_2^2}{2} + L \frac{du_2}{d\tau}$$

上式分离变量,得

$$\frac{du_2}{2gh - u_2^2} = \frac{d\tau}{2L}$$

积分,得

$$\frac{1}{\sqrt{2gh}} \text{Arth}\left(\frac{u_2}{\sqrt{2gh}}\right) = \frac{\tau}{2L} + C$$

积分常数 C 由边界条件确定。当 $\tau = 0$ 时,$u_2 = 0$,得 $C = 0$。于是得到

$$\frac{1}{\sqrt{2gh}} \text{Arth}\left(\frac{u_2}{\sqrt{2gh}}\right) = \frac{\tau}{2L}$$

或

$$u_2 = \sqrt{2gh} \, \text{th}\left(\frac{\sqrt{2gh}}{2L} \tau\right)$$

这就是出口流速 u_2 随时间 τ 的变化规律。将已知数值代入上式,得到

$$u_2 = \sqrt{2 \times 9.81 \times 7}\,\text{th}\left(\frac{\sqrt{2 \times 9.81 \times 7}}{2 \times 12}\tau\right) = 11.72\text{th}(0.488\tau)$$

出口流速 u_2 随时间 τ 的变化曲线如图 3.24 所示。

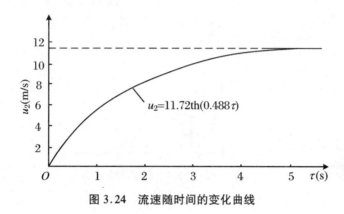

图 3.24 流速随时间的变化曲线

3.9 沿流线主法线方向速度和压力的变化

伯努利方程表达了沿流线速度和压力的变化规律。现在我们再来讨论垂直于流线的主法线方向上的速度和压力的变化规律。

参看图 3.25,在流线 BB' 上 M 点处取一柱形微元流体,柱轴与流线上 M 点处的主法线相重合,柱形微元体的两个端面与柱轴相垂直,端面面积为 $\text{d}A$,柱体长为 $\text{d}r$,M 点的曲率半径为 r。设 M 点处的流体压力为 p,流速为 u,柱形流体微团(微元体)的平均密度为 ρ,所受的质量力只有重力。则微元体在流线主法线方向所受到的力为:两端面上的总压力分别为 $\left(p - \frac{\partial p}{\partial r}\frac{\text{d}r}{2}\right)\text{d}A$ 和 $\left(p + \frac{\partial p}{\partial r}\frac{\text{d}r}{2}\right)\text{d}A$,重力在主法线方向的分量为 $\rho g \text{d}r \text{d}A \cos\theta$,微元体侧面上的压力在主法线方向的分量为零,对于理想流体无黏性力。微元体在 M 点主法线方向的加速度 a_r(法向加速度)为 $-\frac{u^2}{r}$。根据牛顿第二定律 $\sum F_r = ma_r$,有

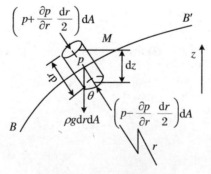

图 3.25 流体微团受力分析

$$\left(p - \frac{\partial p}{\partial r}\frac{\mathrm{d}r}{2}\right)\mathrm{d}A - \left(p + \frac{\partial p}{\partial r}\frac{\mathrm{d}r}{2}\right)\mathrm{d}A - \rho g \mathrm{d}r \mathrm{d}A \cos\theta = -\rho \mathrm{d}r \mathrm{d}A \frac{u^2}{r}$$

将上式进行简化整理，并注意到 $\cos\theta = \partial z/\partial r$，得

$$\frac{1}{\rho}\frac{\partial p}{\partial r} + g\frac{\partial z}{\partial r} = \frac{u^2}{r} \tag{3.55}$$

式(3.55)为理想流体沿流线稳定流动时主法线方向的运动微分方程。

对于不可压缩流体，ρ 为常数，式(3.55)可写成

$$\frac{\partial}{\partial r}\left(\frac{p}{\rho} + gz\right) = \frac{u^2}{r} \tag{3.56}$$

另外，在流场中各条流线的伯努利常数 $\left(\frac{p}{\rho} + gz + \frac{u^2}{2} = C\right)$ 都具有同一数值的条件下，伯努利常数 C 沿 r 方向不变，因此它对 r 的导数等于零，即

$$\frac{\partial}{\partial r}\left(\frac{p}{\rho} + gz + \frac{u^2}{2}\right) = 0$$

或

$$\frac{\partial}{\partial r}\left(\frac{p}{\rho} + gz\right) = -u\frac{\partial u}{\partial r} \tag{3.57}$$

比较式(3.56)和式(3.57)，可得

$$\frac{u^2}{r} = -u\frac{\partial u}{\partial r}$$

或

$$u\partial r + r\partial u = \partial(ur) = 0$$

积分后得

$$ur = C \tag{3.58}$$

式中：C 是沿径向的积分常数，一般来讲它是沿流线方向不同位置坐标 s 的函数。由此可见，在弯曲流线的主法线方向上，流体的速度随曲率半径的增大而减小。所以流体在弯曲的管道中流动时，其内侧的流速高，而外侧的流速低，如图3.26所示。对于流体在同一水平面内流动的情况（$z=0$），也可以得到同样的结论。

下面讨论沿流线主法线方向上压力的变化规律。由式(3.56)可看出，等式右端 $\frac{u^2}{r}$ 永远为正值，所以 $\frac{\partial}{\partial r}\left(\frac{p}{\rho} + gz\right)$ 也恒为正值。这意味着随曲率半径 r 的增大，$\frac{p}{\rho} + gz$ 也增大。如果流线都位于同一水平面内（即在水平面内流动），或者重力变化的影响可以忽略不计时，式(3.56)可写为

$$\frac{\partial p}{\partial r} = \frac{\rho u^2}{r} \geq 0 \tag{3.59}$$

由此可见，在弯曲流线主法线方向上压力 p 随曲率半径 r 的增大而增加。所以流体在弯曲的管道中流动时，其内侧的压力小，而外侧的压力大（图3.26）。沿流线主法线方向压力和速度的分布规律常用来分析工业上的旋风除尘器、旋风分离器以及燃烧装置上的旋风室等装置内的流动情况。

同样，对于明渠流动，压力 p 为大气压保持不变，则式(3.56)可写成

$$\frac{\partial z}{\partial r} = \frac{u^2}{gr} \geq 0 \tag{3.60}$$

这说明,在弯曲河道外侧的水位将高于河道内侧的水位。

对于直线流动,即 $r \to \infty$,由式(3.56)得到

$$\frac{\partial}{\partial r}\left(\frac{p}{\rho} + gz\right) = 0 \quad 或 \quad \frac{p}{\rho} + gz = C \tag{3.61}$$

设 1 和 2 是流线的某一垂直线上的任意两点(图 3.27),则有

$$\frac{p_1}{\rho} + gz_1 = \frac{p_2}{\rho} + gz_2 \tag{3.61a}$$

式(3.61)说明,在直线流动的条件下,沿垂直于流线方向上的压力分布服从于静力学基本方程式。

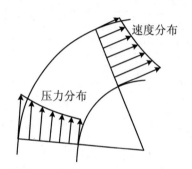 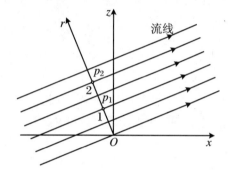

图 3.26 弯曲流道中压力和速度分布图　　图 3.27 直线流动中垂直于流线方向上的压力分布图

在直流流动中,如果不计重力的影响,则在式(3.59)中令 $r \to \infty$,得

$$\frac{\partial p}{\partial r} = 0$$

它表明,当流线为直线且忽略重力的影响时(即在同一水平面内的直线流动),沿流线法线方向上的压力梯度为零,即没有压力变化。

3.10　动量方程和动量矩方程

3.10.1　动量方程

前面我们讨论了连续性方程、欧拉运动方程和伯努利方程。这些方程可以用来解决许多实际问题,如确定管道截面积,计算流体的流速、流量和压力分布等。而在本节中将要讨论的动量方程则特别适合于求解某些流体与流体间或流体与固体间有相互作用力的问题。

流体的动量方程是动量守恒定律在流体力学中的具体应用。在物理学中,动量守恒定律有两种不同的表述方式。第一种表述方式是:物体动量的变化量等于该物体所受到的外力的总冲量,即

$$\sum F d\tau = d(mu) \tag{3.62}$$

另一种表述方式是：物体动量对时间的变化率等于作用在该物体上的外力之和，即

$$\sum F = \frac{d(mu)}{d\tau} \tag{3.63}$$

流体的动量方程就是动量守恒定律第二种表述方式的具体形式。就是说，将式(3.63)具体应用于讨论问题所取的控制体的流体上，便可得到流体的动量方程，即

$$\sum F = \frac{d}{d\tau}\int_V \rho u dV = \frac{\partial}{\partial \tau}\int_V \rho u dV + \int_A \rho u u_n dA \tag{3.64}$$

式中：$\int_V \rho u dV$ 为控制体内流体的动量；$\sum F$ 为作用在控制体内流体上的外力之和；$\frac{\partial}{\partial \tau}\int_V \rho u dV$ 为控制体内流体的动量随时间的变化率，在稳定流动的条件下这一项为零；$\int_A \rho u u_n dA$ 为单位时间内通过控制面进出控制体的流体动量的变化量；速度 u_n 为控制面外法线方向上流体质点的速度；V 为控制体的体积；A 为控制面的面积。在稳定流动的条件下，式(3.64)可写为

$$\sum F = \int_A \rho u u_n dA \tag{3.65}$$

其投影形式为

$$\left.\begin{array}{l}\sum F_x = \int_A \rho u_x u_n dA \\ \sum F_y = \int_A \rho u_y u_n dA \\ \sum F_z = \int_A \rho u_z u_n dA\end{array}\right\} \tag{3.65a}$$

式(3.65)和式(3.65a)就是稳定流动流体的动量方程。

如图3.28所示，我们取一根流管，并取流管的管壁和有效截面为控制面。设有效截面上流体的流速为均匀分布，$\sum F$ 是作用在控制体上的外力的总和，根据式(3.65a)有

$$\left.\begin{array}{l}\sum F_x = \rho_2 A_2 u_{n2} u_{x2} - \rho_1 A_1 u_{n1} u_{x1} \\ \sum F_y = \rho_2 A_2 u_{n2} u_{y2} - \rho_1 A_1 u_{n1} u_{y1} \\ \sum F_z = \rho_2 A_2 u_{n2} u_{z2} - \rho_1 A_1 u_{n1} u_{z1}\end{array}\right\} \tag{3.66}$$

根据连续性方程

$$\rho_2 A_2 u_{n2} = \rho_1 A_1 u_{n1} = \rho Q$$

可把式(3.66)改写为

$$\left.\begin{array}{l}\sum F_x = \rho Q(u_{x2} - u_{x1}) \\ \sum F_y = \rho Q(u_{y2} - u_{y1}) \\ \sum F_z = \rho Q(u_{z2} - u_{z1})\end{array}\right\} \tag{3.66a}$$

稳定流动的动量方程的特点是：在计算过程中只涉及控制面上的流动参量，而不必考虑控制体内部的流动状态。因此它也可用于控制体内存在参量间断面的情况。其次，它不同

于连续性方程和伯努利方程,动量方程是一个向量方程,所以应用投影方程比较方便。使用时应注意:适当地选择控制面,完整地表达出作用在控制体和控制面上的外力,注意流动方向和投影的正负等。

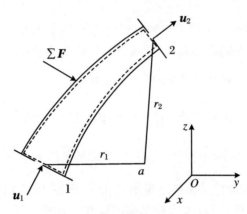

图 3.28 流管内的控制体

应当指出,实际流体在管道内流动时,其管截面上的速度分布是不均匀的,并且一般情况下截面上的速度分布规律很难确定。所以工程上常用截面平均流速来计算流体的动量。但是用平均流速计算出的流体的动量比实际流体的实际动量要小,需要加以修正,即

$$\int_A \rho u^2 dA = \beta \rho \bar{u}^2 A$$

若截面上流体的密度 ρ 均匀分布,则

$$\beta = \frac{\int_A \rho u^2 dA}{\rho \bar{u}^2 A} = \frac{1}{A} \int_A \left(\frac{u}{\bar{u}}\right)^2 dA \tag{3.67}$$

式中:β 为动量修正系数,它是单位时间内通过有效截面的实际动量与按截面平均流速计算的流体动量的比值。它的大小取决于截面上流速分布的均匀程度。在工业管道和明渠流动中,β 的实验值一般为 1.02~1.05,因此,工程计算常取 $\beta=1$。引用截面平均流速并取 $\beta=1$,式(3.66a)对于实际流体的流动情况仍然适用,只需要将相应的流速改用平均流速即可。

3.10.2 动量矩方程

流体的动量矩方程是动量矩守恒定律在流体力学中的具体应用。对于某一控制体来说,动量矩守恒定律可表述为:作用在控制体上的外力矩之和等于单位时间内控制体中流体动量矩的变化量与单位时间内通过控制面进出控制体的流体动量矩的变化量之和。其数学表达式为

$$\sum M = \sum F \times r = \frac{d}{d\tau} \int_V \rho u \times r dV = \frac{\partial}{\partial \tau} \int_V \rho u \times r dV + \int_A \rho u \times r u_n dA \tag{3.68}$$

式中:$\sum M = \sum F \times r$ 为作用在控制体上的外力矩之和;$\frac{\partial}{\partial \tau} \int_V \rho u \times r dV$ 为单位时间内控制体中流体动量矩的变化量,在稳定流动中该项为零;$\int_A \rho u \times r u_n dA$ 为单位时间内通过控制面

进出控制体的流体动量矩的变化量;r 为各外力或动量的作用点到矩心的距离,即向径。

如果将式(3.68)具体应用到图3.28所示的流管上,可以得到稳定流的动量矩方程为

$$M = \sum F \times r = \rho Q(u_2 \times r_2 - u_1 \times r_1) \qquad (3.69)$$

或写成

$$M = \sum F_\tau r = \rho Q(u_{2\tau} r_2 - u_{1\tau} r_1) \qquad (3.70)$$

式中:F_τ、$u_{1\tau}$ 和 $u_{2\tau}$ 分别为外力 F 及流速 u_1 和 u_2 在以 r、r_1 和 r_2 为半径的圆周上的切向分量。

例3.15 图3.29为一变直径的弯管,轴线位于同一水平面内,转角 $\alpha = 60°$,直径由 $d_A = 200$ mm 变为 $d_B = 150$ mm,在流量 $Q = 0.1$ m³/s 时,压力 $p_A = 18$ kN/m²,求水流对 AB 段弯管的作用力(不计能量损失)。

解 求解流体与边界的作用力问题,一般需要联合使用连续性方程、伯努利方程和动量方程。

(1) 用连续性方程计算 u_A 和 u_B。

$$u_A = \frac{4Q}{\pi d_A^2} = \frac{4 \times 0.1}{\pi \times 0.2^2} = 3.18(\text{m/s})$$

$$u_B = \frac{4Q}{\pi d_B^2} = \frac{4 \times 0.1}{\pi \times 0.15^2} = 5.66(\text{m/s})$$

(2) 用伯努利方程计算 p_B。

取管轴线上的流线,列 A 到 B 的伯努利方程

$$p_A + \frac{1}{2}\rho u_A^2 = p_B + \frac{1}{2}\rho u_B^2$$

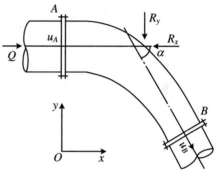

图3.29 例3.15图

所以

$$p_B = p_A + \frac{1}{2}\rho(u_A^2 - u_B^2) = 18 \times 10^3 + \frac{1}{2} \times 1\,000 \times (3.18^2 - 5.66^2)$$
$$= 7\,038.4(\text{N/m}^2) = 7.04(\text{kN/m}^2)$$

(3) 将弯曲流段 AB 作为控制体取出,建立坐标系,并假定弯管对流体的反作用力为 R_x 和 R_y,方向如图3.29所示。写出 x 和 y 两个坐标方向的动量方程

$$\sum F_x = \rho Q(u_{Bx} - u_{Ax})$$
$$\sum F_y = \rho Q(u_{By} - u_{Ay})$$

将本题中的外力和流速代入上式,并注意到力和流速的正负性,得

$$p_A \frac{\pi}{4}d_A^2 - p_B \frac{\pi}{4}d_B^2 \cos\alpha - R_x = \rho Q(u_B \cos\alpha - u_A)$$

$$p_B \frac{\pi}{4}d_B^2 \sin\alpha - R_y = \rho Q(-u_B \sin\alpha - 0)$$

将已知数据代入以上两式,得

$$R_x = 18 \times \frac{\pi}{4} \times 0.2^2 - 7.04 \times \frac{\pi}{4} \times 0.15^2 \times 0.5 - 0.1 \times (5.66 \times 0.5 - 3.18) = 0.538(\text{kN})$$

$$R_y = 7.04 \times \frac{\pi}{4} \times 0.15^2 \times 0.866 + 0.1 \times 5.66 \times 0.866 = 0.598(\text{kN})$$

(4) 结论:流体对弯管的作用力与弯管对流体的作用力大小相等、方向相反,所以水流

对 AB 段弯管的作用力,对图示的坐标来说,沿 x 方向为 0.538 kN,沿 y 方向为 0.598 kN。

例 3.16 水流经过 180°的弯管自喷嘴喷出(图 3.30),已知管径 $D = 75$ mm,喷嘴出口直径 $d = 25$ mm,弯管前的压力表读数 $M = 60$ kN/m^2,弯管部分连同其中的水重 $G = 100$ N。

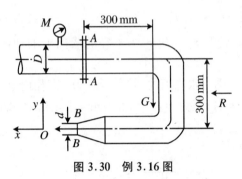

图 3.30 例 3.16 图

(1) 求弯段管壁所受的总推力;

(2) 已知上、下两个螺栓的中心距为 150 mm,求法兰盘 A—A 的上、下、左、右 4 个螺栓各受的拉力。

解 取法兰盘 A—A 至喷嘴出口 B—B 间的弯曲流段作为控制体,取喷嘴轴线所在的水平面为基准面,建立坐标系如图 3.30 所示。

(1) 由连续性方程,$A_A u_A = A_B u_B$,得

$$u_A = \frac{A_B}{A_A} u_B = \left(\frac{d}{D}\right)^2 u_B \quad (3.71)$$

(2) 列 A—A 至 B—B 中心流线的伯努利方程

$$\frac{p_{mA}}{\gamma} + z_A + \frac{u_A^2}{2g} = \frac{u_B^2}{2g} \quad (p_{mB} = 0, z_B = 0) \quad (3.72)$$

将式(3.71)代入式(3.72),得

$$\frac{u_B^2}{2g}\left[1 - \left(\frac{d}{D}\right)^4\right] = \frac{p_{mA}}{\gamma} + z_A$$

所以

$$u_B = \sqrt{\frac{2g(p_{mA}/\gamma + z_A)}{1 - (d/D)^4}} = \sqrt{\frac{2 \times 9.81 \times (60 \times 10^3/9\,810 + 0.3)}{1 - (0.025/0.075)^4}} = 11.29 \text{(m/s)}$$

$$u_A = \left(\frac{d}{D}\right)^2 u_B = \left(\frac{0.025}{0.075}\right)^2 \times 11.29 = 1.25 \text{(m/s)}$$

$$Q = \frac{1}{4}\pi d^2 u_B = \frac{1}{4}\pi \times 0.025^2 \times 11.29 = 5.54 \times 10^{-3} \text{(m}^3\text{/s)}$$

(3) 设弯管对流体的反作用力为 R,方向如图 3.30 所示,列控制体的动量方程

$$R - p_{mA}\frac{1}{4}\pi D^2 = \rho Q(u_B + u_A)$$

所以反推力

$$R = p_{mA}\frac{1}{4}\pi D^2 + \rho Q(u_B + u_A)$$

$$= 60 \times 10^3 \times \frac{1}{4}\pi \times 0.075^2 + 1\,000 \times 5.54 \times 10^{-3}(11.29 + 1.25) = 334.6 \text{(N)}$$

则流体对弯段管壁的总推力为 334.6 N,方向与图中 x 轴的方向相反。

(4) 流体对管壁的总推力由 4 个螺栓分担,但不是均匀分担的。由于螺栓群所受的顺时针方向的力矩为

$$M = 0.3G - 0.3\rho Q u_B = 0.3(G - \rho Q u_B)$$

$$= 0.3(100 - 1\,000 \times 5.54 \times 10^{-3} \times 11.29) = 11.24 \text{(N} \cdot \text{m)}$$

所以,左、右两个螺栓受力各为

$$\frac{R}{4} = \frac{334.6}{4} = 83.7(\text{N})$$

上螺栓受力为

$$\frac{R}{4} + \frac{M}{0.15} = 83.7 + \frac{11.24}{0.15} = 158.6(\text{N})$$

下螺栓受力为

$$\frac{R}{4} - \frac{M}{0.15} = 83.7 - \frac{11.24}{0.15} = 8.7(\text{N})$$

例 3.17 一平面物体装置在水槽中以测定其对水流的阻力,如图 3.31 所示,实验段水面宽度 $B = 1.2 \text{ m}$,前方来流速度均匀分布,$u_1 = 6.2 \text{ m/s}$,实验时测得物体后下游速度分布如图所示,试计算物体对水流的阻力。

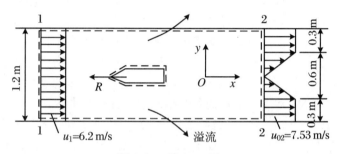

图 3.31　例 3.17 图

解 选取控制体如图中虚线所示,建立坐标系,并假定物体对水流的阻力为 R,方向如图。在控制体两侧的控制面 1—2 上速度已达到均匀分布,故摩擦不计。1—1 截面上的速度分布为均匀分布,$u_1 = 6.2 \text{ m/s}$;在 2—2 截面上的速度分布为:

当 $0 \leqslant y \leqslant 0.3 \text{ m}$ 时,设 $u_2 = ay + b$,a、b 为待定系数,由边界条件确定:$y = 0$ 时,$u_2 = 0$,得 $b = 0$;$y = 0.3 \text{ m}$ 时,$u_2 = 7.53 \text{ m/s}$,得 $a = 25.1$。所以

$$u_2 = 25.1y \quad (0 \leqslant y \leqslant 0.3 \text{ m})$$

当 $0.3 \text{ m} \leqslant y \leqslant 0.6 \text{ m}$ 时,$u_2 = u_{02} = 7.53 \text{ m/s}$。

列 x 方向上的动量方程为(物体为单位厚度)

$$-R = \rho \Big(\int_{A_2} u_2^2 \mathrm{d}y - u_1^2 B \Big)$$

所以

$$R = \rho \Big(u_1^2 B - \int_{A_2} u_2^2 \mathrm{d}y \Big) = \rho \Big[u_1^2 B - 2\int_0^{0.3} (25.1y)^2 \mathrm{d}y - 0.3 \times 2 u_{02}^2 \Big]$$

$$= 1\,000 \Big(6.2^2 \times 1.2 - 2 \times 25.1^2 \times \frac{1}{3} \times 0.3^3 - 0.3 \times 2 \times 7.53^2 \Big) = 767.3(\text{N})$$

故物体对水流的阻力为 767.3 N。

通过上面三例可知,在应用动量方程时应当注意下列事项:

(1) 建立坐标系,按坐标系的方向确定速度与外力的各分量的正负号,与坐标方向相同者取正号,反之取负号。

(2) 正确选择控制体。流体流入与流出的截面应选在流线为平行直线的地段上,流经控制体的固体表面应是控制空间的一部分控制面。

(3) 所有作用在控制体上的外力和通过各控制面的动量变化率在列动量方程时都应计算进去。由于在选定的控制体范围内大气压的作用相互抵消,因此压力 p 常按相对压力计算。

(4) 当所选定的控制体范围不大时,流体所受的重力可以忽略不计。

另外,前面讨论的是控制体静止不动的动量方程。当控制体以匀速 u_k 相对于固定坐标系 XYZ 运动时,仍然属于惯性控制体,因为控制体对于 XYZ 并没有加速度。在稳定流的条件下,式(3.65)对于固结在匀速运动的控制体上的坐标系 xyz 同样是适用的,但是,式中所有的速度都是指相对于控制体的速度,因此,动量方程可写成

$$\sum F = \int_A \rho u_{xyz} u_{nxyz} \mathrm{d}A \qquad (3.73)$$

式(3.73)可应用于任一惯性控制体(静止的控制体或以匀速运动的控制体),式中注角 xyz,只是为了强调此处速度是相对于控制体的速度(即相对速度)。

例 3.18 使带有倾斜光滑平板的小车逆着射流的方向以速度 U 等速运动,若射流喷嘴固定不动,射流截面积为 A,流速为 u,不计小车与地面的摩擦力,求 2、3 两分流股的截面积和推动小车所需的功率。

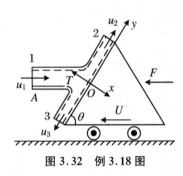

图 3.32 例 3.18 图

解 (1) 将坐标系 xOy 建立在运动的小车上,并取控制体如图 3.32 中的虚线所示。设小车上光滑平板对射流流股(控制体)的反作用力为 T,由于没有摩擦,所以 T 与板面垂直。又设射流流股相对于运动坐标系 xOy 的初始速度为 u_1,显然 $u_1 = u + U$;射流流股相对于运动坐标系 xOy 的末速度分别为 u_2 和 u_3,如图 3.32 所示。由伯努利方程,沿自由面流线 1—2 和 1—3 有(重力不计)

$$\frac{p_1}{\rho} + \frac{u_1^2}{2} = \frac{p_2}{\rho} + \frac{u_2^2}{2}$$

$$\frac{p_1}{\rho} + \frac{u_1^2}{2} = \frac{p_3}{\rho} + \frac{u_3^2}{2}$$

由于 $p_1 = p_2 = p_3 = p_a$,所以

$$u_2 = u_3 = u_1 = u + U$$

由连续性方程得

$$u_1 A = u_2 A_2 + u_3 A_3$$

所以

$$A = A_2 + A_3 \qquad (3.74)$$

对于控制体列 y 方向的动量方程

$$0 = \rho Q_2 u_2 - \rho Q_3 u_3 - \rho Q u_1 \cos\theta = \rho u_2^2 A_2 - \rho u_3^2 A_3 - \rho u_1^2 A\cos\theta$$

因为 $u_1 = u_2 = u_3$,所以有

$$A\cos\theta = A_2 - A_3 \qquad (3.75)$$

将式(3.74)与式(3.75)联立求解,得

$$A_2 = \frac{1 + \cos\theta}{2}A, \quad A_3 = \frac{1 - \cos\theta}{2}A$$

(2) 对于控制体列 x 方向的动量方程

$$-T = \rho Q(0 - u_1\sin\theta) = -\rho A u_1^2 \sin\theta$$

所以

$$T = \rho A u_1^2 \sin\theta$$

则射流流股对平板的作用力为 $T' = \rho A u_1^2 \sin\theta$，其方向与 T 的方向相反（与 x 轴同向）。那么作用力 T' 在水平方向上的分力为

$$F' = T'\sin\theta = \rho A u_1^2 \sin^2\theta$$

因此，根据力的平衡规律，推动小车所需要的力为

$$F = \rho A u_1^2 \sin^2\theta$$

F 的方向与 F' 的方向相反，为小车运动的方向（图 3.32）。故推动小车所需要的功率为

$$N = FU = \rho A u_1^2 \sin^2\theta \cdot U = \rho A U(u+U)^2 \sin^2\theta$$

习 题 3

3.1 已知速度场为 $u = 2(x+y)\boldsymbol{i} + (x-y)\boldsymbol{j} + (x-z)\boldsymbol{k}$ (m/s)，求 (2,3,1) 点的速度和加速度。

3.2 已知速度场为 $u = (3x+\tau)\boldsymbol{i} + 2(\tau - y^2)\boldsymbol{j} + (4y-3)z\boldsymbol{k}$ (m/s)，求 $\tau = 2$ s 时，位于 (2,2,1) 点的速度和加速度。

3.3 已知二维流场的速度分布为 $u = (4y-6x)\tau\boldsymbol{i} + (6y-9x)\tau\boldsymbol{j}$ (m/s)。问：

(1) 该流动是稳定流还是非稳定流？是均匀流还是非均匀流？

(2) $\tau = 1$ s 时，(2,4) 点的加速度为多少？

(3) $\tau = 1$ s 时的流线方程是什么？

3.4 已知速度场为 $u_x = 2y\tau + \tau^3$，$u_y = 2x\tau$，$u_z = 0$。求 $\tau = 1$ 时，过 (0,2) 点的流线方程。

3.5 20 ℃ 的空气在大气压下流过 0.5 m 直径的管道，截面平均流速为 30 m/s。求其体积流量、质量流量和重量流量。

3.6 流体在两平行平板间流动的速度分布为

$$u = u_{\max}\left[1-\left(\frac{y}{b}\right)^2\right]$$

式中：$u_{\max}$ 为两板中心线 $y=0$ 处的最大速度；b 为平板距中心线的距离，均为常数。求通过两平板间单位宽度的体积流量。

3.7 下列各组方程中哪些可用来描述不可压缩流体二维流动？

(1) $u_x = 2x^2 + y^2$，$u_y = x^3 - x(y^2 - 2y)$；

(2) $u_x = 2xy - x^2 + y$，$u_y = 2xy - y^2 + x^2$；

(3) $u_x = x\tau + 2y$，$u_y = x\tau^2 - y\tau$；

(4) $u_x = (x+2y)x\tau$，$u_y = (2x-y)y\tau$。

3.8 下列两组方程中哪个可以用来描述不可压缩流体空间流动？

(1) $u_x = xyz\tau$，$u_y = -xyz\tau^2$，$u_z = \frac{1}{2}(x\tau - y\tau)z^2$；

(2) $u_x = y^2 + 2xz$，$u_y = x^2yz - 2yz$，$u_z = \frac{1}{2}x^2z^2 + x^3y^4$。

3.9 已知不可压缩流体二维流动在 y 方向的速度分量为 $u_y = y^2 - 2x + 2y$，求速度在 x 方向的分量 u_x。

3.10 已知不可压缩流体在 r、θ 方向的速度分量分别为 $u_r = \dfrac{4}{r^2}$, $u_\theta = 4r$, 求速度在 z 方向的分量 u_z。

3.11 设不可压缩流体空间流动的两个速度分量为：

(1) $u_x = ax^2 + by^2 + cz^2$, $u_y = -dxy - eyz - fzx$;

(2) $u_x = \ln\left(\dfrac{y^2}{b^2} + \dfrac{z^2}{c^2}\right)$, $u_y = \sin\left(\dfrac{x^2}{a^2} + \dfrac{z^2}{c^2}\right)$。

其中 a、b、c、d、e、f 均为常数。已知当 $z = 0$ 时 $u_z = 0$。试求第三个速度分量。

3.12 已知不可压缩理想流体的压力场为 $p = 4x^3 - 2y^2 - yz^2 + 5z(\mathrm{N/m^2})$, 若流体密度 $\rho = 1000\ \mathrm{kg/m^3}$, $g = 9.8\ \mathrm{m/s^2}$, 求流体质点在 $r = 3i + j - 5k(\mathrm{m})$ 位置上的加速度。

3.13 已知不可压缩理想流体稳定流动的速度场为

$$u = (3x^2 - 2xy)i + (y^2 - 6xy + 3yz^2)j - (z^3 + xy^2)k\ (\mathrm{m/s})$$

求流体质点在 (2,3,1) 点处的压力梯度。$\rho = 1000\ \mathrm{kg/m^3}$, $g = 9.8\ \mathrm{m/s^2}$。

3.14 已知不可压缩理想流体的速度场为 $u = (x-2y)\tau i + (y-2x)\tau j(\mathrm{m/s})$, 流体密度 $\rho = 1500\ \mathrm{kg/m^3}$, 忽略质量力, 求 $\tau = 1\ \mathrm{s}$ 时位于 (x, y) 处及 $(1, 2)$ 点处的压力梯度。

3.15 已知不可压缩理想流体的速度场为 $u = Axi - Ayj(\mathrm{m/s})$, 单位质量力为 $f = -gk\ \mathrm{m/s^2}$, 位于坐标原点的压力为 p_0, 求压力分布式。

3.16 已知不可压缩理想流体在水平圆环通道中做二维稳定流动, 当圆周速度分别为 $u_\theta = k$, $u_\theta = kr$, $u_\theta = \dfrac{k}{r}$ 时, 求压力 p 随 u_θ 和 r 的变化关系式。

3.17 已知不可压缩理想流体的速度分量为 $u_x = ay$, $u_y = bx$, $u_z = 0$, 不计质量力, 求等压面方程。

3.18 若在 150 mm 直径管道内的截面平均流速为在 200 mm 直径管道内的一半, 问流过这两个管道的流量之比为多少?

3.19 如图 3.33 所示, 蒸气管道的干管直径 $d_1 = 50\ \mathrm{mm}$, 截面平均流速 $u_1 = 25\ \mathrm{m/s}$, 密度 $\rho_1 = 2.62\ \mathrm{kg/m^3}$, 蒸气分别由两支管流出, 支管直径 $d_2 = 45\ \mathrm{mm}$, $d_3 = 40\ \mathrm{mm}$, 出口处蒸气密度分别为 $\rho_2 = 2.24\ \mathrm{kg/m^3}$, $\rho_3 = 2.30\ \mathrm{kg/m^3}$, 求保证两支管质量流量相等的出口流速 u_2 和 u_3。

3.20 水射器如图 3.34 所示, 高速水流 u_j 由喷嘴射出, 带动管道内的水体。已知 1 截面管道内的水流速度和射流速度分别为 $u_1 = 3\ \mathrm{m/s}$ 和 $u_j = 25\ \mathrm{m/s}$, 管道和喷嘴的直径分别为 0.3 m 和 85 mm, 求截面 2 处的平均流速 u_2。

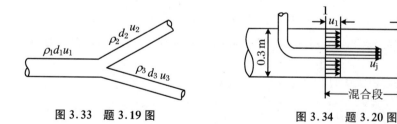

图 3.33 题 3.19 图　　　图 3.34 题 3.20 图

3.21 已知圆管中的流速分布为 $u = u_{\max}\left(\dfrac{y}{r_0}\right)^{1/7}$, r_0 为圆管半径, y 为离管壁的距离, $u_{\max}$ 为管轴处的最大流速, 求流速等于截面平均流速的点离管壁的距离 y_c。

3.22 如图 3.35 所示, 管道末端装一喷嘴, 管道和喷嘴直径分别为 $D = 100\ \mathrm{mm}$ 和 $d = 30\ \mathrm{mm}$, 如通过的流量为 $0.02\ \mathrm{m^3/s}$, 不计水流过喷嘴的阻力, 求截面 1 处的压力。

3.23 如图 3.36 所示, 水管直径为 50 mm, 末端的阀门关闭时, 压力表读数为 $21\ \mathrm{kN/m^2}$, 阀门打开后读数降至 $5.5\ \mathrm{kN/m^2}$, 如不计管中的压头损失, 求通过的流量。

3.24 如图 3.37 所示, 用水银压差计测量水管中的点速度 u, 如读数 $\Delta h = 60\ \mathrm{mm}$, 求该点流速。

图 3.35　题 3.22 图　　　图 3.36　题 3.23 图　　　图 3.37　题 3.24 图

3.25　流量为 0.06 m³/s 的水，流过如图 3.38 所示的变直径管段，截面①处管径 $d_1 = 250$ mm，截面②处管径 $d_2 = 150$ mm，①、②两截面高差为 2 m，①截面压力 $p_1 = 120$ kN/m²，压头损失不计。试求：

(1) 如水向下流动，②截面的压力及水银压差计的读数；

(2) 如水向上流动，②截面的压力及水银压差计的读数。

3.26　如图 3.39 所示，风机进气管首端装有一流线型渐缩管，可用来测量通过的流量。这种渐缩管的局部损失可忽略不计，且气流在其末端可认为是均匀分布的。如装在渐缩管末端的测压计读数 $\Delta h = 25$ mm，空气的温度为 20 ℃，风管直径为 1.2 m，求通过的流量。

3.27　如图 3.40 所示，水沿管线下流，若压力计的读数相同，求需要的小管直径 d_0，不计损失。

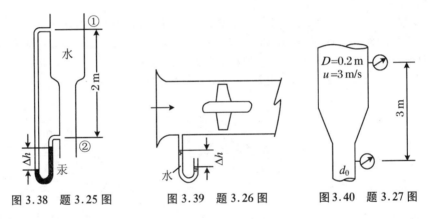

图 3.38　题 3.25 图　　　图 3.39　题 3.26 图　　　图 3.40　题 3.27 图

3.28　水由图 3.41 中的喷口流出，喷口直径 $d = 75$ mm，不计损失，计算 H 值（以 m 计）和 p 值（以 kN/m² 计）。

3.29　如图 3.42 所示，水由管中铅直流出，求流量及测压计读数。水流无损失。

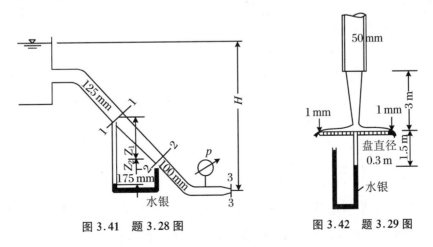

图 3.41　题 3.28 图　　　图 3.42　题 3.29 图

3.30　如图 3.43 所示，同一水箱经上、下两孔口出流，求证：在射流交点处，$h_1 y_1 = h_2 y_2$。

3.31 如图 3.44 所示,一压缩空气罐与文丘里式的引射管连接,d_1,d_2,h 均为已知,问气罐压力 p_0 多大才能将 B 池水抽出?

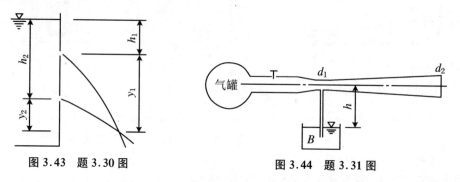

图 3.43 题 3.30 图　　　　图 3.44 题 3.31 图

3.32 高压水管末端的喷嘴如图 3.45 所示,出口直径 $d = 10$ cm,管端直径 $D = 40$ cm,流量 $Q = 0.4$ m³/s,喷嘴和管道以法兰连接,共用 12 个螺栓,不计水和管嘴的重量,求每个螺栓的受力。

3.33 如图 3.46 所示,直径为 $d_1 = 700$ mm 的管道在支承水平面上分支为 $d_2 = 500$ mm 的两支管,A—A 截面压力为 70 kN/m²,管道中水的体积流量为 $Q = 0.6$ m³/s,两支管流量相等。
(1) 不计压头损失,求支墩受的水平推力;
(2) 压头损失为支管流速压头的 5 倍,求支墩受的水平推力(不考虑螺栓连接的作用)。

3.34 水流经 180°弯管自喷嘴流出,如管径 $D = 100$ mm,喷嘴直径 $d = 25$ mm,管道前端的测压表读数 $M = 196.5$ kN/m²,求法兰盘接头 A 处上、下螺栓的受力情况。假定螺栓上、下、前、后共安装四个,上、下螺栓的中心距离为 175 mm,弯管喷嘴和水重为 150 N,作用位置如图 3.47 所示。

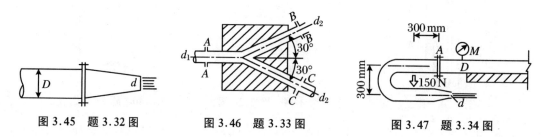

图 3.45 题 3.32 图　　　图 3.46 题 3.33 图　　　图 3.47 题 3.34 图

3.35 下部水箱重 224 N,其中盛水重 897 N,如果此箱放在秤台上,受如图 3.48 所示的恒定水流作用。问秤的读数是多少?

3.36 如图 3.49 所示,求水流对 1 m 宽的挑流坎 AB 作用的水平分力和铅直分力。假定 A、B 两截面间的水重为 2.69 kN,而且截面 B 流出的流动可以认为是自由射流。

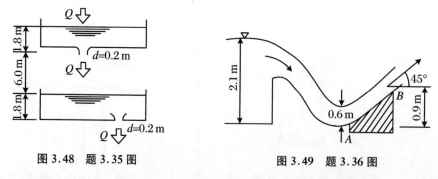

图 3.48 题 3.35 图　　　图 3.49 题 3.36 图

3.37 如图 3.50 所示,水流垂直于纸面的宽度为 1.2 m,求它对建筑物的水平作用力。

3.38 如图 3.51 所示,有一圆柱体放在两无限宽的平行平板中间,平板间距 B 为 1 m,圆柱体前水流为均匀分布,流速 $u_1 = 5$ m/s,流过圆柱体后,流速近似三角形分布,求单位长度圆柱体对水流的阻力。平板对水流的摩擦阻力不计。

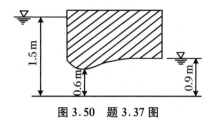
图 3.50 题 3.37 图

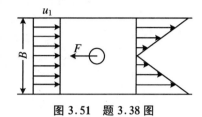
图 3.51 题 3.38 图

3.39 如图 3.52 所示,理想流体平面射流以 θ 角冲击在无限宽(垂直纸面方向)的平板上,如射流的单宽流量为 q_0,速度为 u_0,遇平板后两侧的单宽流量为 q_1 和 q_2,求:
(1) 用 θ 函数表示的 q_1/q_2;
(2) 射流对单宽平板的作用力。

3.40 如图 3.53 所示,直径为 10 cm、速度为 20 m/s 的水射流垂直冲击在一块圆形平板上,不计阻力,问:
(1) 平板不动时,射流对平板的冲击力为多大?
(2) 如平板以速度 5 m/s 向左运动,射流对平板的冲击力为多少? 水流离开平板时,其流速的大小和方向是什么?

3.41 如图 3.54 所示,有一直径由 20 cm 变至 15 cm 的 90°变径弯头,其后端连一出口直径为 12 cm 的喷嘴,水由喷嘴射出的速度为 20 m/s,求弯头所受的水平分力 F_H 和铅垂分力 F_V。不计弯头内的水体重量。

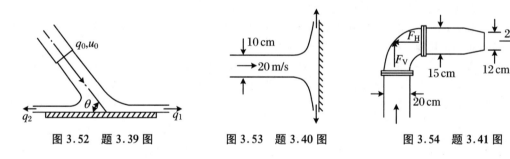

图 3.52 题 3.39 图   图 3.53 题 3.40 图   图 3.54 题 3.41 图

3.42 图 3.55 为一矩形容器,水由①、②两管流入,由③管流出,①、②、③管的直径分别为 20 cm、20 cm 和 25 cm,①、②两管的流量同为 0.2 m³/s,管口相对压力皆为 32 kN/m²,③管出口为大气压,倾角 θ 为 30°。三根短管都位于同一水平面上,如容器仅由 A 点支撑,求 xOy 平面上作用于 A 点的力和力矩。

3.43 如图 3.56 所示的盛水容器,已知 $H = 6$ m,喷口直径 $d = 100$ mm,不计阻力,求:
(1) 容器不动时,水流作用在容器上的推力;
(2) 容器以 2 m/s 的速度向左运动,水流作用在容器上的推力。

3.44 如图 3.57 所示,水射流由直径 $d = 6$ cm 的喷嘴垂直向上喷射,离开喷口的速度为 15 m/s,若能支撑一块重 100 N 的平板,射流喷射的高度 Z 为多少?

3.45 如图 3.58 所示,喷嘴直径为 25 mm,每个喷嘴流量为 7 L/s,若涡轮以 100 r/min 旋转,计算它的功率。

3.46 如图 3.59 所示,臂长皆为 10 cm 的双臂喷水装置,喷水口直径为 1 cm,在 3 cm 直径的中心供水管内水流速度为 7 m/s,求:

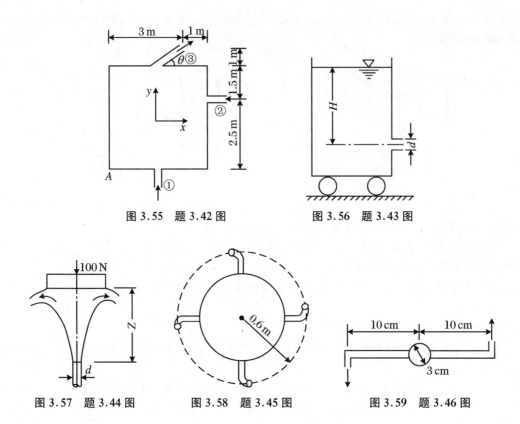

图 3.55　题 3.42 图　　　　　图 3.56　题 3.43 图

图 3.57　题 3.44 图　　图 3.58　题 3.45 图　　图 3.59　题 3.46 图

(1) 转臂不动时需施加的力矩；
(2) 使转臂以 150 r/min 的转速反时针方向旋转需施加的力矩。

3.47　如图 3.60 所示，有一向后喷射水流作为动力的机动船逆水航行，河水流速为 1.5 m/s，相对于河岸的船速为 9 m/s，船尾喷口处相对于船体的流速为 18 m/s，流量为 0.15 m³/s，求射流对船体的推力。

3.48　如图 3.61 所示，装在小车上的水箱侧壁有一流线型喷嘴，直径为 20 mm，已知 $h_1 = 1$ m，$h_2 = 2$ m，射流恰好平顺地沿小坎转向水平方向离开小车。求：
(1) 射流对水箱的水平推力；
(2) 射流对小车的水平推力；
(3) 射流对小坎的水平推力。

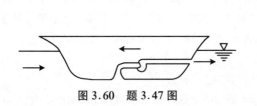

图 3.60　题 3.47 图

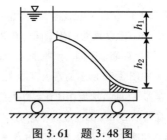

图 3.61　题 3.48 图

第4章 流体的有旋流动和无旋流动

在上一章中我们阐述了流体流动的一些基本概念,导出了流体流动的连续性方程、欧拉运动方程、伯努利方程和动量方程等,为解决工程实际问题奠定了一定的理论基础。本章将进一步讨论流体的有旋流动和无旋流动。

4.1 流体微团运动的分析

我们知道,刚体的运动一般可以分解为移动和转动两部分。但流体与刚体不同,流体受力便会发生运动状态的变化,即流体具有流动性,极易变形。因此,流体微团在运动过程中不但会发生移动和转动,而且还会发生变形运动。所以,在一般情况下流体微团的运动可以分解为移动、转动和变形运动三部分。变形运动又分为线变形运动和角变形运动两种情况。下面我们分别讨论这几种运动情况。

4.1.1 移动

在流场中取一微元平行六面体的流体微团,各边长分别为 dx、dy、dz,形心 a 处的速度为 u,沿三个坐标轴的速度分量分别为 u_x、u_y、u_z,如图 4.1 所示。如果微团内各点的速度在坐标轴上的分量也都是 u_x、u_y 和 u_z,那么整个流体微团就只有移动,也就是说流体微团只能从一个位置移动到另一个新的位置,而其形状和大小及方位并不改变。

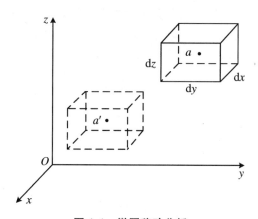

图 4.1 微团移动分析

4.1.2 转动

同上,在流场中取一微元平行六面体的流体微团,转动前流体微团的各边分别与坐标轴平行,为讨论方便起见,我们先讨论流体微团绕垂直于 xOy 平面的轴(z 轴)转动的情况,如图 4.2 所示。设 O 点在 x 轴和 y 轴方向的速度分量分别为 u_x 和 u_y。当 A 点在 y 轴方向的分速度不同于 O 点在 y 轴方向的分速度及 B 点在 x 轴方向的分速度不同于 O 点在 x 轴方向的分速度时,流体微团才会发生旋转。A 点在 y 轴方向的分速度和 B 点在 x 轴方向的分速度可按泰勒级数展开,并略去高阶无穷小量而得到,它们分别为 $u_y + \frac{\partial u_y}{\partial x}dx$ 和 $u_x + \frac{\partial u_x}{\partial y}dy$,它们相对于 O 点的对应分速度(相对于 O 点的线速度)分别为 $\frac{\partial u_y}{\partial x}dx$ 和 $\frac{\partial u_x}{\partial y}dy$,所以它们相对于 O 点的角速度(逆时针方向旋转为正)应为

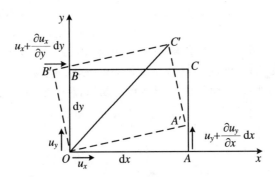

图 4.2 微团旋转运动分析

$$A \text{ 点上} \quad \frac{\partial u_y}{\partial x}dx/dx = \frac{\partial u_y}{\partial x}$$

$$B \text{ 点上} \quad -\frac{\partial u_x}{\partial y}dy/dy = -\frac{\partial u_x}{\partial y}$$

而对于微团中其他各点绕 z 轴转动的角速度(如 C 点等)则是由该点 y 向的分速度在 x 轴方向的变化量和 x 向的分速度在 y 轴方向的变化量共同产生的。因此,我们可以把整个微团绕 z 轴转动的分角速度用 OA 与 OB 在 xOy 平面内的平均角速度来表示,即

$$\omega_z = \frac{1}{2}\left(\frac{\partial u_y}{\partial x} - \frac{\partial u_x}{\partial y}\right)$$

同理,可求得流体微团绕 x 轴和 y 轴转动的角速度分量 ω_x 和 ω_y。于是流体微团旋转角速度 ω 的三个分量分别为

$$\left.\begin{aligned}\omega_x &= \frac{1}{2}\left(\frac{\partial u_z}{\partial y} - \frac{\partial u_y}{\partial z}\right) \\ \omega_y &= \frac{1}{2}\left(\frac{\partial u_x}{\partial z} - \frac{\partial u_z}{\partial x}\right) \\ \omega_z &= \frac{1}{2}\left(\frac{\partial u_y}{\partial x} - \frac{\partial u_x}{\partial y}\right)\end{aligned}\right\} \quad (4.1)$$

而
$$\omega = \sqrt{\omega_x^2 + \omega_y^2 + \omega_z^2} \tag{4.2}$$

写成向量形式为
$$\boldsymbol{\omega} = \omega_x \boldsymbol{i} + \omega_y \boldsymbol{j} + \omega_z \boldsymbol{k} = \frac{1}{2} \nabla \times \boldsymbol{u} = \frac{1}{2} \mathrm{rot}\, \boldsymbol{u} \tag{4.3}$$

$$\mathrm{rot}\, \boldsymbol{u} = \begin{vmatrix} \boldsymbol{i} & \boldsymbol{j} & \boldsymbol{k} \\ \dfrac{\partial}{\partial x} & \dfrac{\partial}{\partial y} & \dfrac{\partial}{\partial z} \\ u_x & u_y & u_z \end{vmatrix} = \left(\dfrac{\partial u_z}{\partial y} - \dfrac{\partial u_y}{\partial z} \right) \boldsymbol{i} + \left(\dfrac{\partial u_x}{\partial z} - \dfrac{\partial u_z}{\partial x} \right) \boldsymbol{j} + \left(\dfrac{\partial u_y}{\partial x} - \dfrac{\partial u_x}{\partial y} \right) \boldsymbol{k}$$

式中：$\nabla = \dfrac{\partial}{\partial x} \boldsymbol{i} + \dfrac{\partial}{\partial y} \boldsymbol{j} + \dfrac{\partial}{\partial z} \boldsymbol{k}$ 为哈米尔顿算子；rot $\boldsymbol{u}$ 为速度 $\boldsymbol{u}$ 的旋度，在流体力学中也称为流场的涡量，一般用 $\boldsymbol{\xi}$ 表示，即 $\boldsymbol{\xi} = 2\boldsymbol{\omega}$。

那么涡量 $\boldsymbol{\xi}$ 在各坐标轴上的分量可表示为

$$\left. \begin{aligned} \xi_x &= 2\omega_x = \dfrac{\partial u_z}{\partial y} - \dfrac{\partial u_y}{\partial z} \\ \xi_y &= 2\omega_y = \dfrac{\partial u_x}{\partial z} - \dfrac{\partial u_z}{\partial x} \\ \xi_z &= 2\omega_z = \dfrac{\partial u_y}{\partial x} - \dfrac{\partial u_x}{\partial y} \end{aligned} \right\} \tag{4.4}$$

而
$$\xi = \sqrt{\xi_x^2 + \xi_y^2 + \xi_z^2} \tag{4.5}$$

当涡量 $\boldsymbol{\xi} = \mathrm{rot}\, \boldsymbol{u} = \boldsymbol{0}$，即 $\omega_x = \omega_y = \omega_z = 0$ 时，流体的流动是无旋的，称为无旋流动，否则称为有旋流动。

应当指出，判断流体微团是有旋流动还是无旋流动，完全取决于流体微团是否绕其自身轴旋转，而与流体微团本身的运动轨迹无关。如图 4.3 所示，流体微团的运动轨迹均为圆周线，在(a)中微团自身有转动，是有旋流动；在(b)中微团自身没有转动，是无旋流动。

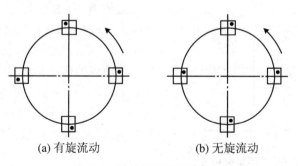

图 4.3 流体微团的运动轨迹

对于圆柱坐标系来说
$$\boldsymbol{\omega} = \omega_r \boldsymbol{i}_r + \omega_\theta \boldsymbol{i}_\theta + \omega_z \boldsymbol{i}_z$$

因此，用上述类似的分析方法可以得到圆柱坐标系下的流体微团的旋转角速度及涡量的计算公式，即

$$\omega_r = \frac{1}{2}\left(\frac{\partial u_z}{r\partial\theta} - \frac{\partial u_\theta}{\partial z}\right)$$

$$\omega_\theta = \frac{1}{2}\left(\frac{\partial u_r}{\partial z} - \frac{\partial u_z}{\partial r}\right) \quad (4.6)$$

$$\omega_z = \frac{1}{2}\left(\frac{u_\theta}{r} + \frac{\partial u_\theta}{\partial r} - \frac{\partial u_r}{r\partial\theta}\right)$$

$$\omega = \sqrt{\omega_r^2 + \omega_\theta^2 + \omega_z^2} \quad (4.7)$$

$$\xi_r = 2\omega_r = \frac{\partial u_z}{r\partial\theta} - \frac{\partial u_\theta}{\partial z}$$

$$\xi_\theta = 2\omega_\theta = \frac{\partial u_r}{\partial z} - \frac{\partial u_z}{\partial r} \quad (4.8)$$

$$\xi_z = 2\omega_z = \frac{u_\theta}{r} + \frac{\partial u_\theta}{\partial r} - \frac{\partial u_r}{r\partial\theta}$$

$$\xi = \sqrt{\xi_r^2 + \xi_\theta^2 + \xi_z^2} \quad (4.9)$$

写成向量式为

$$\boldsymbol{\omega} = \omega_r \boldsymbol{i}_r + \omega_\theta \boldsymbol{i}_\theta + \omega_z \boldsymbol{i}_z \quad (4.6\text{a})$$

$$\boldsymbol{\xi} = \xi_r \boldsymbol{i}_r + \xi_\theta \boldsymbol{i}_\theta + \xi_z \boldsymbol{i}_z \quad (4.8\text{a})$$

4.1.3 线变形运动

线变形运动是指流体微团的形状随时间在变化,而微团的形心位置和方位并不改变的一种变形运动。所以线变形运动又称作体变形运动。对于不可压缩流体来说,流体微团的线变形运动并不改变其体积的大小。

流体微团的线变形速度是用直线距离上单位时间内单位长度的伸长量(或缩短量)来表示的。线变形速度在各个坐标轴上的分量分别用 ε_x、ε_y、ε_z 表示。如图 4.4 所示,在流场中任取一流体微团,形心点为 O,OA 平行于 x 轴,长度为 $\mathrm{d}x$,OB 平行于 y 轴,长度为 $\mathrm{d}y$,OC 平行于 z 轴(垂直于纸面),长度为 $\mathrm{d}z$。形心 O 点处流体质点的速度 u 在各坐标轴上的分量分别为 u_x、u_y、u_z。A 点的 x 向分速度和 B 点的 y 向分速度及 C 点的 z 向分速度可按泰勒级数展开并略去高阶无穷小量得到,它们分别为 $u_x + \frac{\partial u_x}{\partial x}\mathrm{d}x$、$u_y + \frac{\partial u_y}{\partial y}\mathrm{d}y$ 和 $u_z + \frac{\partial u_z}{\partial z}\mathrm{d}z$。则 A 点

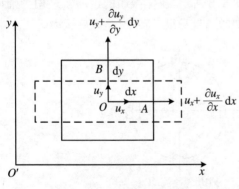

图 4.4 微团线变形运动分析

相对于 O 点在 x 轴方向的相对速度为 $\frac{\partial u_x}{\partial x}\mathrm{d}x$;$B$ 点相对于 O 点在 y 轴方向的相对速度为 $\frac{\partial u_y}{\partial y}\mathrm{d}y$;$C$ 点相对于 O 点在 z 轴方向的相对速度为 $\frac{\partial u_z}{\partial z}\mathrm{d}z$。就是由于这些相对速度的存在,将造成流体微团在各坐标轴方向伸长(或缩短)。在 $\mathrm{d}\tau$ 时间内 OA 在 x 轴方向的伸长量为

$\dfrac{\partial u_x}{\partial x}\mathrm{d}x\mathrm{d}\tau$；在 $\mathrm{d}\tau$ 时间内 OB 在 y 轴方向的缩短量为 $\dfrac{\partial u_y}{\partial y}\mathrm{d}y\mathrm{d}\tau$；在 $\mathrm{d}\tau$ 时间内 OC 在 z 轴方向的伸长量(或缩短量)为 $\dfrac{\partial u_z}{\partial z}\mathrm{d}z\mathrm{d}\tau$。则在 x 轴方向上流体微团在单位时间内单位长度的伸长量为

$$\varepsilon_x = \frac{\dfrac{\partial u_x}{\partial x}\mathrm{d}x\mathrm{d}\tau}{\mathrm{d}x\mathrm{d}\tau} = \frac{\partial u_x}{\partial x}$$

在 y 轴方向上流体微团在单位时间内单位长度的缩短量为

$$\varepsilon_y = \frac{\dfrac{\partial u_y}{\partial y}\mathrm{d}y\mathrm{d}\tau}{\mathrm{d}y\mathrm{d}\tau} = \frac{\partial u_y}{\partial y}$$

同理,在 z 轴方向上流体微团在单位时间内单位长度的伸长量(或缩短量)为

$$\varepsilon_z = \frac{\dfrac{\partial u_z}{\partial z}\mathrm{d}z\mathrm{d}\tau}{\mathrm{d}z\mathrm{d}\tau} = \frac{\partial u_z}{\partial z}$$

由此得到流体微团的线变形运动速度分量为

$$\left.\begin{array}{l}\varepsilon_x = \dfrac{\partial u_x}{\partial x}\\[4pt]\varepsilon_y = \dfrac{\partial u_y}{\partial y}\\[4pt]\varepsilon_z = \dfrac{\partial u_z}{\partial z}\end{array}\right\} \tag{4.10}$$

如果我们用 ε 来表示流体微团在单位时间内的体积变形率,或称体积膨胀率,则有

$$\varepsilon = \varepsilon_x + \varepsilon_y + \varepsilon_z = \frac{\partial u_x}{\partial x} + \frac{\partial u_y}{\partial y} + \frac{\partial u_z}{\partial z} = \operatorname{div}\boldsymbol{u} \tag{4.11}$$

式中:$\operatorname{div}\boldsymbol{u}$ 为速度 $\boldsymbol{u}$ 的散度。

显然,对于不可压缩流体,$\varepsilon = 0$,即体积变形率为零。

4.1.4 角变形运动

如果流体微团内各点的受力不均,有切向力存在时,将会使流体微团产生角变形运动。角变形运动的快慢程度用角变形速度 θ 来度量。角变形速度的大小常用流体微团中某一直角的角度在单位时间内的改变量的一半来表示,它在各坐标轴方向的分量分别用 θ_x、θ_y、θ_z 表示。在流场中任取一流体微团,如图 4.5 所示。设 O 点在 x 轴和 y 轴方向的分速度分别为 u_x 和 u_y。A 点在 y 轴方向的分速度和 B 点在 x 轴方向的分速度可按泰勒级数展开,并略去高阶无穷小量而得到,它们分别为 $u_y + \dfrac{\partial u_y}{\partial x}\mathrm{d}x$ 和 $u_x + \dfrac{\partial u_x}{\partial y}\mathrm{d}y$,相对于 O 点而言,

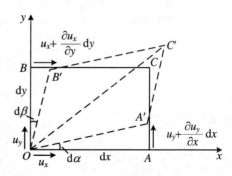

图 4.5 微团角变形运动分析

A 点在 y 轴方向的分速度为 $\frac{\partial u_y}{\partial x}\mathrm{d}x$；$B$ 点在 x 轴方向的分速度为 $\frac{\partial u_x}{\partial y}\mathrm{d}y$。因此，相对于 O 点的对应的角速度分别为

$$A \text{ 点上} \quad \frac{\partial u_y}{\partial x}\mathrm{d}x/\mathrm{d}x = \frac{\partial u_y}{\partial x}$$

$$B \text{ 点上} \quad \frac{\partial u_x}{\partial y}\mathrm{d}y/\mathrm{d}y = \frac{\partial u_x}{\partial y}$$

在 $\mathrm{d}\tau$ 时间内对应的角度变化量分别为

$$\mathrm{d}\alpha = \frac{\partial u_y}{\partial x}\mathrm{d}\tau, \quad \mathrm{d}\beta = \frac{\partial u_x}{\partial y}\mathrm{d}\tau$$

则 $\angle AOB$ 在 $\mathrm{d}\tau$ 时间内的总变化量为

$$\mathrm{d}\alpha + \mathrm{d}\beta = \frac{\partial u_y}{\partial x}\mathrm{d}\tau + \frac{\partial u_x}{\partial y}\mathrm{d}\tau = \left(\frac{\partial u_y}{\partial x} + \frac{\partial u_x}{\partial y}\right)\mathrm{d}\tau$$

于是，流体微团在 xOy 平面内的角变形速度为

$$\theta_z = \frac{1}{2}\frac{\left(\frac{\partial u_y}{\partial x} + \frac{\partial u_x}{\partial y}\right)\mathrm{d}\tau}{\mathrm{d}\tau} = \frac{1}{2}\left(\frac{\partial u_y}{\partial x} + \frac{\partial u_x}{\partial y}\right)$$

同理，可得到流体微团在 yOz 平面和 xOz 平面内的角变形速度。因此，流体微团在三个不同平面内的角变形速度分量分别为

$$\left.\begin{aligned}\theta_x &= \frac{1}{2}\left(\frac{\partial u_z}{\partial y} + \frac{\partial u_y}{\partial z}\right) \\ \theta_y &= \frac{1}{2}\left(\frac{\partial u_x}{\partial z} + \frac{\partial u_z}{\partial x}\right) \\ \theta_z &= \frac{1}{2}\left(\frac{\partial u_y}{\partial x} + \frac{\partial u_x}{\partial y}\right)\end{aligned}\right\} \tag{4.12}$$

而

$$\theta = \sqrt{\theta_x^2 + \theta_y^2 + \theta_z^2} \tag{4.13}$$

上面我们对流体微团的移动、转动和变形运动分别进行了讨论和分析，但在实际情况下，流体微团的运动一般都同时存在着移动、转动和变形运动。因此，在分析流体的实际运动状态时，应当进行综合分析和研究。

例 4.1 有一平面流场的速度分布为：$u_x = x^2 y + y^2$，$u_y = x^2 - xy^2$，求此流场中在 $x = 1$，$y = 2$ 点处的旋转角速度、角变形速度和体积膨胀速率。

解 旋转角速度为

$$\omega_z = \frac{1}{2}\left(\frac{\partial u_y}{\partial x} - \frac{\partial u_x}{\partial y}\right) = \frac{1}{2}(2x - y^2 - x^2 - 2y)$$

$$= (x - y) - \frac{1}{2}(x^2 + y^2) = -\frac{7}{2}$$

角变形速度为

$$\theta_z = \frac{1}{2}\left(\frac{\partial u_y}{\partial x} + \frac{\partial u_x}{\partial y}\right) = \frac{1}{2}(2x - y^2 + x^2 + 2y)$$

$$= (x + y) + \frac{1}{2}(x^2 - y^2) = \frac{3}{2}$$

体积膨胀速率为

$$\varepsilon = \frac{\partial u_x}{\partial x} + \frac{\partial u_y}{\partial y} = 2xy - 2xy = 0$$

由此可知,该流场为稳定流场,在 $x=1,y=2$ 处为顺时针旋转;角变形减小(角收缩变形);没有体膨胀变形,在 x 轴方向和 y 轴方向的线变形速率的绝对值均为 $2xy=4$。

例 4.2 试判断下列流场是有旋流场还是无旋流场:

(1) $u_x = y+z+1, u_y = x+z+2, u_z = x+y+3$;

(2) $u_r = 2r\sin\theta\cos\theta, u_\theta = 2r\sin^2\theta, u_z = 0$。

解 (1)

$$\omega_x = \frac{1}{2}\left(\frac{\partial u_z}{\partial y} - \frac{\partial u_y}{\partial z}\right) = \frac{1}{2}(1-1) = 0$$

$$\omega_y = \frac{1}{2}\left(\frac{\partial u_x}{\partial z} - \frac{\partial u_z}{\partial x}\right) = \frac{1}{2}(1-1) = 0$$

$$\omega_z = \frac{1}{2}\left(\frac{\partial u_y}{\partial x} - \frac{\partial u_x}{\partial y}\right) = \frac{1}{2}(1-1) = 0$$

所以此流场是无旋流场。

(2) 此流场是二维流场,即 $\omega_r = \omega_\theta = 0$。

$$\omega_z = \frac{1}{2}\left(\frac{u_\theta}{r} + \frac{\partial u_\theta}{\partial r} - \frac{\partial u_r}{r\partial\theta}\right) = \frac{1}{2}\left[2\sin^2\theta + 2\sin^2\theta - \frac{1}{r} \cdot 2r(\cos^2\theta - \sin^2\theta)\right]$$
$$= 3\sin^2\theta - \cos^2\theta$$

故此流场是有旋流场。

例 4.3 若流体质点的运动轨迹是直线,这种流动是否一定是无旋流动?若流体质点的运动轨迹是曲线,这种流动是否一定是有旋流动?试举例说明。

解 流体的流动是有旋还是无旋,是根据流体质点本身是否具有旋转这一特征来划分的,而并不涉及流体质点的运动轨迹是直线还是曲线。流体做直线运动,可以是无旋流动,也可以是有旋流动;而流体做曲线运动,可以是有旋流动,也可以是无旋流动。现举例说明如下:

(a) 流体的流动速度为 $u_x = 3y - 2y^2, u_y = 0, u_z = 0$。

显然,此流场是稳定流场,并且流线和迹线都是直线,即流体在做直线运动,但是

$$\omega_z = \frac{1}{2}\left(\frac{\partial u_y}{\partial x} - \frac{\partial u_x}{\partial y}\right) = \frac{1}{2}(0 - 3 + 4y) = 2y - \frac{3}{2} \neq 0$$

所以,此流动为有旋流动。

(b) 流体的流动速度为 $u_r = 0, u_\theta = \frac{c}{r}, u_z = 0$($c$ 为常数)。

显然,此流场为稳定流场,并且流线和迹线都是同心圆周线,即流体在做曲线运动,但是

$$\omega_r = \frac{1}{2}\left(\frac{\partial u_z}{r\partial\theta} - \frac{\partial u_\theta}{\partial z}\right) = 0$$

$$\omega_\theta = \frac{1}{2}\left(\frac{\partial u_r}{\partial z} - \frac{\partial u_z}{\partial r}\right) = 0$$

$$\omega_z = \frac{1}{2}\left(\frac{u_\theta}{r} + \frac{\partial u_\theta}{\partial r} - \frac{\partial u_r}{r\partial\theta}\right) = \frac{1}{2}\left(\frac{c}{r^2} - \frac{c}{r^2} - 0\right) = 0$$

所以,此流动为无旋流动。

4.2 涡线、涡管、涡束和旋涡强度

在有旋流动的流场中,全部或局部地区的流体微团绕自身轴旋转,于是就形成了一个用涡量或角速度表示的涡量场,或称为旋涡场。如同在速度场中曾经引入流线、流管、流束和流量一样,在涡量场中,我们引入涡线、涡管、涡束和旋涡强度的概念。

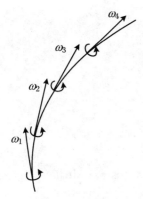

图 4.6 涡线

涡线是这样一条曲线,在给定瞬时,曲线上每一点的切线都与该点上流体微团的角速度方向相重合。因角速度向量的方向和流体微团的旋转轴是一致的,所以涡线也就是沿曲线各个流体微团的瞬时转动轴线,如图 4.6 所示。一般而言,涡线并不与流线相重合,而是与流线相交。在稳定流场中,涡线不随时间而改变。

从概念上讲,涡线和流线两者是很相似的。其区别只是涡线是以角速度向量代替了流线的线速度向量。从涡线的定义我们知道,涡线上各点的切线都是各该点上流体微团的瞬时旋转轴,而其向量代表流体微团的旋转角速度。于是,我们可用与推导流线微分方程类似的方法得到涡线微分方程,即

$$\frac{\mathrm{d}x}{\omega_x} = \frac{\mathrm{d}y}{\omega_y} = \frac{\mathrm{d}z}{\omega_z} \tag{4.14}$$

在给定的瞬时,在涡量场中任取一条不是涡线的封闭曲线,通过该封闭曲线上每一点作涡线,这些涡线构成一个管状表面,称为涡管,如图 4.7 所示。涡管中充满着做旋转运动的流体,亦即涡管中的所有涡线所构成的涡线族,称为涡束。在稳定流场中,涡管和涡束的形状不随时间而改变。垂直于涡管中所有涡线的截面称为涡旋截面。涡管中涡量与涡旋截面的乘积称为旋涡强度,也称为涡管强度或涡通量。常用 I 来表示。

对于涡旋截面为 $\mathrm{d}A$ 的微元涡管(或涡束),其旋涡强度为

$$\mathrm{d}I = \mathrm{rot}\, u \cdot \mathrm{d}A = \xi \cdot \mathrm{d}A \tag{4.15}$$

那么,整个涡管的旋涡强度可表示为

$$\begin{aligned} I &= \int_A \mathrm{rot}\, u \cdot \mathrm{d}A = \int_A \xi \cdot \mathrm{d}A \\ &= \int_A \xi_x \mathrm{d}A_x + \xi_y \mathrm{d}A_y + \xi_z \mathrm{d}A_z \end{aligned} \tag{4.16}$$

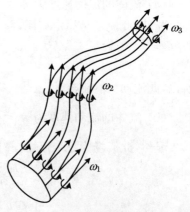

图 4.7 涡管

在上一章我们讲到,流体的流量和质点的速度可以利用伯努利方程通过测量压力差来计算,但旋涡强度和流体微团的角速度不能直接测得。根据实际观察发现,在有旋流动的流场中,流体环绕某一核心旋转时,旋涡强度越大,旋转速度越快,旋转的范围就越扩大。因此可以推断,在有旋流动中,流场的旋涡强

度与流体环绕某一核心旋转的线速度分布有密切的关系。为了解决这个问题,我们需要引入速度环量的概念,利用速度环量可以计算流场中的旋涡强度。

在流场中任取一封闭曲线 S,如图 4.8 所示,则流速 u 沿此曲线的积分称为曲线 S 上的速度环量,用 Γ 表示。即

$$\Gamma = \oint_S \boldsymbol{u} \cdot \mathrm{d}\boldsymbol{s} = \oint_S u_x \mathrm{d}x + u_y \mathrm{d}y + u_z \mathrm{d}z \quad (4.17)$$

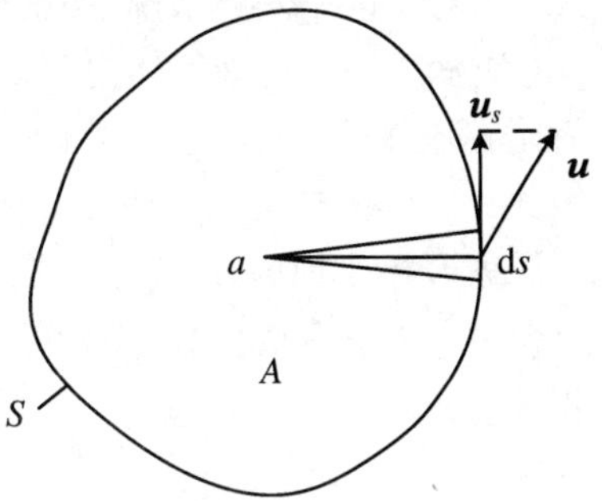

速度环量是个标量,它的正负决定于速度的方向和线积分所绕行的方向。一般规定积分时以逆时针方向绕行为正。即当速度 u 在积分线路 $\mathrm{d}s$ 上的投影与 $\mathrm{d}s$ 同向时,Γ 为正,反之为负。

图 4.8 速度环量

设封闭曲线 S 所包围的区域 A 为单连通域,根据数学分析中的斯托克斯公式,沿封闭曲线 S 的线积分可以化为以 S 为边界的曲面 A 的面积分。即

$$\begin{aligned}
\oint_S \boldsymbol{u} \cdot \mathrm{d}\boldsymbol{s} &= \oint_S u_x \mathrm{d}x + u_y \mathrm{d}y + u_z \mathrm{d}z \\
&= \int_A \left(\frac{\partial u_z}{\partial y} - \frac{\partial u_y}{\partial z}\right) \mathrm{d}y \mathrm{d}z + \left(\frac{\partial u_x}{\partial z} - \frac{\partial u_z}{\partial x}\right) \mathrm{d}z \mathrm{d}x + \left(\frac{\partial u_y}{\partial x} - \frac{\partial u_x}{\partial y}\right) \mathrm{d}x \mathrm{d}y \\
&= \int_A \xi_x \mathrm{d}A_x + \xi_y \mathrm{d}A_y + \xi_z \mathrm{d}A_z = \int_A \boldsymbol{\xi} \cdot \mathrm{d}\boldsymbol{A} = \int_A \mathrm{rot}\, \boldsymbol{u} \cdot \mathrm{d}\boldsymbol{A}
\end{aligned} \quad (4.18)$$

亦即

$$\Gamma = I \quad (4.18\mathrm{a})$$

式(4.18)表明,在流场的单连通域中沿任意封闭曲线的速度环量等于通过以该曲线为边界的任意曲面的所有涡束的旋涡强度。这个结论在流体力学中称为斯托克斯定理。由斯托克斯定理可知,速度环量的存在不但可以决定流场中旋涡的存在,而且还可以衡量封闭曲线所包围的区域内全部旋涡的总旋涡强度。

在无旋流动的流场中,涡量 $\xi = 0$,所以沿任何封闭曲线的速度环量都等于零。反之也可以断定,如果在一个流动区域内沿任何封闭曲线的速度环量都等于零,那么该区域内就没有旋涡存在,即该区域内的流动一定是无旋流动。因此在求解单连通域的总旋涡强度时,不论流场中的旋涡是连续分布还是分散存在的,都不必考虑其中无旋流动区域的大小,可直接沿包围这一区域的封闭曲线求其速度环量来确定。

在有旋流动的流场中,涡量 $\xi \neq 0$,所以,一般情况下沿封闭曲线的速度环量不等于零,即流场中的总旋涡强度不为零。但是,有时也会遇到沿某一特定的封闭曲线的速度环量等于零,而该封闭曲线所包围的区域内又有旋涡存在的情况。这是由于该区域内同时存在几个大小相等、方向相反的旋涡,其旋涡强度相互抵消,使得该区域的总旋涡强度为零,沿封闭曲线的速度环量也为零。所以在判断流场是有旋的还是无旋的时,不能只根据沿某一特定封闭曲线的速度环量是否为零,或根据某一特定区域的总旋涡强度是否为零来判断,而要根据在流场中沿任何封闭曲线的速度环量是否为零,或根据流场中任何区域内的旋涡强度是否都为零来进行判断。

有旋流动有一个重要的运动学性质:在同一瞬时,通过同一涡管各涡旋截面的旋涡强度

都相等。该性质为亥姆霍兹第一定理,可以通过斯托克斯定理加以证明。

根据上述性质可以得到以下推论:

(1) 对于同一涡管来说,涡旋截面越小的地方,流体的涡量或旋转角速度越大。

(2) 涡管不可能在流体内部以尖端形式产生或终止,而只能在流体中自行封闭成涡环,或者附在流体的边界上。这是因为在涡旋截面趋近于零的地方,流体的旋转角速度趋近于无穷大。实际上这是不可能的。例如抽烟人吐出的烟圈就是自行封闭的涡环;自然界中的龙卷风就开始于地面,终止于云层。

例 4.4 一有旋流场的速度分布为 $u_x = -6y^2 + 2z^2 + 5, u_y = 0, u_z = 0$,试求其涡线方程。

解

$$\omega_x = \frac{1}{2}\left(\frac{\partial u_z}{\partial y} - \frac{\partial u_y}{\partial z}\right) = 0$$

$$\omega_y = \frac{1}{2}\left(\frac{\partial u_x}{\partial z} - \frac{\partial u_z}{\partial x}\right) = \frac{1}{2}(4z - 0) = 2z$$

$$\omega_z = \frac{1}{2}\left(\frac{\partial u_y}{\partial x} - \frac{\partial u_x}{\partial y}\right) = \frac{1}{2}(0 + 12y) = 6y$$

代入涡线微分方程得

$$\frac{\mathrm{d}x}{0} = \frac{\mathrm{d}y}{2z} = \frac{\mathrm{d}z}{6y}$$

即

$$\begin{cases} \mathrm{d}x = 0 \\ 6y\mathrm{d}y - 2z\mathrm{d}z = 0 \end{cases}$$

积分得

$$\begin{cases} x = c_1 \\ 3y^2 - z^2 = c_2 \end{cases}$$

上式即为所求的涡线方程。

例 4.5 设某流场的速度分布为 $u_\theta = \omega r, u_r = u_z = 0, \omega$ 为绕垂直轴的旋转角速度(常量),求半径为 R 的圆形流场区域内的总旋涡强度。

解 根据斯托克斯定理,半径为 R 的圆域内流场的总旋涡强度为

$$I = \Gamma = \oint_S \boldsymbol{u} \cdot \mathrm{d}\boldsymbol{s} = \oint_S u_\theta \mathrm{d}s = \oint_S \omega R \mathrm{d}s = \omega R \cdot 2\pi R = 2\omega\pi R^2$$

例 4.6 在平行流场内,沿圆周等距离分布的 A、B、C、D 四点上有四个旋涡,其旋涡强度分别为 $I_A = I_B = I$,$I_C = I_D = -I$,如图 4.9 所示。大圆 K 包含 A、B、C、D 在内。求沿圆周线 K 的速度环量,并说明沿封闭曲线的速度环量为零时,是否此封闭曲线所包围的区域内处处无旋。

解 分别以 A、B、C、D 为圆心,均做半径为 r_0 的小圆,则在大圆和这四个小圆之间的区域内,流场是无旋的;且知沿小圆周 l_A、l_B、l_C 和 l_D 的速度环量分别等于 I、I、$-I$、$-I$(图 4.9)。于是

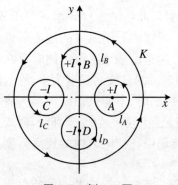

图 4.9 例 4.6 图

$$\Gamma_K = \Gamma_{l_A} + \Gamma_{l_B} + \Gamma_{l_C} + \Gamma_{l_D} = I + I - I - I = 0$$

即沿大圆周 K 的速度环量为零。

从此题可以看出,虽然沿 K 的速度环量为零,但 K 所包围的区域内并非处处是无旋的,在 A、B、C、D 四处就是有旋的。所以,如一区域内处处无旋,则沿此区域的封闭曲线的速度环量必为零;但反过来就不一定成立,即沿某一封闭曲线的速度环量为零,并不一定意味着由此封闭曲线所包围的区域内处处都是无旋的——尽管此封闭曲线内总的旋涡强度也是等于零的。或者说,在单连通域的无旋流场中,沿任何封闭曲线的速度环量均等于零;反过来,若沿区域中任何封闭曲线的速度环量均等于零,则流动必是无旋的。

4.3 平面流与流函数

如果流场中流体的流动参量只是两个坐标的函数,即流体的流动参量只随平面内不同点的坐标而变化,这种流动就称作平面流动。平面流动实际上就是二维流动。

流线可以形象地描绘出流场内的流动形态。在数学分析上,我们可以将描述流场特征的所有流线所构成的流线族用一定的函数形式来表示,这种函数就称为流函数。

设有一不可压缩流体的二维平面流动,其连续性方程为

$$\frac{\partial u_x}{\partial x} + \frac{\partial u_y}{\partial y} = 0 \tag{4.19}$$

流线微分方程为

$$\frac{\mathrm{d}x}{u_x} = \frac{\mathrm{d}y}{u_y}$$

或写成

$$u_x \mathrm{d}y - u_y \mathrm{d}x = 0 \tag{4.20}$$

根据数学分析可知,如果式(4.20)的左边恰好是某一个函数 $\psi = \psi(x,y)$ 的全微分,即

$$\mathrm{d}\psi = \frac{\partial \psi}{\partial x}\mathrm{d}x + \frac{\partial \psi}{\partial y}\mathrm{d}y = -u_y \mathrm{d}x + u_x \mathrm{d}y \tag{4.21}$$

那么式(4.20)就是一个全微分方程。函数 $\psi(x,y)$ 就称为流函数。由式(4.21)可得

$$u_x = \frac{\partial \psi}{\partial y}, \quad u_y = -\frac{\partial \psi}{\partial x} \tag{4.22}$$

将式(4.22)代入平面流的连续性方程式(4.19),得

$$\frac{\partial u_x}{\partial x} + \frac{\partial u_y}{\partial y} = \frac{\partial^2 \psi}{\partial y \partial x} - \frac{\partial^2 \psi}{\partial x \partial y} = 0$$

显然,不可压缩流体二维平面流动的连续性方程是流函数 ψ 存在的充分和必要条件。即流函数 ψ 永远满足连续性方程。另外还可以看出,在流线上 $\mathrm{d}\psi = 0$ 或 $\psi =$ 常数,并且在每条流线上都有它自己的流函数值。

应当指出,在引入流函数这个概念时,既没有涉及流体是黏性的还是非黏性的,也没有涉及流体是有旋的还是无旋的。所以,不论是理想流体还是黏性流体,不论是有旋流动还是无旋流动,只要是不可压缩流体的平面流动,就存在着流函数。

流函数存在下列几个重要性质:

（1）流函数 $\psi(x,y) = C$ 的方程为流线方程。

（2）通过两条流线间各截面上的流体的体积流量都相等,并恒等于两条流线上的流函数值之差。

设在给定的某一瞬时,有两条流线 1 和 2,它们的流函数值分别为 ψ_1 和 ψ_2,如图 4.10 所示。现在我们来证明通过二维不可压缩流体流动的两条流线间的各截面上的体积流量都相等,并且恒等于两条流线上的流函数值之差。例如通过 AB 截面的体积流量（取单位宽度）为

$$Q_{AB} = \int_{y_1}^{y_2} u_x \mathrm{d}y = \int_{y_1}^{y_2} \frac{\partial \psi}{\partial y} \mathrm{d}y = \int_{\psi_1}^{\psi_2} \mathrm{d}\psi = \psi_2 - \psi_1$$

AB 方向上 x 等于常数。

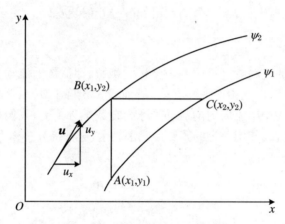

图 4.10　流量与流函数值的关系

同理,通过 BC 截面的体积流量为

$$Q_{BC} = \int_{x_1}^{x_2} u_y \mathrm{d}x = \int_{x_1}^{x_2} \left(-\frac{\partial \psi}{\partial x}\right) \mathrm{d}x = -\int_{\psi_2}^{\psi_1} \mathrm{d}\psi = \psi_2 - \psi_1$$

BC 方向上 y 等于常数。因此得到

$$Q_{12} = Q_{AB} = Q_{BC} = \psi_2 - \psi_1 \tag{4.23}$$

由于同一条流线上各点的流函数值都是相同的,所以上式表明沿流线全长两条流线间的体积流量保持不变,并恒等于两条流线上的流函数值之差。

（3）不可压缩流体平面无旋流动的流函数满足拉普拉斯方程,即

$$\frac{\partial^2 \psi}{\partial x^2} + \frac{\partial^2 \psi}{\partial y^2} = 0 \tag{4.24}$$

因为对于二维的无旋流动,$\omega_z = 0$,即

$$\frac{\partial u_y}{\partial x} - \frac{\partial u_x}{\partial y} = 0$$

而

$$u_x = \frac{\partial \psi}{\partial y}, \quad u_y = -\frac{\partial \psi}{\partial x}$$

代入上式,有

$$\frac{\partial^2 \psi}{\partial x^2} + \frac{\partial^2 \psi}{\partial y^2} = 0$$

凡是满足拉普拉斯方程的函数,在数学分析上称为调和函数,所以流函数是一个调和函数。

(4) 在不可压缩流体平面无旋流动的流场中,流线与等势线处处正交。

关于等势线的概念及这一性质的证明,将在下一节中介绍。

对于圆柱坐标系来说,流函数与速度分量之间的关系为

$$u_r = \frac{1}{r}\frac{\partial \psi}{\partial \theta}, \quad u_\theta = -\frac{\partial \psi}{\partial r} \quad (4.25)$$

$$d\psi = -u_\theta dr + u_r r d\theta \quad (4.26)$$

例 4.7 已知不可压缩流体平面流动的流速为 $u_x = x^2 + 2x - 4y, u_y = -2xy - 2y$。(1) 检查流动是否连续;(2) 流动是否无旋;(3) 求驻点的位置;(4) 求流函数。

解 (1)

$$\frac{\partial u_x}{\partial x} = 2x + 2, \quad \frac{\partial u_y}{\partial y} = -2x - 2$$

$$\frac{\partial u_x}{\partial x} + \frac{\partial u_y}{\partial y} = 2x + 2 - 2x - 2 = 0$$

满足连续性方程,流动是连续的。

(2) 由于

$$\omega_x = \omega_y = 0, \quad \omega_z = \frac{1}{2}\left(\frac{\partial u_y}{\partial x} - \frac{\partial u_x}{\partial y}\right) = \frac{1}{2}(-2y + 4) = -y + 2 \neq 0$$

所以流动是有旋的。

(3) 驻点的条件是

$$\begin{cases} u_x = x^2 + 2x - 4y = 0 \\ u_y = -2xy - 2y = 0 \end{cases}$$

解这个方程组,得

$$\begin{cases} x_1 = 0 \\ y_1 = 0 \end{cases}, \quad \begin{cases} x_2 = -2 \\ y_2 = 0 \end{cases}, \quad \begin{cases} x_3 = -1 \\ y_3 = -\frac{1}{4} \end{cases}$$

所以有三个驻点,它们的位置分别在 $(0,0)$,$(-2,0)$ 和 $\left(-1, -\frac{1}{4}\right)$。

(4) 因为

$$\frac{\partial \psi}{\partial y} = u_x = x^2 + 2x - 4y$$

所以

$$\psi = x^2 y + 2xy - 2y^2 + f(x)$$

又知

$$\frac{\partial \psi}{\partial x} = 2xy + 2y + f'(x) = -u_y = 2xy + 2y$$

因而

$$f'(x) = 0, \quad f(x) = C$$

令常数 $C = 0$,则有

$$\psi = x^2 y + 2xy - 2y^2$$

例 4.8 已知一不可压缩流体的平面流场内的速度分布为 $u_r = 0, u_\theta = \frac{k}{r}$($k$ 为常数)。

(1) 求流函数；(2) 描绘流场的大致情景；(3) 求过(1,1)点及(2,2)点的两条流线间单位宽度的体积流量。

解 (1) 因为

$$d\psi = -u_\theta dr + u_r r d\theta = -\frac{k}{r}dr$$

所以

$$\psi = -k\ln r + C$$

由于积分常数 C 的大小并不影响流场中流体的流动图形，所以，令 $C=0$，得流函数为

$$\psi = -k\ln r = -k\ln\sqrt{x^2+y^2}$$

(2) 流场的大致情景如图 4.11 所示。整个流场内的流体都在做圆周运动，运动的方向如图中的箭头所示。所有的流线组成同心圆周线族。O 点是一个奇点。

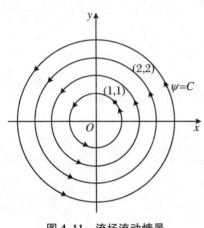

图 4.11 流场流动情景

(3) 经过(1,1)点的流线的流函数值为

$$\psi(1,1) = -k\ln\sqrt{2} = -\frac{k}{2}\ln 2$$

经过(2,2)点的流线的流函数值为

$$\psi(2,2) = -k\ln\sqrt{8} = -k\ln 2 - \frac{k}{2}\ln 2$$

所以，经过(1,1)点和(2,2)点的两条流线间单位宽度的体积流量为

$$Q = \psi(1,1) - \psi(2,2) = -\frac{k}{2}\ln 2 + k\ln 2 + \frac{k}{2}\ln 2 = k\ln 2 \text{ (m}^3/(\text{s}\cdot\text{m}))$$

4.4 势流与速度势函数

前面已经讲到，在有旋流动的流场中，流体质点除具有一定的运动速度（线速度）外，还存在着一定的旋转速度（角速度），即在有旋流动的流场中，既有速度场 $u(x,y,z)$，又有涡量场 $\xi(x,y,z)$。一般来说，有旋流动要比无旋流动复杂得多。所以对于一些旋涡强度很弱的有旋流动，可以近似作为无旋流动来处理，这样将会给问题的解析和研究带来可能和方便。

流体的无旋流动，即角速度 $\omega = 0$ 的流动也称为有势流动，简称为势流。

在势流流场中，各流体质点仅具有速度向量，而没有角速度向量。一般情况下，在某一瞬时，流线上各流体质点的速度具有不同的大小和方向，它们相对于某一基准各自具有不同的速度位势。所谓速度位势就是速度向量在某一方向上的投影与该方向上一段距离的乘积（或者说是速度向量的大小与其方向上一段距离的乘积），即 $u \cdot s$。如果我们将流场中各流线上具有相同速度位势的点连接起来，所组成的线（或面）就称为等势线（或等势面）。可以证明，速度向量垂直于等势线（或等势面）。在同一条等势线上各流体质点具有相同的速度位势，而在不同的等势线上流体质点将具有不同的速度位势。因此，与流线一样，用等势线

也可以描述流场的特征。对于不同的等势线(或等势面),也可以用一定的函数形式来表示,这种函数就称为速度势函数,或简称为速度势或势函数。

在势流流场中,其涡量(或旋转角速度)为零,即由式(4.4)有

$$\left.\begin{array}{l}\dfrac{\partial u_z}{\partial y} = \dfrac{\partial u_y}{\partial z} \\[4pt] \dfrac{\partial u_x}{\partial z} = \dfrac{\partial u_z}{\partial x} \\[4pt] \dfrac{\partial u_y}{\partial x} = \dfrac{\partial u_x}{\partial y}\end{array}\right\} \tag{4.27}$$

由数学分析可知,式(4.27)是表达式 $u_x\mathrm{d}x + u_y\mathrm{d}y + u_z\mathrm{d}z$ 成为某一函数 $\varphi(x,y,z)$ 的全微分的充分必要条件。因此,在无旋流动的条件下必然存在函数 $\varphi = \varphi(x,y,z)$,它和速度分量 u_x、u_y、u_z 的关系为

$$\mathrm{d}\varphi = u_x\mathrm{d}x + u_y\mathrm{d}y + u_z\mathrm{d}z \tag{4.28}$$

在给定瞬时,函数 φ 的全微分又可写成

$$\mathrm{d}\varphi = \frac{\partial \varphi}{\partial x}\mathrm{d}x + \frac{\partial \varphi}{\partial y}\mathrm{d}y + \frac{\partial \varphi}{\partial z}\mathrm{d}z$$

比较以上两式,可以得出

$$u_x = \frac{\partial \varphi}{\partial x}, \quad u_y = \frac{\partial \varphi}{\partial y}, \quad u_z = \frac{\partial \varphi}{\partial z} \tag{4.29}$$

函数 φ 就称为速度势函数。对于稳定流动 $\varphi = \varphi(x,y,z)$;对于非稳定流动 $\varphi = \varphi(x,y,z,\tau)$,但一般时间 τ 是作为参变量出现的。将式(4.29)代入式(4.27),可以发现势函数 φ 的二阶偏导数与求导次序无关。

由以上讨论可知,只要流动是无旋的,就一定存在速度势函数。反之,只要流场中存在速度势函数 φ,则流动就必定是无旋的。

速度势函数 φ 存在以下几个重要性质:

(1) 速度势函数 $\varphi(x,y) = C$ 的方程为等势线方程。而速度势函数 $\varphi(x,y,z) = C$ 的方程为等势面方程。

(2) 速度势函数的梯度就是流场中流体的速度。或者说,流体的速度即为速度势函数的梯度。按向量分析,

$$\boldsymbol{u} = u_x\boldsymbol{i} + u_y\boldsymbol{j} + u_z\boldsymbol{k} = \frac{\partial \varphi}{\partial x}\boldsymbol{i} + \frac{\partial \varphi}{\partial y}\boldsymbol{j} + \frac{\partial \varphi}{\partial z}\boldsymbol{k} = \nabla \varphi = \mathrm{grad}\,\varphi \tag{4.30}$$

另外,根据速度位势的定义可知,速度势函数在任意方向上的偏导数等于速度在该方向上的投影。根据方向导数的定义,函数 φ 在任一方向 l 上的方向导数为

$$\begin{aligned}\frac{\partial \varphi}{\partial l} &= \frac{\partial \varphi}{\partial x}\cos(l,x) + \frac{\partial \varphi}{\partial y}\cos(l,y) + \frac{\partial \varphi}{\partial z}\cos(l,z) \\ &= u_x\cos(l,x) + u_y\cos(l,y) + u_z\cos(l,z) = u_l\end{aligned}$$

(3) 不可压缩流体的有势流动,其速度势函数满足拉普拉斯方程。

将式(4.29)代入不可压缩流体的连续性方程,可得

$$\frac{\partial^2 \varphi}{\partial x^2} + \frac{\partial^2 \varphi}{\partial y^2} + \frac{\partial^2 \varphi}{\partial z^2} = 0 \tag{4.31}$$

式(4.31)是拉普拉斯方程。速度势函数 φ 满足拉普拉斯方程,因而它也是一个调和函数。

对于不可压缩流体的平面无旋流动,其流函数和速度势函数同时存在。比较式(4.22)和式(4.29)可知,流函数 ψ 和速度势函数 φ 存在如下的关系:

$$\frac{\partial \varphi}{\partial x} = \frac{\partial \psi}{\partial y}, \quad \frac{\partial \varphi}{\partial y} = -\frac{\partial \psi}{\partial x} \qquad (4.32)$$

或写成

$$\frac{\partial \varphi}{\partial x}\frac{\partial \psi}{\partial x} + \frac{\partial \varphi}{\partial y}\frac{\partial \psi}{\partial y} = 0 \qquad (4.32a)$$

满足上述关系的两个调和函数称为共轭调和函数。已知其中的一个函数就能够求出另一个函数。

(4) 在不可压缩流体平面无旋流动的流场中,等势线与流线处处正交。这也是前述流函数的重要性质之一。

我们可以通过求流场中任一点上流线的斜率和等势线的斜率,来证明不可压缩流体平面无旋流动的流场中,等势线与流线处处正交。对流场中的任意一点,由流线微分方程可得流线在该点的斜率为

$$\left.\frac{\mathrm{d}y}{\mathrm{d}x}\right|_\psi = \frac{u_y}{u_x} \qquad (4.33)$$

由等势线微分方程 $u_x \mathrm{d}x + u_y \mathrm{d}y = 0$ 可得等势线在该点的斜率为

$$\left.\frac{\mathrm{d}y}{\mathrm{d}x}\right|_\varphi = -\frac{u_x}{u_y} \qquad (4.34)$$

由式(4.33)和式(4.34)可知,流线的斜率和等势线的斜率互为负倒数的关系,或者它们两者的乘积等于-1。这就说明,在不可压缩流体平面无旋流动的流场中,等势线与流线是处处正交的。

此外,由数学分析可知,式(4.32)也是等势线族($\varphi(x,y) = C$)和流线族($\psi(x,y) = C$)互相垂直的条件,即正交性条件。即由式(4.32)也可以证明速度势函数及流函数的上述性质。因此,在平面上可以将等势线族和流线族构成正交网络,称为流网,如图4.12所示。有了流网就可以近似地得出流场中各点的速度分布,从而也可以得出压力分布。即在流场中,流线愈密集的地方,其流速愈大,而压力愈小。它是求解稳定平面势流的近似图解法。

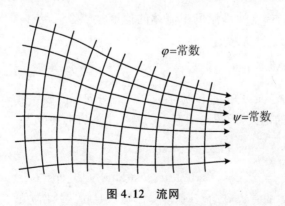

图 4.12　流网

(5) 在势流流动的流场中,沿任意曲线上的速度环量等于该曲线两端点上的速度势函数值之差,而与曲线的形状无关。

沿任意曲线 ab 的速度环量为

$$\Gamma_{ab} = \int_a^b u_x \mathrm{d}x + u_y \mathrm{d}y + u_z \mathrm{d}z = \int_a^b \frac{\partial \varphi}{\partial x}\mathrm{d}x + \frac{\partial \varphi}{\partial y}\mathrm{d}y + \frac{\partial \varphi}{\partial z}\mathrm{d}z$$

$$= \int_{\varphi_a}^{\varphi_b} \mathrm{d}\varphi = \varphi_b - \varphi_a \tag{4.35}$$

式(4.35)说明,在势流流场中,沿任意曲线 ab 的速度环量只取决于起点 a 和终止 b 的位置,而与曲线 ab 的形状无关。如果 a 点和 b 点重合,则曲线 ab 为一条封闭曲线,因此 $\Gamma_{ab} = 0$。

在圆柱坐标系下,速度势函数与速度分量之间的关系为

$$u_r = \frac{\partial \varphi}{\partial r}, \quad u_\theta = \frac{1}{r}\frac{\partial \varphi}{\partial \theta}, \quad u_z = \frac{\partial \varphi}{\partial z} \tag{4.36}$$

$$\mathrm{d}\varphi = u_r \mathrm{d}r + u_\theta r\mathrm{d}\theta + u_z \mathrm{d}z \tag{4.37}$$

此外,我们可以证明,对于稳定的有势流动来说,流场中所有流线的伯努利常数都相同。现简要证明如下:

因为是无旋流动,所以整个流场的涡量 $\xi_x = \xi_y = \xi_z = 0$。又因为是稳定流动,所以 $\frac{\partial u_x}{\partial \tau} = \frac{\partial u_y}{\partial \tau} = \frac{\partial u_z}{\partial \tau} = 0$。将式(4.32a)代入稳定流动的欧拉运动微分方程式(3.34),并分别乘以 $\mathrm{d}x$、$\mathrm{d}y$、$\mathrm{d}z$,得

$$f_x \mathrm{d}x - \frac{1}{\rho}\frac{\partial p}{\partial x}\mathrm{d}x = u_x \frac{\partial u_x}{\partial x}\mathrm{d}x + u_y \frac{\partial u_x}{\partial y}\mathrm{d}x + u_z \frac{\partial u_x}{\partial z}\mathrm{d}x$$

$$= u_x \frac{\partial u_x}{\partial x}\mathrm{d}x + u_y \frac{\partial u_y}{\partial x}\mathrm{d}x + u_z \frac{\partial u_z}{\partial x}\mathrm{d}x$$

$$f_y \mathrm{d}y - \frac{1}{\rho}\frac{\partial p}{\partial y}\mathrm{d}y = u_x \frac{\partial u_y}{\partial x}\mathrm{d}y + u_y \frac{\partial u_y}{\partial y}\mathrm{d}y + u_z \frac{\partial u_y}{\partial z}\mathrm{d}y$$

$$= u_x \frac{\partial u_x}{\partial y}\mathrm{d}y + u_y \frac{\partial u_y}{\partial y}\mathrm{d}y + u_z \frac{\partial u_z}{\partial y}\mathrm{d}y$$

$$f_z \mathrm{d}z - \frac{1}{\rho}\frac{\partial p}{\partial z}\mathrm{d}z = u_x \frac{\partial u_z}{\partial x}\mathrm{d}z + u_y \frac{\partial u_z}{\partial y}\mathrm{d}z + u_z \frac{\partial u_z}{\partial z}\mathrm{d}z$$

$$= u_x \frac{\partial u_x}{\partial z}\mathrm{d}z + u_y \frac{\partial u_y}{\partial z}\mathrm{d}z + u_z \frac{\partial u_z}{\partial z}\mathrm{d}z$$

将以上三式相加,得

$$(f_x \mathrm{d}x + f_y \mathrm{d}y + f_z \mathrm{d}z) - \frac{1}{\rho}\left(\frac{\partial p}{\partial x}\mathrm{d}x + \frac{\partial p}{\partial y}\mathrm{d}y + \frac{\partial p}{\partial z}\mathrm{d}z\right)$$

$$= u_x \left(\frac{\partial u_x}{\partial x}\mathrm{d}x + \frac{\partial u_x}{\partial y}\mathrm{d}y + \frac{\partial u_x}{\partial z}\mathrm{d}z\right) + u_y \left(\frac{\partial u_y}{\partial x}\mathrm{d}x + \frac{\partial u_y}{\partial y}\mathrm{d}y + \frac{\partial u_y}{\partial z}\mathrm{d}z\right)$$

$$+ u_z \left(\frac{\partial u_z}{\partial x}\mathrm{d}x + \frac{\partial u_z}{\partial y}\mathrm{d}y + \frac{\partial u_z}{\partial z}\mathrm{d}z\right)$$

注意到压力 p 和各速度分量 u_x、u_y、u_z 的全微分,并假定质量力只有重力,即 $f_x = f_y = 0$,$f_z = -g$,则得到

$$-g\mathrm{d}z - \frac{1}{\rho}\mathrm{d}p = u_x \mathrm{d}x + u_y \mathrm{d}y + u_z \mathrm{d}z = \frac{1}{2}\mathrm{d}(u_x^2 + u_y^2 + u_z^2) = \frac{1}{2}\mathrm{d}u^2$$

或

$$\frac{\mathrm{d}p}{\rho} + g\mathrm{d}z + \frac{1}{2}\mathrm{d}u^2 = 0$$

对上式积分得到

$$\int \frac{\mathrm{d}p}{\rho} + gz + \frac{u^2}{2} = C \tag{4.38}$$

对于不可压缩流体，ρ = 常数，于是得到

$$\frac{p}{\rho} + gz + \frac{u^2}{2} = C \tag{4.39}$$

或

$$\frac{p}{\gamma} + z + \frac{u^2}{2g} = C_1 \tag{4.39a}$$

$$p + \gamma z + \frac{u^2}{2g}\gamma = C_2 \tag{4.39b}$$

式(4.38)和式(4.39)说明，在稳定的无旋流动的流场中，所有流线的伯努利常数都相同。换句话说，式(4.38)和式(4.39)可适用于整个无旋流动的流场。但对于有旋流场来说，每根流线的伯努利常数都有其特定的值，伯努利方程不能通用于整个流场，而只能用于某一根特定的流线，这一点要给予足够的注意。

例 4.9 已知不可压缩流体平面势流的流函数 $\psi = xy + 2x - 3y + 10$，求其流速分量和速度势函数。又知流场中 $(3,-2)$ 点处流体的压力 $p_0 = 98\,100\ \mathrm{N/m^2}$，流体的密度 $\rho = 1\,000\ \mathrm{kg/m^3}$，求 $(6,2)$ 点处流体的压力。

解 （1）

$$u_x = \frac{\partial \psi}{\partial y} = x - 3, \quad u_y = -\frac{\partial \psi}{\partial x} = -y - 2$$

（2）因为 $\mathrm{d}\varphi = u_x \mathrm{d}x + u_y \mathrm{d}y$，所以

$$\varphi = \int_{(0,0)}^{(x,y)} u_x \mathrm{d}x + u_y \mathrm{d}y = \int_0^x (x-3)\mathrm{d}x + \int_0^y (-y-2)\mathrm{d}y$$

$$= \frac{1}{2}x^2 - 3x - \frac{1}{2}y^2 - 2y = \frac{1}{2}(x^2 - y^2) - (3x + 2y)$$

（3）在 $(3,-2)$ 点处 $u_{x0} = 0, u_{y0} = 0$，则 $u_0 = 0$；

在 $(6,2)$ 点处 $u_x = 6 - 3 = 3\,(\mathrm{m/s}), u_y = -2 - 2 = -4\,(\mathrm{m/s})$，所以

$$u = \sqrt{u_x^2 + u_y^2} = \sqrt{3^2 + (-4)^2} = 5\,(\mathrm{m/s})$$

由伯努利方程式(4.39)得

$$\frac{p_0}{\rho} = \frac{p}{\rho} + \frac{u^2}{2}$$

则

$$p = p_0 - \frac{1}{2}\rho u^2 = 98\,100 - \frac{1}{2} \times 1\,000 \times 5^2 = 85\,600\,(\mathrm{N/m^2})$$

即流场中 $(6,2)$ 点处流体的压力为 $85\,600\ \mathrm{N/m^2}$。

例 4.10 求证用 $\varphi_1 = \frac{1}{2}(x^2 - y^2) + 2x - 3y$ 所表示的流场和用 $\psi_2 = xy + 3x + 2y$ 所表示的流场实际上是等同的。

证明 先求第一个流场的流函数 ψ_1：

$$u_{x1} = \frac{\partial \varphi_1}{\partial x} = \frac{\partial \psi_2}{\partial y} = x + 2$$

$$u_{y1} = \frac{\partial \varphi_1}{\partial y} = -\frac{\partial \psi_2}{\partial x} = -y - 3$$

$$d\psi_1 = \frac{\partial \psi_1}{\partial x}dx + \frac{\partial \psi_1}{\partial y}dy = (y+3)dx + (x+2)dy$$

积分得

$$\psi_1 = xy + 3x + 2y = \psi_2$$

再求第二个流场的势函数 φ_2：

$$u_{x2} = \frac{\partial \psi_2}{\partial y} = \frac{\partial \varphi_2}{\partial x} = x + 2$$

$$u_{y2} = -\frac{\partial \psi_2}{\partial x} = \frac{\partial \varphi_2}{\partial y} = -y - 3$$

$$d\varphi_2 = \frac{\partial \varphi_2}{\partial x}dx + \frac{\partial \varphi_2}{\partial y}dy = (x+2)dx - (y+3)dy$$

积分得

$$\varphi_2 = \frac{1}{2}(x^2 - y^2) + 2x - 3y = \varphi_1$$

由上可知，$\varphi_1 = \varphi_2, \psi_1 = \psi_2$，这就证明了这两个流动的流场实际上是完全相同的。

4.5 几种基本的平面有势流动

4.5.1 均匀直线流

当流体做匀速直线运动时，流场中各点的速度都是大小相等、方向相同的，这种流动就称为均匀直线流，又称为等速平行流。

如图 4.13 所示，流体的流动方向与 x 轴的夹角为 θ，流场中各点的速度均为 u_0，而且 u_0 为一定值。则 x 和 y 方向的分速度分别为

$$u_x = u_0\cos\theta, \quad u_y = u_0\sin\theta \tag{4.40}$$

其流函数及速度势函数可由下式求出：

$$d\psi = u_x dy - u_y dx = u_0\cos\theta dy - u_0\sin\theta dx$$

$$d\varphi = u_x dx + u_y dy = u_0\cos\theta dx + u_0\sin\theta dy$$

对上式积分可得流函数 ψ 及速度势函数 φ：

$$\psi = u_0\cos\theta y - u_0\sin\theta x + C_1$$

$$\varphi = u_0\cos\theta x + u_0\sin\theta y + C_2$$

以上两式中的积分常数 C_1 和 C_2 可以任意选取，而不影响流体的流动图形。若令 $C_1 = C_2 = 0$，则得

$$\psi = u_0\cos\theta y - u_0\sin\theta x = u_0(y\cos\theta - x\sin\theta)$$

$$\varphi = u_0\cos\theta x + u_0\sin\theta y = u_0(x\cos\theta + y\sin\theta) \tag{4.41}$$

由式(4.41)可以看出，等势线族(φ = 常数)和流线族(ψ = 常数)在流场内处处正交，而

且它们都为平行直线,如图 4.13 所示。各流线与 x 轴的夹角为 $\theta = \arctan\left(\dfrac{u_{0y}}{u_{0x}}\right)$。若流动平行于 x 轴,则函数 ψ 及 φ 成为

$$\left.\begin{array}{l}\psi = u_0 y \\ \varphi = u_0 x\end{array}\right\} \tag{4.41a}$$

当流动平行于 y 轴时,

$$\left.\begin{array}{l}\psi = -u_0 x \\ \varphi = u_0 y\end{array}\right\} \tag{4.41b}$$

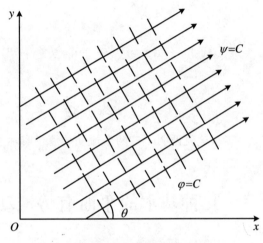

图 4.13　均匀直线流动

由于流场中各点的速度都相等,根据伯努利方程可以得到

$$\frac{p}{\gamma} + z = C \tag{4.42}$$

如果均匀直线流动是在同一水平面内,或者重力的影响可以忽略不计时,则有

$$p = C \tag{4.42a}$$

即在水平均匀直线流动的流场中,压力是处处相等的。

4.5.2　源流和汇流

如图 4.14(a)所示,设无限平面内有一点 O,流体不断地从 O 点流出后,沿径向均匀地向四周各个方向继续扩散流动,这种流动称为源流,或简称点源,O 点称为源点。与此相反,若流体不断地沿径向均匀地从四周各个方向流入 O 点,则这种流动称为汇流,或简称点汇,O 点称为汇点,如图 4.14(b)所示。显然,这两种流动的流线都是从 O 点发出的射线,即流体从源点流出和向汇点流入都只有径向速度 u_r,而切向速度 u_θ 为零。

现以 O 点为原点取柱坐标(图 4.14)。对于不可压缩流体的稳定流动来说,流体在单位时间内通过任一半径为 r 的单位长度圆柱面上的体积流量 Q 都应该相等,即 $Q = 2\pi r u_r =$ 常数。流量 Q 又称为源流强度(或汇流强度),单位是 $m^3/(s \cdot m)$。由此可得源流(或汇流)流场的速度分布为

$$u_r = \frac{Q}{2\pi r}, \quad u_\theta = 0 \tag{4.43}$$

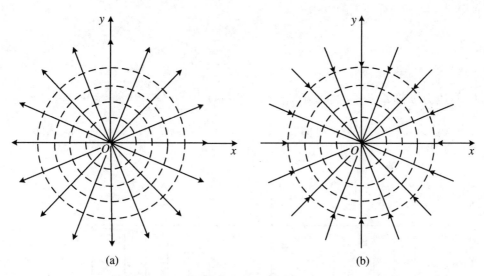

图 4.14 源流和汇流

对于源流，$Q>0$，因而 $u_r>0$，因此有

$$\mathrm{d}\psi = -u_\theta \mathrm{d}r + u_r r\mathrm{d}\theta = u_r r\mathrm{d}\theta = \frac{Q}{2\pi r}r\mathrm{d}\theta = \frac{Q}{2\pi}\mathrm{d}\theta$$

$$\mathrm{d}\varphi = u_r \mathrm{d}r + u_\theta r\mathrm{d}\theta = u_r \mathrm{d}r = \frac{Q}{2\pi}\frac{\mathrm{d}r}{r}$$

对以上两式积分，并令积分常数 $C=0$，得

$$\left.\begin{aligned}\psi &= \frac{Q}{2\pi}\theta = \frac{Q}{2\pi}\arctan\frac{y}{x}\\ \varphi &= \frac{Q}{2\pi}\ln r = \frac{Q}{2\pi}\ln\sqrt{x^2+y^2}\end{aligned}\right\} \tag{4.44}$$

由式(4.44)可以看出，等流函数线族(流线族)是以源点为起点的辐射线，而等势线族是以源点为圆心的同心圆，这说明等势线族与流线族是正交的。

汇流与源流是互逆过程，流函数和速度势函数的表达式与源流相同，只是符号相反，即

$$\left.\begin{aligned}\psi &= -\frac{Q}{2\pi}\theta = -\frac{Q}{2\pi}\arctan\frac{y}{x}\\ \varphi &= -\frac{Q}{2\pi}\ln r = -\frac{Q}{2\pi}\ln\sqrt{x^2+y^2}\end{aligned}\right\} \tag{4.45}$$

由于 $u_r = \frac{Q}{2\pi r}$，当 $r \to 0$ 时，$u_r \to \infty$，所以源点和汇点都是奇点。因此其流函数和速度势函数只有在源点或汇点之外才存在，即除源点或汇点外，整个平面流场上都是有势流动。

下面来分析一下源流和汇流流场的压力分布情况。如果 xOy 平面是无限水平面，则根据伯努利方程，有

$$p + \frac{1}{2}\rho u_r^2 = p_\infty$$

式中：p_∞ 为在 $r \to \infty$ 处的流体压力，该处的速度为 $u_r = \dfrac{Q}{2\pi r} = 0$。

将 $u_r = \dfrac{Q}{2\pi r}$ 代入上式，得

$$p = p_\infty - \frac{\rho Q^2}{8\pi^2}\frac{1}{r^2} \tag{4.46}$$

上式说明，压力 p 随着半径 r 的减小而降低，当 $r = r_0 = \sqrt{\dfrac{\rho Q^2}{8\pi^2 p_\infty}}$ 时，$p = 0$；当 $r < r_0$ 时，绝对压力将出现负值，实际上这是不可能的。因此，实际中的源点和汇点是有一定截面积的。图 4.15 绘出了当 $r_0 < r < \infty$ 时点汇沿半径 r 的压力分布规律。

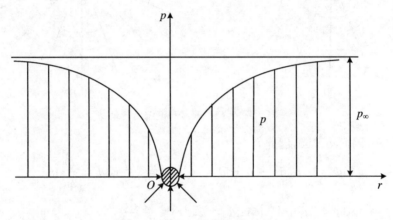

图 4.15 点汇沿半径的压力分布

4.5.3 涡流和点涡

设有一旋涡强度为 I 的无限长直线涡束，该涡束像刚体一样以等角速度 ω 绕自身轴旋转，并带动涡束周围的流体绕其环流，由于直线涡束为无限长，所以可以认为与涡束垂直的所有平面上流动情况都一样。也就是说，这种绕无限长直线涡束的流动可以作为平面流动来处理。这种由涡束诱导出来的平面流动，称为涡流。设涡束轴为 z 轴，则由涡束所诱导的环流的流线在 xOy 平面内都是以坐标原点 O 为圆心的同心圆，如图 4.16 所示。由于涡束以等角速度旋转，因此，涡束外流体沿同一圆周流线的流动是等速的。然而各条不同的圆周流线上流体的速度是不相同的，速度沿半径方向的变化规律可由斯托克斯定理求得。由斯托克斯定理可知，沿任何圆周流线的速度环量都等于涡束的旋涡强度，即

$$\Gamma = 2\pi r u_\theta = I = 常数$$

于是

$$u_r = 0, \quad u_\theta = \frac{\Gamma}{2\pi r} \tag{4.47}$$

因此，在涡束外流体的速度与半径成反比；而在涡束内，流体则如同刚体一样以等角速度 ω 绕其自身轴旋转，其速度与半径成正比，即 $u_\theta = \omega r$，如图 4.16 所示。我们称涡束外的流动区域为势流旋转区，称涡束内的流动区域为涡核区。

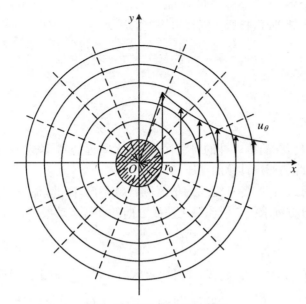

图 4.16 涡束诱导出的涡流

若涡束的半径 $r_0 \to 0$，则涡束就成为一条涡线，这样的涡流称为点涡，或称自由涡。当 $r_0 \to 0$ 时，$u_\theta \to \infty$，因此涡点是一个奇点，所以点涡又称纯环流。现在我们来求涡核外势流区的流函数和速度势函数。由于

$$\mathrm{d}\psi = \frac{\partial \psi}{\partial r}\mathrm{d}r + \frac{\partial \psi}{\partial \theta}\mathrm{d}\theta = -u_\theta \mathrm{d}r + u_r \mathrm{d}\theta = -u_\theta \mathrm{d}r = -\frac{\Gamma}{2\pi}\frac{\mathrm{d}r}{r}$$

$$\mathrm{d}\varphi = \frac{\partial \varphi}{\partial r}\mathrm{d}r + \frac{\partial \varphi}{\partial \theta}\mathrm{d}\theta = u_r \mathrm{d}r + u_\theta r \mathrm{d}\theta = u_\theta r \mathrm{d}\theta = \frac{\Gamma}{2\pi}\mathrm{d}\theta$$

对以上两式积分，并令积分常数 $C=0$，得势流区的流函数和速度势函数分别为

$$\left.\begin{aligned}\psi &= -\frac{\Gamma}{2\pi}\ln r = -\frac{\Gamma}{2\pi}\ln\sqrt{x^2+y^2}\\ \varphi &= \frac{\Gamma}{2\pi}\theta = \frac{\Gamma}{2\pi}\arctan\frac{y}{x}\end{aligned}\right\} \quad (4.48)$$

当 $\Gamma > 0$ 时，$u_\theta > 0$，环流为逆时针方向；当 $\Gamma < 0$ 时，$u_\theta < 0$，环流为顺时针方向。

应当注意：在涡核区内，流函数为 $\psi = -\frac{1}{2}\omega r^2$，速度势函数不存在。

由式(4.48)可知，涡流的流线族是以涡点为圆心的同心圆周线，而等势线族则是从涡核边缘发出的放射线。对于点涡来说，等势线族则是从涡点发出的放射线，即除了涡点以外，整个平面流场都是有势流动。

下面我们再来分析一下涡流流场内的压力分布规律。已知涡束的半径为 r_0，涡束边缘上的速度为 $u_{\theta 0} = \frac{\Gamma}{2\pi r_0}$，压力为 p_0；当 $r \to \infty$ 时，速度 u_θ 显然为零，而压力为 p_∞。

将式(4.47)代入伯努利方程(4.39)，得涡束外势流区的压力分布规律为

$$p = p_\infty - \frac{1}{2}\rho u_\theta^2 = p_\infty - \frac{\rho \Gamma^2}{8\pi^2}\frac{1}{r^2} \quad (4.49)$$

式(4.49)说明，在涡束以外的势流区内，压力 p 随着半径 r 的减小而降低。从式(4.49)还可

知,当 $r \to 0$ 时,$p \to -\infty$,显然这是不可能的。所以在涡束内确实存在着如同刚体一样、以等角速度旋转的旋涡区域,即涡核区。涡核边缘上的压力为

$$p_0 = p_\infty - \frac{1}{2}\rho u_{\theta 0}^2 = p_\infty - \frac{\rho \Gamma^2}{8\pi^2}\frac{1}{r_0^2} \tag{4.50}$$

或写成

$$p_\infty - p = \frac{1}{2}\rho u_{\theta 0}^2 = \frac{\rho \Gamma^2}{8\pi^2}\frac{1}{r_0^2} \tag{4.50a}$$

由式(4.50a)可以看出,在涡核以外的势流区内,从无穷远处到涡核边缘的压力降是一个常数,它等于以涡核边缘的速度计算的动压。

由于涡核内为有旋流动,各条流线的伯努利常数不同,因此,流体在径向的压力分布只能根据欧拉运动微分方程求得。沿流线主法线方向的欧拉运动微分方程为

$$\frac{1}{\rho}\frac{\partial p}{\partial r} + g\frac{\partial z}{\partial r} = \frac{u_\theta^2}{r} \tag{3.55}$$

由于压力 p 只沿 r 方向变化,令 $z=0$,并且涡核区内 $u_\theta = \omega r$,故上式可改写为

$$\mathrm{d}p = \frac{\rho u_\theta^2}{r}\mathrm{d}r = \rho \omega^2 r \mathrm{d}r$$

对上式积分,得

$$p = \frac{1}{2}\rho\omega^2 r^2 + C = \frac{1}{2}\rho u_\theta^2 + C$$

积分常数 C 由边界条件确定。在 $r = r_0$ 处,$p = p_0$,$u_\theta = u_{\theta 0}$,代入上式得积分常数 C 为

$$C = p_0 - \frac{1}{2}\rho u_{\theta 0}^2 = p_\infty - \frac{1}{2}\rho u_{\theta 0}^2 - \frac{1}{2}\rho u_{\theta 0}^2 = p_\infty - \rho u_{\theta 0}^2$$

最后得到涡核区内的压力分布为

$$p = p_\infty - \rho u_{\theta 0}^2 + \frac{1}{2}\rho u_\theta^2 \tag{4.51}$$

或

$$p = p_\infty - \rho \omega^2 r_0^2 + \frac{1}{2}\rho \omega^2 r^2 \tag{4.51a}$$

于是,涡核中心的压力为

$$p_c = p_\infty - \rho u_{\theta 0}^2 \tag{4.52}$$

而涡核边缘的压力为

$$p_0 = p_\infty - \frac{1}{2}\rho u_{\theta 0}^2$$

所以

$$p_0 - p_c = \frac{1}{2}\rho u_{\theta 0}^2 \tag{4.53}$$

由式(4.53)可知,在涡核区内,从涡核边缘到涡核中心的压力降为一常数,且等于以涡核边缘的速度计算的动压。比较式(4.50a)和式(4.53)还可以发现,涡核内、外的压力降是相等的,都等于以涡核边缘的速度计算的动压。涡核内、外的速度分布和压力分布如图4.17所示。由于涡核区的压力比涡核外势流区的压力低,故涡流有很强的抽吸作用,它能把势流旋转区中的部分流体抽吸到涡核区内来。

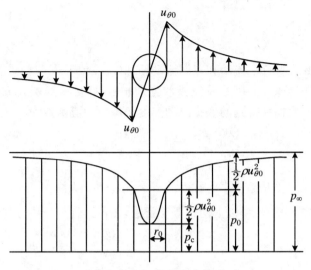

图 4.17　涡流中涡核内、外的速度分布和压力分布

4.6　有势流动的叠加

前已指出，流函数和速度势函数都满足拉普拉斯方程。凡是满足拉普拉斯方程的函数在数学分析中都称为调和函数。所以流函数和速度势函数都是调和函数。根据调和函数的叠加原理，即若干个调和函数的线性组合仍然是调和函数，可以将若干个有势流动的速度势函数（或流函数）线性组合成一个新的有势流动的速度势函数（或流函数）。如

$$\left.\begin{aligned}\varphi &= \varphi_1 + \varphi_2 + \varphi_3 + \cdots \\ \psi &= \psi_1 + \psi_2 + \psi_3 + \cdots\end{aligned}\right\} \quad (4.54)$$

式中：$\varphi_1, \varphi_2, \varphi_3, \cdots$ 和 $\psi_1, \psi_2, \psi_3, \cdots$ 分别代表几个简单有势流动的速度势函数和流函数。显然，叠加后新的有势流动的速度势函数 φ 和流函数 ψ 也满足拉普拉斯方程。根据速度势函数（或流函数）与速度分量之间的关系可得

$$\left.\begin{aligned}u_x &= u_{x1} + u_{x2} + u_{x3} + \cdots \\ u_y &= u_{y1} + u_{y2} + u_{y3} + \cdots\end{aligned}\right\} \quad (4.55)$$

或

$$\boldsymbol{u} = \boldsymbol{u}_1 + \boldsymbol{u}_2 + \boldsymbol{u}_3 + \cdots \quad (4.55a)$$

式(4.54)～式(4.55a)表明，几个简单有势流动的速度势函数及流函数的代数和等于新的有势流动的速度势函数和流函数，它的速度是这些简单有势流动速度的向量和。

上述叠加原理的方法虽然简单，但在实用上有很大意义，我们可以应用这一原理，把一些简单的平面有势流动叠加成所需要的新的复杂的有势流动，或者将一复杂的有势流动分解为几个已知的简单有势流动来分析。

下面举几个平面有势流动叠加的例子。

4.6.1 螺旋流

螺旋流是由点源或者点汇流动和点涡流动叠加(源点或者汇点和涡点重合)而成的。将点源或者点汇和点涡的速度势函数及流函数分别相加,即可得到螺旋流的速度势函数和流函数。如点汇和点涡叠加后得到的螺旋流的速度势函数和流函数为

$$\left.\begin{array}{l}\varphi = -\dfrac{Q}{2\pi}\ln r + \dfrac{\Gamma}{2\pi}\theta = -\dfrac{1}{2\pi}(Q\ln r - \Gamma\theta)\\ \psi = -\dfrac{Q}{2\pi}\theta - \dfrac{\Gamma}{2\pi}\ln r = -\dfrac{1}{2\pi}(Q\theta + \Gamma\ln r)\end{array}\right\} \quad (4.56)$$

式中:Γ 取逆时针方向为正。令以上两式等于常数,便可得到等势线方程和流线方程分别为

$$\left.\begin{array}{l}Q\ln r - \Gamma\theta = C\\ Q\theta + \Gamma\ln r = C'\end{array}\right\} \quad (4.57)$$

或写成

$$\left.\begin{array}{l}r = C_1 \mathrm{e}^{\frac{\Gamma}{Q}\theta}\\ r = C_2 \mathrm{e}^{-\frac{Q}{\Gamma}\theta}\end{array}\right\} \quad (4.58)$$

图 4.18 螺旋流

式中:C_1、C_2 是两个常数。显然,等势线族和流线族是两组相互正交的对数螺旋线族(图 4.18),所以称为螺旋流。在图 4.18 所示的螺旋流动(点汇和点涡叠加的结果)的流场中,流体是从四周向中心流动的。工程上常用的离心分离器、旋风除尘器以及水力涡轮机等设备中的旋转流体的流动情况即可近似看成是这种螺旋流。

上述螺旋流的径向速度和切向速度分别为

$$u_r = \frac{\partial \varphi}{\partial r} = -\frac{Q}{2\pi r}, \quad u_\theta = \frac{1}{r}\frac{\partial \varphi}{\partial \theta} = \frac{\Gamma}{2\pi r} \quad (4.59)$$

总速度为

$$u = \sqrt{u_r^2 + u_\theta^2} = \sqrt{\frac{Q^2 + \Gamma^2}{4\pi^2 r^2}} = \frac{\sqrt{Q^2 + \Gamma^2}}{2\pi r} \quad (4.59\mathrm{a})$$

代入伯努利方程(4.39),得流场中的压力分布为

$$p = p_\infty - \frac{1}{2}\rho u^2 = p_\infty - \frac{\rho(Q^2 + \Gamma^2)}{8\pi^2}\frac{1}{r^2} \quad (4.60)$$

式中:p_∞ 为 $r \to \infty$ 处的压力,该处的速度 $u = 0$。对于流场中不同的两点,由伯努利方程可得

$$p_1 - p_2 = \frac{\rho(Q^2 + \Gamma^2)}{8\pi^2}\left(\frac{1}{r_2^2} - \frac{1}{r_1^2}\right) \quad (4.61)$$

式中:p_1、p_2 为螺旋流流场中 1、2 两点上的压力;r_1、r_2 为 1、2 两点距螺旋流中心的距离。

对于离心式水泵、风机等蜗壳中的流动可以近似看作是由点源和点涡叠加而成的螺旋流的例子,如图 4.19 所示,其流动方向与图 4.18 所示的螺旋流的方向相反。

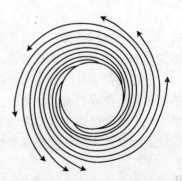

图 4.19 风机外壳中的流动

4.6.2 偶极流

偶极流是同强度的点源和点汇叠加的结果。若把点源和点汇无限靠近,即源点和汇点间的距离 $\Delta S \to 0$,并且在 $\Delta S \to 0$ 的同时,强度 $Q \to \infty$,以使得 $\Delta SQ =$ 常数,这样便得到一个所谓的偶极流的有势流动。

图 4.20 为把强度为 Q 的点源和强度为 $-Q$ 的点汇分别放在坐标系的 A 点 $(-a,0)$ 和 B 点 $(a,0)$ 上,叠加后得到的流动图形。叠加后的速度势函数和流函数分别为

$$\varphi_{AB} = \frac{Q}{2\pi}\ln r_A - \frac{Q}{2\pi}\ln r_B = \frac{Q}{2\pi}\ln\frac{r_A}{r_B} \tag{4.62}$$

$$\psi_{AB} = \frac{Q}{2\pi}\theta_A - \frac{Q}{2\pi}\theta_B = \frac{Q}{2\pi}(\theta_A - \theta_B) = -\frac{Q}{2\pi}\alpha \tag{4.63}$$

式中:α 为动点 $P(x,y)$ 与源点 A 和汇点 B 的连接线之间的夹角。由流线方程 $\psi =$ 常数,得 $\alpha =$ 常数。这就是说,流线是经过源点 A 和汇点 B 的圆周线族,而且从源点流出的流量全部流入汇点。

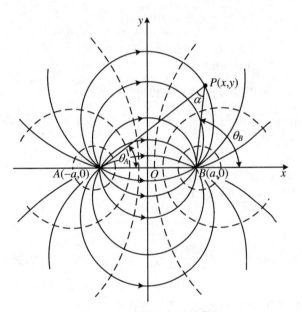

图 4.20 点源和点汇的叠加

现在来分析在点源与点汇无限接近的同时,流量 Q 无限增大(即 $a \to 0$ 时,$Q \to \infty$),以使得 $2aQ$ 保持一个有限常数 M 的极限情况,即偶极流的情况。$M = 2aQ$ 称为偶极矩,或称为偶极强度,单位为 $m^4/(m \cdot s)$ 或 m^3/s,方向是从源点到汇点为正。

偶极流的速度势函数和流函数可由式(4.62)和式(4.63)根据上述条件推导出来。由式(4.62)得

$$\varphi_{AB} = \frac{Q}{2\pi}\ln\frac{r_A}{r_B} = \frac{Q}{2\pi}\ln\left(1 + \frac{r_A - r_B}{r_B}\right)$$

如图 4.21 所示,当 A 点和 B 点向原点 O 无限靠近时,$r_A - r_B \approx 2a\cos\theta_A$,而且当 $2a \to 0$,$Q \to \infty$ 时,$2aQ = M$,$r_A \to r_B \to r$,$\theta_A \to \theta_B \to \theta$。又由于

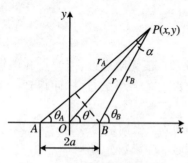

图 4.21 推导偶极流速度势和流函数用图

$$\ln(1+\varepsilon) = \varepsilon - \frac{\varepsilon^2}{2} + \frac{\varepsilon^3}{3} - \frac{\varepsilon^4}{4} + \cdots$$

当 ε 为无穷小时，可以略去高阶项，即 $\ln(1+\varepsilon) \approx \varepsilon$。因此，偶极流的速度势函数为

$$\varphi = \lim_{\substack{2a \to 0 \\ Q \to \infty}} \varphi_{AB} = \lim_{\substack{2a \to 0 \\ Q \to \infty}} \left[\frac{Q}{2\pi} \ln\left(1 + \frac{2a\cos\theta_A}{r_B}\right) \right]$$

$$= \lim_{\substack{2a \to 0 \\ Q \to \infty}} \left(\frac{Q}{2\pi} \frac{2a\cos\theta_A}{r_B} \right)$$

$$= \frac{M}{2\pi} \frac{\cos\theta}{r} = \frac{M}{2\pi} \frac{r\cos\theta}{r^2} = \frac{M}{2\pi} \frac{x}{x^2+y^2} \quad (4.64)$$

由式(4.63)得

$$\psi_{AB} = \frac{Q}{2\pi}(\theta_A - \theta_B) = \frac{Q}{2\pi} \arctan \frac{\tan\theta_A - \tan\theta_B}{1 + \tan\theta_A \cdot \tan\theta_B}$$

$$= \frac{Q}{2\pi} \arctan \frac{\dfrac{y}{x+a} - \dfrac{y}{x-a}}{1 + \dfrac{y^2}{(x+a)(x-a)}} = \frac{Q}{2\pi} \arctan \frac{-2ay}{x^2+y^2-a^2}$$

又因为

$$\arctan\varepsilon = \varepsilon - \frac{\varepsilon^3}{3} + \frac{\varepsilon^5}{5} - \frac{\varepsilon^7}{7} + \cdots$$

当 $\varepsilon \to 0$ 时，$\arctan\varepsilon \approx \varepsilon$，所以偶极流的流函数为

$$\psi = \lim_{\substack{2a \to 0 \\ Q \to \infty}} \left(\frac{Q}{2\pi} \arctan \frac{-2ay}{x^2+y^2-a^2} \right) = \lim_{\substack{2a \to 0 \\ Q \to \infty}} \left(\frac{Q}{2\pi} \frac{-2ay}{x^2+y^2-a^2} \right)$$

$$= -\frac{M}{2\pi} \frac{y}{x^2+y^2} = -\frac{M}{2\pi} \frac{r\sin\theta}{r^2} = -\frac{M}{2\pi} \frac{\sin\theta}{r} \quad (4.65)$$

令式(4.65)等于常数 C_1，得流线方程为

$$x^2 + \left(y + \frac{M}{4\pi C_1}\right)^2 = \left(\frac{M}{4\pi C_1}\right)^2$$

即流线是半径为 $\dfrac{M}{4\pi C_1}$，圆心为 $\left(0, -\dfrac{M}{4\pi C_1}\right)$ 且与 x 轴在原点相切的圆周线族，如图 4.22 中的实线所示。

同样，令式(4.64)等于常数 C_2，得等势线方程为

$$\left(x - \frac{M}{4\pi C_2}\right)^2 + y^2 = \left(\frac{M}{4\pi C_2}\right)^2$$

即等势线是半径为 $\dfrac{M}{4\pi C_2}$，圆心为 $\left(\dfrac{M}{4\pi C_2}, 0\right)$ 且与 y 轴在原点相切的圆周线族，如图 4.22 中的虚线所示。

偶极流的流场中的速度分布为：
在直角坐标系下

$$\left. \begin{array}{l} u_x = \dfrac{\partial\varphi}{\partial x} = -\dfrac{M}{2\pi} \dfrac{x^2-y^2}{(x^2+y^2)^2} \\ \\ u_y = \dfrac{\partial\varphi}{\partial y} = -\dfrac{M}{2\pi} \dfrac{2xy}{(x^2+y^2)^2} \end{array} \right\} \quad (4.66)$$

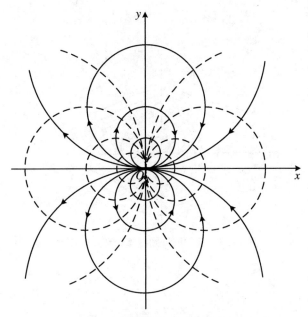

图 4.22 偶极流的流线和等势线

在圆柱坐标系下

$$\left. \begin{aligned} u_r &= \frac{\partial \varphi}{\partial r} = -\frac{M}{2\pi}\frac{\cos\theta}{r^2} \\ u_\theta &= \frac{\partial \varphi}{r\partial \theta} = -\frac{M}{2\pi}\frac{\sin\theta}{r^2} \end{aligned} \right\} \tag{4.67}$$

偶极流的总速度为

$$u = \sqrt{u_x^2 + u_y^2} = \sqrt{u_r^2 + u_\theta^2} = \frac{M}{2\pi r^2} \tag{4.68}$$

偶极流流场内的压力分布可由伯努利方程计算得到。在流场中 $r \to \infty$ 处的压力为 p_∞，速度 $u_\infty = 0$，将式(4.68)代入伯努利方程(4.39)，得

$$p = p_\infty - \frac{1}{2}\rho u^2 = p_\infty - \frac{\rho M^2}{8\pi^2}\frac{1}{r^4} \tag{4.69}$$

流场中不同两点间的压力差为

$$p_1 - p_2 = \frac{\rho M^2}{8\pi^2}\left(\frac{1}{r_2^4} - \frac{1}{r_1^4}\right) \tag{4.70}$$

4.6.3 均匀直线流绕圆柱体无环量的平面流动

设有一在无穷远处速度为 u_∞ 的均匀直线流(平行流)，从与圆柱体轴垂直的方向绕过一半径为 r_0 的无限长圆柱体流动，如图 4.23 所示，这一流动可认为是由均匀直线流和偶极流叠加而成的组合平面流动。根据式(4.41a)、式(4.64)和式(4.65)可得组合流动的速度势函数与流函数分别为

$$\varphi = u_\infty x + \frac{M}{2\pi}\frac{x}{x^2+y^2} = u_\infty x\left(1 + \frac{M}{2\pi u_\infty}\frac{1}{x^2+y^2}\right) \tag{4.71}$$

$$\psi = u_\infty y - \frac{M}{2\pi}\frac{y}{x^2+y^2} = u_\infty y\left(1 - \frac{M}{2\pi u_\infty}\frac{1}{x^2+y^2}\right) \tag{4.72}$$

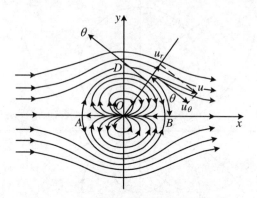

图 4.23 平行流绕圆柱体无环量的流动

于是,流线方程为

$$u_\infty y\left(1 - \frac{M}{2\pi u_\infty}\frac{1}{x^2+y^2}\right) = C$$

选取不同的常数值 C,可得如图 4.23 所示的流动图形。当 $C=0$ 时,$\psi=0$,该流线称为零值流线。零值流线的方程为

$$u_\infty y\left(1 - \frac{M}{2\pi u_\infty}\frac{1}{x^2+y^2}\right) = 0$$

即

$$y = 0, \quad x^2 + y^2 = \frac{M}{2\pi u_\infty}$$

由此可知,零值流线是 x 轴和一个以坐标原点为圆心,半径为 $r_0 = \sqrt{\frac{M}{2\pi u_\infty}}$ 的圆周线所构成的图形。该流线到 A 点(驻点)处分成两股,沿上、下两个半圆周流到 B 点(驻点)又重新汇合。由于流体不能穿过零值流线,因此,一个均匀直线流绕半径为 r_0 的圆柱体的平面流动,可以用这个均匀直线流与一个偶极矩为 $M=2\pi u_\infty r_0^2$ 的偶极流叠加而成的组合流动来代替。于是,均匀直线流绕圆柱体无环量的平面流动的速度势函数和流函数也可以写成

$$\varphi = u_\infty x\left(1 + \frac{r_0^2}{x^2+y^2}\right) = u_\infty\left(1 + \frac{r_0^2}{r^2}\right)r\cos\theta \tag{4.71a}$$

$$\psi = u_\infty y\left(1 - \frac{r_0^2}{x^2+y^2}\right) = u_\infty\left(1 - \frac{r_0^2}{r^2}\right)r\sin\theta \tag{4.72a}$$

以上两式中的 $r \geqslant r_0$,因为 $r < r_0$ 在圆柱体内没有实际意义。

流场中任一点的速度分量为

$$\left.\begin{array}{l} u_x = \dfrac{\partial \varphi}{\partial x} = u_\infty\left[1 - \dfrac{r_0^2(x^2-y^2)}{(x^2+y^2)^3}\right] \\ u_y = \dfrac{\partial \varphi}{\partial y} = -2u_\infty r_0^2 \dfrac{xy}{(x^2+y^2)^2} \end{array}\right\} \tag{4.73}$$

在 $x=\infty, y=\infty$ 处,$u_x = u_\infty, u_y = 0$。这表明在离开圆柱体无穷远处,均匀直线流未受圆柱体的干扰,仍为均匀直线流。在图 4.23 中的 A 点$(-r_0,0)$ 和 B 点$(r_0,0)$ 处,$u_x = u_y = 0$,

A 为前驻点,B 为后驻点。

对于圆柱坐标系,速度分量为

$$\left.\begin{aligned} u_r &= \frac{\partial \varphi}{\partial r} = u_\infty \left(1 - \frac{r_0^2}{r^2}\right)\cos\theta \\ u_\theta &= \frac{1}{r}\frac{\partial \varphi}{\partial \theta} = -u_\infty \left(1 + \frac{r_0^2}{r^2}\right)\sin\theta \end{aligned}\right\} \quad (4.74)$$

沿包围圆柱体的任意圆周线的速度环量为

$$\Gamma = \oint u_\theta \mathrm{d}s = -u_\infty \left(1 + \frac{r_0^2}{r^2}\right)r \oint \sin\theta \mathrm{d}\theta = 0$$

即均匀直线流绕圆柱体的平面流动其速度环量为零。

当 $r = r_0$,即在圆柱面上时,

$$\left.\begin{aligned} u_r &= 0 \\ u_\theta &= -2u_\infty \sin\theta \end{aligned}\right\} \quad (4.75)$$

这说明流体沿圆柱面只有切线方向的速度,而没有径向速度。这也证实了该组合流动符合流体不穿入又不脱离圆柱面的边界条件。在圆柱面上,速度是按正弦曲线规律分布的,如图 4.24 所示。在前、后驻点处流速为零;在 $\theta = \pm\frac{\pi}{2}$ 处,流速最大,其值为无穷远处速度的两倍。

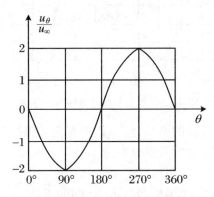

图 4.24 在平行流绕圆柱体无环量流动中圆柱面上的速度分布

圆柱面上各点的压力分布,可由伯努利方程求得,即

$$p + \frac{1}{2}\rho u_\theta^2 = p_\infty + \frac{1}{2}\rho u_\infty^2$$

式中:p_∞ 为无穷远处流体的压力。

将式(4.75)代入上式,得

$$p = p_\infty + \frac{1}{2}\rho u_\infty^2 (1 - 4\sin^2\theta) \quad (4.76)$$

在工程上常用无因次压力系数来表示流体作用在物体上任一点的压力,它的定义为

$$C_p = \frac{p - p_\infty}{\frac{1}{2}\rho u_\infty^2} \quad (4.77)$$

将式(4.76)代入上式,得

$$C_p = 1 - 4\sin^2\theta \quad (4.78)$$

由此可见,沿圆柱体表面的无因次压力系数 C_p 既与圆柱体的半径 r_0 无关,也与无穷远处的速度 u_∞ 和压力 p_∞ 无关,仅与 θ 角有关。这就是在研究理想流体无环量绕流圆柱体的柱面上的压力时,利用这个压力系数的方便所在。根据式(4.78)计算出的理论的无因次压力系数曲线如图 4.25 所示。应当注意,在计算时,θ 角是从前驻点 A 起沿顺时针方向增加的。在前驻点 $A(\theta=0°)$ 上,速度等于零,$C_p=1$,压力达到最大值,$p_A = p_\infty + \frac{1}{2}\rho u_\infty^2$。在垂直于来流方向的最大截面 D 点($\theta=90°$)上,速度最大,$C_p=-3$,压力降到最小值,$p_D = p_\infty - \frac{3}{2}\rho u_\infty^2$。在后驻点 $B(\theta=180°)$ 上,速度又等于零,$C_p=1$,压力又达到最大值,$p_B = p_\infty + \frac{1}{2}\rho u_\infty^2$。$180°\leqslant\theta\leqslant 360°$ 范围内的理论曲线与 $0°\leqslant\theta\leqslant 180°$ 范围内的完全一样,即圆柱面上所受的流体压力上下左右都是对称的。因此,作用在圆柱面上的压力在各个方向上都互相平衡,合力等于零。这可证明如下:

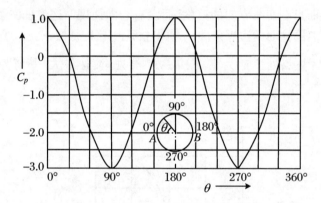

图 4.25　压力系数沿圆柱面的分布

如图 4.26 所示,在单位长度的圆柱体上,作用在微元弧段 $\mathrm{d}s = r_0\mathrm{d}\theta$ 上的微小总压力 $\mathrm{d}F = pr_0\mathrm{d}\theta$,则 $\mathrm{d}F$ 沿 x 轴和 y 轴的分量分别为

$$\left.\begin{aligned}\mathrm{d}F_x &= -pr_0\cos\theta\mathrm{d}\theta \\ \mathrm{d}F_y &= -pr_0\sin\theta\mathrm{d}\theta\end{aligned}\right\} \tag{4.79}$$

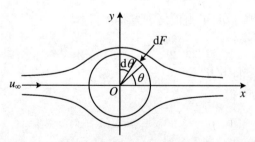

图 4.26　推导理想流体对圆柱体的作用力用图

式中的负号是考虑到当 θ 为正值时,$\mathrm{d}F_x$ 和 $\mathrm{d}F_y$ 的方向分别与 x 轴和 y 轴的方向相反。将式(4.76)代入以上两式,并积分,便得到流体作用在圆柱体上的总压力沿 x 轴和 y 轴方向的分量为

$$F_D = F_x = -\int_0^{2\pi} r_0 \left[p_\infty + \frac{1}{2}\rho u_\infty^2 (1 - 4\sin^2\theta) \right] \cos\theta d\theta = 0$$

$$F_L = F_y = -\int_0^{2\pi} r_0 \left[p_\infty + \frac{1}{2}\rho u_\infty^2 (1 - 4\sin^2\theta) \right] \sin\theta d\theta = 0$$

即理想流体作用在圆柱面上的压力的合力等于零。流体作用在圆柱面上的总压力沿 x 轴和 y 轴方向的分量,即圆柱面受到的与来流方向平行的和垂直的作用力分别称为流体作用在圆柱体上的阻力和升力,并分别用 F_D 和 F_L 表示。这就是说,当理想流体的均匀直线流无环量地绕流圆柱体时,没有作用在圆柱体上的阻力和升力。

例 4.11 一强度为 5 m³/(s·m)置于 $(-1,0)$点的源流和一强度为 -5 m³/(s·m) 置于$(1,0)$点的汇流,与速度为 15 m/s 的沿 x 轴正向的均匀直线流组合成一个新的流动,如图 4.27 所示。试求:(1) 两个驻点的位置及其之间的距离;(2) 上游无穷远处到 $(-1,1)$点间水流的压力差。

解 (1) 求两个驻点的位置及其之间的距离。

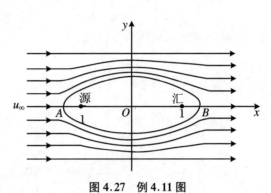

图 4.27 例 4.11 图

对于点源

$$\psi_1 = \frac{Q}{2\pi}\theta = \frac{5}{2\pi}\arctan\frac{y}{x+1}$$

对于点汇

$$\psi_2 = -\frac{Q}{2\pi}\theta = -\frac{5}{2\pi}\arctan\frac{y}{x-1}$$

对于均匀直线流

$$\psi_3 = u_\infty y = 15y$$

于是,组合流场的流函数为

$$\psi = \psi_1 + \psi_2 + \psi_3 = \frac{5}{2\pi}\left(\arctan\frac{y}{x+1} - \arctan\frac{y}{x-1}\right) + 15y$$

组合流动的速度分量为

$$u_x = \frac{\partial\psi}{\partial y} = \frac{5}{2\pi}\left[\frac{x+1}{(x+1)^2+y^2} - \frac{x-1}{(x-1)^2+y^2}\right] + 15$$

$$u_y = -\frac{\partial\psi}{\partial x} = -\frac{5}{2\pi}\left[\frac{-y}{(x+1)^2+y^2} + \frac{y}{(x-1)^2+y^2}\right]$$

$$= \frac{5}{2\pi}\left[\frac{y}{(x+1)^2+y^2} - \frac{y}{(x-1)^2+y^2}\right]$$

由已知条件可知,两驻点均在 x 轴上,即 $y=0$,这时 $u_y=0$,由 $u_x=0$ 得

$$\frac{5}{2\pi}\left(\frac{1}{x+1} - \frac{1}{x-1}\right) + 15 = 0$$

解此方程得

$$x_1 = -1.052(\text{m}), \quad x_2 = 1.052(\text{m})$$

故两驻点的位置分别为 $A(-1.052,0)$ 和 $B(1.052,0)$。它们之间的距离为
$$L = |x_1| + |x_2| = 2 \times 1.052 = 2.104(\text{m})$$

(2) 求上游无穷远处到 $(-1,1)$ 点间水流的压力差。

点 $(-1,1)$ 处流体的速度为
$$u_x = \frac{1}{\pi} + 15 = 15.32(\text{m/s})$$
$$u_y = \frac{2}{\pi} = 0.64(\text{m/s})$$
$$u = \sqrt{u_x^2 + u_y^2} = \sqrt{15.32^2 + 0.64^2} = 15.33(\text{m/s})$$

因为是有势流动,利用伯努利方程,得
$$p_\infty + \frac{1}{2}\rho u_\infty^2 = p + \frac{1}{2}\rho u^2$$

所以
$$p_\infty - p = \frac{1}{2}\rho(u^2 - u_\infty^2) = \frac{1}{2} \times 1\,000 \times (15.33^2 - 15^2) = 5.0(\text{kN/m}^2)$$

习 题 4

4.1 下列流场是否连续?是否无旋?若为无旋流动,试描述其流动情景。

(1) $u_x = 4y, u_y = -3x$;

(2) $u_x = 4xy, u_y = 0$;

(3) $u_r = \frac{c}{r}, u_\theta = 0$;

(4) $u_r = 0, u_\theta = \frac{c}{r}$。

4.2 下列两个流动哪个有旋?哪个无旋?哪个有角变形?哪个无角变形?式中 a、c 为常数。

(1) $u_x = -ay, u_y = ax, u_z = 0$;

(2) $u_x = -\frac{cy}{x^2+y^2}, u_y = \frac{cx}{x^2+y^2}, u_z = 0$。

4.3 证明下列二维流场是无旋的,并找出经过 $(1,2)$ 点的流线方程。
$$u_x = x^2 - y^2 + x, \quad u_y = -(2xy + y)$$

4.4 已知有旋流动的速度分量为 $u_x = 2y+3z, u_y = 2z+3x, u_z = 2x+3y$,求旋转角速度和角变形速度。

4.5 设流场的速度分布为
$$u_x = -ky, \quad u_y = kx, \quad u_z = \sqrt{\phi(z) - 2k^2(x^2+y^2)}$$
式中 $\phi(z)$ 是 z 的任意函数,k 为常数。试证明这是一个流线与涡线相重合的螺旋流动,并计算旋转角速度 ω 与速度 u 的绝对值的比值 ω/u。

4.6 已知圆管中层流流动过流截面上的速度分布为
$$u_x = \frac{\gamma J}{4\mu}(r_0^2 - r^2), \quad u_y = u_z = 0$$
式中 γ、J、μ、r_0 皆为常数,$r^2 = y^2 + z^2$,求涡线方程。

4.7 设速度场为 $u = (y + 2z)i + (z + 2x)j + (x + 2y)k$，求涡线方程。若涡管截面面积 $dA = 10^{-4}$ m²，求旋涡强度。

4.8 设在半径 $R = 0.5$ m 的圆周上，平面流动的切向速度分别为：(1) $u_\theta = 2$ m/s；(2) $u_\theta = 2u_0 \sin\theta$；(3) $u_\theta = cr$。式中 u_0、c 为常数，其中 $c = 10$ s^{-1}。求以上三种情况沿圆周的速度环量。

4.9 有一平面势流，其速度势为 $\varphi = K\theta$，式中 K 为常数，θ 为极角，试求：
(1) 沿圆周 $x^2 + y^2 = R^2$ 的速度环量；
(2) 沿圆周 $(x - a)^2 + y^2 = R^2$ 的速度环量（$R < a$）。

4.10 设在(1,0)点置有 $\Gamma = \Gamma_0$ 的旋涡，在(−1,0)点置有 $\Gamma = -\Gamma_0$ 的旋涡。试求沿下列路线的速度环量：
(1) $x^2 + y^2 = 4$；
(2) $(x - 1)^2 + y^2 = 1$；
(3) $x = \pm 2, y = \pm 2$ 的正方形；
(4) $x = \pm 0.5, y = \pm 0.5$ 的正方形。

4.11 已知平面势流的流函数 $\psi = 5xy - 4x + 3y + 10$，求流速分量和速度势函数。又知流体的密度为 850 kg/m³，滞点处的压力为 10^5 N/m²，求(1,2)点处流体的速度和压力。

4.12 已知势函数 $\varphi = xy$，求流函数，并描绘流场的大致情景。

4.13 试证明速度分量为 $u_x = 2xy + x, u_y = x^2 - y^2 - y$ 的平面流动为势流。求流函数和势函数。

4.14 已知平面流动的流函数 $\psi = 3x^2y - y^3$，求势函数，并证明流速与距坐标原点的距离的平方成正比。

4.15 不可压缩理想流体平面势流的速度势为 $\varphi = ax(x^2 - 3y^2), a < 0$，试求其流速及流函数，并求通过连接(0,0)及(1,1)两点的直线段的流体流量。

4.16 强度为 24 m²/s 的源位于坐标原点，与速度为 10 m/s 且平行于 x 轴，方向自左向右的均匀流动叠合。求：
(1) 叠加后驻点的位置；
(2) 通过驻点的流线方程；
(3) 此流线在 $\theta = \dfrac{\pi}{2}$ 和 $\theta = 0$ 时距 x 轴的距离；
(4) $\theta = \dfrac{\pi}{2}$ 时，该流线上的流速。

4.17 一源和汇均在 x 轴上，源在坐标原点左边 1 m 处，汇在坐标原点右边 1 m 处，源和汇的强度均为 20 m²/s。求坐标原点处的速度。计算通过点(0,4)的流线的 ψ 值和该点的速度。

4.18 一平面势流由点源和点汇合成，点源位于(−1,0)，强度为 20 m²/s，点汇位于(2,0)，强度为 40 m²/s，流体密度为 1.8 kg/m³，设(0,0)点的压力为零，求(0,1)和(1,1)点的流速和压力。

4.19 强度为 2π m³/(s·m)的点源和点汇分别位于(−2,0)点和(2,0)点处，与速度为 4.0 m/s 沿 x 轴正向的均匀直线流叠加成一个新的流动。试求：
(1) 两个驻点的位置及其之间的距离；
(2) 经过驻点的流线方程；
(3) 上游无限远处与(−1,1)点之间的压力差。

4.20 为了在(0,5)点产生数值为 10 m/s 的流速，问位于坐标原点的偶极强度 M 应为多大？并求通过(0,5)点的流函数值。

4.21 均匀直线流的流速为 u_0，位于坐标原点的偶极强度为 M，这两种流动叠加后，流速值与 u_0 相等的点位于哪一条曲线上？

4.22 一长圆柱体的直径为 1.0 m，位于 $u_0 = 10$ m/s 的正交于柱轴的直线流中，流体的密度为 1 000 kg/m³，未扰动流体的压力为 0，求在圆柱面上 $\theta = \pi/2, 5\pi/8, 6\pi/8, 7\pi/8$ 和 π 处的流速值和压力值。

4.23 如图 4.28 所示,风速为 $u_0 = 48$ km/h 的水平风吹向一高度为 $h = 300$ m、形如流线的山坡,试用适当的流函数和势函数描述此流动。

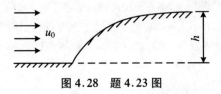

图 4.28 题 4.23 图

4.24 已知水平直线流的流速为 5.0 m/s,位于 y 轴上 $(0,2)$ 和 $(0,-2)$ 点的点源强度均为 20π m²/(s·m),求叠加流动的驻点位置、轮廓线方程,并描述其大致流动情景。

第 5 章　黏性流体的流动阻力与管路计算

前两章我们介绍了理想流体的流动规律,并讨论了流体流动的连续性方程、欧拉运动微分方程、伯努利方程和动量方程等,这为我们进一步研究实际流体的流动规律奠定了基础。从这一章起我们将讨论实际流体的流动规律。

实际流体都是具有黏性的,故又称为黏性流体。黏性流体流经固体壁面时,紧贴固体壁面的流体质点将黏附在固体壁面上,它们与固体壁面的相对速度等于零,这是与理想流体大不相同的,因为理想流体是沿壁面的滑移运动。既然流体质点要黏附在固体壁上,受固体壁面的影响,则在固体壁面和流体的主流之间就必定存在一个由固体壁面的速度过渡到主流速度的流速变化的区域;若固体壁面是静止不动的,则要有一个由零到主流速度 u_∞ 的流速变化区域。由此可见,在同样的流道中流动的理想流体和黏性流体,沿截面的速度分布是不同的。对于流速分布不均匀的黏性流体,在流动的垂直方向上存在速度梯度,在相对运动着的流层之间必定存在切向应力,于是形成阻力。要克服阻力、维持黏性流体的流动,就要消耗机械能。消耗掉的这部分机械能将不可逆地转化为热能。可见,在黏性流体流动的过程中,其机械能是逐渐减小的,不可能永远守恒。

综上所述,当考虑流体的黏性作用时,第 3 章所讨论的几个基本方程式,除了同作用力无关的连续性方程外,都应加以修正才能够使用。

另外,通过实践和实验发现,黏性流体在流动过程中所产生的阻力与流体的流动状态有关,不同的流动状态,产生阻力的方式以及阻力的大小也不相同。因此,我们有必要先了解流体的流动状态。

5.1　流体的流动状态

根据黏性流体的流动性质不同,可将其分为层流和紊流两种流动状态。对于不同的流动状态,流场的速度分布,产生阻力的原因、方式和大小,以及传热、传质等规律各不相同。

英国物理学家雷诺早在 1883 年就通过实验研究指出:自然界中流体的流动有两种不同的状态,即层流和紊流。雷诺实验装置如图 5.1(a)所示。水不断由进水口注入水箱 A,靠溢流维持水箱内的水位不变,以保持玻璃管 D 中的水流为稳定流动。小容器 B 内装有重度与水相近,但不与水相溶的红色液体。C 与 K 为调节阀门。微开 K 阀,使水以很低的速度从玻璃管 D 中流过,然后再开 C 阀,红色液体就流入玻璃管,待稳定后便可看到一条明晰的红色直线流,不与周围的水相混,这表明流体质点只做沿管轴线方向的直线运动,而无横向运动,如图 5.1(b)所示。此时沿圆管截面水是分层流动的,各层间互不干扰,互不相混,各自沿直线向前流动。这种有规则有秩序的流动状态称为层流或片流。慢慢开大 K 阀,逐渐增加流速,在一段时间内仍能继续保持玻璃管内的流动为层流流动。当流速增加到一定值时,管内红色直线流开始波动,呈现波纹状,如图 5.1(c)所示。这表明层流状态开始被破坏,流体质点有了与主流方向垂直的横向运动,能从这一层运动到另一层。如果继续增大管内流速,红色线流就更剧烈地波动,最后发生断裂,混杂在很多小旋涡中,红色液体很快充满全管,把整个管内的水染成淡红色,如图 5.1(d)所示。这表明此时管内的水向前流动,处于完全无规则的紊乱状态,这种杂乱无章的、无规则无次序的、相互掺混的流动状态称为紊流或湍流。由此可见,随着水流速度的增大,水流将由层流状态过渡到紊流状态。由层流过渡到紊流的临界状态下的流体速度称为上临界速度,用 u'_c 表示。

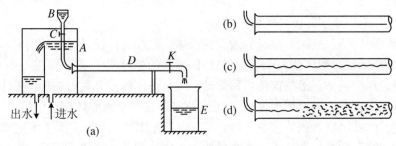

图 5.1 雷诺实验

当玻璃管内的水流已经是紊流运动时,逐渐关小阀门 K,使水流速度逐渐减小,当水流速度减小到一定程度时,紊乱的红色液体又将重新成为一条明晰的红色直线流,即紊流又转变为层流。但是,由紊流转变为层流的临界速度比上临界速度 u'_c 更低,称为下临界速度,用 u_c 表示。当流体的流速超过上临界速度时($u>u'_c$),管内水流一定是紊流状态;当流体的流速低于下临界速度时($u<u_c$),管内水流一定是层流状态;当流体的流速介于上临界速度和下临界速度之间时($u_c<u<u'_c$),管内水流可能是层流,也可能是紊流,如果流速是由小增大时,则流动是层流,如果流速是由大变小时,则流动是紊流。实验表明,这两种情况下的流动状态都不稳定,并且取决于实验的起始状态有无扰动等因素。

实验发现,判别流体的流动状态,仅靠临界速度很不方便,因为随着流体的黏度、密度以及流道线尺寸的不同,临界速度在变化,很难确定。雷诺根据大量的实验归纳出一个无因次综合量作为判别流体流动状态的准则,称为雷诺准则或雷诺准数,简称雷诺数,用 Re 表示,即

$$Re = \frac{\rho u l}{\mu} = \frac{u l}{\nu} \tag{5.1}$$

式中:u 为流体的特征流速;l 为流体通道的特征尺寸。

对于直径为 d 的圆截面管道,有

$$Re = \frac{\rho \bar{u} d}{\mu} = \frac{\bar{u} d}{\nu} \tag{5.2}$$

对应于临界速度的雷诺数称为临界雷诺数,用 Re_c 表示,即

$$Re_c = \frac{\rho \bar{u}_c d}{\mu} = \frac{\bar{u}_c d}{\nu} \tag{5.3}$$

实验结果表明,对于光滑的圆截面直管,不论流体的性质和管径如何变化,其下临界雷诺数一般均为 $Re_c=2100\sim2300$,而上临界雷诺数 Re'_c 可达 12 000~13 800,甚至更高些,但

这时流动处在极不稳定的状态,稍有扰动,层流瞬即被破坏而转变为紊流。因此,上临界雷诺数在工程上没有实用意义,通常用下临界雷诺数来判别流体的流动状态,即取圆管内流动的临界雷诺数为 $Re_c = 2\,300$。对于圆截面管道,当 $Re \leqslant 2\,300$ 时为层流,当 $Re > 2\,300$ 时为紊流。

前已述及,流体的流动状态是层流还是紊流,对于流场的速度分布、产生阻力的方式和大小,以及对传热、传质过程和动量传递规律等都各不相同,所以在研究这些问题之前,首先需要判别流体的流动属于哪一种状态。

例 5.1 一圆截面的风管,直径为 300 mm,输送 20 ℃的空气,求保持层流流态的最大流量。若输送的是 260 m³/h、200 ℃的预热空气,试确定其流动状态。

解 (1) 查表得 20 ℃和 200 ℃空气的运动黏度分别为 15.0×10^{-6} m²/s 和 34.6×10^{-6} m²/s。取临界雷诺数 $Re_c = 2\,300$,有

$$Re_c = \frac{\bar{u}_c d}{\nu} = 2\,300$$

$$\bar{u}_c = \frac{Re_c \nu}{d} = \frac{2\,300 \times 15 \times 10^{-6}}{0.30} = 0.12 \text{(m/s)}$$

则保持层流流态的最大空气流量(20 ℃)为

$$Q_c = \frac{1}{4}\pi d^2 \bar{u}_c = \frac{1}{4}\pi \times 0.30^2 \times 0.12 = 8.478 \times 10^{-3} \text{(m}^3\text{/s)} = 30.52 \text{(m}^3\text{/h)}$$

(2) 确定输送预热空气的流态。

200 ℃预热空气的秒流量为

$$Q = \frac{260}{3\,600} = 0.072 \text{(m}^3\text{/s)}$$

那么

$$\bar{u} = \frac{4Q}{\pi d^2} = \frac{4 \times 0.072}{3.14 \times 0.30^2} = 1.02 \text{(m/s)}$$

则

$$Re = \frac{\bar{u} d}{\nu} = \frac{1.02 \times 0.30}{34.6 \times 10^{-6}} = 8\,844 > 2\,300$$

属紊流状态。

5.2 黏性流体总流的伯努利方程

5.2.1 黏性流体沿微元流束的伯努利方程

为了讨论黏性流体总流的伯努利方程,我们先讨论黏性流体沿微元流束的伯努利方程。

由第 3 章的讨论我们知道,不可压缩理想流体在重力场的作用下稳定流动时,沿微元流束(流线)的伯努利方程可以写成

$$\frac{p}{\gamma} + z + \frac{u^2}{2g} = C$$

或

$$\frac{p_1}{\gamma} + z_1 + \frac{u_1^2}{2g} = \frac{p_2}{\gamma} + z_2 + \frac{u_2^2}{2g}$$

对于黏性流体，黏性力的存在将对流束产生流动阻力，为了克服这种流动阻力，需要消耗一部分机械能。上式三项机械能中，位能一项只决定了截面 1、2 的位置 z_1 和 z_2，是不会改变的；动能一项受连续流动方程条件的约束，只要流通截面 A_1、A_2 不变，也是不会改变的；唯一可能改变的是压力能，即克服阻力所消耗的只能是压力能。由于压力能的损失而使得

$$\frac{p_1}{\gamma} + z_1 + \frac{u_1^2}{2g} > \frac{p_2}{\gamma} + z_2 + \frac{u_2^2}{2g}$$

或写成

$$\frac{p_1}{\gamma} + z_1 + \frac{u_1^2}{2g} = \frac{p_2}{\gamma} + z_2 + \frac{u_2^2}{2g} + h_w' \tag{5.4}$$

式中：h_w' 为单位重量流体自 1 截面流至 2 截面时所消耗的机械能，称为比能损失，或称压头损失。损失的这部分机械能将变为热能转移到流体中，增加了流体的内能（热力学能）。h_w' 的单位是 J/N 或 m。式(5.4)就是黏性流体沿微元流束的伯努利方程。

5.2.2 黏性流体总流的伯努利方程

由无数微元流束所组成的有效截面为有限量的流束，称为总流。工程实际中遇到的实际流体的流动，如流体在管道中或明渠中的流动，都是有效截面为有限量的流束，即都是总流。通常所说的把伯努利方程应用于实际流体的流动，也总是指这种总流。但是，由于在总流的任一有效截面上，不同点上流体质点的位置坐标 z、流速 u 和压力 p 一般都有明显的差别。因此，要把沿微元流束的伯努利方程应用到总流上去，必然要有一定的条件和进行必要的修正。

在推导总流的伯努利方程之前，还需要提出缓变流的概念。所谓缓变流，就是指流道中流与流线之间的夹角很小，流线趋于平行，且流线的曲率半径很大，近乎平行直线的流动。反之则称为急变流。例如经过弯管、变径接头及阀门等管配件的流动都属于急变流。根据缓变流的定义可知，它具有如下特性：

(1) 由于缓变流流线的曲率半径很大，流体的向心加速度 $\frac{u^2}{r}$ 便很小，由此引起的惯性离心力也很小，这种惯性离心力属于质量力。由于这种质量力很小，可以忽略不计，所以对于缓变流流场，仍可认为质量力只有重力。

(2) 可以证明，对于稳定的缓变流，在流道的某一有效截面上，各点的 $\left(\frac{p}{\gamma} + z\right)$ 都相等，等于一个常数。这和流体静力学中得到的结果相同。由此表明，在缓变流中，与流动方向垂直的截面上的压力分布规律与静止流体的压力分布规律是一致的。

(3) 对于缓变流来说，流场中任一点的静压力在各个方向都相同，它与方向无关。

有了缓变流的概念及其特性，下面就可以讨论黏性流体总流的伯努利方程。既然无数微元流束组成总流，如图 5.2 所示，则对于其中的每一微元流束可以写出

$$\frac{p_1}{\gamma} + z_1 + \frac{u_1^2}{2g} = \frac{p_2}{\gamma} + z_2 + \frac{u_2^2}{2g} + h'_w$$

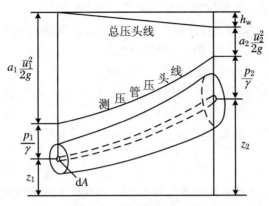

图 5.2　微元流束与总流

单位时间内通过该微元流束的流体重量为 $\gamma dQ (dQ = u dA)$，则通过该微元流束的总机械能在截面 1 与截面 2 之间的关系为

$$\left(\frac{p_1}{\gamma} + z_1 + \frac{u_1^2}{2g}\right)\gamma dQ = \left(\frac{p_2}{\gamma} + z_2 + \frac{u_2^2}{2g}\right)\gamma dQ + h'_w \gamma dQ$$

把无数微元流束的上述能量关系式加起来，便得到总流的能量在截面 1 与截面 2 之间的关系式为

$$\int_Q \left(\frac{p_1}{\gamma} + z_1 + \frac{u_1^2}{2g}\right)\gamma dQ = \int_Q \left(\frac{p_2}{\gamma} + z_2 + \frac{u_2^2}{2g}\right)\gamma dQ + \int_Q h'_w \gamma dQ$$

由于经过缓变流截面的诸流线是近乎相互平行的直线，即在缓变流截面上各点的 $\left(\frac{p}{\gamma} + z\right)$ 等于常数。上式对总流积分后，并用总流的重量流量 γQ 通除，便得到

$$\frac{p_1}{\gamma} + z_1 + \frac{1}{\gamma Q}\int_Q \frac{u_1^2}{2g}\gamma dQ = \frac{p_2}{\gamma} + z_2 + \frac{1}{\gamma Q}\int_Q \frac{u_2^2}{2g}\gamma dQ + \int_Q h'_w \gamma dQ$$

用截面的平均流速 $\bar{u}$ 代替 u，可以把上式中总流的平均每单位重量流体的动能项改写为

$$\frac{1}{\gamma Q}\int_Q \frac{u^2}{2g}\gamma dQ = \frac{1}{A\bar{u}}\int_A \frac{u^2}{2g} u dA = \frac{1}{A}\int_A \left(\frac{u}{\bar{u}}\right)^3 \frac{\bar{u}^2}{2g} dA = \alpha \frac{\bar{u}^2}{2g}$$

其中

$$\alpha = \frac{1}{A}\int_A \left(\frac{u}{\bar{u}}\right)^3 dA \tag{5.5}$$

式(5.5)中的 α 称为总流的动能修正系数，它是单位时间内通过总流有效截面的实际动能与按截面平均流速计算的流体的动能之比值。再把截面 1 与截面 2 之间总流的平均单位重量流体损失的机械能(即压头损失)写成

$$h_w = \frac{1}{\gamma Q}\int_Q h'_w \gamma dQ$$

于是，总流在截面 1 与截面 2 上的能量关系式可以简化为

$$\frac{p_1}{\gamma} + z_1 + \alpha_1 \frac{\bar{u}_1^2}{2g} = \frac{p_2}{\gamma} + z_2 + \alpha_2 \frac{\bar{u}_2^2}{2g} + h_w \tag{5.6}$$

这就是黏性流体总流的伯努利方程。它适用于在重力作用下的不可压缩黏性流体稳定流动的任意两缓变流截面,而且不必顾及在该两缓变流截面之间有无急变流存在。由式(5.6)可以看出,同黏性流体沿微元流束的流动情形一样,为了克服黏性阻力,总流的总机械能也是逐渐减小的。实际的总压头线是逐渐降低的,如图5.2上部的实线所示。

总流的动能修正系数 α 可按照所取有效截面上的速度分布规律由式(5.5)求得,它的数值恒大于1。有效截面上速度分布的不均匀程度越大,α 的值越大。在一般工业管道中流体的流动,$\alpha = 1.05 \sim 1.10$;流动中紊流程度越大,α 越接近于1,因此,在一般工程计算中,通常近似取 $\alpha = 1$。对于圆管内的层流流动,$\alpha = 2$。

对于单位体积流体来说,黏性流体总流的伯努利方程可写为

$$p_1 + \gamma z_1 + \alpha_1 \frac{\bar{u}_1^2}{2g}\gamma = p_2 + \gamma z_2 + \alpha_2 \frac{\bar{u}_2^2}{2g}\gamma + \gamma h_w \tag{5.7}$$

令 $\Delta p_w = \gamma h_w$,Δp_w 为总流的平均每单位体积流体自截面1流至截面2间的机械能损失,称为压力损失,单位为 J/m^3 或 N/m^2。则式(5.7)可写成

$$p_1 + \gamma z_1 + \alpha_1 \frac{\bar{u}_1^2}{2g}\gamma = p_2 + \gamma z_2 + \alpha_2 \frac{\bar{u}_2^2}{2g}\gamma + \Delta p_w \tag{5.7a}$$

应当指出,在工业管道中往往有泵或风机对流体输入机械功,这时,伯努利方程式(5.6)及式(5.7)中应计入泵或风机供给的能量。

设 H_e 为泵或风机供给单位重量流体的机械能,则式(5.6)和式(5.7a)可改写为

$$\frac{p_1}{\gamma} + z_1 + \alpha_1 \frac{\bar{u}_1^2}{2g} + H_e = \frac{p_2}{\gamma} + z_2 + \alpha_2 \frac{\bar{u}_2^2}{2g} + h_w$$

$$p_1 + \gamma z_1 + \alpha_1 \frac{\bar{u}_1^2}{2g}\gamma + \gamma H_e = p_2 + \gamma z_2 + \alpha_2 \frac{\bar{u}_2^2}{2g}\gamma + \Delta p_w$$

式中:H_e 的单位为 J/N 或 m。

5.2.3 黏性流体总流相对于大气的伯努利方程

如图5.2所示,设管外的流体为大气,重度为 γ_a,管内流体的重度为 γ,由于整个管道系统均处在周围大气的包围之中,则管内流体的流动必然要受到大气浮力作用的影响。对应于高度 z_1 和 z_2,列管外大气的伯努利方程

$$p_{a1} + \gamma_a z_1 + \alpha_1 \frac{\bar{u}_{a1}^2}{2g}\gamma_a = p_{a2} + \gamma_a z_2 + \alpha_2 \frac{\bar{u}_{a2}^2}{2g}\gamma_a + \Delta p_{wa}$$

由于管道周围的大气与管内流动的流体相比近乎静止状态,所以 $u_{a1} \approx u_{a2} \approx 0$,同时 $\Delta p_{wa} \approx 0$。则上式可写为

$$p_{a1} + \gamma_a z_1 = p_{a2} + \gamma_a z_2$$

用式(5.7a)减去上式,并注意到 $p - p_a = p_m$,得

$$p_{m1} + (\gamma - \gamma_a)z_1 + \alpha_1 \frac{\bar{u}_1^2}{2g}\gamma = p_{m2} + (\gamma - \gamma_a)z_2 + \alpha_2 \frac{\bar{u}_2^2}{2g}\gamma + \Delta p_w \tag{5.8}$$

式(5.8)就是黏性流体总流相对于大气的伯努利方程。它多用于冷热气体的有压流动。式(5.8)中各项的力学意义和能量意义分别为:

p_{m1}、p_{m2}——力学意义为流体的相对压力,即表压力,单位为 N/m^2;能量意义为单位体积流体所具有的相对压力能,即流体的压力能与外界大气的压力能之差,称为相对比压能,

单位为 J/m³。

$(\gamma-\gamma_a)z_1$、$(\gamma-\gamma_a)z_2$——力学意义为单位面积上，高度为 z_1 及 z_2 的流体柱所产生的有效重力，即流体柱的重量与所受的浮力之差，单位是 N/m²；能量意义为单位体积流体相对于基准面所具有的相对位能，亦即单位体积流体的有效重力相对于基准面所具有的做功本领，称为相对比位能，单位是 J/m³。

$\alpha_1 \dfrac{\bar{u}_1^2}{2g}\gamma$、$\alpha_2 \dfrac{\bar{u}_2^2}{2g}\gamma$——力学意义可理解为流体对单位面积上所作用的惯性冲击力，单位是 N/m²；能量意义为单位体积流体所具有的动能，即比动能，单位为 J/m³。

Δp_w——力学意义为流体从截面 1 流至截面 2 由于摩擦等所产生的压力降，单位为 N/m²；能量意义为单位体积流体从截面 1 流至截面 2 所损失的机械能，即单位体积流体的机械能损失，称为压力损失，单位为 J/m³。

式(5.8)的应用条件与式(5.6)相同。作为一个特例，如果管内流体的流速等于零，则式(5.8)将变为流体相对于大气的静力学方程，即

$$p_{m1} + (\gamma-\gamma_a)z_1 = p_{m2} + (\gamma-\gamma_a)z_2 \tag{2.24}$$

例 5.2 在某一排烟系统中(图 5.3)，已知烟气的平均重度 $\gamma_g = 2.45 \text{ N/m}^3$，车间内空气的重度 $\gamma_a = 12.26 \text{ N/m}^3$，1—1、2—2 两截面之间的标高差为 5 m。两截面处的真空压力分别为 $p_{v1} = 50 \text{ N/m}^2$，$p_{v2} = 150 \text{ N/m}^2$。烟气流速分别为 $u_1 = 6 \text{ m/s}$，$u_2 = 10 \text{ m/s}$。求 1、2 两截面间的压力损失。

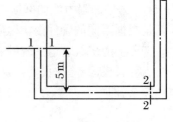

图 5.3 例 5.2 图

解 已知 $p_{m1} = -p_{v1} = -50 \text{ N/m}^2$，$p_{m2} = -p_{v2} = -150 \text{ N/m}^2$，$u_1 = 6 \text{ m/s}$，$u_2 = 10 \text{ m/s}$，$\gamma_g = 2.45 \text{ N/m}^3$，$\gamma_a = 12.26 \text{ N/m}^3$，取 2—2 截面处烟道中心线所在的水平面为基准面，则 $z_1 = 5 \text{ m}$，$z_2 = 0$。将已知数据代入式(5.8)，动能修正系数取 1，得

$$-50 + (2.45 - 12.26) \times 5 + \dfrac{6^2}{2 \times 9.81} \times 2.45 = -150 + \dfrac{10^2}{2 \times 9.81} \times 2.45 + \Delta p_w$$

所以，1、2 两截面间的压力损失为

$$\Delta p_w = 43.0 \text{ N/m}^2 (\text{或 J/m}^3)$$

5.3 流动阻力的类型

黏性流体在流动过程中，根据产生阻力的外在原因不同，可将其流动阻力分为两种类型：一种是沿程阻力或称摩擦阻力。它是指流体沿流动路程上由于各流层之间的内摩擦作用和流体与固体壁面间的摩擦作用而产生的流动阻力。为了克服这部分阻力，流体在流动过程中必然要造成能量损失，所以沿程阻力或摩擦阻力又称为沿程损失或摩擦损失。在层流状态下，沿程阻力完全是由黏性摩擦产生的。在紊流状态下，沿程阻力一部分是由黏性摩擦造成的，但主要是由流体质点的迁移和横向脉动造成的。管道内流体流动的沿程阻力通常用下式表示：

$$h_f = \lambda \frac{l}{d} \frac{\bar{u}^2}{2g} \tag{5.9}$$

式(5.9)称为达西-威斯巴赫公式。式中：h_f 为沿程阻力或沿程损失(m 或 J/N)；l 为管道长度(m)；d 为管道直径(m)；$\bar{u}$ 为管道截面上的平均速度(m/s)；λ 为沿程阻力系数或称摩擦阻力系数，它与流体的黏度、流速、管径以及管壁的粗糙度等有关，是一个无因次系数，由实验确定。

流动阻力的另一种类型是局部阻力，它是指流体在流动过程中因遇到局部障碍而产生的阻力。如流体流过阀门、折管、弯头、三通、变径管件以及流道中设置的障碍物等时，由于流体的流向和流速发生变化而引起的流体与固体壁面的撞击、不等速流体内部的冲击以及在局部地区产生旋涡等，都将产生流动阻力，都要消耗能量，造成能量损失。所以局部阻力又称为局部损失。

显然，局部损失中也包含由于摩擦而引起的损失。管道内流动的局部阻力常用下式表示：

$$h_j = K \frac{\bar{u}^2}{2g} \tag{5.10}$$

式中：h_j 为局部阻力或局部损失(m 或 J/N)；K 为局部阻力系数，它是一个无因次的系数，大都是根据不同的管件由实验确定的。

工程上的多数管道系统既有许多等直径管段，在这些等直径管段中又用许多管配件(如弯头、阀门、三通等)连接着。这时整个管道系统的能量损失显然应该分段计算，而后把它们叠加起来，即

$$h_w = \sum h_f + \sum h_j \tag{5.11}$$

对于单位体积流体的平均机械能损失，即压力损失可写为

$$\Delta p_w = \sum \Delta p_f + \sum \Delta p_j \tag{5.11a}$$

式中：

$$\Delta p_f = \gamma h_f = \lambda \frac{l}{d} \frac{\bar{u}^2}{2g} \gamma = \lambda \frac{l}{d} \frac{1}{2} \rho \bar{u}^2, \quad \Delta p_j = \gamma h_j = K \frac{\bar{u}^2}{2g} \gamma = K \frac{1}{2} \rho \bar{u}^2$$

关于沿程阻力和局部阻力的计算，将在本章的第 5.6 节和第 5.7 节中详细介绍。

5.4 圆管内流体的层流流动

5.4.1 圆管内层流流动的起始段

如图 5.4 所示，若圆管进口的收缩形状完善，则管进口截面上的速度为均匀分布，且其流速等于下游管截面上的平均流速。设管进口速度为 u_∞，由于流体的黏性作用，自圆管入口起，在管壁附近形成一层有速度梯度存在的流体薄层，该流体薄层内壁面上流体的速度为零，薄层外边界上的流速为 $u_\infty(x)$。这一有速度梯度存在的流体层称为附面层或边界层。附面层的厚度沿管流方向逐渐增大。附面层外管中心部分的流体因未受黏性的影响，其速

度仍为均匀分布的。但其区域不断减小,流速不断增大,最后附面层在管中心线上汇合。此时,管中心线上的流速达到最大值,从此截面起圆管内的流体运动才全部发展为层流流动。

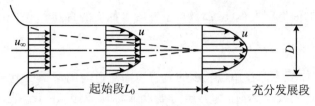

图 5.4 层流起始段

从管进口到附面层在管中心汇合处的截面间的一段距离 L_0,称为层流的起始段。以下将证明,在起始段以后的各管截面上的速度分布均为抛物线分布(旋转抛物面分布)。起始段以后的管段称为层流的充分发展段。

实验发现,圆管层流起始段的长度 L_0 是雷诺数 Re 的函数,可按下式确定:

$$L_0 = 0.028\,75 Re$$

概略计算时,可取 $L_0 = 0.03 Re = 0.03 \dfrac{\rho \bar{u} d}{\mu}$。

5.4.2 圆管内充分发展段的层流流动

我们讨论通过倾斜放置的圆截面管道的不可压缩黏性流体的稳定层流流动情况。如图 5.5 所示,圆管轴线与水平面间的夹角为 θ,选取圆柱坐标系如图,在圆管中取半径为 r,厚度为 dr,长度为 dx 的微元薄筒作为分析对象,该微元薄筒在重力、两端面的压力和微元薄筒内外侧切向应力的作用下处于平衡状态,根据牛顿第二定律 $\sum F_x = 0$,于是

$$2\pi dr\, r p - 2\pi r\, dr\left(p + \frac{\partial p}{\partial x} dx\right) + 2\pi r\, dx\, \tau - 2\pi(r + dr)\, dx\left(\tau + \frac{\partial \tau}{\partial r} dr\right) - 2\pi r\, dr\, dx\, \gamma \sin\theta = 0$$

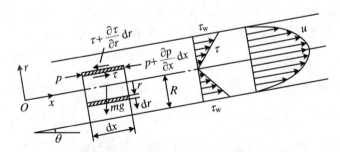

图 5.5 圆管中流体的层流流动

用微元薄筒的体积 $2\pi r\, dr\, dx$ 去除上式,以 $\dfrac{\partial z}{\partial x}$ 代替 $\sin\theta$,并略去高阶无穷小量,得

$$-\frac{\partial p}{\partial x} - \gamma \frac{\partial z}{\partial x} - \frac{\tau}{r} - \frac{\partial \tau}{\partial r} = 0$$

或写成

$$\frac{\partial}{\partial x}(p + \gamma z) + \frac{1}{r}\frac{\partial}{\partial r}(\tau r) = 0$$

因为在等截面的直管道中，$p + \gamma z$ 只是 x 的函数，τ 只是 r 的函数，故可将上式改写为

$$d(\tau r) = -\frac{d}{dx}(p + \gamma z) r dr \tag{5.12}$$

根据黏性流体总流的伯努利方程(5.7a)，对于一段等截面的直圆管道来说，上式中

$$-\frac{d}{dx}(p + \gamma z) = \frac{(p_1 + \gamma z_1) - (p_2 + \gamma z_2)}{x_2 - x_1} = \frac{\Delta p_f}{l} = 常数 \tag{5.13}$$

式中：$\Delta p_f / l$ 为单位体积流体在单位长度的直管道内流过时因摩擦所造成的机械能损失，即单位管长上的压力损失或压力降，称为压力坡度或称比摩阻，用 R_m 表示，单位为 J/m^4 或 N/m^3，即

$$R_m = \frac{\Delta p_f}{l} = \frac{\gamma h_f}{l} = \gamma J \tag{5.14}$$

其中 $J = h_f / l$ 为单位重量流体在单位管长上的机械能损失，称为水力坡度，它为一无因次量。

将式(5.14)代入式(5.13)，得

$$d(\tau r) = \frac{\Delta p_f}{l} r dr = R_m r dr$$

上式对 r 积分，得

$$\tau r = \frac{\Delta p_f}{2l} r^2 + C_1' = \frac{1}{2} R_m r^2 + C_1'$$

或

$$\tau = \frac{\Delta p_f}{2l} r + C_1 = \frac{1}{2} R_m r + C_1 \tag{5.15}$$

式中积分常数 C_1 可由边界条件确定，当 $r = 0$ 时，$\tau = 0$，故 $C_1 = 0$。因此

$$\tau = \frac{\Delta p_f}{2l} r = \frac{1}{2} R_m r = \frac{1}{2} \gamma J r \tag{5.16}$$

可见，黏性流体在直圆管中做层流流动时，其切应力的大小与半径成正比，如图 5.5 所示。应当指出，上式对黏性流体在圆管中做紊流流动时同样适用。原因是我们在推导式(5.16)时，并没有限制 τ 是属于层流还是紊流。对于层流来说

$$\tau = -\mu \frac{du}{dr} \tag{5.17}$$

由于黏性流体在圆管中流动时，紧贴管壁的流体质点的速度为零，管轴线上的速度最大，即随着半径 r 的增大，流速减小，故半径方向的速度梯度 $\frac{du}{dr} < 0$，为保证切应力 τ 为正值，所以在上式右端加一负号（因切应力 τ 的方向在列平衡方程式时已经考虑）。

将式(5.17)代入式(5.16)，得

$$du = -\frac{\Delta p_f}{2\mu l} r dr$$

上式对 r 积分，得

$$u = -\frac{\Delta p_f}{4\mu l} r^2 + C_2 \tag{5.18}$$

当 $r = R$ 时，$u = 0$，则积分常数 $C_2 = \frac{\Delta p_f}{4\mu l} R^2$，代入式(5.18)，得

$$u = \frac{\Delta p_f}{4\mu l}(R^2 - r^2) = \frac{\gamma J}{4\mu}(R^2 - r^2) \tag{5.19}$$

可见,不可压缩黏性流体在圆管中做层流流动时,其速度分布规律为旋转抛物面,如图 5.5 所示。

根据式(5.19)还可进一步计算以下各量:

1. 管轴线上的最大速度 u_{max}

$$u_{max} = \frac{\Delta p_f}{4\mu l}R^2 = \frac{\gamma J}{4\mu}R^2 \tag{5.20}$$

2. 管截面上的平均速度 $\bar{u}$

$$\bar{u} = \frac{1}{A}\int_A u\,dA = \frac{1}{\pi R^2}\int_0^R \frac{\Delta p_f}{4\mu l}(R^2 - r^2)2\pi r\,dr = \frac{\Delta p_f}{8\mu l}R^2 = \frac{\gamma J}{8\mu}R^2 \tag{5.21}$$

比较式(5.21)与式(5.20)可知,对于不可压缩黏性流体的圆管层流流动,其管截面上的平均速度仅等于轴心最大速度的一半,即

$$\bar{u} = \frac{1}{2}u_{max} \tag{5.22}$$

3. 体积流量 Q

$$Q = \bar{u}A = \frac{\Delta p_f}{8\mu l}\pi R^4 = \frac{\gamma J}{8\mu}\pi R^4 = \frac{\gamma J}{128\mu}\pi d^4 \tag{5.23}$$

式(5.23)为圆管层流时广泛采用的流量计算公式,通常称为哈根-泊肃叶公式。该式说明,黏性流体在圆管中层流流动时的流量与管径的四次方成正比。

4. 沿程阻力 Δp_f

由式(5.21)得

$$\Delta p_f = \frac{8\mu l\bar{u}}{R^2} = \frac{32\mu l\bar{u}}{d^2} = \frac{64\mu}{\rho \bar{u} d}\frac{l}{d}\frac{1}{2}\rho\bar{u} = \frac{64}{Re}\frac{l}{d}\frac{1}{2}\rho\bar{u}^2 = \lambda\frac{l}{d}\frac{1}{2}\rho\bar{u}^2 \tag{5.24}$$

式中沿程阻力系数 $\lambda = 64/Re$。可见,圆管内层流流动的沿程阻力与平均流速的一次方成正比,且沿程阻力系数 λ 仅与雷诺数 Re 有关,而与管壁的粗糙度无关。这一结论已为实验所证实。

已知黏性流体在圆管中做层流流动时的速度分布规律,便可求出总流伯努利方程中的动能修正系数 α 和动量方程中的动量修正系数 β。将式(5.19)和式(5.21)代入式(5.5)及式(3.67),得

$$\alpha = \frac{1}{A}\int_A \left(\frac{u}{\bar{u}}\right)^3 dA = \frac{1}{\pi R^2}\int_0^R \left\{2\left[1-\left(\frac{r}{R}\right)^2\right]\right\}^3 2\pi r\,dr = 2$$

$$\beta = \frac{1}{A}\int_A \left(\frac{u}{\bar{u}}\right)^2 dA = \frac{1}{\pi R^2}\int_0^R \left\{2\left[1-\left(\frac{r}{R}\right)^2\right]\right\}^2 2\pi r\,dr = \frac{4}{3} \approx 1.33$$

这说明,黏性流体在圆管中做层流流动时的实际动能等于按平均流速计算的动能的 2 倍,而实际动量等于按平均流速计算的动量的 $\frac{4}{3}$ 倍。

例 5.3 图 5.6 是一测定流体黏性的装置。已知管长 $l = 2$ m,管径 $d = 6$ mm,水银压差计的读数 $h = 120$ mm,流量 $Q = 7.3$ cm³/s,被测液体的密度 $\rho = 900$ kg/m³,求该液体的动力黏性系数 μ。

解 由水银压差计的读数可计算出压力降为

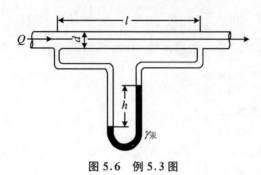

图 5.6 例 5.3 图

$$\Delta p = h(\gamma_{汞} - \gamma_{液}) = 0.12 \times (13\,600 - 900) \times 9.81 = 14\,950(\text{N/m}^2)$$

管内流速为

$$\bar{u} = \frac{4Q}{\pi d^2} = \frac{4 \times 7.3 \times 10^{-6}}{3.14 \times 0.006^2} = 0.258(\text{m/s})$$

由式(5.24),得

$$\mu = \frac{\Delta p d^2}{32 l \bar{u}} = \frac{14\,950 \times 0.006^2}{32 \times 2 \times 0.258} = 0.032\,6(\text{Pa} \cdot \text{s})$$

因为上面的计算是根据层流规律得出的,所以需要校核管内流动是否为层流。因此计算雷诺数

$$Re = \frac{\rho \bar{u} d}{\mu} = \frac{900 \times 0.258 \times 0.006}{0.032\,6} = 42.7 < 2\,300$$

所以管内流动为层流。上述计算成立。

5.5 圆管内流体的紊流流动

5.5.1 紊流流动的时均值与脉动值

工程上大多数的流动都是紊流流动。由雷诺实验可知,在紊流流动中流体质点是处于复杂的无规则的运动状态。紊流空间固定点上的流动参量(如速度、压力等)随时间不断变化。因此,紊流实质上是非稳定流动。图 5.7 所示的是用热线测速仪测出的管道中某点瞬时轴向速度 u 随时间 τ 的变化曲线。如果在时间间隔 $\Delta \tau$ 内求该速度的平均值,则称为时均速度,用 $\bar{u}$ 表示,即

$$\bar{u} = \frac{1}{\Delta \tau} \int_{\tau_1}^{\tau_2} u \, \text{d}\tau$$

即时均速度等于瞬时速度曲线在 $\Delta \tau$ 间隔内的平均高度。显然,某点的瞬时速度 u 和时均速度 $\bar{u}$ 及脉动速度 u' 之间的关系为

$$u = \bar{u} + u'$$

式中:u' 为流体质点的脉动速度,它是流体瞬时速度与时均速度之差。

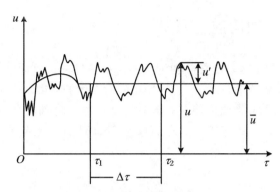

图 5.7 时均速度与脉动速度

由于紊流流动时流体质点在一段时间内向各个方向迁移(脉动)都是可能的,因此脉动速度 u' 可能为正也可能为负,并且它在一段时间内的平均值必定为零,即

$$\bar{u}' = \frac{1}{\Delta\tau}\int_{\tau_1}^{\tau_2} u'\mathrm{d}\tau = \frac{1}{\Delta\tau}\int_{\tau_1}^{\tau_2} u\mathrm{d}\tau - \frac{1}{\Delta\tau}\int_{\tau_1}^{\tau_2} \bar{u}\mathrm{d}\tau = 0$$

应当指出,时均速度与截面上的平均速度是两个不同的速度概念。前者是指流场空间某点上流体的瞬时速度对时间的平均值,后者是指某一有效截面上各点流体瞬时速度对截面积的平均值。

与此相类似,紊流流动中各点的其他流动参量的瞬时值也可以表示为相应的时均值与脉动值之和。如瞬时压力可以表示为时均压力与脉动压力之和,即

$$p = \bar{p} + p'$$

在紊流流动中,流体的瞬时速度和瞬时压力等流动参量都是在随时间变化的。如果我们应用瞬时流动参量去研究紊流流动,问题将极为复杂。在引进了时均值的概念之后,我们就可以用流动参量的时均值来描述和研究流体的复杂的紊流流动问题,以使得问题的研究大为简化。原因是,时均值是紊流流动参量的主值。普通测速管(如皮托管等)和普通测压计(如压力表等)所能够测量的也正是速度和压力的时间平均值。如果紊流流动中各空间点上流动参量的时均值(主值)不随时间改变,我们就称这种流动为稳定紊流;否则,就称为非稳定紊流。工程上管道或设备内的紊流流动,一般都是稳定的。将实际上是非稳定的紊流流动通过时间平均,使其成为时均稳定流后,前面所讨论的有关稳定流动的规律,如伯努利方程等,对它都是适用的。这样就大大简化了对紊流流动的研究。

值得注意的是,引入时均值的概念虽然会对研究紊流流动带来很大方便,但是,当我们在分析紊流流动的物理本质(机理)时,就必须要考虑到流体质点相互掺混而进行动量交换的影响,否则会造成较大的误差。例如在研究紊流流动的阻力时,就不能只是简单地根据时均速度去应用牛顿黏性定律,而必须考虑紊流中流体质点脉动值的影响。

表示紊流脉动激烈程度的一个重要指标称作紊流强度,或简称紊流度,其定义式为

$$I = \frac{\sqrt{(\overline{u_x'^2} + \overline{u_y'^2} + \overline{u_z'^2})/3}}{\bar{u}} \tag{5.25}$$

式中:I 为紊流度;$\bar{u}$ 为紊流时均流速。

5.5.2 紊流附加切应力及其产生的原因

在研究紊流流动阻力时,动量交换理论应用得比较广泛。这里我们以圆管中的紊流为例介绍紊流中动量交换的概念,以及紊流附加切应力产生的原因。

图 5.8 表示一段水平直管内的稳定紊流。流动对称于管轴 x 轴,管道各截面上的速度(时均速度)分布图形相同。由于流体质点的脉动,流体轴向的真实速度为

$$u_x = \bar{u}_x + u'_x$$

径向的真实速度为

$$u_r = u'_r$$

在管壁上,即 $r = R$ 处,$u_x = u_r = 0$,也就是 $\bar{u}_x = 0, u'_x = u'_r = 0$。

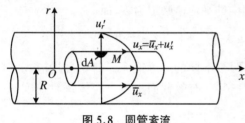

图 5.8 圆管紊流

现在在紊流流动的直圆管内取 x 方向的一个同心流体圆柱体作为控制体,圆柱面上有一点 M,M 点的速度如图 5.8 所示。在 M 点处取一微元圆柱面,面积为 dA。在紊流情况下,由于在管径 r 方向上有速度脉动,因此,在 M 点处相邻的两流层间就有质量交换,同时产生动量交换。在 $d\tau$ 时间内通过微元面 dA 流过的流体质量为 $dm = \rho u'_r dA d\tau$,这部分流体本身具有的轴向速度为 $u_x = \bar{u}_x + u'_x$,那么随之传递的 x 方向的动量为

$$u_x dm = \rho u'_r u_x dA d\tau = \rho u'_r \bar{u}_x dA d\tau + \rho u'_r u'_x dA d\tau$$

平均单位时间内通过 M 点处单位圆柱面积所传递的 x 方向上的动量为

$$\frac{1}{\Delta \tau A}\iint_A \int_{\tau_1}^{\tau_2} \rho u'_r u_x dA d\tau$$

因为是轴对称流动,所以上式为

$$\frac{1}{\Delta \tau A}\iint_A \int_{\tau_1}^{\tau_2} \rho u'_r u_x dA d\tau = \frac{1}{\Delta \tau A}\int_A dA \int_{\tau_1}^{\tau_2} \rho u'_r (\bar{u}_x + u'_x) d\tau$$

$$= \frac{1}{\Delta \tau}\int_{\tau_1}^{\tau_2} \rho u'_r \bar{u}_x d\tau + \frac{1}{\Delta \tau}\int_{\tau_1}^{\tau_2} \rho u'_r u'_x d\tau = 0 + \rho(\overline{u'_x u'_r}) = \rho(\overline{u'_x u'_r})$$

根据动量定理可知,在 M 点处单位圆柱面上必然受到一个沿 x 方向的与 $\rho(\overline{u'_x u'_r})$ 同样大小的力的作用。这个力就叫作紊流附加切应力,用 τ_t 表示,即

$$\tau_t = \rho(\overline{u'_x u'_r}) \tag{5.26}$$

紊流附加切应力可以这样来理解:如果流体质点由时均速度较高的流层向时均速度较低的流层脉动,即向管壁方向脉动,那么由于动量传递的结果,低速层被加速,高速层被减速,两层流体在轴向上都受到切应力的作用;反过来,如果脉动由低速层向高速层发生,结果也一样。因此,在与管轴同心的圆柱形流体表面上所受到的这种紊流附加切应力的方向总是与流动的方向相反。这在形式上很像速度不同的流层间存在的黏性摩擦应力,但是两者有着本质的区别:黏性摩擦应力是由流体分子间的内聚力和分子的扩散运动造成的,而紊流附加切应力则是由流体质点的横向脉动造成的。

式(5.26)是从圆管紊流流动中推得的紊流附加切应力的表达式。对于一般的平面紊流

流动情况,式(5.26)可以写成

$$\tau_t = \rho(\overline{u'_x u'_y}) \tag{5.26a}$$

式中:u'_x 和 u'_y 分别为流向(x 轴方向)上及流向的法线方向(y 轴方向)上的脉动速度。

综上所述,紊流中的总摩擦切应力 τ 应等于黏性摩擦切应力 τ_l 与紊流附加切应力 τ_t 之和,即

$$\tau = \tau_l + \tau_t = \mu \frac{d\bar{u}_x}{dy} + \rho(\overline{u'_x u'_y}) \tag{5.27}$$

式(5.27)仍不能用于实际计算,原因是紊流流动的复杂性,使得不能完全从理论上精确地确定 $(\overline{u'_x u'_y})$ 与时均速度 $\bar{u}$ 和坐标 y 的函数关系。为此,人们只能在一些比较合乎实际的假设的基础上着手解决这个问题,其中普朗特混合长度半经验理论较为简单明了,应用得也比较广泛。

5.5.3 普朗特混合长度理论

图 5.9 表示黏性流体沿固定的平壁做紊流流动时的时均速度分布及流层间质点交换的情况。图中 x 轴取在固体壁面上,y 轴与壁面相垂直。

普朗特为了确定脉动速度 u'_x 和 u'_y 的大小,仿效分子运动学说中分子运动平均自由程的概念,认为流体质点在 y 方向脉动时,即由一层跳入另一层要经过一段不与其他任何流体质点相碰的距离 l,然后以自己原来的动量与新位置周围的质点相混,完成动量交换。流体质点从一层跳入另一层所经过的这一段距离 l 称为混合长度,它是流体质点在横向混杂运动中,其自由行程的平均值。从这一点出发,普朗特认为:纵向的脉动速度 u'_x 的大小取决于混合长度 l 和时均速度梯度 $\frac{d\bar{u}_x}{dy}$ 的大小,即

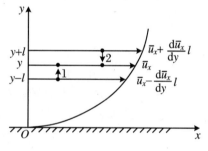

图 5.9 混合长度与脉动速度

$$u'_x = \frac{d\bar{u}_x}{dy} l$$

从图 5.9 上可以看出,流体质点在 $y+l$ 的流层上的时均速度为 $\bar{u}_x + \frac{d\bar{u}_x}{dy} l$,当它脉动到 y 层上时,其速度就比 y 层上的时均速度 $\bar{u}_x$ 大 $\frac{d\bar{u}_x}{dy} l$,这就相当于在 y 层上引起了大小为 $\frac{d\bar{u}_x}{dy} l$ 的纵向脉动速度。

另外,普朗特根据连续性的要求,又认为:横向脉动速度 u'_y 的大小应与纵向脉动速度 u'_x 的大小相当,即

$$u'_y \sim u'_x$$

或者

$$u'_y = c u'_x = c \frac{d\bar{u}_x}{dy} l$$

若把式中的比例常数 c 并入未知的 l 中,则由式(5.26a)得紊流附加切应力为

$$\tau_t = \rho(\overline{u'_x u'_y}) = \rho \frac{1}{\Delta \tau} \int_{\tau_1}^{\tau_2} u'_x u'_y \mathrm{d}\tau = \rho \frac{1}{\Delta \tau} \int_{\tau_1}^{\tau_2} \left(\frac{\mathrm{d}\bar{u}_x}{\mathrm{d}y} l\right)^2 \mathrm{d}\tau = \rho l^2 \left(\frac{\mathrm{d}\bar{u}_x}{\mathrm{d}y}\right)^2 \quad (5.28)$$

若考虑到 τ_t 的方向与 $\dfrac{\mathrm{d}\bar{u}_x}{\mathrm{d}y}$ 的关系，上式可写成

$$\tau_t = \rho l^2 \left|\frac{\mathrm{d}\bar{u}_x}{\mathrm{d}y}\right| \frac{\mathrm{d}\bar{u}_x}{\mathrm{d}y} = \mu_t \frac{\mathrm{d}\bar{u}_x}{\mathrm{d}y} \quad (5.29)$$

式中：$\mu_t = \rho l^2 \left|\dfrac{\mathrm{d}\bar{u}_x}{\mathrm{d}y}\right|$，称为紊流旋涡黏性系数，或称涡动黏性系数，它是由流体的紊流脉动所决定的，不是流体的物理性质。

将式(5.29)代入式(5.27)，便得到紊流中的总摩擦切应力为

$$\tau = \mu \frac{\mathrm{d}\bar{u}_x}{\mathrm{d}y} + \mu_t \frac{\mathrm{d}\bar{u}_x}{\mathrm{d}y} = (\mu + \mu_t)\frac{\mathrm{d}\bar{u}_x}{\mathrm{d}y} = \mu_e \frac{\mathrm{d}\bar{u}_x}{\mathrm{d}y} \quad (5.30)$$

式中：$\mu_e = \mu + \mu_t$，称为紊流下的总黏性系数或有效黏性系数。

与流体的运动黏性系数 ν 相对应，我们给出紊流旋涡运动黏性系数的定义

$$\nu_t = \frac{\mu_t}{\rho} = l^2 \left|\frac{\mathrm{d}\bar{u}_x}{\mathrm{d}y}\right| \quad (5.31)$$

分析式(5.30)可以得出以下结论：

(1) 在层流流动中，流体质点的横向脉动掺混过程几乎不存在，则式(5.30)中的第二项等于零，因此切应力为

$$\tau = \mu \frac{\mathrm{d}\bar{u}_x}{\mathrm{d}y}$$

即只存在黏性摩擦切应力。

(2) 在雷诺数 Re 很大的强紊流流动中，流体质点的掺混过程很激烈，这时紊流附加切应力远大于黏性摩擦切应力，以至于式(5.30)中的第一项可以忽略不计，因此切应力为

$$\tau = \mu_t \frac{\mathrm{d}\bar{u}_x}{\mathrm{d}y} = \rho l^2 \left|\frac{\mathrm{d}\bar{u}_x}{\mathrm{d}y}\right| \frac{\mathrm{d}\bar{u}_x}{\mathrm{d}y}$$

但是，在贴近壁面的薄层内，切应力仍是由黏性摩擦引起的。

(3) 在雷诺数 Re 较小的紊流流动中，黏性摩擦切应力与紊流附加切应力基本上为同一数量级，这时切应力就是

$$\tau = \mu \frac{\mathrm{d}\bar{u}_x}{\mathrm{d}y} + \mu_t \frac{\mathrm{d}\bar{u}_x}{\mathrm{d}y} = \mu_e \frac{\mathrm{d}\bar{u}_x}{\mathrm{d}y}$$

例 5.4 直径为 0.6 m 的圆管内强紊流流动的时均速度分布近似为 $\bar{u} = 30 y^{\frac{1}{7}}$ m/s，距管壁 150 mm 处流体的摩擦切应力为 6.22 N/m²，流体比重为 0.9。试计算此处流体的旋涡黏性系数及混合长度。

解 因题目给出的摩擦切应力是离管壁较远处的数值，故可认为紊流附加切应力占主导地位，即 $\tau_t = 6.22$ N/m²。

因为

$$\bar{u} = 30 y^{\frac{1}{7}}$$

所以

$$\frac{\mathrm{d}\bar{u}}{\mathrm{d}y} = \frac{30}{7} y^{-\frac{6}{7}}$$

由式(5.29)，得

$$\mu_t = \frac{\tau_t}{\mathrm{d}\bar{u}/\mathrm{d}y} = \frac{6.22}{\frac{30}{7} \times 0.15^{-\frac{6}{7}}} = 0.285(\mathrm{Pa} \cdot \mathrm{s})$$

又

$$\mu_t = \rho l^2 \left| \frac{\mathrm{d}\bar{u}}{\mathrm{d}y} \right|$$

则

$$l = \sqrt{\frac{\mu_t}{\rho \left| \frac{\mathrm{d}\bar{u}}{\mathrm{d}y} \right|}} = \sqrt{\frac{0.285}{0.9 \times 1\,000 \times \frac{30}{7} \times 0.15^{-\frac{6}{7}}}} = 0.003\,8(\mathrm{m}) = 3.8(\mathrm{mm})$$

5.5.4 层流底层、水力光滑与水力粗糙的概念

实验证明,在紊流流动中,并不是沿管路或流道的整个过流截面上所有的流体都能处于紊流流动状态。在贴近固体壁面处仍有一层很薄的流体,因受固体壁面的约束,其流速很小,流体质点难以产生横向脉动,仍然保持着层流流动状态。这一层流体称为层流底层,或称层流边层(图 5.10)。层流底层的厚度 δ_l 很薄,一般只有几分之一毫米到十几毫米。尽管层流底层很薄,但是由于其内部流体质点是分层流动的,并且存在着很大的速度梯度,所以它对紊流流动的阻力、传热和传质等现象有着重要的影响。

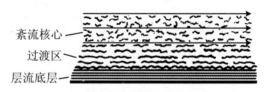

图 5.10 层流底层与紊流核心

影响层流底层厚度的因素主要有两方面:一是流体的流动速度。流速越大,流体质点的脉动掺混能力越强,层流底层的厚度变得越薄。二是流体的黏性。流体的黏性越大,约束流体质点横向脉动掺混的能力也越大,使得层流底层的厚度增大。概括上述两个因素可归纳为:层流底层的厚度 δ_l 与雷诺数 Re 有关。因为流体的流速和黏性的影响可以由 Re 数反映出来。当 Re 数增大时,δ_l 变薄;当 Re 数减小时,δ_l 变厚。即层流底层的厚度 δ_l 与 Re 数成反比关系。

圆管中层流底层厚度一般用以下半经验公式计算:

$$\delta_l = \frac{34.2d}{Re^{0.875}} \tag{5.32}$$

或者

$$\delta_l = \frac{32.8d}{Re\sqrt{\lambda}} \tag{5.33}$$

式中:d 为管道直径;λ 为沿程阻力系数。

离开固体壁面,在层流底层之上流体的运动状态受壁面的约束力逐渐减弱,流体质点的横向脉动掺混能力增强,使得流体从层流状态向紊流状态过渡。这一从层流向紊流过渡的区域称为紊流过渡区。过渡区也很薄,一般不单独考虑,而是把它合并到紊流区中一起讨论。在过渡区之上的紊流流动区域我们称为紊流核心,如图 5.10 所示。很显然,在层流底层中,切应力只取决于黏性摩擦作用,式(5.30)中的第二项可以忽略不计;在紊流核心中,紊流脉动起主导作用,而流体的黏性摩擦作用可忽略不计,切应力应按式(5.29)计算;在紊流

过渡区中,可认为紊流脉动作用与流体黏性摩擦作用的大小为同一数量级,其切应力的大小按式(5.30)计算。

应当指出,在紊流核心中,流体质点的横向脉动掺混很激烈,因此,流体质点的流动速度趋于均匀化,也就是说在过流截面上的时均速度分布比较均匀。如果在这一区域中相邻流层的速度相差很小,速度梯度接近于零,就可以按理想流体的运动规律来处理了。这样做可使问题大为简化。

实验发现,紊流流动的阻力以及传热传质现象等除了与层流底层的厚度有关外,还受壁面粗糙度的影响。任何固体壁面不论用何种方法或何种材料制成,其表面上总要有高高低低的突起,即总是凸凹不平的,绝对平滑的表面是不存在的。固体壁面上的平均突起高度叫作绝对粗糙度,一般用符号"Δ"表示。绝对粗糙度 Δ 与管道直径 d 的比值 $\dfrac{\Delta}{d}$ 称为管壁的相对粗糙度,其倒数 $\dfrac{d}{\Delta}$ 则称为管壁的相对光滑度。各种不同管壁的绝对粗糙度列于表5.1中。

表5.1 各种管壁的绝对粗糙度

	壁面性质	绝对粗糙度 Δ(mm)		壁面性质	绝对粗糙度 Δ(mm)
金属材料	干净的黄铜管、铜管、铝管	0.0015~0.01	非金属材料	干净的玻璃管	0.0015~0.01
	锅炉用奥氏体钢管	0.01		橡胶软管	0.01~0.03
	新的仔细浇成的无缝钢管	0.04~0.17		极粗糙的内涂橡胶的软管	0.20~0.30
	锅炉用碳钢管及珠光体合金钢管	0.08		水管道	0.25~1.25
	煤气管路上使用一年后的钢管	0.12		陶土排水管	0.45~6.0
	普通条件下浇成的钢管	0.19		涂有珐琅质的排水管	0.25~1.25
	使用数年后的整体钢管	0.19		纯水泥的表面	0.25~1.25
	涂柏油的钢管	0.12~0.21		涂有珐琅质的砖	0.45~3.0
	精制镀锌钢管	0.25		水泥浆砖砌体	0.8~6.0
	具有浇成并很好整平的接头的新铸铁管	0.31		混凝土槽	0.8~9.0
	钢板制成的管道及很好整平的水泥管	0.33		用水泥的普通块石砌体	6.0~17.0
	普通的镀锌钢管	0.39		刨平木板制成的木槽	0.25~2.0
	普通的新铸铁管	0.25~0.42		非刨平木板制成的木槽	0.45~3.0
	不太仔细浇成的新的或干净的铸铁管	0.45		钉有平板条的木板制成的木槽	0.80~4.0
	粗陋镀锌钢管	0.50			
	旧的生锈钢管	0.60			
	污秽的金属管	0.75~0.90			

在层流状态下,固体壁面的粗糙度对于流体的流动阻力并无影响,但在紊流状态下有所不同。为了研究紊流状态下流动阻力的计算方法,根据绝对粗糙度 Δ 和层流底层厚度 δ_l 之间的关系,将流体沿固体壁面的流动分为水力光滑壁流动和水力粗糙壁流动。

(1) 当流经固体壁面紊流的雷诺数 Re 较小,而层流底层的厚度 δ_l 较大,且 $\delta_l > \Delta$ 时(图5.11(a)),壁面粗糙高度全部被层流底层所覆盖,粗糙高度对流动所产生的扰动被层流流动阻尼而消滞,因而壁面的粗糙度对紊流脉动没有影响。在流体力学中把这种流动称为"水力光滑壁"流动。

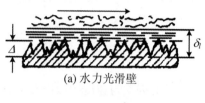
(a) 水力光滑壁

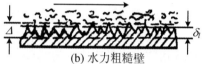
(b) 水力粗糙壁

图 5.11

(2) 当流经固体壁面紊流的雷诺数 Re 增大,而层流底层的厚度 δ_l 减小,且 $\delta_l < \Delta$ 时(图5.11(b)),壁面粗糙高度已部分不能被层流底层所覆盖,突出在层流底层外的壁面粗糙高度成为紊流脉动与旋涡运动的新的来源,壁面粗糙度对流经壁面的紊流流动产生影响。在流体力学中把这种流动称为"水力粗糙壁"流动。当雷诺数 Re 继续增大,层流底层的厚度几乎为零,壁面粗糙高度已不能被层流底层所覆盖时,这种情况下的流动称为"完全粗糙壁"流动。

5.5.5 圆管内紊流的速度分布

式(5.30)虽然给出了紊流中全部切应力的表达式,但是还不能据此求出管内紊流的速度分布函数。原因是:第一,混合长度 l 与坐标 y 的关系不确定;第二,层流底层内的流动和层流底层外的流动差别很大,其切应力遵循的规律不同。因此,要求速度分布函数,还需要做进一步的假设。

首先,由于贴近管壁的层流底层很薄,且其速度分布近似为直线分布,所以暂不考虑层流底层的情况,也不考虑层流到紊流的过渡区的情况(把它合并到紊流核心区),而只研究圆管内紊流核心区的速度分布(图5.12)。

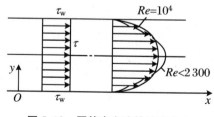

图 5.12 圆管内紊流的速度分布

为方便起见,以后时均速度不再附一时均符号,而用 u 代替 $\bar{u}$。由式(5.28),对于圆管内的紊流核心区,有

$$\tau_t = \rho l^2 \left(\frac{du}{dy}\right)^2$$

上式如能确定 τ_t 和 l 与坐标 y 的关系,对 y 积分便可求出圆管内紊流核心区的速度分布规律。为此,普朗特做了如下假定:

(1) 紊流附加切应力 τ_t 沿流动截面不变(图5.12),并等于靠近管壁处(层流底层区)的黏性切应力 τ_w[①],即

[①] 这个假定对于平壁是正确的,但对于圆管则有一定的偏差,这个偏差一般通过实验予以纠正。

$$\tau_t = \rho l^2 \left(\frac{\mathrm{d}u}{\mathrm{d}y}\right)^2 = \tau_w = 常数 \tag{5.34}$$

(2) 假定混合长度 l 与距管壁的距离 y 呈线性关系，即

$$l = Ky \tag{5.35}$$

K 为常数。坐标 y 的方向为自管壁指向管轴线的方向，坐标原点在管壁上。

将式(5.34)改写为

$$\frac{\mathrm{d}u}{\mathrm{d}y} = \frac{1}{l}\sqrt{\frac{\tau_w}{\rho}} \tag{5.36}$$

式中 $\sqrt{\frac{\tau_w}{\rho}}$ 的因次与速度的因次相同，令

$$u_* = \sqrt{\frac{\tau_w}{\rho}} \tag{5.37}$$

u_* 称为切应力当量速度。将式(5.35)和式(5.37)代入式(5.36)，得

$$\frac{\mathrm{d}u}{\mathrm{d}y} = \frac{u_*}{Ky} \tag{5.38}$$

对上式积分，得

$$u = u_*\left(\frac{1}{K}\ln y + C\right)$$

或者

$$\frac{u}{u_*} = \frac{1}{K}\ln y + C \tag{5.39}$$

现在的问题是如何确定积分常数 C，根据式(5.39)，若 $y=0$，则 $u=-\infty$，这显然不合理，因为实际上在 $y=0$ 处(即壁面上)，$u=0$。这就是说，式(5.39)对靠近壁面处的流动不适用。这很容易理解，因为式(5.39)是按紊流推导出来的，而靠近壁面的地方本来是层流底层。因此，边界条件应这样考虑：假定层流底层直接转变到紊流核心，避开过渡区带来的复杂性。这样，层流底层外缘上(即 $y=\delta_l$ 处)的层流速度就等于该处的紊流速度，并用 u_{δ_l} 表示。将 $y=\delta_l$，$u=u_{\delta_l}$ 代入式(5.39)，得积分常数为

$$C = \frac{u_{\delta_l}}{u_*} - \frac{1}{K}\ln \delta_l$$

代入式(5.39)，得

$$\frac{u}{u_*} = \frac{1}{K}\ln y + \frac{u_{\delta_l}}{u_*} - \frac{1}{K}\ln \delta_l = \frac{1}{K}\ln \frac{y}{\delta_l} + \frac{u_{\delta_l}}{u_*} \tag{5.40}$$

又因为层流底层的厚度很薄，可认为其中的速度按线性规律分布，所以黏性切应力 $\tau_w = 常数$，即

$$\tau_w = \mu \frac{\mathrm{d}u}{\mathrm{d}y} = \mu \frac{u_{\delta_l}}{\delta_l}$$

那么

$$\delta_l = \frac{\mu u_{\delta_l}}{\tau_w} = \frac{\nu \rho u_{\delta_l}}{\tau_w} = \frac{\nu u_{\delta_l}}{u_*^2} \tag{5.41}$$

将式(5.41)代入式(5.40)，得

$$\frac{u}{u_*} = \frac{1}{K}\ln \frac{y u_*^2}{\nu u_{\delta_l}} + \frac{u_{\delta_l}}{u_*} = \frac{1}{K}\ln \frac{y u_*}{\nu} + \frac{u_{\delta_l}}{u_*} - \frac{1}{K}\ln \frac{u_{\delta_l}}{u_*} = \frac{1}{K}\ln Re_y^* + A \tag{5.42}$$

式中：$Re_y^* = \dfrac{yu_*}{\nu}$，$A = \dfrac{u_{\delta_l}}{u_*} - \dfrac{1}{K}\ln\dfrac{u_{\delta_l}}{u_*}$。

式(5.42)表明，圆管内紊流的速度是按对数规律分布的。

尼古拉兹对光滑圆管中的紊流进行实验的结果是

$$K = 0.4, \quad A = 5.5$$

代入式(5.42)，得

$$\dfrac{u}{u_*} = 2.5\ln Re_y^* + 5.5 \tag{5.43}$$

式(5.43)在所有的紊流情况下都可以近似地用于整个管子，但在层流底层内不适用。

把实测的$\dfrac{u}{u_*}$作为纵坐标，$\ln Re_y^*$作为横坐标，作实验曲线如图 5.13 所示。图中的虚线代表式(5.43)。从图中可以看出，当 $Re_y^* > 30$ 时，它与实验曲线能很好地吻合。

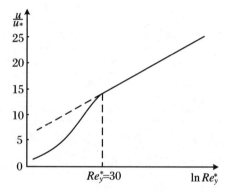

图 5.13 光滑圆管内紊流速度分布的对数曲线

紊流脉动的结果，使管截面上的速度分布趋于均匀化，图 5.12 中示出了圆管内紊流和层流的速度分布曲线。

当紊流流体流过粗糙的管壁时，式(5.39)仍然适用。但在确定积分常数 C 时，应考虑由管壁粗糙性质所确定的形状系数 φ。假设在 $y = \varphi\Delta$ 处，$u = u_{\delta_l}$（Δ 为绝对粗糙度）。则由式(5.39)可得

$$C = \dfrac{u_{\delta_l}}{u_*} - \dfrac{1}{K}\ln(\varphi\Delta)$$

代入式(5.39)，得

$$\dfrac{u}{u_*} = \dfrac{1}{K}\ln y + \dfrac{u_{\delta_l}}{u_*} - \dfrac{1}{K}\ln(\varphi\Delta) = \dfrac{1}{K}\ln\dfrac{y}{\Delta} + \dfrac{u_{\delta_l}}{u_*} - \dfrac{1}{K}\ln\varphi = \dfrac{1}{K}\ln\dfrac{y}{\Delta} + B \tag{5.44}$$

式中：$B = \dfrac{u_{\delta_l}}{u_*} - \dfrac{1}{K}\ln\varphi$。

尼古拉兹对水力粗糙管进行实验得出

$$K = 0.4, \quad B = 8.48$$

代入式(5.44)，得

$$\dfrac{u}{u_*} = 2.5\ln\dfrac{y}{\Delta} + 8.48 \tag{5.45}$$

圆管内紊流的对数分布速度公式比较复杂，人们还根据实验结果整理出速度分布的指

数公式。如计算光滑圆管内紊流的速度指数分布公式

$$\frac{u}{u_{\max}} = \left(\frac{y}{R}\right)^{\frac{1}{n}} \tag{5.46}$$

式中：$u_{\max}$ 为管轴线上的最大流速；R 为圆管内的半径；y 为流速为 u 的圆管内某点距管壁的距离。

指数中的 n 值随雷诺数 Re 的不同而改变，见表 5.2。当 $Re = 1.1 \times 10^5$，$n = 7$ 时，这就是在工程上常用的由卡门导出的速度的七分之一次方规律。按式(5.46)可求得管截面上的平均流速为

$$\bar{u} = \frac{1}{\pi R^2}\int_0^R u \cdot 2\pi r \mathrm{d}r = 2u_{\max}\int_0^1 \left(\frac{y}{R}\right)^{\frac{1}{n}}\left(1 - \frac{y}{R}\right)\mathrm{d}\left(\frac{y}{R}\right) = \frac{2n^2 u_{\max}}{(n+1)(2n+1)}$$

或者

$$\frac{\bar{u}}{u_{\max}} = \frac{2n^2}{(n+1)(2n+1)} \tag{5.47}$$

表 5.2　n 和 Re 的关系

Re	4.0×10^3	2.3×10^4	1.1×10^5	1.1×10^6	2.0×10^6	3.2×10^6
n	6.0	6.6	7.0	8.8	10	10
$\bar{u}/u_{\max}$	0.791 2	0.807 3	0.816 7	0.849 7	0.865 8	0.865 8

表 5.2 中列出了平均流速 $\bar{u}$ 与最大流速 $u_{\max}$ 的比值。有了这些比值，我们便可用测定管轴线上最大流速的办法，求出平均流速，进而求出流量。这是求管道平均流速和流量的简便方法之一。

5.6　沿程阻力的计算

本章第 5.3 节中已经讨论了沿程阻力产生的原因，并给出了计算沿程阻力的公式，即

$$h_\mathrm{f} = \lambda \frac{l}{d} \frac{\bar{u}^2}{2g} \tag{5.9}$$

从式(5.9)可以看出，计算沿程阻力的主要任务是如何确定沿程阻力系数 λ。在不同的流动情况下，沿程阻力系数 λ 是不同的。一般来说，在水力光滑管中，λ 只与 Re 数有关；而在水力粗糙管中，λ 与 Re 数和相对粗糙度 $\frac{\Delta}{d}$ 都有关，即

$$\lambda = f\left(Re, \frac{\Delta}{d}\right)$$

由于这个问题的复杂性，确定 λ 的计算式，只能靠理论分析与实验相结合，并且主要依赖于实验的结果。下面介绍尼古拉兹实验曲线和工业管道上实用的莫迪曲线图。

5.6.1　尼古拉兹实验

为了求出沿程阻力系数 λ，尼古拉兹做了大量的实验。他在实验中先用标准筛孔分选

出尺寸相同的砂粒,然后用人工方法把相同尺寸的砂粒黏附在管道内表面上,制成人工粗糙管。用这类管子在不同的流量下进行一系列实验研究,得到沿程阻力系数 λ 与 Re 数和相对粗糙度 $\frac{\Delta}{d}$ 之间的关系曲线,如图 5.14 所示。实验曲线分为五个区域:

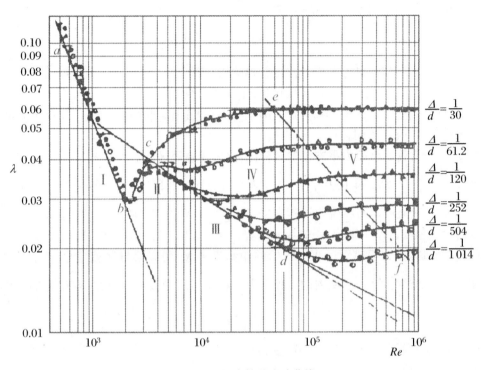

图 5.14 尼古拉兹实验曲线

1. 层流区

雷诺数 $Re \leqslant 2\,300$ 或 $\lg Re \leqslant 3.36$ 为层流区。管壁的相对粗糙度对沿程阻力系数没有影响,所有的实验点全部落在直线 ab 上,如图中区域 I 所示, λ 只与 Re 数有关。理论分析的结果 $\lambda = 64/Re$ 与实验曲线 ab 一致,因此,在圆管层流范围内, λ 的规律是

$$\lambda = f_1(Re) = \frac{64}{Re} \tag{5.48}$$

沿程阻力 h_f 与管道中平均流速 $\bar{u}$ 的一次方成正比。

2. 层流到紊流的过渡区

$2\,300 < Re \leqslant 4\,000$ 或 $3.36 < \lg Re \leqslant 3.6$ 为层流向紊流过渡的不稳定区域。在此区域内,各种不同粗糙度管道的实验点仍然重合在一起,如图中区域 II 所示。该区域范围较小,工程实际中 Re 数处在这个区域的很少,因而对它研究得不多,尚未总结出此区域的 λ 计算公式。如果涉及该区域,也常按水力光滑管区进行处理。

3. 水力光滑管区

$4\,000 < Re \leqslant 26.98 \left(\frac{d}{\Delta}\right)^{8/7}$ 为紊流水力光滑管区。如图中区域 III 所示,各种不同相对粗糙度管流的实验点都落到斜线 cd 上,只是它们在该线上所占的区段的大小不同而已。可见,沿程阻力系数 λ 与相对粗糙度 $\frac{\Delta}{d}$ 无关,而只与 Re 数有关。这是由于管壁的粗糙高度被

层流底层所覆盖,管壁的相对粗糙度愈大,管流维持水力光滑管的范围愈小。

对于 $4\times10^3 < Re < 10^5$ 的这段范围,布拉休斯归纳的计算公式为

$$\lambda = f_2(Re) = \frac{0.3164}{Re^{0.25}} \tag{5.49}$$

当 $Re > 10^5$ 时,可采用卡门-普朗特公式

$$\frac{1}{\sqrt{\lambda}} = 2\lg(Re\sqrt{\lambda}) - 0.8 \tag{5.50}$$

当 $10^5 < Re < 3\times10^6$ 时,也可采用尼古拉兹归纳的计算公式

$$\lambda = 0.0032 + 0.221 Re^{-0.237} \tag{5.51}$$

将式(5.49)代入式(5.9),容易证明 h_f 与 $\bar{u}^{1.75}$ 成正比,即 $h_f \propto \bar{u}^{1.75}$。故紊流的水力光滑管区又称为 1.75 次方阻力区。

4. 水力光滑管区至阻力平方区的过渡区(水力粗糙管区)

$26.98\left(\frac{d}{\Delta}\right)^{8/7} < Re \leqslant 4160\left(\frac{d}{2\Delta}\right)^{0.85}$ 为紊流粗糙管过渡区,即水力粗糙管区。随着雷诺数 Re 的增大,紊流流动的层流底层逐渐减薄,以至于不能完全将管壁的粗糙峰盖住,管壁粗糙度对紊流核心区产生影响,原先为水力光滑管,相继变为水力粗糙管,因而脱离水力光滑管区Ⅲ,而进入水力粗糙管区Ⅳ。管壁的粗糙度愈大,脱离第Ⅲ区就愈早,而且随着 Re 数的增大,λ 也增大。这一区域内的沿程阻力系数 λ 与雷诺数 Re 和相对粗糙度 $\frac{\Delta}{d}$ 有关,即

$$\lambda = f_3\left(Re, \frac{\Delta}{d}\right)$$

该区域内 λ 的计算可按以下几个公式进行:

柯尔布鲁克公式

$$\frac{1}{\sqrt{\lambda}} = -2\lg\left(\frac{\Delta}{3.7d} + \frac{2.51}{Re\sqrt{\lambda}}\right) \tag{5.52}$$

莫迪公式

$$\lambda = 0.0055\left[1 + \left(20000\frac{\Delta}{d} + \frac{10^6}{Re}\right)^{\frac{1}{3}}\right] \tag{5.53}$$

阿尔特索里公式

$$\lambda = 0.11\left(\frac{\Delta}{d} + \frac{68}{Re}\right)^{0.25} \tag{5.54}$$

洛巴耶夫公式

$$\frac{1}{\sqrt{\lambda}} = 1.42\lg\left(Re\frac{d}{\Delta}\right) \tag{5.55}$$

在第Ⅳ区内,沿程阻力 h_f 与管流平均速度 $\bar{u}$ 的比例关系为 $h_f \propto \bar{u}^n$,$1.75 < n < 2$。

5. 紊流阻力平方区(完全粗糙区)

$Re > 4160\left(\frac{d}{2\Delta}\right)^{0.85}$ 为紊流阻力平方区。随着雷诺数 Re 的进一步增大,紊流充分发展,层流底层的厚度几乎为零,流动的阻力主要取决于粗糙所引起的流动分离及旋涡的产生,流体黏性的影响可以忽略不计。因此,沿程阻力系数 λ 与雷诺数 Re 无关,而只与相对粗糙度 $\frac{\Delta}{d}$ 有关,流动进入区域Ⅴ。则

$$\lambda = f_4\left(\frac{\Delta}{d}\right)$$

在这一区域中,由于 λ 与 Re 无关,所以称此区为自动模化区。在该自模区内沿程阻力与平均流速的平方成正比,即 $h_f \propto u^2$,故此区亦称紊流阻力平方区。紊流粗糙管过渡区Ⅳ与紊流阻力平方区Ⅴ以图中的虚线 ef 为分界线,这条分界线上的雷诺数为

$$Re_b = 4\,160\left(\frac{d}{2\Delta}\right)^{0.85} \tag{5.56}$$

阻力平方区内的沿程阻力系数 λ 可按尼古拉兹归纳的公式进行计算,即

$$\lambda = \left(1.74 + 2\lg\frac{d}{2\Delta}\right)^{-2} \tag{5.57}$$

也可用谢夫雷索公式计算,即

$$\lambda = 0.11\left(\frac{\Delta}{d}\right)^{0.25} \tag{5.58}$$

尼古拉兹实验揭示了管道流动的沿程阻力所产生的能量损失的规律,给出了沿程阻力系数 λ 与雷诺数 Re 和相对粗糙度 $\frac{\Delta}{d}$ 之间的依变关系,为管道的沿程阻力的计算提供了可靠的实验基础。尼古拉兹实验曲线是在人工地把均匀的砂粒粘贴在管道内壁的情况下实验得出的,然而工业上所用的管道内壁的粗糙度则是自然的、非均匀的和高低不平的。因此,要把尼古拉兹曲线应用于工业管道,就必须做适当的修正。在工业管道上应用比较广泛的是下面将要介绍的莫迪曲线图。

5.6.2 莫迪图

图 5.15 所示的是莫迪曲线图,它对于计算新的工业管道的沿程阻力系数 λ 是很方便的。该图按对数坐标绘制,表示沿程阻力系数 λ 与雷诺数 Re 和相对粗糙度 $\frac{\Delta}{d}$ 之间的函数关系。绘制该图紊流流动过渡区部分的基础是柯尔布鲁克公式(5.52)。从图 5.15 可以看出,该图也分为五个区域,即层流区、临界区(相当于尼古拉兹曲线的过渡区Ⅱ)、光滑管区、过渡区(相当于尼古拉兹曲线的水力粗糙管区Ⅳ)、完全紊流粗糙管区(相当于尼古拉兹曲线的紊流阻力平方区Ⅴ)。皮格推荐的过渡区与完全紊流粗糙管区之间分界线(图 5.15 中的虚线)的雷诺数为

$$Re_b = 3\,500\left(\frac{d}{\Delta}\right) \tag{5.59}$$

对于工业上的砖砌烟道的沿程阻力系数,可按下式计算:

$$\lambda = \frac{0.175}{Re^{0.12}} \tag{5.60}$$

例 5.5 已知通过直径 $d = 200$ mm,长 $l = 300$ m,绝对粗糙度 $\Delta = 0.4$ mm 的铸铁管道的油的体积流量 $Q = 1\,000$ m³/h,运动黏度 $\nu = 2.5 \times 10^{-6}$ m²/s,试求单位重量流体的沿程损失 h_f。

解 油在管道内的平均流速为

$$\bar{u} = \frac{4Q}{\pi d^2} = \frac{4 \times 1\,000}{3\,600 \times 3.14 \times 0.2^2} = 8.84\,(\text{m/s})$$

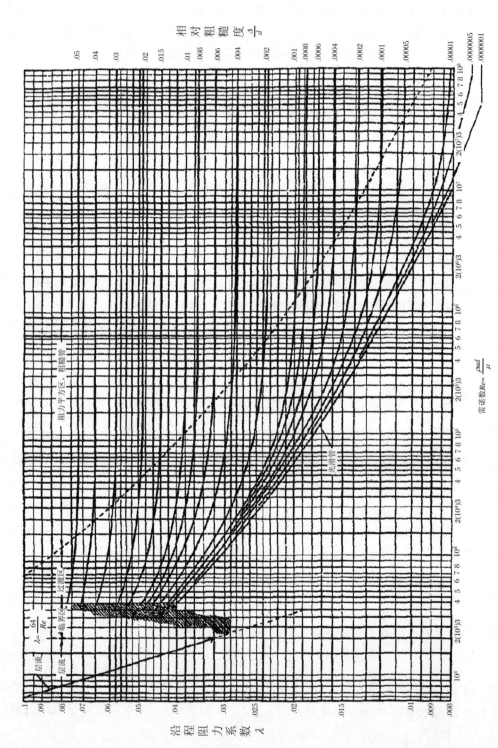

图 5.15 工业生产管道 λ 与 Re 及 Δ/d 的关系图(莫迪图)

雷诺数
$$Re = \frac{\bar{u}d}{\nu} = \frac{8.84 \times 0.2}{2.5 \times 10^{-6}} = 7.08 \times 10^5$$
而
$$Re_b = 4\,160\left(\frac{d}{2\Delta}\right)^{0.85} = 4\,160\left(\frac{200}{2 \times 0.4}\right)^{0.85} = 4.58 \times 10^5 < Re$$

所以流动处于紊流阻力平方区。沿程阻力系数 λ 由式(5.47)计算，即
$$\lambda = \left(1.74 + 2\lg\frac{d}{2\Delta}\right)^{-2} = (1.74 + 2\lg 250)^{-2} = 0.023\,4$$

代入达西公式(5.9)，得
$$h_f = \lambda \frac{l}{d} \frac{\bar{u}^2}{2g} = 0.023\,4 \times \frac{300}{0.2} \times \frac{8.84^2}{2 \times 9.81} = 140(\text{J/N})$$

倘若应用莫迪图，则很容易根据 $Re = 7.08 \times 10^5$ 和 $\frac{\Delta}{d} = 0.002$ 从图中查得 $\lambda = 0.023\,8$，代入达西公式可得 $h_f = 142\,\text{J/N}$，与按尼古拉兹公式求出的结果基本相符。

由上例可以知道，在已知管道尺寸(d、l、Δ)、流体性质(ν)和流量(Q)的条件下，要求沿程阻力或沿程损失是很容易的，只要计算出 Re 和 $\frac{\Delta}{d}$，由莫迪图查得 λ，代入达西公式(5.9)，即可求得结果。

例 5.6 15 ℃的水流过一直径 $d = 300$ mm 的铆接钢管。已知绝对粗糙度 $\Delta = 3$ mm，在长 $l = 300$ m 的管道上沿程损失为 $h_f = 6.0$ J/N，试求水的流量 Q。

解 管道的相对粗糙度为 $\frac{\Delta}{d} = 0.01$。

由莫迪图先试取 $\lambda = 0.038$。将已知数据代入达西公式(5.9)，并整理后得
$$\bar{u} = \sqrt{\frac{2gh_f d}{\lambda l}} = \sqrt{\frac{2 \times 9.81 \times 6.0 \times 0.3}{0.038 \times 300}} = 1.76(\text{m/s})$$

由于 15 ℃ 的水的运动黏度 $\nu = 1.14 \times 10^{-6}\,\text{m}^2/\text{s}$，于是
$$Re = \frac{\bar{u}d}{\nu} = \frac{1.76 \times 0.3}{1.14 \times 10^{-6}} = 4.63 \times 10^5$$

根据 Re 和 $\frac{\Delta}{d}$ 由莫迪图查得 $\lambda = 0.038$，与试取的 λ 值一致，且流动处在紊流阻力平方区内，λ 不随 Re 而变，故水的流量为
$$Q = A\bar{u} = \frac{1}{4}\pi \times 0.3^2 \times 1.76 = 0.124(\text{m}^3/\text{s})$$

假如根据 Re 和 $\frac{\Delta}{d}$ 由莫迪图查得的 λ 与试选的 λ 值不相符合，则应以查得的值作为改进的 λ 值，再按上述步骤进行计算，直至最后由莫迪图查得的 λ 值与改进的 λ 值相符合为止。可见，在已知管道尺寸(d、l、Δ)、流体性质(ν)和沿程损失(h_f)的条件下，要求通过管道的流量(Q)，则需要采用试算的方法。同样，在已知管道长度 l 和绝对粗糙度 Δ、流体性质 ν、流体流量 Q 和最大允许的沿程损失 h_f 的条件下，要确定管道的直径 d，也需要采用试算的方法。这是由于未知参量有 3 个，即管径 d、平均流速 $\bar{u}$ 和沿程阻力系数 λ，而可应用的方程只有达西公式和雷诺数的表达式，因而必须借助于莫迪图，通过试算，逐步接近，以求得结果，见例 5.7。

例 5.7 已知通过某一新的低碳钢管道的油的体积流量 $Q = 1\,000\text{ m}^3/\text{h}$，运动黏度 $\nu = 1.0 \times 10^{-5}\text{ m}^2/\text{s}$，管道的长度 $l = 200\text{ m}$，绝对粗糙度 $\Delta = 0.046\text{ mm}$，允许的最大沿程损失 $h_f = 20\text{ J/N}$。试确定该低碳钢管道的直径 d。

解 由于 $\bar{u} = \dfrac{4Q}{\pi d^2}$，代入达西公式并整理后，得

$$d^5 = \frac{8lQ^2}{\pi^2 g h_f}\lambda = \frac{8 \times 200 \times (1\,000/3\,600)^2}{3.14^2 \times 9.81 \times 20}\lambda = 0.064\,2\lambda \tag{5.61}$$

雷诺数

$$Re = \frac{\bar{u}d}{\nu} = \frac{4Q}{\pi\nu d} = \frac{4 \times (1\,000/3\,600)}{3.14 \times 1.0 \times 10^{-5}} \cdot \frac{1}{d} = \frac{35\,400}{d} \tag{5.62}$$

假定试取 $\lambda = 0.02$，代入式(5.61)，得 $d = 0.264\text{ m}$，代入式(5.62)，得 $Re = 134\,000$，而 $\dfrac{\Delta}{d} = 0.000\,17$，于是由图 5.15 查得 $\lambda = 0.016$。以查得的 λ 值为改进值，重复上述计算，得 $d = 0.253\text{ m}$，$Re = 140\,000$，$\dfrac{\Delta}{d} = 0.000\,182$，于是查得 $\lambda = 0.015\,8$。再以 $\lambda = 0.015\,8$ 作为改进值，重复上述计算，得 $d = 0.252\text{ m}$，$Re = 140\,500$，$\dfrac{\Delta}{d} = 0.000\,183$，于是查得 $\lambda = 0.015\,8$，所以管道直径 $d = 252\text{ mm}$。由于 $h_f = 20\text{ J/N}$ 是最大允许的沿程损失，故该管道应取公称直径 $d_g = 300\text{ mm}$ 的管子。

5.6.3 非圆截面管道沿程阻力的计算

上面所介绍的都是圆截面管道内沿程阻力的计算问题，但工程上输送流体的管道不一定都是圆形截面的，也经常会遇到一些诸如矩形截面、圆环截面、椭圆截面和三角形截面等非圆形截面的管道，有时还会遇到沿管束流动的更为复杂的情况。对于这些非圆截面管道的阻力计算问题，沿程阻力的计算公式(5.9)和雷诺数的计算公式(5.2)仍然可以应用，但要把公式中的直径 d 用当量直径 d_e 来代替，即

$$h_f = \lambda \frac{l}{d_e} \frac{\bar{u}^2}{2g}$$

$$Re = \frac{\rho \bar{u} d_e}{\mu} = \frac{\bar{u} d_e}{\nu}$$

当量直径的计算涉及总流的有效截面、湿周和水力半径等几个概念。在总流的有效截面上，流体与固体边界接触部分的周长称为润湿周长，简称为湿周，用符号 U 表示。图 5.16 示出了湿周的几个例子。总流的有效截面积 A 与湿周 U 之比称为水力半径，以 R_h 表示，即

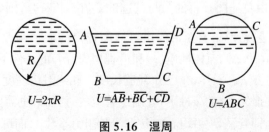

图 5.16 湿周

$$R_h = \frac{A}{U} \tag{5.63}$$

水力半径与一般圆截面的半径是完全不同的概念,不能相互混淆。如半径为 R 的圆管内充满流动的流体,其水力半径为

$$R_h = \frac{\pi R^2}{2\pi R} = \frac{R}{2}$$

显然,水力半径 R_h 不等于圆管半径 R。由上式可知,充满流体的圆管的直径等于其水力半径的 4 倍,即

$$d = 4R_h = \frac{4A}{U}$$

与圆截面管道相类似,非圆截面管道的当量直径 d_e 也可用 4 倍的水力半径 R_h,即 4 倍的过流截面积 A 与湿周 U 之比来表示,即

$$d_e = 4R_h = \frac{4A}{U} \tag{5.64}$$

几种非圆截面管道(图 5.17)的当量直径的计算如下:

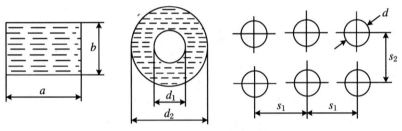

图 5.17 几种非圆形截面的管道

充满流体的矩形管道

$$d_e = \frac{4ab}{2(a+b)} = \frac{2ab}{a+b}$$

充满流体的圆环形管道

$$d_e = \frac{4\left(\frac{1}{4}\pi d_2^2 - \frac{1}{4}\pi d_1^2\right)}{\pi d_1 + \pi d_2} = d_2 - d_1$$

充满流体的管束

$$d_e = \frac{4\left(S_1 S_2 - \frac{1}{4}\pi d^2\right)}{\pi d} = \frac{4S_1 S_2}{\pi d} - d$$

应当指出,在应用当量直径对非圆形管道进行计算时,截面形状越接近圆形,其误差越小;相反,离圆形越远,其误差越大。这是由非圆截面的切向应力沿固体壁面的分布不均匀造成的。例如矩形截面管道内流速的等速线如图 5.18 所示,各边中点的速度梯度最高,因而切向应力最大;角上的速度梯度最低,因而切向应力最小。所以,在应用当量直径进行计算时,矩形截面的长边最大不应超过短边的 8 倍;圆环形截面的大直径至少要大于小直径的 3 倍。三角形截面、椭圆截面的管道均可应用当量直径进行计算。但是不规则的特殊形状的截

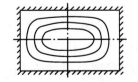

图 5.18 矩形截面管道的等速线

面不能应用。

例 5.8 用镀锌钢板制成的矩形风管,长 $l = 30$ m,截面积 $A = 0.3$ m×0.5 m,绝对粗糙度 $\Delta = 0.15$ mm,风速 $\bar{u} = 14$ m/s,风温 $t = 20\ ℃$,试求沿程阻力 h_f。若风管入口截面 1 处的风压为 $p_1 = 981$ N/m^2,而风管出口截面 2 比截面 1 高 10 m,求截面 2 处的风压 p_2。

解 (1) 风管的当量直径为

$$d_e = \frac{2ab}{a+b} = \frac{2\times 0.3 \times 0.5}{0.3 + 0.5} = 0.375(\text{m})$$

查表得 20 ℃空气的运动黏度 $\nu = 1.5\times 10^{-5}$ m^2/s,故雷诺数为

$$Re = \frac{\bar{u}d_e}{\nu} = \frac{14\times 0.375}{1.5\times 10^{-5}} = 3.5\times 10^5$$

相对粗糙度为

$$\frac{\Delta}{d_e} = \frac{0.15}{375} = 0.000\ 4$$

由图 5.15 查得 $\lambda = 0.017\ 6$,故沿程阻力为

$$h_f = \lambda \frac{l}{d_e} \frac{\bar{u}^2}{2g} = 0.017\ 6 \times \frac{30}{0.375} \times \frac{14^2}{2\times 9.81} = 14.1(\text{J/N})$$

(2) 列截面 1 至截面 2 间的伯努利方程

$$\frac{p_1}{\gamma} + z_1 + \frac{\bar{u}_1^2}{2g} = \frac{p_2}{\gamma} + z_2 + \frac{\bar{u}_2^2}{2g} + h_f$$

在等截面管道中流速没有变化,$\bar{u}_1 = \bar{u}_2$。20 ℃空气的密度 $\rho = 1.2$ kg/m^3,所以

$$\begin{aligned}p_2 &= p_1 - (z_2 - z_1)\gamma - h_f\gamma \\ &= 981 - 10\times 1.2 \times 9.81 - 14.1\times 1.2 \times 9.81 = 697(\text{N/m}^2)\end{aligned}$$

5.7 局部阻力的计算

前已述及,流体在管道中流动的阻力除了沿长度方向的沿程阻力外,还有因流动截面的变化、流动方向的改变和其他辅助部件以及经管口流入和流出等局部障碍所产生的阻力,即局部阻力。对于局部阻力已经做过的实验研究工作,绝大部分是在紊流的情况下进行的。实验证明,在雷诺数较大时,局部阻力的大小与平均流速的平方成正比,即计算公式归纳为式(5.10)

$$h_j = K\frac{\bar{u}^2}{2g}$$

对于不同的管配件,局部阻力系数 K 的数值不同,它主要取决于流动的雷诺数、壁面粗糙度和局部障碍物的形状。在雷诺数较高时,K 为一常数值。在紊流情况下,壁面粗糙度及雷诺数的影响较小,K 值主要取决于局部地区的几何形状。所以局部阻力的计算问题主要是求局部阻力系数 K 的问题。而局部阻力系数除少数简单形状的管配件可用分析方法求得外,绝大部分是由实验测定的。下面分别叙述几种常遇到的管件的局部阻力系数 K 的确定。对于其他几何形状的局部阻力系数可根据前人已经做出的实验结果由相应图表查出。

5.7.1 管道截面突然扩大时的局部阻力

如图 5.19 所示，流体从小直径的管道流往大直径的管道，由于流体的惯性，它不可能按照管道的形状突然扩大，而是离开小管后逐渐地扩大。因此，便在管壁拐角与流束之间形成旋涡，旋涡靠主流束带动着旋转，主流束把能量传递给旋涡，旋涡又把得到的能量消耗在旋转运动中（变成热量而消散）。另外，从小直径管道中流出的流体有较高的速度，必然要撞击大直径管道中流速较低的流体，产生碰撞损失。管道截面突然扩大的能量损失可以用分析的方法加以推算。为此，我们取图 5.19 中 1—1、2—2 截面以及它们之间的管壁为控制面，计算流体流过该控制面的能量变化和动量变化，从而求出局部阻力和局部阻力系数。

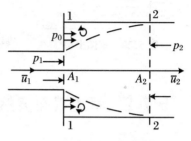

图 5.19 管径突然扩大

设流体是不可压缩的，根据连续性方程有

$$Q = \bar{u}_1 A_1 = \bar{u}_2 A_2 \tag{5.65}$$

根据动量方程有

$$p_1 A_1 + p_0 (A_2 - A_1) - p_2 A_2 = \rho Q (\bar{u}_2 - \bar{u}_1)$$

式中：p_0 是 1—1 截面壁面处的压力，实验证明 $p_0 \approx p_1$。所以上式可改写为

$$(p_1 - p_2) A_2 = \rho Q (\bar{u}_2 - \bar{u}_1) \tag{5.66}$$

将式(5.65)代入式(5.66)，并稍加整理，得

$$\frac{p_1 - p_2}{\gamma} = \frac{\bar{u}_2 (\bar{u}_2 - \bar{u}_1)}{g} \tag{5.67}$$

列截面 1—1 至 2—2 间的伯努利方程

$$\frac{p_1}{\gamma} + \frac{\bar{u}_1^2}{2g} = \frac{p_2}{\gamma} + \frac{\bar{u}_2^2}{2g} + h_j$$

$$h_j = \frac{p_1 - p_2}{\gamma} + \frac{\bar{u}_1^2 - \bar{u}_2^2}{2g} \tag{5.68}$$

将式(5.67)代入式(5.68)，得

$$h_j = \frac{\bar{u}_2 (\bar{u}_2 - \bar{u}_1)}{g} + \frac{(\bar{u}_1^2 - \bar{u}_2^2)}{2g} = \frac{(\bar{u}_1 - \bar{u}_2)^2}{2g} = \frac{\left(\bar{u}_1 - \bar{u}_1 \dfrac{A_1}{A_2}\right)^2}{2g}$$

$$= \left(1 - \frac{A_1}{A_2}\right)^2 \frac{\bar{u}_1^2}{2g} = K_1 \frac{\bar{u}_1^2}{2g} \tag{5.69}$$

式中：$K_1 = \left(1 - \dfrac{A_1}{A_2}\right)^2$。

同理可以得到

$$h_j = \left(\frac{A_2}{A_1} - 1\right)^2 \frac{\bar{u}_2^2}{2g} = K_2 \frac{\bar{u}_2^2}{2g} \tag{5.70}$$

式中：$K_2 = \left(\dfrac{A_2}{A_1} - 1\right)^2$。

从式(5.69)和式(5.70)可以看出，当用小直径管内的平均流速 $\bar{u}_1$ 计算局部阻力时，取

局部阻力系数 K_1；当用大直径管内的平均流速 $\bar{u}_2$ 计算局部阻力时,取局部阻力系数 K_2。

下面看管道出口的局部阻力,如图 5.20 所示。当管道内的流体通过锐缘的出口进入很大的容器时,就相当于管道截面突然扩大的特殊情况。这时 $\bar{u}_1 = \bar{u}$,$\bar{u}_2 \approx 0$,代入式(5.69)可得这种情况下的局部阻力为

$$h_j = \frac{\bar{u}^2}{2g} \tag{5.71}$$

即管道锐缘出口的局部阻力系数 $K = 1$,管道中流体的出口动能全部消耗在大容器之中。

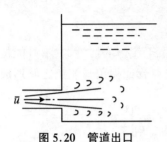

图 5.20　管道出口

5.7.2　管道截面突然收缩时的局部阻力

如图 5.21 所示,流体从大直径的管道流往小直径的管道,流线必然弯曲,流束必定收缩。当流体进入小直径管道后,由于流体的惯性作用,流束将继续收缩直至最小截面 A_c(称为缩颈),而后又逐渐扩张,直至充满整个小直径截面 A_2。在缩颈附近的流束与管壁之间有一充满着小旋涡的低压区。在大直径截面与小直径截面连接的凸肩处,也常有旋涡形成。所有的旋涡运动都要消耗能量,形成流动阻力。而在流线弯曲、流体的加速和减速过程中,由于流体质点的碰撞等原因也都要增加额外的能量损失。根据实验得出,管道截面突然收缩时的局部阻力计算式为

$$h_j = 0.5\left(1 - \frac{A_2}{A_1}\right)\frac{\bar{u}_2^2}{2g} = K_2 \frac{\bar{u}_2^2}{2g} \tag{5.72}$$

式中:$K_2 = 0.5\left(1 - \frac{A_2}{A_1}\right)$。

对于管道入口所产生的局部阻力,如图 5.22 所示,当流体从大容器中经锐缘的管道入口流进管道时,相当于管道截面突然收缩的特殊情况。这时 $\bar{u}_1 \approx 0$,$\bar{u}_2 = \bar{u}$,$A_1 \gg A_2$,$\frac{A_2}{A_1} \approx 0$,代入式(5.72),得

$$h_j = 0.5 \frac{\bar{u}^2}{2g} \tag{5.73}$$

即流体经锐缘的管道入口流进管道的局部阻力系数 $K = 0.5$。如果把入口加以圆滑,则 K 值随着圆滑的程度不同而改变。边缘为圆形且入口匀滑时,$K = 0.2$；入口极匀滑(流线型)时,$K = 0.05$。

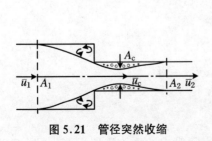

图 5.21　管径突然收缩

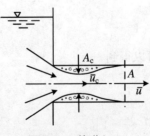

图 5.22　管道入口

5.7.3 流体流过弯管时的局部阻力

流体在弯管中流动的阻力由三部分组成,第一部分是由切向应力产生的沿程阻力,特别是在流动方向改变、流速分布变化中产生的这种阻力;另一部分是由于形成旋涡所产生的阻力;第三部分是由所谓的"二次流"形成的双螺旋流动所产生的阻力。

图 5.23 表示流体流过 90°弯管时的情况。流体在流进弯管段以前,管截面上的压力分布是均匀的,当流体流进弯管段以后,流线便发生弯曲,使流体受到向心力的作用。这样,弯管外侧的压力就高于内侧的压力。图中 AB 区域内,流体的压力升高,根据伯努利方程,其速度相应地减小。B 点以后,流体的压力逐渐降低,速度逐渐增大,直至 C 点为止。与此同时,在弯管内侧的 $A'B'$ 区域内,流体的流动是降压增速的;$B'C'$ 区域内,流体的流动是升压减速的。从 CC' 截面开始,流动又进入直管段,截面上的压力重新均匀分布(这里不考虑管截面上高度变化的影响)。在 AB 和 $B'C'$ 两个区域内,流动都是升压减速过程,会引起主流脱离壁面(关于附面层分离的原因可以参阅第 6 章),在壁面附近形成涡流区,由此造成涡流阻力。涡流阻力的大小主要取决于管子的弯曲程度。管子弯曲越急,涡流损失越大。

上面已经说明,弯管外侧的压力高于内侧的压力。如果弯管内各处的流体流动速度足够大,这个压差就正好维持流体的弯曲运动。但事实上由于黏性的作用,管壁附近的流体流动速度很慢,这些流体质点的弯曲流动半径就有缩小的趋势,结果表现为壁面附近的流体在内外侧压差的作用下,沿管壁从外侧向内侧流动。同时,由于连续性,管中心的流体出现回流。这样就造成一个双旋涡形式的二次流动(图 5.24),附加在向前流动的主流上面,使整个流动呈双螺旋形状。弯管中二次流的存在,使得局部阻力增加了。二次流引起的阻力,与管子弯曲半径及管径有关。弯曲半径小,则弯管内外侧的压差大;管子直径大,二次流的范围就大。这两种情况下,都造成较大的局部阻力。

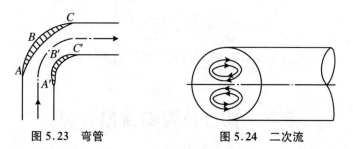

图 5.23 弯管　　　图 5.24 二次流

根据实验结果,对于流体经弯管的局部阻力系数 K 为 0.1~1.5。其具体数值取决于弯管的曲率半径与管径的比值。

例 5.9 鼓风机每分钟供给高炉车间的风量为 2 000 m^3,空气温度 $t = 20\ ℃$,运动黏度 $\nu = 15.0 \times 10^{-6}\ m^2/s$,风管全长 $l = 120\ m$,其上有曲率半径 $R_1 = 2.6\ m$ 的 90°弯头 5 个,曲率半径 $R_2 = 1.3\ m$ 的 90°弯头 4 个,阻力系数 $K = 2.5$ 的闸阀 2 个,风管粗糙度 $\Delta = 0.5\ mm$。若风管内空气流速为 25 m/s,热风炉进口处表压力为 1.6×10^5 Pa,求风管直径 d 及风机出口处的表压力。

解 (1) 鼓风管道直径为

$$d = \sqrt{\frac{4Q}{\pi \bar{u}}} = \sqrt{\frac{4 \times 2\,000}{60 \times 3.14 \times 25}} = 1.30(m)$$

(2) 列鼓风机出口处管截面至热风炉进口处管截面间的伯努利方程,略去空气位能的变化,且考虑到等截面管的动能相等,得到

$$p_{m1} = p_{m2} + \left(\lambda \frac{l}{d} + \sum K\right)\frac{1}{2}\rho \bar{u}^2$$

风管内空气流的雷诺数为

$$Re = \frac{\bar{u}d}{\nu} = \frac{25 \times 1.30}{15.0 \times 10^{-6}} = 2.17 \times 10^6$$

管壁的相对粗糙度为

$$\frac{\Delta}{d} = \frac{0.5}{1\,300} = 3.85 \times 10^{-4}$$

根据 Re 和 $\frac{\Delta}{d}$ 查图 5.15,得 $\lambda = 0.015\,6$。

由相关图表查得 $\frac{R_1}{d} = \frac{2.6}{1.3} = 2$ 和 $\frac{R_2}{d} = \frac{1.3}{1.3} = 1$ 的 90°弯头的阻力系数 $K_1 = 0.15$,$K_2 = 0.30$,于是

$$\sum K = 2 \times 2.5 + 5 \times 0.15 + 4 \times 0.30 = 6.95$$

取当地大气压力 $p_a = 10^5$ Pa,则风管内空气的密度为

$$\rho = \frac{p}{RT} = \frac{(1 + 1.6) \times 10^5}{287 \times 293} = 3.09(\text{kg/m}^3)$$

那么,鼓风机出口处的表压力为

$$p_{m1} = p_{m2} + \left(\lambda \frac{l}{d} + \sum K\right)\frac{1}{2}\rho \bar{u}^2$$
$$= 1.6 \times 10^5 + \left(0.015\,6 \times \frac{120}{1.30} + 6.95\right) \times \frac{1}{2} \times 3.09 \times 25^2 = 1.681 \times 10^5 (\text{Pa})$$

空气密度的相对变化可近似表示为

$$\frac{\Delta \rho}{\rho} = \frac{\Delta p}{p} = \frac{1.681 - 1.6}{1.681} = 0.048$$

因为空气密度的相对变化仅为 4.8%,所以可按不可压缩流体来计算。

5.8 孔口及管嘴流出计算

在工程中常遇到流体通过孔口和管嘴的流出问题。例如工业炉炉墙上炉气经孔隙与炉门的外逸;煤气、燃油经烧嘴的流出;高压水和冷却水经喷嘴的喷射和流出;以及在通风空调工程中空气从送风口的喷出等都是孔口和管嘴的流出问题。确定流体的流出速度、流量及其影响因素是研究孔口和管嘴流出所要解决的基本问题。本节只讨论不可压缩流体经孔口和管嘴的稳定流出,即驱使流体经孔口和管嘴流出的压头不变的情况。

5.8.1 经圆形薄壁小孔口的稳定流出计算

在器壁上开一带有尖锐边缘的孔,致使流体流过孔口时,只有局部阻力而无沿程阻力,

这样的孔口称为薄壁孔口,如图 5.25(a)所示。若壁厚对流体的流出有影响,流体流出时既有局部阻力也有沿程阻力,则称为厚壁孔口,如图 5.25(b)所示。

在图 5.26 中,当圆孔口的直径 $d<0.1H$ 时(H 为驱使流体经孔口和管嘴流出的压头),可将孔口截面上各点压头的差异不计,这种情况下的孔口称为小孔口。因而小孔口截面上各点的流速是相等的,即动能修正系数 $\alpha=1$。当容器内的流体自各个方向汇聚于孔口流出时,流体质点在各方向上受到的离心力都指向孔口的轴心线,使流出截面不断收缩,直至最小截面 $c—c$ 处,然后又逐渐扩张,符合缓变流条件。最小的截面 $c—c$ 称为收缩截面。在收缩截面上的流线称为平行直线。实验证明,收缩截面距孔口截面的距离约为 $0.5d$。设收缩截面的面积为 A_c,孔口截面的面积为 A,比值

$$\frac{A_c}{A} = \varepsilon \tag{5.74}$$

式中:ε 称为孔口截面的收缩系数,或称缩流系数。实验证明,在完善收缩的情况下,圆小孔口的收缩系数 $\varepsilon=0.63\sim0.64$。器壁对流体的收缩有影响,使收缩不完善,甚至流体在流出过程中部分不收缩,都将使 ε 增大。

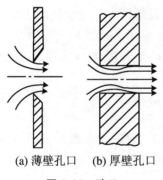
(a) 薄壁孔口　(b) 厚壁孔口
图 5.25　孔口

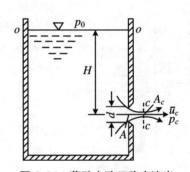
图 5.26　薄壁小孔口稳定流出

基于上述分析,下面推导流体经孔口流出的流速和流量公式。以孔口轴线所在的水平面为基准面(图 5.26),写出 $o—o$ 至 $c—c$ 两截面的伯努利方程

$$\frac{p_0}{\gamma} + H + \alpha_0 \frac{\bar{u}_0^2}{2g} = \frac{p_c}{\gamma} + \frac{\bar{u}_c^2}{2g} + K_c \frac{\bar{u}_c^2}{2g}$$

式中:K_c 为孔口的局部阻力系数,$K_c=0.04\sim0.06$。令

$$H_0 = H + \alpha_0 \frac{\bar{u}_0^2}{2g}$$

于是

$$\bar{u}_c = \frac{1}{\sqrt{1+K_c}} \sqrt{2g\left(H_0 + \frac{p_0 - p_c}{\gamma}\right)} = \varphi \sqrt{2g\left(H_0 + \frac{p_0 - p_c}{\gamma}\right)} \tag{5.75}$$

式中:$\varphi = \dfrac{1}{\sqrt{1+K_c}}$ 称为速度系数,它是实际流体的流速与理想流体的流速之比。实验证明,圆小孔口的速度系数 $\varphi=0.97\sim0.98$。于是流体经孔口流出的流量为

$$Q = A_c \bar{u}_c = \varepsilon A \varphi \sqrt{2g\left(H_0 + \frac{p_0 - p_c}{\gamma}\right)} = \mu A \sqrt{2g\left(H_0 + \frac{p_0 - p_c}{\gamma}\right)} \tag{5.76}$$

式中:$\mu=\varepsilon\varphi$ 称为流量系数,它是实际流体的流量与理想流体的流量之比。ε、φ、μ 的值均

由实验确定。当 $\varepsilon = 0.64, \varphi = 0.97$ 时,$\mu = 0.62$。

当容器内液面上为大气压,即 $p_0 = p_a$,而且流体流入的空间的压力也是大气压,即 $p_c = p_a$ 时,则

$$\frac{p_0 - p_c}{\gamma} = 0$$

再若容器截面很大,以至于 $\bar{u}_0 \approx 0$,这时 $H_0 = H$,故流体经孔口流出的速度和流量公式分别简化为

$$\bar{u}_c = \varphi \sqrt{2gH} \tag{5.77}$$

$$Q = \mu A \sqrt{2gH} \tag{5.78}$$

5.8.2 经管嘴的稳定流出计算

如图 5.27 所示,在器壁上直径为 d 的圆小孔口处,连接一段长度为 $l = (3\sim 4)d$ 的圆柱形短管。流体经圆柱形管嘴流出时,先在管嘴内形成收缩截面 c—c,而后逐渐扩张充满全管而流出,在出口处不再收缩,即出口处 $\varepsilon = 1$。以管嘴轴心线所在的水平面作为基准面,写出 o—o 至管嘴出口截面 b—b 间的伯努利方程

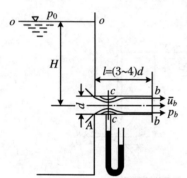

图 5.27 圆柱形外管嘴

$$\frac{p_0}{\gamma} + H + \alpha_0 \frac{\bar{u}_0^2}{2g} = \frac{p_b}{\gamma} + \alpha \frac{\bar{u}_b^2}{2g} + \left(\lambda \frac{l}{d} + K\right)\frac{\bar{u}_b^2}{2g}$$

式中:K 为管嘴进口局部阻力系数,一般可取 $K = 0.5$。对于紊流流动,动能修正系数 $\alpha = 1$。

若令 $H_0 = H + \alpha_0 \frac{\bar{u}_0^2}{2g}$,代入上式得

$$\bar{u}_b = \frac{1}{\sqrt{\alpha + K + \lambda \frac{l}{d}}} \sqrt{2g\left(H_0 + \frac{p_0 - p_b}{\gamma}\right)} = \varphi \sqrt{2g\left(H_0 + \frac{p_0 - p_b}{\gamma}\right)} \tag{5.79}$$

式中:$\varphi = \dfrac{1}{\sqrt{\alpha + K + \lambda \dfrac{l}{d}}}$ 为速度系数。对于圆柱形外管嘴 $\varphi = 0.82$。

圆柱形外管嘴的流量为

$$Q = A\bar{u}_b = \varphi A \sqrt{2g\left(H_0 + \frac{p_0 - p_b}{\gamma}\right)} = \mu A \sqrt{2g\left(H_0 + \frac{p_0 - p_b}{\gamma}\right)} \tag{5.80}$$

当容器内液面上及管嘴出口处的压力均等于大气压时,则

$$\frac{p_0 - p_b}{\gamma} = 0$$

再若容器截面很大,$\bar{u}_0$ 与 $\bar{u}_b$ 相比可忽略不计时,则 $H_0 = H$,代入式(5.79)和式(5.80),得到

$$\bar{u}_b = \varphi \sqrt{2gH} \tag{5.81}$$

$$Q = \mu A \sqrt{2gH} \tag{5.82}$$

根据上面讨论的结果可知,在相同的条件下(A 和 H 分别相同),圆柱形外管嘴($\mu = 0.82$)的流量比圆小孔口($\mu = 0.62$)的流量要大,其原因在于外管嘴收缩截面 c—c 处形成真空,使得管嘴如同水泵一样,对容器内液体有抽吸作用,从而使流量增大。管嘴长度以 $l = (3\sim4)d$ 为宜,过长则阻力增加,过短则收缩后流体不能充满管嘴,使出口处 $\varepsilon < 1$。

以上推导的孔口和管嘴的流速和流量公式都是以液体为例而得到的。假设图 5.26 和图 5.27 所示的容器都是封闭的,容器内充满着某种气体,气体的压力(孔口或管嘴轴线上)为 p_g,容器外气体的压力(孔口或管嘴轴线上)为 p_0,则用上述同样的方法可导出气体经由孔口及管嘴的流速和流量公式

$$\bar{u} = \varphi\sqrt{\frac{2g(p_g - p_0)}{\gamma}} = \varphi\sqrt{\frac{2\Delta p}{\rho}} \tag{5.83}$$

$$Q = \mu A \sqrt{\frac{2g(p_g - p_0)}{\gamma}} = \mu A \sqrt{\frac{2\Delta p}{\rho}} \tag{5.84}$$

以上在推导圆柱形外管嘴计算公式时,对管嘴的形状并未加任何限制,因此,所得出的公式对任何形状的管嘴都是适用的,只是它们的流速系数和流量系数不同而已,这些系数取决于各种管嘴的出流特征和阻力情况。

例 5.10 燃油喷嘴的耗油量为 $100\ \mathrm{kg/h}$,燃烧所需要的空气量为 $8.7\ \mathrm{m^3/kg}$ 油,若喷嘴前油压力表上的读数为 $2.5\ \mathrm{at}$,空气压力为 $200\ \mathrm{mmH_2O}$,油的密度为 $850\ \mathrm{kg/m^3}$,空气密度为 $1.2\ \mathrm{kg/m^3}$,设流量系数 $\mu = 0.82$,求燃油及空气喷嘴出口截面积。

解 因为管道截面比喷嘴出口截面要大得多,所以管道截面平均流速 $\bar{u}_0$ 与喷嘴出口流速 $\bar{u}$ 相比可忽略不计。火焰炉炉膛内压力一般可视为大气压。于是由公式(5.84),有

$$Q = \mu A \sqrt{\frac{2g(p - p_0)}{\gamma}} = \mu A \sqrt{\frac{2p_m}{\rho}}$$

于是得到

$$A = \frac{Q}{\mu\sqrt{\dfrac{2p_m}{\rho}}}$$

则燃油喷嘴出口截面积为

$$A_{油} = \frac{M}{\rho_{油}\mu\sqrt{\dfrac{2p_{m油}}{\rho_{油}}}} = \frac{100}{3\,600 \times 850 \times 0.82\sqrt{\dfrac{2 \times 2.5 \times 9\,810}{850}}}$$

$$= 1.66 \times 10^{-6}\ (\mathrm{m^2}) = 1.66\ (\mathrm{mm^2})$$

空气喷嘴出口截面积为

$$A_{空} = \frac{Q}{\mu\sqrt{\dfrac{2p_{m空}}{\rho_{空}}}} = \frac{100 \times 8.7}{3\,600 \times 0.82\sqrt{\dfrac{2 \times 200 \times 9.81}{1.2}}} = 5.154 \times 10^{-3}\ (\mathrm{m^2}) = 5\,154\ (\mathrm{mm^2})$$

5.8.3 工业炉门逸气量计算

5.8.3.1 竖壁方形炉门逸气量计算

图 5.28 是某炉子侧墙上开设的方形炉门示意图,炉墙与地面垂直,炉门高度为 H,宽度

为 B，炉内气体的重度为 γ_g，炉外空气的重度为 γ_a。炉门开启后，当炉内气体相对压力为正（$p_m > 0$）时，就会有气体从炉门孔逸出；反之，当炉内气体相对压力为负（$p_m < 0$）时，则有冷空气从炉门吸入。炉门逸气量的计算原理与气体通过孔口流出的计算相同。只是孔口的直径小，可以认为沿孔隙高度上气体的相对压力 p_m 值不变，而炉门的垂直高度一般都比较大，由于几何压头的作用，沿炉门垂直高度上气体的相对压力 p_m 是变化的，并且这种变化不能忽略不计。因此，不能直接用孔口流出公式来计算炉门逸气量。炉门逸气量的计算公式可以通过孔口流出公式，经过积分运算而得到。下面来介绍这种方法。

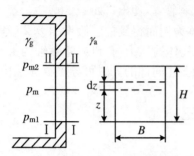

图 5.28 方形炉门示意图

如图 5.28 所示，在距炉门下缘以上 z 高度处取一微元面，其高度为 dz，微元面积为 $dA = Bdz$，微元面内侧是炉气，外侧是空气，由伯努利方程可得到通过微元面 dA 的炉气流出速度为

$$u_z = \sqrt{\frac{2gp_m}{\gamma_g} + u_g^2}$$

式中：u_g 是炉内热气体的运动速度，由于 u_g 与 u_z 相比很小，故可以忽略不计；p_m 是距炉门下缘 z 高度处炉内热气体的相对压力。因此，通过微元面 dA 的炉门逸气量为

$$dQ = \mu B dz \sqrt{\frac{2gp_m}{\gamma_g}} \tag{5.85}$$

式中：流量系数 $\mu = 0.62 \sim 0.82$。由流体静力学公式得距炉门下缘 z 高度处炉气的相对压力为

$$p_m = p_{m1} + (\gamma_a - \gamma_g)z \tag{5.86}$$

式中：p_{m1} 为炉门下缘 I—I 面上炉气的相对压力。

将式(5.86)代入式(5.85)得

$$dQ = \mu B \sqrt{\frac{2g[p_{m1} + (\gamma_a - \gamma_g)z]}{\gamma_g}} dz \tag{5.87}$$

以炉门高度 H 为积分上限，对式(5.87)进行积分即得到单位时间内通过炉门的逸气量

$$Q = \mu B \sqrt{\frac{2g}{\gamma_g}} \int_0^H [p_{m1} + (\gamma_a - \gamma_g)z]^{\frac{1}{2}} dz \tag{5.88}$$

做变量代换，令 $x = p_{m1} + (\gamma_a - \gamma_g)z$。

当 $z = 0$ 时，$x = p_{m1}$；当 $z = H$ 时，$x = p_{m1} + (\gamma_a - \gamma_g)H = p_{m2}$；而 $dx = (\gamma_a - \gamma_g)dz$。代入式(5.88)，经整理后得

$$Q = \frac{\mu B}{\gamma_a - \gamma_g} \sqrt{\frac{2g}{\gamma_g}} \int_{p_{m1}}^{p_{m2}} x^{\frac{1}{2}} dx = \frac{2\mu B}{3(\gamma_a - \gamma_g)} \sqrt{\frac{2g}{\gamma_g}} (p_{m2}^{\frac{3}{2}} - p_{m1}^{\frac{3}{2}}) \tag{5.89}$$

式(5.89)即为炉门下缘炉气的相对压力 $p_{m1} \geq 0$ 时的炉门逸气量计算公式。如果 $p_{m1} = 0$，则 $p_{m2} = (\gamma_a - \gamma_g)H$，式(5.89)可简化为

$$Q = \frac{2}{3} \mu BH \sqrt{\frac{2gH(\gamma_a - \gamma_g)}{\gamma_g}} \tag{5.90}$$

若炉门上缘处炉气的相对压力 $p_{m2} = 0$，用上述同样的方法可以导出炉门的吸气量计算

公式,即

$$Q_{xi} = \frac{2}{3}\mu BH \sqrt{\frac{2gH(\gamma_a - \gamma_g)}{\gamma_a}} \tag{5.91}$$

例 5.11 如图 5.28 所示,设炉门宽 $B = 0.8$ m,高 $H = 0.6$ m,炉气温度 $t_g = 1350\ ℃$,炉气密度 $\rho_{g0} = 1.32$ kg/m³(标态),周围空气的温度 $t_a = 20\ ℃$,求下列三种情况下通过炉门的逸气量或吸气量:(1) $p_{m1} = 30$ Pa;(2) $p_{m1} = 0$;(3) 炉门中心处 $p_m = 0$。

解 (1) 当 $p_{m1} = 30$ Pa 时,炉门上缘炉气的相对压力为

$$p_{m2} = p_{m1} + (\gamma_a - \gamma_g)H = p_{m1} + \left(\frac{\gamma_{a0}}{1 + \beta t_a} - \frac{\gamma_{g0}}{1 + \beta t_g}\right)H$$

$$= 30 + \left(\frac{1.293}{1 + 20/273} - \frac{1.32}{1 + 1350/273}\right) \times 9.81 \times 0.6 = 35.78(\text{Pa})$$

其中

$$\gamma_a = \frac{\gamma_{a0}}{1 + \beta t_a} = \frac{1.293 \times 9.81}{1 + 20/273} = 11.82(\text{N/m}^3)$$

$$\gamma_g = \frac{\gamma_{g0}}{1 + \beta t_g} = \frac{1.32 \times 9.81}{1 + 1350/273} = 2.18(\text{N/m}^3)$$

取流量系数 $\mu = 0.7$,代入式(5.89)得

$$Q = \frac{2\mu B}{3(\gamma_a - \gamma_g)}\sqrt{\frac{2g}{\gamma_g}}(p_{m2}^{\frac{3}{2}} - p_{m1}^{\frac{3}{2}})$$

$$= \frac{2 \times 0.7 \times 0.8}{3 \times (11.82 - 2.18)} \times \sqrt{\frac{2 \times 9.81}{2.18}} \times (35.78^{\frac{3}{2}} - 30^{\frac{3}{2}}) = 5.78(\text{m}^3/\text{s})$$

折算成标准状态下的逸气量为

$$Q_0 = \frac{Q}{1 + \beta t_g} = \frac{5.78}{1 + 1350/273} = 0.972(\text{m}^3/\text{s})$$

(2) 若 $p_{m1} = 0$,将已知数据代入式(5.90)得

$$Q = \frac{2}{3}\mu BH\sqrt{\frac{2gH(\gamma_a - \gamma_g)}{\gamma_g}}$$

$$= \frac{2}{3} \times 0.7 \times 0.8 \times 0.6\sqrt{\frac{2 \times 9.81 \times 0.6 \times (11.82 - 2.18)}{2.18}} = 1.62(\text{m}^3/\text{s})$$

折算成标准状态时为

$$Q_0 = \frac{Q}{1 + \beta t_g} = \frac{1.62}{1 + 1350/273} = 0.272(\text{m}^3/\text{s})$$

(3) 若炉门中心处炉气相对压力 $p_m = 0$,则上半部的逸气量为

$$Q = \frac{2}{3}\mu BH'\sqrt{\frac{2gH'(\gamma_a - \gamma_g)}{\gamma_g}}$$

$$= \frac{2}{3} \times 0.7 \times 0.8 \times 0.3\sqrt{\frac{2 \times 9.81 \times 0.3 \times (11.82 - 2.18)}{2.18}} = 0.572(\text{m}^3/\text{s})$$

折算成标准状态时为

$$Q_0 = \frac{Q}{1 + \beta t_g} = \frac{0.572}{1 + 1350/273} = 0.096(\text{m}^3/\text{s})$$

下半部的吸气量由式(5.91)为

$$Q_{xi} = \frac{2}{3}\mu BH'\sqrt{\frac{2gH'(\gamma_a - \gamma_g)}{\gamma_a}}$$

$$= \frac{2}{3} \times 0.7 \times 0.8 \times 0.3\sqrt{\frac{2 \times 9.81 \times 0.3 \times (11.82 - 2.18)}{11.82}} = 0.245(\text{m}^3/\text{s})$$

折算成标准状态时为

$$Q_{0xi} = \frac{Q_{xi}}{1 + \beta t_a} = \frac{0.245}{1 + 20/273} = 0.228(\text{m}^3/\text{s})$$

5.8.3.2 斜壁方形炉门逸气量计算

图 5.29 为斜炉顶上开有方形炉门孔的示意图。斜炉顶与水平面的夹角为 α，炉内热气体的重度为 γ_g，炉外空气的重度为 γ_a，炉气的相对压力为 p_m，炉门宽度为 B，高度为 H，垂直高度为 H'，z 轴的方向如图所示。现在距炉门下缘 z 距离处取一微元面，微元面的面积为 $dA = Bdz$。炉气的相对压力 p_m 沿 z 轴方向上的变化为

$$p_m = p_{m1} + (\gamma_a - \gamma_g)z\sin\alpha$$

则经斜壁方形炉门的逸气量为

$$Q = \mu B\int_0^H \sqrt{\frac{2g[p_{m1} + (\gamma_a - \gamma_g)z\sin\alpha]}{\gamma_g}}dz$$

$$= \frac{2\mu B}{3(\gamma_a - \gamma_g)\sin\alpha}\sqrt{\frac{2g}{\gamma_g}}(p_{m2}^{\frac{3}{2}} - p_{m1}^{\frac{3}{2}}) \tag{5.92}$$

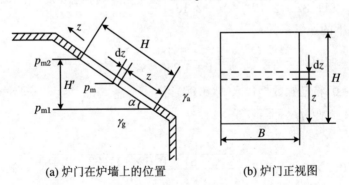

(a) 炉门在炉墙上的位置　　　(b) 炉门正视图

图 5.29　斜壁方形炉门示意图

如果炉门下缘炉气相对压力 $p_{m1} = 0$，则 $p_{m2} = (\gamma_a - \gamma_g)H\sin\alpha$，式(5.92)可简化为

$$Q = \frac{2}{3}\mu BH\sqrt{\frac{2gH(\gamma_a - \gamma_g)\sin\alpha}{\gamma_g}} \tag{5.93}$$

若炉门上缘处炉气相对压力 $p_{m2} = 0$，则方形斜炉门的吸气量计算式为

$$Q_{xi} = \frac{2}{3}\mu BH\sqrt{\frac{2gH(\gamma_a - \gamma_g)\sin\alpha}{\gamma_a}} \tag{5.94}$$

5.9 管路计算

管路计算的目的在于合理地设计管路系统,尽量减少动力消耗,节约能源和原材料。管路计算主要是利用连续性方程、伯努利方程以及压头损失计算式等来确定流体的流量、管道尺寸和流动阻力(压头损失)之间的关系。工程实际中所遇到的管路计算问题可以分为三类:(1) 已知流体的流量和管道尺寸,计算压头损失;(2) 已知管道尺寸和允许的压力降,确定流体的流量;(3) 根据给定的流量和压力降,计算管道尺寸。对于结构不同的管路,解决上述问题的方法也有所不同。

按照压头损失的类型不同,管路可分为长管和短管。所谓长管是指管流的压头损失以沿程损失为主,局部损失和出流动压头之和与沿程损失相比很小(通常以小于5%为界限)的管路。对于这类管路,通常只计算沿程损失,而局部损失和出流动压头忽略不计。所谓短管是指压头损失中,沿程损失和局部损失均占有相当比重,都不可忽略的管路。

按照管路系统的布置形式不同,管路又可分为简单管路和复杂管路。复杂管路又分为串联管路、并联管路、分支管路、均匀泄流管路和环状管网等。下面就来介绍这些管路的计算原则。

5.9.1 简单管路的计算

管径和管壁粗糙度均相同的一根管子或由这样的数根管段串联在一起组成的管路系统称为简单管路。

对于简单管路,其质量流量方程和体积流量方程分别为

$$M = \rho Q = \rho \bar{u} A, \quad Q = \bar{u} A$$

在这种管路中,如果为短管,其压头损失既包括沿程损失,也包括局部损失,总压头损失为

$$h_w = \left(\lambda \frac{l}{d} + \sum K\right) \frac{\bar{u}^2}{2g}$$

将 $\bar{u} = \dfrac{4Q}{\pi d^2}$ 代入上式,整理得

$$h_w = \frac{8\left(\lambda \dfrac{l}{d} + \sum K\right)}{\pi^2 d^4 g} Q^2$$

令

$$S_H = \frac{8\left(\lambda \dfrac{l}{d} + \sum K\right)}{\pi^2 d^4 g} \quad (\text{s}^2/\text{m}^5) \tag{5.95}$$

则

$$h_w = S_H Q^2 \tag{5.96}$$

对于这类管路的压力损失为

$$\Delta p_w = \gamma h_w = \gamma S_H Q^2 = \frac{8\rho\left(\lambda \dfrac{l}{d} + \sum K\right)}{\pi^2 d^4} Q^2$$

令

$$S_P = \gamma S_H = \frac{8\rho\left(\lambda \dfrac{l}{d} + \sum K\right)}{\pi^2 d^4} \quad (\text{kg/m}^7) \tag{5.97}$$

则

$$\Delta p_w = S_P Q^2 \tag{5.98}$$

式(5.95)和式(5.97)中的 S_H 和 S_P 为综合反映管路流动阻力情况的系数,称为管路阻抗。对于一定的流体(密度 ρ 和黏度 μ 一定)通过一定的管路(长度 l、直径 d、管壁粗糙度 Δ、局部构件的配置均已确定),如果流动处于阻力平方区,阻力系数 λ 和 $\sum K$ 均为定值,那么管路阻抗 S_H 或 S_P 就是一定值。

由式(5.96)和式(5.98)可以看出,用阻抗来表示管路的阻力损失规律非常简便。在简单管路中,流体的阻力损失与体积流量的平方成正比。

5.9.2 串联管路的计算

由不同直径或不同管壁粗糙度的几段简单管路首尾相接、串联在一起所组成的管路系统称为串联管路。对于不可压缩流体,通过串联管路各管段的体积流量是相同的,而串联管路上的总压头损失等于各管段压头损失之和,即

$$Q = Q_1 = Q_2 = Q_3 = \cdots \tag{5.99}$$

$$\begin{aligned}
h_w &= h_{w1} + h_{w2} + h_{w3} + \cdots \\
&= \left(\lambda_1 \frac{l_1}{d_1} + \sum K_1\right)\frac{\bar{u}_1^2}{2g} + \left(\lambda_2 \frac{l_2}{d_2} + \sum K_2\right)\frac{\bar{u}_2^2}{2g} + \left(\lambda_3 \frac{l_3}{d_3} + \sum K_3\right)\frac{\bar{u}_3^2}{2g} + \cdots \\
&= S_{H1} Q_1^2 + S_{H2} Q_2^2 + S_{H3} Q_3^2 + \cdots = (S_{H1} + S_{H2} + S_{H3} + \cdots) Q^2 = S_H Q^2
\end{aligned} \tag{5.100}$$

式中: $S_H = S_{H1} + S_{H2} + S_{H3} + \cdots = \sum_{i=1}^{n} S_{Hi}$ 为串联管路的总阻抗,它等于各管段阻抗之和。由式(5.100)可以看出,串联管路的压头损失计算式与简单管路的压头损失计算式(5.96)形式相同,即串联管路的总压头损失与流体的体积流量的平方成正比。

5.9.3 并联管路的计算

将几条简单管路或串联管路的入口端和出口端分别连接在一起所组成的管路系统称为并联管路(图5.30)。在热力设备的汽水系统中,并联管路很多,如锅炉的省煤器、过热器等,它们的每一组都是由共同的入口及出口联箱连接起来的管族,即构成并联管路。

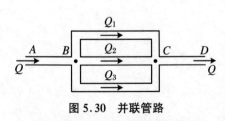

图 5.30 并联管路

根据流体流动的连续性条件,对于不可压缩流体,并联管路中总管内流体的体积流量等于各支管中流体的体积流量之和,即

$$Q = Q_1 + Q_2 + Q_3 \tag{5.101}$$

能量平衡的观点以及实验的结果都表明,并联管路具有一个重要的性质,即并联管路各

条支路中流体的压头损失都相等。对于图 5.30 所示的管路,有

$$h_{w1} = h_{w2} = h_{w3} = h_{wBC} = H_B - H_C \tag{5.102}$$

式中:H_B 和 H_C 分别为单位重量流体在节点 B 和节点 C 所具有的机械能。

应当指出,并联管路各条支路中流体的压头损失相等,是指各条支路的单位重量流体的机械能损失相等,但由于各条支路的流量并不一定相等,所以各条支路中全部流体的总机械能损失并不一定相等。就是说,如果不可压缩流体

$$Q_1 \neq Q_2 \neq Q_3$$

则有

$$\gamma Q_1 h_{w1} \neq \gamma Q_2 h_{w2} \neq \gamma Q_3 h_{w3}$$

另外,总管内的全部流体经各支管从 B 点流至 C 点的总机械能损失应等于各支管内流体的总机械能损失之和,即

$$\gamma Q h_{wBC} = \gamma Q_1 h_{w1} + \gamma Q_2 h_{w2} + \gamma Q_3 h_{w3} \tag{5.103}$$

但不能由此而误认为 $h_{wBC} = h_{w1} + h_{w2} + h_{w3}$,在这方面应引起足够的注意。

设 S_H 为并联管路的总阻抗,由式(5.102)及式(5.96)有

$$S_{H1} Q_1^2 = S_{H2} Q_2^2 = S_{H3} Q_3^2 = S_H Q^2 \tag{5.104}$$

由于

$$Q_1 = \sqrt{\frac{h_{w1}}{S_{H1}}}, \quad Q_2 = \sqrt{\frac{h_{w2}}{S_{H2}}}, \quad Q_3 = \sqrt{\frac{h_{w3}}{S_{H3}}}, \quad Q = \sqrt{\frac{h_{wBC}}{S_H}} \tag{5.105}$$

将式(5.105)代入式(5.101),并注意到式(5.102),得

$$\frac{1}{\sqrt{S_H}} = \frac{1}{\sqrt{S_{H1}}} + \frac{1}{\sqrt{S_{H2}}} + \frac{1}{\sqrt{S_{H3}}} \tag{5.106}$$

式(5.106)表明,并联管路总阻抗的平方根的倒数等于各条支路阻抗平方根的倒数之和。

由式(5.104)可得到并联管路各条支路的流量分配

$$Q_1 = Q\sqrt{\frac{S_H}{S_{H1}}}, \quad Q_2 = Q\sqrt{\frac{S_H}{S_{H2}}}, \quad Q_3 = Q\sqrt{\frac{S_H}{S_{H3}}} \tag{5.107}$$

写成连比形式即为

$$Q_1 : Q_2 : Q_3 = \frac{1}{\sqrt{S_{H1}}} : \frac{1}{\sqrt{S_{H2}}} : \frac{1}{\sqrt{S_{H3}}} \tag{5.108}$$

上式表明,并联管路中各条支路的流量分配与各支路阻抗的平方根成反比。

5.9.4 分支管路的计算

所谓分支管路就是在管路中某一节点分出支路后不再汇合。图 5.31 就是一简单的分支管路系统。根据流量平衡的原则,流经各支管段的流体流量之和等于总管的流体流量。对于图 5.31 所示的管路系统,有

$$Q = Q_1 + Q_2 + Q_3$$

根据能量平衡的原则,沿任一条管线上的总压头损失等于各段管路的压头损失之和。如对于图 5.31 所示的 ABC 管线,其总压头损失为

$$h_{wABC} = h_{wAB} + h_{wBC} = S_{HAB} Q^2 + S_{HBC} Q_1^2$$

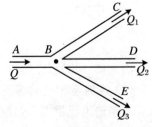

图 5.31 分支管路

分支管路的计算问题大致可以分为两类：

(1) 已知各管段的管长、管径、管壁粗糙度、流体性质及管子末端的位置高度和压力，确定流经各支路的流体流量；

(2) 已知各管段管长、管壁粗糙度、流体性质、通过各管段的流体流量及管子末端的位置高度和压力，确定各管路的直径和总压头损失。

5.9.5 均匀泄流管路的计算

在工程实际中，除上述的串、并联管路和分支管路外，往往还会遇到这样的一种管路设计，要求沿管路有等距离、等量流体的供给，即要求沿流程流量均匀泄出，这种管路称为均匀泄流管路。如在蔬菜大棚里常见的灌溉用供水系统就是比较典型的均匀泄流管路。

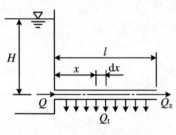

图 5.32 均匀泄流管路

均匀泄流管路计算的目的在于找出沿管路流程的压头损失。由于均匀泄流管段流量和流速沿程是变化的，所以整个管段不能按简单管路来计算。现在来研究图 5.32 所示的均匀泄流管路，设均匀泄流管段的长度为 l，管径为 d，进入该管段的总流量为 Q，管终端流出的流量为 Q_z，沿程均匀泄流量(简称途泄流量)为 Q_t，单位管长上的途泄流量为 $q = Q_t/l$。根据流量平衡的原则，有

$$Q = Q_z + Q_t = Q_z + ql \tag{5.109}$$

现在距管段起始处 x 距离的位置取一微段 dx，则在 x 截面上流体的流量为

$$Q_x = Q - qx \tag{5.110}$$

在 dx 管段上的沿程压头损失为

$$dh_w = S_{H,dx} Q_x^2 = \frac{8\lambda dx}{\pi^2 d^5 g} Q_x^2 = \dot{S}_H Q_x^2 dx \tag{5.111}$$

式中：$\dot{S}_H = \dfrac{8\lambda}{\pi^2 d^5 g}$ 为单位管长上的管路阻抗，称为比阻抗(s^2/m^6)。

将式(5.110)代入式(5.111)，沿均匀泄流管路积分，并设定流动处于阻力平方区，比阻抗 $\dot{S}_H$ 为一常数，得

$$h_w = \dot{S}_H \int_0^l (Q - qx)^2 dx = \dot{S}_H l \left(Q^2 - Qql + \frac{1}{3} q^2 l^2 \right) = S_H \left(Q^2 - QQ_t + \frac{1}{3} Q_t^2 \right) \tag{5.112}$$

注意到式(5.109)，上式也可写成

$$h_w = S_H \left(Q_z^2 + Q_z Q_t + \frac{1}{3} Q_t^2 \right) \tag{5.113}$$

如果管路只有沿途均匀泄流量，而没有终端流体输出，即 $Q_z = 0$ 时，由式(5.113)得

$$h_w = \frac{1}{3} S_H Q_t^2 \tag{5.114}$$

由式(5.114)可以得出以下结论：

(1) 在流量相同的情况下，管路中只有途泄流量而无终端输出流量时的压头损失，仅是只有终端输出流量而无途泄流量时的压头损失的 1/3。

(2) 在压头损失相同的情况下，管路中只有途泄流量而无终端输出流量时的流量值，等

于只有终端输出流量而无途泄流量时的流量值的 $\sqrt{3}$ 倍。

下面举例说明上述管路系统的计算问题。

例 5.12 如图 5.33 所示,通风机管路系统由三段管子串联而成,已知吸入管直径 $d_1 = 200$ mm,长度 $l_1 = 10$ m,压出管直径 $d_2 = 200$ mm,$d_3 = 100$ mm,长度 $l_2 = l_3 = 50$ m,沿程阻力系数 $\lambda_1 = \lambda_2 = 0.023$,$\lambda_3 = 0.024$,空气密度 $\rho = 1.2$ kg/m³,风量 $Q = 0.15$ m³/s,不计局部阻力,试确定风机的风压。

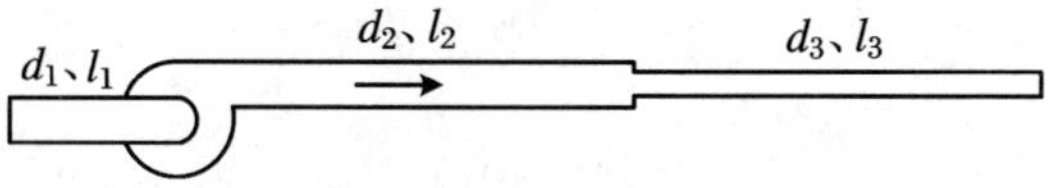

图 5.33 例 5.12 图

解 该通风机管路系统为串联管路,其流量关系为
$$Q_1 = Q_2 = Q_3 = Q$$

列风机风管系统的进口截面 1 至出口截面 2 间的能量方程,不计局部阻力,得风机的风压为
$$p = p_{w1} + p_{w2} + p_{w3} = S_{P1} Q_1^2 + S_{P2} Q_2^2 + S_{P3} Q_3^2$$
$$= (S_{P1} + S_{P2} + S_{P3}) Q^2 = S_P Q^2$$

管路系统的总阻抗
$$S_P = S_{P1} + S_{P2} + S_{P3} = \frac{8\rho\lambda_1 l_1}{\pi^2 d_1^5} + \frac{8\rho\lambda_2 l_2}{\pi^2 d_2^5} + \frac{8\rho\lambda_3 l_3}{\pi^2 d_3^5}$$
$$= \frac{8 \times 1.2 \times 0.023 \times 10}{3.14^2 \times 0.2^5} + \frac{8 \times 1.2 \times 0.023 \times 50}{3.14^2 \times 0.2^5} + \frac{8 \times 1.2 \times 0.024 \times 50}{3.14^2 \times 0.1^5}$$
$$= 1.21 \times 10^5 (\text{kg/m}^7)$$

则风机的风压为
$$p = S_P Q^2 = 1.21 \times 10^5 \times 0.15^2 = 2722.5 (\text{N/m}^2)$$

例 5.13 如图 5.30 所示的并联管路,$l_1 = 1000$ m,$d_1 = 0.3$ m,$l_2 = 600$ m,$d_2 = 0.2$ m,$l_3 = 1200$ m,$d_3 = 0.4$ m,管壁粗糙度 $\Delta_1 = \Delta_2 = \Delta_3 = 0.0003$ m,流体密度 $\rho = 880$ kg/m³,运动黏度 $\nu = 0.27 \times 10^{-4}$ m²/s,B 点相对压力 $p_B = 8.5 \times 10^4$ N/m²,$z_B = 26$ m,$z_C = 24$ m,总流量 $Q = 0.4$ m³/s。试确定流量 Q_1、Q_2、Q_3 及 C 点的相对压力 p_C(总管 AB 和 CD 规格相同)。

解 (1) 由于并联管路中各条支路很长,故局部阻力忽略不计。首先初步确定计算阻力的区域为水力光滑管区。对于水力光滑管区
$$\lambda = \frac{0.3164}{Re^{0.25}} = \frac{0.3164}{\left(\dfrac{\bar{u}d}{\nu}\right)^{0.25}} = 0.3164 \left(\frac{\pi d\nu}{4Q}\right)^{0.25}$$

沿程阻力
$$h_f = \lambda \frac{l}{d} \frac{\bar{u}^2}{2g} = 0.3164 \left(\frac{\pi d\nu}{4Q}\right)^{0.25} \frac{l}{d} \cdot \frac{16 Q^2}{\pi^2 d^4} \cdot \frac{1}{2g} = 0.0246 \frac{Q^{1.75} \nu^{0.25} l}{d^{4.75}}$$

则对于支路 1,有
$$h_{f1} = 0.0246 \frac{Q_1^{1.75} \times (0.27 \times 10^{-4})^{0.25} \times 1000}{0.3^{4.75}} = 540.07 Q_1^{1.75}$$

对于支路 2,有
$$h_{f2} = 0.024\,6 \frac{Q_2^{1.75} \times (0.27 \times 10^{-4})^{0.25} \times 600}{0.2^{4.75}} = 2\,223.49 Q_2^{1.75}$$

对于支路 3,有
$$h_{f3} = 0.024\,6 \frac{Q_3^{1.75} \times (0.27 \times 10^{-4})^{0.25} \times 1\,200}{0.4^{4.75}} = 165.26 Q_3^{1.75}$$

因为
$$h_{f1} = h_{f2} = h_{f3}$$

所以
$$540.07 Q_1^{1.75} = 2\,223.49 Q_2^{1.75} = 165.26 Q_3^{1.75}$$

由上式得
$$Q_1 = 0.508 Q_3, \quad Q_2 = 0.226 Q_3$$

依题意
$$Q_1 + Q_2 + Q_3 = Q = 0.4 \text{ m}^3/\text{s}$$

以上三式联立得到
$$Q_1 = 0.117 \text{ m}^3/\text{s}, \quad Q_2 = 0.052 \text{ m}^3/\text{s}, \quad Q_3 = 0.231 \text{ m}^3/\text{s}$$

核算阻力计算区
$$\bar{u}_1 = \frac{4 Q_1}{\pi d_1^2} = \frac{4 \times 0.117}{3.14 \times 0.3^2} = 1.656 (\text{m/s})$$

$$Re_1 = \frac{\bar{u}_1 d_1}{\nu} = \frac{1.656 \times 0.3}{0.27 \times 10^{-4}} = 18\,400$$

同样算得
$$\bar{u}_2 = 1.656 \text{ m/s}, \quad Re_2 = 12\,267$$
$$\bar{u}_3 = 1.839 \text{ m/s}, \quad Re_3 = 27\,244$$

由本章第 5.6 节知,水力光滑管区的雷诺数范围是
$$4\,000 < Re < 26.98 \left(\frac{d}{\Delta}\right)^{8/7}$$

则
$$Re_{c1} = 26.98 \left(\frac{d_1}{\Delta_1}\right)^{8/7} = 26.98 \left(\frac{0.3}{0.000\,3}\right)^{8/7} = 72\,379$$

同理
$$Re_{c2} = 45\,537, \quad Re_{c3} = 100\,554$$

因为 $Re_1 < Re_{c1}$, $Re_2 < Re_{c2}$, $Re_3 < Re_{c3}$,所以上述计算成立。

(2) 对 B、C 两点列伯努利方程
$$\frac{p_B}{\gamma} + z_B + \alpha_B \frac{\bar{u}_B^2}{2g} = \frac{p_C}{\gamma} + z_C + \alpha_C \frac{\bar{u}_C^2}{2g} + h_{fBC}$$

由于 $\bar{u}_B = \bar{u}_C$, $\alpha_B = \alpha_C$, $h_{fBC} = h_{f1} = h_{f2} = h_{f3}$,故
$$p_C = p_B + (z_B - z_C)\gamma - \gamma h_{f1}$$
$$= 8.5 \times 10^4 + (26 - 24) \times 880 \times 9.81 - 880 \times 9.81 \times 540.07 \times 0.117^{1.75}$$
$$= -6\,860 (\text{N/m}^2)$$

例 5.14 如图 5.34 所示,某水池 A 水面高度位于基准面以上 60 m,通过一条直径为

300 mm,长度为 1 500 m 的管道引水至一分叉接头,然后分别由两根直径为 300 mm,长度为 1 500 m 的管道引至水面高度分别为 30 m 及 15 m 的 B、C 两水池,各管的沿程阻力系数均为 λ = 0.04。求引入每一水池的流量。

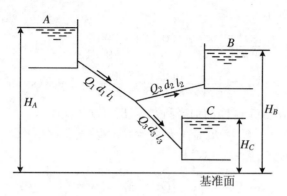

图 5.34　例 5.14 图

解　该引水系统为分支管路系统。由于各管段很长,故局部阻力不计。已知各管段的长度、直径及沿程阻力系数都相同,所以各管段的阻抗均相等,即

$$S_{H1} = S_{H2} = S_{H3} = \frac{8\lambda_1 l_1}{\pi^2 d_1^5 g} = \frac{8 \times 0.04 \times 1\,500}{3.14^2 \times 0.3^5 \times 9.81} = 2\,042(\text{s}^2/\text{m}^5)$$

列 A 点至 B 点间和 A 点至 C 点间的伯努利方程

$$H_A = H_B + h_{w1} + h_{w2} = H_B + S_{H1} Q_1^2 + S_{H2} Q_2^2$$
$$H_A = H_C + h_{w1} + h_{w3} = H_C + S_{H1} Q_1^2 + S_{H3} Q_3^2$$

由连续性方程 $Q_1 = Q_2 + Q_3$,联立以上三式,并代入已知数据,解得

$$Q_1 = 0.117\,9 \text{ m}^3/\text{s}, \quad Q_2 = 0.027\,8 \text{ m}^3/\text{s}, \quad Q_3 = 0.090\,1 \text{ m}^3/\text{s}$$

即引入水池 B 及 C 的流量分别为 0.027 8 m³/s 和 0.090 1 m³/s。

例 5.15　如图 5.35 所示,直径为 200 mm,长度为 300 m 的管道自水塔取水,在 B 点分为两根直径为 150 mm,长度为 150 m 的支管同时向大气空间出流,其中有一根支管沿其全长均匀泄流,泄流量为进入该支管流量的一半,两支管出口均位于水塔水面以下 15 m 的高度。求各分支管道内流体的流量(取沿程阻力系数 λ = 0.024,不计局部阻力)。

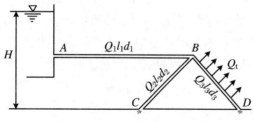

图 5.35　例 5.15 图

解　设图示 AB 管段内的流量为 Q_1,BC 管段内的流量为 Q_2,进入 BD 管段内的流量为 Q_3,沿 BD 管段均匀泄流量为 $Q_t = 0.5Q_3$,其他符号意义见图 5.35。由于两根支管出口标高相同,又同时向大气空间出流,出口条件相同,所以两支管相当于并联管路。BD 段为均匀泄流管路,其沿程损失为

$$h_{wBD} = S_{H3}\left(Q_3^2 - Q_3 Q_t + \frac{1}{3}Q_t^2\right) = S_{H3}\left[Q_3^2 - Q_3 \cdot (0.5Q_3) + \frac{1}{3}(0.5Q_3)^2\right]$$

$$= \frac{7}{12}S_{H3}Q_3^2$$

各管段的阻抗分别为

$$S_{H1} = \frac{8\lambda l_1}{\pi^2 d_1^5 g} = \frac{8 \times 0.024 \times 300}{3.14^2 \times 0.2^5 \times 9.81} = 1\,861(\text{s}^2/\text{m}^5)$$

$$S_{H2} = S_{H3} = \frac{8 \times 0.024 \times 150}{3.14^2 \times 0.15^5 \times 9.81} = 3\,921(\text{s}^2/\text{m}^5)$$

列水塔水面至支管出口 C 间的伯努利方程（出口动压头不计）

$$H = h_{wAB} + h_{wBC} = S_{H1}Q_1^2 + S_{H2}Q_2^2$$

由并联管路的性质 $h_{wBC} = h_{wBD}$，得

$$S_{H2}Q_2^2 = \frac{7}{12}S_{H3}Q_3^2 \quad 或 \quad Q_2 = \sqrt{\frac{7}{12}}Q_3$$

由连续性方程 $Q_1 = Q_2 + Q_3$，联立以上三式，并代入已知数据，解得

$$Q_1 = 0.076\ \text{m}^3/\text{s}, \quad Q_2 = 0.032\,9\ \text{m}^3/\text{s}, \quad Q_3 = 0.043\,1\ \text{m}^3/\text{s}$$

5.9.6 环状管网的计算

由若干管道环路相连接，在节点处流出的流量来自几个环路的管道系统称为环状管网，

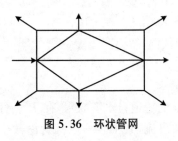

图 5.36 环状管网

如图 5.36 所示。一般情况下，管网的布局和各管段的长度以及各处所需的出口流量均为已知，需要确定通过各管段的流量和设计各管段的直径。管网的计算要比前述的几种管路的计算复杂得多，很难用解析的方法求解，通常多采用逐次逼近的方法（试算法）来求解，所遵循的原则有以下两条：

（1）根据连续性条件，在各个节点上，流入的流量应等于流出的流量。如果以流入节点的流量为正，流出节点的流量为负，则任一节点处流量的代数和应等于零，即

$$\sum Q_i = 0 \quad (5.115)$$

（2）根据并联管路的计算特点，在任一封闭环路中，由某一节点沿两个方向到另一节点的压头损失应相等。如果以环内逆时针方向流动的压头损失为正，顺时针方向流动的压头损失为负，则任一环路压头损失的代数和应等于零，即

$$\sum h_{wi} = 0 \quad (5.116)$$

管网的计算可按以下步骤进行：

（1）根据对管网的分析，由 $\sum Q_i = 0$ 首先假定各管段流体的流动方向和流量，按最初设计的流速选择各管段的直径。

（2）计算各管段的压头损失 h_w。

（3）按逆时针方向为正，顺时针方向为负的原则计算各环路的总压头损失 $\sum h_{wi}$，一般不会一次估算就恰好等于零。

(4) 分析 $\sum h_{wi}$,若 $\sum h_{wi} > 0$,说明逆时针方向流动的管段内的流量估计得偏大,顺时针方向流动的管段内的流量偏小;若 $\sum h_w < 0$,则与之相反。

(5) 按 $\sum h_{wi}$ 的大小,采用逐次逼近的方法找出其修正流量 ΔQ。这里必须注意,修正流量时,各环路之间将相互影响,因此必须反复多次地重复上述步骤,直到精度符合要求为止。

在修正流量的同时,按实际需要有时还要相应地调整管径。

由此可见,对于各环路组成的管网,当要求精度较高时,其计算将是十分繁杂的,通常需要借助计算机来求解。

习 题 5

5.1 水流经变截面管道,已知细管直径 d_1,粗管直径 $d_2 = 2d_1$,试问哪个截面的雷诺数大?两截面雷诺数的比值 Re_1/Re_2 是多少?

5.2 水管直径 $d = 10$ cm,管中流速 $u = 1.0$ m/s,水温为 10 ℃,试判别流态。又流速 u 等于多少时,流态将发生变化?

5.3 通风管道直径为 250 mm,输送的空气温度为 20 ℃,试求保持层流的最大流量。若输送空气的质量流量为 200 kg/h,其流态是层流还是紊流?

5.4 有一矩形截面的小排水沟,水深为 15 cm,底宽为 20 cm,流速为 0.15 m/s,水温为 10 ℃,试判别流态。

5.5 散热器由 8 mm×12 mm 的矩形截面水管组成,水的运动黏度系数为 0.004 8 cm²/s,要确保每根水管中的流态为紊流(取 $Re \geqslant 4\,000$)以利散热,试问水管中的流量应为多少?

5.6 输油管的直径 $d = 150$ mm,流量 $Q = 16.3$ m³/h,油的运动黏度系数 $\nu = 0.2$ cm²/s,试求每公里管长的沿程压头损失。

5.7 如图 5.37 所示,应用细管式黏度计测定油的黏度,已知细管直径 $d = 6$ mm,测量段长 $l = 2$ m,实测油的流量 $Q = 77$ cm³/s,水银压差计读数 $h = 30$ cm,油的重度 $\gamma = 8.83$ kN/m³,试求油的运动黏度系数 ν 和动力黏度系数 μ。

5.8 为了确定圆管内径,在管内通过 ν 为 0.013 cm²/s 的水,实测流量为 35 cm³/s,长 15 m 管段上的压头损失为 2 cm 水柱,试求此圆管的内径。

5.9 如图 5.38 所示,要求用毕托管一次测出半径为 r_0 的圆管层流的截面平均流速,试求毕托管测口应放置的位置。

5.10 如图 5.39 所示,油管直径为 75 mm,已知油的重度为 8.83 kN/m³,运动黏度系数为 0.9 cm²/s,在管轴位置安放连接水银压差计的毕托管,水银面高差 $h = 20$ mm,水银重度为 133.38 kN/m³,试求油的流量。

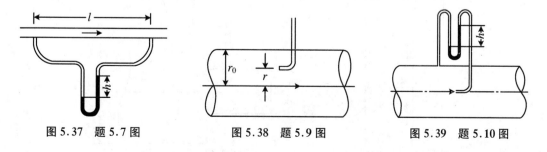

图 5.37 题 5.7 图　　　　图 5.38 题 5.9 图　　　　图 5.39 题 5.10 图

5.11 铁皮风管直径 $d=400$ mm,风量 $Q=1.2$ m³/s,空气温度为 20 ℃,试求沿程阻力系数,并指出所在阻力区。

5.12 管道直径 $d=50$ mm,绝对粗糙度 $\Delta=0.25$ mm,水温为 20 ℃,试问在多大流量范围内属于水力粗糙区流动?

5.13 钢板制风道,截面尺寸为 300 mm×500 mm,长度为 30 m,风量为 2.1 m³/s,温度为 20 ℃,试分别按阿尔特索里公式和莫迪图计算压力损失。

5.14 自来水铸铁管管长为 600 m,直径为 300 mm,通过流量为 60 m³/h,试用莫迪图计算沿程压头损失。

5.15 矩形风道的截面尺寸为 1 200 mm×600 mm,空气流量为 42 000 m³/h,空气重度为 10.89 N/m³,测得相距 12 m 的两截面间的压力差为 31.6 N/m²,试求风道的沿程阻力系数。

5.16 铸铁输水管长 $l=1\,000$ m,直径 $d=300$ mm,管材的绝对粗糙度 $\Delta=1.2$ mm,水温为 10 ℃,通过流量 $Q=100$ L/s,试求沿程压头损失。

5.17 圆管和正方形管道的截面面积、长度、相对粗糙度都相等,且通过的流量相等,试求两种形状管道沿程损失之比:(1)管流为层流;(2)管流为完全粗糙区。

5.18 圆管和正方形管道的截面面积、长度、沿程阻力系数都相等,且管道两端的压力差相等,试求两种形状管道的流量之比。

5.19 如图 5.40 所示,输水管道中设有阀门,已知管道直径为 50 mm,通过流量为 3.34 L/s,水银压差计读数 $\Delta h=150$ mmHg,沿程损失不计,试求阀门的局部阻力系数。

5.20 如图 5.41 所示,测定阀门的局部阻力系数,为消除管道沿程阻力的影响,在阀门的上、下游共装设四根测压管,其间距分别为 l_1 和 l_2,管道直径 $d=50$ mm,测得测压管水面标高 $\nabla_1=165$ cm,$\nabla_2=160$ cm,$\nabla_3=100$ cm,$\nabla_4=92$ cm,管中流速 $u=1.2$ m/s,试求阀门的局部阻力系数。

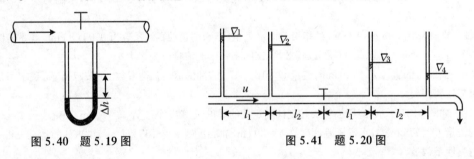

图 5.40 题 5.19 图   图 5.41 题 5.20 图

5.21 如图 5.42 所示,水箱中的水通过等直径的垂直管道向大气流出。如水箱的水深为 H,管道的直径为 d,管道的长度为 l,沿程阻力系数为 λ,局部阻力系数为 K,试问在什么条件下,流量随管长的增加而减小?在什么条件下,流量随管长的增加而增大?

5.22 如图 5.43 所示,突然扩大管道使平均流速由 u_1 减小到 u_2,若直径 $d_1=350$ mm,流速 $u_1=3.0$ m/s,试求使测压管液面差 h 成为最大值的 u_2 及 d_2,并求最大的 h 值。

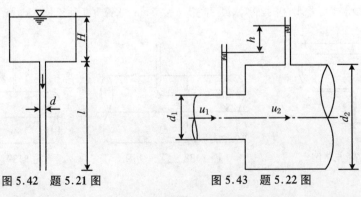

图 5.42 题 5.21 图   图 5.43 题 5.22 图

5.23 如图 5.44 所示,流速由 u_1 变为 u_2 的突然扩大管,如分为两次扩大,中间流速 u 取何值时,局部压头损失最小? 此时压头损失为多少? 并与一次扩大相比较。

5.24 如图 5.45 所示,水箱中的水经管道出流,已知管道直径为 25 mm,长度为 6 m,水位 $H = 13$ m,沿程阻力系数 $\lambda = 0.02$,试求流量及管壁切应力 τ_0。

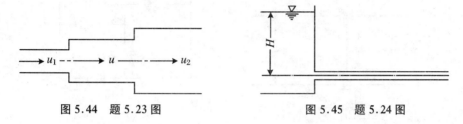

图 5.44 题 5.23 图　　　　图 5.45 题 5.24 图

5.25 如图 5.46 所示,水管直径为 50 mm,1、2 两截面相距 15 m,高差为 3 m,通过流量 $Q = 6$ L/s,水银压差计读数为 250 mm,试求管道的沿程阻力系数。

5.26 如图 5.47 所示,两水池水位恒定,已知管道直径 $d = 10$ cm,管长 $l = 20$ m,沿程阻力系数 $\lambda = 0.042$,局部阻力系数 $K_弯 = 0.8$,$K_阀 = 0.26$,通过流量 $Q = 65$ L/s,试求水池水面高差 H。

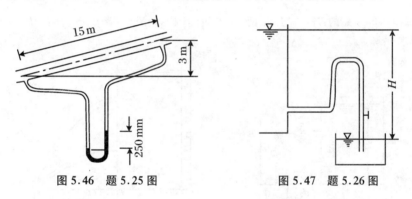

图 5.46 题 5.25 图　　　　图 5.47 题 5.26 图

5.27 如图 5.48 所示,气体经突然扩大管道流过,已知管内气体密度 $\rho = 0.8$ kg/m³,外部空气密度 $\rho_a = 1.2$ kg/m³,直径 $d_1 = 50$ mm,$d_2 = 100$ mm,流速 $u_1 = 20$ m/s,1 截面压力计读数 $h_1 = 100$ mmH₂O,$H = 10$ m,沿程阻力不计,试求突扩管的局部压力损失及 2 截面压力计读数 h_2。

5.28 如图 5.49 所示的装置,箱内液体的比重为 1.2,压差计内液体的比重为 3,问:
(1) 如流线型管嘴出流无压头损失,R 和 H 是什么关系?
(2) 如流线型管嘴出流的压头损失为 $0.1H$,R 和 H 是什么关系?

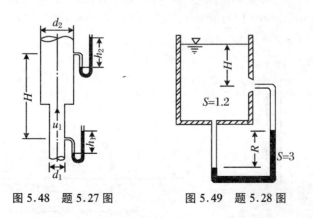

图 5.48 题 5.27 图　　　　图 5.49 题 5.28 图

5.29 如图 5.50 所示,用孔板流量计量测管道中的空气流量,管道直径 $D = 200$ mm,孔口直径 $d =$

100 mm,空气温度为 25 ℃,微压计读数 $\Delta h = 120$ mmH$_2$O,孔板的流量系数 $\mu = 0.64$,求流量。

5.30 如图 5.51 所示,有恒定的流量 $Q = 80$ L/s 注入水箱 A 中,如孔口和管嘴的直径 d 均为 100 mm,管嘴长度皆为 400 mm,求流量 Q_1、Q_2 和 Q_3,以及两水箱液面间的高差 ΔH。

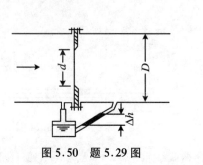

图 5.50 题 5.29 图

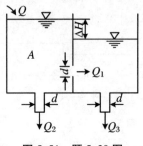

图 5.51 题 5.30 图

5.31 如图 5.52 所示,两水箱用一直径为 $d_1 = 40$ mm 的薄壁孔口连通,下水箱底部又接一直径为 $d_2 = 30$ mm 的圆柱形管嘴,长为 $l = 100$ mm,若上游水深 $H_1 = 3$ m 保持恒定,求流动稳定后的流量 Q 和下游水深 H_2。

5.32 如图 5.53 所示的容器,有上、下两个孔口,如射流落地的水平距离皆为 8 m,$H = 10$ m,孔口出流的阻力不计,求 h_1 和 h_2。

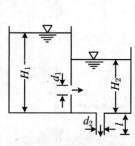

图 5.52 题 5.31 图

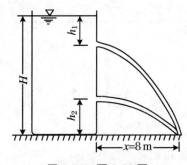

图 5.53 题 5.32 图

5.33 如图 5.54 所示,圆筒形封闭水箱底部有一长 $h = 100$ mm,直径 $d = 25$ mm 的圆柱形外管嘴,其流量系数 $\mu = 0.82$,箱内水深 $H = 900$ mm,水箱直径 $D = 800$ mm,问箱内液面相对压力 p_0 应保持多大,该水箱放空时间可比敞口水箱减少一半?

5.34 如图 5.55 所示,自水池中引出一根具有三段不同直径的水管,已知直径 $d = 50$ mm,$D = 200$ mm,长度 $l = 100$ m,水位 $H = 12$ m,沿程阻力系数 $\lambda = 0.03$,局部阻力系数 $K_{阀} = 5.0$,试求通过水管的流量,并绘总压头线及测压管压头线。

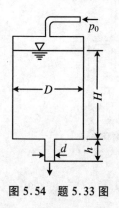

图 5.54 题 5.33 图

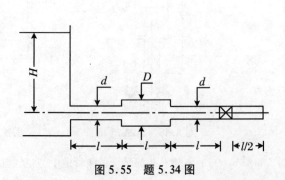

图 5.55 题 5.34 图

5.35 某加热炉出料门宽 1.8 m,高 0.5 m,炉气温度为 1 300 ℃,炉气密度为 1.32 kg/m³(标态),炉外空气温度为 20 ℃,炉门流量系数取 0.72。求下列情况下通过炉门的逸气量(或吸气量):
(1) 零压面位于炉底;
(2) 零压面位于炉底面以上 0.2 m 处。

5.36 如图 5.56 所示,虹吸管将 A 池中的水输入 B 池,已知长度 $l_1 = 3$ m,$l_2 = 5$ m,直径 $d = 75$ mm,两池水面高差 $H = 2$ m,最大超高 $h = 1.8$ m,沿程阻力系数 $\lambda = 0.02$,局部阻力系数:进口 $K_e = 0.5$,转弯 $K_b = 0.3$,出口 $K_o = 1$,试求流量及管道最大超高截面的真空度。

5.37 如图 5.57 所示,有压排水涵管的上、下游水位差为 1.5 m,排水量为 2.0 m³/s,涵管长为 20 m,沿程阻力系数 $\lambda = 0.03$,局部阻力系数:进口 $K_e = 0.5$,出口 $K_o = 1.0$,试求涵管直径。

5.38 如图 5.58 所示,自然排烟锅炉,烟囱直径 $d = 0.9$ m,烟气流量 $Q = 7.0$ m³/s,烟气密度 $\rho = 0.7$ kg/m³,外部空气密度 $\rho_a = 1.2$ kg/m³,烟囱沿程阻力系数 $\lambda = 0.035$,为使底部真空度不小于 15 mmH₂O,试求烟囱的高度 H。

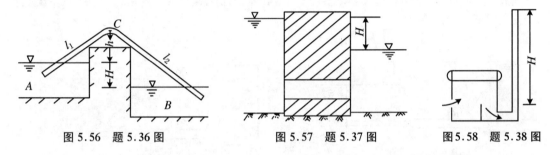

图 5.56 题 5.36 图　　图 5.57 题 5.37 图　　图 5.58 题 5.38 图

5.39 如图 5.59 所示,用虹吸管将钻井中的水输送到集水井,已知虹吸管全长为 60 m,直径为 200 mm,虹吸管为钢管,沿程阻力系数 $\lambda = 0.012$,管道进口、弯头和出口的局部阻力系数分别为 $K_e = 0.5$,$K_b = 0.5$,$K_o = 1.0$,水位差 $H = 1.5$ m,试求虹吸管的流量。

5.40 如图 5.60 所示,水从密闭容器 A 沿直径 $d = 25$ mm,长度 $l = 10$ m 的管道流入容器 B,已知容器 A 水面的相对压力 $p_1 = 2$ at,水面高 $H_1 = 1$ m,$H_2 = 5$ m,沿程阻力系数 $\lambda = 0.025$,局部阻力系数:阀门 $K_v = 4.0$,弯头 $K_b = 0.3$,试求流量。

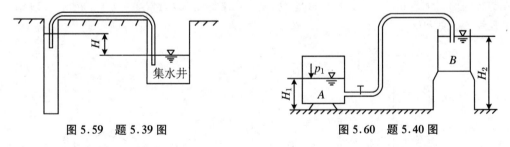

图 5.59 题 5.39 图　　图 5.60 题 5.40 图

5.41 如图 5.61 所示,由水库引水,先用长 $l_1 = 25$ m,直径 $d_1 = 75$ mm 的管道将水引至贮水池中,再由长 $l_2 = 150$ m,直径 $d_2 = 50$ mm 的管道将水引至用水点。已知水头 $H = 8$ m,沿程阻力系数 $\lambda_1 = \lambda_2 = 0.03$,阀门局部阻力系数 $K_v = 3$,试求:
(1) 流量 Q 和水面高差 h;
(2) 绘总压头线和测压管压头线。

5.42 如图 5.62 所示,由水塔向水车供水,已知供水管直径 $d = 100$ mm,长度 $l = 80$ mm,中间装有两个闸阀和四个 90°弯头,管道的沿程阻力系数 $\lambda = 0.03$,局部阻力系数:阀门 $K_v = 0.12$,弯头 $K_b = 0.48$,水塔的水头 $H = 6$ m,水车的有效容积 $V = 7$ m³,试求水车充满水所需的时间。

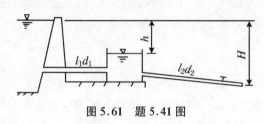
图 5.61 题 5.41 图

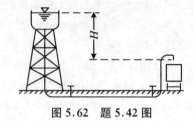
图 5.62 题 5.42 图

5.43 如图 5.63 所示,两水池水面高差恒定,$H = 3.8$ m,用直径 $d_1 = 200$ mm,$d_2 = 100$ mm,长度 $l_1 = 10$ m,$l_2 = 6$ m 的串联管道相连接,沿程阻力系数 $\lambda_1 = \lambda_2 = 0.02$。

(1) 试求流量并绘总压头线和测压管压头线;

(2) 若直径改为 $d_1 = d_2 = 200$ mm,λ 不变,流量增大多少倍?

5.44 如图 5.64 所示,自密闭容器经两段串联管道输水,已知压力表读数 $p_M = 98.1$ kPa,水头 $H = 2$ m,管长 $l_1 = 10$ m,$l_2 = 20$ m,直径 $d_1 = 200$ mm,$d_2 = 100$ mm,沿程阻力系数 $\lambda_1 = \lambda_2 = 0.03$,试求流量并绘总压头线和测压管压头线。

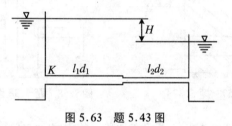
图 5.63 题 5.43 图

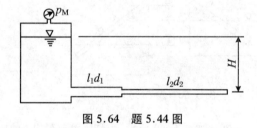
图 5.64 题 5.44 图

5.45 如图 5.65 所示,水从密闭水箱沿垂直管道送入高位水池中,已知管道直径 $d = 25$ mm,管长 $l = 3$ m,水深 $h = 1.0$ m,流量 $Q = 1.5$ L/s,沿程阻力系数 $\lambda = 0.033$,阀门的局部阻力系数 $K_v = 9.3$,试求密闭容器上压力表读数 p_m,并绘总压头线和测压管压头线。

5.46 如图 5.66 所示,储气箱中的煤气经管道 ABC 流入大气中,已知 $\Delta h = 100$ mmH$_2$O,断面标高 $z_A = 0$,$z_B = 10$ m,$z_C = 5$ m,管道直径 $d = 100$ mm,长度 $l_{AB} = 20$ m,$l_{BC} = 10$ m,沿程阻力系数 $\lambda = 0.03$,局部阻力系数:进口 $K_e = 0.6$,转弯 $K_b = 0.4$,煤气密度 $\rho = 0.6$ kg/m^3,空气密度 $\rho_a = 1.2$ kg/m^3,试求流量并绘总压线、势压线和位压线。

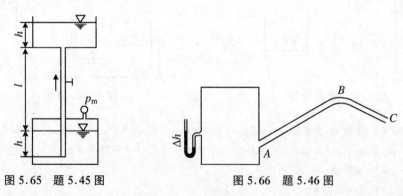
图 5.65 题 5.45 图   图 5.66 题 5.46 图

5.47 如图 5.67 所示,在长度为 1 000 m、直径为 300 mm 的管道上,并联一根直径相同、长度 $l = 500$ m 的支管(图中虚线),若水位差 $H = 23$ m,摩擦阻力系数 $\lambda = 0.03$,不计局部损失,试求支管并联前后的流量及其比值。

5.48 如图 5.68 所示,并联管道的总流量为 $Q = 25$ L/s,其中一根管长 $l_1 = 50$ m,直径 $d_1 = 100$ mm,

沿程阻力系数 $\lambda_1 = 0.03$,阀门的局部阻力系数 $K = 3.0$;另一根管长 $l_2 = 30$ m,直径 $d_2 = 50$ mm,沿程阻力系数 $\lambda_2 = 0.04$,试求各管段的流量及并联管道的压头损失。

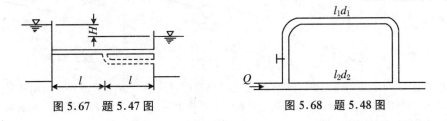

图 5.67　题 5.47 图　　　　图 5.68　题 5.48 图

5.49　如图 5.69 所示,有一泵循环管道,各支管阀门全开时,支管流量分别为 Q_1、Q_2,若将阀门 A 开度关小,其他条件不变,试论证主管流量 Q 怎样变化,支管流量 Q_1、Q_2 怎样变化。

5.50　如图 5.70 所示,枝状送风管道各段流量分别为 Q_1、Q_2、Q_3,若在支管 2 末端接长,如图中虚线所示,试问 Q_1、Q_2、Q_3 有何变化?

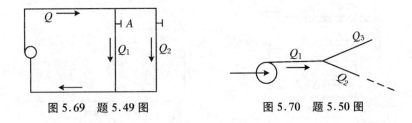

图 5.69　题 5.49 图　　　　图 5.70　题 5.50 图

5.51　如图 5.71 所示,水塔经串并联管道供水,已知供水量 $Q = 0.1$ m^3/s,各段直径 $d_1 = d_4 = 200$ mm,$d_2 = d_3 = 150$ mm,各段管长 $l_1 = l_4 = 100$ m,$l_2 = 50$ m,$l_3 = 200$ m,各段沿程阻力系数 $\lambda = 0.02$,局部阻力不计。试求并管段的流量 Q_2、Q_3 及水塔水面高度 H。

5.52　如图 5.72 所示,应用长度同为 l 的两根管道,从水池 A 向水池 B 输水,其中粗管直径为细管直径的两倍:$d_1 = 2d_2$,两管的沿程阻力系数相同,局部阻力不计。试求两管中的流量比。

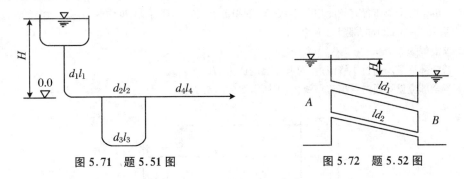

图 5.71　题 5.51 图　　　　图 5.72　题 5.52 图

5.53　如图 5.73 所示,通风机向水平风道系统送风,已知干管直径 $d_1 = 300$ mm,长度 $l_1 = 30$ m,末端接两支管,其一直径 $d_2 = 150$ mm,长度 $l_2 = 20$ m;另一支管是截面为 0.15 m$\times 0.2$ m 的矩形管,长度 $l_3 = 15$ m,通风机送风量 $Q = 0.5$ m^3/s,各管段沿程阻力系数均为 $\lambda = 0.04$,空气密度 $\rho = 1.29$ kg/m^3,忽略局部阻力,试求通风机的风压。

5.54　如图 5.74 所示,工厂供水系统由水泵向 A、B、C 三处供水,管道均为铸铁管,已知流量 $Q_C = 10$ L/s,$q_B = 5$ L/s,$q_A = 10$ L/s,各段管长 $l_1 = 350$ m,$l_2 = 450$ m,$l_3 = 100$ m,各段直径 $d_1 = 200$ mm,$d_2 = 150$ mm,$d_3 = 100$ mm,整个场地水平,试求水泵出口压力。

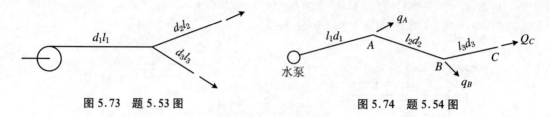

图 5.73 题 5.53 图　　　　　图 5.74 题 5.54 图

5.55　如图 5.75 所示,三层楼的自来水管道,已知各楼层管长 $l=4$ m,直径 $d=60$ mm,各层供水口高差 $H=3.5$ m,沿程阻力系数 $\lambda=0.03$,龙头全开时阻力系数 $K=3$,不计其他局部阻力。试求当龙头全开时,供给每层用户的流量不少于 3 L/s,进户压力 p_M 应为多少?

5.56　如图 5.76 所示,由水塔供水的输水管路由三段串联组成,各管段的尺寸分别为 $l_1=300$ m,$d_1=200$ mm;$l_2=200$ m,$d_2=150$ mm;$l_3=100$ m,$d_3=100$ mm,沿程阻力系数 $\lambda=0.03$。管路总输水量为 0.04 m³/s,其中有一半经管段 l_2 均匀泄出,局部阻力不计。试计算需要的压头 H。

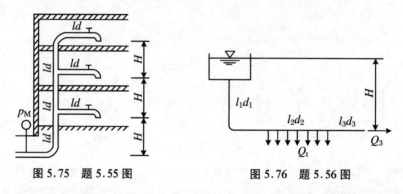

图 5.75 题 5.55 图　　　　　图 5.76 题 5.56 图

5.57　将长度为 300 m,直径为 200 mm,沿程阻力系数为 0.02 的三根同规格管道并联组成输水管路,总输水量为 1.0 m³/s,其中一根管道沿程均匀泄流,泄流量为 0.15 m³/s。求各支路的输水流量和压头损失。

5.58　如图 5.77 所示,水沿着长 $L=1\,000$ m,直径 $D=200$ mm 的干管流过,管终端流量为 $Q_z=0.04$ m³/s,沿干管全长布置有彼此相距 $l=50$ m 的出流点,各出流点的流量均为 $q=2\times10^{-3}$ m³/s。已知沿程阻力系数 $\lambda=0.025$,局部阻力不计。

(1) 求沿程损失 h_f;
(2) 若全部流量均通过干管流过,求所需要的压头 H_1;
(3) 若全部流量均通过各出流点流出,求所需要的压头 H_2。

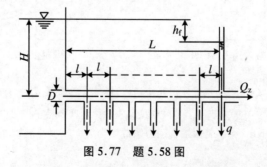

图 5.77 题 5.58 图

第6章 黏性流体绕物体的流动

在自然界和工程实际中,存在着大量的流体绕物体的流动问题(简称绕流问题),例如河水流过桥墩;飞机在空中飞行;船舶在海洋中航行;汽轮机、泵和压气机中流体绕叶栅的流动;在锅炉、加热炉的余热回收设备中,烟气和空气横向流过受热的管束;煤粉颗粒和尘埃在空气中运动等等,都是绕流问题。在实际流体绕流过程中,由于黏性的存在必然要产生阻力,为了克服阻力就要损失一部分机械能。与研究实际流体在管道中流动的问题一样,在本章中也要探求在实际流体绕物体的流动中产生阻力的原因、后果以及计算阻力损失的方法。

在黏性流体的一维流动中,我们曾经引用牛顿内摩擦定律作为研究流动阻力的基础,在研究黏性流体的平面和空间流动中也用这一定律作为基础,并加以适当推广。

6.1 黏性流体的运动微分方程

推导黏性流体的运动微分方程的方法和过程与推导理想流体的欧拉运动微分方程相同,都是牛顿第二定律在流体力学中的应用,只是除了质量力和法向应力(即压力)外,还需要考虑黏性切应力的影响。

在运动着的黏性流体中取出一边长分别为 dx、dy 和 dz 的微元平行六面体的流体微团作为分析对象,如图 6.1 所示。作用在平行六面体上的力,不仅有质量力和法向应力,还有切向应力。因此,作用在流体微团六个表面上的表面力的合力不再垂直于所作用的表面,而是与作用面成某一倾角。图中 σ 代表法向应力,τ 代表切向应力。它们都有两个脚标,第一个表示应力所在平面的法线方向,第二个表示应力本身的方向。为了方便起见,假定所有法向应力都沿着所在平面的外法线方向,切向应力在经过 $A(x,y,z)$ 点的三个平面上的方向与坐标轴的方向相反,其他三个平面上的则相同。f 代表单位质量力。

根据牛顿第二定律,可以写出沿 x 轴的运动微分方程

$$\rho f_x dxdydz - \sigma_{xx} dydz + \left(\sigma_{xx} + \frac{\partial \sigma_{xx}}{\partial x}dx\right)dydz - \tau_{yx} dzdx + \left(\tau_{yx} + \frac{\partial \tau_{yx}}{\partial y}dy\right)dzdx$$

$$- \tau_{zx} dxdy + \left(\tau_{zx} + \frac{\partial \tau_{zx}}{\partial z}dz\right)dxdy$$

$$= \rho dxdydz \frac{du_x}{d\tau}$$

化简后得到

$$\frac{du_x}{d\tau} = f_x + \frac{1}{\rho}\frac{\partial \sigma_{xx}}{\partial x} + \frac{1}{\rho}\left(\frac{\partial \tau_{yx}}{\partial y} + \frac{\partial \tau_{zx}}{\partial z}\right)$$

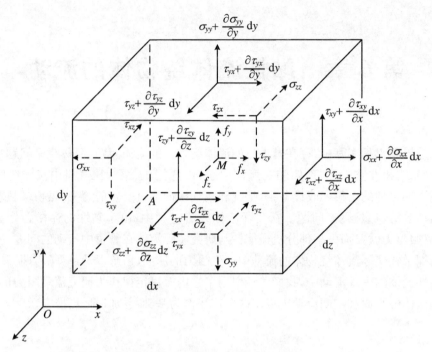

图 6.1　黏性流体微元的受力情况

同理可得

$$\left.\begin{array}{l}\dfrac{\mathrm{d}u_x}{\mathrm{d}\tau} = f_x + \dfrac{1}{\rho}\dfrac{\partial \sigma_{xx}}{\partial x} + \dfrac{1}{\rho}\left(\dfrac{\partial \tau_{yx}}{\partial y} + \dfrac{\partial \tau_{zx}}{\partial z}\right) \\ \dfrac{\mathrm{d}u_y}{\mathrm{d}\tau} = f_y + \dfrac{1}{\rho}\dfrac{\partial \sigma_{yy}}{\partial y} + \dfrac{1}{\rho}\left(\dfrac{\partial \tau_{zy}}{\partial z} + \dfrac{\partial \tau_{xy}}{\partial x}\right) \\ \dfrac{\mathrm{d}u_z}{\mathrm{d}\tau} = f_z + \dfrac{1}{\rho}\dfrac{\partial \sigma_{zz}}{\partial z} + \dfrac{1}{\rho}\left(\dfrac{\partial \tau_{xz}}{\partial x} + \dfrac{\partial \tau_{yz}}{\partial y}\right)\end{array}\right\} \quad (6.1)$$

式(6.1)是以应力形式表示的黏性流体的运动微分方程。现在的问题是要寻找黏性流体中关于 σ 和 τ 的计算式。我们可以从流体微团在运动中的变形来获得这些应力和变形速度之间的关系式。

6.1.1　关于 τ 的计算

首先研究切向应力之间的关系。根据达朗贝尔原理,作用于微元平行六面体上的各力对于通过中心点 M 和 z 轴相平行的轴(图 6.2)的力矩之和应等于零。又由于质量力和惯性力对该轴的力矩是四阶无穷小量,可以略去不计,故有

$$-\tau_{yx}\mathrm{d}x\mathrm{d}z\dfrac{\mathrm{d}y}{2} - \left(\tau_{yx} + \dfrac{\partial \tau_{yx}}{\partial y}\mathrm{d}y\right)\mathrm{d}x\mathrm{d}z\dfrac{\mathrm{d}y}{2} + \tau_{xy}\mathrm{d}y\mathrm{d}z\dfrac{\mathrm{d}x}{2} + \left(\tau_{xy} + \dfrac{\partial \tau_{xy}}{\partial x}\mathrm{d}x\right)\mathrm{d}y\mathrm{d}z\dfrac{\mathrm{d}x}{2} = 0$$

再略去四阶无穷小量,同时,方程两边同除以 $\mathrm{d}x\mathrm{d}y\mathrm{d}z$,得

$$-\tau_{yx} + \tau_{xy} = 0$$

即

$$\tau_{xy} = \tau_{yx}$$

同理可得

$$\left.\begin{array}{l}\tau_{xy} = \tau_{yx}\\ \tau_{yz} = \tau_{zy}\\ \tau_{zx} = \tau_{xz}\end{array}\right\} \quad (6.2)$$

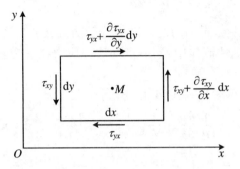

图 6.2 切向应力间的关系

在第 1 章第 1.5 节中已经指出过,当黏性流层间发生相对运动时,由于流体黏性而引起的切向应力可按牛顿内摩擦定律式(1.17)求得,即

$$\tau = \mu \frac{\mathrm{d}u_x}{\mathrm{d}y}$$

理论证明,对于黏性流体微团有角变形运动时,流动所产生的黏性力与流体微团的角变形速度有关。借助于弹性力学的理论(胡克定律)可以推得,有角变形运动的流体流动所产生的黏性切应力的大小与角变形速度间的关系为

$$\left.\begin{array}{l}\tau_{xy} = \tau_{yx} = \mu\left(\dfrac{\partial u_y}{\partial x} + \dfrac{\partial u_x}{\partial y}\right) = 2\mu\theta_z\\ \tau_{yz} = \tau_{zy} = \mu\left(\dfrac{\partial u_z}{\partial y} + \dfrac{\partial u_y}{\partial z}\right) = 2\mu\theta_x\\ \tau_{zx} = \tau_{xz} = \mu\left(\dfrac{\partial u_x}{\partial z} + \dfrac{\partial u_z}{\partial x}\right) = 2\mu\theta_y\end{array}\right\} \quad (6.3)$$

式(6.3)就是广义的牛顿内摩擦定律。其意义为:黏性切向应力的大小等于动力黏度和角变形速度的乘积的两倍。

6.1.2 关于 σ 的计算

对于理想流体,在同一点各个方向的法向应力(即压力)是等值的,即 $\sigma_{xx} = \sigma_{yy} = \sigma_{zz} = -p$。但是对于黏性流体,由于黏性的影响,流体微团除了发生角变形外,同时也发生线变形,即在流体微团的法线方向上有相对的线变形速率 $\dfrac{\partial u_x}{\partial x}$、$\dfrac{\partial u_y}{\partial y}$ 和 $\dfrac{\partial u_z}{\partial z}$,使法向应力的大小有所改变(与理想流体相比),产生了附加的法向应力。同样,我们可以借助于弹性力学的理论推导出法向应力与流体微团线变形速率之间的关系式(在此不做严格推导),其结果是

$$\left.\begin{aligned}\sigma_{xx} &= -p + 2\mu\frac{\partial u_x}{\partial x} - \frac{2}{3}\mu\,\text{div}\,\boldsymbol{u}\\ \sigma_{yy} &= -p + 2\mu\frac{\partial u_y}{\partial y} - \frac{2}{3}\mu\,\text{div}\,\boldsymbol{u}\\ \sigma_{zz} &= -p + 2\mu\frac{\partial u_z}{\partial z} - \frac{2}{3}\mu\,\text{div}\,\boldsymbol{u}\end{aligned}\right\} \quad (6.4)$$

对于不可压缩流体，$\text{div}\,\boldsymbol{u}=0$，附加的法向应力等于动力黏度与线变形速率的乘积的两倍。由式(6.4)可以看出，在黏性流体中，同一点的法向应力在三个互相垂直的方向上是不相等的。

现在将式(6.3)和式(6.4)代入式(6.1)，得到

$$\left.\begin{aligned}\frac{\mathrm{d}u_x}{\mathrm{d}\tau} &= f_x - \frac{1}{\rho}\frac{\partial p}{\partial x} + \frac{1}{\rho}\left\{\frac{\partial}{\partial x}\left[\mu\left(2\frac{\partial u_x}{\partial x} - \frac{2}{3}\text{div}\,\boldsymbol{u}\right)\right]\right.\\ &\quad\left. + \frac{\partial}{\partial y}\left[\mu\left(\frac{\partial u_x}{\partial y} + \frac{\partial u_y}{\partial x}\right)\right] + \frac{\partial}{\partial z}\left[\mu\left(\frac{\partial u_z}{\partial x} + \frac{\partial u_x}{\partial z}\right)\right]\right\}\\ \frac{\mathrm{d}u_y}{\mathrm{d}\tau} &= f_y - \frac{1}{\rho}\frac{\partial p}{\partial y} + \frac{1}{\rho}\left\{\frac{\partial}{\partial y}\left[\mu\left(2\frac{\partial u_y}{\partial y} - \frac{2}{3}\text{div}\,\boldsymbol{u}\right)\right]\right.\\ &\quad\left. + \frac{\partial}{\partial z}\left[\mu\left(\frac{\partial u_y}{\partial z} + \frac{\partial u_z}{\partial y}\right)\right] + \frac{\partial}{\partial x}\left[\mu\left(\frac{\partial u_x}{\partial y} + \frac{\partial u_y}{\partial x}\right)\right]\right\}\\ \frac{\mathrm{d}u_z}{\mathrm{d}\tau} &= f_z - \frac{1}{\rho}\frac{\partial p}{\partial z} + \frac{1}{\rho}\left\{\frac{\partial}{\partial z}\left[\mu\left(2\frac{\partial u_z}{\partial z} - \frac{2}{3}\text{div}\,\boldsymbol{u}\right)\right]\right.\\ &\quad\left. + \frac{\partial}{\partial x}\left[\mu\left(\frac{\partial u_z}{\partial x} + \frac{\partial u_x}{\partial z}\right)\right] + \frac{\partial}{\partial y}\left[\mu\left(\frac{\partial u_y}{\partial z} + \frac{\partial u_z}{\partial y}\right)\right]\right\}\end{aligned}\right\} \quad (6.5)$$

式(6.5)就是黏性流体的运动微分方程。在解决具体问题时，除上述方程组外，还应包括连续性方程；对于可压缩流体而言，压力和密度的改变会引起温度的变化，因此还应包括状态方程；对于非等温过程，还要引入能量方程(热力学第一定律)；在一般情况下，可压缩流体各点温度是变化的，还需要知道流体黏度随温度变化的关系式 $\mu=\mu(T)$。现在对于七个未知量 u_x、u_y、u_z、p、ρ、T、μ，有七个方程，可以联立求解。如果过程是等温的，那么只有五个未知量 u_x、u_y、u_z、p、ρ，相应的有五个方程，即运动方程(三个)、连续性方程和状态方程。但是，实际上由于流体流动现象是很复杂的，要利用这些方程去求解黏性流体的运动问题，在数学上却遇到很大的困难。这主要是由于黏性流体的运动微分方程是高阶非线性的偏微分方程，至今还求不出普遍形式的精确解。只有在少数特殊情况下才能求得方程的精确解，对大多数工程实际问题，往往需要进行一些物理近似和数学近似，把方程简化后求解。

对于不可压缩流体，$\rho=$ 常数，$\text{div}\,\boldsymbol{u}=0$，且不可压缩流体在流动过程中温度变化很小，因此可将流体的黏性视为常数。于是，式(6.5)可简化为

$$\left.\begin{aligned}\frac{\mathrm{d}u_x}{\mathrm{d}\tau} &= f_x - \frac{1}{\rho}\frac{\partial p}{\partial x} + \nu\left(\frac{\partial^2 u_x}{\partial x^2} + \frac{\partial^2 u_x}{\partial y^2} + \frac{\partial^2 u_x}{\partial z^2}\right)\\ \frac{\mathrm{d}u_y}{\mathrm{d}\tau} &= f_y - \frac{1}{\rho}\frac{\partial p}{\partial y} + \nu\left(\frac{\partial^2 u_y}{\partial x^2} + \frac{\partial^2 u_y}{\partial y^2} + \frac{\partial^2 u_y}{\partial z^2}\right)\\ \frac{\mathrm{d}u_z}{\mathrm{d}\tau} &= f_z - \frac{1}{\rho}\frac{\partial p}{\partial z} + \nu\left(\frac{\partial^2 u_z}{\partial x^2} + \frac{\partial^2 u_z}{\partial y^2} + \frac{\partial^2 u_z}{\partial z^2}\right)\end{aligned}\right\} \quad (6.6)$$

式(6.6)是不可压缩黏性流体的运动微分方程，即著名的纳维-斯托克斯方程(简称 N-S 方

程)。它可以简化为理想流体($\mu = 0$)的欧拉运动微分方程,也可以进一步简化为欧拉平衡微分方程($u_x = u_y = u_z = 0$)。N-S 方程适用于不可压缩牛顿流体的层流和紊流流动。

在求解工程中的轴对称流动问题时,用圆柱坐标系下的纳维-斯托克斯方程更为方便。若用 r、θ、z 分别表示径向、圆周向(切向)和轴向坐标,u_r、u_θ、u_z 分别表示相应方向上的流速分量,f_r、f_θ、f_z 分别表示相应方向上的单位质量力,则对于不可压缩流体而言,圆柱坐标系下的纳维-斯托克斯方程为

$$\left.\begin{aligned}
&\frac{\partial u_r}{\partial \tau} + u_r \frac{\partial u_r}{\partial r} + \frac{u_\theta}{r}\frac{\partial u_r}{\partial \theta} + u_z \frac{\partial u_r}{\partial z} - \frac{u_\theta^2}{r} \\
&= f_r - \frac{1}{\rho}\frac{\partial p}{\partial r} + \nu\left(\frac{\partial^2 u_r}{\partial r^2} + \frac{1}{r}\frac{\partial u_r}{\partial r} - \frac{u_r}{r^2} + \frac{1}{r^2}\frac{\partial^2 u_r}{\partial \theta^2} - \frac{2}{r^2}\frac{\partial u_\theta}{\partial \theta} + \frac{\partial^2 u_r}{\partial z^2}\right) \\
&\frac{\partial u_\theta}{\partial \tau} + u_r \frac{\partial u_\theta}{\partial r} + \frac{u_\theta}{r}\frac{\partial u_\theta}{\partial \theta} + u_z \frac{\partial u_\theta}{\partial z} + \frac{u_r u_\theta}{r} \\
&= f_\theta - \frac{1}{\rho}\frac{\partial p}{r\partial \theta} + \nu\left(\frac{\partial^2 u_\theta}{\partial r^2} + \frac{1}{r}\frac{\partial u_\theta}{\partial r} - \frac{u_\theta}{r^2} + \frac{1}{r^2}\frac{\partial^2 u_\theta}{\partial \theta^2} + \frac{2}{r^2}\frac{\partial u_r}{\partial \theta} + \frac{\partial^2 u_\theta}{\partial z^2}\right) \\
&\frac{\partial u_z}{\partial \tau} + u_r \frac{\partial u_z}{\partial r} + \frac{u_\theta}{r}\frac{\partial u_z}{\partial \theta} + u_z \frac{\partial u_z}{\partial z} \\
&= f_z - \frac{1}{\rho}\frac{\partial p}{\partial z} + \nu\left(\frac{\partial^2 u_z}{\partial r^2} + \frac{1}{r}\frac{\partial u_z}{\partial r} + \frac{1}{r^2}\frac{\partial^2 u_z}{\partial \theta^2} + \frac{\partial^2 u_z}{\partial z^2}\right)
\end{aligned}\right\} \quad (6.7)$$

式(6.7)与连续性方程式(3.27)联立即可求解。

例 6.1 如图 6.3 所示,设两块无限大的平行平板,相距为 h,其中一块平板固定,另一块平板以匀速 u_0 沿 x 方向运动,并带动两平板间的不可压缩流体沿 x 方向做稳定层流流动。试确定两平板间流体的速度分布,并计算通过两平板间单位宽度的流体流量。

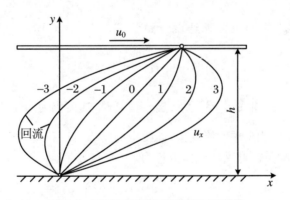

图 6.3 两平行平板间流体的层流流动

直线 0: $\frac{\mathrm{d}p}{\mathrm{d}x}=0$;曲线 1~3: $\frac{\mathrm{d}p}{\mathrm{d}x}<0$;曲线 -1~-3: $\frac{\mathrm{d}p}{\mathrm{d}x}>0$

解 根据题意可知,流体在 y 轴和 z 轴方向的速度分量都为零,即 $u_y = u_z = 0$。由连续性方程知 $\frac{\partial u_x}{\partial x} = 0$,即速度分量 u_x 与 x 坐标无关。

由式(6.6)可以看出,在流动中当质量力忽略不计时,有 $\frac{\partial p}{\partial y} = 0$,$\frac{\partial p}{\partial z} = 0$。因此,压力 p 只是 x 的函数,于是,式(6.6)可简化为

$$\frac{du_x}{d\tau} = -\frac{1}{\rho}\frac{dp}{dx} + \nu\left(\frac{\partial^2 u_x}{\partial y^2} + \frac{\partial^2 u_x}{\partial z^2}\right) \tag{6.8}$$

由于流体是在两无限大平行平板间做稳定层流流动,因此上式中$\frac{\partial^2 u_x}{\partial z^2}$与$\frac{\partial^2 u_x}{\partial y^2}$项相比可以忽略不计,同时,由于$\frac{\partial u_x}{\partial \tau} = 0$,所以

$$\frac{du_x}{d\tau} = \frac{\partial u_x}{\partial \tau} + u_x\frac{\partial u_x}{\partial x} + u_y\frac{\partial u_x}{\partial y} + u_z\frac{\partial u_x}{\partial z} = 0$$

于是,式(6.8)可进一步简化为

$$\frac{d^2 u_x}{dy^2} = \frac{1}{\mu}\frac{dp}{dx} \tag{6.9}$$

对上式积分,得

$$\frac{du_x}{dy} = \frac{1}{\mu}\frac{dp}{dx}y + C_1 \tag{6.10}$$

再积分得

$$u_x = \frac{1}{2\mu}\frac{dp}{dx}y^2 + C_1 y + C_2 \tag{6.11}$$

由边界条件 $y = 0$ 时 $u_x = 0$;$y = h$ 时,$u_x = u_0$,代入上式得

$$C_2 = 0, \quad C_1 = \frac{u_0}{h} - \frac{h}{2\mu}\frac{dp}{dx}$$

于是得到

$$u_x = \frac{u_0}{h}y - \frac{1}{2\mu}\frac{dp}{dx}(hy - y^2) \tag{6.12}$$

式(6.12)就是两平行平板间流体的速度分布公式。由式(6.12)可以看出,当$\frac{dp}{dx} = 0$时,$u_x = \frac{u_0}{h}y$,速度为直线规律分布,如图中的直线0所示;当$\frac{dp}{dx} < 0$时,速度为抛物线规律分布,并且$u_x > 0$,如图中的曲线1~3所示;当$\frac{dp}{dx} > 0$时,速度仍为抛物线规律分布,但可能造成速度$u_x < 0$,即流体可能出现倒流现象,如图中的曲线-1~-3所示。

通过两平行平板间单位宽度的流体流量为

$$Q = \int_0^h u_x dy = \int_0^h \left[\frac{u_0}{h}y - \frac{1}{2\mu}\frac{dp}{dx}(hy - y^2)\right]dy = \frac{u_0 h}{2} - \frac{h^3}{12\mu}\frac{dp}{dx}$$

$$= \frac{h^3}{12\mu}\frac{\Delta p}{L} + \frac{u_0 h}{2}$$

6.2 附面层的基本特征

当空气、气体、蒸气和水等黏度很小的流体与其他物体做速度较高的相对运动时,一般雷诺数都很大。实验指出,在这些流动中,惯性力比黏性力大得多,可以略去黏性力;但在紧

靠物体壁面的一层所谓附面层的流体薄层内,黏性力却大到约与惯性力相同的数量级,以致在这一区域中两者都不能略去。解决大雷诺数下绕物体流动的近似方法是以附面层理论为基础的,所以我们有必要了解附面层的一些基本概念和特征。

我们现在来讨论黏性流体平滑地绕流某静止物体(如机翼的翼型)的情况,如图6.4所示。在紧靠物体表面的薄层内,流速将由物体表面上的零值迅速地增加到与来流速度 u_∞ 同数量级的大小。这种在大雷诺数下紧靠物体表面流速从零急剧增加到与来流速度相同数量级的流体薄层称为附面层。在附面层内,流体在物体表面法线方向上的速度梯度很大,即使黏度很小的流体,表现出的黏性力也较大,绝不能忽略。由涡量计算公式 $\xi_z = \dfrac{\partial u_y}{\partial x} - \dfrac{\partial u_x}{\partial y}$,在附面层内 $\dfrac{\partial u_y}{\partial x}$ 很小,而 $\dfrac{\partial u_x}{\partial y}$ 却很大,所以涡量 $\xi_z \neq 0$,因此,附面层内的流体有相当大的旋涡强度。当附面层内的有旋流离开物体而流向下游时,在物体后部形成尾涡区域。在尾涡区中,开始速度梯度很大,随着离开物体距离的增加,原有的旋涡将逐渐地扩散和衰减,速度分布逐渐趋向均匀,直到尾涡完全消失(图6.4)。在附面层外,速度梯度很小,即使黏度较大的流体,其黏性力也很小,可以忽略不计。所以可以认为,在附面层外的流动是无旋的势流流动。

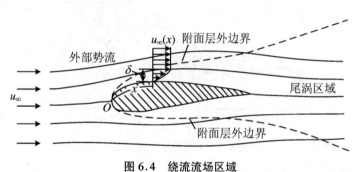

图 6.4　绕流流场区域

由此可见,当黏性流体绕物体流动时,可以将整个绕流流场划分为三个区域:附面层区、尾涡区和外部势流区。在附面层和尾涡区域内,必须考虑物体的黏性力,它们应当按照黏性流体的有旋流动来处理;在附面层和尾涡区域以外的势流区域内,可按照理想流体的无旋流动来处理。

实际上,附面层内、外区域并没有一个明显的分界面,也就是说,附面层的外边界,即附面层的厚度的概念并不很明显。一般在实际应用中通常是把流体速度达到外部主流区速度的99%的地方作为附面层的外边界,或者说在附面层的外边界上流速达到层外势流速度的99%,即

$$u\vert_{y=\delta} = 0.99 u_\infty(x) \tag{6.13}$$

这样定义的当地流速 $u(x,y)$ 等于主流速度 $0.99u_\infty$ 时的 y 值为附面层厚度 δ,也称为附面层的名义厚度。实际上附面层的厚度很薄,一般只有几毫米到几十毫米。为了清晰起见,图6.4上是将附面层的尺寸放大了。从图6.4中可以看出,流体在前驻点 O 处速度为零,所以附面层的厚度在前驻点处为零,然后沿着流动方向厚度逐渐增加。另外,附面层的外边界和流线并不重合,流线伸入附面层内,与外边界相交。原因是由于层外的流体质点不断地穿入附面层里面去。

综上所述,附面层有如下基本特征:

(1) 与物体的长度相比,附面层的厚度很小。

(2) 附面层内沿附面层厚度方向的速度变化非常急剧,即速度梯度很大。

(3) 附面层沿着物体的流动方向逐渐增厚。

(4) 由于附面层很薄,因而可以近似地认为,附面层中各横截面上的压力等于同一截面上附面层外边界上的压力。

(5) 在附面层内黏性力和惯性力是同一数量级。

(6) 附面层内流体的流动是有旋流动。

(7) 沿曲面的附面层易出现分离现象,并形成尾涡。

(8) 附面层内流体的流动与管内流动一样,也可以有层流和紊流两种流动状态。全部附面层内都是层流的,称为层流附面层。仅在附面层的起始部分是层流,而在其他部分是紊流的,称为混合附面层。图6.5为平板的混合附面层。在层流与紊流之间有一个过渡区域;在紊流附面层区,紧靠平板处,总是存在着一层极薄的层流底层。如果全部附面层内都是紊流的,称为紊流附面层。工程实际中常遇到的附面层多为混合附面层。

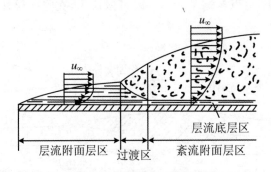

图 6.5 平板的混合附面层

对于附面层流动,判别层流和紊流的准则仍用雷诺数 Re,雷诺数中的几何定性尺寸,一般是取离物体前缘点的距离 x,特征速度可以取附面层外边界上主流的速度 u_∞,即

$$Re_x = \frac{\rho u_\infty x}{\mu} = \frac{u_\infty x}{\nu} \tag{6.14}$$

实验得出,对于平板而言,层流转变为紊流的临界雷诺数为 $Re_{x_c} = 3 \times 10^5 \sim 3 \times 10^6$,在工程应用上,常取 $Re_{x_c} = 5 \times 10^5$。如果定性尺寸取临界转变点的附面层厚度 δ_c,则相应的临界雷诺数为 $Re_{\delta_c} = 2\,700 \sim 3\,500$。附面层从层流转变为紊流的临界雷诺数的大小决定于许多因素,如层外势流的紊流度、物体的形状及壁面的粗糙度、流场的压力梯度、流体的可压缩性、物体的加热或冷却效果等都会影响 Re_c。实验证明,若增加流体的紊流度或增加物体壁面的粗糙度等都可使临界雷诺数的数值降低,即提早使层流转变为紊流。

6.3　层流附面层的微分方程式

附面层特性的确定,关系到流动阻力、能量损失、传热传质、流动的稳定性等重要的工程实际问题。近数十年来,流体力学在这方面的发展很大,但迄今尚未得到全面解决。普朗特和冯·卡门在这方面做出了巨大的贡献,他们除了提出附面层的概念外,还推导了附面层的解析计算法和动量计算法,前者也称为附面层的微分方程,后者也称为附面层的动量积分方程。

附面层的计算主要解决的是附面层厚度沿界面的变化、流体压力分布和流动阻力的计算问题。现在我们根据附面层的特征,利用不可压缩黏性流体的运动微分方程,来研究附面层内流体的运动规律。为了简单起见,只讨论流体沿平板做稳定的平面流动情况,x 轴与板面重合,方向与流向相同,假定附面层内的流动全是层流,质量力忽略不计,则不可压缩黏性流体平面稳定流动的运动微分方程和连续性方程分别为

$$\left.\begin{array}{l} u_x \dfrac{\partial u_x}{\partial x} + u_y \dfrac{\partial u_x}{\partial y} = -\dfrac{1}{\rho}\dfrac{\partial p}{\partial x} + \nu \left(\dfrac{\partial^2 u_x}{\partial x^2} + \dfrac{\partial^2 u_x}{\partial y^2} \right) \\[2mm] u_x \dfrac{\partial u_y}{\partial x} + u_y \dfrac{\partial u_y}{\partial y} = -\dfrac{1}{\rho}\dfrac{\partial p}{\partial y} + \nu \left(\dfrac{\partial^2 u_y}{\partial x^2} + \dfrac{\partial^2 u_y}{\partial y^2} \right) \\[2mm] \dfrac{\partial u_x}{\partial x} + \dfrac{\partial u_y}{\partial y} = 0 \end{array}\right\} \quad (6.15)$$

根据附面层的特征,应用数量级对比法,可以将上式简化。由于附面层的厚度很小,它与平板尺寸和沿界面的流速 u_x 比起来可以看成是微小量,设其数量级为 ε,用符号"~"表示数量级相同,则 $\delta \sim \varepsilon$。而令 x 和 u_x 的数量级为 1,即 $x \sim 1$,$u_x \sim 1$。于是在附面层区域内 $\mathrm{d}y \ll \mathrm{d}x$,即 $\mathrm{d}y \sim \varepsilon$。$\dfrac{\partial u_x}{\partial x} \sim \dfrac{1}{1} = 1$,$\dfrac{\partial^2 u_x}{\partial x^2} \sim \dfrac{1}{1^2} = 1$,$\dfrac{\partial u_x}{\partial y} \sim \dfrac{1}{\varepsilon}$,$\dfrac{\partial^2 u_x}{\partial y^2} \sim \dfrac{1}{\varepsilon^2}$。由连续性方程知 $\dfrac{\partial u_x}{\partial x} = -\dfrac{\partial u_y}{\partial y}$,所以 $\dfrac{\partial u_y}{\partial y} \sim 1$,$\partial u_y \sim \varepsilon$,$u_y \sim \varepsilon$。$\dfrac{\partial u_y}{\partial x} \sim \varepsilon$,$\dfrac{\partial^2 u_y}{\partial x^2} \sim \varepsilon$,$\dfrac{\partial^2 u_y}{\partial y^2} \sim \dfrac{\varepsilon}{\varepsilon^2} = \dfrac{1}{\varepsilon}$。在附面层中惯性力和黏性力数量级相同。所以 $u_y \dfrac{\partial u_x}{\partial y} \sim \nu \dfrac{\partial^2 u_x}{\partial y^2}$,而 $u_y \dfrac{\partial u_x}{\partial y} \sim 1$,$\dfrac{\partial^2 u_x}{\partial y^2} \sim \dfrac{1}{\varepsilon^2}$,所以 $\nu \sim \varepsilon^2$,这样 $\nu \dfrac{\partial^2 u_x}{\partial x^2} \sim \varepsilon^2$,于是,式(6.15)中第一式中的 $\nu \dfrac{\partial^2 u_x}{\partial x^2}$ 可以作为高阶微量略去。第二式中除去压力项得以保留外都是微小量 $\left(u_x \dfrac{\partial u_y}{\partial x} \sim \varepsilon,\ u_y \dfrac{\partial u_y}{\partial y} \sim \varepsilon,\ \nu \dfrac{\partial^2 u_y}{\partial x^2} \sim \varepsilon^3,\ \nu \dfrac{\partial^2 u_y}{\partial y^2} \sim \varepsilon \right)$ 可以略去。于是,式(6.15)简化为

$$\left.\begin{array}{l} u_x \dfrac{\partial u_x}{\partial x} + u_y \dfrac{\partial u_x}{\partial y} = -\dfrac{1}{\rho}\dfrac{\partial p}{\partial x} + \nu \dfrac{\partial^2 u_x}{\partial y^2} \\[2mm] \dfrac{\partial p}{\partial y} = 0 \\[2mm] \dfrac{\partial u_x}{\partial x} + \dfrac{\partial u_y}{\partial y} = 0 \end{array}\right\} \quad (6.16)$$

式(6.16)就是不可压缩黏性流体做稳定平面层流流动的附面层微分方程式,也称为普朗特附面层微分方程。其边界条件是

$$y = 0, \quad u_x = u_y = 0$$
$$y = \delta, \quad u_x = u_\infty$$

u_∞ 为附面层外缘的主流速度。当 $\dfrac{\partial p}{\partial x} = 0$ 时,主流速度 u_∞ 为一常数,与 x 无关。否则,它将是 x 的函数,即 $u_\infty = u_\infty(x)$。

由式(6.16)中 $\frac{\partial p}{\partial y}=0$ 可知,在附面层内部,压力 p 与坐标 y 无关,附面层横截面上各点的压力相等,等于附面层外边界上的压力。于是附面层内的压力分布为 $p=p(x)$,可以根据外部势流的速度由伯努利方程来确定,由此,附面层的压力 p 可看作是已知数。

方程组(6.16)是在物体壁面为平面的假设条件下得到的,即它适用于平板和楔形等物体,但是,对于曲面的物体,只要壁面上的任何点的曲率半径与该处附面层厚度相比很大(如叶片叶型等),该方程组仍然是适用的,并具有足够的准确度。但这时需要引用曲线坐标系,x 轴沿着物体的曲面,y 轴垂直于曲面(图 6.4)。

弯曲壁面与平壁附面层方程的差别在于对沿弯曲壁面流动所产生的离心力必须与 y 方向的压力梯度相平衡,$\frac{\partial p}{\partial y}$ 不再为零。但是如果壁面的曲率半径较大,附面层又极薄,壁面与附面层外边界之间的压力差很小,所以仍可以认为附面层横截面上的压力是几乎相等的。

虽然层流附面层的微分方程式(6.16)比一般的黏性流体运动微分方程要简化得多,但是该方程仍然是二阶非线性的偏微分方程,即使对于外形最简单的物体,求解也是十分困难的。目前只能对最简单的平板绕流层流附面层进行计算,对复杂物体的绕流和紊流附面层还不能求解。但是微分方程式作为一个基本方法,可以对其他近似计算法进行对比校核,以判断所拟订的近似计算法是否可靠。冯·卡门正是利用这种办法提出应用广泛的附面层动量积分方程式的。

6.4 附面层的动量积分方程式

附面层微分方程式虽然能取得精确的分析解,但是计算十分麻烦,而且目前只能对平板绕流层流附面层进行数值计算。不过它可以作为检验和校核其他计算方法的依据。目前应用比较广泛的是附面层动量积分方程式,也简称动量方程式。它是冯·卡门根据动量原理提出的,可以适用于层流附面层和紊流附面层,以及有压力梯度和无压力梯度的情况。在沿流动方向有压力梯度时,主流区的流速(即附面层外缘的流速)是随 x 而变化的,即 u_∞ 是 x 的函数,用 $u_\infty(x)$ 表示。在无压力梯度时,u_∞ 为常数。图 6.6 为物体边界附面层的一部分。沿附面层划出垂直于纸面的一个单位厚度的微小控制体 $abcd$,其内部流体受力情况如图所示。现在应用动量定理来研究该控制体内的流体在单位时间内沿 x 方向的动量变化和外力之间的关系。并认为流体的流动是稳定的。质量力沿 x 方向的分量等于零。

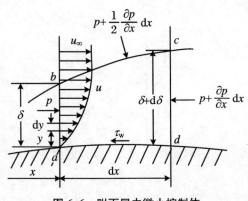

图 6.6 附面层内微小控制体

单位时间内在 x 方向上经过 ab 面流入控制体的质量和带入的动量分别为

$$m_{ab} = \int_0^\delta \rho u_x \mathrm{d}y$$

$$K_{ab} = \int_0^\delta \rho u_x^2 \mathrm{d}y$$

单位时间内在 x 方向上经过 cd 面流出控制体的质量和带出的动量分别为

$$m_{cd} = m_{ab} + \frac{\partial m_{ab}}{\partial x}\mathrm{d}x = \int_0^\delta \rho u_x \mathrm{d}y + \frac{\partial}{\partial x}\left(\int_0^\delta \rho u_x \mathrm{d}y\right)\mathrm{d}x$$

$$K_{cd} = K_{ab} + \frac{\partial K_{ab}}{\partial x}\mathrm{d}x = \int_0^\delta \rho u_x^2 \mathrm{d}y + \frac{\partial}{\partial x}\left(\int_0^\delta \rho u_x^2 \mathrm{d}y\right)\mathrm{d}x$$

根据连续性方程,对于稳定流动来说,必然有

$$m_{bc} = m_{cd} - m_{ab} = \frac{\partial}{\partial x}\left(\int_0^\delta \rho u_x \mathrm{d}y\right)\mathrm{d}x$$

而

$$K_{bc} = u_\infty m_{bc} = u_\infty \frac{\partial}{\partial x}\left(\int_0^\delta \rho u_x \mathrm{d}y\right)\mathrm{d}x$$

式中:u_∞ 为附面层外边界上的主流速度。这样,可得到单位时间内该控制体内流体沿 x 方向的动量变化量为

$$\Delta K_x = K_{cd} - K_{ab} - K_{bc} = \frac{\partial}{\partial x}\left(\int_0^\delta \rho u_x^2 \mathrm{d}y\right)\mathrm{d}x - u_\infty \frac{\partial}{\partial x}\left(\int_0^\delta \rho u_x \mathrm{d}y\right)\mathrm{d}x \quad (6.17)$$

现在计算作用在控制体内流体上沿 x 方向的外力之和,即作用在控制面 ab、bc、cd 面上的总压力和作用在 ad 面上的摩擦力。应当注意,bc 是附面层的外边界,速度梯度趋近于零,因此沿 bc 面上没有切应力。则

$$P_{ab} = p\delta$$

$$P_{cd} = \left(p + \frac{\partial p}{\partial x}\mathrm{d}x\right)(\delta + \mathrm{d}\delta)$$

$$P_{bc} = \left(p + \frac{1}{2}\frac{\partial p}{\partial x}\mathrm{d}x\right)\mathrm{d}\delta$$

式中:$p + \frac{1}{2}\frac{\partial p}{\partial x}\mathrm{d}x$ 是作用在 bc 面上的平均压力。

壁面 ad 作用在控制体内流体上的切应力的合力为

$$T_{ab} = \tau_\mathrm{w}\mathrm{d}x$$

于是,单位时间内作用在该控制体内流体上沿 x 方向的各外力的合力为

$$\sum F_x = p\delta + \left(p + \frac{1}{2}\frac{\partial p}{\partial x}\mathrm{d}x\right)\mathrm{d}\delta - \left(p + \frac{\partial p}{\partial x}\mathrm{d}x\right)(\delta + \mathrm{d}\delta) - \tau_\mathrm{w}\mathrm{d}x$$

由于 $\mathrm{d}x\mathrm{d}\delta \ll \delta\mathrm{d}x$,故忽略二阶无穷小量后,得到

$$\sum F_x = -\delta\frac{\partial p}{\partial x}\mathrm{d}x - \tau_\mathrm{w}\mathrm{d}x = -\left(\delta\frac{\partial p}{\partial x} + \tau_\mathrm{w}\right)\mathrm{d}x \quad (6.18)$$

将式(6.17)和式(6.18)代入动量方程,并除以 $\mathrm{d}x$ 得到

$$\frac{\partial}{\partial x}\int_0^\delta \rho u_x^2 \mathrm{d}y - u_\infty \frac{\partial}{\partial x}\int_0^\delta \rho u_x \mathrm{d}y = -\left(\delta\frac{\partial p}{\partial x} + \tau_\mathrm{w}\right) \quad (6.19)$$

式(6.19)就是附面层动量积分方程式。它是由冯·卡门在1921年根据动量定理首先导出的,所以常称为卡门动量积分方程。由第6.3节已知,在附面层内 $p = p(x)$,而且从以后的

计算中可知,在附面层某截面上的速度分布 $u_x = u_x(y)$,附面层的厚度 $\delta = \delta(x)$,所以上式中左边的两个积分项也都只是 x 的函数。因此上式中的偏导数可以改写为全导数,则式(6.19)可写为

$$\frac{d}{dx}\int_0^\delta \rho u_x^2 dy - u_\infty \frac{d}{dx}\int_0^\delta \rho u_x dy = -\left(\delta \frac{dp}{dx} + \tau_w\right) \tag{6.20}$$

如果附面层外边界上主流的速度 u_∞ 在流动过程中不随 x 而改变,如绕流平板的情况,即 $u_\infty = $ 常数时,由伯努利方程

$$p + \frac{1}{2}\rho u_\infty^2 = 常数$$

可知附面层外边界上的压力 p 也不随 x 变化而保持为常数,即 $\frac{dp}{dx} = 0$。因此,式(6.20)可简化为

$$\frac{d}{dx}\int_0^\delta \rho u_x(u_\infty - u_x)dy = \tau_w \tag{6.21}$$

在以上推导附面层动量积分方程式的过程中,对壁面上的切应力 τ_w 未做任何假定,故式(6.19)~式(6.21)对层流附面层和紊流附面层都适用。在附面层动量积分方程式中包含三个未知数 u_x、τ_w 和 δ,因此,还需要找出两个补充关系式才能求解。通常把沿附面层厚度方向的速度分布 $u_x = u_x(y)$ 以及切应力与附面层厚度的关系式 $\tau_w = \tau_w(\delta)$ 作为两个补充关系式。一般在应用附面层动量积分方程式(6.20)来求解附面层问题时,附面层内的速度分布是按已有的经验来假定的。假定的速度分布 $u_x = u_x(y)$ 愈接近实际,则所得到的结果愈精确。所以,选择附面层内的速度分布函数 $u_x(y)$ 是求解附面层问题的关键。

附面层内速度分布通常可取作多项式、三角函数式或双曲函数、指数函数和对数函数等形式,一般结合实际情况来选定。

6.5 附面层的位移厚度、动量损失厚度和能量损失厚度

在第 6.2 节中,我们定义了附面层的名义厚度 δ。在实际计算中,如在解决和计算曲面附面层的问题时,还常用到所谓位移厚度 δ_1、动量损失厚度 δ_2 和能量损失厚度 δ_3 的假定厚度作为附面层的特征。

6.5.1 位移厚度 δ_1

附面层的位移厚度又称流量损失厚度或称排挤厚度,其含义是:对于不可压缩流体,当在理想流动(即不存在附面层)情况下,流速均等于主流速度 u_∞ 时,流过 δ_1 的流量应和在实际情况下(有附面层时),由于黏性的作用而使流速减低时整个流场减小的流量相等,即与流量损失量相等。如图 6.7 所示,即面积(1+3) = 面积(2+3)。由此可见,在流量相等的条件下,犹如将没有黏性的理想流体从固体壁面向主流区推移了厚度为 δ_1 的距离,或者说向主流区排挤了一个 δ_1 的距离。这就是位移厚度或排挤厚度名称的由来。理想情况下(无黏性)流体流过 δ_1 厚度的流量为 $u_\infty \delta_1$(指单位宽度,下同),实际情况下由于黏性的存在而使速度减

低,从而减小的流体流量为

$$\int_0^\infty (u_\infty - u_x) \mathrm{d}y$$

于是

$$u_\infty \delta_1 = \int_0^\infty (u_\infty - u_x) \mathrm{d}y$$

所以

$$\delta_1 = \int_0^\infty \left(1 - \frac{u_x}{u_\infty}\right) \mathrm{d}y \approx \int_0^\delta \left(1 - \frac{u_x}{u_\infty}\right) \mathrm{d}y \tag{6.22}$$

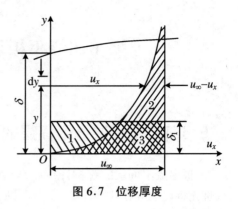

图 6.7 位移厚度

如果已知 $\dfrac{u_x}{u_\infty}$ 与 y 的关系,即可通过式(6.22)计算附面层的位移厚度 δ_1。

6.5.2 动量损失厚度 δ_2

动量损失厚度 δ_2 的定义与 δ_1 相似,即在理想情况下(无黏性)通过厚度 δ_2 的流体动量等于实际情况下整个流场中实际流量与速度减小量的乘积,也就是等于动量损失量,即

$$\rho u_\infty^2 \delta_2 = \int_0^\infty \rho u_x (u_\infty - u_x) \mathrm{d}y$$

也即

$$\delta_2 = \int_0^\infty \frac{u_x}{u_\infty}\left(1 - \frac{u_x}{u_\infty}\right) \mathrm{d}y \approx \int_0^\delta \frac{u_x}{u_\infty}\left(1 - \frac{u_x}{u_\infty}\right) \mathrm{d}y \tag{6.23}$$

6.5.3 能量损失厚度 δ_3

与 δ_1 和 δ_2 相类似,能量损失厚度 δ_3 的定义为:在理想情况下通过厚度 δ_3 的流体的动能等于实际情况下整个流场的动能损失量,即

$$\frac{1}{2}\rho u_\infty^3 \delta_3 = \int_0^\infty \frac{1}{2}\rho u_x (u_\infty^2 - u_x^2) \mathrm{d}y$$

也即

$$\delta_3 = \int_0^\infty \frac{u_x}{u_\infty}\left[1 - \left(\frac{u_x}{u_\infty}\right)^2\right] \mathrm{d}y \approx \int_0^\delta \frac{u_x}{u_\infty}\left[1 - \left(\frac{u_x}{u_\infty}\right)^2\right] \mathrm{d}y \tag{6.24}$$

在已知 $\dfrac{u_x}{u_\infty}$ 与 y 的关系后,即可通过式(6.23)和式(6.24)计算附面层的动量损失厚度 δ_2 和能量损失厚度 δ_3。利用 δ_1、δ_2 和 δ_3 可以进行附面层的解析计算,并且可以根据 δ、δ_1、δ_2 和 δ_3 间的比值来表达附面层中的速度分布。

6.6 平板层流附面层的计算

6.6.1 平板层流附面层的解析计算

平板层流附面层的解析计算就是从层流附面层的微分方程式(6.16)及其边界条件出发,首先将运动方程式和连续性方程式归并,再进行简化,将偏微分方程组化成常微分方程式,最后进行求解,求得附面层中速度分布规律及沿流动方向附面层厚度的增长规律,并由此确定流动的切应力 τ_w、摩擦总阻力 F_f 及阻力系数 C_f。下面就来说明其计算方法及过程。

如图 6.8 所示,假定在稳定流动的情况下,沿平板流动方向主流的速度不变,所以不存在压力梯度,即 $\dfrac{\partial p}{\partial x}=0$。在附面层中取一微元体,则作用在微元体上的力只有黏性力和惯性力。设附面层微元体底面的黏性力为 $\tau \mathrm{d}x\mathrm{d}z$,顶面的黏性力为 $\left(\tau+\dfrac{\mathrm{d}\tau}{\mathrm{d}y}\mathrm{d}y\right)\mathrm{d}x\mathrm{d}z$,则沿流动方向的净黏性力为 $\dfrac{\mathrm{d}\tau}{\mathrm{d}y}\mathrm{d}x\mathrm{d}y\mathrm{d}z = \mu \dfrac{\mathrm{d}^2 u_x}{\mathrm{d}y^2}\mathrm{d}x\mathrm{d}y\mathrm{d}z$。沿流动方向的惯性力为 $ma_x = m\dfrac{\mathrm{d}u_x}{\mathrm{d}\tau} = \rho u_x \dfrac{\mathrm{d}u_x}{\mathrm{d}x}\mathrm{d}x\mathrm{d}y\mathrm{d}z$(对于稳定流动 $\dfrac{\partial u_x}{\partial \tau}=0$,且 $\dfrac{\partial y}{\partial \tau}=0$,所以 $\dfrac{\mathrm{d}u_x}{\mathrm{d}\tau}=u_x\dfrac{\partial u_x}{\partial x}=u_x\dfrac{\mathrm{d}u_x}{\mathrm{d}x}$,此式中 τ 为时间),在层流附面层条件下,黏性力与惯性力成比例,即

$$\mu \frac{\mathrm{d}^2 u_x}{\mathrm{d}y^2} \sim \rho u_x \frac{\mathrm{d}u_x}{\mathrm{d}x} \tag{6.25}$$

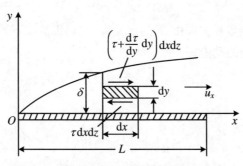

图 6.8 平板层流附面层

另一方面,认为在附面层任何截面上的流速分布都是相似的,即

$$\frac{\mathrm{d}u_x}{\mathrm{d}y} \sim \frac{u_\infty}{\delta}, \quad \frac{\mathrm{d}u_x}{\mathrm{d}x} \sim \frac{u_\infty}{x}$$

于是

$$\frac{\mathrm{d}^2 u_x}{\mathrm{d}y^2} \sim \frac{u_\infty}{\delta^2} \tag{6.26}$$

式中:x 是自板端沿流动方向的距离。则

$$u_x \frac{du_x}{dx} \sim \frac{u_\infty^2}{x} \tag{6.27}$$

由式(6.25)~式(6.27)可得

$$\mu \frac{u_\infty}{\delta^2} \sim \rho \frac{u_\infty^2}{x}$$

或者

$$\delta \sim \sqrt{\frac{\mu x}{\rho u_\infty}} = \sqrt{\frac{\nu x}{u_\infty}} = x\sqrt{\frac{1}{Re_x}} \tag{6.28}$$

$$\frac{\delta}{x} \sim \sqrt{\frac{1}{Re_x}} \quad (Re_x = \frac{u_\infty x}{\nu}) \tag{6.28a}$$

式(6.28)和式(6.28a)说明层流附面层厚度 δ 的增长与 x 的平方根成正比,而其相对厚度 $\frac{\delta}{x}$ 则与 Re_x 的平方根成反比。这样的结论已被试验所证实,可以作为解析计算的重要条件。

根据上述附面层中速度相似的条件可知,$\frac{u_x}{u_\infty}$ 必是 $\frac{y}{\delta}$ 的函数,即有

$$\frac{u_x}{u_\infty} = f_1\left(\frac{y}{\delta}\right) \tag{6.29}$$

由式(6.28a)及式(6.29)可写出

$$\frac{u_x}{u_\infty} = f_2\left(y\sqrt{\frac{u_\infty}{\nu x}}\right) = f_2(\eta) \tag{6.30}$$

其中:$\eta = y\sqrt{\frac{u_\infty}{\nu x}}$,如果令 $f_2(\eta)$ 为另一函数 $f(\eta)$ 的导数,即 $f_2(\eta) = f'(\eta)$,则

$$\frac{u_x}{u_\infty} = f_2(\eta) = f'(\eta) \tag{6.31}$$

对于层流附面层可以引入流函数 $\psi(x,y)$,以将偏微分的运动方程组化为可解的常微分方程式。由式(4.22)

$$u_x = \frac{\partial \psi}{\partial y}, \quad u_y = -\frac{\partial \psi}{\partial x}$$

于是

$$\frac{\partial \psi}{\partial y} = u_x = u_\infty f_2(\eta)$$

又

$$\frac{\partial \psi}{\partial y} = \frac{\partial \psi}{\partial \eta}\frac{\partial \eta}{\partial y} = \frac{\partial \psi}{\partial \eta}\sqrt{\frac{u_\infty}{\nu x}}$$

所以

$$\frac{\partial \psi}{\partial \eta} = \sqrt{u_\infty \nu x} f_2(\eta) = \sqrt{u_\infty \nu x} f'(\eta)$$

则

$$\psi = \sqrt{u_\infty \nu x} f(\eta) \tag{6.32}$$

利用式(6.32)对附面层参量进行下列转化:

$$\left.\begin{aligned}
u_x &= \frac{\partial \psi}{\partial y} = \frac{\partial \psi}{\partial \eta}\frac{\partial \eta}{\partial y} = \sqrt{u_\infty \nu x}f'(\eta)\sqrt{\frac{u_\infty}{\nu x}} = u_\infty f'(\eta) \\
u_y &= -\frac{\partial \psi}{\partial x} = -\frac{\partial \psi}{\partial \eta}\frac{\partial \eta}{\partial x} = -\sqrt{u_\infty \nu x}f'(\eta)\frac{\partial \eta}{\partial x} - f(\eta)\frac{\partial \sqrt{u_\infty \nu x}}{\partial x} \\
&= -\sqrt{u_\infty \nu x}f'(\eta)y\sqrt{\frac{u_\infty}{\nu x^3}}\left(-\frac{1}{2}\right) - \frac{1}{2}\sqrt{\frac{u_\infty \nu}{x}}f(\eta) \\
&= \frac{1}{2}\left[y\sqrt{\frac{u_\infty}{\nu x}}\sqrt{\frac{u_\infty \nu}{x}}f'(\eta) - \sqrt{\frac{u_\infty \nu}{x}}f(\eta)\right] \\
&= \frac{1}{2}\sqrt{\frac{u_\infty \nu}{x}}[\eta f'(\eta) - f(\eta)] \\
\frac{\partial u_x}{\partial y} &= \frac{\partial u_x}{\partial \eta}\frac{\partial \eta}{\partial y} = u_\infty \sqrt{\frac{u_\infty}{\nu x}}f''(\eta) \\
\frac{\partial u_x}{\partial x} &= \frac{\partial u_x}{\partial \eta}\frac{\partial \eta}{\partial x} = -\frac{u_\infty}{2x}\eta f''(\eta) \\
\frac{\partial^2 u_x}{\partial y^2} &= \frac{\partial}{\partial y}\left(\frac{\partial u_x}{\partial y}\right) = \frac{\partial}{\partial \eta}\left(\frac{\partial u_x}{\partial y}\right)\frac{\partial \eta}{\partial y} = \frac{u_\infty^2}{\nu x}f'''(\eta)
\end{aligned}\right\} \quad (6.33)$$

对于平板绕流层流附面层,主流区速度 u_∞ 不随 x 而改变,所以 $\frac{\partial p}{\partial x} = 0$,则式(6.16)可写成

$$\left.\begin{aligned}
u_x \frac{\partial u_x}{\partial x} + u_y \frac{\partial u_x}{\partial y} &= \nu \frac{\partial^2 u_x}{\partial y^2} \\
\frac{\partial u_x}{\partial x} + \frac{\partial u_y}{\partial y} &= 0
\end{aligned}\right\} \quad (6.16a)$$

由于流函数具有连续函数的特性,它能自动满足连续性方程,即

$$\frac{\partial u_x}{\partial x} = \frac{\partial^2 \psi}{\partial x \partial y}, \quad \frac{\partial u_y}{\partial y} = -\frac{\partial^2 \psi}{\partial y \partial x}$$

$$\frac{\partial u_x}{\partial x} + \frac{\partial u_y}{\partial y} = \frac{\partial^2 \psi}{\partial x \partial y} - \frac{\partial^2 \psi}{\partial y \partial x}$$

于是将式(6.33)代入式(6.16a),整理后得到

$$2f'''(\eta) + f(\eta)f''(\eta) = 0 \quad (6.34)$$

式(6.34)即为平板绕流层流附面层的运动微分方程式,它是一个三阶非线性常微分方程。其边界条件是:

$y = 0, \eta = 0, f'(\eta) = 0$ (根据式(6.31),贴壁处 $u_x = 0$)
$y = 0, \eta = 0, f(\eta) = 0$ (根据式(6.33)第二式,贴壁处 $u_y = 0$,且 $f'(\eta) = 0$)
$x = 0, \eta \to \infty, f'(\eta) = 1$ (根据式(6.33)第一式,$x = 0, u_x = u_\infty$)

经过上述分析及数学处理,式(6.16a)偏微分方程组变为式(6.34)形式的常微分方程式。附面层计算问题归结为解常微分方程式(6.34),即求解函数 $f(\eta)$。设 $f(\eta)$ 是一个指数级数形式

$$f(\eta) = a_0 + a_1 \eta + \frac{a_2}{2!}\eta^2 + \frac{a_3}{3!}\eta^3 + \cdots$$

式中:$a_0, a_1, a_2, a_3, \cdots$ 是待定系数。由上式可得函数 $f(\eta)$ 的各阶导数为

$$f'(\eta) = a_1 + a_2\eta + \frac{a_3}{2!}\eta^2 + \frac{a_4}{3!}\eta^3 + \cdots$$

$$f''(\eta) = a_2 + a_3\eta + \frac{a_4}{2!}\eta^2 + \frac{a_5}{3!}\eta^3 + \cdots$$

$$f'''(\eta) = a_3 + a_4\eta + \frac{a_5}{2!}\eta^2 + \frac{a_6}{3!}\eta^3 + \cdots$$

由函数 $f(\eta)$、$f'(\eta)$ 及式(6.34)的第一个和第二个边界条件可知：$a_0 = 0, a_1 = 0$。将式 $f(\eta)$、$f''(\eta)$ 和 $f'''(\eta)$ 代入式(6.34)，得

$$2\left(a_3 + a_4\eta + \frac{a_5}{2!}\eta^2 + \cdots\right) + \left(\frac{a_2}{2!}\eta^2 + \frac{a_3}{3!}\eta^3 + \cdots\right)\left(a_2 + a_3\eta + \frac{a_4}{2!}\eta^2 + \cdots\right) = 0$$

整理后，可得

$$2a_3 + 2a_4\eta + \frac{a_2^2 + 2a_5}{2!}\eta^2 + \frac{4a_2a_3 + 2a_6}{3!}\eta^3 + \frac{11a_2a_5 + 2a_8}{5!}\eta^5 + \cdots = 0$$

由上式可知要满足式(6.34)的条件，只有使上式中各项都分别为零，则由此可确定各系数为

$$a_3 = 0, \quad a_4 = 0, \quad a_5 = -\frac{1}{2}a_2^2, \quad a_6 = 0, \quad a_7 = 0, \quad a_8 = -\frac{11}{2}a_2a_5 = \frac{11}{4}a_2^3, \quad \cdots$$

即只有 $a_2, a_5, a_8, a_{11}, \cdots$ 不为零，而且它们都可以用 a_2 表示。于是 $f(\eta)$ 变成下列形式：

$$f(\eta) = \frac{a_2}{2!}\eta^2 - \frac{1}{2}\frac{a_2^2}{5!}\eta^5 + \frac{11}{4}\frac{a_2^3}{8!}\eta^8 - \frac{375}{8}\frac{a_2^4}{11!}\eta^{11} + \cdots$$

$$= \sum_{n=0}^{\infty}\left(-\frac{1}{2}\right)^n \frac{a_2^{n+1}C_n}{(3n+2)!}\eta^{3n+2} \tag{6.35}$$

式(6.35)即为常微分方程式(6.34)的解，其中 C_n 为二项式的系数，而系数 a_2 可利用余下的式(6.34)的第三个边界条件(即 $x = 0, \eta = \infty$ 时，$f'(\eta) = 1$)来确定。布拉休斯经过计算得到 $a_2 = 0.332$。

根据式(6.35)可通过数值计算得出 $f(\eta)$、$f'(\eta)$ 及 $f''(\eta)$ 等在不同的 η 值下的数值。豪沃斯在 $\eta = 0 \sim 8.8$ 的取值范围内进行数值计算的部分结果列于表6.1中。到此为止附面层的解析计算已基本完成。借助表6.1可以看出，当 $\eta = 8$ 时，$f'(\eta)$ 已趋近于1。根据式(6.33)第一式可知，此时 $u_x = u_\infty$，即附面层外边界上的流速已等于主流速度，此时的 y 值 ($\eta = y\sqrt{\frac{u_\infty}{\nu x}}$) 已达到附面层规定厚度以上。从表中还可看出，当 $\eta = 5.0$ 时，$f'(\eta) = \frac{u_x}{u_\infty} = 0.99155$，此时达到了附面层名义厚度 δ 的定义边界，即 $y|_{\eta=5.0} = \delta$。由此则按式(6.30)中的 $\eta = y\sqrt{\frac{u_\infty}{\nu x}}$ 得到附面层厚度 δ 的计算式：

$$\delta = 5.0\sqrt{\frac{\nu x}{u_\infty}} = \frac{5.0x}{\sqrt{Re_x}} = 5.0x\, Re_x^{-\frac{1}{2}} \tag{6.36}$$

或者

$$\frac{\delta}{x} = \frac{5.0}{\sqrt{Re_x}} = 5.0\, Re_x^{-\frac{1}{2}} \quad \left(Re_x = \frac{u_\infty x}{\nu}\right) \tag{6.37}$$

由式(6.37)可以看出，平板层流附面层的厚度变化曲线为二次抛物线，即 δ 随 x 的增加而增大，但随来流速度 u_∞ 的增加而减小，而且流体的黏性愈大，附面层也愈厚。

附面层的位移厚度 δ_1 按式(6.22)决定如下：

$$\delta_1 = \frac{1}{u_\infty}\int_0^\infty (u_\infty - u_x)\mathrm{d}y = \frac{1}{u_\infty}\int_0^\infty [u_\infty - u_\infty f'(\eta)]\frac{\mathrm{d}y}{\mathrm{d}\eta}\mathrm{d}\eta$$

$$= \sqrt{\frac{\nu x}{u_\infty}}\int_0^\infty [1 - f'(\eta)]\mathrm{d}\eta = \sqrt{\frac{\nu x}{u_\infty}}\lim_{\eta\to\infty}[\eta - f(\eta)]$$

表6.1 豪沃斯数值计算表

$\eta = y\sqrt{\dfrac{u_\infty}{\nu x}}$	$f(\eta)$	$f'(\eta) = \dfrac{u_x}{u_\infty}$	$f''(\eta) = \dfrac{\partial u_x}{\partial y}\cdot\dfrac{y}{\eta u_\infty}$
0	0	0	0.332 06
0.4	0.026 56	0.132 77	0.331 47
0.8	0.106 61	0.264 71	0.327 39
1.2	0.237 95	0.393 78	0.316 59
1.6	0.420 32	0.516 76	0.296 67
2.0	0.650 03	0.629 77	0.266 75
2.4	0.922 30	0.728 99	0.228 09
2.8	1.230 99	0.811 52	0.184 01
3.2	1.569 11	0.876 09	0.139 13
3.6	1.925 94	0.923 33	0.098 09
4.0	2.305 76	0.955 52	0.064 24
4.4	2.692 38	0.975 87	0.038 97
4.8	3.085 34	0.987 79	0.021 87
5.0	3.283 29	0.991 55	0.015 91
5.2	3.481 89	0.994 25	0.011 34
5.6	3.880 31	0.997 84	0.005 43
6.0	4.279 64	0.998 98	0.002 40
6.4	4.679 38	0.999 61	0.000 98
6.8	5.079 28	0.999 87	0.000 37
7.2	5.479 25	0.999 96	0.000 13
7.6	5.879 24	0.999 99	0.000 04
8.0	6.279 30	1.000 00	0.000 01
8.4	6.679 23	1.000 00	0.000 00
8.8	7.079 23	1.000 00	0.000 00

由表6.1可知,当 $\eta = 8.0$ 时, $f'(\eta) = 1$,即可认为 η 相当于 ∞,此时 $f(\eta) = 6.279$,所以 $\eta - f(\eta) = 1.721$,即

$$\delta_1 = 1.721\sqrt{\frac{\nu x}{u_\infty}} = \frac{1.721x}{\sqrt{Re_x}} = 1.721 x\, Re_x^{-\frac{1}{2}} \tag{6.38}$$

由此类似可得到附面层的动量损失厚度 δ_2 为

$$\delta_2 = 0.664\sqrt{\frac{\nu x}{u_\infty}} = \frac{0.664x}{\sqrt{Re_x}} = 0.664x\, Re_x^{-\frac{1}{2}} \tag{6.39}$$

在层流条件下,平板表面上的摩擦切应力可根据牛顿内摩擦定律公式计算:

$$\tau_w = \mu \left.\frac{\partial u_x}{\partial y}\right|_{y=0}$$

由式(6.33)已知

$$\frac{\partial u_x}{\partial y} = u_\infty \sqrt{\frac{u_\infty}{\nu x}} f''(\eta)$$

由表6.1知,当 $y=0, \eta=0$ 时, $f''(\eta)=0.332$,所以

$$\tau_w = 0.332\mu u_\infty \sqrt{\frac{u_\infty}{\nu x}} = 0.332\rho u_\infty^2 \sqrt{\frac{\nu}{u_\infty x}} = 0.332\rho u_\infty^2 Re_x^{-\frac{1}{2}} \tag{6.40}$$

由式(6.40)可以看出,平板壁面上的摩擦切应力 τ_w 随流动距离 x 的增加而减小。这是由于随流动距离 x 的增加,各流动截面上的速度梯度在逐渐减小而造成的。

平板上 x 处的摩擦阻力系数(称当地摩擦阻力系数) C_{fx} 为

$$C_{fx} = \frac{\tau_w}{\frac{1}{2}\rho u_\infty^2} = \frac{0.332\rho u_\infty^2 Re_x^{-\frac{1}{2}}}{\frac{1}{2}\rho u_\infty^2} = 0.664 Re_x^{-\frac{1}{2}} \tag{6.41}$$

对于长度为 L,宽度为 B 的平板一侧面上的总摩擦阻力为

$$F_f = \int_0^L \tau_w B\, dx = 0.332 B\sqrt{\rho\mu u_\infty^3} \int_0^L x^{-\frac{1}{2}} dx = 0.664 B\sqrt{\rho\mu u_\infty^3 L}$$
$$= 0.664 BL\rho u_\infty^2 Re_L^{-\frac{1}{2}} \tag{6.42}$$

所以整个平板的总摩擦阻力系数 C_f 为

$$C_f = \frac{F_f}{\frac{1}{2}\rho u_\infty^2 BL} = \frac{0.664 BL\rho u_\infty^2 Re_L^{-\frac{1}{2}}}{\frac{1}{2}\rho u_\infty^2 BL} = 1.328 Re_L^{-\frac{1}{2}} \tag{6.43}$$

式中: Re_L 为按板长 L 计算的雷诺数,即 $Re_L = \frac{u_\infty L}{\nu}$。

试验证明上述理论计算是相当准确的,可以用于工程计算。

6.6.2 平板层流附面层的近似计算

如图6.8所示,当自由来流绕流平板时,平板上附面层边界上的速度可取 u_∞,且 $u_\infty =$ 常数。由伯努利方程可知沿流动方向不存在压力梯度,即 $\frac{\partial p}{\partial x}=0$。因此,平板层流附面层的动量积分方程式为

$$\tau_w = \frac{d}{dx}\int_0^\delta \rho u_x(u_\infty - u_x)\, dy \tag{6.21}$$

对于不可压缩流体, $\rho =$ 常数,则上式可写为

$$\tau_w = \rho u_\infty^2 \frac{d}{dx}\int_0^\delta \frac{u_x}{u_\infty}\left(1 - \frac{u_x}{u_\infty}\right)dy = \rho u_\infty^2 \frac{d\delta_2}{dx} \tag{6.44}$$

实际上,上式对 τ_w 并未加任何限制,因此,对平板层流附面层和紊流附面层都适用。式中包含三个未知数 u_x、τ_w 和 δ,需要另外增加两个补充关系式。

第一个补充关系式:设层流附面层内的速度分布为 y 的幂级数,即

$$u_x = u_x(y) = a_0 + a_1 y + a_2 y^2 + a_3 y^3 + a_4 y^4 \tag{6.45}$$

由于附面层的厚度很小,所以 y 是个微小量,取幂级数的前五项已是足够精确了。待定系数 a_0、a_1、a_2、a_3 和 a_4 由下列边界条件确定。

边界条件:

(1) $y = 0$ 处,$u_x = 0$;

(2) $y = \delta$ 处,$u_x = u_\infty$;

(3) $y = \delta$ 处,$\left(\dfrac{\partial u_x}{\partial y}\right)_\delta = 0$,即 $\tau = \mu \left(\dfrac{\partial u_x}{\partial y}\right)_\delta = 0$;

(4) $y = \delta$ 处,$u_x = u_\infty = $ 常数,根据附面层微分方程式(6.16)可得到 $\left(\dfrac{\partial^2 u_x}{\partial y^2}\right)_\delta = 0$;

(5) $y = 0$ 处,$u_x = u_y = 0$,由式(6.16)得到 $\left(\dfrac{\partial^2 u_x}{\partial y^2}\right)_{y=0} = 0$。

利用上面的五个边界条件可求得

$$a_0 = 0, \quad a_1 = 2\frac{u_\infty}{\delta}, \quad a_2 = 0, \quad a_3 = -2\frac{u_\infty}{\delta^3}, \quad a_4 = \frac{u_\infty}{\delta^4}$$

将上面各系数代入式(6.45),得到

$$u_x = u_\infty \left[2\left(\frac{y}{\delta}\right) - 2\left(\frac{y}{\delta}\right)^3 + \left(\frac{y}{\delta}\right)^4 \right] \tag{6.46}$$

或写成

$$\frac{u_x}{u_\infty} = 2\left(\frac{y}{\delta}\right) - 2\left(\frac{y}{\delta}\right)^3 + \left(\frac{y}{\delta}\right)^4 \tag{6.46a}$$

第二个补充关系式:对于层流附面层,可根据牛顿内摩擦定律得出平板板面上黏性摩擦应力为

$$\tau_w = \mu \left(\frac{\partial u_x}{\partial y}\right)_{y=0} = \mu \frac{u_\infty}{\delta} \left[2 - 6\left(\frac{y}{\delta}\right)^2 + 4\left(\frac{y}{\delta}\right)^3\right]_{y=0} = \frac{2\mu u_\infty}{\delta} \tag{6.47}$$

此外,附面层的动量损失厚度 δ_2 为

$$\begin{aligned}
\delta_2 &= \int_0^\delta \frac{u_x}{u_\infty}\left(1 - \frac{u_x}{u_\infty}\right) \mathrm{d}y \\
&= \int_0^\delta \left[2\left(\frac{y}{\delta}\right) - 2\left(\frac{y}{\delta}\right)^3 + \left(\frac{y}{\delta}\right)^4\right]\left[1 - 2\left(\frac{y}{\delta}\right) + 2\left(\frac{y}{\delta}\right)^3 - \left(\frac{y}{\delta}\right)^4\right] \mathrm{d}y \\
&= \frac{37}{315}\delta
\end{aligned} \tag{6.48}$$

将式(6.47)和式(6.48)代入式(6.44),得到

$$\frac{2\mu u_\infty}{\delta} = \rho u_\infty^2 \frac{37}{315} \frac{\mathrm{d}\delta}{\mathrm{d}x}$$

上式整理后为

$$\delta \mathrm{d}\delta = \frac{630}{37} \frac{\nu}{u_\infty} \mathrm{d}x$$

对上式积分得

$$\frac{1}{2}\delta^2 = \frac{630}{37}\frac{\nu}{u_\infty}x + C$$

上式为二次抛物线方程。由边界条件 $x=0, \delta=0$，得 $C=0$。由此得到附面层的厚度 δ 为

$$\delta = 5.84\sqrt{\frac{\nu x}{u_\infty}} = \frac{5.84x}{\sqrt{Re_x}} = 5.84xRe_x^{-\frac{1}{2}} \tag{6.49}$$

或者写成

$$\frac{\delta}{x} = \frac{5.84}{\sqrt{Re_x}} = 5.84Re_x^{-\frac{1}{2}} \tag{6.49a}$$

附面层的厚度 δ 求出后，其他各量均可计算。把式(6.49)代入式(6.47)，得到壁面上的黏性切应力为

$$\tau_w = \frac{2\mu u_\infty}{\delta} = \frac{2\mu u_\infty}{5.84}\sqrt{\frac{u_\infty}{\nu x}} = 0.343\rho u_\infty^2\sqrt{\frac{\nu}{u_\infty x}} = 0.343\rho u_\infty^2 Re_x^{-\frac{1}{2}} \tag{6.50}$$

当地摩擦阻力系数为

$$C_{fx} = \frac{\tau_w}{\frac{1}{2}\rho u_\infty^2} = \frac{0.343\rho u_\infty^2 Re_x^{-\frac{1}{2}}}{\frac{1}{2}\rho u_\infty^2} = 0.686 Re_x^{-\frac{1}{2}} \tag{6.51}$$

对于长度为 L，宽度为 B 的平板一侧面上的总摩擦阻力为

$$F_f = \int_0^L \tau_w B\mathrm{d}x = 0.343B\sqrt{\rho\mu u_\infty^3}\int_0^L x^{-\frac{1}{2}}\mathrm{d}x = 0.686B\sqrt{\rho\mu u_\infty^3 L}$$

$$= 0.686BL\rho u_\infty^2 Re_L^{-\frac{1}{2}} \tag{6.52}$$

平板的总摩擦阻力系数为

$$C_f = \frac{F_f}{\frac{1}{2}\rho u_\infty^2 BL} = \frac{0.686BL\rho u_\infty^2 Re_L^{-\frac{1}{2}}}{\frac{1}{2}\rho u_\infty^2 BL} = 1.372 Re_L^{-\frac{1}{2}} \tag{6.53}$$

附面层的位移厚度 δ_1 和动量损失厚度 δ_2 分别为

$$\delta_1 = \int_0^\delta \left(1 - \frac{u_x}{u_\infty}\right)\mathrm{d}y = \int_0^\delta \left[1 - 2\left(\frac{y}{\delta}\right) + 2\left(\frac{y}{\delta}\right)^3 - \left(\frac{y}{\delta}\right)^4\right]\mathrm{d}y$$

$$= \frac{3}{10}\delta = \frac{3}{10}\times 5.84\sqrt{\frac{\nu x}{u_\infty}} = 1.752\sqrt{\frac{\nu x}{u_\infty}} = 1.752xRe_x^{-\frac{1}{2}} \tag{6.54}$$

$$\delta_2 = \frac{37}{315}\delta = \frac{37}{315}\times 5.84\sqrt{\frac{\nu x}{u_\infty}} = 0.686xRe_x^{-\frac{1}{2}} \tag{6.48a}$$

通过上面对层流附面层的微分解和动量积分解的结果的比较可以看出，动量积分方程的计算结果与微分方程式的计算结果很接近。改变附面层中流速的分布特性式(6.46)，可使两者的计算结果十分接近。这说明动量积分方程式计算法是可以用于附面层计算的。对于除绕流平板层流附面层以外的其他复杂情况，例如曲面绕流和紊流附面层等难以或者根本不能应用微分方程式计算的情况，动量积分方程的计算方法是目前唯一可以采用的计算方法。

6.7 平板紊流附面层的近似计算

紊流附面层要比层流附面层复杂得多。因为流体在流动中不仅有黏性力存在，而且还

产生紊流附加切应力。并且这部分应力在紊流附面层中的不同区域所占的比例不同,越远离壁面,其所占的比例越大;越靠近壁面,其所占的比例越小,直到层流底层中这部分应力才不复存在。对于这部分附加应力将如何考虑,目前还不能从理论上得到解决。上节所取的两个补充关系式是建立在层流的牛顿内摩擦定律和层流附面层微分方程的基础上的,显然不能应用于紊流附面层。对于紊流附面层还必须设法另找两个补充关系式。人们对流体在圆管内做紊流流动的规律已完整地研究过,普朗特曾经做过这样的假设:沿平板附面层内的紊流流动与管内紊流流动相同。于是就可借用管内紊流流动的理论结果去寻找动量积分方程式的两个补充方程。这时,圆管中心线上的最大速度 u_{max} 相当于平板的来流速度 u_∞,圆管的半径 R 相当于附面层的厚度 δ。并且假定平板附面层从前缘开始($x=0$)处就是紊流。

与圆管内一样,紊流附面层内的速度分布规律也假定是七分之一次方指数规律,这与实验测得的结果很符合,于是有

$$u_x = u_\infty \left(\frac{y}{\delta}\right)^{\frac{1}{7}} \quad (0 \leqslant y \leqslant \delta)$$

或写成

$$\frac{u_x}{u_\infty} = \left(\frac{y}{\delta}\right)^{\frac{1}{7}} \tag{6.55}$$

另外一个补充方程,即紊流附面层内壁面上的切应力计算式可推导如下:

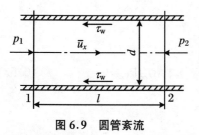

图 6.9 圆管紊流

如图 6.9 所示,当流体在水平放置的等直径管道内做稳定流动时,根据牛顿第二定律可知其受力平衡关系式为

$$\lambda \frac{l}{d} \frac{1}{2} \rho \bar{u}_x^2 \frac{1}{4}\pi d^2 = \tau_w \pi d l$$

由此可得到

$$\tau_w = \frac{\lambda}{8} \rho \bar{u}_x^2 \tag{6.56}$$

平板紊流附面层内壁面上的切应力计算式就是借用圆管内紊流流动的壁面切应力公式(6.56),其中沿程阻力系数 λ 在 $4\,000 < Re \leqslant 26.98\left(\frac{d}{\Delta}\right)^{8/7}$ 的范围内可用布拉休斯公式(5.49)计算,即

$$\lambda = \frac{0.316\,4}{Re^{0.25}} = \frac{0.316\,4}{\left(\frac{\bar{u}_x d}{\nu}\right)^{0.25}} = \frac{0.266}{\left(\frac{\bar{u}_x R}{\nu}\right)^{\frac{1}{4}}}$$

将上式代入式(6.56),得

$$\tau_w = 0.033\,25 \rho \bar{u}_x^2 \left(\frac{\nu}{\bar{u}_x R}\right)^{\frac{1}{4}}$$

在以上雷诺数范围内,平均流速 $\bar{u}_x$ 约等于 $0.817 u_{max}$,将 $\bar{u}_x = 0.817 u_{max}$ 代入上式,并将圆管中心线上的速度 u_{max} 和半径 R 用附面层外边界上的速度 u_∞ 和附面层厚度 δ 代替,则得到

$$\tau_w = 0.023\,34 \rho u_\infty^2 \left(\frac{\nu}{u_\infty \delta}\right)^{\frac{1}{4}} \tag{6.57}$$

由式(6.23)和式(6.55)可求得附面层的动量损失厚度 δ_2 为

$$\delta_2 = \int_0^\delta \frac{u_x}{u_\infty}\left(1 - \frac{u_x}{u_\infty}\right)\mathrm{d}y = \int_0^\delta \left(\frac{y}{\delta}\right)^{\frac{1}{7}}\left[1 - \left(\frac{y}{\delta}\right)^{\frac{1}{7}}\right]\mathrm{d}y = \frac{7}{72}\delta \tag{6.58}$$

将式(6.57)和式(6.58)代入动量积分方程式(6.44),得

$$0.023\,34\rho u_\infty^2 \left(\frac{\nu}{u_\infty \delta}\right)^{\frac{1}{4}} = \rho u_\infty^2 \frac{7}{72}\frac{\mathrm{d}\delta}{\mathrm{d}x}$$

或者

$$\delta^{\frac{1}{4}}\mathrm{d}\delta = 0.24\left(\frac{\nu}{u_\infty}\right)^{\frac{1}{4}}\mathrm{d}x$$

积分后得

$$\frac{4}{5}\delta^{\frac{5}{4}} = 0.24\left(\frac{\nu}{u_\infty}\right)^{\frac{1}{4}}x + C$$

由边界条件 $x = 0, \delta = 0$,得 $C = 0$。由此得到附面层的厚度为

$$\delta = 0.382\left(\frac{\nu}{u_\infty}\right)^{\frac{1}{5}}x^{\frac{4}{5}} = \frac{0.382x}{Re_x^{0.2}} = 0.382xRe_x^{-\frac{1}{5}} \tag{6.59}$$

或者写成

$$\frac{\delta}{x} = 0.382Re_x^{-\frac{1}{5}} \tag{6.60}$$

将式(6.59)代入式(6.57),则得到板面上 x 处的切应力为

$$\tau_\mathrm{w} = 0.029\,7\rho u_\infty^2 \left(\frac{\nu}{u_\infty x}\right)^{\frac{1}{5}} = 0.029\,7\rho u_\infty^2 Re_x^{-\frac{1}{5}} \tag{6.61}$$

当地摩擦阻力系数为

$$C_{\mathrm{f}x} = \frac{\tau_\mathrm{w}}{\frac{1}{2}\rho u_\infty^2} = \frac{0.029\,7\rho u_\infty^2 Re_x^{-\frac{1}{5}}}{\frac{1}{2}\rho u_\infty^2} = 0.059\,4Re_x^{-\frac{1}{5}} \tag{6.62}$$

平板一侧的总摩擦阻力为

$$F_\mathrm{f} = \int_0^L \tau_\mathrm{w}B\mathrm{d}x = 0.029\,7\rho u_\infty^2 \left(\frac{\nu}{u_\infty}\right)^{\frac{1}{5}}B\int_0^L x^{-\frac{1}{5}}\mathrm{d}x$$

$$= 0.037BL\rho u_\infty^2 \left(\frac{\nu}{u_\infty L}\right)^{\frac{1}{5}} = 0.037BL\rho u_\infty^2 Re_L^{-\frac{1}{5}} \tag{6.63}$$

平板的总摩擦阻力系数为

$$C_\mathrm{f} = \frac{F_\mathrm{f}}{\frac{1}{2}\rho u_\infty^2 BL} = \frac{0.037BL\rho u_\infty^2 Re_L^{-\frac{1}{5}}}{\frac{1}{2}\rho u_\infty^2 BL} = 0.074Re_L^{-\frac{1}{5}} \tag{6.64}$$

实验测得的比较精确的平板紊流总摩擦阻力系数 C_f 随 Re_L 的变化关系式,与上面所推导的结果相一致,即

$$C_\mathrm{f} = 0.074Re_L^{-\frac{1}{5}} \tag{6.65}$$

适用范围是 $3\times 10^5 \leqslant Re_L \leqslant 10^7$。当 $Re_L > 10^7$ 时,式(6.65)就不再准确,可利用施利希廷公式进行计算,即

$$C_\mathrm{f} = \frac{0.455}{(\lg Re_L)^{2.58}} \quad (10^6 \leqslant Re_L \leqslant 10^9) \tag{6.66}$$

平板紊流附面层的位移厚度 δ_1 和动量损失厚度 δ_2 分别为

$$\delta_1 = \int_0^\delta \left(1 - \frac{u_x}{u_\infty}\right) dy = \int_0^\delta \left[1 - \left(\frac{y}{\delta}\right)^{\frac{1}{7}}\right] dy = \frac{1}{8}\delta = 0.048 x Re_x^{-\frac{1}{5}} \tag{6.67}$$

$$\delta_2 = \frac{7}{72}\delta = 0.037 x Re_x^{-\frac{1}{5}} \tag{6.68}$$

应当注意，我们在推导上述平板紊流附面层的公式时，是借用了圆管中紊流速度分布的七分之一次方指数规律和切应力公式，并且假定流动处在水力光滑壁的区域内，所以，以上所得到的结果只适用于一定的范围。

通过以上讨论，我们比较一下平板层流附面层和平板紊流附面层的特征，可以找出它们的重要差别有：

(1) 紊流附面层内沿平板壁面法向截面上的速度比层流附面层内的速度增加得快，也就是说，紊流附面层的速度分布曲线比层流附面层的速度分布曲线饱满得多。这与圆管中的情况相似。

(2) 沿流动方向平板壁面紊流附面层的厚度要比层流附面层的厚度增加得快，因为紊流的 δ 与 $x^{\frac{4}{5}}$ 成正比，而层流的 δ 则与 $x^{\frac{1}{2}}$ 成正比。这是由于在紊流附面层内流体微团发生横向运动，容易促使厚度迅速增加。

(3) 在其他条件相同的情况下，在紊流附面层中平板壁面上的切应力 τ_w 沿着壁面（流动方向）的减小要比在层流附面层中减小得慢。因为在紊流附面层中 τ_w 与 $x^{-\frac{1}{5}}$ 成正比，而在层流附面层中 τ_w 与 $x^{-\frac{1}{2}}$ 成正比。

(4) 在同一雷诺数 Re_x 下，紊流附面层的摩擦阻力系数比层流附面层的摩擦阻力系数大得多。这是因为，在层流中摩擦阻力只是由于不同流层之间发生相对运动时因流体分子扩散而引起的；在紊流中除了流体分子扩散作用外，还由于流体质点有很剧烈的横向掺混，而产生更大的摩擦阻力。

6.8 平板混合附面层的近似计算

由第 6.2 节已知，附面层内的流动状态主要由雷诺数决定，当雷诺数增大到某一数值时（对平板而言，Re_x 在 $3 \times 10^5 \sim 3 \times 10^6$ 之间），附面层由层流转变为紊流，成为混合附面层，即平板前端是层流附面层，后部是紊流附面层。在层流附面层转变为紊流附面层之间有一个过渡区。若是大雷诺数下，可以看成是在某一截面上突然发生转变。

由于混合附面层内的流动情况十分复杂，所以在研究平板混合附面层的摩擦阻力时，为了简化计算，做了下列两个假设（图 6.10）：

(1) 在 B 点由层流附面层突然转变为紊流附面层；

(2) 在计算紊流附面层的厚度变化、层内速度分布和切应力分布时都认为是从前缘点 O 开始的。

根据这两个假设，可以用下列方法计算平板混合附面层的总摩擦阻力。令 F_{fM} 代表混合附面层的总摩擦阻力，F_{fL} 代表层流附面层的总摩擦阻力，F_{fT} 代表紊流附面层的总摩擦阻力，则

$$F_{fM_{OA}} = F_{fT_{BA}} + F_{fL_{OB}} = F_{fT_{OA}} - F_{fT_{OB}} + F_{fL_{OB}}$$
$$= C_{fT} \frac{1}{2}\rho u_\infty^2 BL - C'_{fT}\frac{1}{2}\rho u_\infty^2 Bx_c + C_{fL}\frac{1}{2}\rho u_\infty^2 Bx_c$$
$$= \frac{1}{2}\rho u_\infty^2 BL\left[C_{fT} - (C'_{fT} - C_{fL})\frac{x_c}{L}\right]$$

式中:x_c 为临界转变点 B 至前缘点 O 的距离;C_{fL} 和 C_{fT} 及 C'_{fT} 分别为层流附面层和紊流附面层的总摩擦阻力系数。

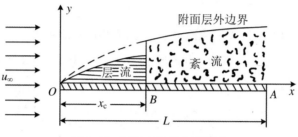

图 6.10 平板上的混合附面层

由上式可得混合附面层的总摩擦阻力系数为

$$C_{fM} = C_{fT} - (C'_{fT} - C_{fL})\frac{x_c}{L} = C_{fT} - (C'_{fT} - C_{fL})\frac{u_\infty x_c/\nu}{u_\infty L/\nu}$$
$$= C_{fT} - \frac{(C'_{fT} - C_{fL})Re_{x_c}}{Re_L} = C_{fT} - \frac{A}{Re_L}$$

式中:$A = (C'_{fT} - C_{fL})Re_{x_c} = \left(\dfrac{0.074}{Re_{x_c}^{0.2}} - \dfrac{1.328}{Re_{x_c}^{0.5}}\right)Re_{x_c}$,取决于层流附面层转变为紊流附面层的临界雷诺数 Re_{x_c},如表 6.2 所示。

表 6.2 A 与 Re_{x_c} 之间的关系

Re_{x_c}	3×10^5	5×10^5	10^6	3×10^6
A	1 050	1 700	3 300	8 700

这样,平板混合附面层的总摩擦阻力系数可按下式进行计算:

$$C_{fM} = \frac{0.074}{Re_L^{0.2}} - \frac{A}{Re_L} \quad (3\times 10^5 \leqslant Re_L \leqslant 10^7) \tag{6.69}$$

当雷诺数 Re_L 在 $10^6 \sim 10^9$ 的范围时,混合附面层的总摩擦阻力系数 C_{fM} 可按下式进行计算:

$$C_{fM} = \frac{0.455}{(\lg Re_L)^{2.58}} - \frac{A}{Re_L} \quad (10^6 \leqslant Re_L \leqslant 10^9) \tag{6.70}$$

综上所述,因为层流附面层的摩擦阻力系数比紊流附面层的摩擦阻力系数要小得多,所以层流附面层段越长,即层流附面层到紊流附面层的临界转变点 B 离平板前缘越远,则平板混合附面层的摩擦阻力就越小。

例 6.2 某油液以 4 m/s 的速度流过一顺流置放的 2.5 m 长的薄板,已知油的密度为 850 kg/m³,运动黏度为 10^{-5} m²/s,试确定离板前缘 0.5 m、1.0 m、1.5 m 和 2.0 m 处附面层的厚度和壁面切应力。

解 先找出临界转变点的位置,以便确定附面层的流态。取临界雷诺数 $Re_{x_c} = 5\times$

10^5,则

$$x_c = Re_{x_c} \frac{\nu}{u_\infty} = 5 \times 10^5 \times \frac{10^{-5}}{4} = 1.25 (\text{m})$$

可见,在 x 为 0.5 m 和 1.0 m 处是层流附面层,x 为 1.5 m 和 2.0 m 处是紊流附面层。

(1) 在 $x_1 = 0.5$ m 和 $x_2 = 1.0$ m 处的雷诺数分别为

$$Re_{x_1} = \frac{u_\infty x_1}{\nu} = \frac{4 \times 0.5}{10^{-5}} = 2 \times 10^5$$

$$Re_{x_2} = \frac{u_\infty x_2}{\nu} = \frac{4 \times 1.0}{10^{-5}} = 4 \times 10^5$$

利用式(6.36)和式(6.40)来计算层流附面层的厚度和壁面切应力。则

$$\delta_{x_1} = 5.0 x_1 Re_{x_1}^{-\frac{1}{2}} = 5.0 \times 0.5 \times (2 \times 10^5)^{-\frac{1}{2}} = 0.005\,6(\text{m}) = 5.6(\text{mm})$$

$$\delta_{x_2} = 5.0 x_2 Re_{x_2}^{-\frac{1}{2}} = 5.0 \times 1.0 \times (4 \times 10^5)^{-\frac{1}{2}} = 0.007\,9(\text{m}) = 7.9(\text{mm})$$

$$\tau_{w1} = 0.332 \rho u_\infty^2 Re_{x_1}^{-\frac{1}{2}} = 0.332 \times 850 \times 4^2 \times (2 \times 10^5)^{-\frac{1}{2}} = 10.10(\text{N/m}^2)$$

$$\tau_{w2} = 0.332 \rho u_\infty^2 Re_{x_2}^{-\frac{1}{2}} = 0.332 \times 850 \times 4^2 \times (4 \times 10^5)^{-\frac{1}{2}} = 7.14(\text{N/m}^2)$$

(2) 在 $x_3 = 1.5$ m 和 $x_4 = 2.0$ m 处的雷诺数分别为

$$Re_{x_3} = \frac{u_\infty x_3}{\nu} = \frac{4 \times 1.5}{10^{-5}} = 6 \times 10^5$$

$$Re_{x_4} = \frac{u_\infty x_4}{\nu} = \frac{4 \times 2.0}{10^{-5}} = 8 \times 10^5$$

利用式(6.59)和式(6.61)来计算紊流附面层的厚度和壁面切应力。则

$$\delta_{x_3} = 0.382 x_3 Re_{x_3}^{-\frac{1}{5}} = 0.382 \times 1.5 \times (6 \times 10^5)^{-\frac{1}{5}} = 0.040(\text{m}) = 40(\text{mm})$$

$$\delta_{x_4} = 0.382 x_4 Re_{x_4}^{-\frac{1}{5}} = 0.382 \times 2.0 \times (8 \times 10^5)^{-\frac{1}{5}} = 0.050(\text{m}) = 50(\text{mm})$$

$$\tau_{w3} = 0.029\,7 \rho u_\infty^2 Re_{x_3}^{-\frac{1}{5}} = 0.029\,7 \times 850 \times 4^2 \times (6 \times 10^5)^{-\frac{1}{5}} = 28.23(\text{N/m}^2)$$

$$\tau_{w4} = 0.029\,7 \rho u_\infty^2 Re_{x_4}^{-\frac{1}{5}} = 0.029\,7 \times 850 \times 4^2 \times (8 \times 10^5)^{-\frac{1}{5}} = 26.65(\text{N/m}^2)$$

通过上例计算结果可以发现:

(1) 附面层厚度沿流动方向是逐渐增加的,当层流转变为紊流时,附面层会急剧增厚;

(2) 无论是层流附面层段还是紊流附面层段,壁面上的切应力沿流动方向都是逐渐减小的;

(3) 在同等条件下,紊流附面层的壁面切应力要比层流附面层大。

例 6.3 有一块 2 m×4 m 的矩形平板在空气中以 3 m/s 的速度沿板面方向拖动,已知空气的密度为 1.23 kg/m³,运动黏度为 1.5×10^{-5} m²/s,求气流沿平板短边方向和长边方向运动时各自的摩擦阻力。

解 取临界雷诺数 $Re_{x_c} = 5 \times 10^5$,得临界转变点的位置为

$$x_c = Re_{x_c} \frac{\nu}{u_\infty} = 5 \times 10^5 \times \frac{1.5 \times 10^{-5}}{3} = 2.5(\text{m})$$

由此可知,气流沿平板短边方向运动时,整个板面上均为层流附面层,而气流沿平板长边方向运动时,板面上为混合附面层。

气流沿平板的短边方向和长边方向运动时,其板末端的雷诺数分别为

$$Re_{L_1} = \frac{u_\infty L_1}{\nu} = \frac{3 \times 2}{1.5 \times 10^{-5}} = 4 \times 10^5$$

$$Re_{L_2} = \frac{u_\infty L_2}{\nu} = \frac{3 \times 4}{1.5 \times 10^{-5}} = 8 \times 10^5$$

按式(6.43)和式(6.69)分别计算平板层流附面层和平板混合附面层的总摩擦阻力系数。取 $A = 1\,700$，则

$$C_{f1} = 1.328 Re_{L_1}^{-\frac{1}{2}} = 1.328 \times (4 \times 10^5)^{-\frac{1}{2}} = 0.002\,1$$

$$C_{f2} = \frac{0.074}{Re_{L_2}^{0.2}} - \frac{A}{Re_{L_2}} = \frac{0.074}{(8 \times 10^5)^{0.2}} - \frac{1\,700}{8 \times 10^5} = 0.002\,76$$

那么，气流沿平板短边方向和长边方向运动，各自的摩擦阻力（双面）分别为

$$F_{f1} = 2C_{f1} \frac{1}{2} \rho u_\infty^2 BL = 2 \times 0.002\,1 \times \frac{1}{2} \times 1.23 \times 3^2 \times 2 \times 4 = 0.186(\text{N})$$

$$F_{f2} = 2C_{f2} \frac{1}{2} \rho u_\infty^2 BL = 2 \times 0.002\,76 \times \frac{1}{2} \times 1.23 \times 3^2 \times 2 \times 4 = 0.244(\text{N})$$

可见，同一平板在同一流体中以同一速度运动时，产生混合附面层的阻力比产生层流附面层的阻力大。

6.9 曲面附面层的分离现象

如前所述，当不可压缩黏性流体纵向流过平板时，在附面层外边界上沿平板方向（流动方向）的速度是相同的，而且整个流场，包括附面层内的压力都保持不变。当黏性流体绕曲面物体流动时，附面层外边界上沿流动方向的速度 u_∞ 是变化的，所以曲面附面层内的压力也将同样发生变化。压力的变化将对附面层内的流动产生影响。关于曲面附面层的计算是很复杂的。在这里我们不准备作详细讨论，只着重说明曲面附面层的分离现象。

图 6.11 为流体绕过一曲面物体的流动，u_∞ 和 p_∞ 分别表示无穷远处自由来流的速度和压力。由于流体绕流过物体的前驻点后，沿上表面的流速将逐渐增加，直到曲面上某一点 M，然后又逐渐减小。由伯努利方程可知，相应的压力则是先逐渐降低（$\frac{\mathrm{d}p}{\mathrm{d}x}<0$），而后又逐

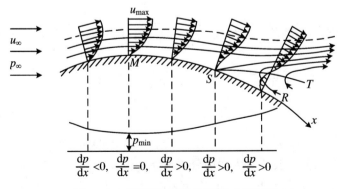

图 6.11 曲面附面层分离的形成示意图

渐升高($\frac{dp}{dx}>0$)的。M 点处附面层外边界上的速度最大,而压力最低($\frac{dp}{dx}=0$)。沿曲面各点法向的速度剖面和压力变化曲线同时示于图 6.11 中。图中实线表示流线,虚线表示附面层的外边界。

我们先从流体在附面层内流动的物理过程来说明曲面附面层的分离现象。当黏性流体流经曲面时,附面层内的流体质点被黏性力所阻滞而消耗动能,逐渐减速;越靠近物体壁面的流体微团受黏性力的阻滞作用越大,动能的消耗越大,速度降低也越快,壁面上的流速为零。在曲面的降压加速段中(M 点以前),由于流体的部分压力能转变为流体的动能,附面层内流体微团虽然受到黏性力的阻滞作用,但仍有足够的动能克服黏性力而继续前进。但是,在曲面的升压减速段中(M 点以后),流体不仅因黏性力的阻滞作用而消耗动能,而且流体的部分动能还将转变为压力能。这样就使得流体微团的动能消耗更大,流速迅速降低,附面层不断增厚。当流体流到曲面的某一点 S 时,靠近壁面的流体微团的动能已全被耗尽而停滞不前。跟着而来的流体微团也将同样停滞下来,以致越来越多的被停滞的流体微团在物体壁面和主流之间堆积起来。与此同时,在 S 点之后,压力的继续升高将使这部分流体微团被迫反向逆流,并迅速向外扩展。这样,主流便被挤得离开了物体壁面,形成了附面层的分离现象。在 ST 线上一系列流体微团的速度都等于零,成为主流和回流之间的间断面。由于间断面的不稳定性,很小的扰动就会引起间断面的波动,进而发展并破裂而形成旋涡。S 点称为附面层的分离点,ST 线为零值流线。附面层分离时形成的旋涡,不断地被主流带走,在物体后部形成尾涡区。尾涡区中强烈的旋涡运动将消耗能量,使物体后部的压力不能恢复,造成物体前后明显的压力差,增加了物体的绕流阻力,这种阻力称为压差阻力,也称旋涡阻力。在管道的扩张段中,也有可能出现附面层的分离现象,产生压差阻力。

下面我们再从附面层的理论来分析附面层内速度分布的规律,从而更明确曲面附面层产生分离的原因。因为曲面附面层的基本特征与平板附面层的基本特征相同,而且假定曲面附面层的厚度比曲面的曲率半径小得多,曲面附面层全是层流。这样,我们便可将层流附面层的微分方程式(6.16)应用于曲面附面层。由于在物体壁面上各点的流速都等于零,即 $y=0$ 时,$u_x=0$,$u_y=0$,于是方程组(6.16)中的第一式成为

$$\left(\frac{\partial^2 u_x}{\partial y^2}\right)_{y=0} = \frac{1}{\mu}\frac{dp}{dx}$$

这样,我们就可以根据附面层外边界上势流流动情况(图 6.11),将附面层内的流动划分为三种情况:

(1) 流动方向有压力降落(压力梯度 $\frac{dp}{dx}<0$)的情况:这时 $\left(\frac{\partial^2 u_x}{\partial y^2}\right)_{y=0}<0$,所以在壁面附近,随 y 的增大,$\frac{\partial u_x}{\partial y}$ 是减小的,在 $y=0$ 处,$u_x=0$,在 $y=\Delta y$ 处,$u_x>0$,所以 $\left(\frac{\partial u_x}{\partial y}\right)_{y=0}>0$,$\tau_w$ 为正值;而且当 $y=\infty$(实验情况下为 $y=\delta$)时,$\frac{\partial u_x}{\partial y}=0$,$\frac{\partial^2 u_x}{\partial y^2}=0$,所以 $\frac{\partial^2 u_x}{\partial y^2}$ 始终为负值,如图 6.12(a)所示,附面层内速度剖面是一条没有拐点的向外凸的光滑曲线,所有流体质点均沿着流动方向前进,不会产生附面层分离现象。

(2) 压力达到最小值(压力梯度 $\frac{dp}{dx}=0$)的情况:这时 $\left(\frac{\partial^2 u_x}{\partial y^2}\right)_{y=0}=0$,所以在物体壁面附

近,$\frac{\partial u_x}{\partial y}$ 不随 y 变化,即附面层内速度分布曲线在物体壁面上可能有一个转折点(拐点)。但在 $y=\Delta y$ 处,$u_x>0$,所以 $\left(\frac{\partial^2 u_x}{\partial y^2}\right)_{y=0}>0$,$\tau_w$ 为正值,不会产生附面层分离。

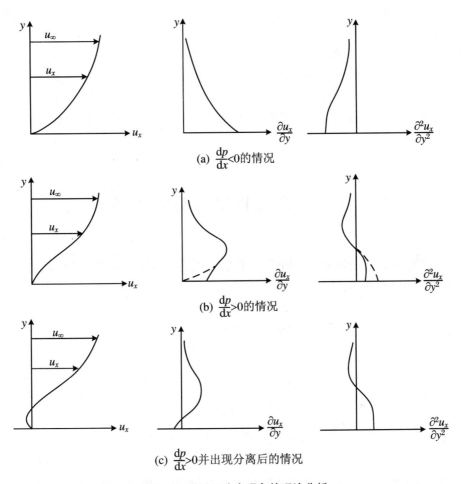

图 6.12　附面层分离现象的理论分析

(3) 流动方向有压力升高(压力梯度 $\frac{\mathrm{d}p}{\mathrm{d}x}>0$)的情况:这时 $\left(\frac{\partial^2 u_x}{\partial y^2}\right)_{y=0}>0$,所以在物体壁面附近随 y 的增大,$\frac{\partial u_x}{\partial y}$ 是增加的,在 $y=0$ 处,$u_x=0$,在 $y=\Delta y$ 处,u_x 可能仍为正值,即 $\left(\frac{\partial^2 u_x}{\partial y^2}\right)_{y=0}>0$,同时,$y=\infty$ 时,$\frac{\partial u_x}{\partial y}$ 和 $\frac{\partial^2 u_x}{\partial y^2}$ 仍需保证等于零,此时,$\frac{\partial u_x}{\partial y}$ 开始是随 y 的增大而增大,后来又随 y 的增大而减小,于是附面层内速度剖面的 $u_x(y)$ 曲线上出现拐点,如图 6.12(b)所示。如果由于正压力梯度很大,使得临近 $y=\Delta y$ 处,有可能出现 $u_x=0$ 的情况时,则 $\left(\frac{\partial u_x}{\partial y}\right)_{y=0}=0$,$\tau_w=0$,表明已出现附面层分离,如图 6.12(b)中虚线所示。当正压力梯度更大时,可使 $\left(\frac{\partial u_x}{\partial y}\right)_{y=0}<0$,即分离点后出现逆流,如图 6.12(c)所示。附面层开始分离的特征是:在分离点处(如图 6.11 中的 S 点)$\left(\frac{\partial u_x}{\partial y}\right)_{y=0}=0$,$\tau_w=0$,即该点壁面上的黏性应力

为零。如果 $\left(\dfrac{\partial u_x}{\partial y}\right)_{y=0} > 0$ 时，τ_w 为正值，说明附面层没有分离；如果 $\left(\dfrac{\partial u_x}{\partial y}\right)_{y=0} < 0$ 时，τ_w 为负值，说明附面层已经分离而出现了回流。

综合上述分析可得如下结论：黏性流体在压力降低区内流动（加速流动），绝不会出现附面层的分离现象，只有在压力升高区内流动（减速流动），才有可能出现附面层的分离，出现旋涡。尤其在主流的减速足够大的情况下，附面层的分离就一定会发生。例如，在圆柱体或球体这样的钝头体的后半部分上，当流体的流速足够大时，便会发生附面层的分离现象。这是由于在钝头体的后半部分有急剧的压力升高区，而引起主流减速加剧的缘故。因此，在工程上，若将钝头体的后半部分改为充分细长形的尾部，成为圆头尖尾的所谓流线型物体，就可使主流的速度缓慢降低，从而可避免或推迟附面层的分离，以减少由此而产生的压差阻力。

6.10 黏性流体绕圆柱体的流动

在第 4 章中我们已经讨论了理想流体绕圆柱体的流动情况，并得到圆柱面上（$r = r_0$）的速度分布和压力分布规律：

$$\left.\begin{aligned} u_r &= 0 \\ u_\theta &= -2u_\infty \sin\theta \end{aligned}\right\} \qquad (4.75)$$

和

$$p = p_\infty + \frac{1}{2}\rho u_\infty^2 (1 - 4\sin^2\theta) \qquad (4.76)$$

或者

$$C_p = \frac{p - p_\infty}{\dfrac{1}{2}\rho u_\infty^2} = 1 - 4\sin^2\theta \qquad (4.78)$$

从上式可以看出，对于理想流体绕圆柱体流动时，其前后驻点处速度均为零，并且压力相等。但当黏性流体绕圆柱体流动时，在圆柱体的表面上要形成附面层。若流体以相当于几个雷诺数（如 $Re < 1 \sim 5$）的很低的速度 u_∞ 绕流圆柱体时，在开始瞬间与理想流体绕圆柱体的流动情况一样，流体在前驻点速度为零，而后沿圆柱体左右两侧流动，流动在圆柱体的前半部分是降压过程，速度逐渐增大到最大值；在后半部分是升压过程，速度逐渐减小，到后驻点重新等于零（如图 6.13(a)所示）。当来流的速度增加，即雷诺数增大时，使圆柱体后半部分的压力梯度增加，以致引起附面层的分离，并在圆柱体的背后形成旋涡区（如图 6.13(b)所示）。这时，原来的后驻点已不再是驻点，沿圆柱面上的压力分布也不再符合式(4.76)的规律。图 6.14 绘出了沿圆柱面的三条无因次压力分布曲线，理论曲线 1 是按公式(4.78)绘制的，另外两条是黏性流体绕流圆柱体时，实测的压力分布曲线。其中点划线 2 对应于较高的绕流雷诺数，虚线 3 对应于较低的雷诺数。绕流雷诺数为 $Re = \dfrac{u_\infty d}{\nu}$，其中 d 为圆柱体的直径，u_∞ 为自由来流的速度，ν 为流体的运动黏度。由图 6.14 可以看出：

(1) 实际流体绕流与理想流体绕流的圆柱面上的压力分布曲线有一定的差别。只是在前驻点附近±30°左右的区域中，两者的压力分布曲线基本上是相同的，而在其他范围内有较大的出入。

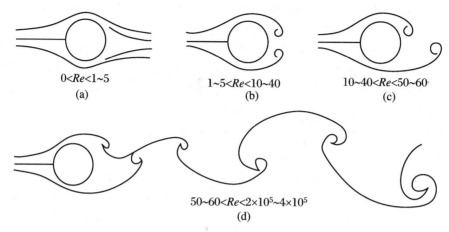

图 6.13 卡门涡街的形成过程

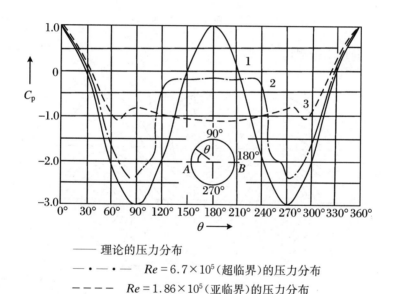

—— 理论的压力分布
—·—·— $Re=6.7×10^5$（超临界）的压力分布
— — — $Re=1.86×10^5$（亚临界）的压力分布

图 6.14 压力系数沿圆柱面的分布

(2) 按理论压力分布曲线沿圆周积分，不管流体速度多大，整个圆柱体浸在流体中是不受力的，这与实际情况出入较大。在实际流体绕流中，流动的流体对被绕流的圆柱体有一个沿流向的推力，由圆柱体的前侧指向后侧。这是由圆柱体前后压力分布不对称而产生的。显然实际压力分布曲线能解释这种情况。

(3) 实际压力分布曲线，除前驻点附近±30°的区域内与理论曲线一致外，其他区域的压力分布形状与绕流的雷诺数 Re 有关。这表明压力分布曲线与圆柱体表面上附面层的性质有关，也与附面层分离点的位置有关。当绕流雷诺数较低时，柱体表面的附面层属于层流附面层，附面层分离点较靠前，并且随雷诺数 Re 的增大而前移，使旋涡区增大，因而压力分布曲线较平坦。当绕流雷诺数很大，超过临界值时，附面层由层流转变为紊流附面层。由于紊流附面层与主流进行动量交换的能力要比层流附面层强，保证了由主流向附面层供应能量，提高了克服黏性阻力的能力,使附面层分离点的位置向柱体的后部推移,旋涡区大为减小,从而使流体对圆柱体的绕流得到改善。这就使压力分布曲线更接近于理论分布曲线,而且圆柱体后部压力得到提高。这说明不同 Re 数下绕流情况是不同的,绕流 Re 数越高,绕流情况越好,在超临界 Re 数的情况下,绕流状况大为改善。

前面已经讲到,当绕流雷诺数增加时,在圆柱体后部产生附面层分离,并有旋涡区形成。实验发现,在圆柱体后部的旋涡区内,旋涡总是成对出现的,并且其旋转方向相反(如图 6.13(b)所示)。当绕流雷诺数超过 40 以后,对称的旋涡不断增长,直到 $Re \approx 60$ 时,这对不稳定的对称旋涡将周期性地交替脱落(如图 6.13(c)所示),最后形成几乎稳定的、非对称的、多少有些规则的、旋转方向相反的交错旋涡,称为卡门涡街(如图 6.13(d)所示)。它以比来流速度 u_∞ 小得多的速度 u_* 运动。实验证明,有规则的卡门涡街,只能在 $Re = 60 \sim 5\,000$ 的范围内观察到,而且在大多数情况下是不稳定的。卡门证明,对圆柱体后的卡门涡街,当 $Re \approx 150$ 时,只有在两列旋涡之间的距离 h 与同列中相邻两旋涡的间距 l 之比 $h/l = 0.280\,6$ 的情况下,才能真正达到稳定。图 6.15 是卡门涡街的流谱。根据动量定理对如图 6.15 所示的卡门涡街进行理论计算,得到作用在单位长度圆柱体上的阻力为

$$F_D = \rho u_\infty^2 h \left[2.83 \left(\frac{u_*}{u_\infty} \right) - 1.12 \left(\frac{u_*}{u_\infty} \right)^2 \right] \tag{6.71}$$

式中速度比 $\dfrac{u_*}{u_\infty}$ 可通过实验测得。

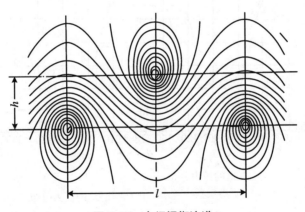

图 6.15 卡门涡街流谱

黏性流体绕流圆柱体的阻力 F_D 由摩擦阻力 F_f 和压差阻力 F_p 两部分组成,其阻力系数一般通过实验测得。图 6.16 中绘出了黏性流体绕圆柱体流动时,阻力系数 C_D 随绕流雷诺数 Re 的变化关系。阻力系数 C_D 的定义式为

$$C_D = \frac{F_D}{\dfrac{1}{2} \rho u_\infty^2 A} \tag{6.72}$$

式中:F_D 为圆柱体对流体的阻力(N);A 为圆柱体的最大迎流面积(m^2),$A =$ 圆柱直径 $d \times$ 圆柱长度 L。

由图 6.16 可见,在附面层没有分离时,阻力系数 C_D 随 Re 的增大下降较快。但当出现附面层分离后,雷诺数增大时,随分离点前移,旋涡区增大,压差阻力略有增大,摩擦阻力减小,这时 C_D 随 Re 增大而继续减小,但比无分离时缓慢。当 $Re > 10^3$ 以后,摩擦阻力已在总阻力中变得微不足道,阻力主要由压差阻力组成,因分离点不再前移,C_D 基本成一定值。当

$Re > 2 \times 10^5$ 时,阻力系数 C_D 突然减小,这表明当 Re 数超过临界值后,圆柱体表面的层流附面层转变为紊流附面层,使附面层分离点突然向后推移,旋涡区减小,绕流得到改善,圆柱体后压力提高,使圆柱体前后的压力差减小,这时虽然摩擦阻力有所增加,但由于压差阻力显著减小,而使得总阻力 F_D 减小,从而使阻力系数 C_D 大幅度下降,出现"阻力跌落"现象。

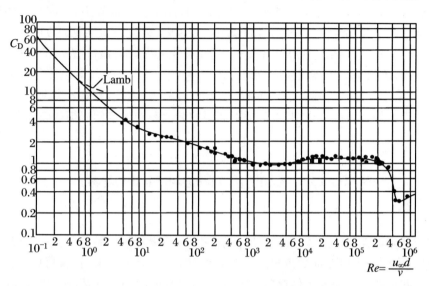

图 6.16 圆柱体的阻力系数与雷诺数的关系曲线

圆柱体后尾流的流动状态在小雷诺数下是层流,在较大的雷诺数时形成卡门涡街。随着雷诺数的增加($150 < Re < 300$),在尾流中出现流体微团的横向运动,由层流状态过渡为紊流状态。到 $Re \approx 300$ 时,整个尾流区成为紊流,而旋涡不断消失在紊流中。

在圆柱体后尾流的卡门涡街中,两列旋转方向相反的旋涡周期性地均匀交替脱落,有一定的脱落频率。旋涡的脱落频率 n 可按施特鲁哈尔提出的经验公式计算,即

$$St = 0.198\left(1 - \frac{19.7}{Re}\right) \quad (250 < Re < 2 \times 10^5) \tag{6.73}$$

式中:$St = \dfrac{nd}{u_\infty}$ 称为施特鲁哈尔数,它是一个相似准数,与雷诺数 Re 有关。除此之外,根据罗斯柯 1954 年的实验结果,St 与 Re 之间存在着如图 6.17 所示的关系,在大雷诺数($Re > 10^3$)下,施特鲁哈尔数近似等于常数,即 $St = 0.21$。

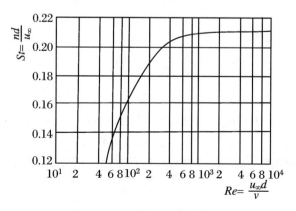

图 6.17 St 数与 Re 数的关系

卡门涡街交替脱落时会产生振动,并发生声响效应,这种声响是由于卡门涡街周期性脱落时引起的流体中的压力脉动所造成的声波,正如日常生活中听到风吹电线嘘嘘发响一样。工业上使用的空气预热器等多由圆管组装而成,流体绕流圆管时,卡门涡街的交替脱落会引起预热器管箱中气柱的振动。如果卡门涡街的脱落频率恰好与管箱的声学驻波频率相重合,就会诱发强烈的管箱声学驻波振动(产生共振),产生很大的噪声,造成空气预热器管箱的激烈振动。严重时,能使空气预热器的管箱振鼓,甚至破裂。如果我们改变管箱和气柱的固有频率,使之与卡门涡街的脱落频率错开,避免发生共振,则可防止设备的破坏。

应当指出,不只是流体绕圆柱体流动时才产生卡门涡街。当流体绕流其他非流线型的物体时,只要发生附面层的脱离,都可能会出现卡门涡街。因此,有些设备或设施,例如水下建筑或航空设备等都做成流线型,以避免附面层的分离及产生卡门涡街的破坏作用。

6.11 黏性流体绕球体的流动

工程上遇到黏性流体绕球体的流动情况也很多,像燃料炉炉膛空气流中的煤粉颗粒、油滴、烟道烟气中的灰尘以及锅炉汽包内蒸气空间中蒸气夹带的水滴等,都可以近似地看作小圆球。因此我们要经常研究固体微粒和液体细滴在流体中的运动情况。比如,在气力输送中要研究固体微粒在何种条件下才能被气流带走;在除尘器中要解决在何种条件下尘粒才能沉降;在煤粉燃烧技术中要研究煤粉颗粒的运动状况等问题。

当煤粉和灰尘等微小颗粒在空气、烟气或水等流体中运动时,由于这些微粒的尺寸以及流体与微粒间的相对运动速度都很小,所以在这些运动中雷诺数都很小,即它们的惯性力与黏性力相比要小得多,可以忽略不计。又由于微粒表面的附面层极薄,于是质量力的影响也很小,也可略去(这种情况下的绕流运动常称为蠕流)。这样,在稳定流动中,可把纳维-斯托克斯方程简化为

$$
\left.\begin{aligned}
\frac{\partial p}{\partial x} &= \mu\left(\frac{\partial^2 u_x}{\partial x^2} + \frac{\partial^2 u_x}{\partial y^2} + \frac{\partial^2 u_x}{\partial z^2}\right) \\
\frac{\partial p}{\partial y} &= \mu\left(\frac{\partial^2 u_y}{\partial x^2} + \frac{\partial^2 u_y}{\partial y^2} + \frac{\partial^2 u_y}{\partial z^2}\right) \\
\frac{\partial p}{\partial z} &= \mu\left(\frac{\partial^2 u_z}{\partial x^2} + \frac{\partial^2 u_z}{\partial y^2} + \frac{\partial^2 u_z}{\partial z^2}\right)
\end{aligned}\right\} \tag{6.74}
$$

不可压缩流体的连续性方程

$$\frac{\partial u_x}{\partial x} + \frac{\partial u_y}{\partial y} + \frac{\partial u_z}{\partial z} = 0$$

1851年斯托克斯首先解决了黏性流体绕圆球做雷诺数很小($Re<1$)的稳定流动时,圆球所受的阻力问题。在这种情况下,除略去惯性力和质量力外,还假定绕流时在球面上不发生附面层的分离(图6.18)。将式(6.74)及连续性方程转化为球坐标形式,并结合边界条件进行理论求解,可得解析结果(具体解析过程在这里不再详述,可参考有关著作)如下:

速度分布:

$$u_r(r,\theta) = u_\infty \cos\theta \left(1 - \frac{3}{2}\frac{r_0}{r} + \frac{1}{2}\frac{r_0^3}{r^3}\right) \left.\begin{matrix}\\[2ex]\end{matrix}\right\} \quad (6.75)$$
$$u_\theta(r,\theta) = -u_\infty \sin\theta \left(1 - \frac{3}{4}\frac{r_0}{r} - \frac{1}{4}\frac{r_0^3}{r^3}\right)$$

压力分布：
$$p(r,\theta) = p_\infty - \frac{3}{2}\mu \frac{r_0 u_\infty}{r^2}\cos\theta \quad (6.76)$$

式中：u_∞ 和 p_∞ 分别为无穷远处流体的速度和压力；r_0 为圆球的半径。

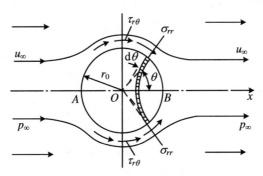

图 6.18　小雷诺数时绕圆球的流动

在圆球的前后两驻点 A 和 B 处的压力是：

在前驻点 $A(\theta = 180°)$ $\quad p_A = p_\infty + \frac{3}{2}\frac{\mu u_\infty}{r_0}$

在后驻点 $B(\theta = 0°)$ $\quad p_B = p_\infty - \frac{3}{2}\frac{\mu u_\infty}{r_0}$

由此可见，流体对圆球在 x 方向上的作用力有一个合力，即在 x 方向上流体对圆球有一个推力。为了确定这个推力（阻力）的大小，先要求出球面上各点的法向应力和切向应力（图 6.18）。由于在球面上 $u_r(r_0,\theta) = u_\theta(r_0,\theta) = 0, \frac{\partial u_r}{\partial r} = 0, \frac{\partial u_r}{\partial \theta} = 0$ 和 $\frac{\partial u_\theta}{\partial \theta} = 0$，于是可得

$$(\sigma_{rr})_{r=r_0} = -p(r_0,\theta) + 2\mu \frac{\partial u_r}{\partial r} = -p(r_0,\theta) = -p_\infty + \frac{3}{2}\mu \frac{u_\infty}{r_0}\cos\theta \left.\begin{matrix}\\[2ex]\end{matrix}\right\} \quad (6.77)$$
$$(\tau_{r\theta})_{r=r_0} = \mu\left(\frac{1}{r}\frac{\partial u_r}{\partial \theta} + \frac{\partial u_\theta}{\partial r} - \frac{u_\theta}{r}\right) = \mu\frac{\partial u_\theta}{\partial r} = -\frac{3}{2}\mu \frac{u_\infty}{r_0}\sin\theta$$

现在求流体作用在球面上的法向力和切向力沿 x 轴方向的分量 F_p 和 F_f。在球面上画出微元带形表面（图 6.18），其面积 $dA = 2\pi r_0 \sin\theta \cdot r_0 d\theta = 2\pi r_0^2 \sin\theta d\theta$，于是

$$F_p = \int_A \sigma_{rr}\cos\theta dA = \int_0^\pi \left(-p_\infty + \frac{3}{2}\mu \frac{u_\infty}{r_0}\cos\theta\right)\cos\theta \cdot 2\pi r_0^2 \sin\theta d\theta$$
$$= 3\pi r_0 \mu u_\infty \int_0^\pi \cos^2\theta \sin\theta d\theta = 2\pi r_0 \mu u_\infty = \pi d\mu u_\infty$$

$$F_f = -\int_A \tau_{r\theta}\sin\theta dA = \int_0^\pi \frac{3}{2}\mu \frac{u_\infty}{r_0}\sin\theta \sin\theta \cdot 2\pi r_0^2 \sin\theta d\theta$$
$$= 3\pi r_0 \mu u_\infty \int_0^\pi \sin^3\theta d\theta = 4\pi r_0 \mu u_\infty = 2\pi d\mu u_\infty$$

则流体作用在圆球上的推力，亦即黏性流体绕流圆球时所受到的阻力为

$$F_D = F_p + F_f = \pi d\mu u_\infty + 2\pi d\mu u_\infty = 3\pi d\mu u_\infty \tag{6.78}$$

式中:F_p 为压差阻力;F_f 为摩擦阻力;F_D 为总阻力;$d = 2r_0$ 为圆球的直径。式(6.78)就是黏性流体绕流圆球的斯托克斯阻力公式。其阻力系数为

$$C_D = \frac{F_D}{\frac{1}{2}\rho u_\infty^2 A} = \frac{3\pi d\mu u_\infty}{\frac{1}{2}\rho u_\infty^2 \cdot \frac{1}{4}\pi d^2} = \frac{24}{\frac{u_\infty d}{\nu}} = \frac{24}{Re} \tag{6.79}$$

式中:A 为圆球的迎流面积,$A = \frac{1}{4}\pi d^2$。当雷诺数 $Re < 1$ 时,式(6.79)与实验结果相符合。

实验证明,绕流球体的阻力系数 C_D 随着绕流雷诺数 Re 的增加而减小。图 6.19 绘出了黏性流体绕圆球流动的阻力系数 C_D 随 Re 数变化的实验曲线,其临界雷诺数 $Re_c = (2\sim3) \times 10^5$。对应于图 6.19 各区域的 C_D 近似计算公式有

$$\left.\begin{aligned}
C_D &= \frac{24}{Re} & &(Re < 1,\text{斯托克斯公式}) \\
C_D &= \frac{24}{Re}\left(1 + \frac{3}{16}Re\right) & &(Re < 5,\text{奥森公式}) \\
C_D &= \frac{24}{Re}\left(1 + \frac{3}{16}Re\right)^{\frac{1}{2}} & &(Re < 100,\text{奥森修正公式}) \\
C_D &= \frac{13}{\sqrt{Re}} & &(10 < Re < 1\,000,\text{阿连公式}) \\
C_D &= 0.44 & &(500 < Re < 2\times10^5,\text{牛顿公式})
\end{aligned}\right\} \tag{6.80}$$

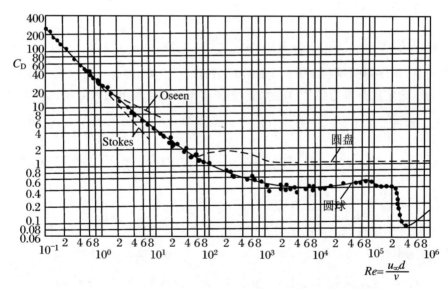

图 6.19 圆球和圆盘的阻力系数与雷诺数的关系曲线

现在我们研究一个圆球在静止流体中的运动情况。直径为 d 的圆球从静止开始,在静止的流体中自由下落,由于重力的作用,下降速度逐渐增大,同时,圆球受到的流体阻力也逐渐增大。当圆球的重量 G 与作用在圆球上的流体的浮力 F_B 及流体的阻力 F_D 达到平衡时,即

$$G = F_B + F_D$$

圆球在流体中将以等速度 u_f 自由沉降。这一临界速度 u_f 称为圆球的自由沉降速度。将圆

球的重量 $G = \frac{1}{6}\pi d^3 \gamma_s$,流体的浮力 $F_B = \frac{1}{6}\pi d^3 \gamma$ 和流体的阻力 $F_D = C_D \frac{1}{2}\rho u_f^2 \cdot \frac{1}{4}\pi d^2$ 代入上式,得

$$u_f = \sqrt{\frac{4}{3}\frac{gd}{C_D}\frac{\gamma_s - \gamma}{\gamma}} = \sqrt{\frac{4}{3}\frac{gd}{C_D}\frac{\rho_s - \rho}{\rho}} \tag{6.81}$$

当 $Re < 1$ 时,将 $C_D = \frac{24}{Re}$ 代入上式,得到

$$u_f = \frac{gd^2}{18\mu}(\rho_s - \rho) \tag{6.82}$$

当 $Re = 10 \sim 1\,000$ 时,将 $C_D = \frac{13}{\sqrt{Re}}$ 代入式(6.81)得

$$u_f = \left(\frac{4}{39}\frac{g}{\nu^{0.5}}\frac{\rho_s - \rho}{\rho}\right)^{\frac{2}{3}} d \approx \left(\frac{\rho_s - \rho}{\rho}\right)^{\frac{2}{3}} \nu^{-\frac{1}{3}} d \tag{6.83}$$

当 $Re = 500 \sim 2 \times 10^5$ 时,将 $C_D = 0.44$ 代入式(6.81)得

$$u_f = 1.74\left(gd\frac{\rho_s - \rho}{\rho}\right)^{\frac{1}{2}} \approx \sqrt{3gd\frac{\rho_s - \rho}{\rho}} \tag{6.84}$$

如果圆球是在气体中沉降时,由于气体的密度 ρ 比球体的密度 ρ_s 小得多,故式(6.82)、式(6.83)、式(6.84)可以分别近似地写为

$$u_f = \frac{\rho_s gd^2}{18\mu} \quad (Re < 1) \tag{6.85}$$

$$u_f = \left(\frac{4}{39}\frac{\rho_s g}{\rho\nu^{0.5}}\right)^{\frac{2}{3}} d \approx \left(\frac{\rho_s}{\rho}\right)^{\frac{2}{3}} \nu^{-\frac{1}{3}} d \quad (10 < Re < 1\,000) \tag{6.86}$$

$$u_f = 1.74\left(\frac{\rho_s gd}{\rho}\right)^{\frac{1}{2}} \approx \sqrt{\frac{3\rho_s gd}{\rho}} \quad (500 < Re < 2 \times 10^5) \tag{6.87}$$

对于非球形物体,自由沉降速度公式(6.81)同样适用,只需引入当量直径 d_e 和圆球度 Ω 的概念,它们的定义为

$$d_e = \sqrt[3]{\frac{6V_0}{\pi}} \tag{6.88}$$

$$\Omega = \frac{\text{体积为 } V_0 \text{ 的圆球的表面积 } A}{\text{体积为 } V_0 \text{ 的实际物体的表面积 } A_0} = \frac{4.836 V_0^{\frac{2}{3}}}{A_0} \tag{6.89}$$

式中:V_0 为物体的体积;A_0 为物体的表面积。对于正方体 $\Omega = 0.806$,圆柱体 $\Omega = 0.86$,煤粉 $\Omega = 0.70$,砂粒 $\Omega = 0.53 \sim 0.63$。于是

$$u_f = \sqrt{\frac{4}{3}\frac{gd_e\Omega}{C_D}\frac{\rho_s - \rho}{\rho}} \tag{6.90}$$

由于 $d_e\Omega = \frac{6V_0}{A_0}$,所以上式也可写为

$$u_f = \sqrt{\frac{8gV_0}{A_0 C_D}\frac{\rho_s - \rho}{\rho}} \tag{6.90a}$$

如果球体能被以速度为 u_∞ 的垂直上升的流体带走,则它的绝对运动速度为

$$u_s = u_\infty - u_f \tag{6.91}$$

因此,当 $u_f = u_\infty$ 时,圆球的绝对速度 u_s 等于零,即圆球将悬浮在流体中静止不动。这时流体的上升速度 u_∞ 称为圆球的悬浮速度,它的数值与 u_f 相等。所以,只有当流体的上升速度 u_∞ 大于圆球的自由沉降速度 u_f 时,圆球才会被流体带走;反之,当流体的上升速度 u_∞ 小于圆球的自由沉降速度 u_f 时,圆球将在流动的流体中沉降。

例 6.4 有一长 10.5 m、宽 2.5 m、高 3.0 m 的箱形拖车在空气($\rho = 1.28$ kg/m³、$\nu = 0.14$ cm²/s)中以 28 m/s 的速度行驶,求拖车两边和顶部的摩擦阻力;若拖车的阻力系数 $C_D = 0.45$,试确定施加在拖车上的压差阻力。

解 先判断附面层的流态,取临界雷诺数 $Re_{x_c} = 5 \times 10^5$,得临界转变点的位置为

$$x_c = Re_{x_c} \frac{\nu}{u_\infty} = 5 \times 10^5 \times \frac{0.14 \times 10^{-4}}{28} = 0.25(\text{m})$$

因 $x_c/L = 0.25/10.5 = 0.0238 < 5\%$,故认为拖车外表面上全为紊流附面层。拖车表面末端处的雷诺数为

$$Re_L = \frac{u_\infty L}{\nu} = \frac{28 \times 10.5}{0.14 \times 10^{-4}} = 2.1 \times 10^7 > 10^7$$

摩擦阻力系数 C_f 按施利希廷公式(6.66)计算,即

$$C_f = 0.455 (\lg Re_L)^{-2.58} = 0.455 \times [\lg(2.1 \times 10^7)]^{-2.58} = 0.00267$$

拖车两边和顶部所受的摩擦阻力为

$$F_f = C_f \frac{1}{2} \rho u_\infty^2 BL = 0.00267 \times \frac{1}{2} \times 1.28 \times 28^2 \times (3 \times 2 + 2.5) = 119.57(\text{N})$$

当阻力系数 $C_D = 0.45$ 时,施加在拖车上的总阻力为

$$F_D = C_D \frac{1}{2} \rho u_\infty^2 A = 0.45 \times \frac{1}{2} \times 1.28 \times 28^2 \times 2.5 \times 3 = 1693.44(\text{N})$$

因此,施加在拖车上的压差阻力为

$$F_p = F_D - F_f = 1693.44 - 119.57 = 1573.87(\text{N})$$

可见,在这种情况下,压差阻力约占拖车全部阻力的 93%,而摩擦阻力仅为总阻力的 7%。

例 6.5 有一圆柱形烟囱,高 $H = 20$ m,外径 $d = 0.6$ m,水平风速 $u_\infty = 18$ m/s,空气密度 $\rho = 1.293$ kg/m³,运动黏度 $\nu = 13.2 \times 10^{-6}$ m²/s,求烟囱所受的水平推力。

解 绕流雷诺数为

$$Re = \frac{u_\infty d}{\nu} = \frac{18 \times 0.6}{13.2 \times 10^{-6}} = 8.18 \times 10^5$$

由图 6.16 查得绕流阻力系数 $C_D = 0.35$,则烟囱所受的水平推力为

$$F_D = C_D \frac{1}{2} \rho u_\infty^2 A = 0.35 \times \frac{1}{2} \times 1.293 \times 18^2 \times 20 \times 0.6 = 880(\text{N})$$

例 6.6 在煤粉炉炉膛内的不均匀流场中,烟气流最小的上升速度 $u_\infty = 0.45$ m/s,烟气的平均温度 $t = 1300$ ℃,在该温度下烟气的运动黏度 $\nu = 234 \times 10^{-6}$ m²/s,煤的密度 $\rho_s = 1100$ kg/m³。试计算这样流速的烟气能带走多大直径的煤粉颗粒。

解 由于煤粉的直径 d 是个未知数,不能确定雷诺数 Re,所以只能先假定 Re 的范围,例如假定 $Re < 1$,应用式(6.85)求出 d,然后再验算 Re 数是否与假定的相符。如果相符,则计算的结果就是所要求的数值;如果不符,则需重新假定 Re 的范围,再行计算。烟气在标准状态下的密度为 $\rho_0 = 1.34$ kg/m³,在 1300 ℃ 时烟气的密度为

$$\rho = \frac{\rho_0}{1 + \beta t} = \frac{1.34}{1 + 1300/273} = 0.233(\text{kg/m}^3)$$

代入式(6.85),令 $u_f = u_\infty$,得

$$d = \sqrt{\frac{18\mu u_\infty}{\rho_s g}} = \sqrt{\frac{18 \times 234 \times 10^{-6} \times 0.233 \times 0.45}{1\,100 \times 9.81}} = 2.0 \times 10^{-4}(\text{m}) = 200(\mu\text{m})$$

验算雷诺数

$$Re = \frac{u_\infty d}{\nu} = \frac{0.45 \times 2.0 \times 10^{-4}}{234 \times 10^{-6}} = 0.385 < 1$$

与原假定的雷诺数相符。所以,上升速度为 0.45 m/s 的烟气流能带走直径小于 200 μm 的煤粉颗粒。

通过前面对流动阻力的讨论可知,黏性流体绕物体流动所产生的阻力是由切向应力和压力差所造成的,故流动阻力分为摩擦阻力和压差阻力两种。

摩擦阻力是流体黏性直接作用的结果。当黏性流体绕物体流动时,流体对物体表面作用有切向应力,由切向应力而产生摩擦阻力。所以,摩擦阻力是指作用在物体表面上的切向应力在来流方向上的投影的总和。压差阻力是流体黏性间接作用的结果。当黏性流体绕物体流动时,比如说绕圆柱体流动时,如果附面层在压力升高($\frac{\mathrm{d}p}{\mathrm{d}x}>0$)的区域内发生分离,形成旋涡,则在从分离点开始的圆柱体后部所受到的流体压力,大致接近于分离点的压力,而不能恢复到理想流体绕圆柱体流动时应有的压力数值(图 6.14),这样,就破坏了作用在圆柱体上前后压力的对称性,从而产生圆柱体前后的压力差,形成了压差阻力。而旋涡所携带的能量也将在整个尾涡区中被消耗而变成热量最后散失掉。所以压差阻力是指作用在物体表面上的压力在来流方向上的投影的总和。压差阻力的大小与物体的形状有很大的关系,所以又称为形状阻力。压差阻力和摩擦阻力之和称为物体阻力。虽然物体阻力的形成过程,从物理观点来看完全清楚,可是,要从理论上来确定一个任意形状物体的阻力,至今还是十分困难的。物体阻力目前都是用实验方法测得的。

根据物体阻力的形成过程,我们可以采用以下措施来减小绕流物体的阻力:

(1) 根据工程需要,尽可能采用流线型物体,这样可避免附面层的分离,大大减小压差阻力。

(2) 对于流线型物体,为了进一步减小黏性阻力,可以考虑设计成层流型体。因为流线型物体的阻力主要是摩擦阻力(没有附面层分离)。为进一步减小摩擦阻力,应该使其附面层全为层流附面层,这是因为层流附面层的摩擦阻力要比紊流附面层的摩擦阻力小得多。

(3) 对于非流线型物体应使其附面层为紊流附面层。虽然这样做增加了摩擦阻力,但由于紊流附面层内流速分布比较"饱满",本身具有的能量较大,因而能够大大推迟附面层的分离,减小分离后的旋涡区,从而大大减小了压差阻力。摩阻略增,压阻大减,最终使总的物体阻力有所降低。

(4) 对附面层进行人工控制。这样可防止和推迟附面层的分离,从而减小压差阻力。具体方法有吹喷和抽吸等,以增加附面层内流体的动能,使附面层不分离或减缓附面层分离。

习 题 6

6.1 已知黏性流体的速度场为 $u = 5x^2 y\boldsymbol{i} + 3xyz\boldsymbol{j} - 8xz^2 \boldsymbol{k}$(m/s)。流体的动力黏度 $\mu = 0.144$ Pa·s,

在点$(2,4,-6)$处$\sigma_{yy}=-100\,\mathrm{N/m^2}$,试求该点处其他的法向应力和切向应力。

6.2 如图6.20所示,两种流体在压力梯度为$\dfrac{\mathrm{d}p}{\mathrm{d}x}=-k$的情形下在两固定的平行平板间做稳定层流流动,试导出其速度分布式。

6.3 如图6.21所示,密度为ρ、动力黏度为μ的薄液层在重力的作用下沿倾斜平面向下做等速层流流动,试证明:

(1) 流速分布为$u=\dfrac{\rho g\sin\theta}{2\mu}(H^2-h^2)$;

(2) 单位宽度流量为$q=\dfrac{\rho g\sin\theta}{3\mu}H^3$。

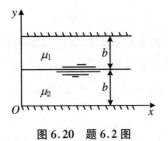

图6.20 题6.2图　　　图6.21 题6.3图

6.4 如图6.22所示,一平行于固定底面0—0的平板,面积为$A=0.1\,\mathrm{m^2}$,以恒速$u=0.4\,\mathrm{m/s}$被拖曳移动,平板与底面间有上、下两层油液,上层油液的深度为$h_1=0.8\,\mathrm{mm}$,黏度$\mu_1=0.142\,\mathrm{N\cdot s/m^2}$,下层油液的深度为$h_2=1.2\,\mathrm{mm}$,黏度$\mu_2=0.235\,\mathrm{N\cdot s/m^2}$,求所需要的拖曳力$T$。

6.5 如图6.23所示,黏度$\mu=0.05\,\mathrm{Pa\cdot s}$的油在正圆环缝中流动,已知环缝内、外半径分别为$r_1=10\,\mathrm{mm}$,$r_2=20\,\mathrm{mm}$,若外壁的切应力为$40\,\mathrm{N/m^2}$,试求:

(1) 每米长环缝的压力降;

(2) 每秒流量;

(3) 流体作用在10 m长内壁上的轴向力。

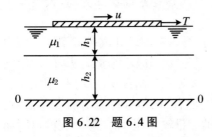 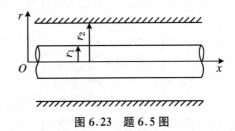

图6.22 题6.4图　　　图6.23 题6.5图

6.6 设平行流流过平板时的附面层速度分布为$u=u_\infty\dfrac{y(2\delta-y)}{\delta^2}$,试导出附面层厚度$\delta$与$x$的关系式,并求平板一面上的阻力。平板长为$L$,宽为$B$。流动为不可压缩稳定流动。

6.7 设平板层流附面层的速度分布为$\dfrac{u}{u_\infty}=\sin\dfrac{\pi}{2}\left(\dfrac{y}{\delta}\right)$,试用动量积分方程式推导附面层厚度$\delta$、壁面切应力$\tau_w$和摩阻系数$C_f$的表达式。

6.8 一长为2 m、宽为0.4 m的平板,以$u_\infty=5\,\mathrm{m/s}$的速度在20℃的水($\nu=10^{-6}\,\mathrm{m^2/s}$, $\rho=998.2\,\mathrm{kg/m^3}$)中运动,若边界层内的速度分布为$u_x=u_\infty\left(\dfrac{y}{\delta}\right)^{\frac{1}{11}}$,边界层厚度$\delta$与沿板长方向坐标$x$的关系为$\delta=0.216\left(\dfrac{\nu}{u_\infty}\right)^{\frac{1}{7}}x^{\frac{6}{7}}$,试求平板上的总阻力。

6.9 一块长为 50 cm、宽为 15 cm 的光滑平板置于流速为 60 cm/s 的油中,已知油的比重为 0.925,运动黏度为 0.79 cm²/s,试求光滑平板一面上的摩擦阻力。

6.10 空气以 12 m/s 的速度流过一块顺流置放的光滑平板,如当地气温为 20 ℃,求离平板前缘 $x = 0.6$ m 处附面层的厚度 δ 和壁面切应力 τ_w。

6.11 空气以 15 m/s 的速度流过一块长为 20 m、宽为 10 m 光滑平板,空气温度为 20 ℃,如转变点的临界雷诺数采用 $Re_{x_c} = 5\times 10^5$,求:
(1) 层流附面层的长度;
(2) 层流附面层末端的厚度和壁面切应力;
(3) 平板末端附面层的厚度和壁面切应力;
(4) 板面的总摩擦阻力。

6.12 在 15 ℃ 的静水中,以 5.0 m/s 的速度拖曳一块长为 20 m、宽为 3 m 的薄板,求所需要的拖曳力。

6.13 有一长为 25 m、宽为 10 m 的平底驳船,吃水深度为 1.8 m,在水中以 9.0 km/h 的速度行驶,水温 20 ℃,试估算克服其摩擦阻力所需的功率。

6.14 有一流线型赛车,驱动功率为 350 kW,迎风面积为 1.5 m²,如绕流阻力系数为 0.3,当地空气温度 25 ℃,不计车轮与地面的摩擦力。试估算下列情况下赛车所能达到的最大速度:
(1) 空气静止;
(2) 迎面风速为 10 km/h。

6.15 有一圆柱形烟囱高为 28 m,直径为 0.6 m,水平风速为 15 m/s,空气温度为 0 ℃,求烟囱所受的水平推力。

6.16 高压电缆线的直径为 10 mm,两支撑点距离为 70 m,风速为 20 m/s,气温为 10 ℃。试求风作用于高压电缆线上的作用力。

6.17 有一水塔,上部为直径 12 m 的球体,下部为高 30 m、直径 2.5 m 的圆柱体,如当地气温为 20 ℃,最大风速为 28 m/s,求水塔底部所受的最大弯矩。

6.18 有一直径为 0.8 m 的氢气球,在 25 ℃ 的空气浮力和 5.0 m/s 速度的风力作用下,观察到系气球的绳子与水平面成 45°角,若不计绳子的重量,求氢气球的绕流阻力系数。

6.19 直径为 2 mm 的气泡在 20 ℃ 清水中上浮的最大速度是多少?

6.20 直径为 12 mm 的小球在密度为 920 kg/m³、黏度为 0.034 Pa·s 的油中以 3.5 cm/s 的速度上浮,求小球的比重。

6.21 煤粉炉炉膛中烟气的密度为 0.23 kg/m³,运动黏度为 240×10^{-6} m²/s,煤粒的密度为 1300 kg/m³,若上升气流的速度为 0.5 m/s,问粒径为 0.1 mm 的煤粉颗粒能否被气流带走?

6.22 球形尘粒在 20 ℃ 的空气中等速下沉,试求能按斯托克斯公式计算的尘粒最大直径及其自由沉降速度。尘粒的比重为 2.5。

6.23 竖井式磨煤机中空气的流速为 2.0 m/s,运动黏度为 20×10^{-6} m²/s,密度为 1.02 kg/m³,煤粒的密度为 1 100 kg/m³,试求此上升气流能带出的最大煤粉粒径。

6.24 在煤粉炉的炉膛中,烟气最大上升速度为 0.65 m/s,烟气的平均温度为 1 100 ℃,该温度下烟气的密度为 0.26 kg/m³,运动黏度为 230×10^{-6} m²/s,煤粒的密度为 1 100 kg/m³,问炉膛内能被烟气带走的煤粉最大颗粒直径是多少?

第7章 相似原理与因次分析

7.1 概　　述

　　人类为了生存和发展,必须不断地了解自然,深入探索自然界的客观规律,并运用这些规律为自身服务。人们在征服自然的长期斗争中,积累了丰富的经验,但根据研究对象的不同,采用的方法和手段也各异,概括起来可归纳为两大方面:数学分析法和实验法。

　　数学分析法是以数学作为探索自然规律的主要手段,根据所研究的物理现象的特点,分析与该现象相关各物理量之间的依变关系,列出描述该现象的微分方程组,再根据边界条件,对方程组进行求解。如描述流体运动的纳维-斯托克斯方程,描述热传导过程的傅里叶方程等。数学分析法得出的精确解或近似解,揭示了某一现象的内在规律,为我们解决科学、技术问题提供了理论依据。随着计算科学的不断发展,数学作为探索自然规律的一种有力工具,正在发挥着越来越大的作用。

　　但是,根据现象复杂程度的不同,数学分析法在某种程度上总要受到一定限制。例如,当某一现象是由多种因素相互交织在一起发生时,涉及的物理参量及过程如此复杂,一时难以列出描述该现象的微分方程,或者,虽然列出微分方程,但难以求得通解及特解。这时,数学分析法就无能为力了,人们不得不依赖于实验方法。即使是数学分析法,也得先通过实验观察,构成概念,方能进行数学分析,分析的结果是否正确,还需要通过实验来检验。

　　实验法是指对某一正在发生的现象或正在进行的过程进行系统的观察和参量的测定,再通过对取得的数据进行加工、分析,以找出各参量的分布规律及其相互间的依变关系。如对锅炉炉膛内正在燃烧的火舌进行速度场、浓度场和温度场的测定,找出速度场与混合及燃烧过程的规律;对工业炉窑内的速度场、压力场和温度场的测定,找出气流运动、燃烧及传热过程与生产率和热效率的关系。

　　就实验法而言,可分为原型测试法和模型实验法两类。

　　对正在运行的设备及过程进行实际测试,掌握第一手资料,从而可为设备及过程的最优化提出改进依据。如对工业炉窑进行热工测试,可为改善炉型结构及热工操作制度提供依据。但是,对实际设备和真实过程进行测试受到很大限制,因为对实际设备和真实过程进行测试,其参量的变化幅度不允许超过安全限度。而且,如果设备太大、太小或是密封体系,就难以进行实际测试,甚至无法进行测试。况且,实际测试只能在已建成并运行的设备上进行,对一些正在研制或设计中的新型设备,是不可能进行实际测试的。科技人员为了探索新工艺和新设备,并在其投产或投入运行之前,就能找到各参量间最佳的依变关系,以提出最优化设计,必须依靠模型实验法。

　　模型实验法是以相似原理为指导,对所研究的现象建立模型,通过模型实验,定性地或定量地探索各物理参量间的依变关系,找出其内在规律,以这些规律为指导,进行新工艺或新设备的计算及设计。为了便于研究,模型尺寸的大小及过程参量变化的幅度,原则上是不受限制的,这样不仅能节约投资,而且可以加快研究工作的进程。因此,近年来模型实验研究方法越来越受到科技人员的重视,并得到较快的发展。

相似原理是指导模型实验的理论基础。模型实验法在各个领域得到广泛的运用,也推动了相似原理的发展。

按模型实验的温度条件可分为冷态模型和热态模型两大类。冷态模型常以常温的水或空气做流动介质。一般情况下水模型便于进行定性的观察、显示和摄像,气模型便于进行定量的测试。热态模型一般伴随高温化学反应和热交换过程。小型火焰实验炉就是热态模型。通过热态模型可以得到由于浓度场或温度场的不同所引起的各种参量间的依变关系,因而更能真实模化高温炉窑内的热工过程。

按模型的规模可分为整体模化和局部模化两种。整体模化可以研究设备整体或某一系统运行过程中各个参量的依变关系,体现了整体设备或全部过程的综合特征。若为了深入剖析某一局部现象,也可进行局部模化,如高炉的风口区、氧气转炉的喷枪及射流、火焰炉的燃烧器或换热器等。抓住某一过程矛盾的焦点进行深入剖析,可加速研究工作的进程。

必须说明,数学分析法和实验法是相辅相成的。数学分析法必须依靠由实验法得到的基本数据和规律作为分析问题的起点,而且得出的结论正确与否也要靠实验来验证。而任何一个模型实验(或原型测试)要脱离数学的指导,也是难于进行的。因此,数学分析法和实验法是互为依靠、互为补充的。

本章主要是结合流体力学的特点,对相似原理和因次分析方法进行简要介绍,涉及传热及其他领域的问题,将在有关课程中论述。

7.2 相似的概念

7.2.1 几何相似

相似的概念最初出现在几何学里,两个几何相似的图形,其对应部分的比值必等于同一个常数,这种相似称为几何相似。如有两个相似三角形(图 7.1),其对应角相等,对应部分(边长、高等)的比值等于同一个常数,即

$$\frac{a'}{a} = \frac{b'}{b} = \frac{c'}{c} = \frac{h'}{h} = C_l \tag{7.1}$$

式中:比例常数 C_l 称为"几何相似倍数"。对于相似三角形 ABC 和 $A'B'C'$ 来说,C_l 具有一定的值,但对于另一相似的三角形(如第三个相似的三角形),则其相似倍数具有另一定值,即相似倍数并不是恒定不变的常量。

同理,如果两个三角锥相似(图 7.2),则这两个锥体的对应边也应成比例,即

$$\frac{l_1'}{l_1} = \frac{l_2'}{l_2} = \frac{l_3'}{l_3} = \cdots = \frac{l_6'}{l_6} = C_l \tag{7.1a}$$

显然,相似形的对应面积之比为 C_l^2,对应的体积之比为 C_l^3。

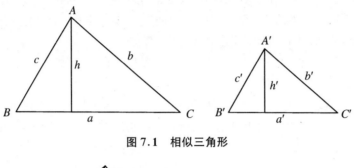

图 7.1 相似三角形

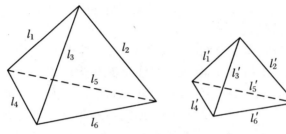

图 7.2 相似三角锥

几何相似体现了空间相似。因为任何自然现象都必然在一定的几何空间内发生或进行,所以几何相似是两组现象相似的必要条件之一。

空间相似是指所有的空间几何线尺寸都对应成比例。若两个现象,其对应的空间坐标参量之比为

$$\frac{x'}{x} = C_x, \quad \frac{y'}{y} = C_y, \quad \frac{z'}{z} = C_z$$

当 $C_x = C_y = C_z = C_l$ 时,这样的几何相似称为正态相似。按正态相似建立的模型称为正态模型。当 $C_x \neq C_y \neq C_z$ 时,这样的模型称为变态模型。变态相似是广义的相似概念,在模型实验中多采用正态相似。

对相似图形而言,对应尺寸按比例变换后可以重合。例如对于半径不同的圆形图形,如果其中每一个圆都以自己的半径作为长度的比尺,则这些不同直径的圆可以重合为一个圆。对于任意的长方体,如果每一个边都以自己的对应长度 a、b、c 作为长、宽、高的比尺,则任何长方体($a \times b \times c$)都可转化为单位长方体($1 \times 1 \times 1$)。

如果把上述几何相似的概念推广应用到其他物理现象当中去,就可以找到现象的相似。

7.2.2 时间相似

时间相似是指两现象的发生或两过程的进行所对应的时间间隔成比例。

空间与时间是物质存在与发展的基本形式(时空观)。表征自然现象的一切物理量,都是空间坐标与时间的函数。两个现象或过程从某一对应的起始时刻至某一对应的终了时刻形成两个对应的时间间隔,如果所有对应的时间间隔都各自成比例,则这两个现象或过程的物理量随时间的变化是相似的(图 7.3)。

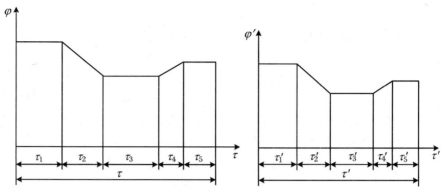

图 7.3 时间相似图形

因此,时间相似可以表述为

$$\frac{\tau'_1}{\tau_1} = \frac{\tau'_2}{\tau_2} = \frac{\tau'_3}{\tau_3} = \cdots = \frac{\tau'}{\tau} = C_\tau \tag{7.2}$$

式中:C_τ 称为时间相似倍数。

图 7.3 中 φ 及 φ' 为任意两个对应参量,如果它们随时间的变化是相似的,则它们形成的两个折线是相似的。

7.2.3 物理现象相似

所谓物理现象相似是指在几何相似和时间相似的前提下,在相对应的时间内和在相对应的空间点上,所有用来描述两个现象的一切物理量都各自对应成比例。如流体流动、热量交换及质量交换所伴随的物理量有速度(u)、压力(p)、密度(ρ)、黏度(μ)、温度(t)、导热系数(λ)、浓度(c)和时间(τ)等等。可见,物理现象相似要比几何相似复杂得多。因为参与过程的所有参量都将随空间坐标和时间而改变,只有两个系统中所有参量都一一对应成比例,才称两个现象是相似的。

与几何相似相类似,如果把体现某一现象物理特征的所有参量都看作是空间的维数,只要所有的参量都各自对应成比例,则这两个现象就相似。下面举几个描述现象的物理量相似的例子。

1. 速度相似

速度相似是指速度分布的相似,即速度场的几何相似,也就是说,在几何相似的条件下,对应空间部位流体质点所构成的流线图形相似。它表现为各对应空间点上和各对应时刻上,速度的方向相同,大小对应成比例(图 7.4)。即

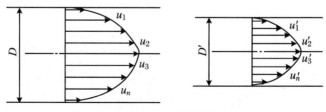

图 7.4 速度场相似

$$\frac{u'_1}{u_1} = \frac{u'_2}{u_2} = \frac{u'_3}{u_3} = \cdots = \frac{u'_n}{u_n} = C_u \tag{7.3}$$

式中：C_u 称为速度相似倍数。速度场相似是运动场相似的体现。

2. 动力相似

动力相似是指动力场的几何相似。它表现为在各个对应空间部位和对应时刻上各对应的作用力性质相同，方向相同，大小对应成比例。如重力与重力、压力与压力、黏性力与黏性力等在各个对应空间部位和对应时刻上，方向相同，大小对应成比例。

如图 7.5 所示，当流体流过两个几何相似的流线体时，在同一时刻，作用在对应空间流体质点上的各对应的作用力性质相同，方向相同，大小对应成比例，即

$$\frac{F'_a}{F_a} = \frac{F'_b}{F_b} = \cdots = \frac{F'}{F} = C_F \tag{7.4}$$

式中：C_F 称为动力相似倍数。动力场相似可使得速度场做到相似。

3. 温度相似

温度相似是指温度分布的相似，即温度场的几何相似。它表现为在几何相似的空间范围内，各对应点和各对应时刻上的温度值对应成比例（图 7.6），即

$$\frac{t'_1}{t_1} = \frac{t'_2}{t_2} = \frac{t'_3}{t_3} = \cdots = \frac{t'_n}{t_n} = C_t \tag{7.5}$$

式中：C_t 称为温度相似倍数。

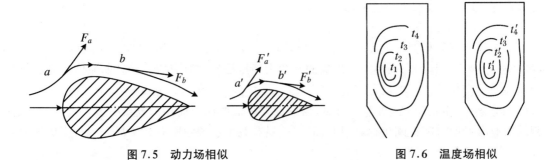

图 7.5 动力场相似　　　　　　　图 7.6 温度场相似

4. 浓度相似

浓度相似是指两现象的浓度分布相似，即浓度场的几何相似。图 7.7 示出了 CH_4 气体向空气中喷射时形成的浓度分布情况。如果两现象的浓度场相似，则对应空间部位在对应的时刻上气体的浓度对应成比例，即

$$\frac{c'_0}{c_0} = \frac{c'_1}{c_1} = \frac{c'_2}{c_2} = \cdots = \frac{c'_n}{c_n} = C_c \tag{7.6}$$

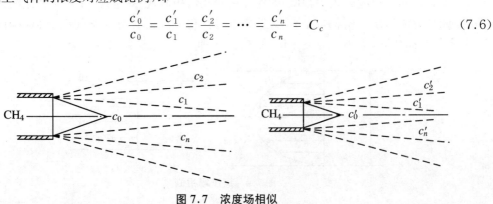

图 7.7 浓度场相似

式中：C_c 称为浓度相似倍数。

5. 物理常量相似

参与过程的各物理介质都具有自己的物理常量，如介质的密度 ρ、动力黏度 μ、导热系数 λ 等等。只要在对应的空间点和对应的时刻上介质的各物理常量都对应成比例，即为物理常量相似。两现象的物理常量相似时，必有

$$\frac{\rho'}{\rho} = C_\rho, \quad \frac{\mu'}{\mu} = C_\mu, \quad \frac{\lambda'}{\lambda} = C_\lambda, \quad \cdots \quad (7.7)$$

式中：C_ρ，C_μ，C_λ，$\cdots$ 分别代表各相应物理常量的相似倍数。

根据以上讨论可以发现，描述现象的各物理量的相似，在数学上表现为以下两种形式：

(1) 标量相似：只有大小而无方向的量称为标量。如温度、浓度、密度等都属于标量。标量相似，其大小在对应空间部位和对应的时刻上对应成比例，可表示为

$$\frac{\varphi'_1}{\varphi_1} = \frac{\varphi'_2}{\varphi_2} = \frac{\varphi'_3}{\varphi_3} = \cdots = \frac{\varphi'_n}{\varphi_n} = C_\varphi \quad (7.8)$$

式中：φ'_n、φ_n 代表任意对应的特征标量；C_φ 为对应标量的相似倍数。

(2) 向量相似：既有大小又有方向的量称为向量。如速度、加速度、力等都是向量。向量相似，不仅其大小在对应空间部位和对应时刻上对应成比例，而且性质相同，方向一致。向量相似可表示为

$$\frac{\varphi'_x}{\varphi_x} = \frac{\varphi'_y}{\varphi_y} = \frac{\varphi'_z}{\varphi_z} = \cdots = \frac{\varphi'_i}{\varphi_i} = C_\varphi \quad (7.9)$$

式中：φ'_i、φ_i 代表两相似系统的任意两个对应的向量，式(7.9)中 φ'_i、φ_i 为其绝对值；C_φ 为对应向量的相似倍数。

以上两式中的 φ 代表原型中的参量，φ' 代表模型中的参量。脚标 $1, 2, \cdots, n$ 代表空间的相应点和时间的相应时刻。脚标 x, y, z 代表相应坐标轴上有关向量的分量。

在模拟两现象相似时，相似倍数就是模型现象与原型现象相对应的比例。

下面再介绍一下后面常用到的微分量与积分量之间的所谓"置换法则"。

根据比例的基本性质，如果

$$\frac{\varphi'_1}{\varphi_1} = \frac{\varphi'_2}{\varphi_2} = C_\varphi = 常数$$

则

$$\frac{\varphi'_1 + \varphi'_2}{\varphi_1 + \varphi_2} = \frac{\varphi'_2 - \varphi'_1}{\varphi_2 - \varphi_1} = \frac{\Delta\varphi'}{\Delta\varphi} = C_\varphi = 常数$$

由于常量的极限值就等于其自身，故有

$$\lim_{\Delta\varphi \to 0}\left(\frac{\Delta\varphi'}{\Delta\varphi}\right) = \frac{\mathrm{d}\varphi'}{\mathrm{d}\varphi} = C_\varphi = 常数$$

或者

$$\frac{\varphi'_1}{\varphi_1} = \frac{\varphi'_2}{\varphi_2} = \frac{\mathrm{d}\varphi'}{\mathrm{d}\varphi} = C_\varphi = 常数 \quad (7.10)$$

式(7.10)说明，对相似现象而言，两物理量的微分之比等于这两个相应物理量之比。根据这一法则，对于特征量的任意阶导数都可以用其相应的特征量的比值，即所谓的"积分类比"来代替。如一阶导数 $\frac{\partial t}{\partial x}$ 可用其积分比 $\frac{t}{x}$ 代替；二阶导数 $\frac{\partial^2 t}{\partial x^2}$ 可用 $\frac{t}{x^2}$ 代替，如此类推。这样，多

阶导数 $\frac{\partial^n t}{\partial x^n}$ 可用 $\frac{t}{x^n}$ 代替，将复杂的微分式变成简单的代数式，可大大简化运算过程。用积分比代替微分比在相似转换中有很大的用途。

7.3 有因次量和无因次量

7.3.1 因次的概念

因次又称量纲，它指的是物理量的物理属性，或者说是指具有相同物理意义的物理量的类别。以小时、分、秒为例，它们是测量时间的不同单位，但这些单位都是用来测量时间的，都属于时间的类别。因次的符号一般用方括号内英文字母等来表示，如质量的因次[M]、长度的因次[L]、时间的因次[T]、压力的因次[ML^{-1}T^{-2}]和温度的因次[Θ]等等。

在国际单位制中，取长度、质量、时间、电流、热力学温度、物质的量和发光强度这些物理量作为"基本量"，它们的因次相应地用[L]、[M]、[T]、[E]、[Θ]、[N]、[C]来表示，称为基本因次。其他一些物理量的因次是用上述基本因次根据一定的物理方程推导出来的，称为"导来因次"。如速度的因次[LT^{-1}]是根据运动方程 $u = \frac{dl}{d\tau}$ 用长度的因次[L]和时间的因次[T]推导而来的，是导来因次。

在流体力学中，常用的基本因次为：长度[L]、质量[M]、时间[T]、温度[Θ]等；常用的导来因次列于表 7.1 中。在因次运算过程中，在不至于引起混淆的情况下可将因次外的方括号省略，否则必须加上方括号。

表 7.1 流体力学中常用的导来因次

序号	物理量名称	符号	物理方程	因次
1	面积	A	$A = l^2$	L^2
2	体积	V	$V = l^3$	L^3
3	速度	u	$u = \frac{dl}{d\tau}$	LT^{-1}
4	角速度	ω	$\omega = \frac{u}{r}$	T^{-1}
5	加速度	a	$a = \frac{d^2 l}{d\tau^2}$	LT^{-2}
6	环量	Γ	$\Gamma = \oint u \cdot ds$	L^{2}T^{-1}
7	体积流量	Q	$Q = \frac{dV}{d\tau}$	L^{3}T^{-1}

续表

序号	物理量名称	符号	物理方程	因次
8	质量流量	M	$M = \dfrac{dm}{d\tau}$	MT^{-1}
9	力(重量)	F	$F = ma = m\dfrac{d^2 l}{d\tau^2}$	MLT^{-2}
10	压力	p	$p = \dfrac{dF}{dA}$	$ML^{-1}T^{-2}$
11	切应力	τ	$\tau = \mu\dfrac{du}{dl}$	$ML^{-1}T^{-2}$
12	单位质量力	f	$f = \dfrac{dF}{dm}$	LT^{-2}
13	功(能量)	W	$W = F \cdot l$	ML^2T^{-2}
14	单位重量能量(比能)	H	$H = \dfrac{F \cdot l}{G}$	L
15	功率	N	$N = \dfrac{F \cdot l}{\tau}$	ML^2T^{-3}
16	动量	K	$K = m\dfrac{dl}{d\tau}$	MLT^{-1}
17	密度	ρ	$\rho = \dfrac{dm}{dV}$	ML^{-3}
18	重度	γ	$\gamma = \dfrac{dG}{dV}$	$ML^{-2}T^{-2}$
19	动力黏度	μ	$\mu = \dfrac{\tau}{du/dl}$	$ML^{-1}T^{-1}$
20	运动黏度	ν	$\nu = \dfrac{\mu}{\rho}$	L^2T^{-1}
21	比热(气体常数 R)	C	$C = \dfrac{W}{m \cdot \Delta t}$	$L^2T^{-2}\Theta^{-1}$
22	焓(内能 e)	i	$i = C_p T$	L^2T^{-2}
23	表面张力系数	σ	$\sigma = \dfrac{dF}{dl}$	MT^{-2}
24	温度膨胀系数	β_T	$\beta_T = \dfrac{1}{V}\dfrac{dV}{dT}$	Θ^{-1}
25	弹性模量	E	$E = -V\dfrac{dp}{dV}$	$ML^{-1}T^{-2}$

7.3.2 有因次量和有因次方程

具有因次的物理量称为有因次量。如速度 u、压力 p 和密度 ρ 等物理量都是有因次量。

用加(+)、减(−)、等号(=)等运算符号把描述现象的各有因次参量联系在一起组成的方程,称为有因次方程。如连续性方程、运动微分方程、动量方程等都是有因次方程。对有因次方程而言,各项的因次必须是相同的,否则将不能保持因次的和谐性。如水静力学基本方程

$$p = p_0 + \gamma h$$

各项的因次都必须是 $[ML^{-1}T^{-2}]$;

伯努利方程

$$\frac{p_1}{\gamma} + z_1 + \frac{u_1^2}{2g} = \frac{p_2}{\gamma} + z_2 + \frac{u_2^2}{2g}$$

各项的因次都必须是 $[L]$。

由此,可给出因次分析的一个重要原理,即因次和谐原理:"凡正确的物理方程,其中各项的因次都必须相同,这是完整物理方程所必然具有的特征。"

有因次方程体现了参与过程的各物理参量之间的具体的依变关系。虽然有因次方程能够明确体现各物理量之间的具体关系,给人以直观感,但为了使某一具体过程中各参量间的依变关系共性化,便于推广应用,有因次量和有因次方程还是不够的,必须引入无因次量和无因次方程。

7.3.3 无因次量和无因次方程

以某一有因次量作为参考尺度,其他具有相同因次的量都用该尺度所度量,得出的失去了因次的量称为无因次量。

如管道的无因次长度 l/d,其中 l 为管长,d 为管径。又如管内流动的无因次速度 u/u_{max},无因次坐标 r/R 等。其中 u_{max} 为管轴线上的流速,R 为管道的半径,u 为流体质点的速度,r 为该流体质点至轴线的距离。

一般情况下常用到的空间、时间及其他物理量的无因次形式为:

无因次坐标:$x/l, y/l, z/l$;

无因次速度:u/u_0;

无因次时间:τ/τ_0;

无因次压力:p/p_0;

无因次密度:ρ/ρ_0;

……

上述各无因次量中,带脚标"0"的量为参考尺度。参考尺度可以选取固定量,也可以选取有规律的变量。如马赫数 $M = u/a$,其中 $a = \sqrt{kRT}$ 为当地音速,它是个有规律的变量。

用加(+)、减(−)、等号(=)等运算符号将描述现象的无因次量联系起来组成的方程,称为无因次方程。一般情况下,无因次方程比有因次方程更能体现同类现象或物理过程的一般规律。

如管内层流的无因次速度($u/u_{\max}$)与无因次坐标(r/R)之间的函数关系式为

$$\frac{u}{u_{\max}} = 1 - \left(\frac{r}{R}\right)^2$$

可压缩流体按等熵过程膨胀加速时,无因次速度($u/u_{\max}$)与无因次压力(p/p_0)之间的函数关系式为

$$\frac{u}{u_{\max}} = \left[1 - \left(\frac{p}{p_0}\right)^{\frac{k-1}{k}}\right]^{\frac{1}{2}}$$

式中:$u_{\max}$为可压缩流体的极限速度;p_0为可压缩流体的滞止压力。

7.3.4 准数和准数方程

无因次量可以是两个简单的同类量之间的比值关系,也可以把一些具有一定物理含义和相同因次的复合数群相比,得出新的无因次值,这个无因次值就称为准数或称准则数,也有人称作特征数。简单地说,准数就是"由某些有关的物理量所组成的无因次复合数群",即它是一个复杂的无因次量。

例如,与流体质点运动相关的有四种力:惯性力、黏性力、重力和压力。研究流体流动时,常常将它们进行无因次化(准数化):

惯性力:$F = ma = \rho l^3 \dfrac{u}{\tau} = \rho l^3 \dfrac{u}{l/u} = \rho l^2 u^2$;

黏性力:$T = \mu A \dfrac{\mathrm{d}u}{\mathrm{d}l} = \mu l^2 \dfrac{u}{l} = \mu l u$;

重力:$G = \gamma V = \rho g l^3$;

压力:$P = pA = p l^2$。

当流体在流动过程中,黏性力起主导作用时,将惯性力与黏性力相比,得

$$\frac{惯性力}{黏性力} = \frac{\rho l^2 u^2}{\mu l u} = \frac{\rho u l}{\mu} = Re \tag{7.11}$$

Re 称为雷诺准数。它体现了流体运动过程中惯性力与黏性力之间的比值关系。

当流体在流动过程中,压力起主导作用时,如管内的有压流动,将压力与惯性力相比,得

$$\frac{压力}{惯性力} = \frac{p l^2}{\rho l^2 u^2} = \frac{p}{\rho u^2} = Eu \tag{7.12}$$

Eu 称为欧拉准数。它体现了流体在运动过程中压力与惯性力之间的比值关系。

当流体在流动过程中,重力起主导作用时,如液体在明渠内的流动,将流体的惯性力与重力相比,得

$$\frac{惯性力}{重力} = \frac{\rho l^2 u^2}{\rho g l^3} = \frac{u^2}{g l} = Fr \tag{7.13}$$

Fr 称为弗劳德准数。它体现了运动流体的惯性力与重力之间的比值关系。

再如,当研究液体薄膜或液体薄膜的破碎问题时,表面张力起主导作用,将液体的惯性力与表面张力相比,得

$$\frac{惯性力}{表面张力} = \frac{\rho l^2 u^2}{\sigma l} = \frac{\rho u^2 l}{\sigma} = We \tag{7.14}$$

We 称为韦伯准数。它体现了液体的惯性力与表面张力之间的比值关系。

又如,可压缩流体在运动过程中,弹性力起主导作用,可将惯性力与弹性力(弹性力 $N = EA = \rho a^2 l^2$)相比,得

$$\frac{惯性力}{弹性力} = \frac{\rho l^2 u^2}{\rho a^2 l^2} = \frac{u^2}{a^2} = M^2$$

或

$$M = \frac{u}{a} \tag{7.15}$$

M 称为马赫准数。它体现了可压缩流体在运动过程中惯性力与弹性力之间的比值关系。

上述各无因次准数不再是两个简单的同因次量之间的无因次比值关系,它们体现了一群物理量的组合与另一群物理量的组合之间的无因次比值关系。以后将证明,准数相等是两现象相似的必要条件。

由准数所组成的方程式称为准数方程。如

$$Eu = f(Re, Fr)$$

上式体现了运动流体的欧拉准数(Eu)依变于雷诺准数(Re)和弗劳德准数(Fr)的函数关系,它是一个准数方程。

再如对流传热过程中,努塞特准数(Nu)依变于雷诺准数(Re)、普朗特准数(Pr)和格拉晓夫准数(Gr)的函数关系式

$$Nu = f(Re, Pr, Gr)$$

它也是一个准数方程。

准数方程比一般的有因次方程更能体现同类现象变化的一般规律。在科学实验中,把得到的某些有因次量之间的依变关系转换为准数方程,可以把由个别现象得来的规律共性化、一般化,有利于把研究结果推广到相似的同类现象中去。

定性参数的选取:简单的无因次量或各个准数中所包含的几何尺寸或物理量,如长度 l、直径 d、流体的流速 u 以及对物理常量(ρ、μ 等)有影响的温度 t 等称为定性参数。对给定的流动状态而言,定性参数的选取方法不同,其准数的数值也不同。当借助准数的数值对两流动现象进行比较时,必须用相同的方法确定定性参数。如线尺寸必须选在对应的几何空间,其他物理量必须选自对应时刻和对应空间点上,否则将是无意义的。

定性参数的选取应便于测量和计算。如流体在圆管内流动时,可选取管内径为定性线尺寸,以流量平均速度为定性速度;流体横向绕过圆管流动时,以管外径为定性线尺寸,以来流速度为定性速度等。定性参数选取得合理,不仅能真实体现流动特征,而且便于实验工作的进行和数据的整理与加工。

7.4 描述现象的微分方程及单值条件

7.4.1 微分方程

自然界中的大多数物理现象,都可用一组数学物理方程来描述,该方程体现了各物理参

量之间的依变关系。

分析表明,同一类物理现象可用文字和形式完全相同的微分方程来描述。以不可压缩黏性流体的等温流动为例,其基本方程如下:

连续性方程

$$\frac{\partial u_x}{\partial x} + \frac{\partial u_y}{\partial y} + \frac{\partial u_z}{\partial z} = 0 \tag{7.16}$$

运动方程(纳维-斯托克斯方程)

$$\frac{\partial u_x}{\partial \tau} + u_x \frac{\partial u_x}{\partial x} + u_y \frac{\partial u_x}{\partial y} + u_z \frac{\partial u_x}{\partial z} = f_x - \frac{1}{\rho}\frac{\partial p}{\partial x} + \nu\left(\frac{\partial^2 u_x}{\partial x^2} + \frac{\partial^2 u_x}{\partial y^2} + \frac{\partial^2 u_x}{\partial z^2}\right) \tag{7.17}$$

$$\frac{\partial u_y}{\partial \tau} + u_x \frac{\partial u_y}{\partial x} + u_y \frac{\partial u_y}{\partial y} + u_z \frac{\partial u_y}{\partial z} = f_y - \frac{1}{\rho}\frac{\partial p}{\partial y} + \nu\left(\frac{\partial^2 u_y}{\partial x^2} + \frac{\partial^2 u_y}{\partial y^2} + \frac{\partial^2 u_y}{\partial z^2}\right) \tag{7.18}$$

$$\frac{\partial u_z}{\partial \tau} + u_x \frac{\partial u_z}{\partial x} + u_y \frac{\partial u_z}{\partial y} + u_z \frac{\partial u_z}{\partial z} = f_z - \frac{1}{\rho}\frac{\partial p}{\partial z} + \nu\left(\frac{\partial^2 u_z}{\partial x^2} + \frac{\partial^2 u_z}{\partial y^2} + \frac{\partial^2 u_z}{\partial z^2}\right) \tag{7.19}$$

上述微分方程体现了流体流动的普遍规律。方程式(7.17)~式(7.19)中,等号左边为流体的加速度,其中第一项为当地加速度,后三项为沿着三个坐标轴方向的迁移加速度。等号右边第一项为单位质量力,第二项为压力项,第三项为黏性力项。

式(7.16)~式(7.19)四个方程中 x、y、z、τ 是自变量;u_x、u_y、u_z 及 p 是因变量;而 ρ、ν 对于确定的等温流动是常量;f_x、f_y、f_z 为单位质量流体所受的质量力,对于质量力只有重力的情况,它们对于地球上确定的地区也是常量。因此含有四个未知量的四个独立方程是一个完整的方程组,故有解。这一完整的方程组全面地描述了不可压缩黏性流体不稳定等温流动现象中各种物理量之间的依变关系。它所描述的是普遍的流动现象,如海洋中水的流动,管道中流体的流动,火焰炉内气体的流动,地球表层附近大气的流动等等,而不是某一特定的具体现象,如某一具体形状的通道内水的某一等温流动。故求解上述一组方程式所得到的是对同一类型的各种流动都正确的通解。为求得某一特定的具体流动的特解,还必须给出一定的附加条件。

7.4.2 单值条件

上面已经讲到,由一组微分方程式描述的一类现象中,仅描述了这类现象共有的特征。如要求得某一特定情况下一个具体问题的特解,还必须给出一些附加条件,这些附加条件就称为单值条件。单值条件包括以下各项:

1. 几何条件

所有的具体现象都必须发生在一定的几何空间内,因此参与过程的物体(设备)的几何形状和大小是应给出的一个单值条件。例如,流体在管内流动,应给出管径 d、管长 l 及管壁粗糙度 Δ 等具体数值;再如,研究气体在炉内的运动规律,应给出炉子的各部分尺寸等。

2. 起始条件

任何现象的发生或过程的发展都直接受到起始状态的影响,如流速、温度、介质的物理性质等,于开始时刻在整个系统内的分布直接影响以后的过程。因此,起始条件也属于单值条件。在对具体的物理过程进行解析时,应当给出与现象有关的各物理参量(如流速、温度等)于起始时刻在全系统的分布情况。对于稳定过程而言,不存在起始条件。

3. 边界条件

所有具体现象都必然受到与其相邻的周围情况的影响,因此发生在边界上的情况也是单值条件。例如管道内流体的流动现象直接受进口、出口及壁面处流速的大小及其分布的影响。因此,应给出管道进口、出口处流速的平均值及分布规律和管壁面处流体层的速度值。如果是不等温流动,还应给出进口、出口处温度的平均值或其分布规律,以及壁面处的流体温度。

4. 物理条件

所有具体现象都是由具有一定物理性质的介质参与进行的,因此,参与过程的介质的物理性质也是单值条件。如不可压缩黏性流体的等温流动,应给出介质的密度 ρ、黏度 μ 的数值。如流动是不等温的可压缩黏性流体,则应给出状态方程式及物理常数随温度变化的函数关系式,即

$$p = \rho RT$$
$$\mu = f_1(T)$$
$$\lambda = f_2(T)$$
$$C_p = f_3(T)$$

上述条件给定以后,就可以从服从于同一自然规律的无数的现象中单一地划分出某一具体的现象。因此,单值条件是将某一具体现象与其他同类现象区分开来的全部条件。单值条件相似是现象相似的必要条件。

7.5 相似三定理

相似三定理是相似原理的核心内容,也是模型实验研究的主要理论基础。它可以告诉我们在进行模型实验研究时,应当解决的下列几个问题:

(1) 实验研究应当测量哪些参量?
(2) 如何做到模型现象与原型现象相似?
(3) 如何对测量的结果进行数据的整理和加工?
(4) 模型实验的结果怎样推广应用?

本节介绍相似三定理,重点不在于对这些定理的数学推导和理论证明,而是着重对它们的内容实质的理解和运用。相似三定理不是数学表达式而是文字叙述。

7.5.1 相似第一定理

相似第一定理又称相似正定理或相似性质定理。其内容是:"彼此相似的现象,其相似准数的数值必定相等。"

相似第一定理的结论是由分析相似现象的性质后得出来的。相似概念表明,彼此相似的现象是指表述此种现象的所有物理量在空间中相对应的各点及在时间上相对应的各瞬间都各自对应成一定的比例关系。

彼此相似的现象具有以下性质:

性质(1)：相似的现象都属于同一类现象，它们都可以用文字上与形式上完全相同的完整方程组来描述。这个方程组包括描述现象的基本方程和描述单值条件的方程。

性质(2)：用来表征这些相似现象的一切对应物理量的场相似，即各对应物理量在对应的空间部位和对应时刻都各自对应成比例。

若以 φ 表示第一个现象的任一物理量，φ' 表示与其相似的第二个现象的同类量，则有

$$\frac{\varphi'}{\varphi} = C_\varphi \quad 或 \quad \varphi' = C_\varphi \varphi$$

比例系数 C_φ 称为物理量 φ 的相似倍数，其值与坐标及时间无关。

如对彼此相似的不可压缩黏性流体的不稳定等温流动，就有

$$\left. \begin{aligned} & \frac{u_x'}{u_x} = \frac{u_y'}{u_y} = \frac{u_z'}{u_z} = \frac{u'}{u} = C_u \\ & \frac{p'}{p} = C_p, \quad \frac{\rho'}{\rho} = C_\rho, \quad \frac{\mu'}{\mu} = C_\mu, \quad \frac{f'}{f} = C_f \\ & \frac{\tau'}{\tau} = C_\tau, \quad \frac{x'}{x} = \frac{y'}{y} = \frac{z'}{z} = C_l \end{aligned} \right\} \quad (7.20)$$

性质(3)：相似的现象必定发生在几何相似的空间中，所以几何的边界条件必定相似。这实质上是相似性质(2)的一个特例。以加热炉为例，当模型与原型相似时，对应线尺寸必定成比例(图 7.8)，即

$$\frac{l_1'}{l_1} = \frac{l_2'}{l_2} = \frac{l_3'}{l_3} = \frac{l_4'}{l_4} = \cdots = C_l$$

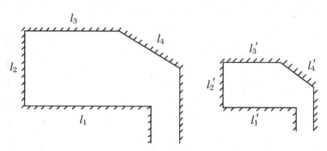

图 7.8 加热炉几何边界相似

性质(4)：由性质(1)和性质(2)可知，相似的现象必然是同一类现象，服从于自然界的同一种规律，为同一微分方程组所描述；另外，描述相似现象的一切物理量都各自对应成比例。因此，表示现象特征的各物理量的相似倍数之间并不是互不相关的，而是相互联系并为某一种规律彼此相约束的。它们之间的约束关系表现为由某些相似倍数所组成的相似指标数(简称相似指标)等于 1。

现举例说明如下：

设有一流体质点沿 x 轴做直线运动，其运动方程为

$$u = \frac{\mathrm{d}x}{\mathrm{d}\tau} \quad (7.21)$$

另一流体质点的运动与上面的流体质点的运动相似，则根据相似性质(1)，其运动方程为

$$u' = \frac{\mathrm{d}x'}{\mathrm{d}\tau'} \quad (7.22)$$

表示两质点运动的物理量分别为 u、x、τ 和 u'、x'、τ'。

根据相似性质(2),第二个流动现象的物理量与第一个流动现象的物理量在对应的空间点和对应的时刻上各自对应成比例关系,即

$$\frac{u'}{u} = C_u, \quad \frac{x'}{x} = C_l, \quad \frac{\tau'}{\tau} = C_\tau$$

或者

$$u' = C_u \cdot u, \quad x' = C_l \cdot x, \quad \tau' = C_\tau \cdot \tau \tag{7.23}$$

将式(7.23)代入式(7.22),得

$$C_u \cdot u = \frac{C_l \cdot dx}{C_\tau \cdot d\tau}$$

或者

$$\frac{C_u C_\tau}{C_l} \cdot u = \frac{dx}{d\tau} \tag{7.24}$$

把式(7.24)与式(7.21)进行比较,显然,只有各相似倍数之间的关系符合

$$\frac{C_u C_\tau}{C_l} = 1 \tag{7.25}$$

两个流体质点的运动方程才完全相同。这就是相似性质(4)所说明的各物理参量的相似倍数之间的一种约束关系。这种约束关系常用 C 表示,即

$$C = \frac{C_u C_\tau}{C_l} = 1 \tag{7.26}$$

C 称为相似指标数,或简称相似指标。它是由描述现象的一些物理量的相似倍数所组成的。对于不同的物理现象或过程,组成相似指标数的相似倍数是不同的。对于彼此相似的现象,其相似指标必等于1。相似第一定理也可以此来表述。

上面的相似指标式(7.26)通常可写成另一种形式:

$$\frac{(u'/u)(\tau'/\tau)}{x'/x} = 1$$

即

$$\frac{u\tau}{x} = \frac{u'\tau'}{x'} \tag{7.27}$$

式(7.27)中的 $\frac{u\tau}{x}$ 和 $\frac{u'\tau'}{x'}$ 都是无因次综合量,即相似准数。它表明这样的物理意义:对于彼此相似的流体质点的运动,它们在空间的对应点及时间的对应时刻,由 u、x、τ 所组成相似准数 $\frac{u\tau}{x}$ 的数值是相等的。$\frac{u\tau}{x}$ 称为施特鲁哈尔准数,用 St 表示,通常写作

$$St = \frac{u\tau}{l} \tag{7.28}$$

施特鲁哈尔准数 St 体现的是运动流体所受到的迁移惯性力与当地惯性力之间的比值关系。

从上述对相似性质的分析中,可以得出相似第一定理的结论:"彼此相似的现象,其相似准数的数值相等。"

这一定理回答了实验研究中的第一个问题,即在实验中需要测定哪些物理量。它指出,所要测定的物理量乃是包含在各有关准数中的物理量。这样一来,当研究某一现象时,就不会错误地引进一些不相干的物理量,而只需把包含在各有关相似准数中的物理量作为变量来进行观察和测量即可。

7.5.2 相似第二定理

相似第二定理又称相似逆定理或相似判定定理。其内容是："凡是同一种类的现象,若单值条件相似,而且由单值条件的物理量所组成的相似准数在数值上相等,则这些现象就必定相似。"

相似第二定理明确地规定了两个现象相似的充分必要条件,即相似条件。这对进行模型实验研究十分重要,因为要使模型中的现象与原型中的现象相似,就必须设法满足相似条件。

由相似第二定理可知,表征现象相似的条件有三个：

相似条件(1):所研究的两个现象要属于同一类现象,即两现象是服从于同一自然规律的现象,它们都可用文字与形式完全相同的基本方程组来描述。因此,现象相似的第一个必要条件是描述现象的基本方程组完全相同。对于同一类现象自然能满足这个条件。例如,凡是不可压缩黏性流体的不稳定等温流动都可用基本方程组式(7.16)～式(7.19)来描述。

相似条件(2):单值条件相似是现象相似的第二个必要条件。前面曾经指出,单值条件能够从服从于同一自然规律的无数现象中单一地划分出某一具体现象。若两个流动现象的单值条件完全相同,则两者为同一流动现象。若两个流动现象的单值条件相似,则两者为相似的流动现象。若两个流动现象的单值条件既不相同也不相似,那么这两个流动现象就既不相同也不相似。所以,要保证两流动现象相似,就必须保证单值条件相似。如对于不可压缩黏性流体的不稳定等温流动来说,应包括以下单值条件：

① 几何条件相似,即边界处

$$\frac{x'_b}{x_b} = \frac{y'_b}{y_b} = \frac{z'_b}{z_b} = C_l$$

式中:脚标"b"表示边界的意思。

② 时间条件相似,即

$$\frac{\tau'}{\tau} = C_\tau$$

同时在起始时刻

$$\frac{u'_x}{u_x} = \frac{u'_y}{u_y} = \frac{u'_z}{u_z} = C_u$$

$$\frac{\rho'}{\rho} = C_\rho, \quad \frac{\mu'}{\mu} = C_\mu, \quad \frac{f'}{f} = C_f$$

③ 边界条件相似,即进口、出口处

$$\frac{u'_x}{u_x} = \frac{u'_y}{u_y} = \frac{u'_z}{u_z} = C_u$$

壁面上

$$u'_b = u_b = 0$$

④ 物理条件相似,即

$$\frac{\rho'}{\rho} = C_\rho, \quad \frac{\mu'}{\mu} = C_\mu$$

对工程中常见的稳定流动,由于各物理量不随时间变化,所以不存在时间相似或起始条件相似的问题。

相似条件(3):由单值条件的物理量所组成的相似准数在数值上相等是现象相似的第三个必要条件。就是说,要保证两个流动现象相似,单值条件各对应的物理量的相似倍数 C_τ、C_l、C_ρ、C_μ、C_f 以及 C_u 等不能取任意的数值,它们之间存在着相互约束的关系,这种关系表现为由单值条件的物理量(即定性量)所组成的相似准数在数值上相等。

相似准数可分为两种:

(1) 决定性准数。完全由单值条件的物理量所组成的准数,称为决定性准数,或称定性准数。它对现象的性质有决定性的影响。

(2) 被决定性准数。凡包含有未知物理量的相似准数就称为被决定性准数,或称非定性准数。它是决定性准数的函数。如研究流动阻力问题时,雷诺数 Re 及弗劳德数 Fr 等为决定性准数,而欧拉数 Eu 为被决定性准数,它是 Re 及 Fr 等准数的函数。

相似第二定理告诉我们,为了保证模型现象与原型现象相似,必须使单值条件相似,而且由单值条件的物理量所组成的决定性准数在数值上要相等。另外,它还表明,模型实验结果可以推广应用到与模型现象相似的一切现象中去。

7.5.3 相似第三定理

相似第三定理又称 π 定理[①]。它的内容是:描述某现象的各种物理量之间的有因次函数关系,可以表示成相似准数之间的无因次函数关系,即

$$F(\pi_1, \pi_2, \pi_3, \cdots, \pi_i) = 0 \tag{7.29}$$

或写成

$$\pi_1 = f(\pi_2, \pi_3, \cdots, \pi_i) \tag{7.29a}$$

式中:π_1 为被决定性准数;$\pi_2, \pi_3, \cdots, \pi_i$ 为决定性准数。这种无因次的函数关系式称为准数方程式。

相似第三定理回答了实验研究中应当解决的第三个问题,即实验得到的数据应如何整理和加工的问题。对于所有彼此相似的现象,相似准数都保持同样的数值,所以,它们的准数方程式也应是相同的。为此,如果能把某现象的实验结果整理成准数方程式,就可使实验数据的整理工作大为简化,而且得到的这种准数方程式就可以推广应用到与其相似的现象中去。

如不可压缩黏性流体的不稳定等温流动,定性准数有三个:St、Re、Fr,非定性准数是 Eu,它们之间的关系可表示为

$$Eu = f(St, Re, Fr) \tag{7.30}$$

对于稳定流动,施特鲁哈尔准数 St 不存在,故有

$$Eu = f(Re, Fr) \tag{7.31}$$

显然,由式(7.31)或式(7.30)所确定的无因次准数方程要比由式(7.16)~式(7.19)一组方程所确定的有因次函数式简单得多。

应当指出,在给出准数方程式的同时,还应当说明各准数中所包含的定性参数的选取方

[①] 相似准数一般都用 π 表示,故称 π 定理。

法。如定性线尺寸(l)、定性速度(u)、定性温度(t)等。定性参数的选取方法不同,准数方程的结构形式也不同。

准数方程确定以后,给出单值条件 l、ρ、u、μ、g 等,非定性准数中的被决定量(未知量),如两点间的压力差 Δp 即可求得。如将式(7.31)转化为有因次形式,就得到常用形式的公式:

$$\Delta p = f(l, \rho, u, \mu, g) \tag{7.32}$$

比较式(7.31)和式(7.32)也可看出,如果把实验数据整理成式(7.32)形式的有因次经验公式是相当复杂的,用图线描绘实验结果也是相当烦琐的,而且绘出的图线或总结出的经验公式也难于推广。如果把实验结果总结成式(7.30)或式(7.31)形式的准数方程式,就可使多个变量减少到四个、三个或者两个,而每个单一变量(准数)都是多个具体量的组合,并代表同类相似的全部现象。

准数方程一般表示为指数函数的形式,如

$$Eu = kRe^a Fr^b \tag{7.33}$$

式中:k、a、b 为待定常数。对上式取对数可得

$$\lg Eu = \lg k + a\lg Re + b\lg Fr \tag{7.34}$$

常数 k、a、b 通过实验是容易找到的。

由式(7.33)可知,对同类相似现象,其决定性准数 Re 及 Fr 是相同的,则被决定性准数 Eu 必然相同。因此,式(7.33)为同一类流动现象的通式。

如果是强制流动,则 Fr 可以忽略,准数方程式(7.33)可简化为

$$Eu = f(Re) \tag{7.35}$$

或

$$Eu = kRe^a \tag{7.36}$$

取对数后得到直线方程

$$\lg Eu = \lg k + a\lg Re \tag{7.36a}$$

常数 k、a 在对数坐标纸上是很容易得到的。如图 7.9 所示,$\lg k$ 为截距,a 为直线的斜率,即 $a = \tan \theta$。

同理,如果重力在流动中起主导作用(如明渠流动),则黏性力可忽略不计,式(7.33)可简化为

$$Eu = kFr^b \tag{7.37}$$

或

$$\lg Eu = \lg k + b\lg Fr \tag{7.37a}$$

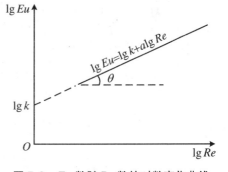

图 7.9 Eu 数随 Re 数的对数变化曲线

由此可以看出,准数方程既便于对实验数据的总结,又便于对实验结果的推广应用。

7.6 相似准数的导出

由前面的叙述知道,确定一个现象包含哪些相似准数是进行模型实验和推广实验结果的前提条件。并且前面还提到,对不可压缩黏性流体的不稳定等温流动有四个独立的相似

准数：St、Re、Fr、Eu。了解这些准数的导出方法及其物理意义对运用相似原理解决科学实验中的问题是十分重要的。

导出相似准数的基本方法有两类，一类是方程分析法，另一类是因次分析法。方程分析法通常又有两种，即相似转换法和积分类比法。方程分析法是利用描述现象的基本微分方程组和全部单值条件来导出相似准数的。这表明，即使微分方程组不能求解，但能列出微分方程式和单值条件也是非常有用的。当对某些现象列不出微分方程式时，采用因次分析法也可导出相似准数。

下面着重介绍导出相似准数的方程分析法。至于用因次分析法来导出相似准数的原理及步骤将在第 7.7 节中详细介绍。

7.6.1 相似转换法

用相似转换法导出相似准数的具体步骤为：
(1) 写出描述现象的基本方程组和全部单值条件；
(2) 写出相似倍数的表示式；
(3) 将相似倍数表示式代入基本方程组进行相似转换，从而得到相似准数；
(4) 用上述同样的方法，从单值条件中得到相似准数。

下面以不可压缩黏性流体的不稳定等温流动为例，用相似转换法来导出其相似准数。
(1) 写出基本微分方程组和全部单值条件。
基本微分方程组：见式(7.16)～式(7.19)。
单值条件：
几何条件——流动的几何空间、边界形状及特征尺寸 l 的数值；
起始条件——起始时刻各变量的数值或分布规律；
边界条件——进、出口的速度分布情况（或平均流速大小）及壁面上的流动速度 $u_b = 0$；
物理条件——介质的密度 ρ、动力黏度 μ 的数值。
(2) 写出各物理量的相似倍数表示式。

$$\left.\begin{array}{l} \dfrac{u'_x}{u_x} = \dfrac{u'_y}{u_y} = \dfrac{u'_z}{u_z} = C_u, \quad \dfrac{\tau'}{\tau} = C_\tau \\[6pt] \dfrac{p'}{p} = C_p, \quad \dfrac{\rho'}{\rho} = C_\rho, \quad \dfrac{\mu'}{\mu} = C_\mu \\[6pt] \dfrac{x'}{x} = \dfrac{y'}{y} = \dfrac{z'}{z} = C_l, \quad \dfrac{f'_x}{f_x} = \dfrac{f'_y}{f_y} = \dfrac{f'_z}{f_z} = C_f \end{array}\right\} \quad (7.38)$$

(3) 相似转换。

设有两个彼此相似的流动体系。属于第二个体系的各物理量都标上记号"'"；属于第一个体系的各物理量则不标记号。由于 x、y、z 三个坐标方向上的运动方程形式完全一样，故只对 x 坐标方向的运动方程进行相似转换。

对第一个流动体系：
运动方程

$$\frac{\partial u_x}{\partial \tau} + u_x \frac{\partial u_x}{\partial x} + u_y \frac{\partial u_x}{\partial y} + u_z \frac{\partial u_x}{\partial z} = f_x - \frac{1}{\rho}\frac{\partial p}{\partial x} + \nu\left(\frac{\partial^2 u_x}{\partial x^2} + \frac{\partial^2 u_x}{\partial y^2} + \frac{\partial^2 u_x}{\partial z^2}\right)$$

(7.39)

连续性方程

$$\frac{\partial u_x}{\partial x} + \frac{\partial u_y}{\partial y} + \frac{\partial u_z}{\partial z} = 0 \tag{7.40}$$

对第二个流动体系：

运动方程

$$\frac{\partial u'_x}{\partial \tau'} + u'_x\frac{\partial u'_x}{\partial x'} + u'_y\frac{\partial u'_x}{\partial y'} + u'_z\frac{\partial u'_x}{\partial z'} = f'_x - \frac{1}{\rho'}\frac{\partial p'}{\partial x'} + \nu'\left(\frac{\partial^2 u'_x}{\partial x'^2} + \frac{\partial^2 u'_x}{\partial y'^2} + \frac{\partial^2 u'_x}{\partial z'^2}\right) \tag{7.41}$$

连续性方程

$$\frac{\partial u'_x}{\partial x'} + \frac{\partial u'_y}{\partial y'} + \frac{\partial u'_z}{\partial z'} = 0 \tag{7.42}$$

根据式(7.38)的比例关系，有

$$\left.\begin{array}{l} u'_x = C_u \cdot u_x, \quad u'_y = C_u \cdot u_y, \quad u'_z = C_u \cdot u_z \\ \tau' = C_\tau \cdot \tau, \quad p' = C_p \cdot p, \quad \rho' = C_\rho \cdot \rho \\ \mu' = C_\mu \cdot \mu, \quad f'_x = C_f \cdot f_x \\ x' = C_l \cdot x, \quad y' = C_l \cdot y, \quad z' = C_l \cdot z \end{array}\right\} \tag{7.43}$$

将式(7.43)代入式(7.41)和式(7.42)，有

$$\frac{C_u}{C_\tau}\frac{\partial u_x}{\partial \tau} + \frac{C_u^2}{C_l}\left(u_x\frac{\partial u_x}{\partial x} + u_y\frac{\partial u_x}{\partial y} + u_z\frac{\partial u_x}{\partial z}\right)$$

$$= C_f f_x - \frac{C_p}{C_\rho C_l}\frac{1}{\rho}\frac{\partial p}{\partial x} + \frac{C_\mu C_u}{C_\rho C_l^2}\frac{\mu}{\rho}\left(\frac{\partial^2 u_x}{\partial x^2} + \frac{\partial^2 u_x}{\partial y^2} + \frac{\partial^2 u_x}{\partial z^2}\right) \tag{7.44}$$

$$\frac{C_u}{C_l}\left(\frac{\partial u_x}{\partial x} + \frac{\partial u_y}{\partial y} + \frac{\partial u_z}{\partial z}\right) = 0 \tag{7.45}$$

比较式(7.39)与式(7.44)及式(7.40)与式(7.45)，因两个流动体系相似，所以它们的运动微分方程及连续性方程完全相同。于是得到

$$\frac{C_u}{C_\tau} = \frac{C_u^2}{C_l} = C_f = \frac{C_p}{C_\rho C_l} = \frac{C_\mu C_u}{C_\rho C_l^2} \tag{7.46}$$

$$\frac{C_u}{C_l} = 任意数 \tag{7.47}$$

由式(7.46)可得出下面一组等式(以迁移惯性力项为参考尺度)

$$\left.\begin{array}{l} \dfrac{C_u^2}{C_l} = \dfrac{C_u}{C_\tau}; \quad \dfrac{C_u^2}{C_l} = C_f \\[2mm] \dfrac{C_u^2}{C_l} = \dfrac{C_p}{C_\rho C_l}; \quad \dfrac{C_u^2}{C_l} = \dfrac{C_\mu C_u}{C_\rho C_l^2} \end{array}\right\} \tag{7.48}$$

进一步把式(7.48)整理成相似指标式

$$\left.\begin{array}{l} \dfrac{C_u C_\tau}{C_l} = 1; \quad \dfrac{C_u^2}{C_f C_l} = 1 \\[2mm] \dfrac{C_p}{C_\rho C_u^2} = 1; \quad \dfrac{C_\rho C_u C_l}{C_\mu} = 1 \end{array}\right\} \tag{7.49}$$

进而把相似倍数表示式(7.38)代入上面的相似指标式(7.49)，经整理，就得到如下四个相似准数：

$$\frac{u\tau}{l} = \frac{u'\tau'}{l'} \quad \text{或} \quad St = \frac{u\tau}{l}$$

$$\frac{u^2}{gl} = \frac{u'^2}{g'l'}① \quad \text{或} \quad Fr = \frac{u^2}{gl}$$

$$\frac{p}{\rho u^2} = \frac{p'}{\rho' u'^2} \quad \text{或} \quad Eu = \frac{p}{\rho u^2}$$

$$\frac{\rho u l}{\mu} = \frac{\rho' u' l'}{u'} \quad \text{或} \quad Re = \frac{\rho u l}{\mu}$$

由式(7.47)得不出相似倍数之间的任何限制,故导不出相似准数。

(4) 对这一流动现象,由单值条件导不出相似准数。

因此,对于不可压缩黏性流体的不稳定等温流动,共有四个独立的相似准数:St、Fr、Eu、Re。有关这四个相似准数的物理含义,前面我们已从力学的角度分析过,下面再来说明这些准数其他的物理意义。

施特鲁哈尔准数 $St = \frac{u\tau}{l} = \frac{\tau}{l/u}$。$l/u$ 可理解为速度为 u 的流体质点通过系统中某一定性尺寸 l 距离所需要的时间,而 τ 可理解为整个系统流动过程进行的时间,二者的比值为无因次时间。若两个不稳定流动的 St 数相等,则它们的速度场随时间变化的快慢是相似的。对于稳定流动,施特鲁哈尔准数 St 不存在。

弗劳德准数 $Fr = \frac{u^2}{gl}$。其分母项表示的是单位质量流体所具有的重力位能,而分子项表示的是单位质量流体的动能的两倍,所以,Fr 准数又表示单位质量流体的动能与位能之比。而位能与重力成正比,动能与惯性力成正比,故 Fr 准数为惯性力与重力之比(前已述及)。如果两个流动现象的 Fr 准数相等,则它们的重力场相似。

欧拉准数 $Eu = \frac{p}{\rho u^2}$(或者 $Eu = \frac{\Delta p}{\rho u^2}$)。其分母为单位体积流体的动能的两倍,而分子为单位体积流体的压力能(或压力损失),因此,Eu 准数又表示单位体积流体的压力能(或压力损失)与动能之比。而压力能与压力成正比,动能与惯性力成正比,所以 Eu 准数为压力与惯性力之比(如前述)。又由于 Eu 准数的分子、分母都具有压力的因次,所以它表示的又是无因次压力。如果两个流动现象的 Eu 准数相等,则它们的压力场是相似的。

雷诺准数 $Re = \frac{\rho u l}{\mu} = \frac{u l}{\nu}$。它表示流体流动的惯性力与黏性力之比。$Re$ 准数也可写成 $Re = \frac{u}{\nu/l}$,其分子、分母都具有速度的因次,所以 Re 数也表示无因次速度。如果两个流动现象的 Re 数相等,则它们的黏性力场相似,同时,它们的速度场(速度分布)也是相似的。

7.6.2 积分类比法

积分类比法的原理如下:

第一,由于彼此相似的现象为完全相同的完整方程组所描述,所以它们的对应方程式中

---

① 该式是假定质量力只有重力的情况。

各对应项的比值相等,也就是第一个方程式中任意两项的比值与第二个方程式中对应两项的比值相等;又由于物理方程式中各项的因次相同,所以上述比值是无因次量。

第二,描述现象的各物理量的任意阶导数(微分)可以用其相应的积分形式,即所谓的积分类比来代替。如式(7.10):

$$\frac{\mathrm{d}\varphi'}{\mathrm{d}\varphi} = \frac{\varphi'}{\varphi} = C_\varphi = 常数$$

这可以理解为两个物理量相似,则它们对应的微分量也相似。所以它们的微分形式可以用积分类比形式来代替。

同理

$$\frac{\mathrm{d}\varphi'^n}{\mathrm{d}\varphi^n} = \frac{\varphi'^n}{\varphi^n} = C_\varphi^n = 常数 \tag{7.50}$$

$$\frac{\dfrac{\mathrm{d}^n\varphi'}{\mathrm{d}\psi'^n}}{\dfrac{\mathrm{d}^n\varphi}{\mathrm{d}\psi^n}} = \frac{\dfrac{\varphi'}{\psi'^n}}{\dfrac{\varphi}{\psi^n}} = \frac{\varphi'/\varphi}{\psi'^n/\psi^n} = \frac{C_\varphi}{C_\psi^n} = 常数 \tag{7.51}$$

这里 $\dfrac{\mathrm{d}^n\varphi}{\mathrm{d}\psi^n}$ 是物理量 φ 对物理量 ψ 的 n 阶导数,它的积分类比是 $\dfrac{\varphi}{\psi^n}$。

根据上述原理,可总结出用积分类比法求得相似准数的步骤如下:

(1) 写出描述现象的基本微分方程组及全部单值条件。

(2) 方程式中所有物理量的各阶导数都用它们的积分类比式代替,即去掉所有的微分符号。用积分类比式代替时,各坐标分量(如 u_x、u_y、u_z)用总量(u)代替,坐标 x、y、z 用定性线尺寸(如 l)代替。例如 $\dfrac{\partial u_x}{\partial x}$、$\dfrac{\partial^2 u_x}{\partial y^2}$ 等用 $\dfrac{u}{l}$、$\dfrac{u}{l^2}$ 等来代替。

(3) 方程式中的运算符号(+、-、=)都用比例符号(~)代替,得到比例关系式。如关系式中有几个相同的比例式,只取一个即可。

(4) 用任一比例式除同一方程中的其他各比例式,就得到所要求的相似准数。

下面仍以不可压缩黏性流体的不稳定等温流动为例,说明利用积分类比法导出相似准数的方法。

(1) 写出基本微分方程组及全部单值条件。对于 x 坐标方向的运动微分方程为

$$\frac{\partial u_x}{\partial \tau} + u_x \frac{\partial u_x}{\partial x} + u_y \frac{\partial u_x}{\partial y} + u_z \frac{\partial u_x}{\partial z} = f_x - \frac{1}{\rho}\frac{\partial p}{\partial x} + \nu\left(\frac{\partial^2 u_x}{\partial x^2} + \frac{\partial^2 u_x}{\partial y^2} + \frac{\partial^2 u_x}{\partial z^2}\right)$$
(7.39)

连续性方程

$$\frac{\partial u_x}{\partial x} + \frac{\partial u_y}{\partial y} + \frac{\partial u_z}{\partial z} = 0 \tag{7.40}$$

对于一段等截面的管道而言,其单值条件是:

几何条件——所讨论的管道长度 l、直径(或当量直径)d、管壁的绝对粗糙度 Δ;

起始条件——起始时刻各变量的分布规律或数值;

边界条件——进、出口的速度分布(或平均流速大小)及壁面处的流速 $u_b = 0$;

物理条件——流动介质的密度 ρ、黏度 μ 的数值。

(2) 用积分式代替微分式,去掉微分符号,并用比例符号代替运算符号。

对运动微分方程

$$\frac{u}{\tau} \sim u\frac{u}{d} \sim g \sim \frac{1}{\rho}\frac{p}{d} \sim \frac{\mu}{\rho}\frac{u}{d^2} \tag{7.52}$$

式(7.39)中的质量力 f_x 只有重力分量 g_x，故上式中用 g 来代替 f_x。

由连续性方程写不出比例关系式。

由几何条件得到简单的比例关系式

$$l \sim d \sim \Delta \tag{7.53}$$

(3) 求出相似准数。

用比例式(7.52)中的第二项去除其他各项，整理后便得到各相似准数

$$\frac{u\tau}{l} = St, \quad \frac{u^2}{gd} = Fr$$

$$\frac{p}{\rho u^2} = Eu, \quad \frac{\rho ul}{\mu} = Re$$

用比例式(7.53)中的第二项去除其他两项，可得到几何准数

$$\bar{L} = \frac{l}{d}, \quad \bar{\Delta} = \frac{\Delta}{d}（为管壁的相对粗糙度）$$

由连续性方程和其他单值条件写不出比例关系式，因而得不出相似准数。

这样，对不可压缩黏性流体在等截面的管道内做不稳定等温流动，用积分类比法可得到 St、Fr、Eu、Re 和两个几何准数 l/d 及 Δ/d。其中 Eu 为被决定性准数，准数方程的形式为

$$Eu = f(St, Re, Fr, l/d, \Delta/d)$$

在进行模型实验时，根据各个准数在流动中所起的作用不同，可以舍掉部分次要的准数。如对光滑管壁，粗糙度很小，可以忽略 Δ/d；对于稳定流动，可以去掉 St 数；对于管内有压流动，可忽略 Fr 数的影响，将其舍去等。

例 7.1 管径 $d = 50$ mm 的输水管，为确定其沿程阻力，在安装前先用空气进行实验。在 $t = 20$ ℃ 的情况下，空气的运动黏度 $\nu_a = 15.0 \times 10^{-6}$ m^2/s，水的运动黏度 $\nu_w = 1.0 \times 10^{-6}$ m^2/s，又知空气的密度 $\rho_a = 1.2$ kg/m^3。问：

(1) 若输水管使用时，水的流速为 $u_w = 2.5$ m/s，在实验时为保持动力相似，空气的流速应为多少？

(2) 如果在用空气实验时，测得管子的压力损失为 $\Delta p_a = 8.85$ kJ/m^3，问输水管在上述流速($u_w = 2.5$ m/s)下使用时，压力损失为多少？

解 (1) 因为水与空气二者流动的黏性力相似，所以

$$Re_w = Re_a \quad 或 \quad \frac{u_w d_w}{\nu_w} = \frac{u_a d_a}{\nu_a}$$

将已知条件代入上式，得

$$u_a = u_w \left(\frac{d_w}{d_a}\right)\left(\frac{\nu_a}{\nu_w}\right) = 2.5 \times 1 \times \left(\frac{15.0 \times 10^{-6}}{1.0 \times 10^{-6}}\right) = 37.5 \text{(m/s)}$$

即如果水与空气二者保持动力相似，管内空气流速应为 37.5 m/s。

(2) 因为水与空气二者流动介质的压力相似，所以

$$Eu_w = Eu_a \quad 或 \quad \frac{\Delta p_w}{\rho_w u_w^2} = \frac{\Delta p_a}{\rho_a u_a^2}$$

将已知条件代入上式，得

$$\Delta p_{\mathrm{w}} = \left(\frac{\rho_{\mathrm{w}}}{\rho_{\mathrm{a}}}\right)\left(\frac{u_{\mathrm{w}}}{u_{\mathrm{a}}}\right)^2 \Delta p_{\mathrm{a}} = \left(\frac{1\,000}{1.2}\right)\left(\frac{2.5}{37.5}\right)^2 \times 8.85 = 32.78(\mathrm{kJ/m^3})$$

即输水管中水流的压力损失为 32.78 kJ/m³。

例 7.2 一桥墩宽为 1.22 m，长为 3.50 m，平均水深为 2.74 m，采用模型比为 1/16 进行实验。模型中水的流速为 0.76 m/s 时，实测桥墩模型受水流的作用力为 4 N。求：

(1) 实际水流速度及桥墩所受的水流作用力；

(2) 桥墩的绕流阻力系数。

解 此流动的主要作用力为重力和压力，决定性准数为弗劳德准数 Fr。

(1) 由重力场相似，有

$$Fr = Fr' \quad \text{或} \quad \frac{u^2}{gl} = \frac{u'^2}{g'l'}$$

因为 $g' = g$，所以

$$u = u'\left(\frac{l}{l'}\right)^{\frac{1}{2}} = 0.76 \times \sqrt{16} = 3.04(\mathrm{m/s})$$

由压力场相似(令 F_D、F'_D 代表总作用力)，有

$$\frac{F_\mathrm{D}}{\rho u^2 l^2} = \frac{F'_\mathrm{D}}{\rho' u'^2 l'^2}$$

因为 $\rho = \rho'$，所以

$$F_\mathrm{D} = F'_\mathrm{D} \frac{u^2 l^2}{u'^2 l'^2} = 4 \times 16 \times 16^2 = 16.384(\mathrm{kN})$$

(2) 桥墩的绕流阻力系数为

$$C_\mathrm{D} = \frac{F_\mathrm{D}}{\frac{1}{2}\rho u^2 A} = \frac{16\,384}{\frac{1}{2} \times 1\,000 \times 3.04^2 \times 1.22 \times 2.74} = 1.06$$

7.7 瑞利因次分析法及伯金汉 π 定理

因次分析法的依据是因次和谐原理：凡是正确的物理方程，其各项的因次关系必然和谐，即各项的因次必然相同。因次分析法是借助于有关物理量的因次之间的和谐关系来探求物理方程形式的一种手段。对于比较复杂的现象，一时无法列出基本微分方程，用因次分析方法导出相似准数和准数方程是简便可行的。下面介绍工程上应用比较广泛的瑞利因次分析法以及伯金汉 π 定理。

7.7.1 瑞利因次分析法

这种方法适用于物理方程式为单项指数关系式的形式。具体步骤如下：

(1) 列出影响物理过程的全部物理量，并写成单项指数关系式的形式

$$\varphi_n = k\varphi_1^{\alpha_1} \cdot \varphi_2^{\alpha_2} \cdot \cdots \cdot \varphi_{n-1}^{\alpha_{n-1}} \tag{7.54}$$

式中：$\varphi_1, \varphi_2, \cdots, \varphi_n$ 为影响物理过程的全部物理量；$\alpha_1, \alpha_2, \cdots, \alpha_{n-1}$ 为待定指数；k 为比例

常数。

(2) 用基本因次表示各物理量的因次,写出因次关系式

$$[\varphi_n] = [\varphi_1]^{\alpha_1} \cdot [\varphi_2]^{\alpha_2} \cdot \cdots \cdot [\varphi_{n-1}]^{\alpha_{n-1}} \tag{7.55}$$

(3) 根据因次和谐原理,比较上式左、右两边的基本因次,如果物理方程式中的基本因次为 m 个,则可解出其中的 m 个待定指数值。

(4) 如果过程中物理量的个数 $n \leqslant m+1$,则可得到确定的指数关系式形式;如果 $n > m+1$,则有 $n-(m+1)$ 个指数有待于实验进一步确定。

(5) 将解出的待定指数 $\alpha_1, \alpha_2, \cdots, \alpha_{n-1}$ 代回指数方程式(7.54),便可得到所需要的物理方程。

(6) 所得到的物理方程还可进一步整理成准数方程。

现举例说明如下:

例 7.3 压力波在流体中的传播速度 u 预计是由流体的弹性(以弹性模量 E 表示)和流体的密度 ρ 所决定的,试用因次分析法建立其依变关系式。

解 设所要求的函数式为

$$u = k E^{\alpha_1} \rho^{\alpha_2} \tag{7.56}$$

式中:k 为无因次比例常数;α_1 和 α_2 为待定指数。

代入各物理量的因次,得

$$[LT^{-1}] = [ML^{-1}T^{-2}]^{\alpha_1}[ML^{-3}]^{\alpha_2}$$
$$LT^{-1} = M^{\alpha_1+\alpha_2} L^{-\alpha_1-3\alpha_2} T^{-2\alpha_1}$$

根据因次和谐原理,比较等式两边的基本因次,解出 α_1 和 α_2 的值:

因次 M: $0 = \alpha_1 + \alpha_2$;
因次 L: $1 = -\alpha_1 - 3\alpha_2$;
因次 T: $-1 = -2\alpha_1$。

由此得到

$$\alpha_1 = \frac{1}{2}, \quad \alpha_2 = -\frac{1}{2}$$

将 α_1 和 α_2 的值代入式(7.56),得

$$u = k\sqrt{E/\rho} \tag{7.57}$$

上式就是压力波在流体介质中的传播速度。常数 k 值由实验确定。

将式(7.57)进一步整理成准数方程为

$$\frac{u}{\sqrt{E/\rho}} = k \tag{7.57a}$$

由第 1 章可知,弹性模量 $E = \rho \mathrm{d}p/\mathrm{d}\rho$,代入式(7.57)得压力波在流体中的传播速度为

$$u = k\sqrt{\frac{\mathrm{d}p}{\mathrm{d}\rho}} \tag{7.58}$$

如果是微弱扰动波,按等熵过程考虑,则其传播速度为音速。对微弱扰动波,常数 $k = 1$,则

$$u = a = \sqrt{\left(\frac{\mathrm{d}p}{\mathrm{d}\rho}\right)_s} \tag{7.59}$$

式中:a 为音速;脚标 s 表示等熵过程。

例 7.4 已知浸没在不可压缩黏性流体中的固体相对流体运动时的阻力 F_D 与流体的速度 u、动力黏度 μ、流体的密度 ρ 及线尺寸的大小 l 有关,试确定阻力的表达式。

解 将流动阻力 F_D 与 u、ρ、μ、l 的关系式写成单项指数方程的形式,即

$$F_D = k u^{\alpha_1} \rho^{\alpha_2} \mu^{\alpha_3} l^{\alpha_4}$$

把各物理量的因次代入上式得

$$[MLT^{-2}] = [LT^{-1}]^{\alpha_1} [ML^{-3}]^{\alpha_2} [ML^{-1}T^{-1}]^{\alpha_3} [L]^{\alpha_4}$$

根据因次和谐原理,比较上式两边的基本因次,求解 α_1、α_2、α_3 和 α_4 的值:

因次 M:$1 = \alpha_2 + \alpha_3$;

因次 L:$1 = \alpha_1 - 3\alpha_2 - \alpha_3 + \alpha_4$;

因次 T:$-2 = -\alpha_1 - \alpha_3$。

三个方程四个未知指数,得不定解如下:

$$\alpha_1 = 2 - \alpha_3, \quad \alpha_2 = 1 - \alpha_3, \quad \alpha_4 = 2 - \alpha_3$$

代回单项指数方程,得

$$F_D = k u^{2-\alpha_3} \rho^{1-\alpha_3} \mu^{\alpha_3} l^{2-\alpha_3} = k \left(\frac{\rho u l}{\mu}\right)^{-\alpha_3} \cdot \rho u^2 \cdot l^2 = k Re^{-\alpha_3} \rho u^2 \cdot l^2$$

式中:l^2 为面积 A 的因次。指数 α_3 及常数 k 可通过实验确定。令 $C_D = 2k Re^{-\alpha_3}$,则得黏性流体绕流固体的阻力计算式为

$$F_D = C_D \cdot \frac{1}{2}\rho u^2 \cdot A \tag{7.60}$$

上式表明,浸没在流体中的固体与流体相对运动时所产生的阻力 F_D 与迎流面积 A 和来流流体的动能 $\frac{1}{2}\rho u^2$ 成正比,其阻力系数 C_D 是流体绕流雷诺数 Re 的函数,即

$$C_D = f(Re) \tag{7.61}$$

本题未考虑固体表面粗糙度对阻力的影响。如果是粗糙表面,其粗糙度为 Δ,用类似的方法可得阻力系数 C_D 的函数式为

$$C_D = f\left(Re, \frac{\Delta}{d}\right) \tag{7.62}$$

式(7.62)表明,流体绕流固体时,阻力系数 C_D 是 Re 数与 $\frac{\Delta}{d}$ 的函数。

例 7.5 已知不可压缩黏性流体在管内稳定等温流动时的压力降 Δp 与其流速 u、管道内径 d、管长 l、流体密度 ρ、流体的动力黏度 μ 及管壁粗糙度 Δ 有关,试确定其函数关系式。

解 将上述各物理量写成单项指数函数式的形式

$$\Delta p = k u^{\alpha_1} \rho^{\alpha_2} \mu^{\alpha_3} d^{\alpha_4} l^{\alpha_5} \Delta^{\alpha_6}$$

式中:k 为无因次常数;α_1,α_2,$\cdots$,α_6 为待定指数。

把各物理量的因次代入上式,得

$$[ML T^{-2}] = [LT^{-1}]^{\alpha_1} [ML^{-3}]^{\alpha_2} [ML^{-1}T^{-1}]^{\alpha_3} [L]^{\alpha_4+\alpha_5+\alpha_6}$$

根据因次和谐原理求解各指数值:

因次 M:$1 = \alpha_2 + \alpha_3$;

因次 L:$-1 = \alpha_1 - 3\alpha_2 - \alpha_3 + \alpha_4 + \alpha_5 + \alpha_6$;

因次 T:$-2 = -\alpha_1 - \alpha_3$。

三个方程六个未知量,得出不定解为

$$\alpha_1 = 2 - \alpha_3, \quad \alpha_2 = 1 - \alpha_3, \quad \alpha_4 = -(\alpha_3 + \alpha_5 + \alpha_6)$$

代回指数函数式,得

$$\Delta p = k u^{2-\alpha_3} \rho^{1-\alpha_3} \mu^{\alpha_3} d^{-(\alpha_3+\alpha_5+\alpha_6)} l^{\alpha_5} \Delta^{\alpha_6}$$

将相同指数量归纳成无因次准数形式:

$$\Delta p = k \left(\frac{\rho u d}{\mu}\right)^{-\alpha_3} \left(\frac{l}{d}\right)^{\alpha_5} \left(\frac{\Delta}{d}\right)^{\alpha_6} \cdot \rho u^2 \tag{7.63}$$

或

$$\Delta p = 2k Re^{-\alpha_3} \left(\frac{l}{d}\right)^{\alpha_5} \left(\frac{\Delta}{d}\right)^{\alpha_6} \cdot \frac{1}{2} \rho u^2 \tag{7.63a}$$

上式表明,不可压缩黏性流体在管内稳定流动时的压力降 Δp 是雷诺数 Re、无因次长度 $\frac{l}{d}$、管壁的相对粗糙度 $\frac{\Delta}{d}$ 及动压 $\frac{1}{2}\rho u^2$ 的函数。

如果用 ρu^2 去除上式,即可得到无因次的准数方程式

$$\frac{\Delta p}{\rho u^2} = k Re^{-\alpha_3} \left(\frac{l}{d}\right)^{\alpha_5} \left(\frac{\Delta}{d}\right)^{\alpha_6}$$

或

$$Eu = k Re^{-\alpha_3} \left(\frac{l}{d}\right)^{\alpha_5} \left(\frac{\Delta}{d}\right)^{\alpha_6} = f\left(Re, \frac{l}{d}, \frac{\Delta}{d}\right) \tag{7.64}$$

式中无因次常数 k 及指数 α_3、α_5 和 α_6 可由实验确定。实验观察表明 $\alpha_5 = \alpha_6 = 1$。

如果令 $\lambda = 2k Re^{-\alpha_3} \left(\frac{\Delta}{d}\right)^{\alpha_6}$,代入式(7.63a),并注意到 $\alpha_5 = \alpha_6 = 1$,则得到

$$\Delta p = \lambda \frac{l}{d} \frac{1}{2} \rho u^2 \tag{7.65}$$

这便是第 5 章中介绍过的达西-威斯巴赫公式。式中阻力系数 λ 是 Re 及 $\frac{\Delta}{d}$ 的函数,即

$$\lambda = f\left(Re, \frac{\Delta}{d}\right)$$

其曲线表达形式见第 5 章第 5.6 节的尼古拉兹实验曲线或莫迪图。

显然,当 $l/d = 1$ 时,式(7.65)可写为

$$\lambda = \frac{\Delta p}{\frac{1}{2}\rho u^2} = 2Eu \tag{7.66}$$

即摩擦阻力系数 λ 具有准数的含义,其值为欧拉准数的 2 倍。

7.7.2 伯金汉 π 定理及其应用

通过上面的 3 个例题可以发现,若描述现象的物理量为 n 个,它们所包含的基本因次为 m 个,那么就可以得到 $n - m$ 个独立的相似准数。如例 7.5 中,描述流动过程的物理量有 7 个,它们所包含的基本因次为 3 个,而得到的独立的相似准数是 4 个。对其他的现象也存在相同的规律。即"某现象为 n 个物理量所描述,而这些物理量的基本因次有 m 个,则这些物

理量可转换成 $n-m=i$ 个独立的相似准数"。这就是伯金汉 π 定理,又称因次分析 π 定理,简称 π 定理。伯金汉 π 定理与前面介绍的相似第三定理的实质是相同的,只不过它是相似第三定理的数量化。

根据 π 定理进行因次分析,导出相似准数的步骤如下:

(1) 列出影响物理过程的全部物理量,并写成下面的一般函数关系式:
$$f(\varphi_1,\varphi_2,\cdots,\varphi_n)=0 \tag{7.67}$$
式中:$\varphi_1,\varphi_2,\cdots,\varphi_n$ 为影响物理过程的各个物理量。

(2) 从上述 n 个物理量中,选择 m 个在因次上彼此独立的物理量作为基本量,即这 m 个物理量应当包括该物理过程所涉及的全部基本因次,而且它们本身又不能组合成无因次量。在流体力学上通常可选择 ρ、u、l 等作为基本量(当然也可选择其他量)。

(3) 用这 m 个基本量轮流与剩下的 $n-m$ 个物理量组合成无因次量(准数)
$$\pi_i = \varphi_1^{\alpha_i} \cdot \varphi_2^{\beta_i} \cdot \varphi_3^{\gamma_i} \cdot \cdots \cdot \varphi_m^{\omega_i} \cdot \varphi_i \quad (i=m+1,\cdots,n) \tag{7.68}$$

(4) 用基本因次表示以上各式中诸物理量的因次,可得到 $n-m$ 个无因次关系式
$$\pi_i = [\varphi_1]^{\alpha_i}[\varphi_2]^{\beta_i}[\varphi_3]^{\gamma_i}\cdots[\varphi_m]^{\omega_i}[\varphi_i] \quad (i=m+1,\cdots,n) \tag{7.69}$$

(5) 比较以上各式的基本因次,可解出全部的指数 $\alpha_i,\beta_i,\gamma_i,\cdots,\omega_i$,从而确定出 $n-m$ 个独立的相似准数 π_i。

(6) n 个物理量之间的待求函数关系式 $f(\varphi_1,\varphi_2,\cdots,\varphi_n)=0$ 可改写为 $n-m$ 个彼此独立的相似准数之间的待求准数方程式
$$F(\pi_1,\pi_2,\cdots,\pi_{n-m})=0 \tag{7.70}$$
这样,由于独立变量的数目减少了 m 个,所以使得物理方程式的建立、实验资料的整理大为简化。至于这 $n-m$ 个准数之间的定量关系式还必须通过实验才能确定。

现举例说明如下:

例 7.6 黏性流体纵掠平板时,影响板面黏性切应力 τ_w 的因素有:来流速度 u_∞、距平板前缘的距离 x、流体的密度 ρ 和流体的动力黏度 μ。试用 π 定理建立该过程的准数方程式。

解 该过程的一般函数关系式为
$$f(\tau_w,u_\infty,\rho,\mu,x)=0 \tag{7.71}$$
这 5 个物理量涉及的基本因次有 3 个:[M]、[L]和[T],即 $n=5,m=3$。根据 π 定理,上式中的 5 个物理量一定可以转换成 $i=n-m=2$ 个彼此独立的相似准数。准数方程可表示为
$$F(\pi_1,\pi_2)=0 \tag{7.72}$$
现确定准数 π_1 和 π_2:

从上述 5 个物理量中选取 ρ、u_∞、x 作为基本量,将它们轮流与剩下的物理量 τ_w 和 μ 组成相似准数:
$$\pi_1 = \rho^{\alpha_1} u^{\beta_1} x^{\gamma_1} \tau_w, \quad \pi_2 = \rho^{\alpha_2} u^{\beta_2} x^{\gamma_2} \mu \tag{7.73}$$
把各物理量的因次代入上两式,得
$$\pi_1 = [ML^{-3}]^{\alpha_1}[LT^{-1}]^{\beta_1}[L]^{\gamma_1}[ML^{-1}T^{-2}]$$
$$\pi_2 = [ML^{-3}]^{\alpha_2}[LT^{-1}]^{\beta_2}[L]^{\gamma_2}[ML^{-1}T^{-1}]$$
π_1 和 π_2 是无因次准数,那么[M]、[L]、[T]的指数必均为零。

根据因次和谐原理,比较以上两式两边的基本因次,求出各指数值。

因次 M: $\begin{cases} \alpha_1 + 1 = 0 \\ -3\alpha_1 + \beta_1 + \gamma_1 - 1 = 0 \\ -\beta_1 - 2 = 0 \end{cases}$, $\begin{cases} \alpha_2 + 1 = 0 \\ -3\alpha_2 + \beta_2 + \gamma_2 - 1 = 0 \\ -\beta_2 - 1 = 0 \end{cases}$。

解得

$$\begin{cases} \alpha_1 = -1 \\ \beta_1 = -2 \\ \gamma_1 = 0 \end{cases} \begin{cases} \alpha_2 = -1 \\ \beta_2 = -1 \\ \gamma_2 = -1 \end{cases}$$

代入关系式(7.73),得到

$$\pi_1 = \rho^{-1} u_\infty^{-2} \tau_w = \frac{\tau_w}{\rho u_\infty^2}, \quad \pi_2 = \rho^{-1} u_\infty^{-1} x^{-1} \mu = \frac{\mu}{\rho u_\infty x} = Re_x^{-1}$$

于是待求的准数方程为

$$F\left(\frac{\tau_w}{\rho u_\infty^2}, \frac{\mu}{\rho u_\infty x}\right) = 0$$

π_1 与 π_2 之间的定量关系式要通过实验来确定。从上式可以看出,π_1 为黏性流体绕流平板时当地摩擦阻力系数 C_{fx} 的二分之一。它体现的是摩擦阻力与惯性力之间的比值关系,为被决定性准数;π_2 为 Re_x 的倒数,为决定性准数。它们之间的物理关系式可以写成

$$\pi_1 = k Re_x^a$$

或

$$\lg \pi_1 = \lg k + a \lg Re_x$$

常数 k 和指数 a 都由实验确定。

因次分析法和 π 定理是相似理论的重要组成部分,它可以指导我们有目的地去安排科学实验,并从复杂的实验资料中揭示出某种现象及过程的规律。

通过对因次分析方法和 π 定理的介绍可以看出,用它们来导出相似准数或准数方程要比方程分析法来得简便,特别是对于复杂的现象或物理过程不易或暂时不能建立微分方程的情况,根据可能存在的物理量,即可直接确定出有关的相似准数和准数方程。这就为我们提供了探索自然规律的途径。因次分析方法及 π 定理的实用价值就在于此。但是,因次分析法及 π 定理的应用也存在着严重的不足之处。

(1) 因次分析方法或 π 定理的结论受研究人员主观因素的影响很大。任一现象或物理过程都要受到一系列复杂因素的影响,如果研究人员由于对该现象缺乏全面的观察和深入的分析,万一遗漏掉某些有重要影响的因素,就可能会得出片面的,甚至是错误的结论。

(2) 有些常数是有因次的,如气体常数 R 的因次是 $[L^2 T^{-2} \Theta^{-1}]$,如果注意不够时,往往会遗漏掉。

(3) 不能区别因次相同而物理含义不同的物理量。如运动黏度 ν 和导温系数 a 及扩散系数 D 具有相同的因次 $[L^2 T^{-1}]$,但 ν 与 a 及 D 的物理意义是不同的。

(4) 在确定准数及准数方程的过程中,不能显示物理过程的具体特征以及物理量之间的具体联系特征。

尽管如此,但对一些复杂的现象,暂时不能列出基本微分方程式时,它们对探索现象的规律是很有用的。当有了相似概念和准数方程的概念后,在一定条件下因次分析仍是探索现象规律的一种有利工具。

7.8 相似准数的转换

利用相似转换法导出相似准数时,曾得到式(7.46):

$$\frac{C_u}{C_\tau} = \frac{C_u^2}{C_l} = C_g = \frac{C_p}{C_\rho C_l} = \frac{C_\mu C_u}{C_\rho C_l^2}$$

我们曾令第二项的相似倍数关系(C_u^2/C_l)与其他项的相似倍数关系恒等,如式(7.48),得出 St、Fr、Eu、Re 四个准数。如果令其他任意两项相等,亦可得到相似准数。试看下列组合:

令 $C_g = \dfrac{C_p}{C_\rho C_l}$,则

$$\frac{C_p}{C_g C_\rho C_l} = 1 \quad \text{或} \quad \frac{p}{g\rho l} = \frac{p'}{g'\rho' l'}$$

而

$$\frac{p}{g\rho l} = \frac{p}{\rho u^2} \cdot \frac{u^2}{gl} = Eu \cdot Fr$$

令 $C_g = \dfrac{C_\mu C_u}{C_\rho C_l^2}$,则

$$\frac{C_\mu C_u}{C_g C_\rho C_l^2} = 1 \quad \text{或} \quad \frac{\mu u}{\rho g l^2} = \frac{\mu' u'}{\rho' g' l'^2}$$

而

$$\frac{\mu u}{\rho g l^2} = \frac{u^2}{gl} \cdot \frac{\mu}{\rho u l} = Fr \cdot Re^{-1}$$

令 $\dfrac{C_p}{C_\rho C_l} = \dfrac{C_\mu C_u}{C_\rho C_l^2}$,则

$$\frac{C_\mu C_u}{C_p C_l} = 1 \quad \text{或} \quad \frac{\mu u}{pl} = \frac{\mu' u'}{p' l'}$$

而

$$\frac{\mu u}{pl} = \frac{\rho u^2}{p} \cdot \frac{\mu}{\rho u l} = (Eu \cdot Re)^{-1}$$

上述推导表明,新的组合关系只不过是原来已有准数的重新组合而已。准数是无因次量,准数的组合仍然是无因次量,仍具有准数的含义。因为准数代表着流体运动(物理现象)的特征,因而用惯性项与其他各项之比导出的准数,将有明确的物理含义。

在科学实验中,常常遇到一些难于测定的物理量,为了便于实验的进行,有时可将某些准数进行适当的组合,以消除难于测定的物理量,并形成新的准数。新的准数仍具有一定的物理含义。

比如,有时为了消除难于测定的速度 u,可进行如下转换:

$$Fr^{-1} \cdot Re^2 = \frac{gl}{u^2} \cdot \frac{\rho^2 u^2 l^2}{\mu^2} = \frac{\rho^2 g l^3}{\mu^2} = \frac{gl^3}{\nu^2} = Ga \tag{7.74}$$

Ga 称为伽利略准数。它体现了流体的重力与黏性力的比值关系。

又如

$$\frac{Pe}{Re} = \frac{ul/a}{ul/\nu} = \frac{\nu}{a} = Pr \tag{7.75}$$

Pr 称为普朗特准数。它是由皮克列准数($Pe = \frac{ul}{a}$)与雷诺准数组合而成的。Pr 准数体现了流体的物理特性对热量传输的影响。它仅包含流体的物理性质,对给定的流体,在一定的温度下其值是一定的,即 $Pr = f(T)$。

除上述实例说明的方法外,在实验研究中经常遇到的相似准数的转换方法还有:

(1) 相似准数乘以(或除以)无因次量,仍然是相似准数。如在温差射流中有

$$Fr^{-1} \cdot \frac{\rho_0 - \rho}{\rho} = \frac{gl}{u^2} \cdot \frac{\rho_0 - \rho}{\rho} = \frac{gl}{u^2} \frac{\Delta T}{T} = Ar \tag{7.76}$$

Ar 称为阿基米德准数。它体现了由于流体的温度不同而引起的密度不同所产生的浮力与惯性力的比值关系。

又如

$$Ga \cdot \frac{\rho_0 - \rho}{\rho} = \frac{gl^3}{\nu^2} \cdot \frac{\rho_0 - \rho}{\rho} \tag{7.77}$$

对于气体,由于

$$\frac{\rho_0 - \rho}{\rho} = \beta \Delta t \tag{7.78}$$

式中:β 为气体的体积膨胀系数,将式(7.78)代入式(7.77)可得

$$\frac{gl^3}{\nu^2} \cdot \beta \Delta t = \frac{g\beta l^3 \Delta t}{\nu^2} = Gr \tag{7.79}$$

Gr 称为格拉晓夫准数。它体现了气体的浮力与黏性力的比值关系。

(2) 相似准数加以指数,仍然是相似准数。如上节例 7.6 中有

$$\pi_2^{-1} = \left(\frac{\mu}{\rho u_\infty x}\right)^{-1} = Re_x$$

(3) 相似准数的和或差,仍然是相似准数。如

$$\frac{p_1}{\rho u^2} - \frac{p_2}{\rho u^2} = \frac{\Delta p}{\rho u^2} = Eu$$

$$\frac{\rho_1 g l^2}{\sigma} - \frac{\rho_2 g l^2}{\sigma} = \frac{(\rho_1 - \rho_2) g l^2}{\sigma} = We'$$

We' 称为韦伯准数。它体现了流体的重力与表面张力的比值关系。

(4) 相似准数与任一常数的和或差仍然是相似准数。

如 $\frac{u_1}{u_2} - 1 = \frac{u_1 - u_2}{u_2}$,仍然是相似准数(无因次速度);$\frac{l}{d} - 1 = \frac{l - d}{d}$,也仍是相似准数(无因次尺寸)。

(5) 相似准数的倍数,即相似准数与常数的乘积仍然是相似准数。

如流体流过工程设备的压力降与流体的动能成正比,即

$$\Delta p = K \frac{1}{2} \rho u^2$$

式中:K 为设备的阻力系数。将此式与欧拉准数对比,显然 $K = 2Eu$ 或 $Eu = K/2$。即阻力

系数 K 也具有准数的含义,仍可理解为无因次准数。

流体力学常用准数列于表 7.2 中。

表 7.2 流体力学常用准数

序号	准数名称	符号	表达式	备注
1	施特鲁哈尔准数	St	$\dfrac{u\tau}{l}$	迁移惯性力与当地惯性力之比,用于非稳定流动
2	雷诺准数	Re	$\dfrac{\rho u l}{\mu} = \dfrac{u l}{\nu}$	惯性力与黏性力之比,用于有压流动
3	弗劳德准数	Fr	$\dfrac{u^2}{gl}$	惯性力与重力之比,用于重力流动(如明渠流动)
4	欧拉准数	Eu	$\dfrac{p}{\rho u^2}$	压力与惯性力之比
5	韦伯准数(一)	We	$\dfrac{\rho u^2 l}{\sigma}$	惯性力与表面张力之比,用于液体破碎现象
6	韦伯准数(二)	We'	$\dfrac{(\rho_1 - \rho_2)gl^2}{\sigma}$	重力与表面张力之比,用于重力作用下的液体破碎现象
7	马赫数	M	$\dfrac{u}{a}$	惯性力与弹性力之比,用于可压缩流
8	阿基米德准数	Ar	$\dfrac{gl}{u^2} \dfrac{\Delta T}{T}$	流体浮力与惯性力之比,用于温差、密度差形成的流动
9	格拉晓夫准数	Gr	$\dfrac{g\beta l^3 \Delta t}{\nu^2}$	流体浮力与黏性力之比,用于温差形成的流动

7.9 模型实验研究方法

模型实验研究方法是相似理论应用的一个重要方面。相似模型法就是在相似的模型中,于相似的条件下,对实际的现象或物理过程进行实验研究的方法。在没有实物的情况下,应用模型实验,有可能探索和找出新设备的结构参数。而对已有的设备,则可按实物模拟制成模型,摸索工艺及设备的改进方向,解决在实际设备上进行这一工作时经济上、技术上和测量上的困难。由此可见,相似模型研究方法也就是将实际设备(或设计中的设备)放大或缩小以进行定性、定量的研究,并将研究结果正确地推广应用到与实验过程相似的一系列现象中去的一种科学实验研究方法。

模型研究方法的关键就在于如何保证模型实验与所模拟的实际过程相似。根据相似第二定理,模型实验应具备如下的相似条件:

(1) 模型现象与实际现象属于同一类现象,服从于同一自然规律,即描述两现象的基本微分方程组完全相同。

(2) 几何条件相似:即模型与实物应保持几何形状相似。这可以在制作模型时准确地模仿实物的形状来实现。

(3) 起始条件相似：即实验过程与实际过程的初始条件相似。

(4) 边界条件相似：即模型与实际设备的进、出口截面及壁面上的速度分布及温度分布等相似。

(5) 物理条件相似：即在模型与实际设备的对应点和对应时刻上参与过程的介质的物理特性（如密度 ρ、黏度 μ 等）各自对应成比例。

(6) 决定性准数相等：即模型中与实际设备中各相应位置上和相应时刻的各决定性准数对应相等。

只有遵守了上述的条件后，模型和实际设备才能完全相似。但应指出，在实际进行模型实验时，完全满足上述所要求的相似条件是非常困难的，甚至是办不到的。以空气动力模型为例：若要使模型表面与实际设备表面的粗糙度完全相似是不易做到的；又如，要保证非等温模型中各点处介质的 ρ、μ 等值与实际设备中对应部位的分布不均的介质的 ρ、μ 值在每一对应时刻都完全相似也是极困难的。再如，为使实验过程与实际过程做到完全相似，保证所有的决定性准数都相等也是不容易的，甚至是做不到的。例如对不可压缩黏性流体的稳定等温流动，要同时保证模型与实际设备中的 Re 数和 Fr 数相等，对模型设计是有矛盾的。为使 $Re = Re'$，即

$$\frac{ul}{\nu} = \frac{u'l'}{\nu'}$$

或

$$C_u = \frac{u'}{u} = \frac{\nu'}{\nu} \cdot \frac{l}{l'} = \frac{C_\nu}{C_l} \tag{7.80}$$

当模型与实际设备用同种流动介质时，$\nu' = \nu$，即 $C_\nu = 1$，那么 $C_u = 1/C_l$。这表示，当模型尺寸为实际设备尺寸的 $1/n$ 时，为保证 $Re = Re'$，就要求模型中流体的速度为实际设备中流体速度的 n 倍。

如同时还要保证 $Fr = Fr'$，即

$$\frac{u^2}{gl} = \frac{u'^2}{g'l'}$$

因 $g' = g$，$C_g = 1$，故

$$C_u^2 = \frac{u'^2}{u^2} = \frac{g'l'}{gl} = C_l$$

或

$$C_u = \sqrt{C_l} \tag{7.81}$$

由式(7.80)和式(7.81)可以看出，要同时保证 $Re = Re'$，$Fr = Fr'$ 是有矛盾的。因为当 $C_l = 1/n$ 时，为保证 $Re = Re'$，模型中的流体速度 u' 必须是实际设备中的 n 倍，即 $u' = nu$；为保证 $Fr = Fr'$，则 $u' = u/\sqrt{n}$。显然，要同时满足上述的双重要求是不可能的。

上述分析说明，当描述现象的定性准数有两个时，按相似原则选择物理参量，同时保证两个对应定性准数数值相等是有困难的。如果有三个定性准数时，做到三个对应的准数数值都相等就更困难了。因此，在模型实验研究中，保持模型与原型完全相似是很难实现的。

为使模型实验研究得以进行，就必须采用近似模型实验研究方法。

7.9.1 近似模型实验研究方法

近似模型实验方法实质上是抓主要矛盾的方法。在考虑模型实验时,总要分析一下在相似条件中哪些对过程的影响是主要的、起决定作用的;哪些是次要的、不起决定作用的。对主要的、起决定作用的条件要尽量加以保证;而对那些次要的,不起决定作用的条件只做近似的保证,甚至忽略不计。这样,一方面使实验能够进行,另一方面又不致引起较大的偏差。例如,要模化高温火焰炉内气体的流动情况时,由于高温条件以及温度场、浓度场都不均匀,并且常常夹带固体颗粒,要使模型中的流动情况和实际设备中的流动情况完全相似是很困难的。一般采用等温的冷空气或水做介质来模化炉膛内不等温热介质的流动。这种以冷态代替热态的模型实验方法称为"冷态模化法"。冷态模化就是一种近似模化。

如果炉内进行的是有压流动过程,决定流动状态的准数是 Re 数而不是 Fr 数,因而在实验时只需要考虑 Re 准数,Fr 准数可以忽略不计。这样既便于模型的制作,也便于模型实验的顺利进行。当然,冷态模型实验的结果与热态情况是有偏差的,要进行必要的修正。但实践证明,冷态模化的结果具有相当大的可靠性。

流体流动近似模化可利用黏性流体的以下特性:

1. 黏性流体的稳定性

大量实验表明,黏性流体在管道或设备中流动时,不管入口处的速度分布如何,在流经一定的距离(起始段)后,流体的速度分布就按一定的规律稳定下来,这种特性称为黏性流体的稳定性。黏性流体在流经管道或复杂的通道时,都呈现出稳定性特征。因此,在进行模型实验时,不管入口处的开始速度分布如何,只要保持几何相似,经过一段距离后就能够保证速度分布的相似,即当入口的几何条件相似以后,可不必考虑其他的相似条件,这就使得模型入口的条件大为简化。同样,只要保证出口通道几何相似,出口速度就能做到相似。

2. 黏性流体的自动模化性

第 5 章曾介绍过流体流动的两种状态:层流和紊流。决定流体流动状态的是雷诺准数 Re。由于 Re 数体现了惯性力与黏性力之间的比值关系,所以这两种力在流动中所起的作用不同,流体的流动状态也不同。当黏性力起主导作用时,Re 数值较小,流体呈现层流流动状态。只要 Re 数小于某一临界值(称为第一临界值),流动就一直保持层流状态。流体层内的速度分布是相似的,与 Re 值的大小无关。例如,流体在光滑圆管内流动时,$Re=2\,300$ 称为第一临界值,只要管流的雷诺数 $Re<2\,300$,不管流量如何变化,速度分布都保持不变(旋转抛物面分布),流体的这一特性,称为自动模化性,简称自模性。通常将 Re 数小于第一临界值的范围称为第一自动模化区。

当流体的速度逐渐增加时,惯性力的作用相应加大,而黏性力的作用相应减弱,管内的速度分布偏离旋转抛物面。随着流速的增加,Re 数也逐渐增大,流动断面的速度分布逐渐趋向均匀化,这一区域称为过渡区。流体在过渡区内的速度分布是不稳定的。当 Re 数增加到一定数值时,黏性力的作用可以忽略不计,断面的流速分布规律又稳定下来,流体的流量再增加(Re 数进一步增大),流体的速度分布也不再改变。雷诺数 Re 的这一临界数值称为第二临界值。因为流速分布与 Re 值无关。说明流动又一次进入自动模化区。这一雷诺数 Re 大于第二临界值的自动模化区称为第二自动模化区。如圆管内紊流 $Re>4\,160\left(\dfrac{d}{2\Delta}\right)^{0.85}$ 的阻力平方区即为第二自动模化区。

在进行模型实验研究时,只要模型中与原型中的流体流动处在同一自模区内,模型与原型中的 Re 数即使不相等,也能做到速度分布相似。黏性流体自模化区的存在给模型实验研究带来很大的方便。当原型中的 Re 数值远大于第二临界值时,模型中的 Re 数稍大于第二临界值,即可做到流动相似。在模型实验设计中,可以选用较小的泵或风机就能满足实验的要求,从而节省部分电能。

实践表明,工程设备的通道越复杂,通道内的附加物越多,进入第二自模区愈早,即雷诺数 Re 的第二临界值越小。理论分析和实验结果都表明,流动进入第二自模区以后,阻力系数(或 Eu 数)不再随 Re 数而变化(如尼古拉兹曲线的Ⅴ区),这可作为检验模型中的流动是否进入第二自动模化区的标志。

由于黏性流体具有稳定性和自动模化性的特点,在进行模型研究时,可不必严格遵守相似第二定理提出的相似条件,只要保持以下几点就能进行近似模化。

(1) 模型与实际设备几何相似,包括进、出口通道在内。

(2) 模化等温流动时,只要使模型中的介质温度维持一定,模型与实际设备中的介质物性自然就成比例;若用等温流动模化非等温流动(用非等温流动模化非等温流动是极困难的),如冷态模型实验,则实验得到的结果应做必要的修正。

(3) 在模型流动与原型(实际设备)流动处于同一自模化区时,可不必保证二者的 Re 数相等。此外,对过程影响不大的定性准数可以忽略。

7.9.2 模型实验研究的基本要点

1. 模型材料的选择

为了便于模型的加工制作及实验的观察和测试,对于冷态模型一般常选用有机玻璃作为模型的结构材料。如果介质温度预热到 100～200 ℃,可用金属板作为模型材料,在局部采用有机玻璃。

2. 模型比例的确定

热工及暖通设备的模型多是以内型尺寸为依据设计出来的。模型尺寸的设计应便于观察、测量、显示和摄像。以热工设备为例,模型尺寸一般可取 0.5～1.5 m,特殊情况也可增大或缩小。

为了保证测量数据的准确可靠,气体在模型内的流速不得低于 5 m/s。当风机容量一定时,模型选取过大则风量不足,不能保证必需的气体流速;模型选取太小,通道断面也必然缩小,难于安放测试探头。即使勉强测试,但由于探头占据通道断面比太大,必将引起测量部位流动情况失真。

从风源、水源条件来看,模型尺寸应与风机或水泵的流量及压力相适应,以便在实验进行时,流体克服全部阻力之后,仍能保持足够的剩余压力。

3. 模型的结构形式

按相似第二定理,模型的结构形式应当做到与实际设备(原型)完全几何相似。但有时为了便于模型研究的进行,也可使模型中某些部位的几何参数与原型有所差异。如大型连续加热炉,当宽高比值很大时,也可适当减少模型的宽度,即只取宽度的一部分,其他尺寸保持与原型的几何相似,模型实验按二维平面流动考虑。这样既可缩小模型的规模,又可减少介质的流量。

至于模型表面的粗糙度,它对邻近流体层的流动状态和速度分布起明显作用,而对离开模型表面一定距离处的流动状态、速度分布不起作用。所以,当流体在较大的空间内流动时,表面粗糙度可不必完全相似。

4. 流动介质的选择

常用的流动介质是空气和水。以水做流动介质,便于对流动情况进行定性的观察、显示和摄像;以空气做流动介质,便于对流动情况进行定量的测量。一般情况下是先用水模进行定性的观察,再用气模进行定量的测量。

由于水在常温下(20 ℃)的运动黏度($\nu = 1.0 \times 10^{-6}$ m²/s)是空气在常温下的运动黏度($\nu = 15.0 \times 10^{-6}$ m²/s)的 1/15,当模型尺寸相同时,为保证 $Re = \dfrac{ud}{\nu}$ 相等,水的流速比空气要小得多,可节省水量。

5. 定性参数的确定

定性线尺寸可以这样来确定:对管道(或通道)内的流动取管内径或当量直径;对圆管外绕流运动取管外径;对绕流球体的运动取球的直径;对绕流平板的运动取某点距板前缘的距离等。

定性速度一般可取流量平均流速。

定性温度不仅影响模型内流体流速的高低,而且影响流体物性参数 ρ、μ 等的实际值。当流体在设备(或模型)内流动有温度变化时,应取其温度的平均值作为定性温度。

6. 决定性准数的确定

如对不可压缩黏性流体在光滑管内的稳定有压流动,其主要的决定性准数是 Re 数,而 Fr 数可忽略不计;对于明渠流动,其主要的决定性准数为 Fr 数,而 Re 数处于次要地位。对于可压缩流体的流动(如高速气流的运动),弹性力起主导作用,其主要的决定性准数为马赫数 M 等。

7. 自动模化区的确定

设计模型时,希望研究对象内的流动进入自动模化区。但是否能进入自模化区,Re 数的第二临界值是多大,设计模型时还不能断定,这就给风机或泵的选型带来困难。一般情况下只能参照有关资料中介绍的类似设备的第二临界雷诺数的值或先在相近设备上进行测定,找出第二临界雷诺数的参考数值,待模型制成后,再通过实验找出实验设备的第二临界值。流动进入自模区的主要标志有两个:一是当流量改变时,模型内通道截面的速度分布不再变化;另一是 Re 数增加时,Eu 数(或阻力系数)不再随 Re 数而变化。即按 $Eu = f(Re)$ 的依变关系,在模型上测量有关参数进行计算,当 Re 数大于某一数值时,再增大 Re 数,Eu 值不再改变,这样就可确定 Re 数的第二临界值。

现在以旋风除尘器为例,说明第二自模区的确定方法。

某工业锅炉需要装设一台旋风除尘器,为了选择其他设备,必须预先确定气体流经除尘器的压力降 Δp。

首先按几何相似条件(包括入口及出口条件)及一定比例尺寸设计并制造模型,如图 7.10 所示。在入口(Ⅰ—Ⅰ截面)和出口(Ⅱ—Ⅱ截面)处设有测量孔,在不同气体流量情况下,分别测出入口处的气流速度 u'(一般 $u'_1 = u'_2 = u'$)以及相应条件下截面Ⅰ—Ⅰ与Ⅱ—Ⅱ间的静压降 $\Delta p' = p'_1 - p'_2$。根据流体实际温度确定其物理常数之值:

$$\rho' = \rho'(t), \quad \mu' = \mu'(t)$$

根据得到的 ρ'、μ'、u'、$\Delta p'$ 及管径 d' 计算不同流速条件下的雷诺数 Re' 和欧拉数 Eu'，即

$$Re' = \frac{\rho' u' l'}{\mu'}, \quad Eu' = \frac{\Delta p'}{\rho' u'^2}$$

根据得到的 Re' 和 Eu' 的对应值绘制 $Eu' = f(Re')$ 的曲线图，如图 7.11 所示。

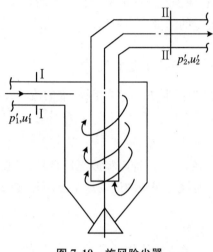

图 7.10　旋风除尘器

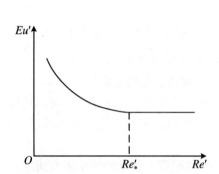

图 7.11　Eu' 数与 Re'_* 数的关系

由图 7.11 可以看出，随着 Re' 数的增加，Eu' 数逐渐下降，当 Re' 增加到 Re'_* 以后，再进一步提高 Re' 数，Eu' 数保持不变，即 $Eu' =$ 常数。这表明，雷诺数 Re' 的改变不再影响 Eu' 数。Re'_* 即为第二临界雷诺数。自 Re'_* 开始，流动进入第二自动模化区。Eu' 保持为常数是第二自动模化区的主要标志。在第二自模区内，模型与原型即使在 Re 数不相等的条件下，亦能做到流动相似。

进入自模区以后，只要求模型与原型的欧拉数相等，即

$$Eu' = Eu = \frac{1}{2}K$$

或

$$\frac{\Delta p'}{\rho' u'^2} = \frac{\Delta p}{\rho u^2}$$

这样，通过对模型压降 $\Delta p'$ 的测定，就可求出原型在工作条件下的压降 Δp，即

$$\Delta p = \Delta p' \frac{\rho u^2}{\rho' u'^2}$$

气体流经旋风除尘器的阻力系数 $K = 2Eu$。

8．燃烧过程的相似问题

在有燃烧过程时，由于温度升高而使气体体积膨胀 6～7 倍，可根据动量守恒原理按燃烧产物的体积量计算燃烧器喷口截面积和气体喷出速度。这样虽然破坏了几何相似，即增大了出口截面积，但由于动量保持不变，仍可做到模型与原型流动相似。但必须注意，只有炉膛截面积远大于燃烧器出口截面积，才能保持流动相似。

9．进行模型实验研究

（1）对模型现象进行观察、测试和摄像等，并做好数据记录等工作；

(2) 对测试的数据资料进行理论分析并整理成准数方程；
(3) 把实验结果推广应用到与模型现象相似的一切现象中去。

习　题　7

7.1 20 ℃的空气在直径为 600 mm 的光滑风管中以 8 m/s 的速度运动，现用直径为 60 mm 的光滑水管进行模拟试验，为了保证动力相似，水管中的流速应为多大？若在水管中测得压力降为 450 mmH₂O，那么在原型风管中将产生多大的压力降？

7.2 用 20 ℃的空气进行烟气余热回收装置的冷态模型试验，几何相似倍数为 1/5，已知实际装置中烟气的运动黏度为 248×10^{-6} m²/s，流速为 2.5 m/s，问模型中空气流速为多大时，才能保证流动相似？

7.3 用直径为 25 mm 的水管模拟输油管道，已知输油管直径为 500 mm，管长为 100 m，输油量为 0.1 m³/s，油的运动黏度为 150×10^{-6} m²/s，水的运动黏度为 1.0×10^{-6} m²/s，试求：
(1) 模型管道的长度和模型的流量；
(2) 若在模型上测得压差为 2.5 cm 水柱，输油管上的压差是多少？

7.4 用同一管路通过空气进行水管阀门的局部阻力系数测定，水和空气的温度均为 20 ℃，管路直径为 50 mm，水速为 2.5 m/s 时，风速应为多大？通过空气时测得的压差应扩大多少倍方可与通过水时的压差相同？

7.5 为研究输水管道上直径 600 mm 阀门的阻力特性，采用直径 300 mm，几何相似的阀门用气流做模型实验，已知输水管道的流量为 0.283 m³/s，水的运动黏度为 1.0×10^{-6} m²/s，空气的运动黏度为 15×10^{-6} m²/s，试求模型中空气的流量。

7.6 为研究风对高层建筑物的影响，在风洞中进行模型实验，当风速为 8 m/s 时，测得迎风面压力为 40 N/m²，背风面压力为 −24 N/m²。若温度不变，风速增至 10 m/s，迎风面和背风面的压力将分别为多少？

7.7 已知汽车高为 1.5 m，行车速度为 108 km/h，拟在风洞中进行动力特性实验，风洞风速为 45 m/s，测得模型车的阻力为 1.50 kN，试求模型车的高度以及原型车受到的阻力。

7.8 直径为 0.3 m 的管道中水的流速为 1.0 m/s，某段压降为 70 kN/m²，现用几何相似倍数为 1/3 的小型风管做模型试验，空气和水的温度均为 20 ℃，两管流动均在水力光滑区。求：
(1) 模型中的风速；
(2) 模型相应管段的压力降。

7.9 模型水管的出口喷嘴直径为 50 mm，喷射流量为 15 L/s，模型喷嘴的受力为 100 N，对于直径扩大 10 倍的原型风管喷嘴，在流量为 10 000 m³/h 时，其受力值为多少？设水和空气的温度均为 20 ℃。

7.10 防浪堤模型实验，几何相似倍数为 1/40，测得浪的压力为 130 N，试求作用在原型防浪堤上的浪压力。

7.11 贮水池放水模型实验，已知模型几何相似倍数为 1/225，开闸后 10 min 水全部放空，试求放空贮水池所需时间。

7.12 溢水堰模型的几何相似倍数为 1/20，模型中流量为 300 L/s，堰所受推力为 300 N，试求原型堰的流量和所受的推力。

7.13 如图 7.12 所示，油池通过直径 $d = 250$ mm 的管路输送 $Q = 140$ L/s 的石油，油的运动黏度 $\nu = 75 \times 10^{-6}$ m²/s，现在几何相似倍数为 1/5 的模型中研究避免油面发生旋涡而卷入空气的最小油深 h_{min}，试验应保证 Re 数和 Fr 数都相等。问：
(1) 模型中液体的流量和黏度应为多少？
(2) 模型中观察到最小液深 h_{min} 为 60 mm 时，原型中的最小油深 h_{min} 应为多少？

7.14 用水试验如图 7.13 所示的管嘴,模型管嘴直径 $d_m = 30$ mm,当 $H_m = 50$ m 时,得流量 $Q_m = 18 \times 10^{-3}$ m³/s,出口射流的平均流速 $u_{cm} = 30$ m/s,为保证管嘴流量 $Q = 0.1$ m³/s 及出口射流的平均流速 $u_c = 60$ m/s,问原型管嘴直径 d 及水头 H 应为多少?已知试验在自动模化区(阻力平方区)。

7.15 如图 7.14 所示,溢流坝泄流模型实验,几何相似倍数为 1/60,溢流坝的泄流量为 500 m³/s。
(1) 试求模型的泄流量;
(2) 模型的堰上水头 $H_m = 6$ cm,原型对应的堰上水头是多少?

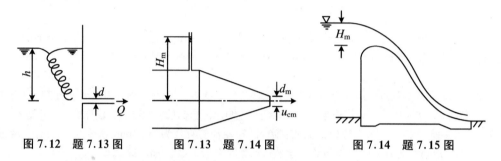

图 7.12 题 7.13 图　　图 7.13 题 7.14 图　　图 7.14 题 7.15 图

7.16 用几何相似倍数为 1/10 的模型试验炮弹的空气动力特性,已知炮弹的飞行速度为 1 000 m/s,空气温度为 40 ℃,空气的动力黏度为 19.2×10^{-6} Pa·s;模型空气温度为 10 ℃,空气的动力黏度为 17.8×10^{-6} Pa·s,试求满足黏性力和弹性力相似,模型的风速和压力。

7.17 在风洞中进行超音速飞机的模型试验,模型的几何相似倍数为 1/20,原型中大气温度为 40 ℃,绝对压力为 125 kN/m²,飞机航速为 360 m/s,模型中空气温度为 50 ℃,绝对压力为 170 kN/m²,为保证动力相似,求模型风速。若模型中实测阻力为 125 N,求原型飞机所受的阻力。

7.18 车间长为 40 m,宽为 20 m,高为 8 m,由直径为 0.6 m 的风口送风,送风量为 2.3 m³/s,用几何相似倍数为 1/5 的模型实验,原型和模型的送风温度均为 20 ℃,试求模型尺寸及送风量。(提示:模型用铸铁送风管,最低雷诺数 6×10^4 时进入阻力平方区。)

7.19 为研究温差射流运动的轨迹,用几何相似倍数为 1/6 的模型进行试验,已知原型风口的风速为 22 m/s,温差为 15 ℃,模型风口的风速为 8 m/s,原型和模型周围空气的温度均为 20 ℃,试求模型的温差。

7.20 为研究吸风口附近气流的运动,用几何相似倍数为 1/10 的模型实验,测得模型吸风口的流速为 10 m/s,距风口 0.2 m 处轴线上流速为 0.5 m/s,原型吸风口的流速为 18 m/s,试求与模型相对应点的位置及该点的流速。

7.21 气力输送管道中气流的速度为 10 m/s,悬砂直径为 0.03 mm,密度为 2 500 kg/m³,今在 1∶3 的模型中进行空气动力性能试验,要求 Re 数相等和悬浮状况相似,求模型气流的速度和模型砂的粒径。设空气温度为 20 ℃。

7.22 已知文丘里流量计喉道流速 u 与流量计压力差 Δp、主管直径 d_1、喉道直径 d_2,以及流体的密度 ρ 和运动黏度 ν 有关,试用瑞利法确定流速关系式。

7.23 假设自由落体的下落距离 s 与落体的质量 m、重力加速度 g 及下落时间 τ 有关,试用瑞利法导出自由落体下落距离的关系式。

7.24 试用瑞利法推导不可压缩流体中流线型潜没物体所受到的阻力表示式,已知阻力 F_D 与物体的速度 u、尺寸 l、流体密度 ρ 和动力黏度 μ 有关。

7.25 水泵的轴功率 N 与泵轴的转矩 M、角速度 ω 有关,试用瑞利法导出轴功率表达式。

7.26 球形固体颗粒在流体中的自由沉降速度 u_f 与颗粒的直径 d、密度 ρ_s 以及流体的密度 ρ、动力黏度 μ、重力加速度 g 有关,试用 π 定理证明自由沉降速度关系式

$$u_f = f\left(\frac{\rho_s}{\rho}, \frac{\rho u_f d}{\mu}\right)\sqrt{gd}$$

7.27 作用在高速飞行炮弹上的阻力 F_D 与弹体的飞行速度 u、直径 d、空气的密度 ρ 和动力黏度 μ、

以及音速 a 有关，试用 π 定理确定阻力的关系式

$$F_D = \varphi(Re, M)\rho u^2 d^2$$

7.28 如图 7.15 所示，圆形孔口出流的流量 Q 与作用水头 H、孔口直径 d、水的密度 ρ 和动力黏度 μ 以及重力加速度 g 有关，试用瑞利法推导出孔口流量公式。

7.29 如图 7.16 所示，已知矩形薄壁堰的溢流量 Q 与堰上水头 H、堰宽 b、水的密度 ρ 和动力黏度 μ 以及重力加速度 g 有关，试用 π 定理推导流量公式。

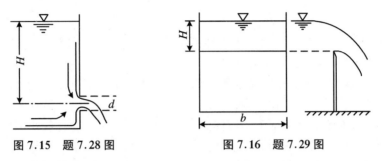

图 7.15　题 7.28 图　　　　图 7.16　题 7.29 图

7.30 在一定的速度范围内，流体绕过圆柱体，在圆柱体后部产生两侧交替释放的旋涡(卡门涡街)，已知旋涡释放频率 n 与来流速度 u_∞、流体的密度 ρ 和动力黏度 μ，以及圆柱体的直径 d 有关，试用 π 定理证明 n 与其他量的关系为

$$\frac{u_\infty}{nd} = f(Re)$$

7.31 流体流动的压力损失 Δp 取决于流体的速度 u、密度 ρ、动力黏度 μ、弹性模量 E、重力加速度 g，以及一些线尺寸 s、s_1 和 s_2。试确定其函数关系式。

7.32 两个同轴的柱形圆筒，外筒固定，内筒旋转，筒间充满油液，求内筒旋转所需力矩 M 的准数方程式。已知影响因素为旋转角速度 ω、筒高 H、筒的间隙 δ、筒的直径 d、流体的密度 ρ 和动力黏度 μ。

第 8 章　可压缩流体的流动

由第 1 章的内容可知,流体的可压缩性是流体的固有属性。任何真实的流体都是可以压缩的,只是它们的可压缩程度不同而已。

在前几章中,我们讨论的流体流动问题都是将流体假定为不可压缩的,即讨论的都是不可压缩流体的流动问题。这样在处理许多流动问题时,把流体的密度看作常数,会使问题得到很大的简化。如对于通常情况下的液体流动和流速不高、压力变化较小的气体流动,将它们作为不可压缩流体的流动来处理是完全可行的。但是,对于诸如水击现象、水下爆炸现象,以及气体的流动速度大到与该气体中的音速相近或超过音速的情况等,其压力的变化必然很大,以至其密度和温度也产生显著的变化,流体的流动状态和流谱都有实质性的变化,这时就必须考虑其压缩性的影响。本章就是研究可压缩流体的运动规律以及它在工程实际中的应用。

8.1　热力学的基本参量和定律

对于可压缩流体而言,密度变化必然伴随着温度的变化,这就是说,在流体流动过程中,其内能(或称热力学能)也在发生变化,这时其机械能将不再守恒,必须用能量守恒定律来取代机械能守恒定律。为了深入研究可压缩流体的流动规律,热力学的一些基本概念和定律将成为我们的基础,所以在这里有必要再叙述一下。

8.1.1　比热

单位质量流体温度变化 1 K 所需要的热量称为比热,单位为 J/(kg·K)。对于气体而言,如果过程是在等压条件下进行,则称为等压比热,用 C_p 表示;如果过程是在等容条件下进行,则称为等容比热,用 C_v 表示。

从热力学知道,等压比热 C_p、等容比热 C_v 与气体常数 R 之间存在着如下的关系:

$$C_p = C_v + R \tag{8.1}$$

式中:气体常数 R 的通用值为 $R = 8\,314$ J/(kmol·K)。各种不同气体的气体常数值见表 8.1。

气体的等压比热与等容比热的比值叫作绝热指数,常用 k 表示,即

$$k = \frac{C_p}{C_v} \tag{8.2}$$

将式(8.2)代入式(8.1),得

$$C_p = \frac{kR}{k-1} \tag{8.3}$$

$$C_v = \frac{R}{k-1} \tag{8.4}$$

在工程计算中,一般可认为气体的绝热指数 k 与气体的分子结构有关,可近似按下值选取:

对单原子气体:$k = 1.66$(如氩气、氦气等);
对双原子气体:$k = 1.40$(如氧气、空气等);
对多原子气体:$k = 1.33$(如过热蒸气等);
对干饱和蒸气:$k = 1.135$。

表 8.1 常用气体的比热、气体常数和绝热指数

气体名称	化学式	分子量	等压比热 C_p [J/(kg·K)] (298.16 K)	等容比热 C_v [J/(kg·K)] (298.16 K)	气体常数 R [J/(kg·K)]	绝热指数 k (298.16 K)
氩气	Ar	39.944	524.61	316.46	208.15	1.658
氦气	He	4.000	5 233.5	3 155.3	2 078.2	1.659
氢气	H_2	2.016	14 315	10 191	4 124.2	1.405
氮气	N_2	28.013	1 038.3	741.50	296.80	1.400
氧气	O_2	32.000	916.90	657.08	259.82	1.395
空气	—	28.964	1 004.0	716.94	287.06	1.400
一氧化碳	CO	28.010	1 042.5	745.67	296.83	1.398
二氧化碳	CO_2	44.010	845.73	656.81	188.92	1.288
水蒸气	H_2O	18.016	1 863.1	1 401.6	461.50	1.329
甲烷	CH_4	16.043	2 223.2	1 704.9	518.25	1.304
二氧化硫	SO_2	64.060	643.24	513.36	129.88	1.253

8.1.2 内能(热力学能)

对于宏观静止的流体,因其内部分子的热运动而具有的能量叫作流体的内能,也称为热力学能。对于单位质量流体来说,其单位是 J/kg,常用符号 e 来表示。

流体的内能一般包括内动能和内位能两部分,内动能是温度的函数,而内位能是密度或比容的函数。因此说,内能是热力状态的单值函数。在一定的热力状态下,分子有一定的均方根速度和平均间距,也就有一定的内能,而与到达这一状态的路径无关。这就是内能作为一个状态参量的基本性质。

通常情况下,因气体的热力状态可由两个独立的状态参量决定,所以其内能也一定是两个独立状态参量的函数,一般可表达为

$$e = f(T, \rho) \tag{8.5}$$

对于完全气体,由于其分子之间没有作用力,故分子之间就没有位能。这样,完全气体的内能就只是气体分子运动的动能,而不包含内位能了。因此,完全气体的内能只是温度的单值函数,而与密度或比容无关,即

$$e = f(T) \tag{8.6}$$

由热力学知道,完全气体的内能变化可按下式计算:

$$de = C_v dT \tag{8.7}$$

对于定比热的完全气体,C_v = 常数,对上式积分得

$$e_2 - e_1 = C_v(T_2 - T_1) \tag{8.8}$$

如果以热力学零度为基准,即在 $T=0$ K 时,$e=0$,则在 T K 温度条件下的完全气体的内能为

$$e = C_v T \tag{8.9}$$

即完全气体的内能与热力学温度成正比。

8.1.3 焓

在有关热工计算的公式中时常有 $e + p/\rho$ 出现,为了简化公式和简化计算,我们把它定义为焓,用符号 i 表示。规定

$$i = e + \frac{p}{\rho} \tag{8.10}$$

式(8.10)就是焓的定义式。从式中可以看出焓 i 的单位是 J/kg,还可以看出焓也是一个状态参量。在任一平衡状态下,e、p 和 ρ 都有一定的值,因而焓 i 也有一定的值,而与到达这一状态的路径无关,即

$$i = e + \frac{p}{\rho} = f(p,\rho) \tag{8.11}$$

或

$$i = f(T,\rho) \tag{8.11a}$$

同内能一样,完全气体的焓也只是温度的单值函数,而与密度或比容无关。因为 $i = e + p/\rho$,其中 e 只是温度的函数,而 $p/\rho = RT$ 也只是温度的函数,所以

$$i = f(T) \tag{8.12}$$

即对于完全气体,式(8.10)可写为

$$i = e + RT \tag{8.13}$$

由式(8.13),焓的变化为

$$di = de + RdT = C_v dT + RdT = (C_v + R)dT = C_p dT \tag{8.14}$$

对于定比热的完全气体,C_p = 常数,则对式(8.14)积分得

$$i_2 - i_1 = C_p(T_2 - T_1) \tag{8.15}$$

如果以热力学零度为基准,即在 $T=0$ K 时,$i=0$,则在 T K 温度条件下的完全气体的焓为

$$i = C_p T \tag{8.16}$$

即完全气体的焓与热力学温度成正比。

8.1.4 熵

熵也是一个状态参量,其单位是 J/K。对于单位质量流体来说,其单位为 J/(kg·K),一般用 s 表示。对给定的状态,熵有确定的值。熵的变化为

$$ds = \frac{\delta \dot{q}}{T} \tag{8.17}$$

式中:$\delta \dot{q}$ 是微小过程给定系统单位质量流体得到的热量;T 为介质的热力学温度。

对绝热过程而言,$\delta q = 0$,熵的变化为

$$ds \geqslant 0 \tag{8.18}$$

对可逆绝热过程而言,$ds = 0$,$s = $ 常数,称为等熵过程。对于等熵过程,有

$$\frac{p}{\rho^k} = 常数 \tag{8.19}$$

式中:k 为绝热指数;p 为流体的压力;ρ 为流体的密度。

注意到状态方程 $p = \rho R T$,可得到等熵过程压力、密度和温度三者之间的关系为

$$\frac{p_2}{p_1} = \left(\frac{\rho_2}{\rho_1}\right)^k = \left(\frac{T_2}{T_1}\right)^{\frac{k}{k-1}} \tag{8.20}$$

式中:p_1、ρ_1、T_1 为初态参量;p_2、ρ_2、T_2 为终态参量。

对于不可逆绝热过程,$ds > 0$,过程始末单位质量流体的熵增为

$$s_2 - s_1 = C_p \ln \frac{T_2}{T_1} - R \ln \frac{p_2}{p_1} = R \ln \left[\left(\frac{T_2}{T_1}\right)^{\frac{k}{k-1}} \left(\frac{p_1}{p_2}\right) \right] \tag{8.21}$$

或

$$s_2 - s_1 = C_v \ln \frac{T_2}{T_1} - R \ln \frac{\rho_2}{\rho_1} = R \ln \left[\left(\frac{T_2}{T_1}\right)^{\frac{1}{k-1}} \left(\frac{\rho_1}{\rho_2}\right) \right] \tag{8.21a}$$

8.1.5 热力学第一定律的能量方程式

图 8.1 是一开口系统,流体经 I—I 面流入,经 II—II 面流出。入口截面中心距基准面的几何高度为 z_1,流体的静压为 p_1,流速为 u_1,密度为 ρ_1;出口截面中心距基准面的几何高度为 z_2,流体的静压为 p_2,流速为 u_2,密度为 ρ_2。$\dot{q}$ 为单位质量流体在 I~II 两截面间所得到的热量,$\dot{w}$ 为单位质量流体对外界所做的功。

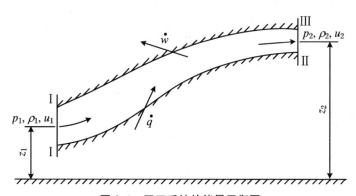

图 8.1 开口系统的能量平衡图

对理想流体而言,不存在能量损失,则单位质量流体在两截面间的能量关系为

$$\frac{p_1}{\rho_1} + g z_1 + \frac{u_1^2}{2} + e_1 + \dot{q} = \frac{p_2}{\rho_2} + g z_2 + \frac{u_2^2}{2} + e_2 + \dot{w} \tag{8.22}$$

对可压缩流体而言,位能的变化可忽略不计,能量方程式(8.22)可简化为

$$\frac{p_1}{\rho_1} + \frac{u_1^2}{2} + e_1 + \dot{q} = \frac{p_2}{\rho_2} + \frac{u_2^2}{2} + e_2 + \dot{w} \qquad (8.23)$$

当可压缩流体既不向系统外做功，又不从系统外吸热时，能量方程可进一步简化为

$$e_1 + \frac{p_1}{\rho_1} + \frac{u_1^2}{2} = e_2 + \frac{p_2}{\rho_2} + \frac{u_2^2}{2} \qquad (8.24)$$

$$e_1 + RT_1 + \frac{u_1^2}{2} = e_2 + RT_2 + \frac{u_2^2}{2} \qquad (8.24a)$$

注意到式(8.10)或式(8.13)，上式可变换为

$$i_1 + \frac{u_1^2}{2} = i_2 + \frac{u_2^2}{2} = 常数 \qquad (8.25)$$

式(8.25)说明，对理想的可压缩流体的绝热流动而言，单位质量流体所具有的焓与动能之和保持常量。

8.2 弱扰动波传播的物理过程

在密度有变化的流场中，相邻两点之间的密度差与它们的压力差密切相关。密度相对于压力的变化率是分析可压缩流体流动的一个重要参量。我们将会看到，密度相对于压力的变化率与声波的传播速度有密切关系，声波就是在可压缩流体中传播的弱扰动波，它的传播速度简称声速或音速。

为了说明弱扰动波传播的物理过程，让我们观察图8.2(a)所示的理想化模型。在等截面直长管内充满着可压缩流体，管的左端装有活塞，管内流体原先处于静止状态。若推动活塞以微小速度 $\mathrm{d}u$ 向右运动，则紧贴活塞右侧的流体也将伴随着向右运动，并且产生微小的压力增量 $\mathrm{d}p$；向右运动的流体又推动它右侧的流体向右运动，并产生压力增量。这个过程以速度 a 逐渐向右传递，这就是弱扰动波的传播过程，也就是声波的传播过程，故通常称 a 为声速或音速。在弱扰动波通过之前，流体处于静止状态，压力为 p，密度为 ρ；在弱扰动波通过之后，流体的速度变为 $\mathrm{d}u$，压力变为 $p+\mathrm{d}p$，密度变为 $\rho+\mathrm{d}\rho$。未扰动区域和扰动区域的交界面称作波锋。

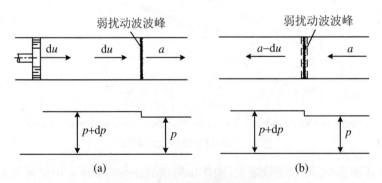

图 8.2 弱扰动波传播的物理过程

弱扰动波的传播速度和流体的物理量有密切关系。为分析方便起见，将坐标系固结在

波锋上,如图 8.2(b)所示。可以想象,这时波锋右侧原来静止的流体相对坐标系来说将以速度 a 向左运动,其压力为 p,密度为 ρ;而波锋左侧的流体相对坐标系将以 $a-\mathrm{d}u$ 的速度向左运动,其压力为 $p+\mathrm{d}p$,密度为 $\rho+\mathrm{d}\rho$。今以图中虚线所示的区域作为控制体,波锋处于控制体中。当波锋两侧的控制面无限接近时,控制体体积趋近于零。

设管道的截面积为 A,对控制体写出连续性方程

$$\rho a A = (\rho + \mathrm{d}\rho)(a - \mathrm{d}u) A$$

略去二阶无穷小量,得

$$\rho \mathrm{d}u = a \mathrm{d}\rho \tag{8.26}$$

对控制体建立动量方程,并注意到控制体的体积趋近于零,其质量力近似为零,且可忽略切应力的作用,于是动量方程可写成

$$pA - (p + \mathrm{d}p)A = \rho a A [(a - \mathrm{d}u) - a]$$

整理后可得

$$\mathrm{d}p = \rho a \mathrm{d}u \tag{8.27}$$

由式(8.26)及式(8.27),消去 $\mathrm{d}u$ 可得到音速公式

$$a = \sqrt{\frac{\mathrm{d}p}{\mathrm{d}\rho}} \tag{8.28}$$

若活塞向左移动,则由活塞向右发出的是压力降低的弱扰动波。利用上述类似的方法,可得到与式(8.28)相同的公式。由于弱扰动波在传播过程中,流体的密度、压力及温度的变化无限小,且过程进行得很快,因此可以认为这个过程是等熵过程。于是音速公式(8.28)可写成

$$a = \sqrt{\left(\frac{\partial p}{\partial \rho}\right)_s} \tag{8.29}$$

音速公式(8.29)无论对气体还是液体都是适用的。从式(8.29)可以看出,流体中的音速与其可压缩性密切相关,它表示改变单位密度时必须改变的压力值。因此,愈难压缩的流体,其中的音速越快;愈易压缩的流体,其中的音速越慢。绝对刚体中声音的传播速度为无穷大。实际中的物质都是可以压缩的。如常温条件下,纯水中的音速为 $a \approx 1\,490\ \mathrm{m/s}$;空气中的音速为 $a \approx 343\ \mathrm{m/s}$。

对于完全气体的等熵过程,$p/\rho^k = $ 常数,对它进行微分,并考虑到完全气体的状态方程 $p = \rho R T$,可得

$$\left(\frac{\partial p}{\partial \rho}\right)_s = \frac{kp}{\rho} = kRT$$

因此完全气体的音速公式可写成

$$a = \sqrt{\frac{kp}{\rho}} = \sqrt{kRT} \tag{8.30}$$

可见,完全气体中的音速是热力学温度的函数。它也是一个过程量,而不是常数。就是说,音速 a 主要取决于气体的种类(k,R)和热力学温度(T)。对于空气,$k = 1.4$,$R = 287.06\ \mathrm{J/(kg \cdot K)}$,代入式(8.30),得

$$a = 20.05\sqrt{T}\,(\mathrm{m/s})$$

8.3 弱扰动波在运动流场中的传播特征

我们在第 1 章第 1.4 节及第 7 章中已经讲到，马赫数 M 是体现流场中流体可压缩性大小的重要参量。相同马赫数的流场具有相似的流动特征，它们的弹性力相似。根据马赫数的大小不同，可将流场的流动特征分为 3 类，即：

$M<1$，为亚音速流动；
$M=1$，为音速流动；
$M>1$，为超音速流动。

为了说明亚音速流和超音速流的根本区别，我们首先来讨论均匀来流流场中弱扰动波的传播特征。

设在静止流场中的某点 O 上存在一弱扰动源，则该扰动源产生的弱扰动波将以音速 a 向四周传播，如图 8.3(a)所示。若坐标原点取在该扰动源上，则弱扰动波向四周传播的速度可写成 ai_r。

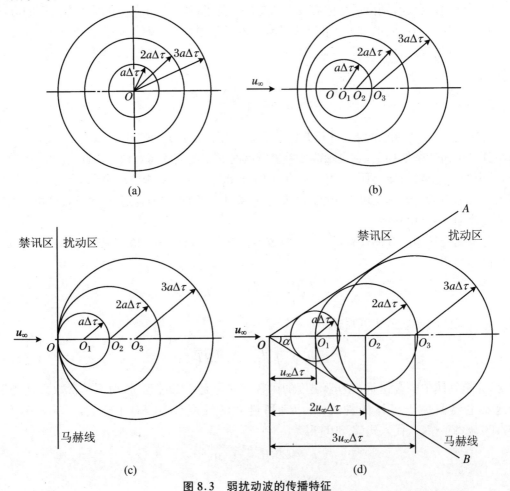

图 8.3 弱扰动波的传播特征

若在均匀来流速度为 $u = u_\infty i$ 的流场中的某点 O 上存在一弱扰动源,则该扰动源产生的弱扰动波仍以速度 a 相对于流体向四周传播。现以 O 点为原点,沿流体流动方向作 x 轴,由于流体本身以速度 u_∞ 沿 x 轴方向运动,故弱扰动波传播的绝对速度为 $a i_r + u_\infty i$。下面我们就 3 种情况分别讨论。

1. 亚音速流动($M<1$)

若均匀来流为亚音速流动,则弱扰动波可以传播到整个流场。由图 8.3(b)可见,在 $\tau = 0$ 时刻,从 O 点发出的弱扰动波,在 $\tau_1 = \Delta\tau$ 时刻将传播到以 O_1 为中心($OO_1 = u_\infty \Delta\tau$),以 $a\Delta\tau$ 为半径的球面上;而在 $\tau_2 = 2\Delta\tau$ 时刻将传播到以 O_2 为中心($OO_2 = 2u_\infty \Delta\tau$),以 $2a\Delta\tau$ 为半径的球面上;依此类推。因为 $u_\infty \Delta\tau < a\Delta\tau$,所以在亚音速流动中,随着时间的推移,扰动波总可以传播到整个流场,只不过在逆来流的方向上传播得慢些,而在顺来流的方向上传播得快些而已。

2. 音速流动($M=1$)

流体的流动速度等于音速的流动,称为音速流动。若均匀来流为音速流动,即 $u_\infty = a$,则弱扰动波只能传播到 $x \geqslant 0$ 的半空间。由图 8.3(c)可见,由于 $u_\infty \Delta\tau = a\Delta\tau$,因此,任何时刻的扰动波都不可能越过 $x = 0$ 的平面传到上游。这时我们可以将 $x = 0$ 平面左侧的上游区称为"禁讯区",而下游区称为"扰动区"。

3. 超音速流动($M>1$)

若均匀来流为超音速流动,则由 O 点发出的弱扰动波,只能顺着气流方向在以 O 点为顶点,以过 O 点的流线为轴线的锥形区域内传播。由图 8.3(d)可见,在 $\tau = 0$ 时刻从 O 点发出的弱扰动波,在 $\tau_1 = \Delta\tau$ 时刻将传播到以 O_1 为中心($OO_1 = u_\infty \Delta\tau$),以 $a\Delta\tau$ 为半径的球面上;而在 $\tau_2 = 2\Delta\tau$ 时刻将传播到以 O_2 为中心($OO_2 = 2u_\infty \Delta\tau$),以 $2a\Delta\tau$ 为半径的球面上;依此类推。因为 $u_\infty \Delta\tau > a\Delta\tau$,所以这些球面的包络面就是以扰动源为顶点的圆锥面,弱扰动波只能在该锥形区域内传播。锥的半顶角为 α,它与音速 a 及气流的流速 u_∞ 有如下关系:

$$\sin \alpha = \frac{a}{u_\infty} \tag{8.31}$$

通常称此锥为马赫锥,称锥的半顶角 α 为马赫角。

利用马赫数的定义,式(8.31)可表示为

$$\sin \alpha = \frac{a}{u_\infty} = \frac{1}{M_\infty} \tag{8.32}$$

式中:M_∞ 为来流的马赫数。由此可见,对于超音速流动,马赫数与马赫角的正弦互为倒数关系。M 愈大,α 角越小,M 由 1 趋向 ∞,α 角由 $\pi/2$ 趋向 0。

对于平面流动,在流动平面上看,图 8.3(d)中的 OA、OB 为两条扰动线,弱扰动波只能在 OA、OB 两线之间的区域中传播,我们把 OA、OB 称作马赫线。

在非均匀流场中,各点的速度、音速及其他物理量的分布是不均匀的,从而各点的马赫数也不相同。因此,扰动波的传播方式比在均匀来流中更为复杂。就空间流动而言,非均匀流场中的弱扰动波不再以球对称的方式向四周传播,超音速流动中的扰动面也不再是正圆锥面。就平面流动而言,马赫线 OA、OB 不再是直线。

由上面的分析可知,超音速流动与亚音速流动在物理上有原则上的区别,即在亚音速流动的流场中,弱扰动波可以传播到整个流场,它不存在马赫锥或马赫线;而在超音速流动的流场中,弱扰动波只能在马赫锥中或马赫线间传播。至于超音速流和亚音速流在非等截面

管道中流动的内在物理差异将在第 8.5 节中讨论。

例 8.1　超音速飞机在 1 500 m 的高空水平飞行,速度为 750 m/s。如果空气的平均温度为 5 ℃。试问地面观察站看到飞机自头顶飞过后几秒钟,才可能听到飞机发出的声音?

解　图 8.4 为示意图。观察者 D 最先听到的飞机声发自 C 点,当声音自 C 点传播到 D 点时,飞机自 C 点飞行到了 A 点。

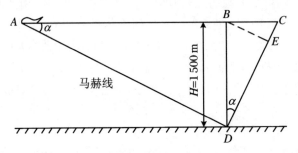

图 8.4　例 8.1 图

已知 $H = 1\,500$ m, $u = 750$ m/s, $T = 273 + 5 = 278$(K)。对于空气, $k = 1.4$, $R = 287$ J/(kg·K),则飞机飞行的马赫数为

$$M = \frac{u}{a} = \frac{u}{\sqrt{kRT}} = \frac{750}{\sqrt{1.4 \times 287 \times 278}} = 2.244$$

马赫角为

$$\alpha = \arcsin\left(\frac{1}{M}\right) = \arcsin\left(\frac{1}{2.244}\right) = 26.46°$$

B、A 两点间的距离为

$$BA = \frac{BD}{\tan\alpha} = \frac{1\,500}{\tan 26.46°} = 3\,013.8(\text{m})$$

飞机自 B 点到 A 点的飞行时间为

$$\tau = \frac{BA}{u} = \frac{3\,013.8}{750} = 4.02(\text{s})$$

由图 8.4 看出,飞机自 C 点飞到 B 点,声波自 C 点传到 E 点。飞机自 B 点飞到 A 点的时间就是声波自 E 点传到 D 点的时间。

8.4　可压缩理想流体一维稳定流动的基本方程

可压缩理想流体一维稳定流动的基本方程主要包括连续性方程、运动方程、动量方程、能量方程和状态方程等。

我们在第 3 章中曾经讨论过理想流体一维稳定流动的连续性方程为

$$\rho u A = 常数 \tag{3.30}$$

其微分式为

$$\frac{\mathrm{d}\rho}{\rho} + \frac{\mathrm{d}u}{u} + \frac{\mathrm{d}A}{A} = 0 \tag{8.33}$$

欧拉运动方程的微分式和积分式分别为

$$\frac{\mathrm{d}p}{\rho} + g\mathrm{d}z + u\mathrm{d}u = 0 \quad (3.40)$$

$$\int \frac{\mathrm{d}p}{\rho} + gz + \frac{u^2}{2} = 常数 \quad (3.44)$$

如果忽略质量力的影响，式(3.40)和式(3.44)可写成

$$\frac{\mathrm{d}p}{\rho} + u\mathrm{d}u = 0 \quad (3.41)$$

$$\int \frac{\mathrm{d}p}{\rho} + \frac{u^2}{2} = 常数 \quad (3.44a)$$

理想流体稳定流动的动量方程为

$$\left.\begin{array}{l} \sum F_x = \rho Q(u_{x2} - u_{x1}) \\ \sum F_y = \rho Q(u_{y2} - u_{y1}) \\ \sum F_z = \rho Q(u_{z2} - u_{z1}) \end{array}\right\} \quad (3.66a)$$

一维稳定流的动量方程的微分式可以写成

$$\frac{\mathrm{d}p}{\rho} + u\mathrm{d}u + \frac{\delta R_x}{\rho A} = 0 \quad (8.34)$$

式中：δR_x 为可压缩流体在一维管流中流过微元距离 $\mathrm{d}x$ 所产生的微小阻力。

以上几个基本方程对于可压缩流体和不可压缩流体都是适用的。但需要说明的是，当式(8.34)和式(3.41)用于可压缩流体时，要在可逆流动的条件下才能够使用。连续性方程式(3.30)和动量方程式(3.66)不受此条件的限制。

完全气体的状态方程为

$$p = \rho R T \quad (1.12a)$$

其微分式为

$$\frac{\mathrm{d}p}{p} = \frac{\mathrm{d}\rho}{\rho} + \frac{\mathrm{d}T}{T} \quad (8.35)$$

完全气体的等熵过程方程式为

$$\frac{p}{\rho^k} = 常数 \quad (8.19)$$

其微分式为

$$\frac{\mathrm{d}p}{p} = k\frac{\mathrm{d}\rho}{\rho} \quad (8.36)$$

下面我们着重介绍可压缩理想流体在绝热流动条件下，能量方程的几种形式。

1. 以焓值和流速表述的能量方程

由第 8.1 节可知，可压缩的理想流体既不向系统外做功，又不从系统外吸热，并且忽略位能变化的影响时，其能量方程式为

$$i + \frac{u^2}{2} = 常数 \quad (8.25)$$

或

$$i_1 + \frac{u_1^2}{2} = i_2 + \frac{u_2^2}{2} = i_0 \tag{8.25a}$$

应当指出,在建立方程式(8.25)时,只要求过程绝热,而并未限制过程是否可逆,因而这个方程既适用于可逆过程,也适用于不可逆过程。式(8.25)表明,单位质量流体具有的焓与动能之和保持为常数。流体的速度增加时,焓值下降;流体的速度减小时,焓值增加。

当流体的速度 $u=0$ 时,其焓值称为滞止焓,或称为总焓,用 i_0 表示;与流速 u 相对应的焓值称为静焓,用 i 表示。显然 $i<i_0$。

由式(8.25)可以看出,当流体的总焓 i_0 和静焓 i 为已知时,就可以计算出与静焓 i 相对应的流体速度

$$u = \sqrt{2(i_0 - i)}$$

如气流经管嘴流出时,由于管嘴很短,气流速度很大,可近似按等熵过程处理。只要根据焓-熵图表查出某流体的总焓 i_0 和静焓 i,就可计算出气流的流出速度。

2. 以温度和流速表述的能量方程

如果以热力学零度为基准,则在 T K 温度条件下的完全气体的焓值为

$$i = C_p T \tag{8.16}$$

将式(8.16)代入式(8.25),便可得到以温度和流速表述的能量方程

$$C_p T + \frac{u^2}{2} = 常数 \tag{8.37}$$

或者

$$C_p T_1 + \frac{u_1^2}{2} = C_p T_2 + \frac{u_2^2}{2} = C_p T_0 \tag{8.37a}$$

将等压比热 $C_p = kR/(k-1)$ 代入以上两式得

$$\frac{k}{k-1}RT + \frac{u^2}{2} = 常数 \tag{8.38}$$

或者

$$\frac{k}{k-1}RT_1 + \frac{u_1^2}{2} = \frac{k}{k-1}RT_2 + \frac{u_2^2}{2} = \frac{k}{k-1}RT_0 \tag{8.38a}$$

式(8.37)和式(8.38)体现了流体的温度和流速间的相互转换关系,即可压缩流体的流速变化与温度的变化有着密切的联系。流体的流速增加时,其温度降低;流体的流速减小时,其温度升高。流体的流速 $u=0$ 时的温度称为滞止温度或总温,用 T_0 表示;流速 $u>0$ 时的温度称为静温,用 T 表示。引入总温 T_0 后,式(8.37)可以写成

$$T_0 - T = \frac{u^2}{2C_p} \tag{8.39}$$

式(8.39)表明,当可压缩流体遇到固体障碍物时(图8.5),其滞止部位的温度 T_0 与流体的温度 T 间的差值随流体流速的增加而增大。很显然,用普通的温度计或测温仪是不可能准确测出高速气流的真实温度的。

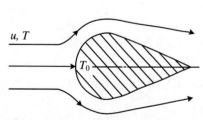

图 8.5 气流冲击障碍物

当气流进行等熵运动时,其总温 T_0 和总压 p_0 是不变的,如果测得气流的静压 p,就可以计算出气流的静温 T,即

$$T = T_0 \left(\frac{p}{p_0}\right)^{\frac{k-1}{k}}$$

当气流的马赫数不大,精度要求又不太高时,可用普通测温仪(如温度计或热电偶)测量气体的温度,再用下式计算气流的静温:

$$\frac{T_m - T}{T_0 - T} = \eta$$

式中:T_m 为测温仪测出的气体温度;T_0 为气体的总温;T 为气流的静温;η 为修正系数,一般取 $\eta = 0.8 \sim 0.9$。

3. 以音速和流速表述的能量方程

第 8.2 节我们已经推导了音速与气流温度之间的关系式,即对于完全气体有

$$a = \sqrt{kRT} \tag{8.30}$$

将上式代入式(8.38)可得到以音速和流速表述的能量方程

$$\frac{a^2}{k-1} + \frac{u^2}{2} = 常数 \tag{8.40}$$

或者

$$\frac{a_1^2}{k-1} + \frac{u_1^2}{2} = \frac{a_2^2}{k-1} + \frac{u_2^2}{2} = \frac{a_0^2}{k-1} \tag{8.40a}$$

式(8.40)表明,随着流体流速的增加,其音速减小;随着流体流速的减小,其音速增加。流速 $u = 0$ 时的音速称为滞止音速,用 a_0 表示;音速 $a = 0$ 时(相当于流体流入绝对真空,这时气流的压力、密度和热力学温度均降为零)的气流速度称为极限速度,用 u_{max} 表示,它是理论上的最大速度,实际上是得不到的,因为气体降到热力学零度以前早已液化了,u_{max} 用来作为一个重要的参考速度。将 a_0 和 u_{max} 代入式(8.40),得

$$\frac{a_0^2}{k-1} = \frac{u_{max}^2}{2}$$

所以极限速度为

$$u_{max} = a_0 \sqrt{\frac{2}{k-1}} = \sqrt{\frac{2kRT_0}{k-1}} \tag{8.41}$$

有了滞止音速和极限速度的概念后,能量方程式(8.40)还可写为另一种形式。将 a_0 和 u_{max} 代入式(8.40),得

$$\frac{a_0^2}{k-1} = \frac{a^2}{k-1} + \frac{u^2}{2} = \frac{u_{max}^2}{2}$$

将上式各项分别用 $a_0^2/(k-1)$ 或 $u_{max}^2/2$ 去除,整理后得到

$$\left(\frac{a}{a_0}\right)^2 + \left(\frac{u}{u_{max}}\right)^2 = 1 \tag{8.42}$$

式(8.42)是能量方程式(8.40)的另一种形式。它是一个椭圆方程,所以通常称它为可压缩流的绝热椭圆,其图形如图 8.6 所示。椭圆与纵轴交于 a_0,与横轴交于 u_{max}。在 A 点上 $u = a$,马赫数 $M = 1$,称为临界状态,习惯上临界状态下的参量注以下标"*"号,如临界速度 u_*、临界压力 p_* 等。显然

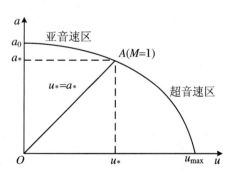

图 8.6 可压缩流的绝热椭圆

$u_* = a_*$。A 点以左的区域为亚音速区,A 点以右的区域为超音速区。从图中还可看出,在超音速区内,音速下降得很快,马赫数 M 增加得也很快。

4. 以压力、密度和流速表述的能量方程

利用状态方程 $p = \rho RT$,由式(8.38)可以得到

$$\frac{k}{k-1}\frac{p}{\rho} + \frac{u^2}{2} = 常数 \tag{8.43}$$

或者

$$\frac{k}{k-1}\frac{p_1}{\rho_1} + \frac{u_1^2}{2} = \frac{k}{k-1}\frac{p_2}{\rho_2} + \frac{u_2^2}{2} = \frac{k}{k-1}\frac{p_0}{\rho_0} \tag{8.43a}$$

式(8.43)就是以压力、密度和流速表述的能量方程。

当流体的流速 $u = 0$ 时的压力称为滞止压力,或称总压,用 p_0 表示,对应条件下流体的密度称为滞止密度,用 ρ_0 表示;与流速 u 相对应的流体压力称为静压,用 p 表示。可压缩流体的滞止压力和静压力都是指绝对压力。在用有关公式计算时,要引起注意,凡压力表上测得的压力都要化成绝对压力。

再次强调指出,以上我们讨论的可压缩理想流体在绝热条件下稳定流动的能量方程的 4 种形式,对于等熵流动和非等熵的绝热流动都是适用的。有趣的是,在等熵流动的条件下,将等熵过程方程式 $p/\rho^k = $ 常数,代入欧拉运动方程式(8.34),经过变换也可得到上述 4 种形式的能量方程。但是在非等熵流动的条件下,运用欧拉运动方程积分是不能得到上述讨论的结果的。这说明,我们以上所介绍的几大基本方程之间并非都是独立的,在某些特定条件下,有些方程(如运动方程和能量方程等)有可能是等价的,使用中应注意选择。一般情况下独立的基本方程只有 4 个。

例 8.2 空气按等熵过程流经一收缩形喷管,质量流量为 $G = 9.072 \text{ kg/s}$,在截面 $A = 0.0516 \text{ m}^2$ 处,马赫数 $M = 0.5$,流速为 $u = 182.88 \text{ m/s}$,求截面 A 处气流的静压力 p。

解 对空气而言,$k = 1.4$,$R = 287 \text{ J/(kg·K)}$。

由马赫数 $M = \dfrac{u}{a} = \dfrac{u}{\sqrt{kRT}}$,得气流在 A 截面处的静温为

$$T = \frac{u^2}{kRM^2} = \frac{182.88^2}{1.4 \times 287 \times 0.5^2} = 333(\text{K})$$

由连续性方程 $G = \rho u A$,得气流在 A 截面处的密度为

$$\rho = \frac{G}{uA} = \frac{9.072}{182.88 \times 0.0516} = 0.9614(\text{kg/m}^3)$$

由气体状态方程 $p = \rho RT$,可得到 A 截面处气流的静压力为

$$p = \rho RT = 0.9614 \times 287 \times 333 = 0.9188 \times 10^5(\text{Pa}) = 91.88(\text{kPa})$$

例 8.3 氮气在可逆条件下沿变径管路等温流动,已知温度 $t = 5 \text{ ℃}$,管径 $d_1 = 50 \text{ mm}$,$d_2 = 25 \text{ mm}$,静压 $p_1 = 378 \text{ kN/m}^2$,$p_2 = 253 \text{ kN/m}^2$,气体常数 $R = 296.8 \text{ J/(kg·K)}$。求流速 u_1 和 u_2。

解 将气体状态方程 $p = \rho RT$ 代入欧拉运动方程式(8.34),在等温条件下积分,得

$$RT \ln \frac{\rho_2}{\rho_1} = \frac{u_1^2 - u_2^2}{2} \tag{8.44}$$

因为在等温条件下,气体的压力和密度存在下列关系:

$$\frac{p_2}{p_1} = \frac{\rho_2}{\rho_1} \tag{8.45}$$

将式(8.45)代入式(8.44),得

$$RT\ln\frac{p_2}{p_1} = \frac{u_1^2 - u_2^2}{2} \tag{8.46}$$

根据连续性方程 $\rho_1 u_1 A_1 = \rho_2 u_2 A_2$,并注意到式(8.45),得

$$u_1 = \frac{\rho_2}{\rho_1}\frac{A_2}{A_1}u_2 = \frac{p_2}{p_1}\left(\frac{d_2}{d_1}\right)^2 u_2$$

将上式代入式(8.46),得

$$RT\ln\frac{p_2}{p_1} = \frac{u_2^2}{2}\left[\left(\frac{p_2}{p_1}\right)^2\left(\frac{d_2}{d_1}\right)^4 - 1\right]$$

所以流速

$$u_2 = \sqrt{\frac{2RT\ln(p_2/p_1)}{(p_2/p_1)^2 (d_2/d_1)^4 - 1}} = \sqrt{\frac{2 \times 296.8 \times 278 \times \ln(253/378)}{(253/378)^2 (25/50)^4 - 1}} = 261(\text{m/s})$$

则流速

$$u_1 = \frac{p_2}{p_1}\left(\frac{d_2}{d_1}\right)^2 u_2 = \left(\frac{253}{378}\right)\left(\frac{25}{50}\right)^2 \times 260 = 43.7(\text{m/s})$$

例 8.4 做绝热流动的二氧化碳气体,在某点处的温度为 $t_1 = 60\ ℃$,速度为 $u_1 = 14.8\ \text{m/s}$,求同一流线上温度为 $t_2 = 30\ ℃$ 的另一点处的速度 u_2 值。

解 对二氧化碳而言,等压比热 $C_p = 845.73\ \text{J/(kg·K)}$。

由能量方程式(8.37a),即

$$C_p T_1 + \frac{u_1^2}{2} = C_p T_2 + \frac{u_2^2}{2}$$

得

$$u_2 = \sqrt{2C_p(T_1 - T_2) + u_1^2} = \sqrt{2 \times 845.73 \times (333 - 303) + 14.8^2} = 225.7(\text{m/s})$$

8.5 亚音速流动与超音速流动的差异

第8.3节中我们已经分析了亚音速流动与超音速流动在物理上的一些区别。本节将进一步分析流体在变截面管道中亚音速流动与超音速流动的物理差异。

8.5.1 不同马赫数下,流体的密度随流速的变化关系

由音速公式(8.28)可得

$$\text{d}p = a^2 \text{d}\rho \tag{8.47}$$

在过程可逆的条件下,欧拉运动微分方程(3.41)可写成

$$\text{d}p = -\rho u \text{d}u \tag{8.48}$$

联立式(8.47)和式(8.48),得

$$a^2 \mathrm{d}\rho = -\rho u \mathrm{d}u$$

或者

$$\frac{\mathrm{d}\rho}{\rho} = -\frac{u^2}{a^2}\frac{\mathrm{d}u}{u} = -M^2\frac{\mathrm{d}u}{u} \tag{8.49}$$

式(8.49)给出了在不同马赫数 M 下,流体的密度与速度间的变化特征。

因 M 不同,流体的密度依变于速度的变化率有很大差异。式(8.49)等号右侧的负号表示流速的变化方向与密度的变化方向相反,即流速增加时,流体的密度减小;流速减小时,流体的密度增加。

(1) 对于亚音速流动,$M<1$,流体密度的变化率 $\mathrm{d}\rho/\rho$ 小于其速度的变化率 $\mathrm{d}u/u$,即 $|\mathrm{d}\rho/\rho|<|\mathrm{d}u/u|$。当 $M<0.3$ 时,可忽略流动过程中流体密度的变化,按不可压缩流体的流动来处理。

(2) 对于超音速流动,$M>1$,流体密度的变化率 $\mathrm{d}\rho/\rho$ 大于其速度的变化率 $\mathrm{d}u/u$,即 $|\mathrm{d}\rho/\rho|>|\mathrm{d}u/u|$。这时流体的体积膨胀起主导作用。要使超音速气流进一步加速,就必须创造条件使流体得到进一步的充分膨胀。

(3) 对于临界状态下的音速流动,$M=1$,流体密度的变化率 $\mathrm{d}\rho/\rho$ 等于其速度的变化率 $\mathrm{d}u/u$,即 $|\mathrm{d}\rho/\rho|=|\mathrm{d}u/u|$。

8.5.2 不同马赫数下,流体的流速随管道截面积的变化关系

将式(8.49)代入连续性方程式(8.33),消去 $\mathrm{d}\rho/\rho$,整理后得到

$$(M^2-1)\frac{\mathrm{d}u}{u} = \frac{\mathrm{d}A}{A} \tag{8.50}$$

式(8.50)为一维管流速度变化与管截面变化的关系式。由这个关系式可以看出:

(1) 对于亚音速流动,$M<1$,$M^2-1<0$,式(8.50)等号的两侧具有相反的符号。因此,随着管道截面的增加,流体的速度将降低;随着管道截面的减小,流体的速度将增大。亚音速流动的这一特性与不可压缩流体的流动规律相似。由式(8.50)还可以看出,对于亚音速流动,其流速的变化率 $\mathrm{d}u/u$ 大于管截面的变化率 $\mathrm{d}A/A$。

(2) 对于超音速流动,$M>1$,$M^2-1>0$,式(8.50)等号两侧具有相同的符号。因此,随着管道截面的增加,流体的速度将增大;随着管道截面的减小,流体的速度将降低。就是说,超音速气流在收缩型管道内流动时,其流速将逐渐降低;而在扩张型管道内流动时,其流速将逐渐增加。超音速流动的这一特性与亚音速流动恰恰相反,其内在原因在于:在马赫数 $M>1$ 的条件下,流体密度的变化率 $\mathrm{d}\rho/\rho$ 将大于其管道截面的变化率 $\mathrm{d}A/A$。这就是说,超音速气流在扩张型管道中(或收缩型管道中)流动时,其管截面的增加率(或缩小率)将小于气流密度的下降率(或升高率),为使通过管道各截面上流体的质量流量 $G=\rho uA$ 都保持相等,气流的速度必然要随管道截面的增加而增大(或随管道截面的减小而降低)。关于流体密度随管道截面积的变化关系将在第 8.5.3 小节中进一步讨论。

(3) 对于音速流动,$M=1$,由式(8.50)可知

$$\mathrm{d}A/A = 0$$

由此可见,在变截面管道中,音速流动只能发生在 $\mathrm{d}A=0$ 的截面上。$\mathrm{d}A=0$ 的截面可能是最小截面,也可能是最大截面,现在我们要说明的是,音速流动只可能发生在最小截面处。

因为具有最小截面的管道是具有喉部的管道,若喉部前为亚音速流,则随着管道截面的逐渐收缩,气流将逐渐加速,这样才有可能增加到音速;若喉部前为超音速流,随着管道截面的逐渐收缩,气流将逐渐减速,这样才有可能减小到音速。而在最大截面处之前若为亚音速流,则随管道截面的逐渐增加,气流将逐渐减速,这样不可能达到音速;若在最大截面处之前为超音速流,则随管道截面的逐渐增加,气流将逐渐加速,这样也不可能达到音速。因此,在变截面管道中,音速流动只可能发生在喉部(最小截面处)。

8.5.3 不同马赫数下,流体的密度随管道截面积的变化关系

联立式(8.49)和式(8.50),消去 du/u,整理后得到

$$\frac{1-M^2}{M^2}\frac{d\rho}{\rho} = \frac{dA}{A} \tag{8.51}$$

式(8.51)表述了不同 M 下,流体的密度 ρ 随管道截面积 A 的变化关系。

(1) 对于亚音速流动,$M<1$,$(1-M^2)/M^2>0$,式(8.51)等号的两侧具有相同的符号,即流体密度的变化与管道截面的变化具有相同的方向。就是说,随着管道截面的增加,流体的密度将增大,流体的体积受到压缩;随着管道截面的减小,流体的密度将减小,流体的体积得到膨胀。

(2) 对于超音速流动,$M>1$,$(1-M^2)/M^2<0$,式(8.51)等号的两侧具有相反的符号,即流体密度的变化方向与管道截面的变化方向相反。这就是说,随着管道截面的增加,流体的密度将减小,流体的体积得到膨胀;随着管道截面的减小,流体的密度将增大,流体的体积受到压缩。

此外,由式(8.51)还可以看出,对于超音速流动来说,$|(1-M^2)/M^2|<1$,这说明流体密度的变化率 $d\rho/\rho$ 大于管道截面的变化率 dA/A。即超音速气流在扩张型管道中流动时,其气流的体积膨胀率将大于管道截面的增长率,最终使气流进一步膨胀加速;反之,当超音速气流在收缩型管道中流动时,其气流的体积收缩率将大于管道截面的收缩率,最终使气流减速。

8.5.4 不同马赫数下,流体的静压、静温随管道截面积的变化关系

将等熵过程方程式和气体状态方程式的微分式(8.36)和式(8.35)分别代入式(8.51),经整理后得到

$$\frac{1-M^2}{kM^2}\frac{dp}{p} = \frac{1-M^2}{(k-1)M^2}\frac{dT}{T} = \frac{dA}{A} \tag{8.52}$$

式(8.52)表述了不同 M 下,流体的静压、静温随管道截面积的变化关系。

(1) 对于亚音速流动,$M<1$,$(1-M^2)/(kM^2)>0$,$(1-M^2)/[(k-1)M^2]>0$,式(8.52)等号的两侧具有相同的符号,即流体的静压力和温度的变化方向与管道截面的变化方向相同。因此,随着管道截面的增加,流体的静压力和温度将升高;随着管道截面的减小,流体的静压力和温度将降低。就是说,亚音速流动的流体通过收缩型管道时,其静压力和温度是逐渐降低的,而流速是逐渐增大的。反之,亚音速流动的流体通过扩张型管道时,其静压力和温度是逐渐升高的,而流速是逐渐降低的。

(2) 对于超音速流动,$M>1$,$(1-M^2)/(kM)^2<0$,$(1-M^2)/[(k-1)M^2]<0$,式

(8.52)等号的两侧具有相反的符号,即流体的静压力和温度的变化方向与管道截面的变化方向相反。因此,随着管道截面的增加,流体的静压力和温度将降低;随着管道截面的减小,流体的静压力和温度将升高。就是说,超音速流动的流体通过收缩型管道时,其静压力和温度将逐渐升高,而流速则逐渐降低;超音速流动的流体通过扩张型管道时,其静压力和温度将逐渐降低,而流速则逐渐增大。

通过上述分析,我们可以得出这样的结论:在等熵流动的条件下,要想获得超音速气流,必须具备两个条件:第一,气流的上下游必须具有足够的压力差,即压力能的储备要足够大才有可能转化为较大的动能,以得到超音速气流;第二,必须采用先收缩再扩张型的喷管,使亚音速气流在收缩段内加速至喉部达到音速,再经扩张段进一步膨胀加速而获得超音速。这种具有喉部的收缩——扩张型喷管又称为拉瓦尔喷管。它是以瑞典工程师拉瓦尔(De Laval)而命名的。拉瓦尔喷管是获得超音速气流的主要装置,在近代工程技术上得到广泛的应用。

为了便于比较,我们将等熵流动条件下,亚音速流动与超音速流动的主要物理差异,即主要流动参量沿程的变化规律列入表8.2中。

表8.2 一维等熵气流各参量沿程的变化规律

管道形状	马赫数 $M<1$	马赫数 $M>1$
	气流参量的变化	
渐缩管	流速 $u\uparrow$ 静压 $p\downarrow$ 密度 $\rho\downarrow$ 静温 $T\downarrow$ 焓值 $i\downarrow$ 音速 $a\downarrow$ 马赫数 $M\uparrow$	流速 $u\downarrow$ 静压 $p\uparrow$ 密度 $\rho\uparrow$ 静温 $T\uparrow$ 焓值 $i\uparrow$ 音速 $a\uparrow$ 马赫数 $M\downarrow$
渐扩管	流速 $u\downarrow$ 静压 $p\uparrow$ 密度 $\rho\uparrow$ 静温 $T\uparrow$ 焓值 $i\uparrow$ 音速 $a\uparrow$ 马赫数 $M\downarrow$	流速 $u\uparrow$ 静压 $p\downarrow$ 密度 $\rho\downarrow$ 静温 $T\downarrow$ 焓值 $i\downarrow$ 音速 $a\downarrow$ 马赫数 $M\uparrow$

由表8.2可以看出,具有足够压力能的完全气体,经拉瓦尔喷管等熵流动时,其流速和马赫数是逐渐增大的,而气流的静压力、温度、密度和音速是逐渐减小的。这体现了气流的焓降逐渐地转化为动能。气流的各个参量沿拉瓦尔喷管的变化曲线如图8.7所示。

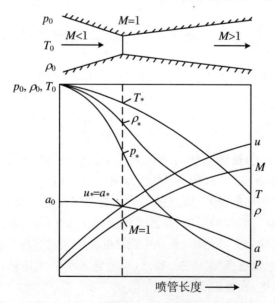

图8.7 气流参量沿拉瓦尔喷管的变化曲线

8.6 完全气体的一维等熵流动

8.6.1 流动参量与滞止参量间的关系

滞止参量定义为气流速度为零条件下的参量。气体进行等熵流动时,其滞止参量是不变的。只要测出运动气体在某一截面上的流动参量,便可根据等熵流的基本方程求得滞止参量。

1. 静温 T 与滞止温度 T_0 间的关系

对于完全气体的绝热流而言,不管流动是否等熵,其滞止温度 T_0 是不随过程而变化的。
根据能量方程

$$C_p T + \frac{u^2}{2} = C_p T_0$$

并注意到 $C_p = kR/(k-1)$,$a = \sqrt{kRT}$,则可得到

$$u^2 = 2C_p(T_0 - T) = \frac{2kRT}{k-1}\left(\frac{T_0}{T} - 1\right) = \frac{2a^2}{k-1}\left(\frac{T_0}{T} - 1\right)$$

所以

$$\frac{T_0}{T} = 1 + \frac{k-1}{2}\frac{u^2}{a^2} = 1 + \frac{k-1}{2}M^2 \tag{8.53}$$

上式表明,只要测得等熵流任一截面上的马赫数 M 及其相应的静温 T,就可计算出气流的滞止温度 T_0。

等熵流任意两截面上静温间的关系可表示为

$$\frac{T_2}{T_1} = \frac{T_0/T_1}{T_0/T_2} = \frac{1 + \frac{k-1}{2}M_1^2}{1 + \frac{k-1}{2}M_2^2} = \frac{2 + (k-1)M_1^2}{2 + (k-1)M_2^2} \tag{8.54}$$

需要说明的是,式(8.53)和式(8.54)既适用于等熵过程,也适用于非等熵的绝热过程。

2. 静压 p 与滞止压力 p_0 间的关系

根据等熵过程压力 p、密度 ρ 和温度 T 间的关系式

$$\frac{p_2}{p_1} = \left(\frac{\rho_2}{\rho_1}\right)^k = \left(\frac{T_2}{T_1}\right)^{\frac{k}{k-1}} \tag{8.20}$$

得

$$\frac{p_0}{p} = \left(\frac{T_0}{T}\right)^{\frac{k}{k-1}}$$

将式(8.53)代入上式得

$$\frac{p_0}{p} = \left(1 + \frac{k-1}{2}M^2\right)^{\frac{k}{k-1}} \tag{8.55}$$

等熵流任意两截面上静压间的关系为

$$\frac{p_2}{p_1} = \left(\frac{T_2}{T_1}\right)^{\frac{k}{k-1}} = \left(\frac{1+\frac{k-1}{2}M_1^2}{1+\frac{k-1}{2}M_2^2}\right)^{\frac{k}{k-1}} = \left[\frac{2+(k-1)M_1^2}{2+(k-1)M_2^2}\right]^{\frac{k}{k-1}} \tag{8.56}$$

式(8.55)和式(8.56)在推导过程中,都应用了等熵过程的条件式(8.20),因此它们只适用于等熵过程。

3. 密度 ρ 与滞止密度 ρ_0 间的关系

已知等熵过程密度和温度间的关系为

$$\frac{\rho_0}{\rho} = \left(\frac{T_0}{T}\right)^{\frac{1}{k-1}}$$

将式(8.53)代入上式得

$$\frac{\rho_0}{\rho} = \left(1+\frac{k-1}{2}M^2\right)^{\frac{1}{k-1}} \tag{8.57}$$

等熵流任意两截面上流体密度间的关系为

$$\frac{\rho_2}{\rho_1} = \left(\frac{1+\frac{k-1}{2}M_1^2}{1+\frac{k-1}{2}M_2^2}\right)^{\frac{1}{k-1}} = \left[\frac{2+(k-1)M_1^2}{2+(k-1)M_2^2}\right]^{\frac{1}{k-1}} \tag{8.58}$$

式(8.57)和式(8.58)只适用于等熵过程。

4. 音速 a 与滞止音速 a_0 间的关系

因为音速 $a = \sqrt{kRT}$,滞止音速 $a_0 = \sqrt{kRT_0}$,所以

$$\frac{a_0}{a} = \frac{\sqrt{kRT_0}}{\sqrt{kRT}} = \left(\frac{T_0}{T}\right)^{\frac{1}{2}} = \left(1+\frac{k-1}{2}M^2\right)^{\frac{1}{2}} \tag{8.59}$$

对于完全气体一维稳定流动,任意两流动截面上音速的关系为

$$\frac{a_2}{a_1} = \left(\frac{T_2}{T_1}\right)^{\frac{1}{2}} = \left(\frac{1+\frac{k-1}{2}M_1^2}{1+\frac{k-1}{2}M_2^2}\right)^{\frac{1}{2}} = \left[\frac{2+(k-1)M_1^2}{2+(k-1)M_2^2}\right]^{\frac{1}{2}} \tag{8.60}$$

通过以上分析可以发现,完全气体在等熵流动过程中,其压力 p、温度 T 和密度 ρ 三者都随马赫数 M 的变化而变化,但压力 p 随马赫数 M 的变化最快,而温度 T 随马赫数 M 的变化最慢。

8.6.2 临界参量与滞止参量间的关系

临界参量定义为马赫数 $M=1$ 条件下的气流参量。临界条件下的气流速度 u_* 等于临界音速 a_*,即 $u_* = a_*$。

根据能量方程式(8.40)可得

$$\frac{a_0^2}{k-1} = \frac{a_*^2}{k-1} + \frac{u_*^2}{2} = \frac{k+1}{2(k-1)}u_*^2$$

所以

$$u_* = a_* = a_0\sqrt{\frac{2}{k+1}} = \sqrt{\frac{2kRT_0}{k+1}} \tag{8.61}$$

式(8.61)表明,完全气体的临界速度 u_*(或临界音速 a_*)除与气体的种类有关外,仅取决于气体的滞止温度 T_0,而与气体的滞止压力无关。

临界参量与滞止参量间的关系可由式(8.53)、式(8.55)、式(8.57)和式(8.59)直接导出,只要令 $M=1$,即可得到

$$\frac{T_*}{T_0} = \left(1 + \frac{k-1}{2}\right)^{-1} = \frac{2}{k+1} \tag{8.62}$$

$$\frac{p_*}{p_0} = \left(1 + \frac{k-1}{2}\right)^{-\frac{k}{k-1}} = \left(\frac{2}{k+1}\right)^{\frac{k}{k-1}} \tag{8.63}$$

$$\frac{\rho_*}{\rho_0} = \left(1 + \frac{k-1}{2}\right)^{-\frac{1}{k-1}} = \left(\frac{2}{k+1}\right)^{\frac{1}{k-1}} \tag{8.64}$$

$$\frac{a_*}{a_0} = \left(1 + \frac{k-1}{2}\right)^{-\frac{1}{2}} = \left(\frac{2}{k+1}\right)^{\frac{1}{2}} \tag{8.65}$$

以上四式表明,临界参量与滞止参量间的比值关系只与气体的绝热指数 k 有关,k 值给定后,临界参量与滞止参量之比为一定值。

单原子、双原子和多原子气体的临界参量比列于表8.3中。

表8.3 各种气体的临界参量比

绝热指数	临 界 参 量 比			
	p_*/p_0	T_*/T_0	ρ_*/ρ_0	a_*/a_0
$k=1.40$	0.528	0.833	0.634	0.913
$k=1.33$	0.540	0.858	0.630	0.926
$k=1.66$	0.488	0.752	0.649	0.867

完全气体经拉瓦尔喷管等熵流动时,获得超音速流的压力条件为

$$\frac{p_e}{p_0} < \frac{p_*}{p_0} = \left(\frac{2}{k+1}\right)^{\frac{k}{k-1}}$$

式中:p_e 为喷管出口处的静压,一般情况下它应与喷管外介质的压力 p_b 相平衡,即 $p_e = p_b$。

8.6.3 流管(喷管)有效截面与临界截面间的关系

获得超音速流必须采用先收缩后扩张型的拉瓦尔喷管。拉瓦尔喷管的截面变化与马赫数 M 有关。借助一维稳定流动的连续性方程

$$\rho u A = \rho_* u_* A_* = 常数$$

可以导出流管(喷管)有效截面的变化与马赫数 M 之间的依变关系,即

$$\frac{A}{A_*} = \frac{u_* \rho_*}{u \rho} = \frac{a_*}{Ma}\left(\frac{T_*}{T}\right)^{\frac{1}{k-1}} = \frac{1}{M}\left(\frac{T_*}{T}\right)^{\frac{1}{2}}\left(\frac{T_*}{T}\right)^{\frac{1}{k-1}}$$

$$= \frac{1}{M}\left(\frac{T_*}{T}\right)^{\frac{k+1}{2(k-1)}} = \frac{1}{M}\left(\frac{T_*}{T_0} \cdot \frac{T_0}{T}\right)^{\frac{k+1}{2(k-1)}} \tag{8.66}$$

注意到

$$\frac{T_*}{T_0} = \frac{2}{k+1}, \quad \frac{T_0}{T} = 1 + \frac{k-1}{2}M^2$$

代入式(8.66),得

$$\frac{A}{A_*} = \frac{1}{M}\left[\frac{2}{k+1}\left(1+\frac{k-1}{2}M^2\right)\right]^{\frac{k+1}{2(k-1)}} = \frac{1}{M}\left(\frac{2}{k+1}+\frac{k-1}{k+1}M^2\right)^{\frac{k+1}{2(k-1)}} \quad (8.67)$$

图8.8绘出了式(8.67)的关系曲线。由图中可以看出,以临界截面作为参考尺度的有效截面比的数值都大于1,当马赫数 $M=1$ 时,有效截面比 $A/A_*=1$,即为临界截面比。除临界截面比以外,同一个截面比对应着两个马赫数,一个是亚音速马赫数,另一个是超音速马赫数。马赫数给定后,有效截面比也就确定了,改变截面比就必须改变马赫数。反之,当喷管结构尺寸确定后,完全气体等熵流各有效截面上的马赫数也就确定了。

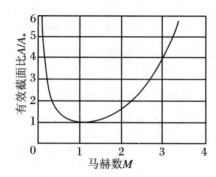

图8.8 截面比与马赫数的关系曲线

对于流管(喷管)任意两截面的面积之比与相应 M 之间的关系为

$$\frac{A_2}{A_1} = \frac{A_2}{A_*}\cdot\frac{A_*}{A_1} = \frac{M_1}{M_2}\left(\frac{1+\frac{k-1}{2}M_2^2}{1+\frac{k-1}{2}M_1^2}\right)^{\frac{k+1}{2(k-1)}} = \frac{M_1}{M_2}\left[\frac{2+(k-1)M_2^2}{2+(k-1)M_1^2}\right]^{\frac{k+1}{2(k-1)}} \quad (8.68)$$

一般在工程计算中,首先给出的条件常常是压力比 p/p_0,利用连续性方程也很容易导出有效截面比与压力比的关系。

根据一维稳定流动的连续性方程,得

$$\frac{A}{A_*} = \frac{u_* \rho_*}{u\rho} \quad (8.69)$$

已知

$$u_* = \sqrt{\frac{2kRT_0}{k+1}}, \quad \rho_* = \rho_0\left(\frac{2}{k+1}\right)^{\frac{1}{k-1}}, \quad \rho = \rho_0\left(\frac{p}{p_0}\right)^{\frac{1}{k}}$$

由能量方程可得到

$$u = \sqrt{\frac{2kRT_0}{k-1}\left[1-\left(\frac{p}{p_0}\right)^{\frac{k-1}{k}}\right]}$$

将以上四式代入式(8.69),整理后得到

$$\frac{A}{A_*} = \sqrt{\frac{\left(\frac{k-1}{k+1}\right)\left(\frac{2}{k+1}\right)^{\frac{2}{k-1}}}{\left(\frac{p}{p_0}\right)^{\frac{2}{k}}-\left(\frac{p}{p_0}\right)^{\frac{k+1}{k}}}} \quad (8.70)$$

式(8.70)为有效截面比与压力比的关系式。由该式可以看出,当压力比 p/p_0 给定时,其有效截面比 A/A_* 也就确定了。

8.6.4 无因次速度 Λ

在以上我们所导出的一些公式中,都是以马赫数 M 作为无因次自变量,这虽然大大地简化了问题,但也有它的不足之处,即:(1) 随着管道截面的变化,截面上的气流速度 u 与当地条件下的音速 a 都发生变化,因而 M 的变化是由 u 和 a 二者的变化共同决定的,这就使得 M 的计算比较复杂;(2) 当管道中气流的速度非常高时,因气流温度的降低而使音速减小,故 M 非常大,以至趋于无穷。为了避免上述缺点,引用无因次速度 Λ 会更加方便。Λ 的定义为

$$\Lambda = \frac{u}{a_*} \tag{8.71}$$

式中:u 是任意截面上的气流速度;a_* 为临界状态下的音速,它只是滞止温度 T_0 的函数,而与流速无关。对于一确定的变截面管道内完全气体的绝热流动来说,a_* 是不变的。

无因次速度 Λ 与马赫数 M 间的关系可按下式导出:

$$\Lambda^2 = \frac{u^2}{a_*^2} = \frac{u^2}{a^2} \cdot \frac{a^2}{a_*^2} = M^2 \frac{T}{T_*} = \frac{\frac{k+1}{2}M^2}{1+\frac{k-1}{2}M^2} = \frac{(k+1)M^2}{2+(k-1)M^2} \tag{8.72}$$

或

$$M^2 = \frac{2\Lambda^2}{(k+1)-(k-1)\Lambda^2} \tag{8.73}$$

图 8.9 绘出了式(8.72)所表示的曲线。由图中的曲线可以看出,Λ 与 M 之间具有一一对应的关系,即:

$M=0$ 时,$\Lambda=0$;
$M<1$ 时,$\Lambda<1$,且 $\Lambda>M$;
$M=1$ 时,$\Lambda=1$;
$M>1$ 时,$\Lambda>1$,且 $\Lambda<M$;
$M=\infty$ 时,$\Lambda=\sqrt{\dfrac{k+1}{k-1}}$。

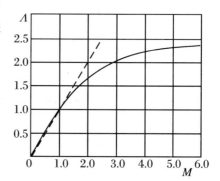

图 8.9 无因次速度 Λ 与马赫数 M 的关系曲线($k=1.4$)

引入了无因次速度 Λ 后,我们可将各流动参量与滞止参量间的比值关系表示成以 Λ 为自变量的无因次函数式。将式(8.73)分别代入式(8.53)、式(8.55)、式(8.57)、式(8.59)和式(8.67),即可得到

$$\frac{T}{T_0} = 1 - \frac{k-1}{k+1}\Lambda^2 \tag{8.74}$$

$$\frac{p}{p_0} = \left(1 - \frac{k-1}{k+1}\Lambda^2\right)^{\frac{k}{k-1}} \tag{8.75}$$

$$\frac{\rho}{\rho_0} = \left(1 - \frac{k-1}{k+1}\Lambda^2\right)^{\frac{1}{k-1}} \tag{8.76}$$

$$\frac{a}{a_0} = \left(1 - \frac{k-1}{k+1}\Lambda^2\right)^{\frac{1}{2}} \tag{8.77}$$

$$\frac{A}{A_*} = \frac{1}{\Lambda}\left[\frac{2}{(k+1) - (k-1)\Lambda^2}\right]^{\frac{1}{k-1}} \tag{8.78}$$

以上五式所表示的流动参量比与无因次速度 Λ 间的函数关系都列于一维等熵流函数表中,工程应用时可查阅相关资料。

8.6.5 完全气体一维流动的流速及流量的计算

8.6.5.1 流速的计算

由能量方程式(8.25)得

$$i + \frac{u^2}{2} = i_0$$

则完全气体一维绝热流动的流速为

$$u = \sqrt{2(i_0 - i)} = \sqrt{2C_p(T_0 - T)} = \sqrt{\frac{2kRT_0}{k-1}\left(1 - \frac{T}{T_0}\right)} \tag{8.79}$$

对于等熵过程有 $\frac{T}{T_0} = \left(\frac{p}{p_0}\right)^{\frac{k-1}{k}}$,并注意到状态方程 $p/\rho = RT$,代入式(8.79),得

$$u = \sqrt{\frac{2k}{k-1}RT_0\left[1 - \left(\frac{p}{p_0}\right)^{\frac{k-1}{k}}\right]} \tag{8.80}$$

或

$$u = \sqrt{\frac{2k}{k-1}\frac{p_0}{\rho_0}\left[1 - \left(\frac{p}{p_0}\right)^{\frac{k-1}{k}}\right]} \tag{8.80a}$$

注意到 $u_{\max} = \sqrt{\frac{2kRT_0}{k-1}}$,所以,以上三式也可写成无因次方程的形式,即

$$\frac{u}{u_{\max}} = \sqrt{1 - \frac{T}{T_0}} = \sqrt{1 - \left(\frac{p}{p_0}\right)^{\frac{k-1}{k}}} \tag{8.81}$$

由式(8.80)或式(8.80a)可以看出,可压缩流体的流动速度取决于上下游流体的压力比 p/p_0,而不可压缩流体的流动速度则取决于上下游流体的压力差 $p_0 - p = \Delta p$,计算时要引起注意。

如果已知的条件不是滞止条件,而是流体具有一定速度的流动条件,这时流体的流速公式同样可由能量方程推得,结果为

$$u_2 = \sqrt{\frac{2k}{k-1}RT_1\left[1 - \left(\frac{p_2}{p_1}\right)^{\frac{k-1}{k}}\right] + u_1^2} \tag{8.82}$$

或

$$u_2 = \sqrt{\frac{2k}{k-1}\frac{p_1}{\rho_1}\left[1 - \left(\frac{p_2}{p_1}\right)^{\frac{k-1}{k}}\right] + u_1^2} \tag{8.82a}$$

式中：p_1、T_1、ρ_1 和 u_1 为 1 截面上的流动参量；p_2、T_2、ρ_2 和 u_2 为 2 截面上的流动参量。

8.6.5.2 流量的计算

根据连续性方程 $G = \rho u A$[①]，并注意到

$$\rho = \rho_0 \left(\frac{p}{p_0}\right)^{\frac{1}{k}}, \quad u = \sqrt{\frac{2k}{k-1}\frac{p_0}{\rho_0}\left[1-\left(\frac{p}{p_0}\right)^{\frac{k-1}{k}}\right]}$$

便可得到完全气体一维等熵流动的质量流量计算公式

$$G = \rho u A = A\rho_0 \left(\frac{p}{p_0}\right)^{\frac{1}{k}} \sqrt{\frac{2k}{k-1}\frac{p_0}{\rho_0}\left[1-\left(\frac{p}{p_0}\right)^{\frac{k-1}{k}}\right]}$$

$$= A\sqrt{\frac{2k}{k-1}p_0\rho_0\left[\left(\frac{p}{p_0}\right)^{\frac{2}{k}} - \left(\frac{p}{p_0}\right)^{\frac{k+1}{k}}\right]} \tag{8.83}$$

式(8.83)表明，一维等熵流动的流体的质量流量 G 是压力比 p/p_0 的函数，即当气流的滞止参量和管道截面积 A 给定后，质量流量 G 只与该截面上的压力比 p/p_0 有关。

质量流量 G 与流动马赫数 M 之间的函数关系，也可通过连续性方程导出。已知

$$\rho = \rho_0 \left(1 + \frac{k-1}{2}M^2\right)^{-\frac{1}{k-1}}$$

$$u = Ma = Ma_0\left(1+\frac{k-1}{2}M^2\right)^{-\frac{1}{2}} = M\sqrt{\frac{kp_0}{\rho_0}}\left(1+\frac{k-1}{2}M^2\right)^{-\frac{1}{2}} \tag{8.84}$$

代入一维连续性方程，整理后得到

$$G = A\sqrt{kp_0\rho_0}\,M\left(1+\frac{k-1}{2}M^2\right)^{-\frac{k+1}{2(k-1)}} \tag{8.85}$$

或

$$G = \frac{Ap_0}{\sqrt{T_0}}\sqrt{\frac{k}{R}}M\left(1+\frac{k-1}{2}M^2\right)^{-\frac{k+1}{2(k-1)}} \tag{8.85a}$$

式(8.85)和式(8.85a)就是一维等熵流的质量流量 G 依变于马赫数 M 的函数关系式。当气流的滞止参量和管道截面积给定后，流体的质量流量只随该截面上的马赫数而变化。

如果我们令

$$m = \sqrt{\frac{k}{R}\left(\frac{2}{k+1}\right)^{\frac{k+1}{k-1}}} \tag{8.86}$$

$$q(M) = M\left[\frac{2}{k+1}\left(1+\frac{k-1}{2}M^2\right)\right]^{-\frac{k+1}{2(k-1)}} \tag{8.87}$$

则式(8.85a)可以写成以下形式：

$$G = m\frac{Ap_0}{\sqrt{T_0}}q(M) \tag{8.88}$$

对于给定的气体，m = 常数。常用气体的常数 m 值列于表 8.4 中。比较式(8.87)和式(8.67)，可以发现

---

① 为了与马赫数的符号 M 区别起见，自本章起流体的质量流量用符号 G 表示。

$$q(M) = \frac{A_*}{A} \tag{8.89}$$

$q(M)$ 值由等熵流函数表可以查得。

表 8.4 常用气体的 m 值

气体名称	m	气体名称	m
空气	0.040 41	氩气 Ar	0.050 25
氧气 O_2	0.042 43	氦气 He	0.015 91
氮气 N_2	0.039 75	水蒸气 H_2O	0.031 30
一氧化碳 CO	0.039 72	甲烷 CH_4	0.029 34
氢气 H_2	0.010 68	二氧化硫 SO_2	0.057 79
二氧化碳 CO_2	0.048 39		

如果用无因次速度 Λ 代替马赫数 M，由式(8.85a)可得质量流量的又一种表达形式：

$$G = m \frac{Ap_0}{\sqrt{T_0}} q(\Lambda) \tag{8.90}$$

其中

$$q(\Lambda) = \frac{A_*}{A} = \Lambda \left[\frac{(k+1)-(k-1)\Lambda^2}{2} \right]^{\frac{1}{k-1}} \tag{8.91}$$

在工程计算中，如果给出的条件不是气体的滞止压力 p_0，而是气体的静压 p，则由式(8.75)可将滞止压力变换为静压，即

$$p_0 = p \left(1 - \frac{k-1}{k+1}\Lambda^2\right)^{-\frac{k}{k-1}}$$

代入流量公式(8.90)，整理后得到

$$G = m \frac{Ap}{\sqrt{T_0}} y(\Lambda) \tag{8.92}$$

其中

$$y(\Lambda) = \left(\frac{k+1}{2}\right)^{\frac{1}{k-1}} \frac{\Lambda}{1 - \frac{k-1}{k+1}\Lambda^2} \tag{8.93}$$

$q(\Lambda)$ 和 $y(\Lambda)$ 随无因次速度 Λ 的变化值均列入一维等熵流函数表中，工程计算可直接查得。

以上所导出的流量计算公式，对于任意截面上的亚音速流动或超音速流动都适用。

在流体的滞止参量给定不变的情况下，随管道上下游压力比 p_b/p_0 的降低，管中气流速度和质量流量将不断增大，当流动达到临界状态时，流体的质量流量将达到最大值。它不再随管道上下游压力比 p_b/p_0 的降低而改变，这种现象称为壅塞现象。现可简单证明如下：

根据式(8.85)或式(8.85a)，令 $\frac{dG}{dM} = 0$，可得

$$1 - \frac{k+1}{2}M^2\left(1 + \frac{k-1}{2}M^2\right)^{-1} = 0$$

由此解出 $M=1$，即在流速等于音速的临界状态下，流体的质量流量最大。在式(8.85)中只

要令 $M=1$,并注意到 $A=A_*$,即可得到最大的质量流量为

$$G_{\max} = \left(\frac{2}{k+1}\right)^{\frac{k+1}{2(k-1)}} A_* \sqrt{kp_0\rho_0} \tag{8.94}$$

或

$$G_{\max} = \sqrt{\frac{k}{R}} \left(\frac{2}{k+1}\right)^{\frac{k+1}{2(k-1)}} \frac{A_* P_0}{\sqrt{T_0}} = m\frac{A_* P_0}{\sqrt{T_0}} \tag{8.94a}$$

式(8.94)为超临界状态下流体的质量流量计算公式。该公式也可由连续性方程 $G = \rho_* u_* A_*$ 直接得到。

8.6.5.3 低马赫数下流速的测量

由第1章及第3章的内容可知,通常情况下的液体流动和流速不高、压力变化不大的气体流动,都可以作为不可压缩流体的流动来处理。对于不可压缩流体的流动,其流速的测量主要是靠测得流体在流场中某处的全压 p_0 和静压 p 或全压与静压之差 Δp,然后再根据伯努利方程 $p_0 = p + \frac{1}{2}\rho u^2$ 计算而得。而对于流速较高、压力变化较大的可压缩流体,如果要用测得的流体的全压(总压) p_0 和静压 p,并根据伯努利方程 $p_0 = p + \frac{1}{2}\rho u^2$ 按不可压缩体来计算其流速时,将会带来较大的误差,马赫数越高,其误差越大。因此,当用毕托管等测量可压缩流体的总压和静压后,要根据伯努利方程来近似计算低马赫数流动流体的流速时,就必须进行必要的修正。

显然,对于不可压缩流体,有

$$u = \sqrt{\frac{2(p_0 - p)}{\rho}} = \sqrt{\frac{2\Delta p}{\rho}} \tag{8.95}$$

而对于可压缩流体

$$\frac{p_0}{p} = \left(1 + \frac{k-1}{2}M^2\right)^{\frac{k}{k-1}}$$

用二项式定理展开上式,得

$$\frac{p_0}{p} = 1 + \frac{k}{2}M^2 + \frac{k}{8}M^4 + \frac{k}{48}(2-k)M^6 + \cdots$$

则

$$p_0 = p + \frac{1}{2}kpM^2\left(1 + \frac{M^2}{4} + \frac{2-k}{24}M^4 + \cdots\right) \tag{8.96}$$

又因为

$$\frac{1}{2}kpM^2 = \frac{1}{2}k\rho RT \frac{u^2}{kRT} = \frac{1}{2}\rho u^2$$

并令

$$\varepsilon = 1 + \frac{M^2}{4} + \frac{2-k}{24}M^4 + \cdots \tag{8.97}$$

则式(8.96)可写成

$$p_0 = p + \varepsilon \frac{1}{2}\rho u^2 \tag{8.98}$$

由式(8.98)可写出可压缩流体低马赫数流动的速度公式

$$u = \sqrt{\frac{2(p_0 - p)}{\varepsilon \rho}} = \sqrt{\frac{2\Delta p}{\varepsilon \rho}} \tag{8.99}$$

由式(8.97)可以看出,马赫数 M 越大,其修正系数 ε 的值越高。因此,若按不可压缩流体的速度公式(8.95)来计算可压缩流体的流速,将会产生很大的误差。

当 $k = 1.4$ 时,

$$\varepsilon = 1 + \frac{M^2}{4} + \frac{M^4}{40} + \cdots \tag{8.100}$$

图 8.10 绘出了式(8.100)的计算结果。同时为了计算方便起见,将式(8.100)所表示的 ε 与 M 的关系列于表 8.5 中。

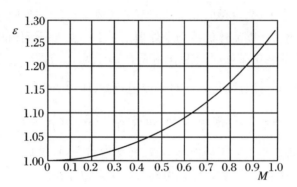

图 8.10 修正系数 ε 随马赫数 M 的变化曲线($k = 1.4$)

表 8.5 修正系数 ε 随马赫数 M 的变化关系($k = 1.4$)

马赫数 M	0.1	0.2	0.3	0.4	0.5	0.6	0.7	0.8	0.9	1.0
修正系数 ε	1.010 0	1.022 7	1.040 6	1.064 1	1.093 3	1.128 6	1.170 4	1.219 2	1.275 6	1.002 5

例 8.5 氧气按等熵过程经拉瓦尔喷管向大气出流,当地大气静压力为 100 kPa,喷管入口截面上气体的静压为 500 kPa,静温为 310 K,流速为 120 m/s,试求:

(1) 临界截面上气体的静温 T_*、静压 p_* 和流速 u_*;

(2) 气体正常膨胀至拉瓦尔喷管出口截面时的静温 T_e、马赫数 M_e 和流速 u_e。

解 (1) 对于氧气而言,$k = 1.395, R = 259.82$ J/(kg·K),则喷管入口截面上的气流马赫数为

$$M = \frac{u_1}{\sqrt{kRT_1}} = \frac{120}{\sqrt{1.395 \times 259.82 \times 310}} = 0.358$$

由式(8.54)及式(8.56)可得到临界截面上气体的静温和静压分别为

$$T_* = T_1 \frac{2 + (k-1)M_1^2}{2 + (k-1)} = 310 \times \frac{2 + (1.395 - 1) \times 0.358^2}{2 + (1.395 - 1)} = 265(\text{K})$$

$$p_* = p_1 \left[\frac{2 + (k-1)M_1^2}{2 + (k-1)}\right]^{\frac{k}{k-1}} = 500 \times \left[\frac{2 + (1.395 - 1) \times 0.358^2}{2 + (1.395 - 1)}\right]^{\frac{1.395}{1.395-1}} = 289(\text{kPa})$$

临界速度为

$$u_* = a_* = \sqrt{kRT_*} = \sqrt{1.395 \times 259.82 \times 265} = 310(\text{m/s})$$

(2) 由式(8.56)可得

$$\frac{p_*}{p_e} = \left[\frac{2 + (k-1)M_e^2}{k+1}\right]^{\frac{k}{k-1}}$$

则喷管出口马赫数为

$$M_e = \sqrt{\frac{(k+1)\left(\frac{p_*}{p_e}\right)^{\frac{k-1}{k}} - 2}{k-1}} = \sqrt{\frac{(1.395+1)\left(\frac{289}{100}\right)^{\frac{1.395-1}{1.395}} - 2}{1.395-1}} = 1.768$$

喷管出口静温为

$$T_e = T_* \frac{2+(k-1)}{2+(k-1)M_e^2} = 265 \times \frac{2+(1.395-1)}{2+(1.395-1)\times 1.768^2} = 196(\text{K})$$

喷管出口流速为

$$u_e = M_e a_e = M_e \sqrt{kRT_e} = 1.768 \times \sqrt{1.395 \times 259.82 \times 196} = 471(\text{m/s})$$

例 8.6 空气喷管的临界直径 $d_* = 10$ mm,体积流量为 0.10 标准 m³/s,出口压力为 $p_e = 101$ kPa,当总温 $T_0 = 300$ K 时,试计算喷管所要求的总压 p_0、临界流速 u_* 和出口流速 u_e。

解 空气在喷管中的流动过程近似认为是等熵过程,$k = 1.4, R = 287.06$ J/(kg·K),喉口截面上流体的质量流量达到最大值,质量流量为

$$G = \rho_0 Q_0 = 1.293 \times 0.10 = 0.1293(\text{kg/s})$$

由式(8.94a)得喷管所要求的总压为

$$p_0 = \frac{G\sqrt{T_0}}{mA_*} = \frac{0.1293 \times \sqrt{300}}{0.04041 \times \frac{1}{4}\pi \times 0.01^2} = 706(\text{kPa})$$

喷管的临界速度为

$$u_* = \sqrt{\frac{2kRT_0}{k+1}} = \sqrt{\frac{2 \times 1.4 \times 287.06 \times 300}{1.4+1}} = 317(\text{m/s})$$

喷管的出口流速为

$$u_e = \sqrt{\frac{2k}{k-1}RT_0\left[1-\left(\frac{p_e}{p_0}\right)^{\frac{k-1}{k}}\right]}$$

$$= \sqrt{\frac{2 \times 1.4}{1.4-1} \times 287.06 \times 300 \times \left[1-\left(\frac{101}{706}\right)^{\frac{1.4-1}{1.4}}\right]} = 507(\text{m/s})$$

例 8.7 绝热流动的空气,温度为 20 ℃,要求压力的相对计算误差 $\frac{\Delta p}{\rho u^2/2}$ 不超过 1.5%,问气流速度多大时,方可按不可压缩流体来处理?并求此条件下密度的变化。

解 (1) 由式(8.98)和式(8.100)可知,可压缩流体流动的静压力为

$$p = p_0 - \frac{1}{2}\rho u^2\left(1 + \frac{M^2}{4} + \frac{M^4}{40} + \cdots\right) \tag{8.101}$$

由伯努利方程知,不可压缩流体流动的静压力为

$$p' = p_0 - \frac{1}{2}\rho u^2 \tag{8.102}$$

用式(8.102)减去式(8.101)得

$$\Delta p = p' - p = \frac{1}{2}\rho u^2\left(\frac{M^2}{4} + \frac{M^4}{40} + \cdots\right) \tag{8.103}$$

上式两边同除以 $\frac{1}{2}\rho u^2$，得

$$\frac{\Delta p}{\frac{1}{2}\rho u^2} = \frac{M^2}{4} + \frac{M^4}{40} + \cdots \tag{8.104}$$

当马赫数 M 较小时，上式中等号右端第二项以后各项都是小量，可以忽略不计，只取等号右端第一项。根据已知条件，有

$$\frac{\Delta p}{\frac{1}{2}\rho u^2} = \frac{M^2}{4} \leqslant 0.015$$

即

$$M \leqslant \sqrt{4 \times 0.015} = 0.245$$

所以气流的速度为

$$u = Ma = M\sqrt{kRT} \leqslant 0.245 \times \sqrt{1.4 \times 287.06 \times 293} = 84\,(\text{m/s})$$

即气流速度小于 84 m/s 时，方可按不可压缩流体的流动来处理。

（2）按等熵流动，有

$$\frac{\rho_0}{\rho} = \left(1 + \frac{k-1}{2}M^2\right)^{\frac{1}{k-1}} = \left(1 + \frac{1.4-1}{2} \times 0.245^2\right)^{\frac{1}{1.4-1}} = 1.03$$

因此，在给定条件下空气密度的变化为

$$\frac{\rho_0 - \rho}{\rho_0} = 1 - \frac{\rho}{\rho_0} = 1 - \frac{1}{1.03} = 2.9\% < 3.0\%$$

8.7 可压缩流体经收缩型喷管的流动特征

图 8.11(a)为收缩型喷管，它连通着两个具有不同压力的空间，喷管进口前的压力为 p_0（滞止压力），喷管出口后的压力为 p_b，通常称作背压。我们以 p_e 表示喷管出口截面上的压力。若已知喷管截面的变化规律及流体的滞止状态参量 p_0、T_0、ρ_0 和背压 p_b，则由上节所讨论的公式不难确定整个喷管各截面上的各种流动参量。图 8.11(b)、(c)中的曲线，表示在不同的背压条件下管内压力分布曲线和流体流动速度(M)的分布曲线。

若 $p_b/p_0 = 1$，则喷管中的压力为常数，如图中曲线 I 所示，此时管内并无流体流动，各截面上的马赫数都为零。若背压 p_b 稍有下降，则喷管内将有流体流过，喷管各截面上的压力和马赫数都随之发生变化。

利用式(8.55)，由 p_0/p_b 可求出喷管出口马赫数 M_b，即

$$M_b = \sqrt{\frac{2}{k-1}\left[\left(\frac{p_0}{p}\right)^{\frac{k-1}{k}} - 1\right]} \tag{8.105}$$

利用式(8.85)，由 M_b 可求出质量流量 G，即

$$G = A_b\sqrt{kp_0\rho_0}\,M_b\left(1 + \frac{k-1}{2}M_b^2\right)^{-\frac{k+1}{2(k-1)}} \tag{8.106}$$

质量流量 G 相对于 p_b/p_0 的变化曲线如图 8.11(d)所示。

喷管中各截面上的马赫数 M 可由式(8.68)得到

$$\frac{A}{A_b} = \frac{M_b}{M}\left(\frac{1+\dfrac{k-1}{2}M^2}{1+\dfrac{k-1}{2}M_b^2}\right)^{\frac{k+1}{2(k-1)}} = \frac{M_b}{M}\left[\frac{2+(k-1)M^2}{2+(k-1)M_b^2}\right]^{\frac{k+1}{2(k-1)}} \tag{8.107}$$

喷管中 M 相对于 A/A_b 的分布曲线如图 8.11(c)所示。

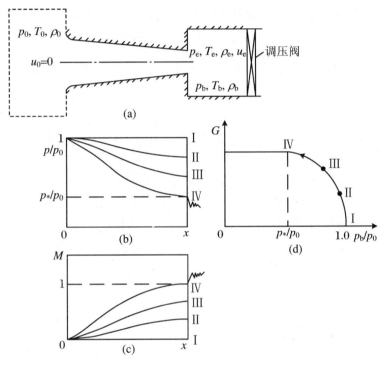

图 8.11　收缩型喷管工作特性

喷管中各截面上的压力 p 的分布可由式(8.55)与式(8.107)中的 M 解得。p/p_0 相对于 A/A_b 的分布曲线如图 8.11(b)所示。

显然，背压 p_b 越低，则管中同一截面上的压力越低，马赫数越大，且喷管中通过的流量越大。在出口流速达到音速之前，上述曲线只有数值上的差别而无本质区别。而且出口的压力 p_e 与背压 p_b 相等。如图 8.11(b)、(c)中的 Ⅱ 及 Ⅲ 线所示。

但是，当背压 p_b 下降到一定的程度时，出口流速达到音速，此时喷管流量达到最大值。我们已知，音速流动只能发生在喷管的最小截面处，故此时喷管出口处为临界状态：$u_e = u_*$ $= a_*$，$p_b/p_0 = p_e/p_0 = p_*/p_0 = \left(\dfrac{2}{k+1}\right)^{\frac{k}{k-1}}$。若背压 p_b/p_0 继续下降，则出口压力 $p_e/p_0 = p_*/p_0$ 不会改变，但 $p_b/p_0 < p_e/p_0$。而管中的压力分布及马赫数分布仍如图 8.11(b)、(c)中的 Ⅳ 线所示，流体的质量流量 G 保持为常数。这种现象则为前面所说的"壅塞现象"，即通过喷管的质量流量是有限制的，这正是可压缩流体在收缩型喷管中流动的重要特性之一。

通过上述分析可知，在可压缩流体流经收缩型喷管出现壅塞现象后，想要用继续降低下游空间背压 p_b 的方法来提高质量流量 G 是不可能实现的。要想进一步提高其质量流量，有效的方法是改变喷管上游气流的参量,如提高上游气流的滞止压力 p_0、降低上游气流的滞止温度 T_0 或者增大喷管喉口的截面积 A_* 等。

8.8 喷管的计算

喷管的作用在于把气体的焓降最充分地转化为动能。根据喷管上下游气体压力比的不同,喷管可分为超音速喷管(拉瓦尔喷管)和亚音速喷管(收缩型喷管)两类。当压力比 $p_b/p_0 < \left(\dfrac{2}{k+1}\right)^{\frac{k}{k-1}}$ 时,采用拉瓦尔喷管可得到超音速气流;当压力比 $p_b/p_0 \geqslant \left(\dfrac{2}{k+1}\right)^{\frac{k}{k-1}}$ 时,采用收缩型喷管可得到亚音速或音速气流。

喷管的计算分两种情况:一种是设计计算,它是在已知气体的原始参量和气体流出后的参量的情况下,根据要求的流量,计算喷管的结构尺寸,主要有临界截面积 A_*、喷管的出口截面积 A_e、喷管各段的长度(收缩段长度 L_c 和扩张段长度 L_d)等。另一种是校核计算,它是在已知喷管几何尺寸和压力比的情况下,计算喷管的临界流速、出口流速和质量流量。

在喷管计算时,因容器中(或气罐内)气体的流速相对于气体出流速度很小,可近似认为 $u_0 = 0$,且不考虑喷管中的阻力损失。

8.8.1 拉瓦尔喷管的计算

拉瓦尔喷管的计算方法一般有三种,即一般计算法、焓-熵图计算法和气体等熵流函数表计算法,下面分别介绍。

8.8.1.1 一般计算法

1. 喷管中的气流速度

气体经喷管出口处的流速,按式(8.80)计算,即

$$u_e = \sqrt{\dfrac{2k}{k-1} RT_0 \left[1 - \left(\dfrac{p_e}{p_0}\right)^{\frac{k-1}{k}}\right]}$$

临界速度按式(8.61)计算,即

$$u_* = \sqrt{\dfrac{2kRT_0}{k+1}}$$

出口速度与临界速度之比为

$$\dfrac{u_e}{u_*} = \sqrt{\dfrac{k+1}{k-1}\left[1 - \left(\dfrac{p_e}{p_0}\right)^{\frac{k-1}{k}}\right]} \tag{8.108}$$

可见,当气体的种类一定时,比值 u_e/u_* 仅随压力比 p_e/p_0 而变。其变化数值列于一维等熵流函数表中。在工程实际中,为防止压力波动带来的影响,一般应使出口压力 p_e 略大于外界环境压力 p_b。

2. 喷管中气体的流量

喷管中气体的流量,对于设计计算为已知量;对于校核计算为应计算的量。若喷管出口

截面积为 A_e，则出口处气体的质量流量可按式(8.83)计算，即

$$G = A_e \sqrt{\frac{2k}{k-1} p_0 \rho_0 \left[\left(\frac{p_e}{p_0}\right)^{\frac{2}{k}} - \left(\frac{p_e}{p_0}\right)^{\frac{k+1}{k}} \right]}$$

3．喷管的截面积

喷管出口截面积可按式(8.83)计算，即

$$A_e = \frac{G}{\sqrt{\dfrac{2k}{k-1} p_0 \rho_0 \left[\left(\dfrac{p_e}{p_0}\right)^{\frac{2}{k}} - \left(\dfrac{p_e}{p_0}\right)^{\frac{k+1}{k}} \right]}} \tag{8.109}$$

喷管的临界截面积可按式(8.94)计算，即

$$A_* = \frac{G}{\sqrt{k p_0 \rho_0 \left(\dfrac{2}{k+1}\right)^{\frac{k+1}{k-1}}}} = \frac{G \sqrt{T_0}}{p_0 \sqrt{\dfrac{k}{R}\left(\dfrac{2}{k+1}\right)^{\frac{k+1}{k-1}}}} \tag{8.110}$$

将给定气体的 k 及 R 之值代入上式，得简化式为：

对于空气

$$A_* = \frac{1.46 G}{\sqrt{p_0 \rho_0}} = \frac{24.744 G \sqrt{T_0}}{p_0} \tag{8.110a}$$

对于氧气

$$A_* = \frac{1.46 G}{\sqrt{p_0 \rho_0}} = \frac{23.57 G \sqrt{T_0}}{p_0} \tag{8.110b}$$

4．出口马赫数

喷管的出口马赫数 M_e 可按式(8.105)计算，即

$$M_e = \sqrt{\frac{2}{k-1}\left[\left(\frac{p_0}{p_e}\right)^{\frac{k-1}{k}} - 1\right]} \tag{8.111}$$

或按马赫数的定义式计算，即

$$M_e = \frac{u_e}{a_e} = \frac{u_e}{\sqrt{kRT_e}}$$

5．扩张段和收缩段长度

由实验测得扩张段的扩张角取 $\beta = 6°\sim 8°$ 为宜，则扩张段的长度为

$$L_d = \frac{d_e - d_*}{2\tan\dfrac{\beta}{2}} \tag{8.112}$$

式中：d_e 为喷管出口直径；d_* 为临界截面直径。

确定收缩段长度的方法有两种：

（1）由实验测得收缩段的收缩角取 $\alpha = 30°\sim 45°$ 为宜，则收缩段的长度为

$$L_c = \frac{d_0 - d_*}{2\tan\dfrac{\alpha}{2}} \tag{8.113}$$

式中：d_0 为气体导管直径。

（2）取收缩段曲率半径 R 等于临界直径 d_* 的 3 倍作图，即 $R = 3d_*$，圆心在临界直径的延长线上，如图 8.12 所示。

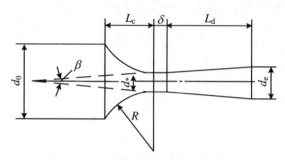

图 8.12 拉瓦尔喷管各主要尺寸

在上述喷管的计算中,没有考虑摩擦损失,但实际气体是有黏性的,气体在喷管中流动时必然会产生摩擦阻力损失,因此对上述计算中的流速和截面积应该进行修正。

在考虑摩擦损失的情况下,实际流速为

$$u_s = \varphi u \tag{8.114}$$

式中:φ 为速度系数,对于可压缩流体,由实验确定其值为 $\varphi = 0.96 \sim 0.99$。

同样可得喷管实际截面积为

$$A_s = \frac{A}{\varphi} \tag{8.115}$$

另外,对于实际气体,由于黏性内摩擦的作用,其理论上的临界流速并非出现在喷管的临界截面上,而是在临界截面的下游。再者,为了减弱喷管收缩段向扩张段的突变,减小局部阻力,一般临界截面需要保留少许等直径段,如图 8.12 所示。等直径段的长度一般取 $\delta = (0.5 \sim 1.0) d_*$。

8.8.1.2 焓-熵图计算法

可压缩流体在绝热膨胀时,流体的压力、密度、内能和速度均有变化,但在流动的任意截面上,其总能量是相等的。应用绝热过程的能量方程式即可求得喷管中任意截面的气流速度 u,若 $u_0 = 0$,根据式(8.25)可得

$$i_0 = i + \frac{u^2}{2}$$

即

$$u = \sqrt{2(i_0 - i)} \tag{8.116}$$

根据连续性方程可求得喷管中任意截面的面积 A,即

$$G = \rho u A$$

所以

$$A = \frac{G}{\rho u} = \frac{G}{\rho \sqrt{2(i_0 - i)}} \tag{8.117}$$

根据式(8.16)和式(8.3)及式(8.30)可求得喷管中任意截面上的音速 a,即

$$i = C_p T = \frac{kR}{k-1} T = \frac{a^2}{k-1}$$

所以

$$a = \sqrt{(k-1)i} \tag{8.118}$$

应用式(8.116)和式(8.118)可求得喷管中任意截面上的马赫数 M,即

$$M = \frac{u}{a} = \frac{\sqrt{2(i_0 - i)}}{\sqrt{(k-1)i}} = \sqrt{\frac{2}{k-1}\left(\frac{i_0}{i} - 1\right)} \qquad (8.119)$$

可压缩流体的焓值 i 可由其相应的焓-熵图中查得。氧气的 i 值可在图 8.13 中查得。

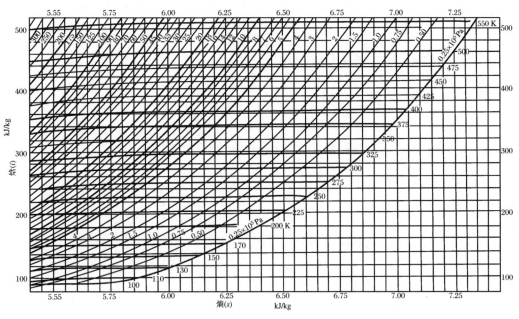

图 8.13 氧气焓-熵图

8.8.1.3 气体等熵流函数表计算法

为了简便而又准确地计算超音速喷管,可采用气体等熵流函数表,在已知 p/p_0 的条件下,查出各参量的比值和截面比,即可确定喷管的出口参量和截面尺寸。

现在举例说明以上 3 种计算方法:

例 8.8 根据以下条件设计氧气顶吹转炉三孔拉瓦尔喷管:供氧量 $Q_0 = 6\,900\text{ m}^3/\text{h}$(标态),氧气的滞止压力 $p_0 = 1.08\text{ MPa}$,滞止温度 $T_0 = 313\text{ K}$,炉膛内气体压力 $p = 0.10\text{ MPa}$,要求计算喷管的主要尺寸,并绘制简图。

解 (1)一般计算法。

气体经拉瓦尔喷管的压力比为

$$\frac{p}{p_0} = \frac{0.10}{1.08} = 0.092\,6 < 0.528$$

氧气按三孔均匀分布,每孔氧气质量流量为

$$G = \frac{\rho Q_0}{3} = \frac{1.429 \times 6\,900}{3 \times 3\,600} = 0.913 \text{ (kg/s)}$$

① 确定临界参量和临界截面尺寸。

根据表 8.3,临界压力为

$$p_* = 0.528 p_0 = 0.528 \times 1.08 = 0.57 \text{ (MPa)}$$

临界温度为

$$T_* = 0.833T_0 = 0.833 \times 313 = 260.7(\text{K})$$

临界速度为

$$u_* = \sqrt{\frac{2kRT_0}{k+1}} = \sqrt{\frac{2 \times 1.4 \times 260 \times 313}{1.4+1}} = 308(\text{m/s})$$

临界截面积为

$$A_* = \frac{23.57G\sqrt{T_0}}{p_0} = \frac{23.57 \times 0.913 \times \sqrt{313}}{1.08 \times 10^6} = 3.525 \times 10^{-4}(\text{m}^2)$$

考虑到摩擦的影响,取速度系数 $\varphi = 0.97$,则

$$A_{*s} = \frac{A_*}{\varphi} = \frac{3.525 \times 10^{-4}}{0.97} = 3.634 \times 10^{-4}(\text{m}^2)$$

喷管的临界直径为

$$d_{*s} = \sqrt{\frac{4A_{*s} \times 10^6}{\pi}} = \sqrt{\frac{4 \times 3.634 \times 10^{-4} \times 10^6}{3.14}} = 21.5(\text{mm})$$

② 确定出口速度和出口尺寸。

出口速度为

$$u_e = \sqrt{\frac{2k}{k-1}RT_0\left[1-\left(\frac{p_e}{p_0}\right)^{\frac{k-1}{k}}\right]}$$

$$= \sqrt{\frac{2 \times 1.4}{1.4-1} \times 260 \times 313 \times \left[1-\left(\frac{0.10}{1.08}\right)^{\frac{1.4-1}{1.4}}\right]} = 530(\text{m/s})$$

实际出口速度为

$$u_{es} = \varphi u_e = 0.97 \times 530 = 514(\text{m/s})$$

出口截面积为

$$A_e = \frac{G}{\sqrt{\frac{2k}{k-1}\frac{p_0^2}{RT_0}\left[\left(\frac{p_e}{p_0}\right)^{\frac{2}{k}} - \left(\frac{p_e}{p_0}\right)^{\frac{k+1}{k}}\right]}}$$

$$= \frac{0.913}{\sqrt{\frac{2 \times 1.4}{1.4-1} \times \frac{(1.08 \times 10^6)^2}{260 \times 313}\left[\left(\frac{0.10}{1.08}\right)^{\frac{2}{1.4}} - \left(\frac{0.10}{1.08}\right)^{\frac{1.4+1}{1.4}}\right]}} = 7.102 \times 10^{-4}(\text{m}^2)$$

实际出口截面积为

$$A_{es} = \frac{A_e}{\varphi} = \frac{7.102 \times 10^{-4}}{0.97} = 7.32 \times 10^{-4}(\text{m}^2)$$

喷管的出口直径为

$$d_{es} = \sqrt{\frac{4A_{es} \times 10^6}{\pi}} = \sqrt{\frac{4 \times 7.32 \times 10^{-4} \times 10^6}{3.14}} = 30.5(\text{mm})$$

③ 确定出口马赫数。

出口温度为

$$T_e = \left(\frac{p_e}{p_0}\right)^{\frac{k-1}{k}} T_0 = \left(\frac{0.10}{1.08}\right)^{\frac{1.4-1}{1.4}} \times 313 = 158.6(\text{K})$$

出口音速为

$$a_e = \sqrt{kRT_e} = \sqrt{1.4 \times 260 \times 158.6} = 240(\text{m/s})$$

喷管出口马赫数为

$$M_e = \frac{u_e}{a_e} = \frac{530}{240} = 2.208, \quad M_{es} = \frac{u_{es}}{a_e} = \frac{514}{240} = 2.14$$

④ 确定扩张段长度。

取扩张段张角 $\beta = 8°$，则扩张段长度为

$$L_d = \frac{d_e - d_*}{2\tan\frac{\beta}{2}} = \frac{30.5 - 21.5}{2 \times \tan\frac{8°}{2}} = 64.4 \text{(mm)}$$

⑤ 喷管入口直径 d_0 按吹氧管尺寸确定，收缩段夹角可取 $30° \sim 45°$，具体数值按喷管结构条件确定。喉口的等直径段长度取 $\delta = 12$ mm。

⑥ 绘制三孔喷管简图。根据求得的临界直径 d_*、出口直径 d_e 和扩张段长度 L_d 等绘制简图如图 8.14 所示。

(2) 焓-熵图计算法。

① 确定有关参量。

根据表 8.3，临界压力为

$$p_* = 0.528 p_0 = 0.528 \times 1.08 = 0.57 \text{(MPa)}$$

临界温度为

$$T_* = 0.833 T_0 = 0.833 \times 313 = 260.7 \text{(K)}$$

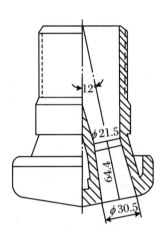

图 8.14 三孔氧枪喷头

临界密度为

$$\rho_* = 0.634 \rho_0 = 0.634 \frac{p_0}{RT_0} = 0.634 \times \frac{1.08 \times 10^6}{260 \times 313} = 8.414 \text{(kg/m}^3\text{)}$$

根据压力比计算出口温度为

$$T_e = \left(\frac{p_e}{p_0}\right)^{\frac{k-1}{k}} T_0 = \left(\frac{0.10}{1.08}\right)^{\frac{1.4-1}{1.4}} \times 313 = 158.6 \text{(K)}$$

出口密度为

$$\rho_e = \frac{p_e}{RT_e} = \frac{0.10 \times 10^6}{260 \times 158.6} = 2.425 \text{(kg/m}^3\text{)}$$

② 由氧气的焓-熵图(图 8.13)查得以下各焓值：

根据 $p_0 = 1.08$ MPa 和 $T_0 = 313$ K，查得 $i_0 = 284$ kJ/kg；

根据 $p_* = 0.57$ MPa 和 $T_* = 260.7$ K，查得 $i_* = 236$ kJ/kg；

根据 $p_e = 0.10$ MPa 和 $T_e = 158.6$ K，查得 $i_e = 143$ kJ/kg。

③ 按上列各式计算所需参量。

临界速度

$$u_* = \sqrt{2(i_0 - i_*)} = \sqrt{2 \times (284 - 236) \times 10^3} = 310 \text{(m/s)}$$

出口速度

$$u_e = \sqrt{2(i_0 - i_e)} = \sqrt{2 \times (284 - 143) \times 10^3} = 531 \text{(m/s)}$$

取速度系数 $\varphi = 0.97$，则实际出口速度为

$$u_{es} = \varphi u_e = 0.97 \times 531 = 515 \text{(m/s)}$$

临界截面积为

$$A_* = \frac{G}{\rho_* u_*} = \frac{0.913}{8.414 \times 310} = 3.50 \times 10^{-4} (\text{m}^2)$$

实际临界截面积为

$$A_{*s} = \frac{A_*}{\varphi} = \frac{3.5 \times 10^{-4}}{0.97} = 3.61 \times 10^{-4} (\text{m}^2)$$

实际临界直径为

$$d_{*s} = \sqrt{\frac{4 A_{*s} \times 10^6}{\pi}} = \sqrt{\frac{4 \times 3.61 \times 10^{-4} \times 10^6}{3.14}} = 21.4 (\text{mm})$$

实际出口截面积为

$$A_{es} = \frac{G}{\rho_e u_{es}} = \frac{0.913}{2.425 \times 515} = 7.311 \times 10^{-4} (\text{m}^2)$$

喷管实际出口直径为

$$d_{es} = \sqrt{\frac{4 A_{es} \times 10^6}{\pi}} = \sqrt{\frac{4 \times 7.311 \times 10^{-4} \times 10^6}{3.14}} = 30.5 (\text{mm})$$

喷管出口马赫数为

$$M_e = \sqrt{\frac{2}{k-1}\left(\frac{i_0}{i_e} - 1\right)} = \sqrt{\frac{2}{1.4-1}\left(\frac{284}{143} - 1\right)} = 2.22$$

(3) 气体等熵流函数表法。

① 先算出各有关滞止参量。

$$\rho_0 = \frac{p_0}{RT_0} = \frac{1.08 \times 10^6}{260 \times 313} = 13.27 (\text{kg/m}^3)$$

$$a_0 = \sqrt{kRT_0} = \sqrt{1.4 \times 260 \times 313} = 337.5 (\text{m/s})$$

② 由气体等熵流函数表查得 $M=1$ 时的各比值,求出临界截面上的各参量值。

$$\frac{p_*}{p_0} = 0.5283, \quad p_* = 0.5283 \times 1.08 = 0.57 (\text{MPa})$$

$$\frac{T_*}{T_0} = 0.8333, \quad T_* = 0.8333 \times 313 = 260.8 (\text{K})$$

$$\frac{\rho_*}{\rho_0} = 0.6340, \quad \rho_* = 0.6340 \times \frac{1.08 \times 10^6}{260 \times 313} = 8.414 (\text{kg/m}^3)$$

$$\frac{a_*}{a_0} = \sqrt{\frac{T_*}{T_0}} = 0.9129, \quad a_* = 0.9129 \times \sqrt{1.4 \times 260 \times 313} = 308 (\text{m/s})$$

由下式求临界截面积:

$$A_* = \frac{G}{\rho_* a_*} = \frac{0.913}{8.414 \times 308} = 3.523 \times 10^{-4} (\text{m}^2)$$

取速度系数 $\varphi = 0.97$,则实际的临界截面积为

$$A_{*s} = \frac{A_*}{\varphi} = \frac{3.523 \times 10^{-4}}{0.97} = 3.632 \times 10^{-4} (\text{m}^2)$$

喷管的临界直径为

$$d_{*s} = \sqrt{\frac{4 A_{*s} \times 10^6}{\pi}} = \sqrt{\frac{4 \times 3.632 \times 10^{-4} \times 10^6}{3.14}} = 21.5 (\text{mm})$$

③ 再由气体等熵流函数表查得 $p_e/p_0 = 0.10/1.08 = 0.0926$ 时的各比值,求得出口截

面的各参量值。

$$\frac{T_e}{T_0} = 0.5069, \quad T_e = 0.5069 \times 313 = 158.7(\text{K})$$

$$\frac{\rho_e}{\rho_0} = 0.1830, \quad \rho_e = 0.1830 \times \frac{1.08 \times 10^6}{260 \times 313} = 2.429(\text{kg/m}^3)$$

$$\frac{u_e}{u_*} = \frac{\rho_* A_*}{\rho_e A_e} = \frac{\rho_*}{\rho_0} \frac{\rho_0}{\rho_e} \frac{A_*}{A_e} = 0.6340 \times \frac{1}{0.1830} \times 0.4965 = 1.7201$$

所以

$$u_e = 1.7201 \times 308 = 530(\text{m/s})$$

$$\frac{A_*}{A_e} = 0.4965, \quad A_e = \frac{3.523 \times 10^{-4}}{0.4965} = 7.096 \times 10^{-4}(\text{m}^2)$$

$$A_{es} = \frac{A_e}{\varphi} = \frac{7.096 \times 10^{-4}}{0.97} = 7.315 \times 10^{-4}(\text{m}^2)$$

$$d_{es} = \sqrt{\frac{4 A_{es} \times 10^6}{\pi}} = \sqrt{\frac{4 \times 7.315 \times 10^{-4} \times 10^6}{3.14}} = 30.5(\text{mm})$$

出口马赫数 $M_e = 2.21$。

8.8.2 收缩型喷管的计算

当气流出口压力比等于或大于临界压力比,即 $\frac{p_b}{p_0} \geq \frac{p_*}{p_0} = \left(\frac{2}{k+1}\right)^{\frac{k}{k-1}}$ 时,为了将压力能充分转化为动能,一般都采用收缩型喷管,这种条件下的气流出口速度只能达到音速或亚音速,故称这种收缩型喷管为音速喷管或亚音速喷管。这类喷管的关键几何参量是喷管出口截面积,因此,设计收缩型喷管,主要是确定喷管的出口截面积。收缩段的收缩角一般取 $30°\sim45°$,收缩段的长度应根据输气管的内径确定。有时为了改进气流特性,收缩段的末端可增加少许直管段。收缩型喷管的计算步骤类同于拉瓦尔喷管,这里不再举例说明。

8.9 激 波

8.9.1 激波的概念和类型

激波又称冲击波,它是超音速气流在前进过程中遇到障碍物的阻滞或受到突然压缩时而出现的一种特殊的物理现象。激波是一种强压缩波。亚音速气流遇到阻滞或压缩时不会出现激波。

如图 8.15 所示,当超音速气流流过大的障碍物时(如超音速飞机、炮弹、火箭等在空中飞行),气流在障碍物前受到急剧的压缩,其压力和密度突然显著地增加。这时所产生的强压力扰动波将以比音速大得多的速度向周围传播,波面所到之处气流各参量将发生突然的变化。这种强压力扰动波就称为激波,或称为冲击波。气流通过激波面时,速度突然减小,

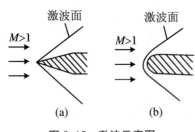

图 8.15 激波示意图

而压力、密度和温度突然增大。原子弹爆炸后产生的气浪,就是强烈扰动的冲击波,它可把建筑物冲倒。

激波有三种类型:一种是正激波,激波面与气流的来流方向垂直,气流通过正激波后不改变来流的方向,如图 8.16(a)所示。另一种是斜激波,激波面与气流的来流方向不垂直,气流通过斜激波后要改变流动方向,如图 8.16(b)所示,图中 β 为斜激波角,θ 为气流折转角。第三种是曲面脱体激波,又称曲激波,它是由正激波(在中间部分)和斜激波系组成的,如图 8.16(c)所示。

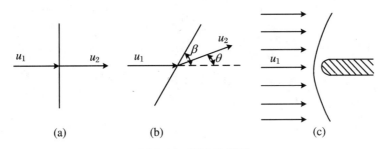

图 8.16 激波的类型

对于既无黏性又不导热的完全气体来说,激波面成为一种数学上的间断面,激波的厚度等于零。这种现象在物理上实际是不可能的,在实际气体中,必须要考虑黏性和热传导对激波的影响。由于黏性的存在,在激波中必然形成一个极薄层的过渡区,在过渡区中各参量发生连续的变化。所以在实际气体中,激波是有一定厚度的。气体分子运动学说证明,激波厚度与气体分子的平均自由程是同一数量级,为 $10^{-4}\sim10^{-5}$ mm,如图 8.17 所示。各气流参量就在这个极小的激波厚度内连续地进行变化。所以在工程计算时也可以认为各气流参量是在一个几何断面上突然变化的,这就是说,可以把激波看作是一个不连续的间断面。

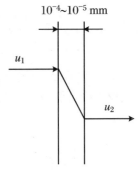

图 8.17 激波的厚度

气流经过激波时,受到急剧地压缩,由于时间极短,因黏性内摩擦作用所产生的热量来不及外传,而使气流的熵增加。所以,激波的突跃压缩过程是一个不可逆的绝热过程,即非等熵过程。也就是说,超音速气流经过激波后,气流中的部分动能将不可逆地转变为热能而损失掉。因而产生一种超音速气流所特有的阻力损失,这种阻力损失称为波阻。波阻的大小与激波的形状有着密切的关系。实验和理论都证明,气流通过正激波时的波阻最大。

8.9.2 正激波的形成和传播速度

8.9.2.1 正激波形成的物理过程

为了说明正激波形成的物理过程,让我们观察图 8.18 所示的理想化模型。

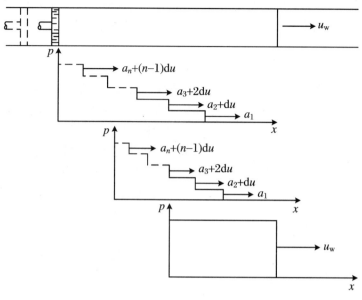

图 8.18 正激波形成的过程

在一个直圆管中充满着静止的气体,若使活塞突然向右做加速运动,其速度从零迅速增加到 u,然后再做等速运动。活塞右侧的静止气体受压后被扰动而形成一个压缩波向右移动,已被扰动的气体的压力由 p_1 迅速升高到 p_2,设 $p_2 - p_1$ 是一个有限的压力增量。为了分析方便起见,假定把活塞的突然加速运动看作是由一系列经过相等的无穷小时间间隔而发生的瞬时微小加速运动组合而成的,每次的速度增量均为 $\mathrm{d}u$,而有限的压力增量 $\Delta p = p_2 - p_1$ 可看作是无数个无穷小压力增量 $\mathrm{d}p$ 的总和。由此可认为在活塞右侧形成的压缩波是由一系列微弱扰动波叠加而成的,每一个微弱扰动波的压力增量均为 $\mathrm{d}p$。在活塞向右加速运动的第一个瞬间,产生第一个微弱扰动波以音速 a_1 传播到未被扰动的静止气体中去,该扰动波过后气体由静止状态变为微小的运动状态,其运动速度为 $\mathrm{d}u$,产生的压力增量为 $\mathrm{d}p$;紧接着,在活塞向右加速运动的第二个瞬间,产生第二个微弱扰动波以音速 a_2 传播到已被第一个微弱扰动波扰动过的气体中去,其绝对传播速度为 $a_2 + \mathrm{d}u$,该扰动波过后气体的运动速度从 $\mathrm{d}u$ 增加到 $2\mathrm{d}u$,压力增量由 $\mathrm{d}p$ 增加到 $2\mathrm{d}p$;在活塞向右加速运动的第三个瞬间,产生第三个微弱扰动波以音速 a_3 传播到已被第二个微弱扰动波扰动过的气体中去,其绝对传播速度为 $a_3 + 2\mathrm{d}u$,该扰动波过后气体的运动速度从 $2\mathrm{d}u$ 增加到 $3\mathrm{d}u$,压力增量由 $2\mathrm{d}p$ 增加到 $3\mathrm{d}p$;与此类似,在活塞向右加速运动的第 n 个瞬间,产生第 n 个微弱扰动波以音速 a_n 传播到已被第 $n-1$ 个微弱扰动波扰动过的气体中去,其绝对传播速度为 $a_n + (n-1)\mathrm{d}u$,该扰动波过后气体的运动速度从 $(n-1)\mathrm{d}u$ 增加到 $n\mathrm{d}u$,压力增量由 $(n-1)\mathrm{d}p$ 增加到 $n\mathrm{d}p$;依此类推,当 $n \to \infty$ 时,得到最后一个微弱扰动波的绝对传播速度为 $a_\infty + u$,最后一个微弱扰动波过后气体的速度增加到 u,压力增量增加到 $\Delta p = p_2 - p_1$。此外,每当一个微弱扰动波过后,气体的压力、密度和温度都略有增加,根据音速公式 $a = \sqrt{kRT}$,因此有 $a_1 < a_2 < a_3 < \cdots < a_n$,也就是说,后面的弱扰动波的传播速度要比前面的弱扰动波的传播速度大(绝对传播速度 $a_1 < a_2 + \mathrm{d}u < a_3 + 2\mathrm{d}u < \cdots < a_\infty + u$)。经过一段时间后,后面的弱扰动波一个一个追赶上前面的弱扰动波,波形变得愈来愈陡,最后叠加成一个垂直于流动方向的具有压力不连续面的压缩波,它以大于音速的速度向前稳定传播,这就是正激波。由此可知,

正激波可认为是由许多微弱扰动波叠加而成的具有一定强度的以超音速传播的压缩波。气流经过正激波后,除压力突跃地上升外,其密度和温度也同样突跃地增加,而流速则突然降低。

8.9.2.2 正激波的传播速度

如图 8.19 所示,在充满静止气体的直圆管中,若使活塞突然向右加速移动,管内就产生

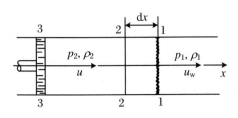

图 8.19 正激波的传播

了一个强烈的压缩波,即正激波向右推进。假定在 $d\tau$ 时间内波面由 2—2 移到 1—1,其间距为 dx,则激波面的推进速度(传播速度)为 $u_w = dx/d\tau$。同时,2—1 区域内气体的压力和密度由 p_1 和 ρ_1 增加到 p_2 和 ρ_2。取 2—1 区域为控制体,于是,在时间 $d\tau$ 内,2—1 区域内气体的质量变化为

$$dm = (\rho_2 - \rho_1)Adx \tag{8.120}$$

式中:A 为圆管的横截面积。与此同时,气流由 3—2 区域进入 2—1 区域的质量为

$$dm = \rho_2 u A d\tau \tag{8.121}$$

式中:u 为激波过后气流的速度。根据连续性条件,式(8.120)必与式(8.121)相等,于是得到激波的传播速度与激波后气流的速度的关系为

$$\frac{dx}{d\tau} = u_w = \frac{\rho_2 u}{\rho_2 - \rho_1} \tag{8.122}$$

在时间 $d\tau$ 内,原来在 2—1 区域内的气体从静止状态进入速度为 u 的运动状态。由动量定理可知,对应的动量变化量应等于作用力的冲量,而作用力便是作用在 2—2 和 1—1 截面上的压力差,即

$$(p_2 - p_1)Ad\tau = \rho_1 A dx(u - 0)$$

整理得

$$\frac{dx}{d\tau} = u_w = \frac{p_2 - p_1}{\rho_1 u} \tag{8.123}$$

由式(8.122)和式(8.123)消去 u,即得到正激波在静止气体中的传播速度为

$$u_w = \sqrt{\frac{p_2 - p_1}{\rho_2 - \rho_1} \cdot \frac{\rho_2}{\rho_1}} \tag{8.124}$$

如果波的强度很弱,压力和密度的增加量都极微小,即 $p_2 \approx p_1$,$\rho_2 \approx \rho_1$,于是可将式(8.124)写成

$$u_w = \sqrt{\frac{p_2 - p_1}{\rho_2 - \rho_1} \cdot \frac{\rho_2}{\rho_1}} = \sqrt{\frac{dp}{d\rho}} = a$$

即微弱的压缩波是以音速传播的。

由式(8.122)和式(8.123)消去 u_w,得到波面后气流的速度为

$$u = \sqrt{\frac{(p_2 - p_1)(\rho_2 - \rho_1)}{\rho_1 \rho_2}} \tag{8.125}$$

由此可见,激波的强度愈弱,波面后气体的流速愈低。如果是微弱的声波,波面后的气体是没有运动的。因为由式(8.125)可看出,在 $p_2 \approx p_1$ 和 $\rho_2 \approx \rho_1$ 时,$u \approx 0$。实际上,在物理学中已知,声波是由有规则的压缩和稀疏的交替所形成的,波面后气体的运动是十分微弱的振

动,气体的平均前进速度等于零。

8.9.3 正激波前后气流参量的关系

上面讨论了正激波的形成过程及其在静止气体中的传播速度,现在再来讨论正激波前后各气流参量之间的关系。为了研究方便起见,假设直圆管中的气流以激波的传播速度向左流动,这时,正激波的波面在管内将固定不动,处于相对静止状态,如图 8.20 所示。这样就有 $u_1 = u_w, u_2 = u_w - u$,流速方向向左;超音速气流经过正激波时发生突然压缩,流速 u_1 突然下降到 u_2,压力、密度和温度则由 p_1、ρ_1 和 T_1 突然升高到 p_2、ρ_2 和 T_2。下面我们利用连续性方程、动量方程、能量方程和状态方程等来寻求正激波前后各气流参量之间的关系。

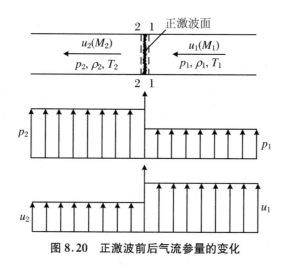

图 8.20 正激波前后气流参量的变化

取控制体"1122"如图 8.20 所示。由于圆管的截面不变,所以连续性方程和动量方程可写成

$$\rho_1 u_1 = \rho_2 u_2 \tag{8.126}$$

$$p_1 - p_2 = \rho_1 u_1 (u_2 - u_1) \tag{8.127}$$

或

$$p_1 + \rho_1 u_1^2 = p_2 + \rho_2 u_2^2 \tag{8.127a}$$

气流通过正激波的过程是绝热的压缩过程,所以气流在激波前后的总能量相等,并保持不变,即

$$\frac{k}{k-1}\frac{p_1}{\rho_1} + \frac{u_1^2}{2} = \frac{k}{k-1}\frac{p_2}{\rho_2} + \frac{u_2^2}{2} = \frac{k+1}{2(k-1)}a_*^2 \tag{8.128}$$

正激波前后气体的状态方程

$$\frac{p_1}{\rho_1 T_1} = \frac{p_2}{\rho_2 T_2} \tag{8.129}$$

利用以上诸方程,可以求得正激波前后各气流参量之间的关系。

8.9.3.1 正激波前后压力、密度关系式

由动量方程式(8.127)可得

$$u_2 - u_1 = \frac{1}{\rho_1 u_1}(p_1 - p_2)$$

上式两边同乘以 $u_2 + u_1$，得

$$u_2^2 - u_1^2 = \frac{u_2 + u_1}{\rho_1 u_1}(p_1 - p_2)$$

注意到连续性方程式(8.126)，上式可写成

$$u_2^2 - u_1^2 = \left(\frac{1}{\rho_1} + \frac{1}{\rho_2}\right)(p_1 - p_2) \tag{8.130}$$

由能量方程式(8.128)可得

$$u_2^2 - u_1^2 = \frac{2k}{k-1}\left(\frac{p_1}{\rho_1} - \frac{p_2}{\rho_2}\right) \tag{8.131}$$

由式(8.130)和式(8.131)得到

$$\left(\frac{1}{\rho_1} + \frac{1}{\rho_2}\right)(p_1 - p_2) = \frac{2k}{k-1}\left(\frac{p_1}{\rho_1} - \frac{p_2}{\rho_2}\right)$$

上式两边同乘以 ρ_2/ρ_1，经整理后可得到

$$\left(\frac{\rho_2}{\rho_1} + 1\right)\left(1 - \frac{p_2}{p_1}\right) = \frac{2k}{k-1}\left(\frac{\rho_2}{\rho_1} - \frac{p_2}{p_1}\right) \tag{8.132}$$

将式(8.132)进一步整理后，得到

$$\frac{p_2}{p_1} = \frac{\dfrac{k+1}{k-1}\dfrac{\rho_2}{\rho_1} - 1}{\dfrac{k+1}{k-1} - \dfrac{\rho_2}{\rho_1}} \tag{8.133}$$

或

$$\frac{\rho_2}{\rho_1} = \frac{\dfrac{k+1}{k-1}\dfrac{p_2}{p_1} + 1}{\dfrac{k+1}{k-1} + \dfrac{p_2}{p_1}} \tag{8.134}$$

式(8.133)和式(8.134)就是气流经过正激波时受到突跃压缩的压力、密度关系式。与等熵过程的压力、密度关系式 $\dfrac{\rho_2}{\rho_1} = \left(\dfrac{p_2}{p_1}\right)^{\frac{1}{k}}$ 相比较可以看出，等熵压缩时，当 $p_2/p_1 \to \infty$ 时，则 $\rho_2/\rho_1 \to \infty$，即等熵压缩时，气体的密度随其压力的升高可无限增加；而激波压缩时，当 $p_2/p_1 \to \infty$ 时，则 $\rho_2/\rho_1 \to (k+1)/(k-1)$，即激波压缩的强度无限增大时，气体的密度最多增加 $(k+1)/(k-1)$ 倍。例如，当 $k=1.4$ 时，气体的密度最多只增加 $(k+1)/(k-1) = 6$ 倍。图 8.21 绘出了等熵压缩和激波压缩的密度 ρ_2/ρ_1 与压力 p_2/p_1 的依变关系。

8.9.3.2 正激波前后压力、温度关系式

将式(8.134)的分子、分母同乘以 $(k-1)/(k+1)$，代入状态方程式(8.129)，整理后得到

$$\frac{T_2}{T_1} = \frac{\dfrac{p_2}{p_1}\left(\dfrac{k-1}{k+1}\dfrac{p_2}{p_1} + 1\right)}{\dfrac{k-1}{k+1} + \dfrac{p_2}{p_1}} \tag{8.135}$$

对于等熵过程而言,温度、压力关系式为

$$\frac{T_2}{T_1} = \left(\frac{p_2}{p_1}\right)^{\frac{k-1}{k}}$$

图 8.22 绘出了等熵压缩和激波压缩的温度变化曲线。从图中可以看出,对同一个 p_2/p_1 值而言,激波压缩的温度上升要比等熵压缩的温度上升高。这表明激波压缩过程中有一部分机械能转化成了热能。因而激波压缩要比等熵压缩温度升高得快,从而使气流密度 ρ_2/ρ_1 值增大得比等熵过程小。

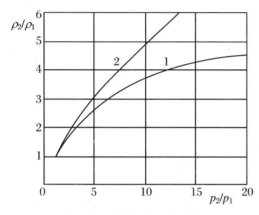

图 8.21 密度与压力的关系

1. 激波过程; 2. 等熵过程

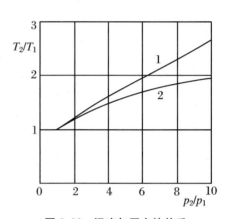

图 8.22 温度与压力的关系

1. 激波过程; 2. 等熵过程

8.9.3.3 正激波前后速度关系式

将式(8.127a)的两边同除以 ρ_1,并注意到连续性方程式(8.126),得

$$\frac{p_1}{\rho_1} + u_1^2 = \left(\frac{p_2}{\rho_2} + u_2^2\right)\frac{u_1}{u_2} \tag{8.136}$$

由能量方程式(8.128)可得

$$\frac{p_1}{\rho_1} = \frac{k-1}{2k}\left(\frac{k+1}{k-1}a_*^2 - u_1^2\right) \tag{8.137}$$

$$\frac{p_2}{\rho_2} = \frac{k-1}{2k}\left(\frac{k+1}{k-1}a_*^2 - u_2^2\right) \tag{8.138}$$

将式(8.137)和式(8.138)代入式(8.136),简化后得到

$$(u_2 - u_1)u_1 u_2 = (u_2 - u_1)a_*^2$$

因为 $u_2 \neq u_1$,所以上式可写成

$$u_1 u_2 = a_*^2 \tag{8.139}$$

或写成无因次形式为

$$\Lambda_1 \Lambda_2 = 1 \tag{8.139a}$$

由式(8.139)可以得到重要结论:超音速气流通过正激波后一定变成亚音速气流。正激波前的速度 u_1 越大,正激波后的速度 u_2 就越小。当速度 $u_1 \approx a_*$ 时,激波就不存在了。所以,正激波后的气流速度永远小于临界音速 a_*。

将式(8.72)代入式(8.139a),可得到正激波前后马赫数间的关系,即

$$M_2^2 = \frac{1+\dfrac{k-1}{2}M_1^2}{kM_1^2-\dfrac{k-1}{2}} = \frac{2+(k-1)M_1^2}{2kM_1^2-(k-1)} \tag{8.140}$$

根据式(8.140)，给出正激波前的马赫数 M_1 值，就可以求得正激波后的马赫数 M_2 值。图 8.23 绘出了正激波前后马赫数的依变关系曲线。由图中可以看出，M_1 由 1 开始增大，而 M_2 由 1 开始减小；当 M_1 趋于无穷时，M_2 的极限是 $\sqrt{(k-1)/(2k)}$。这表明，波前 M_1 数值越大，正激波对超音速气流的阻滞作用越强，M_2 数值就越小。当 M_1 接近于 1 时，M_2 也接近于 1。

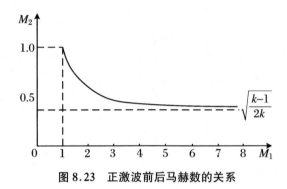

图 8.23　正激波前后马赫数的关系

8.9.3.4　正激波前后气流参量比与波前 M_1 数的关系式

由连续性方程式(8.126)得

$$\frac{\rho_2}{\rho_1} = \frac{u_1}{u_2} = \frac{u_1^2}{u_1 u_2} = \frac{u_1^2}{a_*^2} = \Lambda_1^2 \tag{8.141}$$

将式(8.72)代入式(8.141)，得

$$\frac{\rho_2}{\rho_1} = \frac{\dfrac{k+1}{2}M_1^2}{1+\dfrac{k-1}{2}M_1^2} = \frac{(k+1)M_1^2}{2+(k-1)M_1^2} \tag{8.142}$$

将式(8.142)代入式(8.133)，整理后得

$$\frac{p_2}{p_1} = \frac{2k}{k+1}M_1^2 - \frac{k-1}{k+1} \tag{8.143}$$

将式(8.142)和式(8.143)代入状态方程，可得到正激波前后的温度比与马赫数 M_1 的关系式，即

$$\begin{aligned}\frac{T_2}{T_1} &= \frac{p_2}{p_1} \cdot \frac{\rho_1}{\rho_2} = \left(\frac{2k}{k+1}M_1^2 - \frac{k-1}{k+1}\right)\frac{2+(k-1)M_1^2}{(k+1)M_1^2}\\ &= \left(\frac{k-1}{k+1}\right)^2 \left(\frac{2k}{k-1}M_1^2 - 1\right)\left[\frac{2}{(k-1)M_1^2} + 1\right]\end{aligned} \tag{8.144}$$

由连续性方程式(8.126)，可得到正激波前后气流速度比为

$$\frac{u_2}{u_1} = \frac{\rho_1}{\rho_2} = \frac{2+(k-1)M_1^2}{(k+1)M_1^2} = \frac{2}{(k+1)M_1^2} + \frac{k-1}{k+1} \tag{8.145}$$

正激波前后气流的滞止压力比是激波压缩过程不可逆的度量，其比值关系式可导出

$$\frac{p_{02}}{p_{01}} = \frac{p_{02}}{p_2} \cdot \frac{p_2}{p_1} \cdot \frac{p_1}{p_{01}}$$

将式(8.55)和式(8.143)代入上式,并注意到式(8.140),经整理后得到

$$\frac{p_{02}}{p_{01}} = \frac{\left(\dfrac{\dfrac{k+1}{2}M_1^2}{1+\dfrac{k-1}{2}M_1^2}\right)^{\frac{k}{k-1}}}{\left(\dfrac{2k}{k+1}M_1^2 - \dfrac{k-1}{k+1}\right)^{\frac{1}{k-1}}} = \frac{\left[\dfrac{(k+1)M_1^2}{2+(k-1)M_1^2}\right]^{\frac{k}{k-1}}}{\left(\dfrac{2k}{k+1}M_1^2 - \dfrac{k-1}{k+1}\right)^{\frac{1}{k-1}}} \tag{8.146}$$

由式(8.146)可以看出,随着正激波前气流马赫数 M_1 的增加,正激波前后气流的滞止压力比 p_{02}/p_{01} 将减小。这说明超音速气流经过正激波后,其滞止压力是降低的,并且激波的强度越大,波后气流的滞止压力降低得越大。

式(8.142)~式(8.146)表示的正激波前后各气流参量比,都是正激波前马赫数 M_1 的函数。所以,当波前各气流参量已知时,就可以由这些公式求得波后各气流参量之值。为了工程计算方便起见,上述各式已制成函数表,即正激波函数表,工程计算时可直接查表。

例 8.9 试证明正激波前后气流的滞止温度相等,即 $T_{01} = T_{02}$;正激波前后气流的压力比 $\dfrac{p_2}{p_1} = \dfrac{1+kM_1^2}{1+kM_2^2}$。忽略气流经过正激波时的能量损失。

证明 (1)气流经过激波的过程是绝热压缩过程,按题意忽略能量损失,所以激波前后气流的总能量是相等的,即

$$C_p T_1 + \frac{u_1^2}{2} = C_p T_2 + \frac{u_2^2}{2}$$

又知

$$C_p T_0 = C_p T + \frac{u^2}{2}$$

则

$$C_p T_{01} = C_p T_{02}$$

所以

$$T_{01} = T_{02}$$

(2) 由动量方程,并忽略气流经过正激波时的能量损失,得

$$p_1 - p_2 = \rho_1 u_1 (u_2 - u_1)$$

或

$$p_2 + \rho_2 u_2^2 = p_1 + \rho_1 u_1^2$$

$$p_2 \left(1 + \frac{\rho_2}{p_2} u_2^2\right) = p_1 \left(1 + \frac{\rho_1}{p_1} u_1^2\right)$$

$$p_2 \left(1 + \frac{u_2^2}{RT_2}\right) = p_1 \left(1 + \frac{u_1^2}{RT_1}\right)$$

$$p_2 \left(1 + \frac{ku_2^2}{kRT_2}\right) = p_1 \left(1 + \frac{ku_1^2}{kRT_1}\right)$$

所以

$$\frac{p_2}{p_1} = \frac{1+kM_1^2}{1+kM_2^2} \tag{8.147}$$

例 8.10 已知空气流在正激波前的参量为 $p_1 = 80 \text{ N/m}^2$,$t_1 = 15 \text{ °C}$,$u_1 = 550 \text{ m/s}$,试求正激波后的气流参量 p_2、ρ_2、t_2 和 u_2。

解 正激波前气流中的音速、气流的马赫数和密度分别为

$$a_1 = \sqrt{kRT_1} = \sqrt{1.4 \times 287 \times (273 + 15)} = 340 (\text{m/s})$$

$$M_1 = \frac{u_1}{a_1} = \frac{550}{340} = 1.62$$

$$\rho_1 = \frac{p_1}{RT_1} = \frac{80}{287 \times (273 + 15)} = 9.68 \times 10^{-4} (\text{kg/m}^3)$$

波后各气流参量分别为

$$p_2 = p_1 \left(\frac{2k}{k+1} M_1^2 - \frac{k-1}{k+1} \right) = 80 \times \left(\frac{2 \times 1.4}{1.4 + 1} \times 1.62^2 - \frac{1.4 - 1}{1.4 + 1} \right) = 232 (\text{N/m}^2)$$

$$\rho_2 = \frac{\rho_1 (k+1) M_1^2}{2 + (k-1) M_1^2} = \frac{9.68 \times 10^{-4} \times (1.4 + 1) \times 1.62^2}{2 + (1.4 - 1) \times 1.62^2} = 2.0 \times 10^{-3} (\text{kg/m}^3)$$

$$T_2 = \frac{p_2}{\rho_2 R} = \frac{232}{2.0 \times 10^{-3} \times 287} = 404 (\text{K})$$

$$t_2 = 404 - 273 = 131 (\text{°C})$$

$$u_2 = u_1 \frac{\rho_1}{\rho_2} = 550 \times \frac{9.68 \times 10^{-4}}{2.0 \times 10^{-3}} = 266 (\text{m/s})$$

8.9.4 斜激波的形成

斜激波的形成同样可以认为是由无数微弱扰动波叠加的结果。为了说明斜激波的形成过程,我们先研究超音速气流流过凹钝角的情况。设超音速气流以等速 u_1 沿着直壁 OA 稳定流动,在 A 点处有一向内凹的微小折转角 $\text{d}\theta$,如图 8.24 所示。由于 A 点处 $\text{d}\theta$ 的存在,就设置了一个扰动源,并形成一微弱扰动波沿马赫线 AB 传播开来。气流经过 AB 后向上折转了一个 $\text{d}\theta$ 角,气流的截面积减小了。于是,气流受到压缩,流速有微量减小,同时压力、密度和温度也有微量增加。这种波为微弱压缩波。

假如 A 点处的折转角是一个有限值 θ,如图 8.25 所示,则可认为它是由无限多个 $\text{d}\theta$ 组合而成的。而每一个 $\text{d}\theta$ 的存在都可产生一个微弱扰动波,因此在 A 点处可产生无限多个微弱扰动波,并形成无限多条马赫线(即扰动线)。第一条马赫线 AB_1 与原来气流方向 u_1 的夹角为 $\alpha_1 = \arcsin(1/M_1)$;最后一条马赫线 AB_2 与转折后气流方向 u_2 的夹角为 $\alpha_2 = \arcsin(1/M_2)$。由于 $u_2 < u_1, a_2 > a_1$,所以 $M_2 < M_1, \alpha_2 > \alpha_1$。这说明,最后一条马赫线是在已经扰动的区域内,而且在马赫线 AB_1 之前,显然,这在实际上是不可能实现的。因此,唯一的可能就是这些马赫线重合叠加在一起,形成一个间断面。虽然每条马赫线的扰动是微弱的,但是,无限多个微弱扰动重叠在一起,就形成一个强烈扰动的间断面。这个间断面就是斜激波的波面,即斜激波,它与来流的方向成 β 角,这个倾斜角称为斜激波角,一般它大于来流的马赫角。

当超音速气流流经楔形物体时,在物体的尖端也将会产生两道斜激波(如图 8.15(a) 所示)。

如果超音速气流沿着连续弯曲的凹壁面流动,则在壁面上的每一点气流都折转一个微小角度 $\text{d}\theta$。这样就有无限多的马赫线,在壁面上形成一压缩波组,在离壁面一定距离处相

交,最后形成一条曲线激波 BT,如图 8.26 所示。由于 BT 线上各点的速度不同,所以在曲线激波后的气流必为涡流。

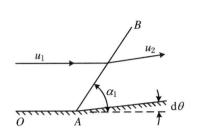

图 8.24　超音速气流流过微小凹钝角

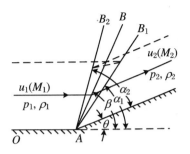

图 8.25　斜激波的形成

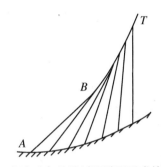

图 8.26　超音速气流流过凹壁面形成的曲线激波

从以上分析中可以看出,斜激波形成的原因是由于超音速气流受到凹钝角或凹曲壁面的压缩。气流经过斜激波后压力突然升高,流速突然降低。由此可见,当超音速气流流入高压区($p_2 > p_1$)时,以及在超音速气流中任何一点压力做有限升高时,也都会产生激波。超音速气流经过斜激波后,它的流动参量都要发生突变。

8.9.5　斜激波前后气流参量的关系

设在超音速气流中某处出现一斜激波,如图 8.27 所示,波前的气流参量为 u_1、p_1、ρ_1 和 T_1,波后的气流参量为 u_2、p_2、ρ_2 和 T_2;激波面与来流的夹角为 β,波后气流速度 u_2 与波前气流速度 u_1 间的夹角为 θ。为了便于分析斜激波前后气流参量之间的关系,把激波前后的速度分解为与波面垂直的分速度 u_{1n} 和 u_{2n} 以及与波面平行的分速度 $u_{1\tau}$ 和 $u_{2\tau}$。

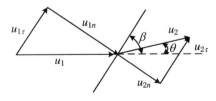

图 8.27　斜激波

由于通过激波面的流量与沿波面的分速度 u_τ 无关,故连续性方程为

$$\rho_1 u_{1n} = \rho_2 u_{2n} \tag{8.148}$$

在垂直于波面方向上的动量方程为
$$p_1 - p_2 = \rho_1 u_{1n}(u_{2n} - u_{1n})$$

或

$$p_1 + \rho_1 u_{1n}^2 = p_2 + \rho_2 u_{2n}^2 \tag{8.149}$$

由于经过斜激波气流压力增加($p_2 > p_1$),由上式可知,经过斜激波气流的法向分速度必然减小($u_{2n} < u_{1n}$)。由于沿激波面方向压力没有变化,所以在平行于波面方向上的动量方程为

$$\rho_1 u_{1n}(u_{2\tau} - u_{1\tau}) = 0 \tag{8.150}$$

或

$$u_{1\tau} = u_{2\tau} = u_\tau \tag{8.150a}$$

即当气流经过斜激波时,波前、波后的切向分速度不变。这样,当气流经过斜激波时,只有法向分速度发生变化(突变)。因此,我们可将斜激波看作是对于法向分速度的正激波。进而可借用正激波的公式来求斜激波前后各气流参量的关系。以法向分速度的马赫数

$$M_{1n} = \frac{u_{1n}}{a_1} = \frac{u_1 \sin\beta}{a_1} = M_1 \sin\beta \tag{8.151}$$

取代式(8.142)~式(8.144)中的M_1,就可得到斜激波前后的相应参量之比,即

$$\frac{\rho_2}{\rho_1} = \frac{(k+1)M_1^2 \sin^2\beta}{2 + (k-1)M_1^2 \sin^2\beta} = \frac{u_{1n}}{u_{2n}} \tag{8.152}$$

$$\frac{p_2}{p_1} = \frac{2k}{k+1}M_1^2 \sin^2\beta - \frac{k-1}{k+1} \tag{8.153}$$

$$\frac{T_2}{T_1} = \left(\frac{k-1}{k+1}\right)^2 \left(\frac{2k}{k-1}M_1^2 \sin^2\beta - 1\right)\left[\frac{2}{(k-1)M_1^2 \sin^2\beta} + 1\right] \tag{8.154}$$

同样

$$\frac{u_2}{u_1} = \frac{u_{2n}\sin\beta}{u_{1n}\sin(\beta-\theta)} = \frac{[2 + (k-1)M_1^2 \sin^2\beta]\sin\beta}{(k+1)M_1^2 \sin^2\beta \sin(\beta-\theta)} \tag{8.155}$$

斜激波前后马赫数的关系,可借用式(8.140)求得,分别以

$$\left.\begin{array}{l} M_{1n} = M_1 \sin\beta \\ M_{2n} = \dfrac{u_{2n}}{a_2} = \dfrac{u_2 \sin(\beta-\theta)}{a_2} = M_2 \sin(\beta-\theta) \end{array}\right\} \tag{8.156}$$

代替式(8.140)中的M_1和M_2,则有

$$M_2^2 \sin^2(\beta-\theta) = \frac{1 + \dfrac{k-1}{2}M_1^2 \sin^2\beta}{kM_1^2 \sin^2\beta - \dfrac{k-1}{2}} = \frac{2 + (k-1)M_1^2 \sin^2\beta}{2kM_1^2 \sin^2\beta - (k-1)} \tag{8.157}$$

斜激波角β与波后气流折转角θ的关系可按以下方法推导出:

$$\tan(\beta-\theta) = \frac{u_{2n}}{u_{2\tau}} \tag{8.158}$$

$$\tan\beta = \frac{u_{1n}}{u_{1\tau}} \tag{8.159}$$

由于$u_{1\tau} = u_{2\tau}$,$u_{2n}/u_{1n} = \rho_1/\rho_2$,并注意到式(8.152),则以上两式相比,得

$$\frac{\tan(\beta-\theta)}{\tan\beta} = \frac{(k-1)M_1^2 \sin^2\beta + 2}{(k+1)M_1^2 \sin^2\beta} \tag{8.160}$$

进一步整理,得

$$\tan\theta = \frac{2\cot\beta(M_1^2\sin^2\beta - 1)}{(k+1)M_1^2 - 2(M_1^2\sin^2\beta - 1)} \tag{8.161}$$

上述关系式给出了斜激波前后各气流参量间的关系。但是,若仅已知波前的气流参量,还不能确定波后的气流参量,其原因是斜激波角 β 不能由波前的参量来确定。因此,必须补充一个波后条件,通常是给定气流的折转角 θ 或波后压力 p_2。

例 8.11 一超音速空气流以速度 $u_1 = 500$ m/s 向一折转角为 θ 的楔形物体流动,产生波面角为 β 的斜激波,如图 8.28 所示。已知波前压力 $p_1 = 0.7$ MPa,温度 $t_1 = 0$ ℃,波后压力 $p_2 = 1.6$ MPa,求斜激波角 β、气流折转角 θ 以及激波后的其他流动参量值。

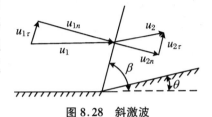

图 8.28 斜激波

解 (1) 激波前的音速为

$$a_1 = \sqrt{kRT_1} = \sqrt{1.4 \times 287 \times 273} = 331 \text{(m/s)}$$

由公式(8.143),对于斜激波,用 M_{1n} 代替 M_1,得

$$\frac{p_2}{p_1} = \frac{2k}{k+1}M_{1n}^2 - \frac{k-1}{k+1}$$

则

$$M_{1n} = \sqrt{\frac{k+1}{2k}\left(\frac{p_2}{p_1} + \frac{k-1}{k+1}\right)} = \sqrt{\frac{1.4+1}{2\times 1.4} \times \left(\frac{1.6}{0.7} + \frac{1.4-1}{1.4+1}\right)} = 1.45$$

$$u_{1n} = M_{1n}a_1 = 1.45 \times 331 = 480 \text{(m/s)}$$

$$\sin\beta = \frac{u_{1n}}{u_1} = \frac{480}{500} = 0.96$$

所以

$$\beta = 73.74°$$

(2) 由公式(8.145),得

$$u_{2n} = u_{1n}\left[\frac{2}{(k+1)M_{1n}^2} + \frac{k-1}{k+1}\right] = 480 \times \left[\frac{2}{(1.4+1)\times 1.45^2} + \frac{1.4-1}{1.4+1}\right]$$

$$= 270 \text{(m/s)}$$

$$u_{2\tau} = u_{1\tau} = u_1\cos\beta = 500 \times \cos 73.74° = 140 \text{(m/s)}$$

$$\tan(\beta - \theta) = \frac{u_{2n}}{u_{2\tau}} = \frac{270}{140} = 1.929$$

$$\beta - \theta = 62.59°$$

所以

$$\theta = 11.15°$$

(3) 由公式(8.144),得

$$T_2 = T_1\left(\frac{k-1}{k+1}\right)^2\left(\frac{2k}{k-1}M_{1n}^2 - 1\right)\left[\frac{2}{(k-1)M_{1n}^2} + 1\right]$$

$$= 273 \times \left(\frac{1.4-1}{1.4+1}\right)^2\left(\frac{2\times 1.4}{1.4-1}\times 1.45^2 - 1\right)\left[\frac{2}{(1.4-1)\times 1.45^2} + 1\right] = 351 \text{(K)}$$

$$\rho_2 = \frac{p_2}{RT_2} = \frac{1.6 \times 10^6}{287 \times 351} = 15.88 (\text{kg}/\text{m}^3)$$

$$u_2 = \sqrt{u_{2n}^2 + u_{2\tau}^2} = \sqrt{270^2 + 140^2} = 304 (\text{m}/\text{s})$$

8.9.6 超音速气流过度膨胀形成的激波

当气流经拉瓦尔喷管膨胀加速,并达到超音速后,如果在喷管出口截面上气体的压力低于外界环境压力时,称为气流过度膨胀。前面已经讲过,当超音速气流流入高压区时,将会产生激波。如果喷管出口截面气体的静压为 p_e,外界环境气体的静压为 p_b,且 $p_e < p_b$,则在压差 $\Delta p = p_b - p_e$ 的作用下,出流气体边界将向轴线方向收缩,如图 8.29 所示。由于气流截面逐渐缩小,超音速气流受到压缩,在管口边缘将形成斜激波。气流内外的压差越大,气流的收缩角越大,斜激波的强度就越大,到一定程度时,两斜激波相交,在气流中部出现正激波,图 8.30 中的 ac 为斜激波,cc 为正激波。随着气流内外压差的进一步增大,正激波将向管口靠近,直至进入管口,如图 8.31 所示。由式(8.139)可知,超音速气流通过正激波后将变为亚音速气流,因此,在设计超音速喷管时,截面比 A/A_* 的选择必须与压力比 p_b/p_0 相适应,以免出现正激波。

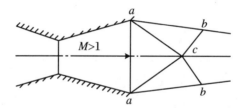

图 8.29 管口外斜激波

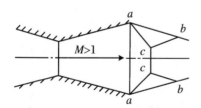

图 8.30 管口外正激波和斜激波

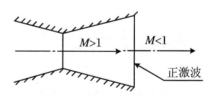

图 8.31 正激波进入管口

8.10 膨 胀 波

8.10.1 膨胀波的概念

膨胀波是音速或超音速气流在膨胀加速过程中出现的一种物理现象。如图 8.32 所示,设超音速气流沿直壁面做稳定流动,壁面在 A 点处向外折转一个微小角度 $\mathrm{d}\theta$。由于 $\mathrm{d}\theta$ 的存在,就在 A 点设置了一个扰动源。气流在 A 点产生一微弱扰动,其扰动波沿马赫线 AB 传播开来,马赫线 AB 与气流方向所构成的马赫角为 $\alpha_1 = \arcsin(1/M_1)$。在马赫线 AB 后气流速度有所增加,同时其压力、密度和温度都略有下降。由于折转角 $\mathrm{d}\theta$ 很小,所以可以认为各气流参量的变化都是微量的,我们把这样的扰动波称为微弱膨胀波。

如果 A 点的折转角是一个有限值 θ 所形成的凸钝角(外钝角),如图 8.33 所示,超音速气流经过 A 点将发生连续膨胀。超音速气流经过第一条马赫线 AB_1 时,气流方向只折转了一个微小角度 $\mathrm{d}\theta$,气流速度略有增加,压力、密度和温度都略有减小。由于固体壁面的折转角是一个有限值 θ,所以,气流经过马赫线 AB_1 后,尚须做继续折转膨胀,即在 A 点产生另一个微弱扰动波,它的马赫线为 AB'。这样继续下去,一直到气流方向折转到与 AC 壁面平行时为止。超音速气流所受到的扰动从马赫线 AB_1 开始($\alpha_1 = \arcsin(1/M_1)$)到马赫线 AB_2 为止($\alpha_2 = \arcsin(1/M_2)$)。在马赫线 AB_1 和 AB_2 之间可作出无限多条马赫线,组成一定强度的膨胀波组,气流在膨胀波组中不断进行膨胀,压力由 p_1 逐渐下降到 p_2,速度由 u_1 逐渐增加到 u_2,这个变化可看作是由无限多个微小的变化 $\mathrm{d}p$ 和 $\mathrm{d}u$ 组合而成的。所以,在膨胀区 B_1AB_2 中的流线是弯曲的,各马赫线与流线之间的角度(马赫角)沿气流方向逐渐变小。

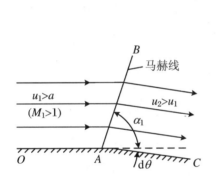

图 8.32 超音速气流绕微小凸钝角的流动

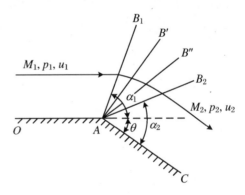

图 8.33 超音速气流绕凸钝角的膨胀波

超音速气流流入低压区($p_2 < p_1$)时,同样会产生膨胀波,如后面的图 8.37 所示。

至于超音速气流沿凸曲壁面的流动(图 8.34),可以认为是沿着无数次折转的壁面的流动。显然,曲面上每一点都成为产生微弱扰动波的扰动源,所以,曲壁面上每一点都有一条马赫线。这种情况也可以把凸曲壁面看成是穿过膨胀波组的一条流线,而这个波组的扰动源是在曲壁面的曲率中心 A 点上。

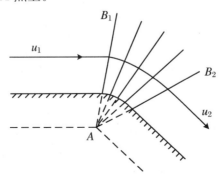

图 8.34 超音速气流沿凸曲壁面的流动

应当指出,气流膨胀加速后的各参量只取决于壁面的总折转角 θ,而与其折转方式无关,只要总的 θ 角一样,原始来流条件一样,那么,膨胀加速后的气流各参量亦必一样。

8.10.2 膨胀波前后气流参量的关系

超音速气流的膨胀加速过程是等熵过程,气流通过膨胀波后,其滞止参量不变。膨胀波后气流的压力 p_2、密度 ρ_2 和温度 T_2 等是马赫数 M_2 的函数,故式(8.55)、式(8.57)和式(8.53)仍是适用的,即

$$\frac{p}{p_0} = \left(1 + \frac{k-1}{2}M^2\right)^{-\frac{k}{k-1}} = \left(1 - \frac{k-1}{k+1}\Lambda^2\right)^{\frac{k}{k-1}}$$

$$\frac{\rho}{\rho_0} = \left(1 + \frac{k-1}{2}M^2\right)^{-\frac{1}{k-1}} = \left(1 - \frac{k-1}{k+1}\Lambda^2\right)^{\frac{1}{k-1}}$$

$$\frac{T}{T_0} = \left(1 + \frac{k-1}{2}M^2\right)^{-1} = 1 - \frac{k-1}{k+1}\Lambda^2$$

前已述及,超音速气流绕凸钝角流动时,通过膨胀波后的气流参量只与壁面的折转角 θ 有关。如果初始气流的马赫数 $M_1=1$,膨胀后气流的马赫数 M_2 与折转角 θ 的函数关系为

$$\theta = \sqrt{\frac{k+1}{k-1}}\arctan\sqrt{\frac{k-1}{k+1}(M_2^2-1)} - \arctan\sqrt{M_2^2-1} \qquad (8.162)$$

如果用无因次速度 Λ 取代马赫数 M,则式(8.162)转换为

$$\theta = \sqrt{\frac{k+1}{k-1}}\arctan\sqrt{\frac{\Lambda_2^2-1}{\frac{k+1}{k-1}-\Lambda_2^2}} - \arctan\sqrt{\frac{\Lambda_2^2-1}{1-\frac{k-1}{k+1}\Lambda_2^2}} \qquad (8.163)$$

当气流向绝对真空自由膨胀时(气流的压力、密度和温度降为零),$M_{max}=\infty$,$\Lambda_{max}=\sqrt{(k+1)/(k-1)}$,这时壁面折转角达到了最大值 θ_{max},将 $\Lambda_{max}=\sqrt{(k+1)/(k-1)}$ 代入式(8.163)得最大折转角为

$$\theta_{max} = \frac{\pi}{2}\left(\sqrt{\frac{k+1}{k-1}} - 1\right) \qquad (8.164)$$

对于双原子气体,$k=1.4$,$\theta_{max}=130°27'15''$;对于多原子气体,$k=1.33$,$\theta_{max}=149°08'46''$。必须指出,这样的流动只是理论上的极限流动。

膨胀波后的气流参量与马赫数 M 的函数关系已制成膨胀波函数表,在该表中还列出了马赫角 α 和马赫线的折转角 φ(详见有关资料)。

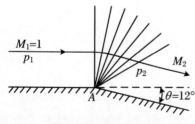

图 8.35 例 8.12 图

例 8.12 如图 8.35 所示,空气以 $M_1=1$ 的速度沿直壁面平行流动,在 A 点处绕外折角 $\theta=12°$ 得到膨胀加速,若 $p_1=0.12\,\text{MPa}$,问膨胀后气流的马赫数 M_2 及压力 p_2 为多少?并求出始、末马赫线与气流的夹角 α_1 和 α_2 以及马赫线的转角 φ(扇形角)。

解 依 $\theta=12°$ 查相关资料中膨胀波函数表,得 $M_2=1.504$,$p_2/p_{02}=0.271$,$\alpha_2=41°40'$,$\varphi=60°20'$。

当 $M_1=1$ 时,$p_1/p_{01}=0.528$,$\alpha_1=90°$。又知气流

通过膨胀波后其滞止参量不变,即 $p_{01} = p_{02}$,所以

$$p_2 = \frac{p_2}{p_{02}} \cdot \frac{p_{01}}{p_1} \cdot p_1 = 0.271 \times \frac{1}{0.528} \times 0.12 \times 10^3 = 61.6(\text{kPa})$$

例 8.13 如图 8.36 所示,空气流以 $M_1 = 1.705$ 的速度平行于直壁面流动,在 A 点处壁面外折了一角度 $\theta = 20°$,若来流的压力 $p_1 = 90 \text{ kPa}$,温度 $T_1 = 390 \text{ K}$,求气流膨胀后的速度 u_2 和压力 p_2。

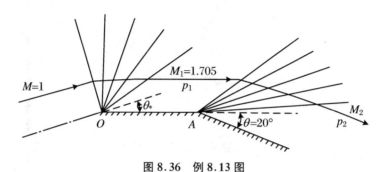

图 8.36 例 8.13 图

解 本例所给的初始马赫数 $M_1 > 1$,气体膨胀波函数表不能直接应用。可以设想初始来流 $M_1 = 1.705$ 是由 $M = 1$ 绕某一个 θ_* 角膨胀而得来的,然后在此基础上再绕一个 $\theta = 20°$ 的角继续膨胀加速而得到 M_2,这样所求得的 M_2 和 p_2 完全相当于 $M_1 = 1.705$ 直接折转 $\theta = 20°$ 角的结果。由于 M_2 只与总折转角有关,而与折转过程无关,所以可按以下步骤解题:

(1) 先求出由 $M = 1$ 膨胀到 $M_1 = 1.705$ 的折转角 θ_*。

由 $M_1 = 1.705$ 查表得 $\theta_* = 18°$。

(2) 再求出 $M = 1$ 膨胀到 M_2 的总折转角 $\sum \theta$。

$$\sum \theta = \theta_* + \theta = 18° + 20° = 38°$$

(3) 最后求出 M_2、u_2 和 p_2。

依总折转角 $\sum \theta = 38°$ 查膨胀波函数表,得 $M_2 = 2.454$,$p_2/p_{02} = 0.063$,$T_2/T_{02} = 0.454$;依 $M_1 = 1.705$ 查得 $p_1/p_{01} = 0.201$,$T_1/T_{01} = 0.632$,注意到等熵流 $p_{01} = p_{02}$,$T_{01} = T_{02}$,则

$$p_2 = \frac{p_2}{p_{02}} \cdot \frac{p_{01}}{p_1} \cdot p_1 = 0.063 \times \frac{1}{0.201} \times 90 = 28.2(\text{kPa})$$

$$T_2 = \frac{T_2}{T_{02}} \cdot \frac{T_{01}}{T_1} \cdot T_1 = 0.454 \times \frac{1}{0.632} \times 390 = 280(\text{K})$$

$$u_2 = M_2 a_2 = M_2 \sqrt{kRT_2} = 2.454 \times \sqrt{1.4 \times 287 \times 280} = 823(\text{m/s})$$

8.10.3 气流不充分膨胀形成的膨胀波

音速或超音速气流离开喷管截面时,如果气体静压力 p_e 高于环境气体压力 p_b,则称为气流不充分膨胀(图 8.37)。

因为 $p_e > p_b$,在压力差 $\Delta p = p_e - p_b$ 的作用下,气流边界必向外扩张,气流有效截面增大。就喷管的半剖面而言,相当于气流绕凸钝角壁面的流动,管口边缘 a 点相当于平壁的折

转点 A，折转角 θ 根据压力值 p_e 和 p_b 确定，Δp 越大，θ 值就越大。自喷管出口边缘形成的膨胀波组将流场分为 3 个区域，M_1 为气流出口马赫数，M_2 为气流通过一组扇形膨胀波后的马赫数，M_3 为气流通过两组膨胀波后的马赫数，并且 $M_3 > M_2 > M_1$。随着马赫数的变化，气流的各参量也相应地发生变化。各有关参量的计算仍按等熵流的公式计算。

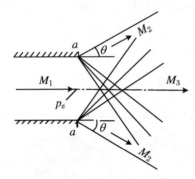

图 8.37 气流不充分膨胀形成的膨胀波

8.11 斜激波及膨胀波的反射和相交

8.11.1 斜激波的反射和相交

8.11.1.1 斜激波与壁面反射和相交

当斜激波射到平直固体壁面上时，一般说来，将会产生反射现象，如图 8.38 所示。这个现象可解释如下：当超音速气流绕过楔形物体时，由于楔体突然迫使气流产生压缩性偏转角 θ，因此产生一个与楔尖附着的斜激波 AB，气流通过 AB 后，其方向突然产生偏转角 θ，如果在 B 点以后的壁面是 BD'，即壁面与 u_2 平行，则流场中并不会出现其他激波，这就相当于激波被壁面吸收了。但是，B 点以后的壁面为 BD，即壁面与 u_2 之间存在夹角 θ，于是壁面 BD 迫使均匀来流 u_2 产生压缩性偏转角 θ，这样，在 B 点就产生了另一新激波 BE，我们借用入射与反射的概念把它称作反射波，把 AB 称作入射激波。

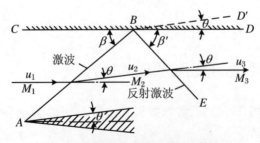

图 8.38 斜激波与壁面反射和相交

入射激波与反射激波所产生的气流偏转角 θ 虽然在数值上相等,但因这两道激波的波前马赫数不同,$M_1 > M_2$,因此这两道激波的强度并不相同;而且这种反射并不是光学上的镜面反射,一般说来,入射角 β 与反射角 β' 并不相等。这种激波的计算方法与单个斜激波的计算方法一样。

当气流产生的压缩性偏转角 θ 大于某一角度时(图8.39),激波的 BG 段成为与壁面垂直的正激波,AG 段为斜激波,但在靠近 G 点处逐渐变得弯曲;反射激波的 GE 段为弯曲激波,并逐渐成为斜激波,整个激波系成"λ"形。正激波 BG 后的气流是亚音速气流;激波 GE 后的气流有可能是超音速气流。原因是 BG 后的气流通过的是一道正激波,而 GE 后的气流通过的是两道斜激波。因此,在Ⅲ区域内的不同流线上除压力相同外,其他气流参量都不同。自 G 引出的流线 GT 是一条不连续线,称作滑移线,在滑移线的两侧压力相等,但速度、密度和温度等都不相等,并有旋涡存在,如图 8.39 所示。

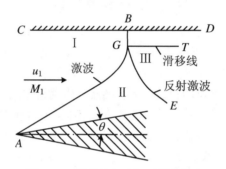

图 8.39　斜激波与壁面反射和相交

8.11.1.2　斜激波与自由边界反射和相交

图 8.40 绘出了斜激波与压力 p_b 为常数的自由边界相交的情况。气流在入射激波前的压力为 $p_1 = p_b$,穿过入射激波之后的气流向边界方向偏转一个角度 θ,并且使压力升高到 p_2,$p_2 > p_b$,但是 O 点的边界条件却要求压力仍保持为 p_b,因此由 O 点一定要反射出一束膨胀波,以使气流压力降到 $p_3 = p_b$。膨胀波将使气流向外偏转,即相当于自由边界向外扩张。

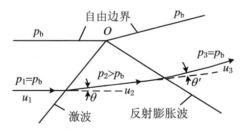

图 8.40　斜激波与自由边界反射和相交

8.11.1.3　不同族的两道斜激波相交

当强度相等的两不同族斜激波 AO 和 BO 相交时,其流动情况如图 8.41(a)所示,流动图形显然是对称的,中心流线是直线。这种情况相当于图 8.38 所示的情况,只要把中心流线看成是壁面,把 OC 看成是 AO 的反射波,把 OD 看成是 BO 的反射波就行了。计算方法与处理单一的斜激波相同。

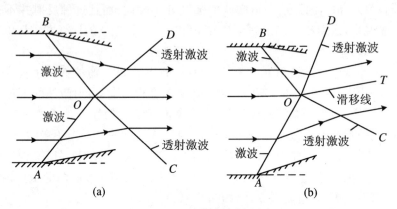

图 8.41 异族斜激波相交

当强度不等的两不同族斜激波 AO 和 BO 相交时,其流动情况如图 8.41(b)所示,流动不再对称于中心流线。O 点以下的流线通过激波 AO,O 点以上的流线通过激波 BO。由于激波强度不同,因此过 O 点后的上下两股气流的流动参量不同。但是,要求这两股气流在 O 点后压力相等,流动方向相同,因此在 O 点必然产生两道斜激波,以使这两个条件得到满足。过 O 点的流线两侧,虽然压力相等,流动方向相同,但其他流动参量可能不连续,因此存在一条滑移线 OT。这类问题的计算方法与处理单一斜激波的办法基本相同,所不同的只是过 O 点的滑移线两侧必须联立求解。

8.11.1.4 同族的两道斜激波相交

当两道同族的斜激波相交时,其流动情况如图 8.42 所示。由同一壁面的两个相邻凹钝角所产生的斜激波相交就属于这种情况。激波 AO 和 BO 在 O 点相交,通过 AO 和 BO 的气流方向应与壁面 BC 平行,因此过 O 点的流线应产生偏转,于是由 O 点开始必然产生一道斜激波 OD 以使 O 点以上的气流产生偏转。但是,过 AO 和 BO 后的气流参量与过 OD 后的气流参量不一样,为使 O 点后的两侧流线压力相等,流动方向相同,必须由 O 点发出扰动线 OE,这条扰动线可能是压缩线,也可能是膨胀线。如果是膨胀线,则为一族扇形马赫线;如果是压缩线,则为一道斜激波。但无论在何种情况下,流线 OT 都是两个流速大小不同的不连续线(间断面),即 OT 是一条滑移线,沿流线 OT 将产生旋涡。

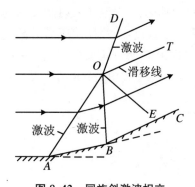

图 8.42 同族斜激波相交

8.11.2 膨胀波的反射和相交

8.11.2.1 膨胀波与壁面反射和相交

膨胀波与壁面相交的情况如图 8.43 所示。入射膨胀波 AB 使气流方向朝内偏转 $\Delta\theta$ 角,反射膨胀波 BC 则使气流方向朝外(壁面)偏转 $\Delta\theta$ 角,从而满足壁面的边界条件。一般说来,入射角 β 和反射角 β' 并不相等。

8.11.2.2 膨胀波与自由边界反射和相交

膨胀波与自由边界相交的情况如图 8.44 所示。在膨胀波 AB 前的区域,气流压力为 $p_1 = p_b$,经过膨胀波之后,气流压力下降为 p_2,$p_2 < p_b$,为满足自由边界上的条件,必须从 B 点发出一道斜激波 BC,以使压力回升到 $p_3 = p_b$。斜激波使气流向中心偏转,从而使自由边界也要向气流的中心偏转。

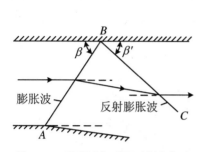
图 8.43 膨胀波与壁面反射和相交

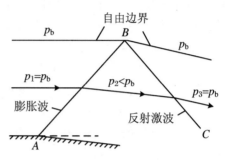
图 8.44 膨胀波与自由边界反射和相交

8.11.2.3 膨胀波与同族斜激波相交

当膨胀波与同族斜激波相交时,其流动情况如图 8.45 所示。我们可以任取一个膨胀波,分析它与斜激波相遇时产生的现象。例如 BC 为膨胀波,它与斜激波 AD 在 C 点相交,C 点以下的气流通过激波 AC 进行压缩,再通过膨胀波 BC 进行膨胀;C 点以上的气流通过激波 CD 进行压缩。而在波后这两股气流必须压力相等,流动方向相同,故激波 CD 的强度应弱于激波 AC 的强度。可见,膨胀波与同族斜激波相交时,将削弱激波的强度,并使斜激波向后弯曲。为使 C 点以后相邻的两流线压力相等,流动方向相同,在 C 点有可能发出一个异族膨胀波 CE。

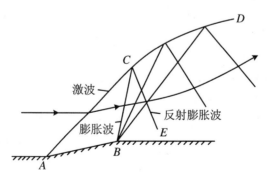
图 8.45 膨胀波与斜激波相交

通过上面对斜激波及膨胀波的反射和相交的讨论,可以归纳出以下结论:
(1) 斜激波经壁面反射后仍为斜激波或曲激波;
(2) 斜激波在气流的自由边界上反射为膨胀波;
(3) 两道斜激波相交后透射出斜激波;

(4) 膨胀波经壁面反射后仍为膨胀波；
(5) 膨胀波在气流的自由边界上反射为斜激波；
(6) 膨胀波遇激波反射后仍为膨胀波；
(7) 膨胀波相交后仍为膨胀波。

作为研究波的反射和相交的例子，我们来讨论平面超音速自由流股的流动情况。

喷管出口处的气流为平行超音速流。若外界压力 p_b 低于喷管出口截面上的压力 p_e，即 $p_b < p_e$，则将产生如图 8.46 所示的流动情况。由 A、B 两点发出两族膨胀波，这两族膨胀波在中心流线相交。气流经过膨胀波使压力由 p_e 降到 p_b，经膨胀波后的气流，其自由边界向外扩张。根据出口马赫数 M_e 及压力 p_e，可以求出 p_e 膨胀到 p_b 时的气流马赫数 M_2 及波后自由边界向外偏转的角度。

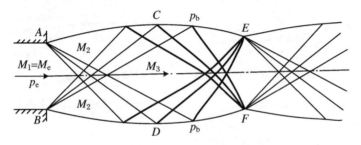

图 8.46 平面超音速自由流股

两族膨胀波相交之后互相穿过，并保持为膨胀波。如前所述，这些膨胀波在自由边界上反射回来两族压缩波，并使气流边界向内收缩。经过压缩波组所产生的压力增量必与膨胀波组所造成的压力减小量一样。这两族压缩波相互穿过，并在自由边界上反射回膨胀波，这种波的相交与反射、气流的膨胀与压缩的周期现象可以继续很远。

若喷管出口截面上的压力 p_e 低于自由边界上的压力 p_b，则流动情况如图 8.47 所示。在 A、B 两点发出两道斜激波。根据波前马赫数 M_e 及压力 p_e 和波后的压力 p_b，可以求出激波倾斜角及波后气流的偏转角。据前所述，出口后气流的自由边界将向内收缩。从 A、B 两点发出的斜激波相互穿透，并在自由边界的 C、D 点上反射回膨胀波。在此之后，边界又开始向外扩张，这样的波的相交与反射、气流的压缩与膨胀的周期现象同样可以继续很远。

当喷管出口截面压力 p_e 与自由边界压力 p_b 的差值增大时，斜激波的强度将增大，最后乃至产生类似于激波脱体的现象，在流股的中心部位产生一道正激波，如图 8.48 所示。这种情况相当于图 8.39 中所示的现象。

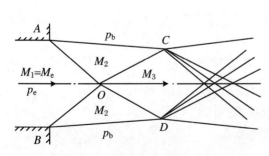

图 8.47 平面超音速自由流股

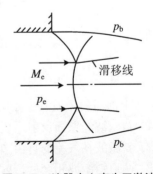

图 8.48 流股中心产生正激波

8.12 可压缩流体经拉瓦尔喷管的流动特征

图 8.49 为一缩扩型喷管,即拉瓦尔喷管。它连通着两个具有不同压力的空间,喷管进口前气罐内的压力为 p_0,喷管出口后调压室内的压力(简称背压)为 p_b,我们以 p_e 表示喷管出口截面上的压力,以 p_c 表示喉口截面上的压力,p_2 和 p_* 分别代表拉瓦尔喷管在设计工况下出口截面上的压力及喉口截面上的临界压力。根据压力比 p_b/p_0 的不同,可压缩流体经拉瓦尔喷管的流动特征可分为 4 种情况,即文氏管工作区、过度膨胀区、充分膨胀区和不充分膨胀区。

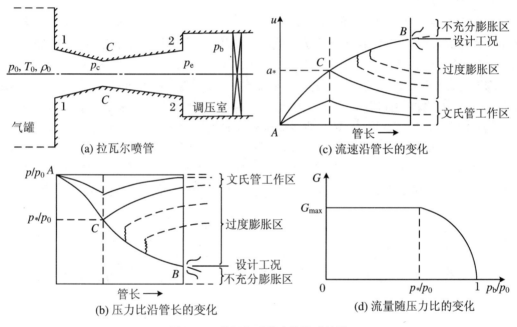

图 8.49 拉瓦尔喷管中的流动特性

1. 文氏管工作区

若 $p_b/p_0=1$,则喷管中的压力为常数,此时管内没有流体流动。若调压室内背压 p_b 略有下降,则管内将有流体流过,随着 p_b 的逐渐下降,流量将逐渐增加。当气罐与调压室内的压差比较小时,气体流经拉瓦尔喷管在收缩段内流速逐渐增加,压力逐渐降低,至喉口截面处气流速度 u_c 达到最大值,但 $u_c \leqslant u_*$,压力 p_c 降至最小值,且 $p_c \geqslant p_*$;气体进入扩张段后,流速逐渐减小,压力逐渐升高,到达喷管出口截面处,气流速度减小为 u_e,气流压力升高为 p_e,并且 p_e 与调压室内的压力 p_b 相平衡,但 p_e 大于喷管在设计工况下的出口压力 p_2,即 $p_e = p_b > p_2$。

文氏管工作区的最大速度值在喉口截面上,其可能达到的极限数值是临界音速。

2. 过度膨胀区

随着调压室内压力 p_b 的降低,气罐与调压室内的压差相应增大,压力比 p_b/p_0 逐渐减小,喉口截面将出现临界压力 p_* 和临界速度 u_*。进入扩张段后,气体进一步膨胀加速,压力能逐渐转化为动能。根据压力比的不同可能出现 3 种情况：管外出现斜激波；管外出现正激波；正激波进入管口直至逼近喉口。图 8.29～图 8.31 及图 8.47 和图 8.48 均示出了气流过度膨胀管口附近的波结构。

设计拉瓦尔喷管时，应严格避免产生正激波，因为超音速气流通过正激波后立即转变为亚音速气流，超音速喷管将失去意义。

3. 充分膨胀区

当拉瓦尔喷管在设计工况（即等熵流动的理想工况）下工作时，气体的压力能能够充分地转化为动能，这种状况可称作完全膨胀或充分膨胀。在充分膨胀区内，气体沿喷管的流动始终是降压、膨胀、加速，在最小截面（喉口）处达到临界状态，然后在扩张段中继续降压、膨胀、加速，达到超音速，在出口截面上压力降到设计压力 p_2，即 $p_e = p_2 = p_b$，如图 8.49(b)、(c)中的曲线 ACB 所示。这时管口附近不会出现激波，也不会出现膨胀波。

4. 不充分膨胀区

当调压室的压力 p_b 继续降低，使得 p_b 低于设计工况下的出口压力 p_2 时，超音速气流从出口截面流入低压空间，在出口边缘突然降压膨胀，产生两族膨胀波组，气流经过膨胀波组后向外偏转 θ 角，并形成周期性的"膨胀—压缩"过程。图 8.37 和图 8.46 示出了气流不充分膨胀管口附近的波结构。由于超音速气流在喷管出口边缘所产生的膨胀波组不可能逆流向上传播，因此，在出口截面上的压力 p_e 仍保持为设计压力 p_2，即 $p_e = p_2 > p_b$，整个喷管内仍按图 8.49(b)、(c)中的 ACB 曲线降压膨胀加速。

应当指出，拉瓦尔喷管做成锥形的扩张段是不可能完全消除"膨胀—压缩"这一周期现象的，即便是压力比 p_b/p_0 符合设计条件，但由于边缘气流沿锥面喷出管嘴时，不可能平行于轴线，必然出现过度膨胀后再压缩的周期过程。只有用曲面代替锥面才可能消除"膨胀—压缩"周期现象。

8.13 等截面有摩擦绝热管道中流体的流动

前面几节我们讨论了无黏性的完全气体在绝热过程中的流动问题。但是实际的气体都是具有黏性的，它们在管道中流动时，由于黏性内摩擦的作用，总有一部分机械能不可逆地转变成了热能，使气流的熵值增加。此外，气流可以通过管壁与外界发生热量交换，也并非为绝热流动。所以，实际上气体在管道内的流动问题是非常复杂的。本节先研究气体在等截面有摩擦的绝热管道中流动的情况。对于这种流动，其流体的流动参量变化完全起因于管内的摩擦阻力。

8.13.1 等截面有摩擦绝热管流的基本方程

气体在等截面有摩擦的绝热管道内流动时，气体的黏性内摩擦作用，使气体的各流动参量发生了变化。根据气体的基本方程式，可以计算各参量的变化情况。

图 8.50 为一等截面有摩擦的绝热管段，按图中虚线所示取控制体，各管截面上的流动参量均取其平均值，这样可认为气流参量沿管截面是均匀分布的，设 $C_p = kR/(k-1) = $ 常

数,且等截面管道 A = 常数。列 1、2 两截面间气体的基本方程及其相应的微分式如下：

连续性方程
$$\dot{G} = \rho u = \rho_1 u_1 = \rho_2 u_2$$
$$\frac{\mathrm{d}\rho}{\rho} + \frac{\mathrm{d}u}{u} = 0$$

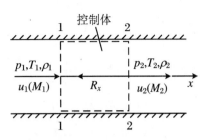

图 8.50 等截面有摩擦绝热管流

式中：$\dot{G}$ 为流体通过单位有效截面积的质量流量，称为质量密流，单位为 $\mathrm{kg/(s \cdot m^2)}$。

能量方程
$$i_1 + \frac{u_1^2}{2} = i_2 + \frac{u_2^2}{2} = i + \frac{u^2}{2}$$
$$\mathrm{d}i + u\mathrm{d}u = 0$$

动量方程
$$p_1 A - p_2 A - R_x = G(u_2 - u_1)$$

或
$$p_1 - p_2 - \frac{R_x}{A} = \dot{G}(u_2 - u_1)$$
$$\frac{\mathrm{d}p}{\rho} + u\mathrm{d}u + \frac{\delta R_x}{\rho A} = 0$$

状态方程
$$p = \rho R T$$
$$\frac{\mathrm{d}p}{p} = \frac{\mathrm{d}\rho}{\rho} + \frac{\mathrm{d}T}{T}$$

焓的变化
$$i_2 - i_1 = C_p(T_2 - T_1)$$
$$\mathrm{d}i = C_p \mathrm{d}T$$

熵的变化
$$s_2 - s_1 = C_p \ln\frac{T_2}{T_1} - R\ln\frac{p_2}{p_1} = R\ln\left[\left(\frac{T_2}{T_1}\right)^{\frac{k}{k-1}}\left(\frac{p_1}{p_2}\right)\right]$$
$$\mathrm{d}s = C_p \frac{\mathrm{d}T}{T} - R\frac{\mathrm{d}p}{p} = R\left(\frac{k}{k-1}\frac{\mathrm{d}T}{T} - \frac{\mathrm{d}p}{p}\right)$$

利用以上各基本方程式即可计算出气流参量在等截面有摩擦绝热管道中的变化关系。

例 8.14 在真空泵的抽引作用下，空气经收缩型管段向等截面绝热管段流动。如图 8.51 所示，已知管内径 $d = 7.16\ \mathrm{mm}$，贮气罐内气体的温度 $t_0 = 23\ \mathrm{^\circ C}$，压力 $p_0 = 101\ \mathrm{kPa}$，测得等截面管入口处 1 截面上气体的静压为 $p_1 = 98.5\ \mathrm{kPa}$，2 截面上气体的温度为 $t_2 = 14\ \mathrm{^\circ C}$。求气体的质量流量 G 和 2 截面上气体的滞止压力 p_{02} 及 1、2 两截面间管壁对气体产生的阻力。

解 根据 1 截面上的气流参量可求得气体的质量流量。对圆滑收缩型入口，可以认为流动是等熵的，即滞止参量保持不变，$p_{01} = p_0 = 101\ \mathrm{kPa}$，$T_{01} = T_0 = 273 + 23 = 296\ \mathrm{(K)}$，因此

$$M_1 = \sqrt{\frac{2}{k-1}\left[\left(\frac{p_{01}}{p_1}\right)^{\frac{k-1}{k}} - 1\right]} = \sqrt{\frac{2}{1.4-1}\left[\left(\frac{1.01 \times 10^5}{9.85 \times 10^4}\right)^{\frac{1.4-1}{1.4}} - 1\right]} = 0.19$$

$$T_1 = \frac{T_{01}}{1 + \frac{k-1}{2}M_1^2} = \frac{296}{1 + \frac{1.4-1}{2} \times 0.19^2} = 294(\text{K})$$

$$\rho_1 = \frac{p_1}{RT_1} = \frac{9.85 \times 10^4}{287 \times 294} = 1.167(\text{kg/m}^3)$$

$$u_1 = M_1 a_1 = M_1 \sqrt{kRT_1} = 0.19 \times \sqrt{1.4 \times 287 \times 294} = 65.3(\text{m/s})$$

$$A_1 = A = \frac{1}{4}\pi d^2 = \frac{1}{4}\pi \times (7.16 \times 10^{-3})^2 = 4.03 \times 10^{-5}(\text{m}^2)$$

由连续性方程得气体的质量流量为

$$G = \rho_1 u_1 A_1 = 1.167 \times 65.3 \times 4.03 \times 10^{-5} = 3.07 \times 10^{-3}(\text{kg/s})$$

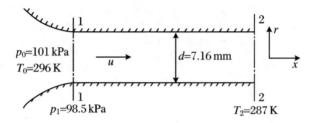

图 8.51 例 8.14 图

对绝热过程,有

$$T_{02} = T_{01} = T_0 = 296 \text{ K}$$

所以

$$M_2 = \sqrt{\frac{2}{k-1}\left(\frac{T_{02}}{T_2} - 1\right)} = \sqrt{\frac{2}{1.4-1} \times \left(\frac{296}{287} - 1\right)} = 0.396$$

$$u_2 = M_2 a_2 = M_2 \sqrt{kRT_2} = 0.396\sqrt{1.4 \times 287 \times 287} = 134.5(\text{m/s})$$

由连续性方程 $\rho_1 u_1 = \rho_2 u_2$,得

$$\rho_2 = \rho_1 \frac{u_1}{u_2} = 1.167 \times \frac{65.3}{134.5} = 0.567(\text{kg/m}^3)$$

$$p_2 = \rho_2 R T_2 = 0.567 \times 287 \times 287 = 46.7(\text{kPa})$$

当地滞止压力 p_{02} 为

$$p_{02} = p_2\left(1 + \frac{k-1}{2}M_2^2\right)^{\frac{k}{k-1}} = 4.67 \times 10^4 \times \left(1 + \frac{1.4-1}{2} \times 0.396^2\right)^{\frac{1.4}{1.4-1}} = 52.03(\text{kPa})$$

两截面间管壁对气体产生的阻力可通过动量方程求得,取 1、2 两截面间的管道为控制空间,列其动量方程为

$$-R_x + (p_1 - p_2)A = G(u_2 - u_1)$$

$$R_x = (p_1 - p_2)A - G(u_2 - u_1)$$

$$= (9.85 - 4.67) \times 10^4 \times 4.03 \times 10^{-5} - 3.07 \times 10^{-3} \times (134.5 - 65.3) = 1.88(\text{N})$$

8.13.2 范诺方程和范诺线

利用可压缩流体的能量方程式(8.25)和连续性方程式(3.30)可得到

$$i = i_0 - \frac{1}{2}\left(\frac{\dot{G}}{\rho}\right)^2 \qquad (8.165)$$

上式则称为范诺方程。式中 i_0 和 $\dot{G}$ 通常是已知的,根据式(8.165),给定一个密度 ρ_1,就可求出对应的静焓值 i_1,然后再利用气体的基本方程式或热力学函数表就可以求得对应于"1"状态的其他气体参量值,如 T_1、p_1、u_1、s_1 等。由此可见,根据已知的气体质量密流 $\dot{G}$ 和滞止焓 i_0,只要改变气体的密度 ρ 的数值,就相应地改变了其他的气流参量,从而可在 $i\text{-}s$ 图上绘出一条曲线,如图 8.52 所示。该曲线称为范诺线。它显示出了气体在等截面的绝热管道中流动时,由于摩擦阻力的产生而对气体参量变化的影响。这种流动称为范诺流动。

图 8.52 中范诺线上熵 s 的变化代表气体流动克服摩擦阻力所做的无用功。a 点代表给定的滞止焓 i_0 和质量密流 $\dot{G}$ 情况下的最大熵值,它把曲线分成上、下两支,上支对应的区域是亚音速区,下支对应的是超音速区。根据热力学第二定律,对于非等熵的绝热过程,气体的熵值 s 只能随过程的进行而逐渐增加,而不可能下降。因此,气体的流动方向只能是图 8.52 中箭头所示的方向。所以,亚音速气流在等截面有摩擦的绝热管道内流动时,其焓值 i 下降,流速 u 增加,马赫数 M 增大,至 a 点达到最大熵值 $s_{\max}$,该点对应的气流速度为临界音速 $u_* = a_*$,对应的马赫数 $M = 1$。而超音

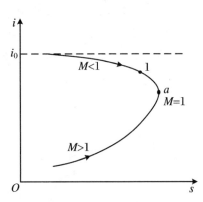

图 8.52 $i\text{-}s$ 图上的范诺线

速气流在等截面有摩擦的绝热管道内流动时,其焓值 i 上升,流速 u 减小,马赫数 M 减小,至 a 点达到最大熵值 $s_{\max}$,对应的气流速度为临界音速 $u_* = a_*$,对应的马赫数 $M = 1$。由此可知,无论气体的初始马赫数 $M < 1$ 或 $M > 1$,它们在等截面有摩擦的绝热管道内流动时,其最终的马赫数 M 都是趋近于 1 的。也就是说,气体在等截面有摩擦的绝热管道内流动时,不论其进口速度是亚音速还是超音速,它们最终的极限速度都是临界音速。这说明,在有摩擦存在的等截面绝热管道中,使气流由亚音速连续地变为超音速,或者由超音速连续地变为亚音速都是不可能的。

图 8.52 中范诺线上 a 点所对应的极限速度可证明如下:
由热力学第一定律知

$$T\mathrm{d}s = \mathrm{d}i - \frac{\mathrm{d}p}{\rho} \qquad (8.166)$$

对范诺方程(8.165)微分,并注意到 i_0 和 $\dot{G}$ 均为给定的常量,得

$$\mathrm{d}i = \dot{G}^2 \frac{\mathrm{d}\rho}{\rho^3} \qquad (8.167)$$

将式(8.167)代入式(8.166),得

$$T\mathrm{d}s = \dot{G}^2 \frac{\mathrm{d}\rho}{\rho^3} - \frac{\mathrm{d}p}{\rho} \qquad (8.168)$$

由于 a 点是最大熵值点,即在 a 点上 $\mathrm{d}s = 0$,因此式(8.168)可写成

$$\frac{\mathrm{d}p}{\mathrm{d}\rho} = \left(\frac{\dot{G}^2}{\rho}\right)^2 = u^2 \qquad (8.169)$$

又知在 a 点上

$$\frac{dp}{d\rho} = \left(\frac{\partial p}{\partial \rho}\right)_s + \left(\frac{\partial p}{\partial s}\right)_\rho \frac{ds}{d\rho} = \left(\frac{\partial p}{\partial \rho}\right)_s = a^2 \tag{8.170}$$

比较式(8.169)和式(8.170),可得到 a 点上所对应的极限速度为

$$u = a \quad \text{或} \quad M = 1$$

上式表明,范诺线上的 a 点为临界点,该点所对应的气流速度为临界音速。不管来流的初始马赫数 $M<1$ 还是 $M>1$,其最终的极限速度都趋向于 $M=1$。

对于不同的气体质量密流 $\dot{G}$ 和不同的滞止焓 i_0,范诺线的形状和位置也不尽相同。图 8.53 绘出了在滞止焓 i_0 不变的条件下,对应于不同的质量密流 $\dot{G}$ 情况下的范诺线,从图中可以看出,气体的质量密流 $\dot{G}$ 越大,范诺线越向左推移。若气体的质量密流 $\dot{G}$ 恒定时,提高气体的滞止焓 i_0,范诺线将向上推移。图 8.54 绘出了在具有相同状态 i_1 和 s_1 的条件下,对应于不同的 $\dot{G}$ 和 i_0 值情况下的范诺线。

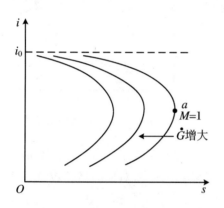

图 8.53 i_0 不变时不同 $\dot{G}$ 值的范诺线

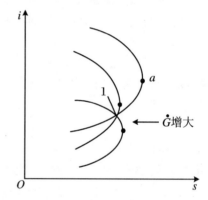

图 8.54 具有同一 i_1 和 s_1 条件下的范诺线

对于等截面有摩擦的绝热管道(图 8.55),当初始滞止参量不变时,随着管道出口下游背压 p_b 的逐渐降低,气流的出口速度 u_e 将逐渐增加,出口马赫数 M_e 逐渐增大,其质量流量 G 也相应增加。当气流出口速度增加到临界音速,即 $u_* = a_*$ 时,出口马赫数 $M_e = 1$,质量流量达到最大值 G_{max}。这时再降低背压 p_b,气流出口速度 u_e 及马赫数 M_e 和质量流量 G 都不再改变,这种现象称为"摩擦管的壅塞现象"。当管内流动出现壅塞以后,在保持原始滞止参量不变的条件下,要进一步增加管长,必将引起熵值的进一步增加。但对于原有的范诺线来说,a 点的熵值为最大,无法再增加,为进一步增加管长,必然要减少质量流量。由此可知,当气流的初始滞止条件和流动的终止条件给定后,管段越长,其壅塞流量值越小。

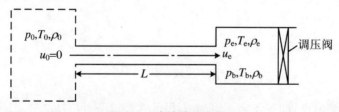

图 8.55 摩擦管的壅塞流

表 8.6 列出了亚音速流与超音速流沿范诺线的变化特征,即亚音速气流和超音速气流

在等截面有摩擦的绝热管道中流动时,其流动参量沿程的变化趋势。

表 8.6 等截面有摩擦绝热管流各参量沿程的变化趋势

流动区域	气流参量										
	T_0	p_0	ρ_0	S	i	T	p	ρ	u	a	M
亚音速区 $M<1$	不变	↓	↓	↑	↓	↓	↓	↓	↑	↓	↑
超音速区 $M>1$	不变	↓	↓	↑	↑	↑	↑	↑	↓	↑	↓

8.13.3 范诺流参量沿程的变化趋势

引起范诺流参量变化的根本原因是摩擦阻力,如果我们知道管道任意两流动截面间的总阻力,就可以根据上游截面上的流动参量算得下游截面上的流动参量。由于总阻力是流体对管道内表面切应力的总和,而沿管长切应力并不为常量,因此,首先需要建立微分方程,然后再积分求解。

在图 8.56 所示的等截面直管道中取出长度为 dx 的微元管段作为控制体,根据动量定理得

$$pA - (p + dp)A - \lambda \frac{dx}{D} \frac{1}{2} \rho u^2 A = \rho u A(u + du - u)$$

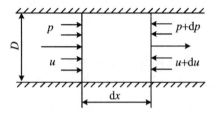

图 8.56 等截面有摩擦微元管长的参量变化

简化后,得

$$\frac{dp}{\rho} + u\,du + \lambda \frac{dx}{D} \frac{u^2}{2} = 0 \tag{8.171}$$

式中:λ 为沿程阻力系数。

能量方程式(8.43)微分后,整理得

$$\frac{dp}{\rho} = \frac{p}{\rho} \frac{d\rho}{\rho} - \frac{k-1}{k} u\,du$$

将状态方程 $\frac{p}{\rho} = RT = \frac{a^2}{k}$ 和连续性方程 $\frac{d\rho}{\rho} = -\frac{du}{u}$ 代入上式,得

$$\frac{dp}{\rho} = -\frac{a^2}{k} \frac{du}{u} - \frac{k-1}{k} u\,du = -\frac{a^2}{k} \frac{du}{u} - u\,du + \frac{1}{k} u\,du$$

将上式代入式(8.171),得

$$-\frac{a^2}{k} \frac{du}{u} - u\,du + \frac{1}{k} u\,du + u\,du + \lambda \frac{dx}{D} \frac{u^2}{2} = 0$$

上式整理后,得到

$$(1 - M^2) \frac{du}{u} = \lambda \frac{dx}{D} \frac{kM^2}{2} \tag{8.172}$$

将式(8.172)与式(8.50)相比较可以看出,实际气体在等截面有摩擦的绝热管道中流动,就相当于完全气体在无摩擦的收缩型管道内等熵流动,即摩擦的作用永远是单向的,它的作用总是相当于将管道截面逐渐缩小。因为不论是亚音速气流还是超音速气流,在流动过程中 x 总是增加的,即 dx 永远大于零。对于亚音速气流,$M<1$,$1-M^2>0$,式(8.172)等

号两边为同号,因此 $du>0$,即亚音速气流在等截面有摩擦的绝热管道内流动时,其流速 u 逐渐增加,同时其压力 p 逐渐下降,密度 ρ 和温度 T 逐渐减小,马赫数 M 逐渐增大,极限情况是 $M=1$;对于超音速气流,$M>1$,$1-M^2<0$,式(8.172)等号两边为异号,因此 $du<0$,即超音速气流在等截面有摩擦的绝热管道内流动时,其流速 u 逐渐减小,同时其压力 p 逐渐升高,密度 ρ 和温度 T 逐渐增加,马赫数 M 逐渐减小,极限情况是 $M=1$。这与前面由范诺线所讨论的结果是相同的,见表8.6。

8.13.4 范诺流的极限管长

根据以上的讨论可知,不论是亚音速气流还是超音速气流,当它们在等截面有摩擦的绝热管道内流动时,极限的情况只能出现在管路的末端,即只有在管末端处才可能出现 $M=1$ 的情况。因此,在这种情况下对管长必有所限制,这就是所谓的"极限管长",极限管长常用 L_{max} 表示。现在就来讨论这个问题。

根据马赫数的定义得

$$u = Ma = M\sqrt{kRT}$$

上式两边取对数,并微分得

$$\frac{du}{u} = \frac{dM}{M} + \frac{1}{2}\frac{dT}{T} \tag{8.173}$$

对于范诺流而言,滞止温度 T_0 不变,即

$$T\left(1 + \frac{k-1}{2}M^2\right) = T_0$$

上式两边取对数,并微分得

$$\frac{dT}{T} + \frac{(k-1)MdM}{1 + \frac{k-1}{2}M^2} = 0 \tag{8.174}$$

将式(8.174)代入式(8.173),得

$$\frac{du}{u} = \frac{dM}{M} - \frac{1}{2}\frac{(k-1)MdM}{1 + \frac{k-1}{2}M^2} = \frac{2dM}{M[2+(k-1)M^2]} \tag{8.175}$$

将式(8.175)代入式(8.172),整理后得到

$$\lambda\frac{dx}{D} = \frac{4(1-M^2)dM}{kM^3[2+(k-1)M^2]} \tag{8.176}$$

在对式(8.176)积分之前应当注意,沿程阻力系数 λ 是雷诺数 Re 的函数,它随气流的流动过程而变化,为此,积分时应取平均沿程阻力系数 $\bar{\lambda}$ 来代替 λ。式(8.176)的积分上、下限分别为:$x=0$ 时,$M=M$;$x=L_{max}$ 时,$M=1$。积分得

$$\bar{\lambda}\frac{L_{max}}{D} = \frac{1-M^2}{kM^2} + \frac{k+1}{2k}\ln\frac{(k+1)M^2}{2+(k-1)M^2} \tag{8.177}$$

如果用无因次速度 Λ 来取代马赫数 M,则式(8.177)变为

$$\bar{\lambda}\frac{L_{max}}{D} = \frac{k+1}{2k}\left(\frac{1}{\Lambda^2} + 2\ln\Lambda - 1\right) \tag{8.178}$$

由式(8.177)可以看出,$\bar{\lambda}\frac{L_{max}}{D}$ 只是初始马赫数 M 的函数,给定一个初始马赫数 M_1 就可

以算出一个对应的极限管长 $L_{1\max}$，所以使气流从某一个给定的初始马赫数 M_1 变至某一个给定的终了马赫数 M_2 所需要的管长 l 可由下式求得：

$$l = L_{1\max} - L_{2\max} \tag{8.179}$$

8.13.5　范诺流参量变化关系式

实际气体在等截面有摩擦的绝热管道内流动为非等熵过程，前面所讨论的等熵过程的气流参量变化关系式在这里不再适用，因此，我们需要另外导出等截面有摩擦绝热管道中气流参量的变化关系式。为此，取气流的临界参量作为参考量，可得到各气流参量与相应马赫数的无因次函数关系式。

因为对范诺流来说，其滞止温度 T_0 不变，所以无因次温度与马赫数的函数式可由式 (8.53) 确定，即

$$\frac{T}{T_*} = \frac{T}{T_0} \cdot \frac{T_0}{T_*} = \frac{\dfrac{k+1}{2}}{1+\dfrac{k-1}{2}M^2} = \frac{k+1}{2+(k-1)M^2} \tag{8.180}$$

同理

$$\frac{T_2}{T_1} = \frac{T_2}{T_0} \cdot \frac{T_0}{T_1} = \frac{1+\dfrac{k-1}{2}M_1^2}{1+\dfrac{k-1}{2}M_2^2} = \frac{2+(k-1)M_1^2}{2+(k-1)M_2^2} \tag{8.181}$$

无因次速度为

$$\frac{u}{u_*} = \frac{M\sqrt{kRT}}{\sqrt{kRT_*}} = M\left(\frac{T}{T_*}\right)^{\frac{1}{2}} = \left[\frac{(k+1)M^2}{2+(k-1)M^2}\right]^{\frac{1}{2}} \tag{8.182}$$

同理

$$\frac{u_2}{u_1} = \frac{M_2\sqrt{kRT_2}}{M_1\sqrt{kRT_1}} = \frac{M_2}{M_1}\left(\frac{T_2}{T_1}\right)^{\frac{1}{2}} = \frac{M_2}{M_1}\left[\frac{2+(k-1)M_1^2}{2+(k-1)M_2^2}\right]^{\frac{1}{2}} \tag{8.183}$$

由连续性方程式可得无因次密度关系式

$$\frac{\rho}{\rho_*} = \frac{u_*}{u} = \left[\frac{2+(k-1)M^2}{(k+1)M^2}\right]^{\frac{1}{2}} \tag{8.184}$$

$$\frac{\rho_2}{\rho_1} = \frac{u_1}{u_2} = \frac{M_1}{M_2}\left[\frac{2+(k-1)M_2^2}{2+(k-1)M_1^2}\right]^{\frac{1}{2}} \tag{8.185}$$

由状态方程式得无因次压力比为

$$\frac{p}{p_*} = \frac{\rho}{\rho_*} \cdot \frac{T}{T_*} = \frac{1}{M}\left[\frac{k+1}{2+(k-1)M^2}\right]^{\frac{1}{2}} \tag{8.186}$$

$$\frac{p_2}{p_1} = \frac{\rho_2}{\rho_1} \cdot \frac{T_2}{T_1} = \frac{M_1}{M_2}\left[\frac{2+(k-1)M_1^2}{2+(k-1)M_2^2}\right]^{\frac{1}{2}} \tag{8.187}$$

当地滞止压力比为

$$\frac{p_0}{p_{0*}} = \frac{p_0}{p} \cdot \frac{p}{p_*} \cdot \frac{p_*}{p_{0*}} = \left(1+\frac{k-1}{2}M^2\right)^{\frac{k}{k-1}} \cdot \frac{1}{M}\left[\frac{k+1}{2+(k-1)M^2}\right]^{\frac{1}{2}} \cdot \left(\frac{2}{k+1}\right)^{\frac{k}{k-1}}$$

$$= \frac{1}{M}\left[\frac{2}{k+1}\left(1+\frac{k-1}{2}M^2\right)\right]^{\frac{k+1}{2(k-1)}} = \frac{1}{M}\left(\frac{2}{k+1}+\frac{k-1}{k+1}M^2\right)^{\frac{k+1}{2(k-1)}} \tag{8.188}$$

同理

$$\frac{p_{02}}{p_{01}} = \frac{p_{02}}{p_{0*}} \cdot \frac{p_{0*}}{p_{01}} = \frac{M_1}{M_2}\left[\frac{1+\frac{k-1}{2}M_2^2}{1+\frac{k-1}{2}M_1^2}\right]^{\frac{k+1}{2(k-1)}} = \frac{M_1}{M_2}\left[\frac{2+(k-1)M_2^2}{2+(k-1)M_1^2}\right]^{\frac{k+1}{2(k-1)}} \quad (8.189)$$

式中：p_0、p_{01} 和 p_{02} 分别为对应于马赫数 M、M_1 和 M_2 截面上气流的滞止压力；p_{0*} 为对应于马赫数 $M=1$ 截面上气流的滞止压力。以上各式已制成热力学函数表，工程应用中可直接查表计算。

例 8.15 氮气在直径 $d=200$ mm，阻力系数 $\bar{\lambda}=0.025$ 的等截面管道内做绝热流动，已知管道进口截面上的气流参量为 $p_1=300$ kPa，$t_1=40$ ℃，$u_1=550$ m/s。求：

(1) 管道的最大长度和相应的出口压力、温度和速度值；

(2) 进口截面至 $M_2=1.3$ 处的管段长度和该截面上的压力、温度和速度值。

解 (1) 根据管进口截面上的气流参量，可得到进口马赫数为

$$M_1 = \frac{u_1}{a_1} = \frac{u_1}{\sqrt{kRT_1}} = \frac{550}{\sqrt{1.4 \times 296.8 \times 313}} = 1.525$$

由式(8.177)得到对应于 M_1 的管道的最大长度(极限管长)为

$$L_{1\max} = \frac{D}{\bar{\lambda}}\left[\frac{1-M_1^2}{kM_1^2} + \frac{k+1}{2k}\ln\frac{(k+1)M_1^2}{2+(k-1)M_1^2}\right]$$

$$= \frac{0.20}{0.025}\left[\frac{1-1.525^2}{1.4 \times 1.525^2} + \frac{1.4+1}{2 \times 1.4}\ln\frac{(1.4+1) \times 1.525^2}{2+(1.4+1) \times 1.525^2}\right] = 1.16(\text{m})$$

由式(8.186)和式(8.180)得

$$p_* = p_1 M_1 \left[\frac{2+(k-1)M_1^2}{k+1}\right]^{\frac{1}{2}}$$

$$= 300 \times 1.525 \times \left[\frac{2+(1.4-1) \times 1.525^2}{1.4+1}\right]^{\frac{1}{2}} = 506(\text{kPa})$$

$$T_* = T_1 \frac{2+(k-1)M_1^2}{k+1} = 313 \times \frac{2+(1.4-1) \times 1.525^2}{1.4+1} = 382(\text{K})$$

出口临界速度值为

$$u_* = \sqrt{kRT_*} = \sqrt{1.4 \times 296.8 \times 382} = 398(\text{m/s})$$

(2) 将 $M_2=1.3$ 代入式(8.177)，得到对应于 M_2 的管道最大长度为

$$L_{2\max} = \frac{D}{\bar{\lambda}}\left[\frac{1-M_2^2}{kM_2^2} + \frac{k+1}{2k}\ln\frac{(k+1)M_2^2}{2+(k-1)M_2^2}\right]$$

$$= \frac{0.20}{0.025}\left[\frac{1-1.3^2}{1.4 \times 1.3^2} + \frac{1.4+1}{2 \times 1.4}\ln\frac{(1.4+1) \times 1.3^2}{2+(1.4+1) \times 1.3^2}\right] = 0.52(\text{m})$$

所以，进口截面至 $M_2=1.3$ 处的管段长度为

$$l = L_{1\max} - L_{2\max} = 1.16 - 0.52 = 0.64(\text{m})$$

由式(8.187)和式(8.181)，得

$$p_2 = p_1 \frac{M_1}{M_2}\left[\frac{2+(k-1)M_1^2}{2+(k-1)M_2^2}\right]^{\frac{1}{2}}$$

$$= 300 \times \frac{1.525}{1.3} \times \left[\frac{2+(1.4-1) \times 1.525^2}{2+(1.4-1) \times 1.3^2}\right]^{\frac{1}{2}} = 368(\text{kPa})$$

$$T_2 = T_1 \frac{2+(k-1)M_1^2}{2+(k-1)M_2^2} = 313 \times \frac{2+(1.4-1) \times 1.525^2}{2+(1.4-1) \times 1.3^2} = 343(\text{K})$$

对应于 M_2 截面上的气流速度值为

$$u_2 = M_2 a_2 = M_2 \sqrt{kRT_2} = 1.3 \times \sqrt{1.4 \times 296.8 \times 343} = 491(\text{m/s})$$

8.14 等截面无摩擦非绝热管道中流体的流动

在工程实际中除了有摩擦之外，有热交换的气体的流动也是很多的，如气体在燃烧室中因燃料的燃烧而获得大量的热能；在锅炉过热器中，干蒸气在流动中继续被加热；高温高压的气体在输送中逐渐被冷却等。本节将主要讨论完全气体通过等截面管道无摩擦而有热量交换的流动情况。

8.14.1 等截面无摩擦非绝热管流的基本方程

图 8.57 为一等截面无摩擦有热交换的管道，在长度为 l 的管段中取出一微元管长为 $\mathrm{d}x$ 的管段作为控制体，如图中虚线部分所示。流动中流体与外界有热量交换，单位质量流体的热交换量为 $\mathrm{d}\dot{q}$，$\mathrm{d}\dot{q} > 0$ 时流体被加热；$\mathrm{d}\dot{q} < 0$ 时流体被冷却。这种流体的流动称为瑞利流动。这种流动应满足以下基本方程：

连续性方程

$$\dot{G} = \rho u = \rho_1 u_1 = \rho_2 u_2$$

$$\frac{\mathrm{d}\rho}{\rho} + \frac{\mathrm{d}u}{u} = 0$$

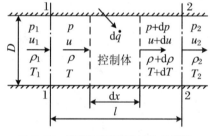

图 8.57 等截面无摩擦非绝热管流

能量方程

$$i_1 + \frac{u_1^2}{2} + \dot{q} = i_2 + \frac{u_2^2}{2} \tag{8.190}$$

或

$$i_{01} + \dot{q} = i_{02} \tag{8.191}$$

$$\mathrm{d}i_0 = \mathrm{d}i + u\mathrm{d}u = \mathrm{d}\dot{q} \tag{8.192}$$

动量方程

$$p_1 - p_2 = \rho_2 u_2^2 - \rho_1 u_1^2$$

或

$$p_1 + \rho_1 u_1^2 = p_2 + \rho_2 u_2^2$$

$$\mathrm{d}p + \rho u\mathrm{d}u = 0$$

状态方程

$$p = \rho RT$$

$$\frac{dp}{p} = \frac{d\rho}{\rho} + \frac{dT}{T}$$

焓的变化

$$i_2 - i_1 = C_p(T_2 - T_1)$$
$$di = C_p dT$$

熵的变化

$$s_2 - s_1 = C_p \ln \frac{T_2}{T_1} - R \ln \frac{p_2}{p_1} = R \ln \left[\left(\frac{T_2}{T_1}\right)^{\frac{k}{k-1}} \left(\frac{p_1}{p_2}\right) \right]$$

$$ds = C_p \frac{dT}{T} - R \frac{dp}{p} = R \left(\frac{k}{k-1} \frac{dT}{T} - \frac{dp}{p} \right)$$

8.14.2 瑞利线及瑞利流参量沿程的变化趋势

考虑到以上完全气体在等截面无摩擦有热交换管道内流动的基本方程和气体热力状态的关系，可以用 i-s 图来表示瑞利流动的参量间的关系，如图 8.58 所示。图中曲线称为瑞利线，它是在质量密流 $\dot{G}$ 和沿管道单位面积的气流冲量 $(p + \rho u^2)$ 不变的情况下作出的，该曲线显示了完全气体在等截面无摩擦非绝热的管道中流动时，由于热交换而对气流参量变化的影响。

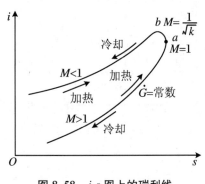

图 8.58　i-s 图上的瑞利线

图 8.58 中瑞利线上熵 s 的变化是由于完全气体与管壁面间有热量交换而产生的。a 点上的熵值为质量密流 $\dot{G}$ 给定条件下的最大熵值。它把曲线分成上、下两支，上支表示有热交换的亚音速流动（$M<1$），下支表示有热交换的超音速流动（$M>1$）。这条曲线说明：

（1）亚音速气流在等截面无摩擦的管道内流动被加热时（$d\dot{q}>0$），其焓值升高，流速增加，马赫数增大。但是焓值 i 的升高有一个极大值 i_{max}，如图 8.58 中的 b 点所示，在 b 点上 $i = i_{max}$，$M = 1/\sqrt{k}$。从 b 点到最大熵值点 a 点间，气流的焓值有所下降，即虽然气流被加热，但其温度在该区间内却有所降低，而流速和马赫数仍在增加，到达最大熵值点 a 处，流速达到临界音速 $u_* = a_*$，马赫数增加到 $M=1$，流动达到临界状态；相反，当亚音速气流在流动中被冷却时（$d\dot{q}<0$），其焓值下降，流速减小，马赫数减小。但在 a 点到 b 点之间，焓值有所升高。

（2）超音速气流在等截面无摩擦的管道内流动被加热时（$d\dot{q}>0$），其焓值升高，流速减小，马赫数减小。当达到最大熵值点 a 点时，其流速降至临界音速 $u_* = a_*$，马赫数减小到 $M=1$；当超音速气流在流动中被冷却时（$d\dot{q}<0$），其焓值下降，流速增加，马赫数增大。

由此可知，不论是亚音速气流还是超音速气流，加热的作用就相当于摩擦，它总是使气流的马赫数趋近于 1，而冷却的作用则总是使气流的马赫数向远离 1 的方向变化。因而，单纯加热是不可能使亚音速气流连续地变成超音速气流的，也不可能使超音速气流连续地变成亚音速气流。这就是说，不论是亚音速气流还是超音速气流，在等截面无摩擦的管道内流动被加热时,其最终的流动马赫数 M 都趋近于 1,流动达到临界状态,流速为临界音速。

上述规律可以证明如下:

由连续性方程微分式

$$\frac{\mathrm{d}\rho}{\rho} = -\frac{\mathrm{d}u}{u} \tag{8.193}$$

和状态方程微分式

$$\frac{\mathrm{d}p}{p} = \frac{\mathrm{d}\rho}{\rho} + \frac{\mathrm{d}T}{T} \tag{8.194}$$

又知

$$\mathrm{d}i = C_\mathrm{p}\mathrm{d}T = \frac{kR}{k-1}\mathrm{d}T \tag{8.195}$$

将式(8.195)代入式(8.192),有

$$\mathrm{d}\dot{q} = \mathrm{d}i + u\mathrm{d}u = \frac{kR}{k-1}\mathrm{d}T + u\mathrm{d}u \tag{8.196}$$

考虑到 $a^2 = kRT$,则

$$\mathrm{d}\dot{q} = \frac{a^2}{k-1}\frac{\mathrm{d}T}{T} + u\mathrm{d}u$$

或

$$\frac{\mathrm{d}\dot{q}}{a^2} = \frac{1}{k-1}\frac{\mathrm{d}T}{T} + M^2\frac{\mathrm{d}u}{u} \tag{8.197}$$

根据式(8.193)和式(8.194),有

$$\frac{\mathrm{d}T}{T} = \frac{\mathrm{d}p}{p} - \frac{\mathrm{d}\rho}{\rho} = \frac{\mathrm{d}p}{p} + \frac{\mathrm{d}u}{u} \tag{8.198}$$

将式(8.198)代入式(8.197),得到

$$\frac{\mathrm{d}\dot{q}}{a^2} = \frac{1}{k-1}\left(\frac{\mathrm{d}p}{p} + \frac{\mathrm{d}u}{u}\right) + M^2\frac{\mathrm{d}u}{u} \tag{8.199}$$

根据动量方程微分式

$$\mathrm{d}p + \rho u\mathrm{d}u = 0 \tag{8.200}$$

和音速公式

$$a^2 = k\frac{p}{\rho} \tag{8.201}$$

得

$$\frac{\mathrm{d}p}{\rho} = -u\mathrm{d}u = -k\frac{p}{\rho}\frac{u^2}{a^2}\frac{\mathrm{d}u}{u} = -k\frac{p}{\rho}M^2\frac{\mathrm{d}u}{u}$$

或

$$\frac{\mathrm{d}p}{p} = -kM^2\frac{\mathrm{d}u}{u} \tag{8.202}$$

将式(8.202)代入式(8.199),得到

$$\frac{\mathrm{d}\dot{q}}{a^2} = \frac{1}{k-1}\left(-kM^2\frac{\mathrm{d}u}{u} + \frac{\mathrm{d}u}{u}\right) + M^2\frac{\mathrm{d}u}{u} = \frac{1}{k-1}(1-M^2)\frac{\mathrm{d}u}{u} \tag{8.203}$$

注意到 $i = C_\mathrm{p}T = \frac{kR}{k-1}T = \frac{a^2}{k-1}$,则上式可写成

$$(1 - M^2)\frac{\mathrm{d}u}{u} = \frac{\mathrm{d}\dot{q}}{i} \tag{8.204}$$

从式(8.204)可以证明加热或冷却对亚音速气流和超音速气流的影响。即：

当气流加热流动，$\mathrm{d}\dot{q}>0, M<1$ 时，$1-M^2>0$，则 $\mathrm{d}u/u>0$，气流加速；

当气流加热流动，$\mathrm{d}\dot{q}>0, M>1$ 时，$1-M^2<0$，则 $\mathrm{d}u/u<0$，气流减速；

当气流冷却流动，$\mathrm{d}\dot{q}<0, M<1$ 时，$1-M^2>0$，则 $\mathrm{d}u/u<0$，气流减速；

当气流冷却流动，$\mathrm{d}\dot{q}<0, M>1$ 时，$1-M^2<0$，则 $\mathrm{d}u/u>0$，气流加速。

总结以上讨论的结果，将完全气体在等截面无摩擦有热交换的管道内流动时，各参量沿程的变化规律列于表 8.7 中。

表 8.7 等截面无摩擦非绝热管流各参量沿程的变化趋势

热交换		气 流 参 量
		T_0	p_0	ρ_0	s	i		T		p	ρ	u	a		M
加热	$M<1$	↑	↓	↓	↑	$M<\frac{1}{\sqrt{k}}$ ↑	$M>\frac{1}{\sqrt{k}}$ ↓	$M<\frac{1}{\sqrt{k}}$ ↑	$M>\frac{1}{\sqrt{k}}$ ↓	↓	↓	↑	$M<\frac{1}{\sqrt{k}}$ ↑	$M>\frac{1}{\sqrt{k}}$ ↓	↑
	$M>1$	↑	↓	↓	↑	↑		↑		↑	↑	↓	↑		↓
冷却	$M<1$	↓	↑	↑	↓	$M<\frac{1}{\sqrt{k}}$ ↓	$M>\frac{1}{\sqrt{k}}$ ↑	$M<\frac{1}{\sqrt{k}}$ ↓	$M>\frac{1}{\sqrt{k}}$ ↑	↑	↑	↓	$M<\frac{1}{\sqrt{k}}$ ↓	$M>\frac{1}{\sqrt{k}}$ ↑	↓
	$M>1$	↓	↑	↑	↓	↓		↓		↓	↓	↑	↓		↑

8.14.3 瑞利流参量变化关系式

上面我们已经讨论了有热交换的等截面无摩擦管道内流体流动的瑞利线，现在将进一步研究流动参量与马赫数间的关系。我们仍取临界参量作为参考量，利用上述基本方程组，可得到各截面上的气流参量与相应马赫数的无因次关系式。

1. 压力与马赫数的关系式

根据动量方程和音速公式，有

$$p + \rho u^2 = p\left(1 + \frac{k\rho u^2}{kp}\right) = p(1 + kM^2)$$

所以

$$\frac{p}{p_*} = \frac{1+k}{1+kM^2} \tag{8.205}$$

$$\frac{p_2}{p_1} = \frac{1+kM_1^2}{1+kM_2^2} \tag{8.206}$$

2. 温度与马赫数的关系式

根据连续性方程、状态方程和音速公式，有

$$\dot{G} = \rho u = \frac{p}{RT}M\sqrt{kRT} = \frac{pM}{\sqrt{T}}\sqrt{\frac{k}{R}}$$

或者

$$\frac{p^2 M^2}{T} = 常数$$

所以有

$$\frac{p^2 M^2}{T} = \frac{p_*^2}{T_*} = \frac{p_1^2 M_1^2}{T_1} = \frac{p_2^2 M_2^2}{T_2}$$

由此得到

$$\frac{T}{T_*} = M^2 \left(\frac{p}{p_*}\right)^2 = M^2 \left(\frac{1+k}{1+kM^2}\right)^2 \tag{8.207}$$

$$\frac{T_2}{T_1} = \frac{M_2^2}{M_1^2}\left(\frac{p_2}{p_1}\right)^2 = \frac{M_2^2}{M_1^2}\left(\frac{1+kM_1^2}{1+kM_2^2}\right)^2 \tag{8.208}$$

3. 密度与马赫数的关系式

根据状态方程,有

$$\frac{\rho}{\rho_*} = \frac{p}{p_*} \cdot \frac{T_*}{T} = \frac{1+k}{1+kM^2} \cdot \frac{(1+kM^2)^2}{M^2(1+k)^2} = \frac{1}{M^2}\frac{1+kM^2}{1+k} \tag{8.209}$$

$$\frac{\rho_2}{\rho_1} = \frac{p_2}{p_1} \cdot \frac{T_1}{T_2} = \frac{1+kM_1^2}{1+kM_2^2} \cdot \frac{M_1^2}{M_2^2} \cdot \frac{(1+kM_2^2)^2}{(1+kM_1^2)^2} = \frac{M_1^2}{M_2^2}\frac{1+kM_2^2}{1+kM_1^2} \tag{8.210}$$

4. 流速与马赫数的关系式

根据连续性方程,有

$$\frac{u}{u_*} = \frac{\rho_*}{\rho} = M^2 \frac{1+k}{1+kM^2} \tag{8.211}$$

$$\frac{u_2}{u_1} = \frac{\rho_1}{\rho_2} = \frac{M_2^2}{M_1^2}\frac{1+kM_1^2}{1+kM_2^2} \tag{8.212}$$

5. 当地滞止温度与相应马赫数的关系式

根据滞止温度的定义和式(8.53),有

$$T_0 = T\left(1 + \frac{k-1}{2}M^2\right)$$

则

$$\frac{T_0}{T_{0*}} = \frac{T}{T_*}\left[\frac{1+\frac{k-1}{2}M^2}{1+\frac{k-1}{2}}\right] = M^2\left(\frac{1+k}{1+kM^2}\right)^2 \frac{2+(k-1)M^2}{k+1} \tag{8.213}$$

$$\frac{T_{02}}{T_{01}} = \frac{T_2}{T_1}\left[\frac{1+\frac{k-1}{2}M_2^2}{1+\frac{k-1}{2}M_1^2}\right] = \frac{M_2^2}{M_1^2}\left(\frac{1+kM_1^2}{1+kM_2^2}\right)^2 \frac{2+(k-1)M_2^2}{2+(k-1)M_1^2} \tag{8.214}$$

6. 当地滞止压力与相应马赫数的关系式

根据滞止压力与滞止温度的关系式 $p_0 = p\left(\frac{T_0}{T}\right)^{\frac{k}{k-1}}$,有

$$\frac{p_0}{p_{0*}} = \frac{p}{p_*}\left(\frac{T_0}{T_{0*}} \cdot \frac{T_*}{T}\right)^{\frac{k}{k-1}} = \frac{1+k}{1+kM^2}\left[\frac{2+(k-1)M^2}{k+1}\right]^{\frac{k}{k-1}} \tag{8.215}$$

$$\frac{p_{02}}{p_{01}} = \frac{p_2}{p_1}\left(\frac{T_{02}}{T_{01}} \cdot \frac{T_1}{T_2}\right)^{\frac{k}{k-1}} = \frac{1+kM_1^2}{1+kM_2^2}\left[\frac{2+(k-1)M_2^2}{2+(k-1)M_1^2}\right]^{\frac{k}{k-1}} \tag{8.216}$$

7. 熵变与相应马赫数的关系式

$$s_{\max} - s = R\ln\left[\left(\frac{T_*}{T}\right)^{\frac{k}{k-1}}\frac{p}{p_*}\right] = R\ln\left[\left(\frac{1}{M}\right)^{\frac{2k}{k-1}}\left(\frac{1+kM^2}{1+k}\right)^{\frac{k+1}{k-1}}\right] \tag{8.217}$$

$$s_2 - s_1 = R\ln\left[\left(\frac{T_2}{T_1}\right)^{\frac{k}{k-1}}\frac{p_1}{p_2}\right] = R\ln\left[\left(\frac{M_2}{M_1}\right)^{\frac{2k}{k-1}}\left(\frac{1+kM_1^2}{1+kM_2^2}\right)^{\frac{k+1}{k-1}}\right] \tag{8.218}$$

瑞利流动的各流动参量与马赫数的函数关系已制成热力学函数表,工程应用时可以直接查表计算。

例 8.16 空气流入一等截面直管道,设入口温度为 300 K,压力为 0.2 MPa,马赫数为 0.2,不计摩擦阻力,依靠加热使气流加速。试求:
(1) 管道出口 $M=1$ 时,单位质量气体所获得的热量。
(2) 出口截面上的临界温度、临界压力及临界滞止压力。

解 (1) 根据式(8.53)和式(8.213),得

$$T_{01} = T_1\left(1 + \frac{k-1}{2}M_1^2\right) = 300\times\left(1 + \frac{1.4-1}{2}\times 0.2^2\right) = 302(\text{K})$$

$$T_{0*} = \frac{T_{01}}{M_1^2\left(\frac{1+k}{1+kM_1^2}\right)^2\frac{2+(k-1)M_1^2}{k+1}}$$

$$= \frac{302}{0.2^2\times\left(\frac{1+1.4}{1+1.4\times 0.2^2}\right)^2\frac{2+(1.4-1)\times 0.2^2}{1.4+1}} = 1\,740(\text{K})$$

由式(8.191)可算得管出口 $M=1$ 时,单位质量气体所获得的热量为

$$\dot{q} = C_p(T_{0*} - T_{01}) = \frac{kR}{k-1}(T_{0*} - T_{01})$$

$$= \frac{1.4\times 287}{1.4-1}\times(1\,740 - 302) = 1.44\times 10^6(\text{J/kg})$$

(2) 根据式(8.207)和式(8.205),可以得到出口截面上的临界温度和临界压力分别为

$$T_* = T_1\frac{(1+kM_1^2)^2}{M_1^2(1+k)^2} = 300\times\frac{(1+1.4\times 0.2^2)^2}{0.2^2\times(1+1.4)^2} = 1\,452(\text{K})$$

$$p_* = p_1\frac{1+kM_1^2}{1+k} = 0.2\times 10^3\times\frac{1+1.4\times 0.2^2}{1+1.4} = 88.0(\text{kPa})$$

由式(8.55)和式(8.215)可得到出口截面上的临界滞止压力

$$p_{01} = p_1\left(1+\frac{k-1}{2}M_1^2\right)^{\frac{k}{k-1}} = 0.2\times 10^3\times\left(1+\frac{1.4-1}{2}\times 0.2^2\right)^{\frac{1.4}{1.4-1}} = 205.7(\text{kPa})$$

$$p_{0*} = p_{01}\frac{1+kM_1^2}{1+k}\left[\frac{k+1}{2+(k-1)M_1^2}\right]^{\frac{k}{k-1}}$$

$$= 205.7\times\frac{1+1.4\times 0.2^2}{1+1.4}\left[\frac{1.4+1}{2+(1.4-1)\times 0.2^2}\right]^{\frac{1.4}{1.4-1}} = 167(\text{kPa})$$

8.15 等截面有摩擦非绝热管道中流体的等温流动

上两节我们分别讨论了完全气体在等截面有摩擦的绝热管道中流动以及在等截面无摩擦有热交换的管道中流动的特征和规律,本节将进一步讨论完全气体在等截面有摩擦、有热量交换的管道中做等温流动的特征和规律。在工程实际中,如果管道很长,流速不是很大,气体与外界能够进行充分的热量交换,使气流基本上保持着与周围环境相同的温度,这类管道可按等温流动来处理,如氮气管道、煤气管道和压缩空气管道等。

8.15.1 等截面有摩擦等温管流的基本方程

实际气体在等截面有摩擦有热量交换的管道中做等温流动时,其流动参量的变化是由于气体的黏性摩擦作用以及与外界进行热量交换作用共同造成的(图 8.59)。对于等截面管道内的等温流动,因管道截面积 A = 常数、温度 T = 常数,因此,其基本方程可进一步简化。

连续性方程

$$\dot{G} = \rho u = \rho_1 u_1 = \rho_2 u_2$$

$$\frac{\mathrm{d}\rho}{\rho} + \frac{\mathrm{d}u}{u} = 0$$

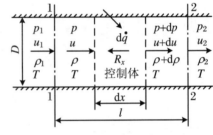

图 8.59 等截面有摩擦等温管流

能量方程:因为在等温流动中,温度 T 为已知常数,未知参量一般只有 u、p、ρ 三个,故无须能量方程。如果需要分析吸热和放热情况,以及滞止温度 T_0 的变化情况等,可用以下能量方程。

$$i_{01} + \dot{q} = i_{02} \quad \text{或} \quad \frac{u_1^2}{2} + \dot{q} = \frac{u_2^2}{2}$$

$$\mathrm{d}i_0 = u\mathrm{d}u = \mathrm{d}\dot{q}$$

动量方程

$$p_1 - p_2 - \frac{R_x}{A} = \dot{G}(u_2 - u_1)$$

$$\frac{\mathrm{d}p}{\rho} + u\mathrm{d}u + \lambda\frac{\mathrm{d}x}{D}\frac{u^2}{2} = 0 \tag{8.171}$$

状态方程

$$\frac{p_1}{\rho_1} = \frac{p_2}{\rho_2} = \frac{p}{\rho}$$

$$\frac{\mathrm{d}p}{p} = \frac{\mathrm{d}\rho}{\rho}$$

熵的变化

$$s_2 - s_1 = -R\ln\frac{p_2}{p_1} = R\ln\frac{p_1}{p_2}$$

$$ds = -R\frac{dp}{p}$$

8.15.2　等截面有摩擦等温管流参量沿程的变化趋势

通过对上述基本方程的分析,可以找到等截面摩擦管内等温流动各参量沿程的变化趋势。用 p/ρ 去除上述等温流动的动量微分方程式(8.171),得

$$\frac{dp}{p} + \frac{\rho u du}{p} + \frac{\rho u^2}{p}\frac{\lambda dx}{2D} = 0 \tag{8.219}$$

在等温流动中,T = 常数,因而 $a = \sqrt{kRT}$ = 常数。

由 $u = Ma$,得

$$du = adM, \quad \frac{du}{u} = \frac{dM}{M}$$

由状态方程和连续性方程,得

$$\frac{dp}{p} = \frac{d\rho}{\rho} = -\frac{du}{u} = -\frac{dM}{M} \tag{8.220}$$

而

$$\frac{\rho u du}{p} = \frac{u du}{RT} = \frac{a^2 M dM}{RT} = kMdM \tag{8.221}$$

$$\frac{\rho u^2}{p} = \frac{a^2 M^2}{RT} = kM^2 \tag{8.222}$$

将式(8.220)~式(8.222)三式代入式(8.219)中,得

$$-\frac{dM}{M} + kMdM + kM^2\frac{\lambda dx}{2D} = 0$$

整理后得

$$(1 - kM^2)\frac{dM}{M} = \lambda\frac{dx}{D}\frac{kM^2}{2} \tag{8.223}$$

或写成

$$(1 - kM^2)\frac{du}{u} = \lambda\frac{dx}{D}\frac{kM^2}{2} \tag{8.224}$$

因为在流动过程中 x 总是增加的,即沿流动方向 dx 永为正值。由式(8.223)和式(8.224)可以看出,当 $M<1/\sqrt{k}$ 时,$1 - kM^2>0$,等号的两边为同号,因此 $du>0$,$dM>0$,这说明此时的气体在等截面有摩擦的管道中做等温流动时,其流速和马赫数沿程不断增大,同时,其压力和密度沿程不断减小,极限情况是在管末端处,$M = 1/\sqrt{k}$。在这种情况下,要维持等温流动,气流必须不断地从外界吸收热量来补充才能够保持温度平衡,因此其滞止温度沿程将不断升高;当 $M>1/\sqrt{k}$ 时,$1 - kM^2<0$,等号的两边为异号,因此 $du<0$,$dM<0$,这说明此时的气体在等截面有摩擦的管道中做等温流动时,其流速和马赫数沿程不断减小,同时,其压力和密度沿程不断增加,极限情况是在管末端处,$M = 1/\sqrt{k}$。在这种情况下,气流必须不断地向外界放出热量才能够维持其等温流动,因此其滞止温度沿程将不断降低。

表8.8列出了完全气体在等截面有摩擦、有热量交换的管道中做等温流动时,各流动参量沿程的变化趋势。

表 8.8 等截面有摩擦等温管流各参量沿程的变化趋势

流动区域	气流参量					
	T_0	s	p	ρ	u	M
亚音速区 $M<1/\sqrt{k}$	↑	↑	↓	↓	↑	↑
亚音速或超音速区 $M>1/\sqrt{k}$	↓	↓	↑	↑	↓	↓

8.15.3 等截面有摩擦等温管流的压降及流量计算

等截面有摩擦等温管流的动量微分方程式为

$$\frac{\mathrm{d}p}{\rho} + u\mathrm{d}u + \lambda \frac{\mathrm{d}x}{D}\frac{u^2}{2} = 0$$

上式各项同除以 $\dfrac{u^2}{2}$，得

$$2\frac{\mathrm{d}p}{\rho u^2} + 2\frac{\mathrm{d}u}{u} + \frac{\lambda}{D}\mathrm{d}x = 0 \tag{8.225}$$

由等温流动的连续性方程和状态方程，得

$$\frac{u_1}{u} = \frac{\rho}{\rho_1} = \frac{p}{p_1}$$

故

$$\frac{1}{\rho u^2} = \frac{1}{\rho_1 u_1^2}\frac{u_1}{u} = \frac{1}{\rho_1 u_1^2}\frac{p}{p_1}$$

将上式代入式(8.225)，并沿长度为 l 的 1、2 两截面间的管段积分，得

$$\frac{2}{\rho u_1^2 p_1}\int_{p_1}^{p_2} p\mathrm{d}p + 2\int_{u_1}^{u_2}\frac{\mathrm{d}u}{u} + \int_0^l \frac{\lambda}{D}\mathrm{d}x = 0$$

因 $\lambda = f\left(Re\,\dfrac{\Delta}{D}\right)$，而 $Re = \dfrac{\rho u D}{\mu}$，在等截面管道中 $D=$ 常数，$\rho u=$ 常数；在等温流动中 $\mu=$ 常数，因此，Re 和 Δ/D 均为常数，故流体在等截面管道中做等温流动时，其沿程阻力系数 λ 沿程不变，其值可参照不可压缩流体的情况选取。上式积分结果为

$$\frac{p_2^2 - p_1^2}{\rho_1 u_1^2 p_1} + 2\ln\frac{u_2}{u_1} + \lambda\frac{l}{D} = 0$$

或写成

$$p_1^2 - p_2^2 = \rho_1 u_1^2 p_1 \left(2\ln\frac{u_2}{u_1} + \lambda\frac{l}{D}\right) \tag{8.226}$$

如果管道较长，$2\ln\dfrac{u_2}{u_1} \ll \lambda\dfrac{l}{D}$，$2\ln\dfrac{u_2}{u_1}$ 项可以略去不计，则得到等温流动的压降近似计算式为

$$p_1^2 - p_2^2 = \lambda\frac{l}{D}\rho_1 u_1^2 p_1 = 2p_1\lambda\frac{l}{D}\frac{\rho_1 u_1^2}{2} \tag{8.227}$$

或

$$p_2 = p_1\sqrt{1 - \lambda\frac{l}{D}\frac{\rho_1 u_1^2}{p_1}} = p_1\sqrt{1 - \lambda\frac{l}{D}\frac{u_1^2}{RT}} = p_1\sqrt{1 - \lambda\frac{l}{D}kM_1^2} \tag{8.228}$$

将 $u_1 = \dfrac{G}{\rho_1 A} = \dfrac{4G}{\rho_1 \pi D^2}$ 代入式(8.227)，注意到 $p_1/\rho_1 = RT$，即得到等截面管道中等温流动的流体的质量流量近似计算式

$$G = A\sqrt{\dfrac{p_1^2 - p_2^2}{\lambda \dfrac{l}{D}RT}} = \sqrt{\dfrac{\pi^2 D^5}{16\lambda l RT}(p_1^2 - p_2^2)} \tag{8.229}$$

8.15.4　等截面有摩擦等温管流的极限管长

根据前面对等截面摩擦管中等温流动的流体各参量沿程的变化趋势分析可知，无论进口截面马赫数是小于还是大于 $1/\sqrt{k}$，M 沿流程总是向着趋近于 $1/\sqrt{k}$ 变化，因此在管道中间就不可能出现由 $M<1/\sqrt{k}$ 变为 $M>1/\sqrt{k}$，或由 $M>1/\sqrt{k}$ 变为 $M<1/\sqrt{k}$ 的临界截面，临界截面只能出现在管道出口截面上。也就是说，在等截面有摩擦的管道中做等温流动的流体不可能由 $M<1/\sqrt{k}$ 连续地加速到 $M>1/\sqrt{k}$，也不可能由 $M>1/\sqrt{k}$ 连续地减速到 $M<1/\sqrt{k}$，其极限的情况 $M=1/\sqrt{k}$ 只可能出现在管道的出口截面上。当管道出口截面上的马赫数 $M=1/\sqrt{k}$ 时，相应的管长就是等温流的极限管长 $L_{\max}$。如果实际管长大于极限管长，则管内流动将出现壅塞现象。

将式(8.223)进一步整理成

$$\lambda \dfrac{\mathrm{d}x}{D} = \dfrac{2(1-kM^2)}{kM^3}\mathrm{d}M = \dfrac{1-kM^2}{kM^4}\mathrm{d}M^2$$

取积分上、下限：$x=0$ 时，$M=M$；$x=L_{\max}$ 时，$M=1/\sqrt{k}$。对上式积分，得到等截面摩擦管内等温流动的极限管长计算式

$$\lambda \dfrac{L_{\max}}{D} = \dfrac{1-kM^2}{kM^2} + \ln(kM^2) \tag{8.230}$$

由式(8.230)看出，$\lambda L_{\max}/D$ 只是初始马赫数 M 的函数，在已知管径和沿程阻力系数的情况下，给出一个初始马赫数 M，就可以算出相应的极限管长 $L_{\max}$。

8.15.5　等截面有摩擦等温管流参量变化关系式

对于在等截面有摩擦的管道中做等温流动的流体，其流动参量变化关系式非常简单。我们用下标"Δ"来表示在 $M=1/\sqrt{k}$ 极限情况下的参量，并用该条件下的参量作为参考量。注意到等温流动 $a=$ 常数，可得到以下各气流参量与相应马赫数的无因次函数关系式。

$$\dfrac{u}{u_\Delta} = \dfrac{Ma}{M_\Delta a_\Delta} = \dfrac{M}{1/\sqrt{k}} = \sqrt{k}M \tag{8.231}$$

$$\dfrac{u_2}{u_1} = \dfrac{M_2 a_2}{M_1 a_1} = \dfrac{M_2}{M_1} \tag{8.232}$$

由等截面等温流动的状态方程和连续性方程，得

$$\dfrac{p}{p_\Delta} = \dfrac{\rho}{\rho_\Delta} = \dfrac{u_\Delta}{u} = \dfrac{1}{\sqrt{k}M} \tag{8.233}$$

$$\frac{p_2}{p_1} = \frac{\rho_2}{\rho_1} = \frac{u_1}{u_2} = \frac{M_1}{M_2} \tag{8.234}$$

在 $M_\Delta = 1/\sqrt{k}$ 极限情况下的气流速度为

$$u_\Delta = M_\Delta a = \frac{\sqrt{kRT}}{\sqrt{k}} = \sqrt{RT} \tag{8.235}$$

由前述的分析可知,在 $M_\Delta = 1/\sqrt{k}$ 时所对应的流体压力 p_Δ 为等截面摩擦管内等温流动的流体(入口马赫数 $M<1/\sqrt{k}$ 时)可能的最小压力,可用 $p_{\min}$ 表示。当管道入口的压力和马赫数分别为 p_1 和 M_1 时,由式(8.233)可算得流体可能的最小压力为

$$p_{\min} = p_\Delta = \sqrt{k} p_1 M_1 \tag{8.236}$$

例 8.17 氦气在直径 $D = 200$ mm,长 $l = 600$ m 的管道中等温流动,已知进口截面的速度 $u_1 = 95$ m/s,压力 $p_1 = 1.4$ MPa,温度 $t = 25$ ℃,氦气的绝热指数 $k = 1.66$,气体常数 $R = 2078$ J/(kg·K),沿程阻力系数 $\lambda = 0.015$。

(1) 求出口截面的压力和流速;
(2) 如按不可压缩流体计算,求出口截面的压力;
(3) 进口截面的流动参量不变,求极限管长;
(4) 如管长为极限管长,求出口截面的压力、流速和马赫数。

解 (1) 求 $l = 600$ m 长的管道出口截面的压力和流速。
由式(8.228),得

$$p_2 = p_1 \sqrt{1 - \lambda \frac{l}{D} \frac{u_1^2}{RT}}$$

$$= 1.4 \times 10^3 \times \sqrt{1 - 0.015 \times \frac{600 \times 95^2}{0.2 \times 2078 \times (273 + 25)}} = 821.3 (\text{kPa})$$

由式(8.234),得

$$u_2 = u_1 \frac{p_1}{p_2} = 95 \times \frac{1.4 \times 10^6}{821.3 \times 10^3} = 162 (\text{m/s})$$

(2) 如按不可压缩流体计算,求 p_2。

$$p_1 - p_2 = \lambda \frac{l}{D} \frac{\rho_1 u_1^2}{2} = \lambda \frac{l}{D} \frac{p_1 u_1^2}{2RT} = 0.015 \times \frac{600 \times 1.4 \times 10^3 \times 95^2}{0.2 \times 2 \times 2078 \times 298} = 459.1 (\text{kPa})$$

所以

$$p_2 = 1400 - 459.1 = 940.9 (\text{kPa})$$

可见,考虑流体的压缩性,其压力沿程下降比不可压缩流体快。

(3) 求极限管长 $L_{\max}$。
因为

$$M_1 = \frac{u_1}{\sqrt{kRT}} = \frac{95}{\sqrt{1.66 \times 2078 \times 298}} = 0.0937$$

由式(8.230),得

$$L_{\max} = \frac{D}{\lambda} \left[\frac{1 - kM_1^2}{kM_1^2} + \ln(kM_1^2) \right]$$

$$= \frac{0.2}{0.015} \left[\frac{1 - 1.66 \times 0.0937^2}{1.66 \times 0.0937^2} + \ln(1.66 \times 0.0937^2) \right] = 845 (\text{m})$$

(4) 如 $l = L_{max}$,求出口截面的 p_Δ、u_Δ 和 M_Δ。

由式(8.236)和式(8.235),得

$$p_\Delta = \sqrt{k}p_1 M_1 = \sqrt{1.66} \times 1.4 \times 10^3 \times 0.0937 = 169.0(\text{kPa})$$

$$u_\Delta = \sqrt{RT} = \sqrt{2078 \times 298} = 787(\text{m/s})$$

$$M_\Delta = \frac{1}{\sqrt{k}} = \frac{1}{\sqrt{2078}} = 0.766$$

习 题 8

8.1 假定声音在完全气体中的传播过程为等温过程,试证其音速计算式为 $a_T = \sqrt{RT}$。

8.2 重量为 2.5 kN 的氧气,温度从 30 ℃ 增加至 80 ℃,求其焓的增加值。

8.3 炮弹在 15 ℃ 的大气中以 950 m/s 的速度射出,求它的马赫数和马赫角。

8.4 在海拔高度小于 11 km 的范围内,大气温度随高度的变化规律为 $T = T_0 - aH$。其中 $T_0 = 288$ K,$a = 0.0065$ K/m。现有一飞机在 10 000 m 高空飞行,速度为 250 m/s,求它的飞行马赫数。若飞机在 8 000 m 高空飞行,飞行马赫数为 1.5,求飞机相对于地面的飞行速度及所形成的马赫角。

8.5 做绝热流动的二氧化碳气体,在温度为 65 ℃ 的某点处的流速为 18 m/s,求同一流线上温度为 30 ℃ 的另一点处的流速值。

8.6 等熵空气流的马赫数为 $M = 0.8$,已知其滞止压力为 $p_0 = 4.9 \times 10^5$ N/m²,滞止温度为 $t_0 = 20$ ℃,试求其滞止音速 a_0、当地音速 a、气流速度 u 及压力 p。

8.7 氢气做绝热流动,已知 1 截面的参量为 $t_1 = 60$ ℃,$u_1 = 10$ m/s,2 截面处 $u_2 = 180$ m/s,求 t_2、M_1 和 M_2 以及 p_2/p_1。

8.8 空气流经一收缩型管嘴做等熵流动,进口截面流动参量为 $p_1 = 140$ kN/m²,$T_1 = 293$ K,$u_1 = 80$ m/s,出口截面 $p_2 = 100$ kN/m²,求出口温度 T_2 和流速 u_2。

8.9 有一充满压缩空气的储气罐,其内绝对压力 $p_0 = 9.8$ MPa,温度 $t_0 = 27$ ℃,打开气门后,空气经渐缩喷管流入大气中,出口处直径 $d_e = 5$ cm,试求空气在出口处的流速和质量流量。

8.10 空气经一收缩型喷管做等熵流动,已知进口截面流动参量为 $u_1 = 128$ m/s,$p_1 = 400$ kN/m²,$T_1 = 393$ K,出口截面温度 $T_2 = 362$ K,喷管进、出口直径分别为 $d_1 = 200$ mm,$d_2 = 150$ mm,求通过喷管的质量流量 G 和出口流速 u_2 及压力 p_2。

8.11 试计算流过进口直径 $d_1 = 100$ mm,绝对压力 $p_1 = 420$ kN/m²,温度 $t_1 = 20$ ℃,喉部直径 $d_2 = 50$ mm,绝对压力 $p_2 = 350$ kN/m² 的文丘里管的空气质量流量。设为等熵过程。

8.12 氨气由大容器中经喷管流出,外界环境压力为 100 kN/m²,容器内气体的温度为 200 ℃,压力为 180 kN/m²,如通过的重量流量为 20 N/s,求喷管直径。设流动为等熵。氨的气体常数为 $R = 482$ J/(kg·K),绝热指数 $k = 1.32$。

8.13 空气流等熵地通过一文丘里管。文丘里管的进口直径 $d_1 = 75$ mm,压力 $p_1 = 138$ kN/m²,温度 $t_1 = 15$ ℃,当流量 $G = 335$ kg/h 时,喉部压力 p_2 不得低于 127.5 kN/m²,问喉部直径为多少?

8.14 空气在直径为 10.16 cm 的管道中等熵流动,其质量流量为 1 kg/s,滞止温度为 38 ℃。在管道某截面处的静压为 41 360 N/m²,试求该截面处的马赫数 M、流速 u 及滞止压力 p_0。

8.15 用毕托管测得空气流的静压为 35 850 N/m²(表压),全压与静压之差为 49.5 cmHg,大气压力为 75.5 cmHg,气流滞止温度为 27 ℃。假定:(1) 空气不可压缩;(2) 空气等熵流动。试计算空气的流速。

8.16 已知正激波后气流参量为 $p_2 = 360$ kN/m²,$t_2 = 50$ ℃,$u_2 = 210$ m/s,试求波前气流的马赫数

M_1 及气流参量 p_1、t_1 和 u_1。

8.17 空气流在管道中产生正激波,已知激波前的参量 $M_1 = 2.5$,$p_1 = 30 \text{ kN/m}^2$,$t_1 = 25 \text{ ℃}$。试求激波后的参量 M_2、p_2、t_2、u_2 及 p_{02}。

8.18 已知正激波上游空气的参量为 $p_1 = 80 \text{ N/m}^2$,$T_1 = 283 \text{ K}$,$u_1 = 500 \text{ m/s}$,求激波下游的参量 p_2、T_2、ρ_2 和 u_2。

8.19 已知管路中正激波前的气流参量为 $u_1 = 920 \text{ m/s}$,$p_1 = 70 \text{ kN/m}^2$,$t_1 = 395 \text{ ℃}$,求激波后的气流参量 u_2、p_2 和 t_2。

8.20 已知一超音速气流以 u_1 流过 $2\theta = 20°$ 的尖楔,在楔形物的顶点处产生斜激波,测得激波角 $\beta = 50°$,激波前的滞止温度 $T_0 = 288 \text{ K}$。求激波前的马赫数 M_1 和速度 u_1。

8.21 一超音速空气流的马赫数 $M_1 = 2.5$,压力 $p_1 = 0.85 \times 10^5 \text{ N/m}^2$,温度 $t_1 = 25 \text{ ℃}$,流过 $\theta = 10°$ 的楔形物体产生斜激波。求激波角 β 和激波后的参量 M_2、p_2、t_2 和 u_2。

8.22 空气流以 $u_1 = 650 \text{ m/s}$ 的超音速绕过 $\theta = 18°$ 的楔形物体流动,在折角处产生斜激波,已知激波角 $\beta = 51°$,求激波后的气流速度及通过激波后的熵值增量。

8.23 已知一超音速气流 $u_1 = 500 \text{ m/s}$,$T_1 = 300 \text{ K}$,$p_1 = 10^5 \text{ Pa}$,现绕外钝角折转 $15°$。试求折转后气流的速度、压力和温度。

8.24 已知一超音速气流 $M_1 = 2.32$,$p_1 = 1.2 \times 10^5 \text{ Pa}$,$t_1 = 30 \text{ ℃}$,现绕 $150°$ 的凸钝角流动。试求下游气流的压力、温度、马赫数和折转角。

8.25 氧气在直径 $d = 200 \text{ mm}$,阻力系数 $\lambda = 0.02$ 的管道中做绝热流动,已知入口截面的流动参量 $p_1 = 450 \text{ kN/m}^2$,$t_1 = 33 \text{ ℃}$,$u_1 = 600 \text{ m/s}$。求极限管长及相应的出口压力、温度和速度值。

8.26 氮气在直径 $d = 300 \text{ mm}$ 的管道中做绝热流动,已知通过的质量流量为 42 kg/s,入口截面的流动参量为 $p_1 = 980 \text{ kN/m}^2$,$t_1 = 60 \text{ ℃}$,出口截面的密度为 $\rho_2 = 0.8\rho_1$,沿程阻力系数 $\lambda = 0.015$,求管道长度。

8.27 空气在 $d = 300 \text{ mm}$ 的管道中做绝热流动,已知入口截面参量 $p_1 = 1.0 \text{ MPa}$,$T_1 = 330 \text{ K}$,出口截面的压力和密度分别为 $p_2 = 0.78 \text{ MPa}$,$\rho_2 = 0.8\rho_1$,沿程阻力系数 $\lambda = 0.02$,求质量流量和管长。

8.28 空气在 $d = 150 \text{ mm}$ 的管道中绝热流动,流量为 2.7 kg/s,沿程阻力系数 $\lambda = 0.018$,起始截面的压力为 180 kPa,温度为 50 ℃,求不发生壅塞的最大管长及相应的出口截面温度和压力。

8.29 16 ℃ 的空气在 $d = 20 \text{ cm}$ 的管道中等温流动,沿管道 3600 m 的压降为 98 kPa,假设入口压力为 490 kPa,沿程阻力系数 $\lambda = 0.03$,求质量流量。

8.30 空气在水平等直径长管中等温流动,断面 1 的参数 $p_1 = 700 \text{ kN/m}^2$,$u_1 = 40 \text{ m/s}$,断面 2 的参数 $p_2 = 280 \text{ kN/m}^2$,温度为 303 K,求在断面 1 和 2 之间每千克气体所增加的动能值。

8.31 已知煤气管路的直径为 200 mm,长度为 3000 m,进口截面绝对压力 $p_1 = 980 \text{ kPa}$,温度 $T_1 = 300 \text{ K}$,出口截面压力 $p_2 = 490 \text{ kPa}$,管道摩擦阻力系数 $\lambda = 0.012$,煤气的气体常数 $R = 490 \text{ J/(kg·K)}$,绝热指数 $k = 1.3$,煤气管路按等温流动考虑,求通过的质量流量和出口马赫数。另计算极限管长及相应的出口压力和流速。

8.32 甲烷气体通过直径 $d = 600 \text{ mm}$,长度 $L = 40 \text{ km}$ 的钢管,从 $p_1 = 420 \text{ kN/m}^2$ 的上游压缩机站输送至 $p_2 = 140 \text{ kN/m}^2$ 的下游出口处,设流动是等温的,$t = 20 \text{ ℃}$,沿程阻力系数 $\lambda = 0.02$,求其质量流量。

8.33 一等温管路长 800 m,入口压力和温度分别为 800 kPa 和 15 ℃,出口压力为 600 kPa,沿程阻力系数为 0.01,要求输送的空气量为 0.3 kg/s,试计算管路应有的直径。

8.34 空气流过一直径 $d = 300 \text{ mm}$ 的管道排入大气中,大气压力为 98.1 kN/m^2,管长 $l = 100 \text{ m}$,空气温度 $t = 32 \text{ ℃}$,通过的质量流量为 13.2 kg/s,沿程阻力系数 $\lambda = 0.015$,如保持等温流动,进口压力为多少(按短管考虑)?

8.35 空气在光滑水平管道中输送,管长为 200 m,管径为 50 mm,摩阻系数 $\lambda = 0.016$,进口处绝对压力为 10^6 N/m^2,温度为 20 ℃,流速为 30 m/s,求沿此管道的压力降。

(1) 气体为不可压缩流体;

(2) 气体为可压缩绝热流动;

(3) 气体为可压缩等温流动。

8.36 空气无摩擦地流过等截面管道，入口气流参量为 $T = 280\text{ K}$，$p = 2.4\times 10^5\text{ N/m}^2$，$M = 0.24$，试问：

(1) 管道出口达到 $M = 1$ 时，每千克气体需要加入多少热量？

(2) 出口截面上的临界压力和临界滞止压力为多少？

(3) 熵值增加多少？

8.37 设空气无摩擦地流入等截面管道，入口处马赫数 $M = 0.2$，温度 $T = 290\text{ K}$，滞止压力 $p_0 = 2.75\times 10^5\text{ N/m}^2$，沿管道有热量加入，使气流出口温度 $T_2 = 1\,200\text{ K}$，试计算气流出口马赫数 M_2。

8.38 空气从一个滞止压力为 $p_0 = 4.8\times 10^5\text{ N/m}^2$ 和滞止温度为 $T_0 = 320\text{ K}$ 的容器中流入内径为 $D = 75\text{ mm}$ 的管道，然后排入大气。沿管道流动过程中，外界输入 335 kJ/kg 的热量。试求：

(1) 管道出口的马赫数 M_2、温度 T_2 和压力 p_2；

(2) 空气的质量流量 G。

第 9 章 紊 流 射 流

在日常生活和工程实际中,会遇到许多射流问题,如冶金工程中的高炉喷吹燃料、转炉吹氧、火焰炉内各种燃料通过烧嘴喷射燃烧等;又如通风空调工程中通过风口的送风等,都属于射流问题。所谓射流是指:流体经由孔口或管嘴喷射到一个足够大的空间后,不再受边壁的限制而继续扩散流动,这种流动称为射流。射流按不同的分类方法,可分为不同的类型。如:

(1) 按射流流体的流动状态不同,可分为层流射流和紊流射流。一般按喷口直径和出口流速计算的雷诺数大于 30 以后即为紊流射流。

(2) 按射流流体的流动速度大小不同,可分为亚音速射流和超音速射流。

(3) 按射流流体在充满静止流体的空间内扩散流动的过程中,是否受到某固体边界的约束,可分为自由射流、半限制射流和限制射流。

(4) 按射流流体在扩散流动过程中是否旋转,可分为旋转射流和非旋转射流。

(5) 按射流管嘴出口截面形状不同,可分为圆形射流(又称轴对称射流)、矩形射流、条缝射流(可按平面射流处理)、环状射流和同心射流等。对于矩形射流,当长宽比小于 3 时,可按轴对称射流考虑,当长宽比大于 10 时,按平面射流考虑。

(6) 按射流流体的流动方向与外界空间内流体的流动方向不同,可分为顺流射流、逆流射流和叉流射流。

(7) 按射流流体与外界空间内流体的温度及浓度不同,可分为温差射流和浓差射流。

(8) 按射流流体内所携带的异相物质的不同,可分为气液两相射流、气固两相射流和液固两相射流以及气液固多相射流等。

由于工程上常见的射流一般都是紊流射流,所以本章主要讨论紊流射流的特征和机理。

9.1 自 由 射 流

当射流流体流入的空间无限大,周围空间介质的温度和密度都与射流流体相同,并且空间内介质是静止不动的,这种情况下的射流流动称为自由淹没射流,简称自由射流。

9.1.1 自由射流的流场结构和基本特征

现以轴对称射流为例。假定气流自直径为 d_0 的管嘴以初始速度 u_0 流出,其方向取 x 轴方向(图 9.1),并假定在管嘴出口截面上速度分布均匀一致,都是 u_0,射流流动为紊流。当射流流体流入空间后,由于流体微团的不规则运动,特别是流体微团的横向脉动速度所造成的与周围介质间进行的质量交换和动量交换,卷吸并带动周围介质流动,结果使射流的质量流量增加,射流边界向外扩展,直径(宽度)增大,并且射流本身的速度逐渐减小,动能也逐渐减小,最后,射流的能量全部消失在这一空间介质中。这种情况犹如射流在该空间介质中淹没了,这就是自由淹没射流的由来。以上论述说明,射流具有抽引和卷吸外界流体进入的能力,这种能力常称为射流的引射能力。

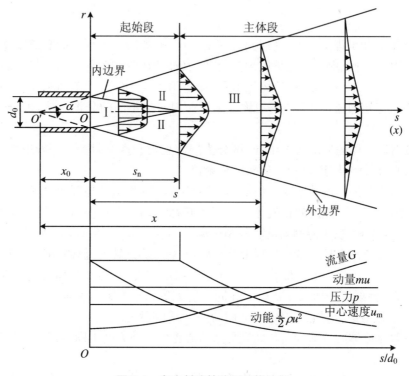

图 9.1 自由射流的流场结构特征

由实验测定及定性观察,得到自由射流的流场结构及特征,如图 9.1 所示。由上图可以看出,紊流自由淹没射流可以划分为以下几个区段:

1. 起始段和射流核心区

射流刚离开管嘴时其速度分布是均匀的,沿 x 方向流动一段距离后,由于射流抽引和卷吸大量周围的流体,使射流的边界越来越宽,而射流的主体速度却逐渐降低,速度值仍等于初始速度 u_0 的区域尺寸逐渐变小。通常我们把速度值仍等于初始速度(喷口速度)的区域称为射流核心区(图 9.1 中的Ⅰ区);把速度等于零的边界称为射流外边界;把速度还保持初始速度的边界称为射流内边界;把射流内、外边界之间的区域称为射流混合层或射流边界层(图 9.1 中的Ⅱ区)。在射流边界层(混合层)内,流体速度由外边界的零逐渐增大到内边界的 u_0,所以其截面上存在很大的速度梯度。射流边界层随着 x 方向射出距离的增加而向两边扩展,这样,沿 x 方向距离越大,射流边界层就越宽,在某一距离处,射流边界层扩展到射流轴线,射流内边界会聚于一点,这时只有射流中心线上的流速还保持初始速度 u_0,射流核心区在此结束。我们把射流的这一截面称为过渡截面或转折截面。实验表明,轴对称自由射流转折截面的半径 R_n 为管嘴出口半径 R_0 的 2.7~3.3 倍。显然,转折截面左侧,射流中心线上的速度都保持着初始速度 u_0,而转折截面以后,射流中心速度将逐渐降低。通常我们把喷口截面至转折截面之间的射流区段称为射流起始段。起始段的长度 s_n 为喷口直径 d_0 的 5.6～6.0 倍。

实验结果及半经验理论都得出,紊流射流的外边界线是一条直线(统计平均值),紊流射流的半径 R 或厚度(半宽度)B 沿轴线 x 方向是线性增长的,即

$$R = kx \quad 或 \quad B = kx$$

这是射流的"几何特征"。k 为实验系数,对于轴对称射流 $k = 3.4a$;对于平面射流 $k = 2.44a$。式中 a 为紊流系数,它取决于管嘴出口截面上流体的紊流度及速度分布的均匀程度,管嘴出口处流体的紊流度越大,流速分布越不均匀,a 值越大。对于轴对称自由射流 $a = 0.07～0.08$,对于平面自由射流 $a = 0.10～0.12$。射流外边界线之间的夹角称为射流扩张角或称射流扩散角,也称射流极角,用 α 表示。由图 9.1 看出,对于轴对称自由射流,有

$$\tan\frac{\alpha}{2} = \frac{R}{x} = k = 3.4a \tag{9.1}$$

由此可见,管嘴出流的紊流系数 a 越大,射流的扩张角也越大。实验得出,紊流射流的扩张角一般为 $24°～30°$,而且主体段与起始段的扩张角是不同的,起始段的扩张角要小一些。

2. 主体段(基本段)

射流转折截面以后至射流最大截面之间的射流区段称为射流主体段或基本段,如图 9.1 中的Ⅲ区所示。实际上,射流的主体段与起始段之间有一个很短的过渡段。一般为了简化射流图形,认为过渡段长度为零,所以主体段与起始段之间只有一个过渡截面,即上述的转折截面。在主体段内,射流中心速度沿流动方向不断地降低,并完全被射流边界层所占据。

大量的实验结果表明,在射流主体段内,各截面上的流速分布具有明显的相似性,这是射流的"运动特征",如后面的图 9.2～图 9.4 所示。所以,射流主体段内的流动区域又被称为自动模化区。

大量的实验还证明,紊流射流中各点的静压力差别不大,可近似认为都等于周围流体介质的静压力。因此,在射流中任取两截面列动量方程时,由于 x 轴方向上外力之和为零,那么,在单位时间内通过紊流射流各截面的流体动量为一常数,并等于射流出口截面上的流体动量,即

$$\beta_0 \rho u_0^2 A_0 = \int_A \rho u_x^2 \mathrm{d}A = 常数 \tag{9.2}$$

式中:A_0 和 u_0 分别为射流出口截面的面积和平均流速;β_0 为出口截面的动量修正系数。射流各截面的动量守恒是射流的"动力特征"。

3. 尾段

射流外边界自喷口截面起,随着 x 方向距离的增加逐渐向外扩张,使边界层越来越厚,理论上可以趋于无限,但实际上射流外边界扩张到一定程度后就停止扩张,并随着射流中心速度的衰减,实际边界由两侧又逐渐向轴线收缩,直至汇合成封闭曲面(或曲线),这时轴线速度衰减为零。射流实际最大截面下游的区域称为射流尾段。在工程实际中主要是使用射流的主体段,对于射流尾段没有什么实用意义。

4. 射流源与射流有效边界

射流主体段的外边界线逆流向延长,相交于 O' 点,这个交点 O' 就称为射流源或射流极点。O' 点可以理解为一圆形喷口缩小为一点或扁平形喷口缩小为一条缝隙,其流体的质量和动量都相当于从这一点(或缝隙)喷出,即 O' 点相当于射流的"源",因此称作射流源。

如图 9.1 所示,有了射流源 O' 点,在射流的流动方向上就有两种坐标:以射流源 O' 点为起点的坐标,用 x 表示;以喷口截面 O 点为起点的坐标,用 s 表示。射流源 O' 点到喷口截面 O 点间的距离用 x_0 表示。实验得出,当喷口截面流速为均匀分布时,$x_0 = 0.6R_0$;当喷口截面流速分布很不均匀时,$x_0 = 3.45R_0$。R_0 为喷口半径。

前面曾指出,紊流射流的外边界为一条直线,这是从统计平均意义上来说的。实际上,在射流的外边界处是由射流内部的紊流涡团与周围流体介质交错组成的具有间歇性的不规则流动,射流流体与周围流体介质之间的分界线是很难分辨清楚的。因此,测量射流的实际边界是很困难的。工程上应用射流技术时,常常以射流的某一有效速度层作为边界,这一射流的有效速度边界称为射流的有效边界。对于不同的工程领域,有效边界选取的数值是不同的,它是根据特定条件下工程需要确定的。随着射流的有效边界选定的流速不同,射流的截面有效半径和扩张角也不一样,如以 $0.5u_m$、$0.1u_m$ 及 $0.01u_m$ 的速度边界作为射流的有效边界,其有效半径和扩张角是不相同的。提出有效边界的概念,有利于把射流的研究与应用技术密切地结合起来。

9.1.2 自由射流截面上的速度分布

试验和理论都证明,在自由射流中与附面层相类似,任一截面上横向速度 u_y 与纵向速度 u_x 相比是很小的,可以忽略不计,而认为射流的速度 u 就等于 u_x。由于自由射流是流体流入无限大的空间,所以射流内部各点的静压力可认为都等于周围流体介质的静压力。

图 9.2 为轴对称自由射流不同截面上的速度 u 沿半径 r 方向的分布曲线,射流的喷口直径 d_0 为 90 mm,出口截面上的气流速度 u_0 为 87 m/s,图中 s 为射流截面至喷口的距离。显然这些曲线都类似"高斯正态分布曲线"。对于平面自由射流而言,可得到与轴对称自由射流相类似的速度分布,如图 9.3 所示。它是以宽为 30 mm,长为 650 mm 的矩形(条缝形)喷嘴,射流出口速度为 35 m/s 实验测得的。有趣的是,如果把图 9.2(或图 9.3)表达为无因次速度 u/u_m 与无因次坐标 r/R(或 y/B)之间的依变关系,则不同截面的实验点全部落在同一条曲线上,如图 9.4 所示。这说明各射流截面上的速度分布是相似的。u_m 为射流中心速度,u 为相同截面上任一点的速度,R 为轴对称自由射流的截面半径,B 为平面射流截面的半宽度,r 和 y 分别为轴对称射流和平面射流的速度为 u 的流体质点至射流中心线的距离。

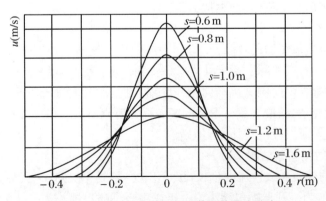

图 9.2 轴对称自由射流不同截面的速度分布

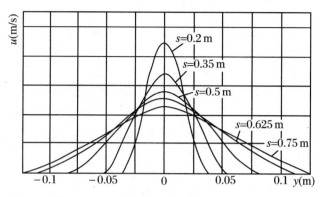

图 9.3 平面自由射流不同截面的速度分布

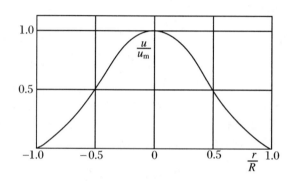

图 9.4 自由射流截面无因次速度分布

研究表明,对于轴对称自由射流的主体段,其速度分布规律可用下式表示:

$$\frac{u}{u_m} = \left[1 - \left(\frac{r}{R}\right)^{\frac{3}{2}}\right]^2 \tag{9.3}$$

式(9.3)称为施利希廷公式,式中符号的意义同前。

对于平面自由射流的主体段,也有同样的速度分布规律,即

$$\frac{u}{u_m} = \left[1 - \left(\frac{y}{B}\right)^{\frac{3}{2}}\right]^2 \tag{9.4}$$

对于自由射流的起始段,射流边界层内的速度分布规律也有类似的结果(包括轴对称射流和平面射流),即

$$\frac{u}{u_0} = \left[1 - \left(\frac{y}{b}\right)^{\frac{3}{2}}\right]^2 \tag{9.5}$$

式中:u_0 为射流核心速度,即喷口速度;b 为射流边界层的厚度;y 为流体质点至内边界的距离;u 为流体质点的速度。

顺便指出,对于顺流射流和逆流射流,其速度分布规律也可用以上诸式表示,只不过需要将上列各式中的速度改换成相应的相对速度 Δu、Δu_m 和 Δu_0 罢了。如对于轴对称顺流射流主体段上的速度分布为

$$\frac{\Delta u}{\Delta u_m} = \frac{u - u_a}{u_m - u_a} = \left[1 - \left(\frac{r}{R}\right)^{\frac{3}{2}}\right]^2$$

对于平面逆流射流主体段上的速度分布为

$$\frac{\Delta u}{\Delta u_m} = \frac{u + u_a}{u_m + u_a} = \left[1 - \left(\frac{y}{B}\right)^{\frac{3}{2}}\right]^2$$

以上两式中的 u_a 为空间流体介质的流速。

9.1.3 自由射流截面上的参量沿程的变化

现以轴对称自由射流为例,讨论射流主体段各流动参量沿程的变化规律。为了便于无因次化,以使公式简明,定义以下无因次坐标:

$$\bar{x} = \frac{x}{R_0}, \quad \bar{s} = \frac{s}{R_0}, \quad \eta = \frac{r}{R}$$

式中:R_0 为喷口半径;R 为射流截面半径。

1. 射流半径 R 沿程的变化

由图 9.1 看出,射流主体段任一截面的半径 $R = x\tan\frac{\alpha}{2}$,而实验测得轴对称紊流自由射流的扩张角 $\alpha = 24°\sim 26°$,常取 $\alpha = 25°$,代入上式则得到无因次射流半径为

$$\frac{R}{R_0} = \tan 12.5° \frac{x}{R_0} = 0.22 \frac{x}{R_0} = 0.22\bar{x} \tag{9.6}$$

2. 中心速度 u_m 沿程的变化

根据射流各截面动量守恒的特征,由式(9.2)得

$$\beta_0 \rho u_0^2 \pi R_0^2 = \int_0^R \rho u_x^2 2\pi r \mathrm{d}r$$

用 $\rho u_m^2 \pi R^2$ 除上式,得

$$\beta_0 \left(\frac{u_0}{u_m}\right)^2 \left(\frac{R_0}{R}\right)^2 = 2\int_0^1 \left(\frac{u_x}{u_m}\right)^2 \frac{r}{R} \mathrm{d}\frac{r}{R}$$

将射流速度分布式(9.3)代入上式等号右侧,并用无因次坐标 η 代入,得

$$2\int_0^1 \left(\frac{u_x}{u_m}\right)^2 \frac{r}{R} \mathrm{d}\frac{r}{R} = 2\int_0^1 [(1-\eta^{1.5})^2]^2 \eta \mathrm{d}\eta = 0.1335$$

因此

$$\beta_0 \left(\frac{u_0}{u_m}\right)^2 = 0.1335 \left(\frac{R}{R_0}\right)^2$$

将式(9.6)代入上式,整理后得

$$\frac{u_m}{u_0} = 12.44 \frac{\sqrt{\beta_0}}{\bar{x}} \tag{9.7}$$

3. 起始段长度 s_n

式(9.7)中令 $u_m = u_0$,注意 $x = s + x_0$,得起始段长度为

$$s_n = 12.44 R_0 \sqrt{\beta_0} - x_0 \tag{9.8}$$

如果喷口截面流速分布均匀,$\beta_0 = 1$,$x_0 = 0.6R_0$,这时的射流起始段长度为

$$s_n = 11.84 R_0 = 5.92 d_0 \tag{9.8a}$$

4. 流量 Q 沿程的变化

设主体段内任一截面的流量为 Q,出口截面的流量为 Q_0,则无因次流量为

$$\frac{Q}{Q_0} = \frac{\int_0^R u_x 2\pi r \mathrm{d}r}{\pi R_0^2 u_0} = 2\int_0^{R/R_0} \frac{u_x}{u_0} \frac{r}{R_0} \mathrm{d}\frac{r}{R_0}$$

将 $\dfrac{u_x}{u_0} = \dfrac{u_x}{u_m} \cdot \dfrac{u_m}{u_0}$ 及 $\dfrac{r}{R_0} = \dfrac{r}{R} \cdot \dfrac{R}{R_0}$ 代入上式,得

$$\frac{Q}{Q_0} = 2\frac{u_m}{u_0}\left(\frac{R}{R_0}\right)^2 \int_0^1 \frac{u_x}{u_m} \frac{r}{R} \mathrm{d}\frac{r}{R}$$

再将式(9.6)、式(9.7)及式(9.3)代入上式,整理后得

$$\frac{Q}{Q_0} = 1.204\sqrt{\beta_0}\bar{x} \int_0^1 (1-\eta^{1.5})^2 \eta \mathrm{d}\eta$$

而 $\int_0^1 (1-\eta^{1.5})^2 \eta \mathrm{d}\eta = 0.128\,57$,故

$$\frac{Q}{Q_0} = 0.155\sqrt{\beta_0}\bar{x} \tag{9.9}$$

5. 截面(流量)平均流速 $\bar{u}$ 沿程的变化

$$\frac{\bar{u}}{u_0} = \frac{Q/(\pi R^2)}{Q_0/(\pi R_0^2)} = \frac{Q}{Q_0}\left(\frac{R_0}{R}\right)^2 = 0.155\sqrt{\beta_0}\bar{x}\left(\frac{1}{0.22\bar{x}}\right)^2 = 3.2\frac{\sqrt{\beta_0}}{\bar{x}} \tag{9.10}$$

比较式(9.7)和式(9.10),可得 $\bar{u} = 0.257u_m$,即轴对称自由射流各截面上的流量平均速度仅为其中心速度的 0.257 倍。可见在射流截面上速度分布是极不均匀的。在工程实际中,通常需要使用的是轴线附近流速较高的区域,而 $\bar{u}$ 不能恰当地反映这个区域的流速值,为此需要引入质量(动量)平均流速 $\bar{u}'$。

6. 质量(动量)平均流速 $\bar{u}'$ 沿程的变化

质量(动量)平均流速的定义为:用流速 $\bar{u}'$ 与相应射流截面的质量流量 ρQ 的乘积即得到单位时间内通过该截面的流体的真实动量。或者说是用射流某截面上单位时间内通过的流体的真实动量对该截面的质量流量进行平均而得到的流速,即

$$\bar{u}' = \frac{\int_A \rho u_x^2 \mathrm{d}A}{\rho Q} \tag{9.11}$$

根据这个定义,取出口截面与任一截面列动量方程

$$\beta_0 \rho Q_0 u_0 = \int_A \rho u_x^2 \mathrm{d}A = \rho Q \bar{u}'$$

故

$$\frac{\bar{u}'}{u_0} = \frac{\beta_0 Q_0}{Q} = 6.46\frac{\sqrt{\beta_0}}{\bar{x}} \tag{9.12}$$

比较式(9.7)和式(9.12),可得 $\bar{u}' = 0.519u_m$,即轴对称自由射流各截面上的质量(动量)平均流速为其中心速度的 0.519 倍。它比 $\bar{u}$ 约增大一倍,因此用 $\bar{u}'$ 能更好地反映射流使用区的流速值。

对于平面自由射流,可用上述类似的方法导出主体段各流动参量沿程的变化规律,现简介如下(推导从略,式中 B_0 为喷口截面的半宽度,$\bar{x} = x/B_0$):

1. 射流半宽度 B 沿程的变化

$$\frac{B}{B_0} = 0.22\bar{x} \tag{9.13}$$

2. 中心速度 u_m 沿程的变化

$$\frac{u_m}{u_0} = 3.8\sqrt{\frac{\beta_0}{\bar{x}}} \tag{9.14}$$

3. 起始段长度 s_n

$$s_n = 14.4\beta_0 B_0 - x_0 \qquad (9.15)$$

如果喷口截面流速均匀分布，$\beta_0 = 1$，$x_0 = 0.6B_0$，则

$$s_n = 13.8B_0 \qquad (9.15a)$$

4. 流量 Q 沿程的变化

$$\frac{Q}{Q_0} = 0.376\sqrt{\beta_0 \bar{x}} \qquad (9.16)$$

5. 截面(流量)平均流速 $\bar{u}$ 沿程的变化

$$\frac{\bar{u}}{u_0} = 1.71\sqrt{\frac{\beta_0}{\bar{x}}} \qquad (9.17)$$

6. 质量(动量)平均流速 $\bar{u}'$ 沿程的变化

$$\frac{\bar{u}'}{u_0} = 2.66\sqrt{\frac{\beta_0}{\bar{x}}} \qquad (9.18)$$

比较式(9.14)和式(9.17)及式(9.18)，可以得出 $\bar{u} = 0.45u_m$，$\bar{u}' = 0.7u_m$。可见，平面射流各截面上的速度分布也是很不均匀的，但其平均速度与中心速度之比较轴对称射流有所增大。

以上介绍的紊流自由淹没射流主体段流动参量沿程的变化规律和计算公式是阿勃拉莫维奇在20世纪60年代提出的。在此之前，他在40年代就曾提出过计算紊流射流的方法，而且这种方法在我国工程实际中仍在应用，现列表如下(推导从略)，见表9.1。同时，在表9.2中列出了几种常用喷口的紊流系数，以便查阅。表中符号意义与上述公式相同。

表9.1 紊流射流参量计算式

段名	参量名称	符号	圆截面射流	平面射流
主体段	扩张(散)角	α	$\tan\frac{\alpha}{2} = 3.4a$	$\tan\frac{\alpha}{2} = 2.44a$
	射流半径或半宽度	$R(B)$	$\frac{R}{R_0} = 3.4\left(\frac{as}{R_0} + 0.294\right)$	$\frac{B}{B_0} = 2.44\frac{as}{B_0} + 0.41$
	任意点速度	u	$\frac{u}{u_m} = \left[1 - \left(\frac{r}{R}\right)^{\frac{3}{2}}\right]^2$	$\frac{u}{u_m} = \left[1 - \left(\frac{y}{B}\right)^{\frac{3}{2}}\right]^2$
	中心速度	u_m	$\frac{u_m}{u_0} = \frac{0.966}{\frac{as}{R_0} + 0.294}$	$\frac{u_m}{u_0} = \frac{1.2}{\sqrt{\frac{as}{B_0} + 0.41}}$
	截面平均流速	$\bar{u}$	$\frac{\bar{u}}{u_0} = \frac{0.19}{\frac{as}{R_0} + 0.294}$	$\frac{\bar{u}}{u_0} = \frac{0.492}{\sqrt{\frac{as}{B_0} + 0.41}}$
	质量平均流速	$\bar{u}'$	$\frac{\bar{u}'}{u_0} = \frac{0.455}{\frac{as}{R_0} + 0.294}$	$\frac{\bar{u}'}{u_0} = \frac{0.833}{\sqrt{\frac{as}{B_0} + 0.41}}$
	流量	Q	$\frac{Q}{Q_0} = 2.2\left(\frac{as}{R_0} + 0.294\right)$	$\frac{Q}{Q_0} = 1.2\sqrt{\frac{as}{B_0} + 0.41}$

续表

段名	参量名称	符号	圆截面射流	平面射流
起始段	起始段长度	s_n	$s_n = 0.672 \dfrac{R_0}{a}$	$s_n = 1.03 \dfrac{B_0}{a}$
	喷口至极点距离	x_0	$x_0 = 0.294 \dfrac{R_0}{a}$	$x_0 = 0.41 \dfrac{B_0}{a}$
	核心收缩角	θ	$\tan\theta = 1.49a$	$\tan\theta = 0.97a$
	截面平均流速	$\bar{u}$	$\dfrac{\bar{u}}{u_0} = \dfrac{1 + 0.76\dfrac{as}{R_0} + 1.32\left(\dfrac{as}{R_0}\right)^2}{1 + 6.8\dfrac{as}{R_0} + 11.56\left(\dfrac{as}{R_0}\right)^2}$	$\dfrac{\bar{u}}{u_0} = \dfrac{1 + 0.43\dfrac{as}{B_0}}{1 + 2.44\dfrac{as}{B_0}}$
	质量平均流速	$\bar{u}'$	$\dfrac{\bar{u}'}{u_0} = \dfrac{1}{1 + 0.76\dfrac{as}{R_0} + 1.32\left(\dfrac{as}{R_0}\right)^2}$	$\dfrac{\bar{u}'}{u_0} = \dfrac{1}{1 + 0.43\dfrac{as}{B_0}}$
	流量	Q	$\dfrac{Q}{Q_0} = 1 + 0.76\dfrac{as}{R_0} + 1.32\left(\dfrac{as}{R_0}\right)^2$	$\dfrac{Q}{Q_0} = 1 + 0.43\dfrac{as}{B_0}$

表 9.2 几种喷口的紊流系数

喷口形式	紊流系数 a	扩张角 α	喷口形式	紊流系数 a	扩张角 α
带缩口的圆喷口	0.066	25.3°	收缩型平面喷口	0.108	29.5°
	0.071	27.1°	锐缘平面喷口	0.118	32.1°
圆柱形喷口	0.076	29.0°	有导叶的风道纵缝	0.155	41.4°
	0.08	30.4°	带导叶的轴流风机出口	0.12	44.4°
带导叶或栅栏的圆喷口	0.09	34.0°	带网格的轴流风机出口	0.24	78.4°
方形喷口	0.10	37.6°	带导流器的直角弯头	0.20	68.4°
巴吐林喷口(带导叶)	0.12	44.4°			

应当指出,在使用阿勃拉莫维奇提出的新的计算紊流射流参量的公式时,如果喷口截面流速分布均匀($\beta_0 = 1, \bar{x}_0 = 0.6$),那么计算过程是非常简便的。但当考虑到喷口截面流速分布不均匀的影响时,尚缺乏不同喷口条件下 β_0 和 x_0 的实验数据。而在使用阿勃拉莫维奇推荐的计算紊流射流参量的旧公式时,重要的是选取好不同喷口条件下合适的紊流系数。

例 9.1 圆截面射流的喷口半径为 200 mm,喷口处流速分布均匀,要求射程 10 m 处在直径为 2 m 的圆截面范围内流速不小于 2 m/s,求喷口流量及射程 10 m 处截面上的流量和质量平均流速。

解 (1) 先求起始段长度,以确定 $s = 10$ m 处是否位于主体段,并将射程 s 转换为坐标 x。因喷口截面流速均匀分布,$\beta_0 = 1, x_0 = 0.6R_0$,所以

$$s_n = 11.84R_0 = 11.84 \times 0.2 = 2.368(\text{m}) < 10(\text{m})$$

即 $s = 10$ m 处位于射流主体段内。

$$x = x_0 + s = 0.6R_0 + s = 0.6 \times 0.2 + 10 = 10.12(\text{m})$$

(2) 求射程 10 m 处的射流半径。

$$R = 0.22x = 0.22 \times 10.12 = 2.23 \text{(m)}$$

(3) 求射程 10 m 处射流中心流速。

设 $r = 1$ m 处的流速 $u = 2$ m/s,由式(9.3),有

$$\frac{u}{u_m} = \left[1 - \left(\frac{r}{R}\right)^{\frac{3}{2}}\right]^2 = \left[1 - \left(\frac{1}{2.23}\right)^{\frac{3}{2}}\right]^2 = 0.49$$

所以

$$u_m = \frac{u}{0.49} = \frac{2}{0.49} = 4.08 \text{(m/s)}$$

(4) 由式(9.7)可求得喷口截面流速。

$$u_0 = \frac{u_m \bar{x}}{12.44 \sqrt{\beta_0}} = \frac{u_m x}{12.44 R_0 \sqrt{\beta_0}} = \frac{4.08 \times 10.12}{12.44 \times 0.2} = 16.6 \text{(m/s)}$$

(5) 求喷口流量。

$$Q_0 = \pi R_0^2 u_0 = 3.14 \times 0.2^2 \times 16.6 = 2.08 \text{(m/s)}$$

(6) 求射程 10 m 处截面上的流量和质量平均流速。

由式(9.9)和式(9.11)得

$$Q = 0.155 \sqrt{\beta_0} \bar{x} Q_0 = 0.155 \times \frac{10.12}{0.2} \times 2.08 = 16.31 \text{(m/s)}$$

$$\bar{u}' = 6.46 \frac{\sqrt{\beta_0}}{\bar{x}} u_0 = 6.46 \times \frac{0.2}{10.12} \times 16.6 = 2.12 \text{(m/s)}$$

例 9.2 已知空气淋浴喷口直径为 0.3 m,要求工作区的射流半径为 1.2 m,质量平均流速为 3 m/s。求喷口至工作区的距离和喷口流量。

解 (1) 由表 9.2 查得空气淋浴喷口的紊流系数 $a = 0.08$。由表 9.1 中主体段射流半径计算式,得

$$R = 3.4 R_0 \left(\frac{as}{R_0} + 0.294\right) = 3.4as + R_0$$

所以,喷口至工作区的距离为

$$s = \frac{R - R_0}{3.4a} = \frac{1.2 - 0.15}{3.4 \times 0.08} = 3.86 \text{(m)}$$

起始段长度为

$$s_n = 0.672 \frac{R_0}{a} = 0.672 \times \frac{0.15}{0.08} = 1.26 \text{(m)} < 3.86 \text{(m)}$$

说明工作区在射流主体段内。

(2) 由表 9.1 中主体段质量平均流速计算式,得喷口流速为

$$u_0 = \frac{\left(\frac{as}{R_0} + 0.294\right) \bar{u}'}{0.455} = \frac{\left(\frac{0.08 \times 3.86}{0.15} + 0.294\right) \times 3}{0.455} = 15.5 \text{(m/s)}$$

喷口流量为

$$Q_0 = \frac{1}{4} \pi d_0^2 u_0 = \frac{1}{2} \pi \times 0.3^2 \times 15.5 = 1.095 \text{(m}^3/\text{s)}$$

9.2 温差射流和浓差射流

当射流流体与周围空间介质之间存在着温度差或浓度差时,这样的射流就称为温差射流或浓差射流。如夏天向热车间吹送冷空气以降温,冬天向工作区吹送热空气以取暖等属于温差射流的例子。再如向含尘浓度高的车间吹送清洁空气以改善工作环境,向高温火焰炉内喷吹燃料和助燃空气等属于浓差射流的例子。

9.2.1 温差射流和浓差射流的流场结构及特征

温度或浓度不同的紊流射流在横向脉动和掺混过程中,不仅产生动量交换,而且还会产生热量交换和物质交换,这将使射流内部出现温度或浓度的不均匀连续分布。阿勃拉莫维奇的研究结果表明,紊流射流的温度分布和浓度分布也有边界层的性质,沿流动轴线各截面的温度差和浓度差也具有相似性。由于热量和物质的扩散要比动量的扩散快一些,因此,温度边界层和浓度边界层的发展要快一些、厚一些。图9.5显示了温差射流或浓差射流简要的结构特征,图中实线为速度边界层,虚线为温度边界层,浓度边界层与温度边界层相同。

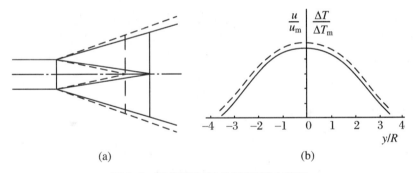

图9.5 温差射流(浓差射流)基本特征

由图9.5可以看出,温差射流的温度边界层及浓差射流的浓度边界层的内、外边界与速度边界层的内、外边界并不重合,温度边界层或浓度边界层的外边界在速度边界层的外侧,而其内边界在速度边界层的内侧。另外,温差射流或浓差射流也有起始段和主体段及尾段之分,而且其起始段的长度要比自由射流的起始段长度稍短一些。然而在工程应用中,为了简便起见,可以近似认为温度边界层或浓度边界层的内、外边界与速度边界层的内、外边界相重合。于是,温差射流和浓差射流的各流动参数(如 R、Q、u_m、$\bar{u}$、$\bar{u}'$等)沿程的变化仍可采用上节所述的等温等浓度的自由射流的公式计算。所以,本节将主要讨论温差射流或浓差射流的温度及浓度分布规律、中心温差 ΔT_m(或浓差 Δc_m)和平均温差 $\Delta T'$(或浓差 $\Delta c'$)沿程的变化规律,以及射流轴线的弯曲情况。分析中仍以轴对称射流为例,并按不可压缩流体考虑,忽略温差或浓差对密度的影响。

9.2.2 温差射流的温度分布和浓差射流的浓度分布

在温差射流中,设射流喷口截面上的温度为 T_0,周围流体介质的温度为 T_a,轴线中心温度为 T_m,所取截面任一点的温度为 T。在浓差射流中,各相应的浓度分别为 c_0、c_a、c_m 和 c,下标的意义与温度的下标相同。

实验得出,射流截面上的温度分布及浓度分布与速度分布之间存在如下关系:

$$\frac{\Delta T}{\Delta T_m} = \frac{T - T_a}{T_m - T_a} = \left(\frac{u}{u_m}\right)^{\frac{1}{2}} = 1 - \left(\frac{r}{R}\right)^{\frac{3}{2}} \tag{9.19}$$

$$\frac{\Delta c}{\Delta c_m} = \frac{c - c_a}{c_m - c_a} = \left(\frac{u}{u_m}\right)^{\frac{1}{2}} = 1 - \left(\frac{r}{R}\right)^{\frac{3}{2}} \tag{9.20}$$

将 $\frac{\Delta T}{\Delta T_m}$(或 $\frac{\Delta c}{\Delta c_m}$)与 $\frac{u}{u_m}$ 同绘在一个无因次坐标上,如图 9.5(b)所示,可以看出,无因次温差分布线(或浓差分布线)在无因次速度分布线的外侧,这也证实了上述分析。

9.2.3 射流中心温差和中心浓差沿程的变化

9.2.3.1 中心温差沿程的变化

根据热力学的知识可以得到,在等压的情况下,若以周围流体介质的焓值为起算点,单位时间内通过射流各截面的相对焓值是相等的,这是射流的"热力特征"。

根据上述热力特征,列射流出口截面与任意截面间相对焓值守恒方程

$$\rho \pi R_0^2 u_0 C_p \Delta T_0 = \int_0^R \rho u_x C_p \Delta T 2\pi r \, dr \tag{9.21}$$

式中:C_p 为射流流体的等压比热,$\Delta T_0 = T_0 - T_a$。以 $\rho \pi R^2 u_m C_p \Delta T_m$ 去除等式两侧,得

$$\left(\frac{R_0}{R}\right)^2 \frac{u_0}{u_m} \frac{\Delta T_0}{\Delta T_m} = 2\int_0^1 \frac{u_x}{u_m} \frac{\Delta T}{\Delta T_m} \frac{r}{R} d\frac{r}{R}$$

再将式(9.6)、式(9.7)、式(9.3)和式(9.19)代入上式,得

$$\left(\frac{1}{0.22\bar{x}}\right)^2 \frac{\bar{x}}{12.44\sqrt{\beta_0}} \frac{\Delta T_0}{\Delta T_m} = 2\int_0^1 (1 - \eta^{1.5})^3 \eta \, d\eta = 0.178\,02$$

整理上式得

$$\frac{\Delta T_m}{\Delta T_0} = \frac{9.33}{\sqrt{\beta_0}\bar{x}} \tag{9.22}$$

阿勃拉莫维奇根据实验结果对上式进行了修正,他建议采用的计算温差射流中心温差的公式为

$$\frac{\Delta T_m}{\Delta T_0} = \frac{9.24}{\sqrt{\beta_0}\bar{x}} \sqrt{\frac{T_a}{T_0}} \tag{9.22a}$$

9.2.3.2 中心浓差沿程的变化

对于浓差射流来说,遵循单位时间内通过射流各截面的物质相对量相等的原理,即"物质守恒特征"。

根据射流的物质守恒特征,列射流出口截面与任意截面间的物质相对量守恒方程

$$\rho \pi R_0^2 u_0 \Delta c_0 = \int_0^R \rho u_x \Delta c 2\pi r \mathrm{d}r$$

以 $\rho \pi R^2 u_\mathrm{m} \Delta c_\mathrm{m}$ 去除等式两侧,得

$$\left(\frac{R_0}{R}\right)^2 \frac{u_0}{u_\mathrm{m}} \frac{\Delta c_0}{\Delta c_\mathrm{m}} = 2\int_0^1 \frac{u_x}{u_\mathrm{m}} \frac{\Delta c}{\Delta c_\mathrm{m}} \frac{r}{R} \mathrm{d}\frac{r}{R}$$

注意到式(9.6)、式(9.7)和式(9.20),代入上式,得

$$\left(\frac{1}{0.22\bar{x}}\right)^2 \frac{\bar{x}}{12.44\sqrt{\beta_0}} \frac{\Delta c_0}{\Delta c_\mathrm{m}} = 2\int_0^1 (1-\eta^{1.5})^3 \eta \mathrm{d}\eta = 0.178\,02$$

整理上式得

$$\frac{\Delta c_\mathrm{m}}{\Delta c_0} = \frac{9.33}{\sqrt{\beta_0}\bar{x}} \tag{9.23}$$

阿勃拉莫维奇根据实验结果对上式进行了修正,他建议采用的计算射流中心浓差的公式为

$$\frac{\Delta c_\mathrm{m}}{\Delta c_0} = \frac{9.24}{\sqrt{\beta_0}\bar{x}} \tag{9.23a}$$

9.2.4 射流质量平均温差和质量平均浓差沿程的变化

9.2.4.1 质量平均温差沿程的变化

所谓质量平均温差,就是用该温差乘以 $\rho Q C_\mathrm{p}$ 便得到射流某截面上真实的相对焓值,用符号 $\Delta T'$ 表示。即

$$\Delta T' = \frac{\int_0^R \rho u_x C_\mathrm{p} \Delta T 2\pi r \mathrm{d}r}{\rho Q C_\mathrm{p}}$$

根据射流的热力特征式(9.21),有

$$\rho Q_0 C_\mathrm{p} \Delta T_0 = \rho Q C_\mathrm{p} \Delta T'$$

注意到式(9.9),$Q/Q_0 = 0.155\sqrt{\beta_0}\bar{x}$,代入上式得

$$\frac{\Delta T'}{\Delta T_0} = \frac{Q_0}{Q} = \frac{6.46}{\sqrt{\beta_0}\bar{x}} \tag{9.24}$$

经阿勃拉莫维奇修正后,建议的计算式为

$$\frac{\Delta T'}{\Delta T_0} = \frac{6.46}{\sqrt{\beta_0}\bar{x}} \sqrt{\frac{T_\mathrm{a}}{T_0}} \tag{9.24a}$$

9.2.4.2 质量平均浓差沿程的变化

所谓质量平均浓差,就是用该浓度差乘以 ρQ 便得到射流某截面上真实的物质相对量,用符号 $\Delta c'$ 表示。即

$$\Delta c' = \frac{\int_0^R \rho u_x \Delta c 2\pi r \mathrm{d}r}{\rho Q}$$

根据射流的物质守恒方程式,有

$$\rho Q_0 \Delta c_0 = \rho Q \Delta c'$$

注意到式(9.9),$Q/Q_0 = 0.155\sqrt{\beta_0 \bar{x}}$,代入上式可得到射流质量平均浓差 $\Delta c'$ 的计算式为

$$\frac{\Delta c'}{\Delta c_0} = \frac{6.46}{\sqrt{\beta_0 \bar{x}}} \tag{9.25}$$

9.2.5 射流轴线的弯曲

温差射流或浓差射流的密度与周围流体介质的密度不同,致使作用于射流质点上的重力与浮力不平衡,造成整个射流向上或向下弯曲,如图9.6所示。但这时整个射流仍可看作是对称于轴线的,因此,只要了解射流轴线的弯曲情况,便可知道整个射流的弯曲情况。一般热射流和含轻密度物质的射流向上弯曲;而冷射流和含重密度物质的射流向下弯曲。

温差射流或浓差射流的密度不仅沿程有变化,而且在同一射流截面上的不同点也是不同的,要精确计算射流轴线的弯曲轨迹比较复杂,我们采用近似的计算方法。

设有一热射流从半径为 R_0 的喷口射出,出口流速为 u_0,出口温度为 T_0,喷口轴线与水平面成 θ 角(图9.6)。在喷口的轴线上取一单位体积的流体微团作为研究对象,作用在其上的重力为 $\rho_m g$,浮力为 $\rho_a g$,它们的合力为 $(\rho_a - \rho_m)g$,方向向上。就是在这个合力的作用下,流体微团在运动过程中将偏离原轴线,而向上做曲线运动。

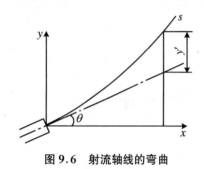

图9.6 射流轴线的弯曲

该流体微团的运动轨迹就可认为是温差射流的弯曲轴线。根据牛顿第二定律,有

$$(\rho_a - \rho_m)g = \rho_m a'_y = \rho_m \frac{d^2 y'}{d\tau^2}$$

该流体微团在 τ 时刻偏离喷口轴线的铅直距离 y' 为

$$y' = \int_0^\tau d\tau \int_0^\tau \left(\frac{\rho_a}{\rho_m} - 1\right) g \, d\tau \tag{9.26}$$

由等压条件下的气体状态方程可得

$$\frac{\rho_a}{\rho_m} = \frac{T_m}{T_a}$$

所以

$$\frac{\rho_a}{\rho_m} - 1 = \frac{T_m}{T_a} - 1 = \frac{T_m - T_a}{T_a} = \frac{\Delta T_m}{T_a} = \frac{\Delta T_m}{\Delta T_0} \frac{\Delta T_0}{T_a} \tag{9.27}$$

比较式(9.7)和式(9.22),可得

$$\frac{\Delta T_m}{\Delta T_0} = \frac{0.75}{\beta_0} \frac{u_m}{u_0}$$

故式(9.27)可写成

$$\frac{\rho_a}{\rho_m} - 1 = \frac{0.75}{\beta_0} \frac{u_m}{u_0} \frac{\Delta T_0}{T_a} \tag{9.28}$$

将式(9.28)代入式(9.26),得

$$y' = \frac{0.75g}{\beta_0 u_0} \frac{\Delta T_0}{T_a} \int_0^1 d\tau \int_0^1 u_m d\tau \tag{9.29}$$

由于 $u_m = ds/d\tau$,所以

$$\int_0^\tau d\tau \int_0^\tau u_m d\tau = \int_0^s \frac{ds}{u_m} \int_0^s ds = \int_0^s \frac{s ds}{u_m} = \frac{1}{u_0} \int_0^s \frac{u_0}{u_m} s ds$$

将式(9.7)代入上式后,再代回式(9.29),得

$$y' = \frac{0.75g}{\beta_0 u_0^2} \frac{\Delta T_0}{T_a} \int_0^s \frac{(x_0 + s) s ds}{12.44 \sqrt{\beta_0} R_0} = \frac{0.06g}{\beta_0^{1.5} u_0^2 R_0} \frac{\Delta T_0}{T_a} \left(\frac{x_0 s^2}{2} + \frac{s^3}{3} \right)$$

上式进一步整理成

$$\frac{y'}{R_0} = 0.02 \frac{\mathrm{Ar}}{\beta_0^{1.5}} \left(\frac{s}{R_0} \right)^2 \left(\frac{3}{2} \frac{x_0}{R_0} + \frac{s}{R_0} \right) \tag{9.30}$$

式中:$Ar = \frac{gR_0}{u_0^2} \frac{\Delta T_0}{T_a}$ 为阿基米德准数。由于造成温差射流弯曲的不完全是重力,而是重力与浮力的合力,所以表征温差射流的相似准数不再是弗劳德准数,而是阿基米德准数。阿勃拉莫维奇根据实验对上式做了一些修正(乘以一个修正值 $\sqrt{T_0/T_a}$),得到

$$\frac{y'}{R_0} = 0.02 \frac{Ar}{\beta_0^{1.5}} \sqrt{\frac{T_0}{T_a}} \left(\frac{s}{R_0} \right)^2 \left(\frac{3}{2} \frac{x_0}{R_0} + \frac{s}{R_0} \right) \tag{9.30a}$$

对于平面温差射流和浓差射流,用上述类似的方法可以得到各相应参量的变化规律。

1. 温度分布和浓度分布

$$\frac{\Delta T}{\Delta T_m} = \frac{T - T_a}{T_m - T_a} = \left(\frac{u}{u_m} \right)^{\frac{1}{2}} = 1 - \left(\frac{y}{B} \right)^{\frac{3}{2}} \tag{9.31}$$

$$\frac{\Delta c}{\Delta c_m} = \frac{c - c_a}{c_m - c_a} = \left(\frac{u}{u_m} \right)^{\frac{1}{2}} = 1 - \left(\frac{y}{B} \right)^{\frac{3}{2}} \tag{9.32}$$

2. 中心温差和中心浓差沿程的变化

$$\frac{\Delta T_m}{\Delta T_0} = \frac{3.25}{\sqrt{\beta_0 \bar{x}}} \sqrt{\frac{T_a}{T_0}} \tag{9.33}$$

$$\frac{\Delta c_m}{\Delta c_0} = \frac{3.25}{\sqrt{\beta_0 \bar{x}}} \tag{9.34}$$

3. 质量平均温差和质量平均浓差沿程的变化

$$\frac{\Delta T'}{\Delta T_0} = \frac{2.66}{\sqrt{\beta_0 \bar{x}}} \sqrt{\frac{T_a}{T_0}} \tag{9.35}$$

$$\frac{\Delta c'}{\Delta c_0} = \frac{2.66}{\sqrt{\beta_0 \bar{x}}} \tag{9.36}$$

4. 射流轴线的偏离值

$$\frac{y'}{B_0} = 0.091 \frac{Ar}{\beta_0^{1.5}} \sqrt{\frac{T_0}{T_a}} \left[\left(\frac{s}{B_0} - \frac{2}{3} \frac{x_0}{B_0} \right) \left(\frac{s}{B_0} + \frac{x_0}{B_0} \right)^{1.5} + \frac{2}{3} \left(\frac{x_0}{B_0} \right)^{2.5} \right] \tag{9.37}$$

式中:阿基米德准数为 $Ar = \frac{gB_0}{u_0^2} \frac{\Delta T_0}{T_a}$。

对于阿勃拉莫维奇提出的计算温差射流和浓差射流参量的旧公式列于表9.3中,以便使用时查阅。

表 9.3 温差射流和浓差射流参量计算式

段名	参量名称	符号	圆截面射流	平面射流
主体段	中心温差	ΔT_m	$\dfrac{\Delta T_m}{\Delta T_0} = \dfrac{0.706}{\dfrac{as}{R_0} + 0.294}$	$\dfrac{\Delta T_m}{\Delta T_0} = \dfrac{1.032}{\sqrt{\dfrac{as}{B_0}} + 0.41}$
主体段	质量平均温差	$\Delta T'$	$\dfrac{\Delta T'}{\Delta T_0} = \dfrac{0.455}{\dfrac{as}{R_0} + 0.294}$	$\dfrac{\Delta T'}{\Delta T_0} = \dfrac{0.833}{\sqrt{\dfrac{as}{B_0}} + 0.41}$
主体段	中心浓差	Δc_m	$\dfrac{\Delta c_m}{\Delta c_0} = \dfrac{0.706}{\dfrac{as}{R_0} + 0.294}$	$\dfrac{\Delta c_m}{\Delta c_0} = \dfrac{1.032}{\sqrt{\dfrac{as}{B_0}} + 0.41}$
主体段	质量平均浓差	$\Delta c'$	$\dfrac{\Delta c'}{\Delta c_0} = \dfrac{0.455}{\dfrac{as}{R_0} + 0.294}$	$\dfrac{\Delta c'}{\Delta c_0} = \dfrac{0.833}{\sqrt{\dfrac{as}{B_0}} + 0.41}$
起始段	质量平均温差	$\Delta T'$	$\dfrac{\Delta T'}{\Delta T_0} = \dfrac{1}{1 + 0.76\dfrac{as}{R_0} + 1.32\left(\dfrac{as}{R_0}\right)^2}$	$\dfrac{\Delta T'}{\Delta T_0} = \dfrac{1}{1 + 0.43\dfrac{as}{B_0}}$
起始段	质量平均浓差	$\Delta c'$	$\dfrac{\Delta c'}{\Delta c_0} = \dfrac{1}{1 + 0.76\dfrac{as}{R_0} + 1.32\left(\dfrac{as}{R_0}\right)^2}$	$\dfrac{\Delta c'}{\Delta c_0} = \dfrac{1}{1 + 0.43\dfrac{as}{B_0}}$
起始段	射流轴线偏离值	y'	$\dfrac{y'}{R_0} = Ar\left(\dfrac{s}{R_0}\right)^2\left(0.253\dfrac{as}{R_0} + 0.35\right)$	$\dfrac{y'}{B_0} = \dfrac{0.904 Ar}{a^2}\sqrt{\dfrac{T_0}{T_a}}\left(\dfrac{as}{2B_0} + 0.205\right)^{2.5}$

注:表中阿基米德准数对圆截面射流 $Ar = \dfrac{gR_0}{u_0^2}\dfrac{\Delta T_0}{T_a}$,对平面射流 $Ar = \dfrac{gB_0}{u_0^2}\dfrac{\Delta T_0}{T_a}$。

例 9.3 工作带质量平均流速要求为 3 m/s,工作面直径为 2.5 m,送风温度为 15 ℃,车间温度为 30 ℃,要求工作带的质量平均温度降到 25 ℃,采用风机送风,取 $\beta_0 = 1, \bar{x}_0 = 3.5$。求:(1) 风口直径和风口至工作面的距离;(2) 风口的风速和风量;(3) 工作面中心点的温度;(4) 射流在工作带下降的距离。

解 (1) 由式(9.6)得工作面至射流源的距离为

$$x = \frac{R}{0.22} = \frac{1.25}{0.22} = 5.68 \text{(m)}$$

已知 $T_0 = 273 + 15 = 288 \text{(K)}$,$T_a = 273 + 30 = 303 \text{(K)}$,$T' = 273 + 25 = 298 \text{(K)}$,则

$$\Delta T_0 = T_0 - T_a = 288.303 = -15 \text{(K)}$$
$$\Delta T' = T' - T_a = 298 - 303 = -5 \text{(K)}$$

由式(9.24a)得

$$\frac{\Delta T'}{\Delta T_0} = \frac{6.46}{\sqrt{\beta_0}\,\bar{x}}\sqrt{\frac{T_a}{T_0}} = \frac{6.46}{\bar{x}}\sqrt{\frac{303}{288}} = \frac{6.626}{\bar{x}}$$

则

$$\bar{x} = 6.626\frac{\Delta T_0}{\Delta T'} = 6.626 \times \frac{-15}{-5} = 19.88$$

故风口半径为

$$R_0 = \frac{x}{\bar{x}} = \frac{5.68}{19.88} = 0.286 \text{(m)}$$

风口直径为

$$d_0 = 2R_0 = 2 \times 0.286 = 0.572 (\text{m})$$

风口至工作面的距离为
$$s = x - x_0 = x - 3.5R_0 = 5.68.3.5 \times 0.286 = 4.68(\text{m})$$

其中
$$x_0 = 3.5R_0 = 3.5 \times 0.286 = 1.0(\text{m})$$

起始段长度为
$$s_n = 12.44R_0\sqrt{\beta_0} - x_0 = 12.44 \times 0.286 - 1.0 = 2.56(\text{m}) < 4.68(\text{m})$$

说明工作面在射流主体段内。

(2) 由式(9.12)得风口的风速为
$$u_0 = \frac{\bar{u}'\bar{x}}{6.46\sqrt{\beta_0}} = \frac{3 \times 19.88}{6.46} = 9.23(\text{m/s})$$

风口的风量为
$$Q_0 = \pi R_0^2 u_0 = 3.14 \times 0.286^2 \times 9.23 = 2.37(\text{m}^3/\text{s})$$

(3) 由式(9.22a)得
$$\Delta T_m = \frac{9.24\Delta T_0}{\sqrt{\beta_0}\bar{x}}\sqrt{\frac{T_a}{T_0}} = \frac{9.24 \times (-15)}{19.88} \times \sqrt{\frac{303}{288}} = -7.2(\text{K})$$

所以工作面中心点的温度为
$$T_m = T_a + \Delta T_m = 303 - 7.2 = 295.8(\text{K}), \quad t_m = 295.8 - 273 = 22.8(\text{°C})$$

(4) 由式(9.30a)得射流在工作带下降的距离为
$$y' = 0.02R_0 \frac{Ar}{\beta_0^{1.5}}\sqrt{\frac{T_0}{T_a}}\left(\frac{s}{R_0}\right)^2\left(\frac{3}{2}\frac{x_0}{R_0} + \frac{s}{R_0}\right)$$
$$= 0.02 \times 0.286 \times (-1.63 \times 10^{-3})\sqrt{\frac{288}{303}}\left(\frac{4.68}{0.286}\right)^2\left(\frac{3}{2} \times \frac{1}{0.286} + \frac{4.68}{0.286}\right)$$
$$= -0.053(\text{m})$$

式中:阿基米德数 $Ar = \frac{gR_0}{u_0^2}\frac{\Delta T_0}{T_a} = \frac{9.81 \times 0.286 \times (-15)}{9.23^2 \times 303} = -1.63 \times 10^{-3}$。上式中的负号表示射流下降(图9.7),如为正号则表示射流上升。

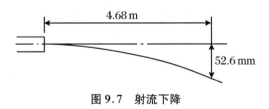

图 9.7 射流下降

9.3 旋 转 射 流

旋转的流体由旋流设备的出口喷出后,脱离了固体壁面的约束,在静止的流体介质中继续旋转扩散流动,就形成了一种特殊的射流流动,这种射流则称为旋转射流。旋转射流除了具有轴向速度分量外,还具有径向速度分量和切向速度分量。所以,旋转射流虽然也是一种轴对称射流,但比轴对称自由射流的流场结构要复杂得多。

9.3.1 旋流产生的方法

流体的旋转流动一般可通过以下几种方法获得:

(1) 气体切向进入圆筒形喷管(图9.8),首先形成旋转流动,再从喷口喷出,即形成旋转射流。

(2) 在轴向管流内安装旋流叶片或加工旋流槽道(图9.9),气体通过旋流叶片或旋流槽道产生旋转流动,然后再从喷口喷出形成旋转射流。气体旋转的强弱程度(旋流强度)可通过改变导向旋流叶片的安装角度来调整。

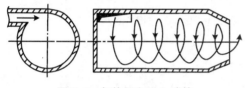

图9.8 气体切向进入喷管

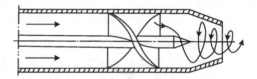

图9.9 气体导管内安装旋流叶片

(3) 用旋转的机械装置,可使流经其上的液体形成旋流,图9.10所示的转杯式燃油烧嘴就是机械式旋流装置中的一种。

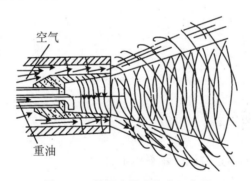

图9.10 转杯式燃油烧嘴示意图

9.3.2 旋转射流的流场结构和基本特征

图9.11是由旋流器喷出的旋转射流的外形图和在 $s/d_0 = 0.2$ 及 1.0 两个横截面处的速度分布图。其中 s 表示射流截面至喷口截面的纵向距离,d_0 为旋流器的出口直径。从图上可以看出,在旋转射流轴心处,轴向速度 $u_x < 0$,存在一个回流区(图中虚线所包围的区域),这个回流区一直发展到 $s/d_0 = 2.1$ 处才结束。此外,在回流区边界与射流外边界之间,轴向速度 u_x 存在最大值 $u_{x\max}$,随着旋转射流向前推进,$u_{x\max}$ 逐渐减小,并逐渐靠近轴线,轴向速度分布越趋平坦均匀,而旋转射流的横向尺寸则越来越大。旋转射流中心处切向速度 $u_\theta = 0$,越向外 u_θ 越大,到某一半径处,u_θ 达到最大值,然后再向外,u_θ 逐渐减小,直到旋转射流外边界处 $u_\theta = 0$。随着旋转射流向前推进,u_θ 逐渐衰减,切向速度分布线越来越平坦。

旋转射流的径向速度 u_r 与 u_x 和 u_θ 相比较小,但其分布规律是很复杂的,在径向上不仅大小有变化,而且方向也在改变,在回流区内部边界和射流外边界附近两次出现向心流动。

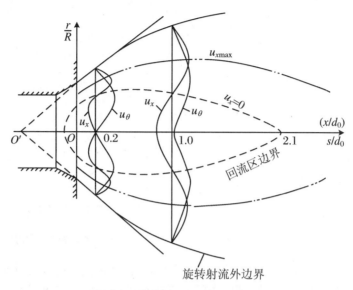

图 9.11　旋转射流的流场结构特征

9.3.3　旋转射流的速度和压力沿程的变化

图 9.12 示出了沿旋转射流流向各分速度的变化规律及旋转射流轴心速度的变化规律。图上给出的都是无因次速度值,u_0 为旋流设备喷口截面上的平均速度。由图可见,各分速度沿流程衰减是很快的,特别是径向分速度 u_r 下降得最快。当 $s/d_0>5$ 以后,u_θ 及 u_r 就基本上消失,只存在 u_x,相当于不旋转的轴对称自由射流。图中 u_m/u_0 曲线是旋转射流无因次轴心速度的变化规律。由图可见,在 $s/d_0 \leqslant 2.1$ 时,轴心速度 $u_m<0$,是回流区,在 $s/d_0>2.1$ 以后,回流区消失,而且 u_m/u_0 曲线很快与 $u_{x\max}/u_0$ 曲线相重合。

图 9.13 示出了沿旋转射流轴线 s/d_0 无因次压力 $\bar{p}$ 的变化曲线。

$$\bar{p} = \frac{p_a - p_c}{\frac{1}{2}\rho u_0^2} \tag{9.38}$$

式中:p_a 为周围空间介质的静压力;p_c 为旋转射流轴线上流体的静压力;$\frac{1}{2}\rho u_0^2$ 为旋流器出口截面上的平均动能。

由图可见,旋流器出口的旋转射流中心压力是低于周围空间介质的压力的,即存在一个负压区。随着旋转射流沿纵轴向前推进,静压力 p_c 越来越接近外界空间介质的压力。这说明旋转射流中心有很强的卷吸外界气流的能力。

根据理论分析,可得出旋转射流各分速度沿轴向的变化规律为

$$\left. \begin{array}{l} u_x s = C_1 \\ u_r s = C_2 \\ u_\theta s^2 = C_3 \end{array} \right\} \tag{9.39}$$

无因次静压力 $\bar{p}$ 沿轴向的变化规律为

$$\bar{p}s^4 = C_4 \tag{9.40}$$

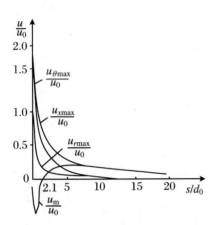

图 9.12　旋转射流的速度沿程的变化

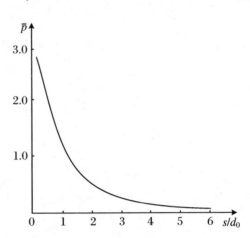

图 9.13　旋转射流无因次压力分布

以上各式中 s 为轴向距离，C_1、C_2、C_3、C_4 为常数。它们表明，轴向速度 u_x 和径向速度 u_r 与轴向距离 s 的一次方成反比，切向速度 u_θ 与轴向距离 s 的二次方成反比，无因次静压力 $\bar{p}$ 与轴向距离 s 的四次方成反比。由此可见，切向速度沿轴向的衰减要比轴向速度和径向速度沿轴向的衰减快得多，而无因次静压力的衰减比速度的衰减要快得多。

9.3.4　旋流强度

9.3.4.1　旋流强度的定义及其表示方法

旋转流体所具有的旋转强弱程度称为旋流强度。旋转射流的旋流强度通常是用旋流数来表示的。旋流数是旋转射流的一个重要相似准数，一般用 Sn 表示，其定义式为

$$Sn = \frac{J_\theta}{F_x \cdot R_0} \tag{9.41}$$

式中：J_θ 为旋转射流轴向流的旋转动量矩，也称角动量矩，即

$$J_\theta = \int_0^R \rho u_x u_\theta \cdot 2\pi r^2 \mathrm{d}r \;(\mathrm{N \cdot m}) \tag{9.42}$$

F_x 为旋转射流的轴向推力，即

$$F_x = \int_0^R (p + \rho u_x^2) 2\pi r \mathrm{d}r \;(\mathrm{N}) \tag{9.43}$$

式中：R_0 为旋流设备出口半径。式(9.42)和式(9.43)中的 u_x、u_θ 和 p 分别为射流任意截面上的轴向速度、切向速度和流体静压力，ρ 为流体的密度。

理论可以证明，在不考虑外界阻力的情况下，旋转射流的旋转动量矩 J_θ 和轴向推力 F_x 沿 x 轴各截面都保持不变，为一常数。即

$$J_\theta = \int_0^R \rho u_x u_\theta \cdot 2\pi r^2 \mathrm{d}r = 常数$$

$$F_x = \int_0^R (p + \rho u_x^2) 2\pi r \mathrm{d}r = 常数$$

实验证明,在旋流器喷口几何相似的条件下,只要旋流数 Sn 相同,旋转射流的流场就是相似的。

除了用旋流数 Sn 来表示旋转射流的旋转强弱程度外,在某些场合也有用旋流值 G 来表征旋转射流的旋流强度的。旋流值的定义式为

$$G = \frac{u_{\theta 0 \max}}{u_{x 0 \max}} \tag{9.44}$$

式中:$u_{\theta 0 \max}$ 和 $u_{x 0 \max}$ 分别为旋流喷嘴出口截面上的最大切向速度分量和最大轴向速度分量。旋流值 G 也是一个相似准数,它与旋流数有着紧密的联系。

对于弱旋流:

$$Sn = \frac{\frac{1}{2}G}{1 - \frac{1}{4}G^2} = \frac{2G}{4 - G^2} \tag{9.45}$$

对于强旋流:

$$Sn = \frac{\frac{1}{2}G}{1 - \frac{1}{2}G} = \frac{G}{2 - G} \tag{9.46}$$

9.3.4.2 旋流数 Sn 的计算

在计算旋流数 Sn 时,采用积分形式是比较复杂的,因为要获得旋转射流横截面上的速度分布和静压力分布数据往往是很困难的,所以为了便于工程计算,一般常以旋流喷嘴的出口参量来计算气流的旋流强度,并且近似认为旋流喷嘴的出口压力与外界环境压力相等,即压力项可以忽略不计。实验证明,这样的近似计算不会产生很大的误差。

下面以旋流片式喷嘴为例来说明旋流数的计算方法。图 9.14 为一叶片式旋流器,通道内、外半径分别为 r_1 和 r_2,叶片的安装角为 φ,旋流器出口截面的切向速度为 $u_{\theta 0}$,轴向速度为 $u_{x 0}$,则旋流数 Sn 的计算如下。

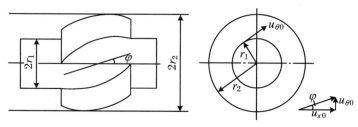

图 9.14 叶片式旋流器

根据 $\tan \varphi = \dfrac{u_{\theta 0}}{u_{x 0}}$,得

$$u_{\theta 0} = u_{x 0} \tan \varphi$$

则

$$J_\theta = \int_{r_1}^{r_2} \rho u_{x 0} u_{\theta 0} 2\pi r^2 \mathrm{d}r = 2\pi \rho u_{x 0}^2 \tan \varphi \int_{r_1}^{r_2} r^2 \mathrm{d}r = \frac{2}{3} \pi \rho u_{x 0}^2 \tan \varphi (r_2^3 - r_1^3)$$

$$F_x = \int_{r_1}^{r_2} \rho u_{x 0}^2 2\pi r \mathrm{d}r = 2\pi \rho u_{x 0}^2 \int_{r_1}^{r_2} r \mathrm{d}r = \pi \rho u_{x 0}^2 (r_2^2 - r_1^2)$$

因此

$$Sn = \frac{J_\theta}{F_x \cdot r_2} = \frac{\frac{2}{3}\pi\rho u_{x0}^2 \tan\varphi(r_2^3 - r_1^3)}{\pi\rho u_{x0}^2(r_2^2 - r_1^2) \cdot r_2} = \frac{2}{3}\left[\frac{1 - \left(\frac{r_1}{r_2}\right)^3}{1 - \left(\frac{r_1}{r_2}\right)^2}\right]\tan\varphi \tag{9.47}$$

当旋流器的轴心无导向杆时，上式可简化为

$$Sn = \frac{2}{3}\tan\varphi \tag{9.47a}$$

由式(9.47)可以看出，喷嘴的旋流强度只与旋流器的几何结构有关，当旋流器的结构尺寸确定以后(如已知旋流片式旋流器的 r_1、r_2 和 φ)，该旋流喷嘴的旋流强度就定下来了。

以上讨论的旋流强度的定义和计算，都是指单一的旋转气流从喷嘴喷出时的旋流强度。在生产实际中，常常会遇到从喷嘴喷出的是双股甚至是多股旋转气流，如平焰烧嘴等就是这种情况。对于双旋流或多旋流的旋流强度的概念与单旋流是一样的，没有什么区别。双旋流或多旋流的旋流数计算式为

$$Sn_\Sigma = \frac{\sum J_\theta}{\sum F_x \cdot R_0} \tag{9.48}$$

式中：Sn_Σ 为双旋流或多旋流的旋流数，它是一个无因次准数；$\sum J_\theta$ 为双旋流或多旋流的轴向流的旋转动量矩之和；$\sum F_x$ 为双旋流或多旋流的轴向推力之和；R_0 为旋流器出口半径。

9.3.4.3 旋流强度对流场结构的影响

旋流数 Sn 是表征射流流场旋流强度大小的准数。Sn 值不同，射流流场的特征也不一样。研究表明，当旋流数 $Sn<0.6$ 时，属于弱旋流，这时射流的轴向正压力梯度还不足以产生回流区，旋流的作用仅仅表现在能提高射流对周围介质的卷吸能力和加速射流速度的衰减。当旋流数 $Sn>0.6$ 时，属于强旋流，随着旋流强度的不断提高，射流轴向正压力梯度大到已不可能被沿轴向流动的流体质点的动能所克服，这时在旋流器喷口附近出现一个回流区。旋流器的旋流数越大，回流区的范围就越大。旋流数 Sn 的增大，标志着切向速度 u_θ 的增加、轴向速度 u_x 的减小、射流张角的扩大和卷吸量的增加等等。总之，旋流强度的大小对射流的流场结构有决定性的影响。

1. 对速度场的影响

图 9.15 绘出了不同旋流数 Sn 条件下，射流截面的轴向无因次速度分布。由图看出，旋流数 $Sn \leqslant 0.416$ 时，不同射流截面的速度分布具有相似特性。当旋流数 $Sn>0.5$ 时，速度最高值偏离轴线，出现双峰形。当 $Sn \geqslant 0.6$ 时，流场中出现回流区。另外，随着旋流强度的增加，射流卷吸加大，消耗的能量增多，使得各速度分量的衰减加快。

2. 对射流扩张角的影响

图 9.16 为不同旋流数 Sn 条件下，射流张角的变化情况。图中 x_0 为喷口至射流极点 O' 的距离，s 为射流截面至喷口截面的距离，d_0 为旋流器出口直径，R 为射流截面半径。由图 9.16 可以看出，随着旋流数 Sn 的增加，射流扩张角 α 不断增大。

3. 对回流区尺寸及回流量的影响

图 9.17 为不同旋流数 Sn 条件下，回流区尺寸的变化情况。由图可见，随着旋流强度的

增大,回流区的尺寸也在加大,与此同时,回流量 Q_h 也随之不断增加,并且回流量的最大值 Q_{hmax} 出现在旋转射流的起始段。

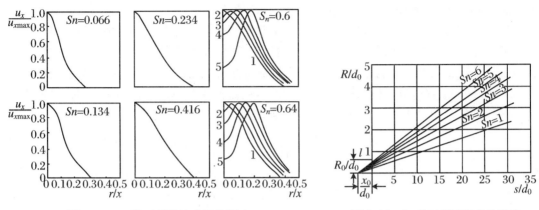

图 9.15　Sn 数对射流速度场的影响　　　　图 9.16　Sn 数对射流张角的影响

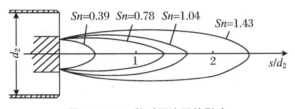

图 9.17　Sn 数对回流区的影响

在工业企业的燃料炉中,燃烧器出口附近回流区的存在,在稳定火焰方面起着重要的作用,因为它构成燃烧产物良好的混合区,并在靠近燃烧器出口的射流中心部分起着储存热能和化学活性物质的作用。

4. 对引射量的影响

随着旋流强度的增大,旋转射流卷吸周围介质的能力增强,卷吸量(引射量)增加。旋转射流的引射量与旋流数的关系可用以下经验公式表示:

$$\frac{Q_a}{Q_0} = 0.5Sn + 0.207(1 + Sn)\frac{s}{d_0} \tag{9.49}$$

或

$$\frac{Q_a}{Q_0} = (0.31 + 0.8Sn)\frac{x}{d_0} - 1 \tag{9.50}$$

式中:Q_a 为旋转射流的引射量(m^3/s);Q_0 为从旋流器喷口喷出的初始射流流量(m^3/s);x 为射流截面距射流极点的距离(m);s 为射流截面距喷口截面的距离(m);d_0 为喷口直径(m)。

由式(9.49)和式(9.50)可以看出,当旋流数 $Sn = 0$ 时,这两个经验公式与轴对称自由射流的引射量计算公式是完全一致的,如式(9.9)。

5. 对旋流器效率的影响

旋流器的任务是产生旋转射流,类似于喷嘴将降压功(压力能)转化为射流的动能。所谓旋流器的效率 η_s 是指单位时间内单位体积流体通过旋流器输出的动能与流体在旋流器进出口之间的降压功之比,即

$$\eta_S = \frac{\frac{1}{2}\rho u_0^2(1+kSn^2)}{p_1-p_2} \tag{9.51}$$

式中：k 为取决于旋流特征和旋流器进出口半径比值的系数。

图 9.18 为两种不同旋流器的效率 η_S 随旋流数 Sn 的变化情况。从图中可以看出，轴向叶片式旋流器在较高旋流强度下（$Sn \geqslant 1.0$ 时），其效率 η_S 是很低的。即要产生要求的旋流强度需要消耗很大的压力能（降压功），以克服旋流器很大的流阻。利用可控安装角的径向旋流器，在提高旋流强度的同时（$Sn > 0.5$ 以后），旋流器的效率也能得到相应提高。所以当选择旋流器的结构形式和旋流强度的大小来满足生产工艺要求时，应当综合考虑。

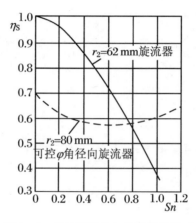

图 9.18　旋流器效率与旋流数的关系

9.4　半限制射流

如果流体自喷嘴喷出后，有一部分受到固体壁面的限制，这种射流流动则称为半限制射流。半限制射流实际上是附面层和射流的混合流动，它比自由射流要复杂得多，进行理论分析很困难，目前主要靠试验测定。本节主要分析贴壁射流和冲击射流的试验结果。

9.4.1　贴壁射流

9.4.1.1　贴壁射流的定义及其特点

流体自喷口喷出时，流股的一面遇到一个与喷口轴线平行的平壁，使射流沿平壁扩展流动，这种射流流动称为贴壁射流。

与自由射流相比，贴壁射流的射程为大。这是因为沿平壁流动的射流与自由射流不同，它与周围流体介质的接触面减小了，卷吸周围介质的量也减少，当然吸入物质的制动作用的影响也随之减小。射流顺着平壁流动时，靠平壁的一半发生变形，好像是顺着平壁逸散，与平壁接触处射流变扁，即射流在平壁上铺开的张角增大，一般为 30°左右，这就是常说的射的"铺展性"。除此之外,贴壁射流与自由射流相比,其速度分布发生了改变,最大速度值不在喷口轴线上,而是偏离轴线,在附面层的外边界上(图9.19)。

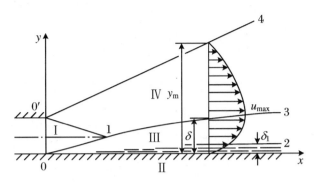

图 9.19 贴壁射流的流场结构

9.4.1.2 贴壁射流的流场结构及速度分布

图 9.19 示出了贴壁射流的流场结构。01 和 $0'1$ 是射流的内边界线,013 是射流的附面层边界线,02 是层流底层边界线,$0'4$ 是射流的外边界线。由此可将贴壁射流分成四个区域:

1. 射流核心区

图 9.19 中的 I 区为贴壁射流的核心区,在该区域内流体的速度保持着射流出口时的流动速度 u_0,并且均匀分布。

2. 层流底层区

图 9.19 中 02 线以下的区域 II 为层流底层区,在该区域内流体都保持着层流流动状态,与平壁接触处的边界上速度为零。该层的厚度是很薄的,其中的速度分布可以近似认为是线性分布。

3. 紊流附面层区

图 9.19 中 013 线以下的区域 III 是紊流附面层区,这个区域的特点是其速度分布按指数规律分布:

$$\frac{u}{u_{\max}} = \left(\frac{y}{\delta}\right)^{\frac{1}{n}} \quad (\delta_l \leqslant y \leqslant \delta) \tag{9.52}$$

式中:$u_{\max}$ 为在紊流附面层外边界 13 线上,射流截面的最大速度;δ 为紊流附面层的厚度;δ_l 为附面层内层流底层的厚度。

指数中的 n 随雷诺数 Re 的不同而改变。工程中常取 $n = 7$。另外还要注意,贴壁射流与自由射流及管流的速度分布有所差别,它的最大速度值不是在喷口轴线上,而是在这个区域的外边界上。

4. 自由紊流区

图 9.19 中 $0'13$ 线以上和 $0'4$ 线以下的区域 IV 为自由紊流区,该区域可作为自由紊流射流来考虑。在 $0'4$ 线上流体的速度为零,在 13 线上流体的速度为最大,即为 $u_{\max}$。这个区域内的速度分布为

$$\frac{u}{u_{\max}} = \left[1 - \left(\frac{y-\delta}{y_m-\delta}\right)^{\frac{3}{2}}\right]^2 \quad (\delta \leqslant y \leqslant y_m) \tag{9.53}$$

式中：y_m 为贴壁射流外边界 $O'4$ 线上某点距平壁的距离；其他符号同前。

图 9.20 为以水实验测得的沿平壁紊流射流不同截面上的速度分布曲线。图 9.21 为用相对坐标 y/y_m 和 u/u_{max} 表示的各射流截面上的速度分布规律，由该图可以看出，各射流截面上的无因次速度分布曲线都重合在一条曲线上，这说明贴壁射流与自由射流一样，各截面上的速度分布是相似的。与自由射流所不同的是，贴壁射流的速度分布是非对称性的。

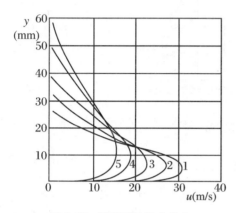

图 9.20 贴壁射流速度分布

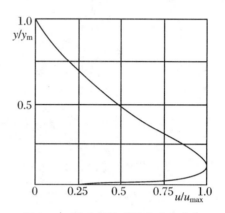

图 9.21 贴壁射流无因次速度分布

9.4.2 冲击射流

9.4.2.1 冲击射流的定义及其特点

当流体自喷口喷出形成射流后，在射流流动的方向上遇到一个与射流轴线成一定角度的平壁，射流流体冲击平壁后继续扩散流动，这种射流流动称为冲击射流。

根据实验资料可知，冲击射流有以下特点：射流与平壁以任意交角相遇时，射流的方向即发生改变；流体自喷口喷出以后，在没有遇到平壁以前形成自由射流，而一经与平壁相遇后，在平壁附近射流就变得扁而宽（射流的铺展性），射流在平壁上的铺展角约为 $\beta = 30° + 3\theta$（θ 为射流轴线与平壁的相遇角）；在射流两侧的边缘上有一些流体逸散出来（射流的逸散性），射流流体与平壁的交角越大，射流朝垂直于轴线的方向及两侧逸散得就越厉害。除此之外，在冲击射流截面上的速度分布也发生变化，射流速度的最大值不在射流的中心线上，而移到平壁附近附面层的外边界上，这与贴壁射流相似。射流在冲击点后的射程随着交角的增大而缩短。

9.4.2.2 冲击射流的流场结构及速度分布

图 9.22 绘出了冲击射流的流场结构。冲击射流的流场基本上可以分为五个区域：

1. 射流核心区

即图 9.22 中射流的速度值仍保持初始速度 u_0 的圆锥形区域 I。在这个区域内，各点的速度是均匀分布的。

2. 射流边界层区

射流边界层区也称射流混合区，就是图 9.22 中射流内外边界之间的区域 II。这个区域

内的速度分布规律可用式(9.5)来表示,即

$$\frac{u}{u_0} = \left[1 - \left(\frac{y}{b}\right)^{\frac{3}{2}}\right]^2 \tag{9.5}$$

式中:各符号的意义与自由射流的符号意义相同。

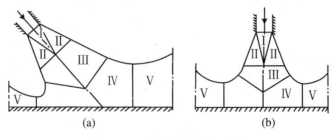

图 9.22 冲击射流的流场结构

3. 自动模化区

图 9.22 中的Ⅲ区为射流自动模化区。在该区域内,由于射流卷吸外围流体进行紊流扩散而产生质量和动量交换,各个射流截面上的速度分布规律是相似的,并不受固体壁面的影响。实际上它是自由射流基本段的一部分,这个区域内的速度分布规律可用式(9.3)来表示,即

$$\frac{u}{u_m} = \left[1 - \left(\frac{r}{R}\right)^{\frac{3}{2}}\right]^2 \tag{9.3}$$

4. 过渡区

图 9.22 中的Ⅳ区为冲击射流的过渡区。在这个区域内,由于射流流体受到固体壁面的作用,其流动规律及速度分布规律都是很复杂的,它们和射流轴线与固体平壁的交角 θ 有着密切的关系。

5. 贴壁射流区

图 9.22 中的Ⅴ区为冲击射流的贴壁射流区。这个区域内的流体流动情况及速度分布规律与前面所述的贴壁射流的规律相似。

9.4.3 附壁效应(柯安达效应)

当射流流体从喷口喷出,遇到不对称的边界条件时,射流将偏向固体壁的一侧流动,这种现象称为附壁效应,亦即所谓的"柯安达效应"。图 9.23 绘出了当射流流体遇到直角的边界、斜面的边界和圆弧的边界时,射流向固体壁靠近而沿固体壁流动的情况。

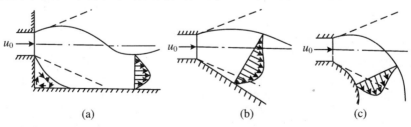

图 9.23 附壁效应

产生附壁效应的原因可做如下解释:由于射流的卷吸作用,射流沿程将卷吸周围的流体介质。而射流周围的流体介质因受卷吸作用,将从静止状态变成流动状态,其压力较原来有所降低。因此,射流外边缘的压力要比静止介质的压力小。另一方面,在射流远离壁面的一侧,周围介质被卷吸后有新的流体来补充,因此该侧边缘的压力下降得要小些。而在射流靠近壁面的一侧因有不对称的边界而受固体壁的限制,这一侧射流周围的介质被卷吸后,没有流体来补充,其压力的降低要比另一侧更大些。在此压力差的作用下,将使射流弯曲贴向壁面,形成贴壁射流。这种压差作用一旦形成以后,就一直保持射流贴向壁面的流动。

除固体壁面以外,射流遇到其他非对称的边界条件,也会发生柯安达效应。如两股相距很近的平行射流,就会发生这种效应,使两股射流相互贴附,如图 9.24 所示。

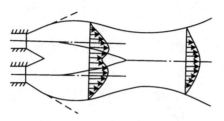

图 9.24 两射流间的相互作用

由于紊流射流的引射卷吸作用比层流射流强,因此紊流射流的附壁效应要比层流射流强;三维射流能从边壁以外的空间获得适当流体介质的补充,而二维射流则没有这个条件,所以,二维射流的附壁效应要比三维射流强。

9.5 环状射流与同心射流

图 9.25 为环状射流。图 9.26 为同心射流。根据实验观察和测试,在环状射流与同心射流的速度分布已达到相似的充分发展地段上(距喷口截面 $8\sim 10d_0$ 以后的射流下游地段),流动情况与轴对称自由射流相似。但是,在环状射流邻接喷嘴出口中心线的左近地段上,形成一低压回流区,如图 9.25 中虚线所包围的区域,中间有一封闭的涡链。在同心射流上,由于中央喷管也有一定的壁厚,因此在外圈环状射流与中心射流的交界处也有一环状低压回流区。由此可见,对于环状射流与同心射流来说,喷嘴的几何形状对邻接喷嘴出口射流的情况有很大影响。

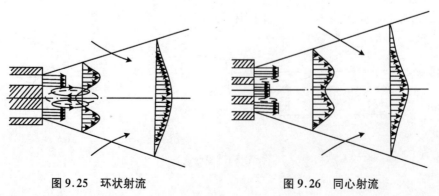

图 9.25 环状射流　　　　　　图 9.26 同心射流

根据在同心射流上,改变外圈环状射流的出口流速 u_{a0} 与中心射流出口流速 u_{c0} 的比值 $\lambda = u_{a0}/u_{c0}$ 所进行的实验,可以说明同心射流的外圈环状射流与其中心射流间的相互影响。如图9.27所示,当 $\lambda \leqslant 0.08$ 时,一直到 $4d_0$ (d_0 为中心喷嘴直径)的距离内,中心射流中心线上的流速都保持为常数,在此以后,中心线上的流速按下式表达的规律而衰减:

$$\frac{u_{cm}}{u_{c0}} = 0.4 \frac{d_{e0}}{s+a} \tag{9.54}$$

式中:d_{e0} 为同心射流喷嘴的当量直径;s 为某射流截面距喷口的距离;a 为与比值 λ 和当量直径 d_{e0} 有关的系数,一般由实验确定。

由图9.27可以看出,随着环状射流出口流速的逐渐增大,中心射流核心逐渐缩小,流速的衰减增快,当环状射流的出口流速增大至 $\lambda = 2.35$ 时,中心射流可全部为环状射流所卷吸去,此时,在中心线上距喷嘴出口 $3d_0$ 处测得的流速方向已经相反。

图9.28为同心射流的中心射流对环状射流的射流核心及速度衰减的影响。自图上可以看出,随着中心射流速度的逐渐增大,环状射流的射流核心逐渐缩小,环状射流的流速衰减增快,待达到 $\lambda = 0.08$ 时,环状射流在 $s \approx d_{a2} - d_{a1}$ 的距离后,可全部被卷吸到中心射流之中。

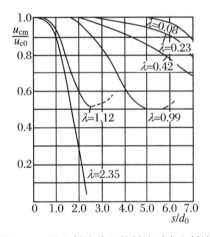

图9.27 同心射流的环状射流对中心射流的射流核心及速度衰减的影响

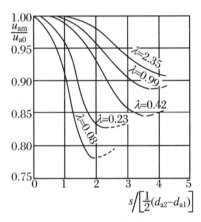

图9.28 同心射流的中心射流对环状射流的射流核心及速度衰减的影响

9.6 超音速射流

当高压气体经拉瓦尔喷管喷出时,若出口截面上的马赫数 $M_e > 1$,则可获得超音速射流。音速喷管(收缩型喷管)在不充分膨胀的工况下,也可获得超音速射流。

根据喷口截面气体的静压 p_e 与外界环境压力(背压) p_b 是否相等,可分以下三种工况:

(1) 当 $p_e = p_b$ 时,为正常膨胀(充分膨胀),射流按等压流场处理;

(2) 当 $p_e > p_b$ 时,为不充分膨胀,气体离开喷口截面将进一步膨胀加速,流股截面扩大,静压下降;

(3) 当 $p_e < p_b$ 时,为过度膨胀,气体离开喷口截面流股收缩,流速降低,静压升高。

超音速射流是个相当复杂的问题,下面仅就其与亚音速射流的差异进行简要介绍。

9.6.1 超音速射流的特点

超音速射流区别于亚音速射流的特点主要有以下几点:

(1) 亚音速射流流股内的静压力等于外界环境气体的静压力,故亚音速射流都可按射流不同截面的总动量守恒处理。超音速射流流股内的静压力不一定与外界环境气体的静压力相等,只有喷管按设计条件工作时,才能做到流股内外的压力相同。在偏离设计条件工作时,流股内气流的静压力既可能高于外界环境压力,也可能低于外界环境压力。

(2) 亚音速射流内的速度分布,随射流截面距喷口距离的增加,逐渐减小,而每一射流截面上的速度最大值位于射流中心。对于超音速射流而言,当喷管偏离设计工况时,不仅沿轴向静压力变化有波动,而且沿径向静压力分布也不均匀,压力的波动和不均匀分布将伴随有速度的波动和不均匀分布。

(3) 气体在经超音速喷管进行绝热膨胀的过程中,即使气体出流前的滞止温度与外界环境温度相等,但在压力比 p_e/p_0 较小的情况下,出流气体的静温 T_e 和密度 ρ_e 都与外界环境气体不同,因此,超音速射流具有非等温、非等密度射流的特征。

(4) 超音速射流难于与外界环境气体进行动量交换。这是由于超音速射流比亚音速射流具有较大的边界稳定性所致,这种现象可以借助图 9.29 加以说明。

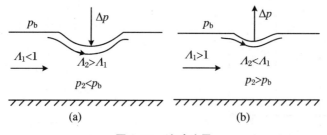

图 9.29 流动边界

对亚音速射流而言,当外界流体质点冲击射流边界时,如图 9.29(a)所示,射流边界面必将产生一定的变形而使有效流动截面有所减小。在无因次速度 $\Lambda<1$ 时,流动截面的收缩必使静压下降,$p_2<p_b$,破坏了边界面两侧的压力平衡,出现了压力差 $\Delta p = p_b - p_2$,在压力差 Δp 的作用下促进了边界面进一步变形,结果有利于外界流体质点冲破边界而进入射流内部。故亚音速射流容易卷吸周围环境流体,而与其混合。

对超音速射流而言,在射流边界受到边界流体质点冲击时,如图 9.29(b)所示,射流边界也可能会出现微弱变形,射流的有效截面出现微弱减小。在无因次速度 $\Lambda>1$ 时,有效截面的收缩必定引起静压的升高,使 p_2 高于外界环境压力 p_b,出现压力差 $\Delta p = p_2 - p_b$。因为 $p_2>p_b$,Δp 将促使射流边界回复原状,保持射流边界的稳定性。故外界流体难于混入超音速射流。

亚音速射流与超音速射流的上述特性可以通过这样的实验来验证:把轻小的物质靠近亚音速射流的边界,很快它被卷入射流的内部。当把轻小的物质靠近超音速射流的边界时,轻小物质难于进入射流内部。

9.6.2 设计工况下超音速射流的流场结构

设计工况是指超音速喷管出口截面气体的静压力等于外界环境气体的静压力,即 $p_e = p_b$,亦称充分膨胀或正常膨胀。此种情况下的射流结构如图 9.30 所示。由图 9.30 可以看出,超音速射流的流场可分为射流核心区、超音速区和亚音速区三个区域,或者分为超音速段和亚音速段两个段。

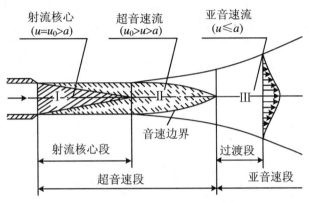

图 9.30 超音速射流的流场结构

1. 超音速段

自喷嘴出口截面到射流中心流速降至音速的截面间的区段称为超音速段。由于超音速射流边界的稳定性,外界气体难于冲破边界进入射流内部,射流横截面基本不扩张。只有当射流边界的流速 $u < a$ 时,外界气体才较多地混入射流内部,射流边界才有明显的横向扩张。

超音速段有 3 个边界面,外部为射流外边界,内部为射流核心边界,内边界与外边界中部的边界为音速边界,音速边界内部为超音速区,外部为亚音速区。音速边界的终点就是超音速段的终点。超音速段内射流内部气体的温度、密度与外界环境气体有显著的差异,出流马赫数越大,气体属性与环境的差异越大。

2. 亚音速段

亚音速段又可分为过渡段、基本段和尾段。

随着外界被引射的气体量的增加,射流内的速度逐渐减小,其温度和密度逐渐趋于环境气体的温度和密度,射流由等直径边界逐渐转化为直线扩张。

与亚音速射流一样,当射流截面的速度分布达到相似以后,射流进入基本段。研究表明,超音速射流进入基本段以后,截面上的压力与外界环境压力达到平衡,射流内的温度、密度与外界环境气体基本一致,与等温、等密度射流无明显差异,等温、等密度射流的截面速度分布式也适用于超音速射流的基本段,只需把公式中气体的静参量换成滞止参量。

设计条件下形成的超音速射流仍可按射流截面总动量守恒处理,其出口动量为

$$K_0 = G_0 u_0 = \pi R_0^2 \rho_e u_0^2 \tag{9.55}$$

为了消除射流离开喷口截面出现的再膨胀现象,喷管扩张段必须采用曲面,锥形扩张管是不能消除射流截面的再膨胀现象的。

9.6.3 非设计工况下的超音速射流

当喷管的工作压力偏离设计条件时,形成的射流称为非设计工况下的超音速射流。

9.6.3.1 不充分膨胀条件下的超音速射流

当收缩型喷管或缩扩型喷管出口截面有剩余压力时($p_e > p_b$),气体的压力能在喷口截面未全部转化为动能,气体离开喷口后出现流股截面的再膨胀和再收缩现象。气流经过每个波节将出现增速减速和降压升压的循环过程。速度和静压平均值沿轴向的变化近似于正弦曲线,如图9.31所示。必须说明,气体参数沿流股截面的分布是很不均匀的,图中所示的静压 p 和马赫数 M 是截面的平均值。实测表明,不充分膨胀射流截面的最大速度不是在射流的中心,而是偏离中心。压力比 p_e/p_b 越大,喷口的波结构越复杂,经过膨胀—压缩过程消耗的能量越多。当压力比 $p_e/p_b > 5$ 时,剩余压力基本上在第一波节消失,其波结构如图9.32所示。

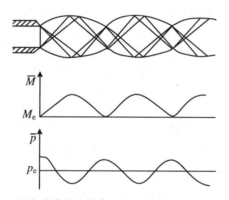

图9.31 不充分膨胀流股内平均马赫数和平均静压的变化

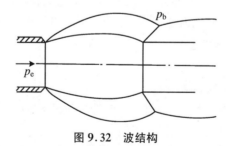

图9.32 波结构

不充分膨胀出流气体在喷口截面具有的冲量为

$$F_0 = G_0 u_0 + (p_e - p_p)A_e \tag{9.56}$$

或

$$F_0 = G_0 u_0 + p_e A_e - p_p A_e \tag{9.56a}$$

9.6.3.2 过度膨胀条件下的超音速射流

当超音速喷管出口截面的气体静压力 p_e 低于外界环境气体压力 p_b 时,则形成过度膨胀条件下的射流。由于射流内气体的静压力低于外界环境气体的压力,射流截面先收缩后膨胀,并出现斜激波。过度膨胀比 p_e/p_b 值越小,射流头半个波节截面收缩程度越大。与不充分膨胀情况类似,随流股截面的收缩与扩张,气体的速度和静压力也按超音速流特征变化。

过度膨胀射流在喷口截面的冲量为

$$F_0 = G_0 u_0 + (p_e - p_p) A_e \tag{9.57}$$

在喷口截面未出现正激波的情况下,$p_e < p_b$,上式第二项必为负值。当正激波进入喷口截面,出流马赫数 $M_e < 1$ 时,亚音速出流必定是 $p_e = p_b$。

9.6.4 设计工况下超音速射流的速度衰减及边界扩张

设计工况下的超音速射流,不同截面射流动量都相等。图 9.33 为射流中心速度的衰减情况。图中 R_0 为喷口半径,s 为射流截面至喷口截面的距离,u_0 为出口流速,u_m 为射流中心速度。$a\Lambda_e^2$ 代表气体的压缩性特征。其中

$$a = \frac{k-1}{k+1}, \quad \Lambda_e = \frac{u_0}{a_*}$$

由图看出,出流无因次速度 Λ_e 越大,射流的速度衰减越慢,射程越远,射流起始段越长,这不仅与出流气体的温度低、密度大有关,而且是超音速射流直线段延伸的结果。

图中 $a\Lambda_e^2 = 0$ 为等密度射流的速度衰减曲线。

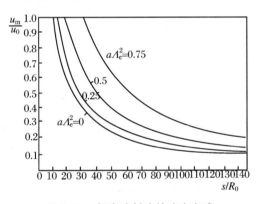

图 9.33 超音速射流的速度衰减

图 9.34 为超音速射流边界的扩张曲线,由图看出,当 $\Lambda_e = 0$ 时,射流边界为直线,出流的 Λ_e 越大,过渡段附近射流边界越弯曲。

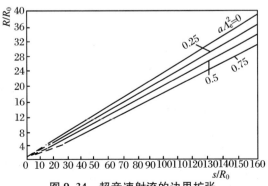

图 9.34 超音速射流的边界扩张

图 9.35 为超音速射流过渡截面距喷口的距离与气体可压缩性 $a\Lambda_e^2$ 的关系。气体的出流无因次速度 Λ_e 越大，气体可压缩性数值越高，过渡截面距喷口的间距越大。

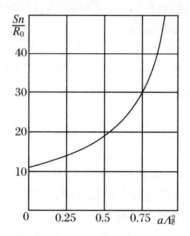

图9.35 过渡截面距喷口距离与气体压缩性 $a\Lambda_e^2$ 的关系曲线

由上述分析可知，当以射流为手段组织气体运动时，适当增加气体的出流马赫数 M_e（或 Λ_e 数），可提高射流的射程。

习　题　9

9.1 喷口直径为 300 mm 的圆形射流，以 6.0 m/s 均匀分布的流速射出，求离喷口 3 m 处射流的半径 R、流量 Q、中心流速 u_m 和质量平均流速 $\bar{u}'$。

9.2 空气流从直径为 300 mm 的圆形喷口射出，流量为 0.56 m³/s，试求射程 2 m 处射流半径、流量、轴心速度、截面平均流速和质量平均流速（取 $a = 0.08$）。

9.3 某体育馆的送风口直径 $d_0 = 500$ mm，风口至比赛区距离为 45 m，要求比赛区质量平均风速不得大于 0.3 m/s，问送风口的送风量不应超过多少？出口流速近似均匀分布。

9.4 岗位送风所设风口向下，距地面 4 m，要求在工作区（距地面 1.5 m 高范围）造成直径为 1.5 m 的射流截面，限定轴心速度为 2 m/s，求送风口直径和出口风量。

9.5 圆形射流喷口半径 $R_0 = 200$ mm，今要求射程 12 m 处距轴线 1.5 m 的地方流速为 3 m/s，求喷口流量。

9.6 为保证距喷口中心 $x = 20$ m，$r = 2$ m 处的流速 $u = 5$ m/s 及起始段长度 $s_n = 1$ m，假定喷口流速均匀分布，求喷口的初始风量。

9.7 有一两面收缩均匀的矩形喷口，截面为 0.05 m×2 m，出口速度为 10 m/s。求距喷口 2.0 m 处射流的宽度、中心速度、质量平均速度及流量。喷口流速均匀分布。

9.8 平面射流的喷口长 2 m，高 40 mm，出口流量为 0.8 m³/s。求射程 1.5 m 处的轴心速度、截面平均速度、质量平均速度和流量（取 $a = 0.11$）。

9.9 试验测得平面射流的出口流速 $u_0 = 56$ m/s，某截面中心流速 $u_m = 10$ m/s，问该截面的气体流量是出口流量的多少倍（取 $\beta_0 = 1$）？

9.10 某平面射流的出口高度为 60 mm，求射程 5 m，距射流中心 0.6 m 处的速度与出口速度的比值（取 $a = 0.12$）。

9.11 40 ℃的空气从直径为 200 mm 的圆形喷口射出,喷口流速为 3 m/s(均匀分布),周围空气温度为 18 ℃,求射程 5 m 处射流轴心温度、质量平均温度及流量。

9.12 温度为 10 ℃的冷空气以 2 m/s 的速度从半径为 0.4 m 的圆形喷口水平喷射到温度为 27 ℃的室内空间,喷口距地面高为 5 m。求距喷口 6 m 处射流的中心温度、质量平均温度及射流轴线距地面的高度。

9.13 27 ℃的气体由直径为 150 mm 的喷口喷出,周围气体的温度为 3 ℃,求距喷口 5 m 处,与射流轴线相距 0.4 m 点的气体温度(取 $a = 0.08$)。

9.14 温度为 40 ℃的空气以 3.0 m/s 的速度从直径为 100 mm 的圆形喷口沿水平方向射出,周围空气的温度为 15 ℃,求射流轴线的轨迹方程。

9.15 已知圆形喷口送风温度为 5 ℃,车间温度为 30 ℃。要求工作地点的质量平均风速为 2.4 m/s,轴心温度为 15 ℃,工作面射流直径为 2 m。求:

(1) 喷口到工作面的距离;

(2) 喷口直径和流速;

(3) 若喷口轴线水平,射流轴线在工作面处下降的高度。

9.16 圆形喷口的直径为 0.8 m,比底面高 5 m,温度为 -10 ℃的气体以 2.0 m/s 的速度沿水平方向射出,已知室内温度为 32 ℃,求距出口 3.5 m 处的质量平均速度、轴线温度及射流轴线离地面的距离。设紊流系数 $a = 0.08$。

9.17 室外空气通过离地面 7 m 高的条形喷口以 2.0 m/s 的速度射入室内,已知喷口高度为 0.35 m,室外空气温度为 -10 ℃,室内温度为 20 ℃,求射流轴线碰到地面时的水平射程和轴线温度。

9.18 一平面射流以 5.0 m/s 的速度向含有粉尘浓度为 0.06×10^{-3} kg/m^3 的室内喷射洁净空气,工作地点允许的质量平均浓度为 0.02×10^{-3} kg/m^3,要求该处射流宽度不小于 2 m。试求:

(1) 喷口应有的宽度;

(2) 工作地点射流的轴心速度;

(3) 喷口距工作地点的距离(取 $a = 0.12$)。

9.19 平面射流喷射清洁空气于含尘浓度为 0.12 mg/L 的静止空气中,喷口流速为 4 m/s。今要求在射程 3 m 处轴线速度为 2 m/s。试计算:

(1) 喷口的宽度;

(2) 工作区轴心含尘浓度;

(3) 工作区射流的质量平均浓差。

9.20 已知旋流叶片内外径之比为 2∶3,叶片安装角为 30°,该旋流器所产生的旋流是强旋流还是弱旋流?为什么?若旋流器尺寸不变,将叶片安装角调整为 45°,这时的旋流是否为强旋流?

第 10 章 喷射器与烟囱

在工程上常用的流体输送装置有三大类,即喷射器、烟囱、泵与风机。其中泵与风机又属动力设备,也被称作流体机械。关于泵与风机的基本理论、设备性能、运行与管理等方面的知识将在单独的章节中讲授。本章将主要介绍喷射器与烟囱的结构、工作原理、设计计算以及在工程上的应用等。

10.1 喷 射 器

喷射器通常属于送风及排气装置,它是利用流速较高的流体向限制空间内喷射,卷吸和带动流速较低的或静止的流体流动。喷射介质与吸入介质在喷射器的混合段内的掺混流动属于限制射流。混合后的流体称为混合介质。

10.1.1 喷射器的结构和工作原理

10.1.1.1 喷射器的结构及各部分的作用

图 10.1 为完整喷射器的结构简图,它是由喷管、收缩段、混合段和扩张段四部分组成的。简单的喷射器只有喷管和混合段,而没有收缩段和扩张段。设计喷射器,就是根据给定的条件,确定各个部分的合理尺寸。

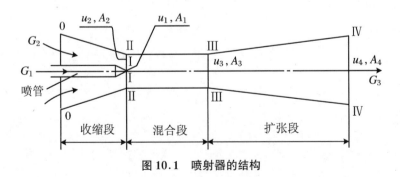

图 10.1 喷射器的结构

根据喷射介质的压力比 p_e/p_0 的不同,喷管的形式可用收缩型或拉瓦尔型。收缩型喷管可得到音速或亚音速射流,拉瓦尔型喷管可得到超音速射流。

混合段的作用在于促使喷射介质和吸入介质的属性及速度分布均匀化。增加收缩段和扩张段是为了提高喷射器的效率,前者可以提高吸入流体的入口速度,以减少两种流体混合过程中质点冲击所造成的能量损失;后者是为了减小混合流体的喷出速度,使混合流体的部分动能转化为压力能,从而增大喷射器出口与吸入口之间的压力差,提高抽吸能力。

10.1.1.2 喷射器的工作原理

如图 10.1 所示,喷射介质在压力能的作用下,经由喷管喷射到混合管内,自喷管出口截面起形成紊流射流。由于喷出的流体与周围被喷射的流体(吸入介质)质点发生碰撞,两者间进行质量交换和动量交换,吸入介质逐渐被卷入射流内部并带动其一起向前运动。又因为混合管是一个直径有限的圆筒,当前面的流体被迫向前运动时,后面的流体变得稀薄而使压力下降,即在混合管的入口端造成一定的负压,并形成一定的抽吸能力,促使外界的流体连续不断地被吸入到混合管内,又不断地被喷射流体带走。喷射流体的喷射动能愈大,造成的负压也愈大,抽吸能力也愈强,因而被带入的流体量也愈多。实验和理论都证明,对于一定尺寸的喷射器,被喷射流体的量与喷射流体的量基本上自动保持成正比的关系。这就是喷射器的工作原理。

喷射介质和吸入介质流经混合管段时,由于质点的冲击作用和摩擦作用,而产生能量损失。如果两种流体介质的混合是在等压条件下进行的,则混合前后的动量守恒关系为

$$G_3 u_3 = G_1 u_1 + G_2 u_2$$

$$u_3 = \frac{G_1 u_1 + G_2 u_2}{G_3}$$

式中:G_1 为喷射流体的质量流量,G_2 为吸入流体的质量流量,G_3 为混合流体的质量流量,$G_3 = G_1 + G_2$;u_1 为喷射流体的流速,u_2 为吸入流体的流速,u_3 为混合流体的流速。

混合前两种流体的动能为

$$E_1 + E_2 = \frac{1}{2}(G_1 u_1^2 + G_2 u_2^2)$$

混合流体的动能为

$$E_3 = \frac{1}{2} G_3 u_3^2 = \frac{1}{2} G_3 \left(\frac{G_1 u_1 + G_2 u_2}{G_3} \right)^2 = \frac{1}{2} \frac{(G_1 u_1 + G_2 u_2)^2}{G_1 + G_2}$$

两种流体在混合前后的能量损失为

$$\Delta E = E_1 + E_2 - E_3 = \frac{G_1 G_2}{G_1 + G_2} \frac{(u_1 - u_2)^2}{2} \tag{10.1}$$

由上式可以看出,当两种速度不同的流体混合时,两者的速度差越大,混合后损失的能量越多。由此可知,当 G_1 和 G_2 确定以后,为了减少喷射的能量损失,应尽可能地减小两者速度的差值 $\Delta u = u_1 - u_2$。一般情况下,根据喷射流体在喷出前后的压力差(或压力比),可以求得速度 u_1,因此适当地提高 u_2 可以提高喷射器的效率。研究表明,与喷射器最佳工况相适应存在有最佳吸入速度 u_2。

流体流经混合管产生的摩擦阻力,与管长、管径、雷诺数 Re 及管壁粗糙度有关。

应该指出,尽管混合段内不同截面上流体的质量流量相同,流量平均速度相等,但随着截面流速的逐渐均匀化,流体的静压将逐渐升高,而总动量在逐渐减小。这一点可以通过理论证明。

10.1.2 喷射器的喷射方程

10.1.2.1 简单喷射器的喷射方程

图 10.2 为简单喷射器的结构简图。图中 G_1、u_1、p_1 分别为喷射介质在 I 截面上的质量流量、平均流速和静压力；G_2、u_2、p_2 分别为吸入介质在 II 截面上的质量流量、平均流速和静压力；G_3、u_3、p_3 分别为混合介质在 III 截面上的质量流量、平均流速和静压力。当喷射介质为亚音速流动时，可以认为 $p_1 = p_2$。设混合段的管长为 l_3，管径为 d_3，管截面积为 A_3。

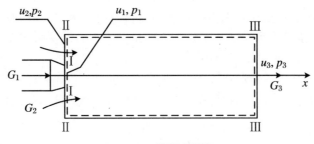

图 10.2 简单喷射器

取控制空间如图 10.2 中虚线所示，列出 II—III 截面间的动量方程，并考虑到混合管内的摩擦阻力，得到

$$(p_2 - p_3)A_3 - \lambda \frac{l_3}{d_3} \frac{1}{2}\rho_3 u_3^2 A_3 = G_3 u_3 - G_1 u_1 - G_2 u_2$$

整理后得

$$p_3 - p_2 = \frac{1}{A_3}(G_1 u_1 + G_2 u_2 - G_3 u_3) - \lambda \frac{l_3}{d_3} \frac{1}{2}\rho_3 u_3^2 \tag{10.2}$$

式(10.2)就是简单喷射器的喷射方程。该式说明，喷射器两端压力差 $\Delta p = p_3 - p_2$ 的大小决定于喷射器进出口的总动量差，II 截面与 III 截面上的总动量差越大，喷射器两端的压力差就越大。对简单喷射器来说，p_3 等于外界环境压力，所以 p_2 为负压，于是形成抽力。喷射器两端的压力差越大，II 截面上形成的负压值就越大，形成的抽力也越大，这就是喷射器能够送风排气的道理。

10.1.2.2 完整喷射器的喷射方程

如图 10.1 所示，列收缩段的 0—0 截面至 II—II 截面间的伯努利方程

$$p_0 + \frac{1}{2}\rho_2 u_0^2 = p_2 + \frac{1}{2}\rho_2 u_2^2 + K_2 \frac{1}{2}\rho_2 u_2^2$$

式中：K_2 为收缩段的阻力系数。由于入口截面流体的速度 u_0 很小，所以其动能项可以忽略不计。上式简化后得到

$$p_0 - p_2 = (1 + K_2)\frac{1}{2}\rho_2 u_2^2 \tag{10.3}$$

再列扩张段的 III—III 截面至 IV—IV 截面间的伯努利方程

$$p_3 + \frac{1}{2}\rho_3 u_3^2 = p_4 + \frac{1}{2}\rho_3 u_4^2 + K_4 \frac{1}{2}\rho_3 u_4^2$$

或写成

$$p_4 - p_3 = \frac{1}{2}\rho_3 u_3^2 \left[1 - (1+K_4)\left(\frac{u_4}{u_3}\right)^2\right] = \frac{1}{2}\rho_3 u_3^2 \left[1 - (1+K_4)\left(\frac{A_3}{A_4}\right)^2\right] \quad (10.4)$$

式中：K_4 为扩张段的阻力系数。

由式(10.2)减去式(10.3)，再加上式(10.4)，整理后得到

$$p_4 - p_0 = \frac{1}{A_3}(G_1 u_1 + G_2 u_2 - G_3 u_3) + \frac{1}{2}\rho_3 u_3^2 \left[1 - (1+K_4)\left(\frac{A_3}{A_4}\right)^2 - \lambda \frac{l_3}{d_3}\right]$$
$$- (1+K_2)\frac{1}{2}\rho_2 u_2^2 \quad (10.5)$$

令 $\eta_k = 1 - (1+K_4)\left(\frac{A_3}{A_4}\right)^2 - \lambda \frac{l_3}{d_3}$。$\eta_k$ 为混合段入口至扩张段出口间的综合效率系数，可由表10.1查得，它代表该段内所增加的抽力 $p_4 - p_2$ 与扩张段入口动压 $\frac{1}{2}\rho_3 u_3^2$ 之比。另外，考虑到 $A_3 = \frac{G_3}{\rho_3 u_3}$，则式(10.5)可写成

$$p_4 - p_0 = \frac{\rho_3 u_3}{G_3}(G_1 u_1 + G_2 u_2 - G_3 u_3) + \eta_k \frac{1}{2}\rho_3 u_3^2 - (1+K_2)\frac{1}{2}\rho_2 u_2^2 \quad (10.6)$$

式(10.6)就是完整喷射器的喷射方程。它是计算整个喷射器所造成的压力差（抽力）的基本方程，它表明了扩张段末端与收缩段入口端的压力差与各流体参量间的关系。在其他条件相同的情况下，喷射介质的速度 u_1 越大，$p_4 - p_0$ 的值也越大。但 $p_4 - p_0$ 的值与 u_3 之间的关系则不然，u_3 过大或过小都对喷射作用产生不利影响。

表 10.1 扩张管的效率

d_4/d_3	1.0	1.05	1.2	1.4	1.6	1.8	≥2.0
η_k	-0.15	0	0.30	0.48	0.55	0.59	0.60

10.1.3 喷射器的效率

喷射器的效率定义为单位时间内吸入流体通过喷射器所获得的能量与喷射流体在喷射器中所消耗的能量之比。

单位时间内吸入流体所获得的能量是指压力由 p_0 升高到 p_4 所提高的压力能以及流速由 u_0 增加到 u_4 所提高的动能之和，即

$$Q_2\left[\left(p_4 + \frac{1}{2}\rho_2 u_4^2\right) - \left(p_0 + \frac{1}{2}\rho_2 u_0^2\right)\right]$$

由于入口截面的流体速度 u_0 与 u_4 相比很小，可以忽略不计，因此吸入流体获得的能量可写成

$$Q_2\left[(p_4 - p_0) + \frac{1}{2}\rho_2 u_4^2\right]$$

单位时间内喷射流体在喷射器中所消耗的能量等于喷射流体在Ⅰ截面上的压力能与动能之和减去喷射流体在Ⅳ截面上的压力能与动能之和，即

$$Q_1\left[\left(p_1 + \frac{1}{2}\rho_1 u_1^2\right) - \left(p_4 + \frac{1}{2}\rho_1 u_4^2\right)\right] = Q_1\left[\frac{1}{2}\rho_1(u_1^2 - u_4^2) - (p_4 - p_1)\right]$$

以上两式中的 Q_1 和 Q_2 分别为喷射流体和吸入流体的体积流量。

由此可得喷射器的效率为

$$\eta = \frac{Q_2\left[(p_4 - p_0) + \frac{1}{2}\rho_2 u_4^2\right]}{Q_1\left[\frac{1}{2}\rho_1(u_1^2 - u_4^2) - (p_4 - p_1)\right]} \tag{10.7}$$

在设计或使用喷射器时,通常总是力求得到最大的喷射器效率,以便在能量消耗较少的情况下获得较大的有效能。

由式(10.7)可以看出,为获得最大的喷射器效率,必须在喷射比 Q_2/Q_1 和喷射流体动压 $\frac{1}{2}\rho_1 u_1^2$ 一定的条件下,造成最大的压力差 $p_4 - p_0$。因为分母上的 $p_4 - p_1$ 一项与 $p_4 - p_0$ 是一致的,一般说来 $p_4 - p_0$ 增大,相应的 $p_4 - p_1$ 也将增大。不过 $p_4 - p_1$ 较之 $\frac{1}{2}\rho_1 u_1^2$ 来说,还是相对较小的。

10.1.4 喷射器的设计计算

设计喷射器就是选择和确定各部位合理的几何尺寸,以获得最佳的喷射效率,节省能量和原材料。对于不可压缩流体而言,为确定最佳效率下喷射器各部位的合理尺寸,可按以下方法进行计算。

为了减少式(10.6)中变量的个数,并容易看出各主要参量间的相互关系,将喷射器的主要参量变为无因次量,用下列符号表示:

体积喷射比 $\quad m = \dfrac{Q_2}{Q_1}$; 质量喷射比 $\quad n = \dfrac{G_2}{G_1}$;

喷射截面比 $\quad \varphi = \dfrac{A_3}{A_1}$; 吸入口截面比 $\quad \psi = \dfrac{A_3}{A_2}$。

因此

$$\frac{u_2}{u_1} = m\frac{\psi}{\varphi}, \quad \frac{u_3}{u_1} = \frac{m+1}{\varphi}, \quad \frac{\rho_2}{\rho_1} = \frac{n}{m}, \quad \frac{\rho_3}{\rho_1} = \frac{n+1}{m+1}$$

将上述各无因次量代入式(10.6),经整理简化后为

$$p_4 - p_0 = \frac{1}{2}\rho_1 u_1^2\left[\frac{2}{\varphi} + 2mn\frac{\psi}{\varphi^2} - \frac{(2-\eta_k)(m+1)(n+1)}{\varphi^2} - \frac{(1+K_2)mn\psi^2}{\varphi^2}\right] \tag{10.8}$$

上式表明,喷射器产生的压力差 $p_4 - p_0$ 与喷射介质喷出的动压 $\frac{1}{2}\rho_1 u_1^2$ 成正比,其比值是方括号内变量 (m, n, φ, ψ) 的函数。当喷射器的喷射比 (m, n) 给定后,几何尺寸不同,所产生的压力差也不同。由式(10.7)看出,喷射器所产生的压力差 $\Delta p = p_4 - p_0$ 越高,喷射器的效率越大。对不同的截面比 (φ, ψ),可得到不同的喷射效率 η。分析表明,式(10.8)存在最大的压力差 $\Delta p_{\max}$,为得到 $\Delta p_{\max}$,可令式(10.8)的一阶导数为零,以求出最佳的截面比 φ 和 ψ。

令 $\dfrac{\partial(p_4 - p_0)}{\partial \varphi} = 0$,得

$$\varphi_{佳} = (2 - \eta_k)(m+1)(n+1) - 2mn\psi + (1 + K_2)mn\psi^2 \tag{10.9}$$

令 $\dfrac{\partial(p_4 - p_0)}{\partial \psi} = 0$，得

$$\psi_{佳} = \dfrac{1}{1 + K_2} \tag{10.10}$$

收缩段的阻力系数 K_2 的值依入口形状不同，其变化范围很大，在最佳尺寸附近进行喷射器计算时，可取 $K_2 = 0.2 \sim 0.3$。

将式(10.10)的 $\psi_{佳}$ 值代入式(10.9)中，得到最佳的 φ 值为

$$\varphi_{佳} = (2 - \eta_k)(m + 1)(n + 1) - \dfrac{mn}{(1 + K_2)} \tag{10.11}$$

当喷射比 (m, n) 给定以后，应用式(10.10)和式(10.11)便可确定喷射器的基本尺寸 A_1、A_2 和 A_3 之间的最佳关系。将这两式代入式(10.8)中，便可得到最佳尺寸条件下造成的压力差，即

$$(p_4 - p_0)_{佳} = \dfrac{1}{\varphi_{佳}} \cdot \dfrac{1}{2} \rho_1 u_1^2 \tag{10.12}$$

由式(10.12)可以看出，在最大喷射效率下，完整喷射器造成的吸力 $p_4 - p_0$ 是喷射流体动压 $\dfrac{1}{2}\rho_1 u_1^2$ 的 $\dfrac{1}{\varphi_{佳}}$ 倍。

应用式(10.12)求出 $(p_4 - p_0)_{佳}$ 的值，并相应求出 $(p_4 - p_1)_{佳}$ 的值，代入式(10.7)，即可求出在最佳尺寸条件下喷射器的最大喷射效率。

喷射器的基本尺寸 A_2 和 A_3，可按上述公式确定，其他各部分尺寸，大多是根据实验或经验来确定的。

1. 喷管尺寸的确定

喷管的关键尺寸是 A_1，它可根据第 8 章中喷管的设计计算进行确定。如为收缩型喷管，当喷管收缩角为 $30° \sim 45°$ 时，可取流量系数 $\mu = 0.96 \sim 0.84$。

2. 收缩段尺寸的确定

收缩段的关键尺寸是收缩口环形截面积 A_2，由式(10.10)可见，在最佳条件下，$A_2 = \dfrac{A_3}{\psi_{佳}} = (1 + K_2)A_3$，即 A_2 稍大于 A_3。收缩段的收缩角一般取 $\alpha = 24° \sim 26°$，收缩段的长度一般取 $l_1 = 2d_3$。

为了减少能量损失，收缩管的形状尽可能做成逐渐收缩的喇叭形曲壁管段，收缩段进口直径可取 $d_0 = 2d_3$。

3. 混合段尺寸的确定

混合段的关键尺寸是 A_3，可由式(10.11)算出，即 $A_3 = \varphi_{佳} A_1$。混合段的作用是使两种流体相互混合，并使截面上的速度分布均匀化，从而在该段内造成一定的压力差(抽力)。为了使速度分布均匀，混合段应具有足够的长度，并且在收缩段末端与混合段的直管段之间应有一段过渡段，目的是为了进一步减少能量损失，促使速度分布均匀化。混合段内过渡段的长度一般取 $l_2 = (0.3 \sim 2.0)d_3$，直管段部分的长度一般取 $l_3 = (3 \sim 5)d_3$，那么，混合段的总长度为 $l_2 + l_3 \geqslant 5d_3$。

4. 扩张段尺寸的确定

扩张段的扩张角一般取 $\beta = 6° \sim 8°$，角度再大时，将会使流体脱离管壁，造成较大的能量损失。由表 10.1 可以看出，d_4/d_3 太大，不会提高扩张管的效果。通常取 $d_4 = (1.5 \sim 2.0)d_3$，其

长度为

$$l_4 = \frac{d_4 - d_3}{2\tan\frac{\beta}{2}} \quad \text{或者取} \quad l_4 = (7 \sim 10)d_3$$

例 10.1 已知某燃料炉的烟气量为 $Q_{02} = 2.4 \text{ m}^3/\text{s}$，烟气密度为 $\rho_{02} = 1.29 \text{ kg/m}^3$，烟气温度为 400 ℃。烟道总阻力为 136 N/m²，采用喷射排烟，喷射介质为 20 ℃ 的空气，其密度为 $\rho_{01} = 1.293 \text{ kg/m}^3$，全风压为 1 800 N/m²。试确定该喷射器的最佳尺寸和最大喷射效率。

解 (1) 20 ℃ 时空气的密度为

$$\rho_1 = \frac{\rho_{01}}{1 + \beta t_1} = \frac{1.293}{1 + 20/273} = 1.205 (\text{kg/m}^3)$$

(2) 求空气喷管出口流速。

取喷管出口流量系数 $\mu = 0.92$，则流速为

$$u_1 = \mu\sqrt{\frac{2(p_q + \Delta p)}{\rho_1}} = 0.92 \times \sqrt{\frac{2 \times (1\ 800 + 136)}{1.205}} = 52.15 (\text{m/s})$$

(3) 烟气的质量流量为

$$G_2 = \rho_{02} Q_{02} = 1.29 \times 2.4 = 3.10 (\text{kg/s})$$

(4) 烟气的实际密度为

$$\rho_2 = \frac{\rho_{02}}{1 + \beta t_2} = \frac{1.29}{1 + 400/273} = 0.523 (\text{kg/m}^3)$$

(5) 烟气的体积流量为

$$Q_2 = \frac{G_2}{\rho_2} = \frac{3.10}{0.523} = 5.93 (\text{m}^3/\text{s})$$

(6) 求最佳喷射截面比 $\varphi_{佳}$。

由式(10.12)得

$$\varphi_{佳} = \frac{1}{(p_4 - p_0)_{佳}} \cdot \frac{1}{2}\rho_1 u_1^2 = \frac{1}{136} \times \frac{1}{2} \times 1.205 \times 52.15^2 = 12.05$$

(7) 求喷射比 m 和 n 值。

根据定义可知 $\dfrac{n}{m} = \dfrac{\rho_2}{\rho_1}$，则

$$n = \frac{\rho_2}{\rho_1}m = \frac{0.523}{1.205}m = 0.434m$$

将上式代入式(10.11)，并取 $\eta_k = 0.6, K_2 = 0.2$，得

$$12.05 = (2 - 0.6)(m + 1)(0.434m + 1) - \frac{m(0.434m)}{1 + 0.2}$$

解得

$$m = 3.662, \quad n = 0.434m = 1.589$$

(8) 空气的质量流量和体积流量分别为

$$G_1 = \frac{G_2}{n} = \frac{3.10}{1.589} = 1.95 (\text{kg/s})$$

$$Q_1 = \frac{G_1}{\rho_1} = \frac{1.95}{1.205} = 1.62 (\text{m}^3/\text{s})$$

(9) 混合气体的质量流量为

$$G_3 = G_1 + G_2 = 1.95 + 3.10 = 5.05 (\text{kg/s})$$

(10) 空气喷口尺寸

$$A_1 = \frac{Q_1}{u_1} = \frac{1.62}{52.15} = 0.031\,1(\text{m}^2)$$

$$d_1 = \sqrt{\frac{4A_1}{\pi}} = \sqrt{\frac{4 \times 0.031\,1}{3.14}} = 0.199(\text{m})$$

(11) 混合段尺寸

$$A_3 = \varphi_{佳} A_1 = 12.05 \times 0.031\,1 = 0.375(\text{m}^2)$$

$$d_3 = \sqrt{\frac{4A_3}{\pi}} = \sqrt{\frac{4 \times 0.375}{3.14}} = 0.691(\text{m})$$

混合段内过渡段长度取

$$l_2 = 2d_3 = 2 \times 0.691 = 1.382(\text{m})$$

混合段内直管段长度取

$$l_3 = 3d_3 = 3 \times 0.691 = 2.073(\text{m})$$

混合段的总长度为

$$l_2 + l_3 = 3.455(\text{m})$$

(12) 收缩段尺寸

$$A_2 = (1 + K_2)A_3 = (1 + 0.2) \times 0.375 = 0.45(\text{m}^2)$$

$$d_2 = \sqrt{\frac{4(A_1 + A_2)}{\pi}} = \sqrt{\frac{4 \times (0.031\,1 + 0.45)}{3.14}} = 0.783(\text{m})$$

$$d_0 = 2d_3 = 2 \times 0.691 = 1.382(\text{m})$$

$$l_1 = 2d_3 = 1.382(\text{m})$$

(13) 扩张段尺寸

$$d_4 = 2d_3 = 2 \times 0.691 = 1.382(\text{m})$$

$$l_4 = 8d_3 = 8 \times 0.691 = 5.528(\text{m})$$

(14) 喷射器简图如图 10.3 所示。

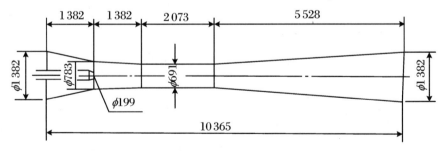

图 10.3 例 10.1 图

(15) 求喷射器的最大喷射效率。

首先考虑气体混合后温度的变化,假定混合气体的温度 $t_3 = 260\ ℃$,查表得,不同温度下的空气、烟气和混合气体的等压比热分别为

$$C_{p1} = 1.013\ \text{kJ/(kg·K)}, \quad C_{p2} = 1.151\ \text{kJ/(kg·K)}, \quad C_{p3} = 1.112\ \text{kJ/(kg·K)}$$

根据热平衡方程

$$G_1 C_{p1} t_1 + G_2 C_{p2} t_2 = G_3 C_{p3} t_3$$

将已知数据代入上式,得混合气体的真实温度为

$$t_3 = \frac{1.95 \times 1.013 \times 20 + 3.10 \times 1.151 \times 400}{5.05 \times 1.112} = 261(℃)$$

与假定的混合气体温度相符。则混合气体的密度为

$$\rho_3 = \frac{\rho_{03}}{1 + \beta t_3} = \frac{1.291}{1 + 261/273} = 0.66(\text{kg/m}^3)$$

混合气体的体积流量为

$$Q_3 = \frac{G_3}{\rho_3} = \frac{5.05}{0.66} = 7.65(\text{m}^3/\text{s})$$

A_2 截面和 A_4 截面上的气体流速分别为

$$u_2 = \frac{Q_2}{A_2} = \frac{5.93}{0.45} = 13.18(\text{m/s})$$

$$u_4 = \frac{Q_3}{A_4} = \frac{7.65}{\frac{1}{4}\pi \times 1.382^2} = 5.10(\text{m/s})$$

因为 $p_1 \approx p_2$,所以

$$p_4 - p_1 = p_4 - p_2 = (p_4 - p_0) + (p_0 - p_2) = (p_4 - p_0) + (1 + K_2)\frac{1}{2}\rho_2 u_2^2$$

$$= 136 + (1 + 0.2) \times \frac{1}{2} \times 0.523 \times 13.18^2 = 190.5(\text{N/m}^2)$$

将有关数据代入式(10.7),得喷射器的最大喷射效率为

$$\eta = \frac{Q_2\left(p_4 - p_0 + \frac{1}{2}\rho_2 u_4^2\right)}{Q_1\left[\frac{1}{2}\rho_1(u_1^2 - u_4^2) - (p_4 - p_1)\right]} \times 100\%$$

$$= \frac{5.93 \times \left(136 + \frac{1}{2} \times 0.523 \times 5.10^2\right)}{1.62 \times \left[\frac{1}{2} \times 1.205 \times (52.15^2 - 5.10^2) - 190.5\right]} \times 100\% = 36.5\%$$

10.2 烟　　囱

要使燃料炉能够正常工作,保持炉内正常的气体流动、燃烧和热交换过程,不仅要向炉内供给足够的燃料和助燃空气,还必须不断地将燃烧生成的高温废气(烟气)从炉内排除。目前采用的排烟方法有两种:一种是用引风机或喷射器进行人工排烟;另一种是用烟囱进行自然排烟。烟囱排烟的优点是:工作可靠,不易发生故障;不消耗动力;能把烟气送到高空以减轻对附近环境的污染;不需要经常维修和保养等。因而,一般的工业炉多采用烟囱排烟。只有当排烟系统阻力过大或废气温度太低时,才采用人工排烟,而且也多与烟囱同时使用。

10.2.1 烟囱的工作原理

烟囱能够排烟,将废气从炉尾经烟道、烟囱排入大气,是由于烟囱底部具有抽力(负压),这是由相对于大气的热气体的运动规律所决定的,是热气体内各种能量相互转化的结果,是几何压头的作用促使气体流动。

图 10.4 为烟囱工作原理示意图。烟囱内部充满着热的烟气,其重度为 γ_g,烟囱外部为冷的空气,其重度为 γ_a。为使问题简化,先假定炉膛至烟囱出口,烟气为等温的,并处于静止状态。烟囱的高度为 H,烟囱出口处烟气的相对压力 $p_{m3}=0$。列烟囱底部 II—II 面至烟囱出口 III—III 面间烟气相对于大气的静力学方程,基准面取在 II—II 面,得

$$p_{m2} = p_{m3} + (\gamma_g - \gamma_a)H$$

因为烟囱出口处 $p_{m3}=0$,所以

$$p_{m2} = (\gamma_g - \gamma_a)H = \left(\frac{\gamma_{g0}}{1+\beta t_g} - \frac{\gamma_{a0}}{1+\beta t_a}\right)H \tag{10.13}$$

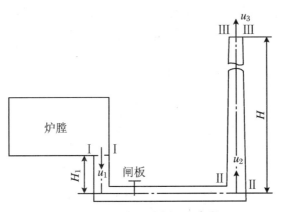

图 10.4 烟囱工作原理示意图

由式(10.13)可以看出,因为 $\gamma_g<\gamma_a$,H 为烟囱高度,所以烟囱底部的相对压力 p_{m2} 为负值,即存在负压,具有抽吸能力(抽力),它是由烟囱内高温烟气的几何压头产生的。炉尾 I—I 截面处烟气一般控制为零压,$p_{m1}=0$,因此,炉尾烟气在烟囱底部的抽力作用下,源源不断地经烟道流到烟囱底部,接着在热烟气几何压头的作用下不断地排出烟囱。这就是烟囱的工作原理。

由式(10.13)还可以看出,烟囱的高度 H 越高、烟气的温度 t_g 越高及环境空气的温度 t_a 越低,烟囱底部的负压值越大,抽力就越大,排烟能力就越强。这就是说,烟囱的排烟能力的大小取决于烟囱的高度 H、烟气的实际温度 t_g 和周围环境空气的温度 t_a 三个因素。

式(10.13)中 p_{m2} 的负压值所代表的只是烟囱的理论抽力,因为它是在假定烟气是等温和静止的条件下得到的。实际上,烟气从炉膛到烟囱出口是一个非等温的运动过程。它在流动过程中不仅要克服各种流动阻力,而且还有能量的转换,因此烟囱的实际抽力要比理论抽力小。烟囱的实际抽力可以用热气体相对于大气的伯努利方程求得。

取 II—II 截面所在的水平面为基准面,列 II—II 截面到 III—III 截面间烟气相对于大气的伯努利方程

$$p_{m2} + \frac{u_2^2}{2g}\gamma_{g2} = (\gamma_{gj} - \gamma_a)H + \frac{u_3^2}{2g}\gamma_{g3} + \Delta p_{w2-3}$$

令烟囱底部的实际抽力为 $H_{抽} = -p_{m2}$,则上式可写为

$$H_{抽} = (\gamma_a - \gamma_{gj})H - \left(\frac{u_3^2}{2g}\gamma_{g3} - \frac{u_2^2}{2g}\gamma_{g2}\right) - \Delta p_{w2-3} \tag{10.14}$$

式中:$(\gamma_a - \gamma_{gj})H$ 为烟囱的理论抽力,即烟囱内高温烟气的几何压头(相对位压)增量(Pa);γ_{gj} 为烟囱内烟气在平均温度下的重度(N/m³);$\left(\frac{u_3^2}{2g}\gamma_{g3} - \frac{u_2^2}{2g}\gamma_{g2}\right)$ 为烟气自烟囱底部到烟囱出口所产生的动压增量(Pa);Δp_{w2-3} 为烟气流经烟囱所产生的摩擦阻力(摩擦损失)(Pa)。

由式(10.14)可知,烟囱的实际抽力等于理论抽力减去烟囱内烟气的动压增量和所产生的摩擦阻力损失。在烟囱高度不变和烟气及环境温度不变的条件下,烟囱内壁的摩擦阻力越大及烟气的动压增量越大,烟囱的实际抽力越小。

至于烟囱底部要形成多大的负压值,才能够使烟气从炉尾顺利地经烟道流到烟囱底部,这主要取决于烟道系统各类阻力损失的大小。现仍取烟囱底部的Ⅱ—Ⅱ截面所在的水平面为基准面(图 10.4),列炉尾处Ⅰ—Ⅰ截面到烟囱底部Ⅱ—Ⅱ截面间烟气的伯努利方程

$$p_{m1} + (\gamma_{g1} - \gamma_a)H_1 + \frac{u_1^2}{2g}\gamma_{g1} = p_{m2} + \frac{u_2^2}{2g}\gamma_{g2} + \Delta p_{w1-2}$$

取炉尾处烟气的相对压力 $p_{m1} = 0$,上式可简化为

$$-p_{m2} = (\gamma_a - \gamma_{g1})H_1 + \left(\frac{u_2^2}{2g}\gamma_{g2} - \frac{u_1^2}{2g}\gamma_{g1}\right) + \Delta p_{w1-2} \tag{10.15}$$

由式(10.15)可以看出,烟囱底部负压值(抽力)的大小应满足 3 方面的需要:一是克服高温烟气自炉尾经支烟道向下流动的阻力(几何压头转换);二是满足烟气从Ⅰ—Ⅰ截面到Ⅱ—Ⅱ截面的动压增量;三是克服烟道内各种局部阻力和摩擦阻力。只要烟囱底部所形成的负压之值(绝对值)大于或等于以上 3 项之和,烟气就能顺利地从炉尾经烟道流到烟囱底部,然后在烟气几何压头的作用下排出烟囱。

10.2.2 烟囱计算

烟囱计算有两种情况,一是设计计算,二是校核计算。设计计算就是根据已知的烟气流量、温度及烟道的各种阻力,新设计一个烟囱,确定它的直径和高度。校核计算就是对已建成的烟囱,计算其底部的抽力,核算它能否满足炉子的排烟要求。下面主要介绍烟囱的设计计算。

1. 烟囱直径(内径)的计算

对于圆形截面的烟囱,其顶部出口直径 d_3 为

$$d_3 = \sqrt{\frac{4A_3}{\pi}} \tag{10.16}$$

式中:A_3 为烟囱顶部出口截面积(m²)。

$$A_3 = \frac{Q_0}{3\,600 u_{03}}$$

式中:Q_0 为烟囱排烟量(N·m³/h);u_{03} 为烟囱顶部烟气出口流速(N·m/s)。一般取 $u_{03} =$

$2.5\sim4.0\,\mathrm{N\cdot m/s}$，$u_{03}$过大则会使烟囱内的摩阻增大；$u_{03}$过小则容易在烟囱顶部产生倒风现象；如果烟囱出口烟气流速小于当地风速，烟气还会产生下降涡流而急剧降落在附近地面污染环境。因此在大风地区烟囱出口烟气流速应视当地风速而定。

对于砌砖和混凝土烟囱，为便于施工，d_3一般不小于0.8 m。

为了增加烟囱的结构强度及稳定性，烟囱的底部直径一般取为顶部直径的$1.3\sim1.5$倍，即

$$d_2 = (1.3 \sim 1.5)d_3 \tag{10.17}$$

也可根据烟囱的锥度（1∶100）来确定烟囱底部直径d_2，即

$$d_2 = 0.02H' + d_3 \tag{10.18}$$

式中：H'为烟囱的近似高度，可按下述公式估算：

$$H' = (25 \sim 30)d_3 \tag{10.19}$$

或

$$H' = \frac{3}{20}H_{\text{抽}}\,(\mathrm{m}) \tag{10.20}$$

式中：$H_{\text{抽}}$为烟囱底部所需要的抽力（Pa）。

如果最后计算出的烟囱高度H与按上述公式估算的烟囱高度H'相差不大，则上述近似计算符合要求，否则需重新假设，再行计算。

2. 烟囱高度的计算

将式（10.14）与式（10.15）联立，或者直接列Ⅰ—Ⅰ至Ⅲ—Ⅲ截面间（图10.4）烟气的伯努利方程，得

$$(\gamma_{g1} - \gamma_a)H_1 + \frac{u_1^2}{2g}\gamma_{g1} = (\gamma_{gj} - \gamma_a)H + \frac{u_3^2}{2g}\gamma_{g3} + \Delta p_{w1-2} + \Delta p_{w2-3}$$

烟囱内的摩擦阻力损失$\Delta p_{w2-3} = \lambda \dfrac{H}{d_j}\dfrac{u_j^2}{2g}\gamma_{gj}$，代入上式整理得

$$H = \frac{(\gamma_a - \gamma_{g1})H_1 + \left(\dfrac{u_3^2}{2g}\gamma_{g3} - \dfrac{u_1^2}{2g}\gamma_{g1}\right) + \Delta p_{w1-2}}{(\gamma_a - \gamma_{gj}) - \dfrac{\lambda}{d_j}\dfrac{u_j^2}{2g}\gamma_{gj}} \tag{10.21}$$

式中：H为烟囱的高度（m）；$(\gamma_a - \gamma_{g1})H_1$为炉尾竖直烟道内烟气的几何压头（相对位压）增量（Pa）；$\dfrac{u_3^2}{2g}\gamma_{g3} - \dfrac{u_1^2}{2g}\gamma_{g1}$为烟气自炉尾流至烟囱出口所产生的动压增量（Pa）；Δp_{w1-2}为烟气由炉尾到烟囱底部所造成的总压力损失（Pa）；$\gamma_a - \gamma_{gj}$为每米烟囱的几何压头（相对位压）增量（Pa/m）；$\dfrac{\lambda}{d_j}\dfrac{u_j^2}{2g}\gamma_{gj}$为每米烟囱所造成的摩擦阻力损失（Pa/m），其中$\lambda$为烟囱内的摩擦阻力系数，一般取$\lambda = 0.05$；$d_j$为烟囱的平均直径（内径），$d_j = (d_2 + d_3)/2\,(\mathrm{m})$；$u_j$为烟囱内烟气的平均流速（m/s）；$\gamma_{gj}$为烟囱内烟气在平均温度下的重度（N/m³）。

应该注意，烟气在烟道和烟囱内流动时温度是不断变化的，要计算某处烟气的动压，就必须已知该处烟气的温度。一般烟气的出炉温度是已知的，只要知道烟道或烟囱内的温度降低幅度，就可以用下式计算烟道或烟囱内各处的温度，如

$$t_b = t_a - k_t l \tag{10.22}$$

式中：t_a为烟道内a处的烟气温度（℃）；t_b为烟道内a处下游b处的烟气温度（℃）；l为烟

道内 a 到 b 之间的距离(m);k_t 为烟气每米温度降。烟气在烟道内的温度降与烟气的温度和烟道状况有关,表10.2列出了烟气每米温度降的经验数据。对于烟囱来说,每米的温度降为:砖砌烟囱 $k_t=1\sim1.5\ ℃/m$,不衬砖的金属烟囱 $k_t=3\sim4\ ℃/m$,有衬砖的金属烟囱 $k_t=2\sim2.5\ ℃/m$,混凝土烟囱 $k_t=0.1\sim0.3\ ℃/m$。

如果排烟烟道阻力所造成的压力损失和压头转换所消耗的能量已经计算出来,即烟囱底部所需要的抽力 $H_{抽}=-p_{m2}$ 已知,烟囱高度可按式(10.14)进行计算。将 $\Delta p_{w2-3}=\lambda\dfrac{H}{d_j}\dfrac{u_j^2}{2g}\gamma_{gj}$ 代入式(10.14)得

$$H=\dfrac{H_{抽}+\left(\dfrac{u_3^2}{2g}\gamma_{g3}-\dfrac{u_2^2}{2g}\gamma_{g2}\right)}{(\gamma_a-\gamma_{gj})-\dfrac{\lambda}{d_j}\dfrac{u_j^2}{2g}\gamma_{gj}} \tag{10.23}$$

表10.2 烟道内烟气每米温度降 k_t(℃/m)

烟气温度(℃)	地下砖烟道	地上烟道	
		绝热	不绝热
200~300	1.5	1.5	2.5
300~400	2.0	3.0	4.5
400~500	2.5	3.5	5.5
500~600	3.0	4.5	7.0
600~700	3.5	5.5	10.0
700~800	4.0	—	—
800~1 000	4.6	—	—
1 000~1 200	5.2	—	—

3. 烟囱设计中应注意的几个问题

在进行烟囱的设计计算时,应当注意以下几方面的问题:

(1) 由烟囱的理论抽力公式(10.13)可以看出,在 $H_{抽}=-p_{m2}$ 确定的情况下,烟囱的高度 H 与 $\gamma_a-\gamma_g$ 成反比关系,因此,为了保证烟囱在任何季节里都有足够的抽力而正常工作,在计算 γ_a 时应当以当地夏天空气的最高温度为基准。

(2) 为了使烟囱工作可靠,应使烟囱有富余的排烟能力,在设计时,通常将烟囱所需要的抽力增加20%~30%,操作时用烟道闸板来控制。

(3) 当几座炉子共用一座烟囱时,烟囱直径应按几座炉子的总烟气量计算,烟囱高度应按排烟烟道系统阻力损失最大的那座炉子进行计算。

(4) 为了减少烟尘对周围环境的污染,在城镇附近的炉子,烟囱高度应高于周围建筑物5米以上,一般不低于16米;在远郊或山区工厂的炉子,应根据地形来确定烟囱的高度,防止过山气流(过山风)的影响,避免烟囱顶部产生倒风现象。

(5) 烟囱高度的确定还应考虑毒气对人、畜等的危害,如有色冶炼厂烟气中含有 SO_2、N_2O_5、氟化物等有毒气体,应有较高的烟囱(一般不低于120米),将有害气体排至高空。

例 10.2 已知某加热炉烟道系统的总能量消耗(包括压头转换)为 400 Pa,烟气流量为 $Q_0 = 9.42 \text{ m}^3/\text{s}$,烟囱底部烟气温度为 440 ℃,空气温度为 25 ℃,烟气重度为 $\gamma_{g0} = 12.75 \text{ N/m}^3$,计算砌砖烟囱的直径和高度。

解 (1) 确定烟囱的直径。

取烟囱顶部烟气出口流速为 $u_{03} = 3.0 \text{ m/s}$,则烟囱出口截面积为

$$A_3 = \frac{Q_0}{u_{03}} = \frac{9.42}{3.0} = 3.14(\text{m}^2)$$

烟囱顶部直径为

$$d_3 = \sqrt{\frac{4A_3}{\pi}} = \sqrt{\frac{4 \times 3.14}{3.14}} = 2.0(\text{m})$$

烟囱底部直径为

$$d_2 = 1.5d_3 = 1.5 \times 2.0 = 3.0(\text{m})$$

烟囱的平均直径为

$$d_j = \frac{d_2 + d_3}{2} = \frac{3.0 + 2.0}{2} = 2.5(\text{m})$$

(2) 确定烟囱的高度。

烟囱的近似高度先按下式估算:

$$H' = \frac{3}{20} H_{\text{抽}}(1 + 0.2) = \frac{3}{20} \times 400 \times 1.2 = 72(\text{m})$$

取烟囱内烟气温度降为 1.5 ℃/m,则烟囱出口烟气温度为

$$t_{g3} = t_{g2} - k_t H = 440 - 1.5 \times 72 = 332(℃)$$

烟囱内烟气的平均温度为

$$t_{gj} = \frac{t_{g2} + t_{g3}}{2} = \frac{440 + 332}{2} = 386(℃)$$

烟囱内烟气的平均流速为

$$u_{0j} = \frac{4Q_0}{\pi d_j^2} = \frac{4 \times 9.42}{3.14 \times 2.5^2} = 1.92(\text{m/s})$$

烟囱底部烟气的流速为

$$u_{02} = \frac{4Q_0}{\pi d_2^2} = \frac{4 \times 9.42}{3.14 \times 3.0^2} = 1.33(\text{m/s})$$

则烟气由烟囱底部流至烟囱顶部产生的动压增量为

$$\Delta H_d = \frac{u_3^2}{2g}\gamma_{g3} - \frac{u_2^2}{2g}\gamma_{g2} = \frac{\gamma_{g0}}{2g}[u_{03}^2(1 + \beta t_{g3}) - u_{02}^2(1 + \beta t_{g2})]$$

$$= \frac{12.75}{2 \times 9.81}\left[3.0^2 \times \left(1 + \frac{332}{273}\right) - 1.33^2 \times \left(1 + \frac{440}{273}\right)\right] = 9.96(\text{Pa})$$

每米烟囱的位压增量为

$$\gamma_a - \gamma_{gj} = \frac{\gamma_{a0}}{1 + \beta t_a} - \frac{\gamma_{g0}}{1 + \beta t_{gj}} = \frac{12.68}{1 + 25/273} - \frac{12.75}{1 + 386/273} = 6.334(\text{Pa/m})$$

取烟囱的摩擦阻力系数 $\lambda = 0.05$,则每米烟囱所造成的摩擦阻力损失为

$$\frac{\lambda}{d_j}\frac{u_j^2}{2g}\gamma_{gj} = \frac{\lambda}{d_j}\frac{u_{0j}^2}{2g}\gamma_{g0}(1 + \beta t_{gj})$$

$$= \frac{0.05}{2.5} \times \frac{1.92^2}{2 \times 9.81} \times 12.75 \times \left(1 + \frac{386}{273}\right) = 0.116 (\text{Pa/m})$$

将烟囱底部所需要的抽力增加 20%，并将其他有关数据代入式(10.23)，得烟囱的高度为

$$H = \frac{1.2H_{抽} + \left(\frac{u_3^2}{2g}\gamma_{g3} - \frac{u_2^2}{2g}\gamma_{g2}\right)}{(\gamma_a - \gamma_{gj}) - \lambda\frac{u_j^2}{d_j 2g}\gamma_{gj}} = \frac{1.2 \times 400 + 9.96}{6.334 - 0.116} = 78.8(\text{m})$$

与前面假设的烟囱高度相差不大，计算有效。因此取烟囱的高度为 79 米。

10.2.3 分流定则

对于火焰炉来说，在其尾部多具有分支烟道，同时在火焰炉的总烟道内也多装有各类余热回收设备，而这些分支烟道或余热回收设备内的通道往往是多排并列的，为了使这些通道内烟气流量分配合理，流速分布均匀，在布置时必须要遵循分流定则。

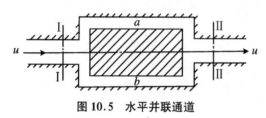

图 10.5 水平并联通道

图 10.5 为一水平布置的并联通道系统，列 I—I 截面至 II—II 截面间流体的伯努利方程

$$p_{m1} + \frac{u^2}{2g}\gamma_g = p_{m2} + \frac{u^2}{2g}\gamma_g + \Delta p_w$$

或写成

$$\Delta p_w = p_{m1} - p_{m2}$$

因水平布置的并联通道各支路的压力损失都相等，因此

$$\Delta p_{wa} = \Delta p_{wb} = p_{m1} - p_{m2} \quad (10.24)$$

式(10.24)与式(5.102)是完全一致的。如果水平并联通道中热气体是做等温流动的，则各支路的流量分配与管径的平方成正比，由式(5.104)或式(10.24)计算可以得到

$$\frac{Q_a}{Q_b} = \left(\frac{d_a}{d_b}\right)^2 \sqrt{\frac{\lambda_b \frac{l_b}{d_b} + \sum K_b}{\lambda_a \frac{l_a}{d_a} + \sum K_a}} \quad (10.25)$$

如果并联的水平通道较长，温度降落较大，热气体做非等温流动，将 $\Delta p_w = \left(\lambda\frac{l}{d} + \sum K\right)\frac{u_0^2}{2g}\gamma_{g0}(1 + \beta t_g)$ 代入式(10.24)，并注意到 $u_0 = \frac{4Q_0}{\pi d^2}$，整理后得到

$$\frac{Q_{0a}}{Q_{0b}} = \left(\frac{d_a}{d_b}\right)^2 \sqrt{\frac{\left(\lambda_b\frac{l_b}{d_b} + \sum K_b\right)(1 + \beta t_{gb})}{\left(\lambda_a\frac{l_a}{d_a} + \sum K_a\right)(1 + \beta t_{ga})}}$$

$$= \left(\frac{d_a}{d_b}\right)^2 \left(\frac{T_{gb}}{T_{ga}}\right)^{\frac{1}{2}} \sqrt{\frac{\lambda_b\frac{l_b}{d_b} + \sum K_b}{\lambda_a\frac{l_a}{d_a} + \sum K_a}} \quad (10.26)$$

由式(10.26)可以看出，对于水平并联的通道，热气体做非等温流动时，各支路的标准流量分配(标准状态下的体积流量)与管径的平方成正比，与热力学温度的平方根成反比。式

(10.25)和式(10.26)就是水平并联通道内热气体的分流定则。

如果将 $\Delta p_w = \left(\lambda \dfrac{l}{d} + \sum K\right)\dfrac{u^2}{2g}\gamma_g$ 代入式(10.24),并注意到 $u = \dfrac{4Q}{\pi d^2}$ 及重度 γ_g 与温度 T 成反比的关系,经过整理后,得到水平并联通道内热气体做非等温流动时,各支路的实际流量分配(实际状态下的体积流量)与管径和温度的关系为

$$\frac{Q_a}{Q_b} = \left(\frac{d_a}{d_b}\right)^2 \left(\frac{T_{ga}}{T_{gb}}\right)^{\frac{1}{2}} \sqrt{\frac{\lambda_b \dfrac{l_b}{d_b} + \sum K_b}{\lambda_a \dfrac{l_a}{d_a} + \sum K_a}} \tag{10.27}$$

若通道的截面是非圆形截面,以上各式中直径比的平方 $\left(\dfrac{d_a}{d_b}\right)^2$ 换成截面积比 $\dfrac{A_a}{A_b}$ 即可使用。

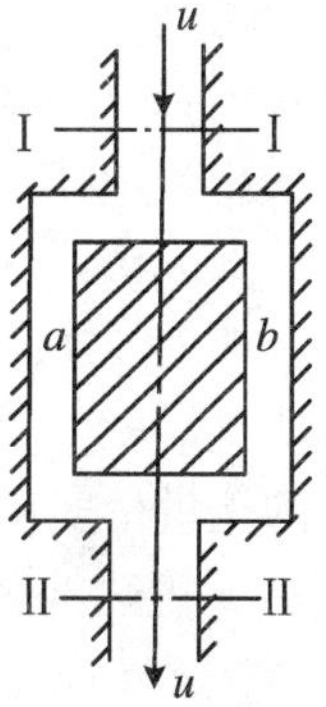

对于垂直布置的并联通道系统,如图 10.6 所示,其分流流动情况比水平布置的并联通道的流动情况复杂。取Ⅱ—Ⅱ截面所在的水平面为基准面,列Ⅰ—Ⅰ截面和Ⅱ—Ⅱ截面间热气体流动的伯努利方程:

若热气体是自上而下的流动,伯努利方程为

$$p_{m1} + (\gamma_g - \gamma_a)H + \frac{u^2}{2g}\gamma_g = p_{m2} + \frac{u^2}{2g}\gamma_g + \Delta p_w$$

简化后为

$$p_{m1} - p_{m2} = \Delta p_w + (\gamma_a - \gamma_g)H \tag{10.28}$$

图 10.6 垂直并联通道

若热气体是自下而上的流动,伯努利方程为

$$p_{m2} + \frac{u^2}{2g}\gamma_g = p_{m1} + (\gamma_g - \gamma_a)H + \frac{u^2}{2g}\gamma_g + \Delta p_w$$

简化后为

$$p_{m2} - p_{m1} = \Delta p_w - (\gamma_a - \gamma_g)H \tag{10.29}$$

由式(10.28)和式(10.29)可以看出,热气体在垂直的通道内流动时,几何压头的作用与气流的方向有关。当热气体自上而下流动时,几何压头将阻止气体流动;反之,当热气体自下而上流动时,几何压头将帮助气体流动。

由此可知,气体在垂直布置的并联通道内流动时,各支路中流量合理分配的条件是:

气体自上而下流动时

$$\Delta p_{wa} + (\gamma_a - \gamma_{ga})H = \Delta p_{wb} + (\gamma_a - \gamma_{gb})H \tag{10.30}$$

气体自下而上流动时

$$\Delta p_{wa} - (\gamma_a - \gamma_{ga})H = \Delta p_{wb} - (\gamma_a - \gamma_{gb})H \tag{10.31}$$

式中:Δp_{wa}、Δp_{wb} 分别为热气体流经支路 a 和支路 b 所产生的压力损失(Pa);γ_{ga}、γ_{gb} 分别为热气体在支路 a 和支路 b 中的平均重度(N/m³)。

若将压力损失 $\Delta p_w = \lambda \dfrac{l}{d}\dfrac{u^2}{2g}\gamma_g$ 代入式(10.30)或式(10.31),并结合连续性方程,即可算得垂直并联通道各支路中气体的流量分配值。

如果垂直并联通道各支路中气体的几何压头(相对位压)$(\gamma_a - \gamma_g)H$ 与压力损失 Δp_w 相比很小,以致可以忽略不计时,气流在各支路中的分配与水平并联通道一样,与气体的流

向无关。式(10.30)和式(10.31)都可写成式(10.24)的形式,即

$$\Delta p_{wa} = \Delta p_{wb}$$

如果垂直并联通道各支路中气体的几何压头(相对位压)$(\gamma_a - \gamma_g)H$ 与压力损失 Δp_w 相比很大,以致可以忽略 Δp_w 的影响,气流在各支路中的流量分配完全取决于几何压头的作用。由式(10.30)和式(10.31)可以看出,在几何压头起主导作用的情况下,要使气流在各支路中的流量分配合理均匀,必须满足下式:

$$(\gamma_a - \gamma_{ga})H = (\gamma_a - \gamma_{gb})H \tag{10.32}$$

或写成

$$\gamma_{ga} = \gamma_{gb} \tag{10.32a}$$

式(10.32a)说明,在垂直并联的通道中,在几何压头起主导作用的情况下,为使气流分配合理均匀,必须保持各支路中气体的密度相同及温度相同。为了保证各支路中热气体的温度相等,气体的流动必须遵循这样的原则:"渐冷的气体应自上而下流动,渐热的气体应自下而上流动。"这就是几何压头起主导作用的条件下,垂直并联通道内气体的分流定则。

如果气体的流动违背了上述分流定则,如使渐冷的热气体自下而上流动,开始时虽然能够使 $\gamma_{ga} = \gamma_{gb}$,以保持气流分布均匀,但由于任何偶然的原因都可能使气流在某一支路中流过的流量稍多一些。比如在 a 支路中流过的流量稍多一些,因为是渐冷的热气体,流量多的通道 a 内热气体的温度降低就慢一些。其结果使 a 路中的气流温度变得稍高一些,即 $t_{ga} > t_{gb}$,a 路中气体的几何压头将比 b 路中的稍大一些。由于几何压头帮助热气体上升,必将使 a 路中流过的气体流量较 b 路中更多一些。如此恶性循环,直到由于 a 通道中流量增加而使阻力 Δp_w 加大到与几何压头(相对位压)$(\gamma_a - \gamma_{ga})H$ 增大的作用达到平衡为止。最后使得气流分布极不均匀。

反之,如果渐冷的热气体按分流定则自上而下流动,由于偶然的原因使 a 通道中的气流稍多时,则 a 通道中气体的温度要稍高一些,几何压头稍大一些。但因热气体向下流动时,几何压头对气流流动起阻碍作用,故 a 通道中气流所受的"阻力"将比 b 通道中的大一些,它将阻止 a 通道中的气流增加,很快与 b 通道达到平衡。这时几何压头将和阻力 Δp_w 一起,起到气流分布自动调节的作用。所以渐冷的热气体应该自上而下流动,以保持气流分布均匀。

用同样的方法也可以说明渐热的冷气体应该自下而上流动的道理。

习 题 10

10.1 某燃料炉的烟气量为 10.8×10^3 m³/h(标态),烟气密度为 1.30 kg/m³(标态),烟气温度为 450 ℃,烟道总阻力为 150 N/m²,采用喷射排烟,喷射介质为 20 ℃ 的空气,风机全风压为 1 800 N/m²,试确定该喷射器的最佳尺寸和最大喷射效率。

10.2 某燃煤加热炉的排烟温度为 560 ℃,烟气量为 1.25 m³/s(标态),烟气密度为 1.32 kg/m³(标态),烟道总阻力为 5.5 mmH₂O,采用全风压为 400 mmH₂O 的风机供给 20 ℃ 的空气做喷射介质,为该炉子设计一个排烟喷射器。

10.3 某加热炉的烟道系统如图 10.7 所示,已知烟气温度为 820 ℃,烟气密度为 1.30 kg/m³(标态),烟气流量为 7 200 m³/h(标态),分支烟道截面为 0.6 m×0.6 m,总烟道截面为 0.72 m×1.05 m,试计算烟

气从分支烟道入口(零压)至烟囱底部的总压力损失,并确定烟囱的直径和高度。

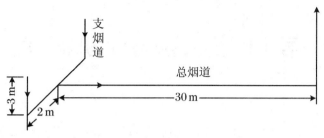

图 10.7   题 10.3 图

10.4   为某锻造加热炉设计一座烟囱。已知烟气流量 $Q_0 = 1.5 \text{ m}^3/\text{s}$,烟气密度 $\rho_0 = 1.30 \text{ kg/m}^3$,烟气出炉温度 $t = 900$ ℃,烟道构造尺寸同图 10.7,在烟道上安装一台长 3 m 的换热器,阻力为 10 mmH_2O,烟气通过换热器后温度下降 280 ℃,换热器距烟囱的距离为 25 m。

第 11 章　泵与风机概述

泵与风机是日常生活中及工程实际上用途非常广泛的流体机械,是工程流体力学的应用与发展。泵与风机是利用原动机的机械能来输送流体的流体机械,并能够提高流体的动能和势能,以克服流体的流动阻力,达到流体输送的目的。通常把用于输送水或其他液体的流体机械称为泵,把用于输送空气或其他气体的称为风机。

泵与风机属于通用机械的范畴,广泛应用于能源工业、化工石油、水利、煤炭、矿石、冶金工业、建筑供热、通风等国民经济各个部门。据统计,泵与风机的耗电占全国用电总量的30%左右,足见其在国民经济建设中的地位和作用。

11.1　泵与风机的分类

泵与风机的种类繁多,应用广泛,按泵与风机产生的全压,可分为低压、中压和高压三类。按泵与风机的工作原理,可分为叶轮式、容积式和其他类型三大类。

按产生的全压的高低分:

1. 泵的分类

低压泵:全压小于 2.0 MPa;

中压泵:全压在 2.0~6.0 MPa 之间;

高压泵:全压大于 6.0 MPa。

2. 风机的分类

低压通风机:低压通风机的全风压小于 981 Pa;

中压通风机:中压通风机的全风压在 981~2 943 Pa 之间;

高压通风机:高压通风机的全风压大于 2 943 kPa。

鼓风机:鼓风机的全风压在 14.709~241.6 kPa 之间;

压气机(压缩机):压气机的全风压在 241.6 Pa 以上。

按工作原理分:

1. 叶轮式泵与风机

通过安装在主轴上的叶轮高速旋转,由叶轮上的叶片对流体做功,使流体获得能量。根据流体流过叶轮内的流动方向和所受力的性质不同,可分为离心式、轴流式和混流式 3 种类型,如图 11.1 所示。

2. 容积式泵与风机

通过工作室容积周期性变化对流体做功,使流体获得能量。根据工作室容积变化的方式不同,可分为往复式和旋转式两大类型,如图 11.2 所示。

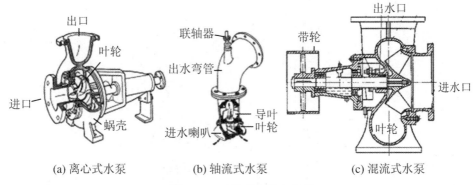

(a) 离心式水泵　　(b) 轴流式水泵　　(c) 混流式水泵

图 11.1　叶轮式水泵示意图

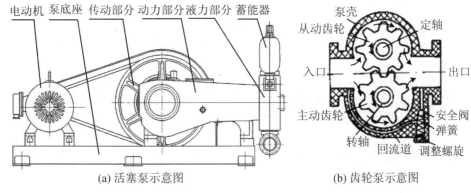

(a) 活塞泵示意图　　(b) 齿轮泵示意图

图 11.2　容积式水泵示意图

3. 其他形式的泵与风机

指无法归入叶轮式或容积式的各类泵与风机,如射流泵、水锤泵、旋涡泵及真空泵等。

11.2　泵与风机的工作原理

11.2.1　离心式泵与风机的工作原理

离心式泵或风机在启动前泵或风机内充满液体或气体,启动后原动机带动叶轮高速旋转,叶轮中的叶片对流体做功,迫使流体随之旋转,获得能量。旋转的流体在惯性离心力作用下,由中心向叶轮边缘流去,进入螺旋形机壳,一部分动能转换为压力能,流体将由压出管排出。与此同时,由于叶轮中心的流体流向边缘,在叶轮中心处形成了低压区,当它具有足够低的压力或具有足够的真空时,流体将经过吸入管进入叶轮,随着叶轮旋转,流体不断地被压出和吸入,实现了泵与风机的连续工作,如图 11.3 所示。

离心式泵与风机和其他形式泵与风机相比,具有效率高、性能可靠、流量均匀、易于调节等优点,可满足不同压力和流量使用要求,应用最为广泛。本课程后续章节将着重介绍离心式泵与风机。

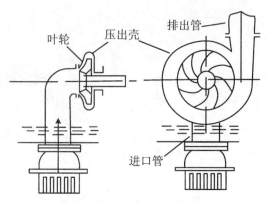

图 11.3 离心式泵工作示意图

11.2.2 轴流式泵与风机的工作原理

图 11.4 为轴流式泵工作示意图,原动机驱动浸在流体中的叶轮旋转,轮内流体相对叶片做绕流运动,叶片对流体做功,使得流体获得能量,并沿轴向流出叶轮,经过导叶等,进入压出管路。与此同时,叶轮进口处的流体被吸入,随着叶轮的不断旋转,流体源源不断地被吸入。

轴流式泵与风机结构紧凑、重量轻,变工况性能较好,适用于大流量、低压力的场合。

11.2.3 混流式泵与风机的工作原理

图 11.5 为混流式泵工作示意图,这种混流式泵与风机是介于离心式与轴流式之间的一种,依靠叶轮旋转对液体产生轴向推力和离心力的双重作用来工作。液体沿轴向流入叶轮,以斜向流的形式流出叶轮,因此混流式泵也称斜式泵与风机。

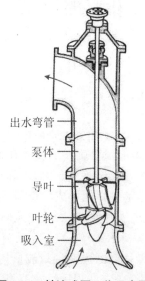
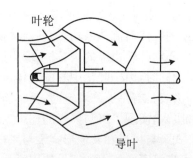

图 11.4 轴流式泵工作示意图　　图 11.5 混流式泵工作示意图

混流式泵与风机兼有离心泵和轴流式泵两方面的优点,其效率高而且效率区较宽,可经常处于满载运行,在需要小流量的场合可连续运转。

11.2.4　往复式泵与风机的工作原理

以活塞泵为例。图 11.6 为活塞泵工作示意图,曲柄连杆机构带动活塞在泵缸内往复运动。当活塞由左向右运动时,工作室容积扩大,压强降低,液体顶开吸水阀进入泵缸,是吸水过程。当活塞由右向左运动时,工作室容积减小,液体受压,吸水阀关闭,顶开压水阀而排出,是压水过程。活塞不断往复运动,吸水与压水过程就不断交替进行。

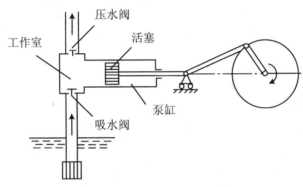

图 11.6　活塞泵工作示意图

往复泵属于容积式泵,包括活塞泵和柱塞泵。常用于输送流量较小、压力较高的各种介质。

11.2.5　旋转式泵与风机的工作原理

以齿轮泵为例。图 11.7 为齿轮泵工作示意图,主动轮在原动机带动下旋转,从动轮与主动轮相啮合而转动。当两齿逐渐分开时,工作空间逐渐增大,形成部分真空,吸取液体进入吸入腔。腔内液体由齿槽携带沿泵体内壁运动而进入压出腔,并通过两齿的啮合将齿槽内液体挤压到腔内,再排入压出管。当主动轮不断被带动旋转时,齿轮泵便能不断吸入和排出液体。

齿轮泵属于容积式的回转泵,其结构简单,流量均匀,适用于输送扬程高而流量较小的润滑液。

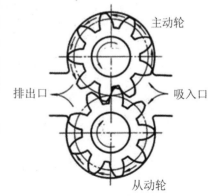

图 11.7　齿轮泵工作示意图

11.2.6　喷射泵的工作原理

喷射泵是一种没有任何运动部件,完全依靠能量较高的工作流体来输送流体的泵。图 11.8 为喷射泵工作示意图,高压工作流体经压力管路引入喷射泵的喷嘴后,降压升速以高速喷出,携带走喷嘴附近的流体,使接受室内形成真空。该真空将输送流体吸入混合室,二者在混合室中相混,经过扩散室升压,然后输送出去,输出的是混合流体。随着工作流体不断地喷射,能够实现流体的不断输送。

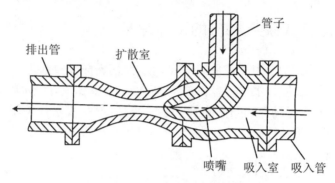

图 11.8 喷射泵工作示意图

喷射泵的工作流体可以是高压蒸汽,也可以是高压气体,抽吸的流体可以是水、药液、空气等。

11.2.7 水(液)环式真空泵的工作原理

水(液)环式真空泵工作示意图如图 11.9 所示,星状叶轮偏心安装在泵体内,启动前向泵内注入一定高度的水(液体),叶轮在原动机的带动下旋转,水受到离心力作用而在泵体壁内形成一个旋转的水环,叶片在前半转的旋转过程中,密封的空腔逐渐增大,压力降低,气体由吸气孔吸入;在后半转的旋转过程中,密封的气体容积逐渐降低,压力升高,气体从排气孔排出。随着叶轮的不断旋转,实现连续吸排气体。

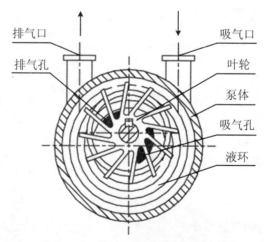

图 11.9 水(液)环式真空泵工作示意图

水(液)环式真空泵主要用于抽吸空气,特别适合于大型水泵(循环水泵等)启动时抽真空引水用。

11.2.8 水锤泵的工作原理

水锤泵是一种以流水为动力,通过机械作用,产生水锤效应,将低水头能转换为高水头能的高级提水装置。水锤泵工作示意图如图 11.10 所示,沿进水管向下流动的水流至单向阀 A(静重负载阀)附近时,水流冲力使阀迅速关闭。水流突然停止流动,水流的动能即转换成压力能,于是管内水的压力升高,将单向阀 B 冲开,一部分水即进入空气室中并沿出水管上升到一定的高度。随后,由于进水管中的压力降低,阀 A 在静重作用下自动落下,回复到开启状态。同时空气室中的压缩空气促使阀 B 关闭,整个过程遂又重复进行。

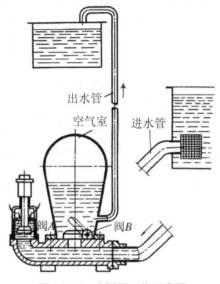

图 11.10 水锤泵工作示意图

水锤泵是以水为动力送水,不消耗电、油、煤等能源,适用于缺电山区、无电山区、半山区的灌溉。

11.2.9 罗茨风机的工作原理

如图 11.11 所示,罗茨风机两个叶轮相向转动,由于叶轮与叶轮、叶轮与机壳、叶轮与墙板之间的间隙极小,从而使进气口形成了真空状态,空气在大气压的作用下进入进气腔,然后,每个叶轮的其中两个叶片与墙板、机壳构成了一个密封腔,进气腔的空气在叶轮转动的过程中,被两个叶片所形成的密封腔不断地带到排气腔,又因为排气腔内的叶轮是相互啮合的,从而把两个叶片之间的空气挤压出来,这样连续不停地运转,空气就源源不断地从进气口输送到排气口。

罗茨风机属容积式风机,在一定的压力范围内其压力大小随系统变化而变化,具有自适应性,风量则与风机转速成正比,具有强制输气的硬排气特性,风机内腔

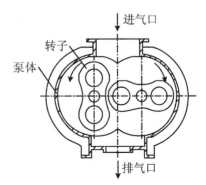

图 11.11 罗茨风机工作示意图

不需要润滑油,结构简单,运转平稳,性能稳定,适应多种用途。

11.3 泵与风机的主要性能参数

评价泵与风机的主要性能参数主要有:流量、扬程、全压及静压、功率与效率、转速等。

1. 流量

单位时间内泵与风机所输送的流体量称为流量,有体积流量和质量流量之分。常用体积流量来表示,单位为 m^3/s 或 m^3/h 等。重量流量和体积流量间的关系为

$$q_m = \rho q_v \tag{11.1}$$

式中:ρ 为液体的密度(kg/m^3)。

2. 扬程、全压及静压

单位重量的流体通过泵或风机获得的机械能的增值,即出口截面与进口截面能量差,称为扬程,用 H 表示,单位为 mH_2O。

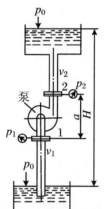

图 11.12 水泵扬程的确定

单位质量的流体所获得的能量增量可用流体能量方程计算。如图 11.12 所示,选取泵或风机的进出口为计算截面,则水泵的扬程数学表达式为

$$H = E_2 - E_1 \tag{11.2}$$

式中:E_2 为泵出口断面处液体的总能量(m);E_1 为泵进口断面处液体的总能量(m)。

进口截面 1 单位重量流体具有的能量为

$$E_1 = \frac{p_1}{\rho g} + z_1 + \frac{v_1^2}{2g}$$

出口截面 2 单位重量流体具有的能量为

$$E_2 = \frac{p_2}{\rho g} + z_2 + \frac{v_2^2}{2g}$$

两式相减,即水泵的扬程

$$H = Z_2 - Z_1 + \frac{p_2 - p_1}{\rho g} + \frac{v_2^2 - v_1^2}{2g} \tag{11.3}$$

式中:Z_1、Z_2 分别为泵 1、2 断面中心到基准面的距离(m);p_1、p_2 分别为泵 1、2 断面中心处的流体压力(Pa);v_1、v_2 分别为泵 1、2 断面上液体的平均流速(m/s)。

全压指的是单位体积的流量通过水泵或风机所获得的机械能,用 p 表示,单位为 Pa 或 mmH_2O($1 mmH_2O = 9.807 Pa$)。习惯上,水泵用扬程做参数,风机用全压做参数。扬程与风压之间的关系为

$$p = \rho g H \tag{11.4}$$

静压指风机的全压减去风机的出口截面处的动压,通常将风机出口截面处的动压作为风机的动压。

3. 功率与效率

泵与风机的功率是指原动机传递给泵或风机转轴上的功率,即输入功率,又称轴功率,

以 P 表示,单位为 kW。

效率是泵与风机总效率的简称,指泵或风机的输出功率与输入功率之比,反映泵或风机在传递能量过程中轴功率的损失程度,以 η 表示,即

$$\eta = \frac{P_e}{P} \times 100\% \tag{11.5}$$

式中:P 为泵或风机的轴功率;P_e 为泵或风机的输出功率,即通过泵或风机的流体单位时间内获得的能量,又称有效功率。若测得泵或风机的体积流量为 q_v,扬程为 H 或风压为 p,输送的流体密度为 ρ,则泵的有效功率为

$$P_e = \frac{\rho g q_v H}{1\,000} (\text{kW}) \tag{11.6}$$

风机的有效功率为

$$P_e = \frac{q_v p}{1\,000} (\text{kW}) \tag{11.7}$$

4. 转速

转速是指泵与风机叶轮每分钟的转数,用 n 表示,单位为 r/min,是影响泵与风机的一个重要因素。当转速发生变化时,泵或风机的流量、扬程、全压、功率等都要发生变化。

第 12 章　泵与风机的基本结构

12.1　离心式泵的基本构造

离心式泵用途广泛,结构形式繁多,但其主要结构基本相同。本节以图 12.1 所示的单级单吸离心泵的结构为例,对其主要部件的名称、作用及构造等做一简要介绍。

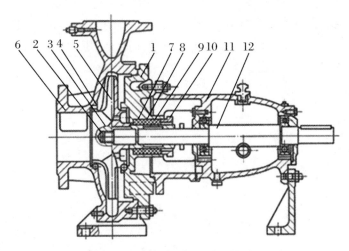

图 12.1　单级单吸离心泵结构简图
1. 泵体；2. 叶轮螺母；3. 止动垫圈；4. 密封环；5. 叶轮；6. 泵盖；7. 轴套；
8. 填料环；9. 填料；10. 填料压盖；11. 悬架轴承部件；12. 轴

离心式泵的构造,主要是由转动、静止以及部分转动这三大类部件组成的。其中转动的主要部件包括叶轮、轴、轴套和联轴器；静止的主要部件包括吸入室、压出室、泵壳、泵座等；部分转动的部件包括密封装置、轴向推力平衡装置和轴承等。其中,吸入室、叶轮、导叶(或压水室)、压出室的通道依次相接组成流道,是流道的组成部件。

12.1.1　转动部件

离心泵转动部分主要包括叶轮、轴及轴套、键及叶轮螺母等。

1. 叶轮

叶轮是离心泵最主要的部件,套装在泵轴上,它将原动机的机械能传递给液体,提高液体的压力能及动能。叶轮的形状和尺寸是通过水力计算来决定的。选择叶轮材料时,除要考虑离心力作用下的机械强度外,还需要考虑材料的耐磨和耐腐蚀性。

叶轮一般由轮毂、叶片和盖板室内部分组成。叶轮的盖板有前盖板和后盖板之分,叶轮进口侧的盖板称为前盖板,另一侧的盖板称为后盖板。液体从叶轮中心进入,流经前、后盖板间由叶片形成的通道,由轮缘排出。按照叶轮盖板情况,可分为封闭式叶轮、半开式叶轮和敞开式叶轮,如图12.2所示。封闭式叶轮有前、后盖板,泄流量小、效率高,用于输送清水、油及无杂质液体。半开式叶轮只有后盖板和叶片,用于输送含纤维、悬浮物等小颗粒杂质的流体。敞开式叶轮只有叶片,没有前、后盖板,泄流量大、效率低,用于输送黏性很大的液体或输送含大颗粒杂质的液体。

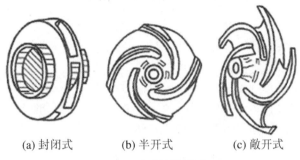

(a) 封闭式　　　　(b) 半开式　　　　(c) 敞开式

图12.2　叶轮的类型

叶轮一般可分为单吸式叶轮和双吸式叶轮两种,如图12.3所示。单吸式叶轮是单侧吸水,叶轮的前盖板和后盖板呈不对称状,一般单级离心泵采用这种叶轮形式。双吸式叶轮是两侧进水,叶轮盖板呈对称状,一般大流量离心泵多采用双吸式叶轮。

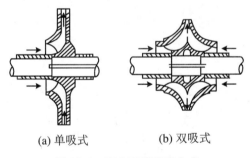

(a) 单吸式　　　(b) 双吸式

图12.3　离心泵的吸液方式

2. 轴及轴套

轴是传递扭矩的主要部件,其主要作用是传递动力、支承叶轮在工作位置正常运转。它位于泵腔中心,一端通过联轴器与原动机相连,另一端支承叶轮做旋转运动,轴上装有轴承、轴向密封等零部件。

轴的形状有等径轴和阶梯轴两种。单级泵的轴仅在轴的一端端头做成锥形或凸肩,安置叶轮。多级泵的轴大多采用平键,叶轮滑套在轴上,叶轮间的距离采用轴套定位,也可以用阶梯式的。

圆筒状的轴套是保护主轴免受磨损并对叶轮进行轴向定位的部件,它使得填料与泵轴的摩擦转变为填料与轴套间的摩擦。为降低摩擦系数,提高轴套的使用寿命,轴套表面一般采用渗碳、渗氮、镀铬、喷涂等方法进行处理。离心泵轴套示意图如图12.4所示。

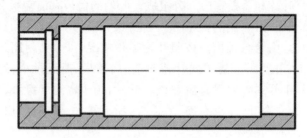

图 12.4　离心泵轴套示意图

12.1.2　静止部件

1．吸入室

离心泵的吸入室是指水泵的进口法兰至首级叶轮入口之间的流动空间,其作用是引导流体以最小的流动损失平稳而又均匀地流入首级叶轮。

常用的吸入室有以下三种类型,如图 12.5 所示。

(1) 锥形管吸入室。锥形管吸入室结构简单,制造方便,流速分布均匀,流动损失小。一般用于小型单级单吸悬臂式离心泵。

(2) 圆环形吸入室。圆环形吸入室结构对称,比较简单,轴向尺寸较小,但液体进入叶轮时有冲击和旋流损失,流速分布不均匀,水力损失大,常用在单吸分段式多级离心泵中。

(3) 半螺旋形吸入室。液体进入叶轮流速分布比较均匀,水力损失较小。但液体进入叶轮前已有预旋,扬程损失比较明显,单级双吸泵和开式多级泵一般采用此种结构。

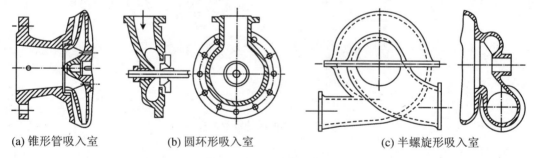

(a) 锥形管吸入室　　　　(b) 圆环形吸入室　　　　(c) 半螺旋形吸入室

图 12.5　吸入室类型简图

2．压出室

压出室是叶轮出口或导叶出口至压水管法兰接头间的空间。其主要作用是以最小阻力损失收集叶轮流出的液体,使其部分动能转变为压力能,并将液体导向压水管或次级叶轮进口。

离心泵的压出室主要有以下两种,如图 12.6 所示。

(1) 螺旋形压出室。如图 12.6(a)所示,螺旋形压出室又称蜗壳体,通常由蜗壳体加一段扩散管组成。蜗壳体的截面积沿着圆周方向逐渐增加,使得流体在蜗壳体中运动时,在各个截面上的平均流速相等。蜗壳体只收集从叶轮流出的流体,扩散管将流体的部分动能转变为压力能,以降低水流在流动过程中的水力损失。螺旋形压出室具有结构简单、制造方便和效率高等特点,常用于单级泵和中开式多泵中。

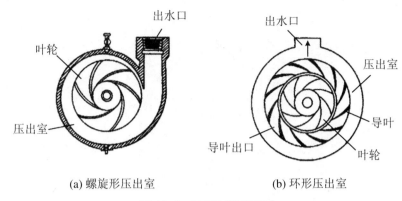

图 12.6 压出室类型简图

(2) 环形压出室。如图 12.6(b)所示,环形压出室的流道截面积沿圆周方向相等。随着收集到的液体流量沿圆周方向不断增加,流体在压出室内被不断加速,从叶轮流出的均匀液流与压出室内流体彼此发生碰撞,流动损失大,效率相对较低。但其结构简单,加工方便,主要用于分段式多级泵,或用于输送含杂质多的泵,如灰渣泵、泥浆泵。

3. 导叶

导叶又称导叶轮,是一个固定不动的圆盘,位于叶轮的外缘、泵壳的内侧。导叶是一种导流部件,其作用是汇集前一级叶轮流出的液体,引向次一级叶轮的入口,并将液体的部分动能转换为压力能。导叶兼具吸入室和压出室的作用。

常用的导叶主要有以下两种。

(1) 径向式导叶。如图 12.7 所示,径向式导叶由正导叶、过渡区和反导叶组成。正导叶包括螺旋线部分 AB 和扩散部分 BC,其主要作用是收集从叶轮出来的液体并将部分动能转换为压力能,然后流过过渡区 CD 改变流动方向,再由反向叶轮 DE 引向次级叶轮的入口。

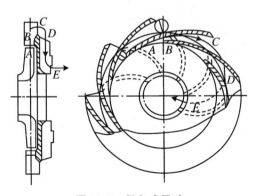

图 12.7 径向式导叶

(2) 流道式导叶。如图 12.8 所示,流道式导叶和径向式导叶基本相同,所不同的是径向式导叶从正导叶出来的液体,在环形空间内混在一起,之后进入反导叶。而在流道式导叶中,正、反导叶是连续的整体,即反导叶是正导叶的继续,从正导叶进口到反导叶出口形成单独的小流道,各流道的液体互不混合。流道式导叶的流动阻力较径向导叶小,但其结构复杂,不便进行铸造和加工。目前,分段式多级离心泵趋向采用流道式导叶。

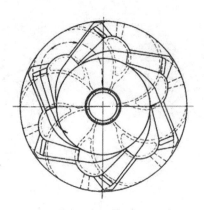

图 12.8　流道式导叶

12.1.3　轴端密封装置

离心泵的泵轴穿过泵体,必然存在间隙,轴封的作用是为了阻止高压液体泄漏到泵外,或防止外界空气进入泵体内。为了减少泄漏,一般在动、静间隙处安装轴端密封装置。轴封装置主要有填料密封和机械密封两种。

(1) 填料密封。如图 12.9 所示,填料密封主要由填料箱、填料、水封环、填料压盖等组成。填料密封是靠弹性填料与轴套(或泵轴)的外圆柱表面的接触来达到密封的。填料中间的液封环,四周开有 4~6 个小孔,将叶轮出口处的高压液体通过引水管引入液封环。对处于负压操作下的填料起液封作用,防止空气进入泵壳破坏操作,同时又起到润滑和冷却填料的作用。

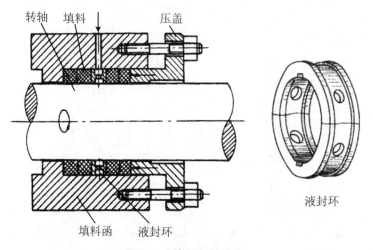

图 12.9　填料密封装置

填料又叫盘根,在轴封装置中起阻水或阻气的密封作用。常用的填料是浸油、浸石墨的石棉绳填料。近年来,随着工业的发展,出现了各种耐高温、耐磨损以及耐强腐蚀的填料,如用碳素纤维、不锈钢纤维及合成树脂纤维编织的填料等。

填料密封结构简单,运行可靠。但填料本身易磨损变质,使用寿命短,且对有毒、腐蚀性及贵重液体不能保证不泄漏,密封性能较差。

(2)机械密封。机械密封又称端面密封,其基本元件及工作原理如图 12.10 所示,主要由动环、静环、压紧元件和密封元件组成。这种密封装置不用填料,主要依靠密封腔中的液体和弹簧作用在动环上的压力,使动、静环的端面紧密贴合,形成密封端面。另外,动环密封面和静环密封面封堵了动环与泵轴、静环与泵壳之间的间隙,切断了密封腔体中液体外泄漏的可能途径,从而实现了装置可靠的密封。

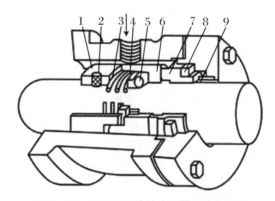

图 12.10　机械密封的基本元件及工作原理
1.传动座；　2.螺钉；　3.弹簧；　4.压紧垫；　5.动环密封面；
6.动环；　7.静环；　8.静环密封面；　9.泵轴

机械密封密封效果好、泄漏少,轴与轴套不易磨损,使用寿命长,功率消耗小。但机械密封结构复杂,价格贵,安装及加工精度要求高。

12.2　离心式风机的基本构造

离心式风机的构造分为转子和静子两大部分,其中转子由主轴、叶轮、联轴器等组成;静子则由进气箱、导流器、进风口、机壳、轴承等组成。如图 12.11 所示,气体由进气箱引入,通过导流器调节进风量,然后经过集流器引入叶轮吸入口。流出叶轮的气体由蜗壳汇集起来经扩压器升压后引出。离心式风机的主要部件和功用与离心泵类似,下面将论述几个对风机性能影响较大的部件。

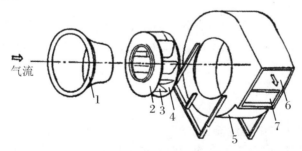

图 12.11　离心式风机
1.进气箱；　2.叶轮前盘；　3.叶片；　4.叶轮后盘；　5.机壳；　6.出风口；　7.截流板

12.2.1 叶轮

叶轮是离心式风机传递能量的主要部件,由叶片、前盘、后盘及轮毂等组成,如图 12.11 所示。叶轮前盘通常有平面、锥形和弧形三种形式,如图 12.12 所示。平面前盘制造简单,但气流进口后分离损失较大,风机效率较低。弧形前盘制造工艺复杂,但气流进口后分离损失较大,风机效率较高。锥形前盘介于两者之间。高效离心风机采用弧形前盘。

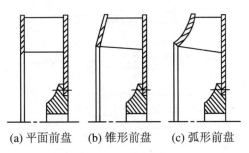

(a) 平面前盘　　(b) 锥形前盘　　(c) 弧形前盘

图 12.12　前盘形式

叶轮上的叶片根据出口安装角的不同,可分为前向、后向和径向三种形式。按形状又可分为直叶形、圆弧形和机翼形,如图 12.13 所示。

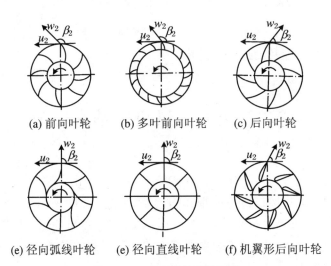

(a) 前向叶轮　　(b) 多叶前向叶轮　　(c) 后向叶轮

(e) 径向弧线叶轮　　(e) 径向直线叶轮　　(f) 机翼形后向叶轮

图 12.13　离心风机叶片形式

直叶形叶片制造简单,但流动特性较差,风机效率较低,一般用于径向形叶轮。机翼形叶片具有良好的空气动力特性,效率高、强度好、刚性大,但制造工艺复杂。

12.2.2 进气装置

风机的进气装置一般由集流器、进气箱和导流器组成。其作用是组织气流以最小的阻力损失引入风机的叶轮进口,使气流均匀地分布在叶轮进口断面,并且根据需要调节风机的流量。

1. 集流器

集流器通常安装在叶轮前,其作用是气流能均匀地分布在叶轮入口断面,达到进口所要求的速度值,并在流动损失最小的情况下进入叶轮。常见的集流器形式有圆柱形、圆锥形、圆弧形及缩放形等,如图 12.14 所示。

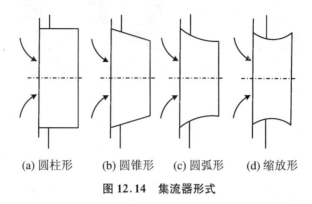

(a) 圆柱形　　(b) 圆锥形　　(c) 圆弧形　　(d) 缩放形

图 12.14　集流器形式

圆柱形集流器结构简单,制造容易,成本低,但这种集流器在叶轮进口处形成涡流区,流动损失较大。圆锥形和圆弧形性能较好,被大型风机所采用,以提高风机效率。缩放形集流器前半部分是圆锥形或圆弧形的收缩段进口,可使气流加速获得较大动量,减少涡流区的形成;后半部分与叶轮前盘配合良好,可削弱气流脱离前盘内壁现象,缩小涡流区,降低流动损失。高效风机基本上都采用缩放形集流器。

2. 进气箱

气流进入集流器有三种方式:一种是自由进气;一种是吸风管进气,要求有足够长的轴向吸风管长度;第三种是进气箱进气,主要用于吸气需要转弯的风机,使用进气箱改善进风的气流情况,使气流均匀地引入引风机。

进气箱如图 12.15 所示,安装进气箱对风机产生附加损失。实验表明,其几何形状和尺寸对风机性能的影响最为显著。

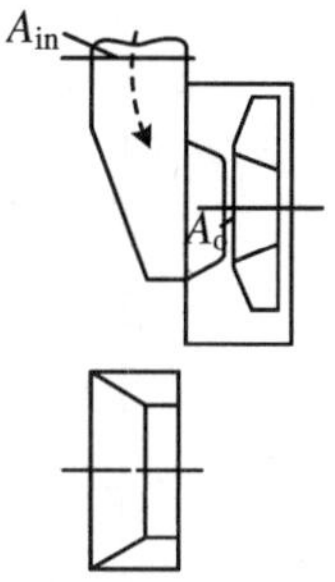

对采用的进气箱形状和尺寸进行确定时,应考虑下述几个因素:

(1) 进气箱的过流断面应是逐渐收缩的,使气流被加速后进入集流器。进气箱底部应与进风口齐平,防止出现台阶而产生涡流。

(2) 进气箱进口断面面积 A_{in} 与叶轮进口断面面积 A_o 之比不能太小,太小会使风机压力和效率显著下降,一般 $A_{in}/A_o \not< 1.5$;最好应为 $A_{in}/A_o = 1.75 \sim 2.0$。

图 12.15　进气箱示意图

(3) 进气箱与风机出风口的相对位置以 90°为最佳,即进气箱与出风口正交,而当两者平行呈 180°时,气流状况最差。

3. 导流器

导流器是离心风机进风装置中用来调节风机负荷的部件,是一组可调节转角的导叶(静叶),又称为入口导叶或前导叶。常见的导流器有轴向导流器和简易导流器两种,如图 12.16 所示。轴向导流器常安装在进风口前,由沿风机入口圆周均匀分布的几个扇形带转轴的导叶组成。运行时,通过改变导叶的安装角度,从而变更风机的工作点,实现风机流量的调节。简易导流器由沿横断面均匀分布的若干个带转轴的平板导叶组成,装在进气箱气流转弯前。

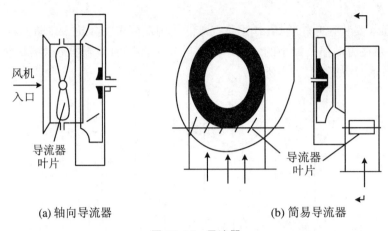

(a) 轴向导流器 (b) 简易导流器

图 12.16　导流器

12.2.3　蜗壳

蜗壳是用于汇集叶轮出口气流并引向风机出口,且将气流的一部分动能转化为压能的部件。一般由螺旋室、蜗舌和扩压器组成,如图 12.17 所示。其材料可以是钢板、塑料板及玻璃钢等。

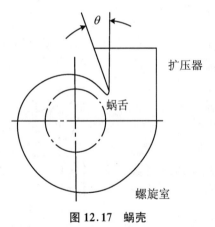

图 12.17　蜗壳

螺旋室的轴面一般为矩形,其宽度全程不变。其侧面为平面,其外形为对数螺旋线或阿基米德螺旋线,符合气体运动的规律,效率最高。

为有效利用螺旋室出口处的气流能量,通常在螺旋室出口配有扩压器。由于蜗壳出口气流受惯性作用向叶轮旋转方向偏斜,扩压器往往做成沿叶轮旋转方向扩大的渐扩管,其扩散角通常为 $6°\sim 8°$。

蜗舌是由螺旋室的起始部分与风机出口断面反向延长线的一部分构成的。其作用是将螺旋室内的气流和螺旋室出口断面的气流分开,防止气体在机壳内循环流动。一般有蜗舌的风机效率,压力均高于无舌的风机。

12.3　轴流泵与轴流风机的基本构造

12.3.1　轴流泵的基本构造

轴流泵主要由叶轮、导叶体、扩压管与吸入室等流动部件,以及轴、轴承、联轴器与密封装置等非流动部件组成,如图 12.18 所示。下面将分别讨论其主要流动部件的作用、结构及形式等内容。

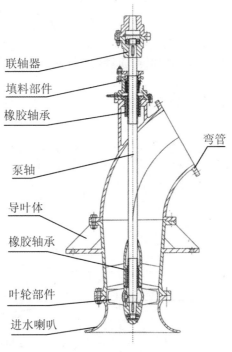

图 12.18 轴流泵

1. 叶轮

叶轮可将原动机的能量传递给液体,使其能够沿轴向运动,提升其速度和压力,是轴流泵的主要部件。叶轮安装在机壳内,由叶片、轮毂及动叶头等组成,如图 12.19 所示。

动叶头一般加工成流线型,用于减少液体流入叶轮前的阻力。大型轴流泵的叶轮通常还设有专门的动叶调节机构,以减少流动阻力。

轮毂用来安装叶片及其调节机构,通常有圆柱形、圆锥形和球形三种。

叶片安装在轮毂上,形状一般为扭曲翼型,其作用是对液体做功,提高其能量。一个叶轮通常有 3~6 个叶片,可根据轴流泵的比转数高低来选取,低比转数叶片数一般为 5 或 6 片,高比转数叶片数一般为 2 或 3 片。

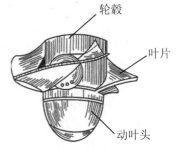

图 12.19 轴流泵叶轮

2. 导叶体

导叶体是一段装有导叶片的泵壳,其导叶又称静叶。从叶轮流出的液体,除轴向运动外,还有旋绕运动,实质是一种螺旋形的运动。将导叶体上的导叶置于动叶出口,使叶轮流出的液体的旋绕运动转变为轴向运动,并将其部分动能转变为压力能,减少流动损失,提高泵的效率。

3. 扩压管

扩压管连接在导叶体和出水弯管之间,是一段面积逐渐扩大的圆锥形短管。其作用是进一步降低从导叶流出液体的速度,将部分动能转变为压力能,减小流动阻力,提高泵的效率。

4. 吸入室

吸入室的作用是使液体在阻力损失最小的情况下均匀地流过叶轮。中、小型轴流泵一般采用喇叭形吸入室,大型轴流泵常用肘形或钟形吸入室。

12.3.2 轴流风机的基本构造

轴流风机结构、形式繁多,但构造大同小异。下面以应用较多的轴流通风机为例,对其主要部件作用、结构及形式等做一简介。图 12.20 为一典型的轴流通风机结构,主要部件包括进气箱、整流罩、导流器、叶轮、导叶及扩压器等。

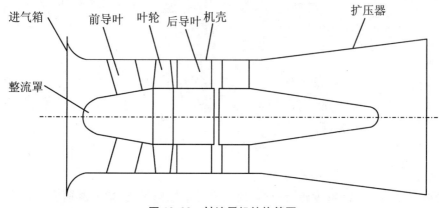

图 12.20 轴流风机结构简图

1. 叶轮

叶轮是轴流送风机的主要部件之一,气体通过叶轮的旋转获得能量,然后离开叶轮做螺旋线的轴向运动。叶轮由动叶片、轮毂、叶柄、轴承及平衡重锤等组成。轮毂一般加工成圆锥形、圆柱形或环形,其外安装叶片,内部空心处可以安装动叶调节结杆和液压缸等部件。轴流风机动叶片断面形状一般为机翼状,且沿转子径向有定角度的扭曲,以保证气流的气动性能和叶轮的运行性能。为使风机在变工况运行时具有较高的效率,可改变动叶片的安装角,进行流量调节。

每只动叶片的叶柄部位装有一平衡重块,平衡重块的中心线与动叶片的翼型平面近乎垂直,它的作用是能平衡动叶片所产生的较大关闭力矩,使动叶片在旋转时亦能动作轻快。动叶片与外壳的径向间隙要求小于 3 mm,这个间隙不能太大,否则会造成较大的漏风损失,降低风机的效率。

为了保证整个叶轮的动平衡,在更换叶片时,相同重量的叶片可放在对称位置,并进行动平衡校验。

2. 整流罩

整流罩安装在叶轮动叶片之前,与轴流风机外壳共同构成风机的进空气流通道,改善进气条件,降低风机噪声。良好的整流罩可提高风机流量 10% 左右。

3. 导叶

导叶有前、后导叶之分。一般子午加速轴流风机采用前置导叶,主要起调节流量的作用。后导叶一般安装在叶轮动叶片之后,其作用是将从叶轮流出的旋转气流转为轴向流动,同时将气流的部分动能转换为压力能。为减少能量损失,导叶的进口角与气流从叶片流出时的方向一致,导叶的出口角与轴向一致。导叶可分为翼型和圆弧板型两种,且均做成扭曲形状。为避免气流通过时产生共振现象,导叶的静叶片数目不能与动叶片数目相一致。

4. 扩压器

经由导叶流出的气体具有一定的风压及较大的动能。为提高风机流动效率,需适当降低气流流动速度,将一定的动能转变为压力能,以减少流动阻力,同时降低噪声,需在后置导叶后安置扩压器。扩压器的形状分为圆筒形和锥形两种,其主要形式有内扩压扩压器、内外扩压扩压器和外扩压扩压器等三种,如图 12.21 所示。

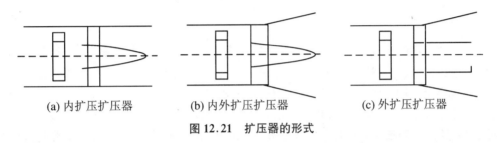

(a) 内扩压扩压器　　(b) 内外扩压扩压器　　(c) 外扩压扩压器

图 12.21　扩压器的形式

5. 进气箱

轴流风机并不都设有进气箱,一般在大型的送、引风机上会设置进气箱,其作用与离心风机的进气箱相同。进气箱入口一般为矩形,其侧板为弧形曲线,减少气流的旋涡区,提高效率。

第 13 章 离心泵与风机的基本理论与性能

13.1 流体在叶轮中的运动分解

流体在叶轮中的运动很复杂,是一个复合运动。当叶轮旋转时,流体一方面随叶轮旋转做圆周牵连运动,其圆周速度为 u;另一方面沿叶片方向做相对于叶片的相对运动,其相对速度为 w,如图 13.1 所示,下角标"1"表示进口,下角标"2"表示出口。因此,相对于地面参考系的流体绝对运动速度 c 为圆周速度 u 和相对速度 w 的合成运动,如图 13.2 所示。流体绝对运动速度 c 是流体沿圆周的切线方向速度 u 与流体沿叶片弯曲方向速度 w 的矢量之和,即

$$c = u + w \tag{13.1}$$

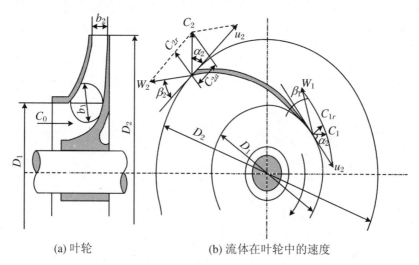

(a) 叶轮　　　　　　(b) 流体在叶轮中的速度

图 13.1　流体在叶轮流中的流动

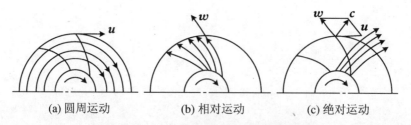

(a) 圆周运动　　　　(b) 相对运动　　　　(c) 绝对运动

图 13.2　流体在叶轮中运动的运动分解

为便于分析,通常将绝对速度 c 分解为与流量有关的径向分速 c_r 和与压头有关的切向

分速 c_u,如图 13.3 所示。图 13.3 是流体在叶轮中运动的速度三角形,是研究流体叶轮内能量转换及其性能的基础。

$$c_r = c\sin \alpha \tag{13.2}$$

$$c_u = c\cos \alpha \tag{13.3}$$

相对速度 w 与圆周速度 u 的反向夹角 β,叫作安装角,它表示叶片弯曲的方向。绝对速度 c 与圆周速度 u 的夹角 α,叫作工作角,它表示流体运动的方向。

当叶流道几何形状(安装角 β 已定)及尺寸确定后,设叶轮进口直径为 D_1,出口直径(即叶轮外径)为 D_2。如已知叶轮转速为 n 和流量 Q,则叶轮的进口圆周速度 u_1 及出口圆周速度 u_2 分别为

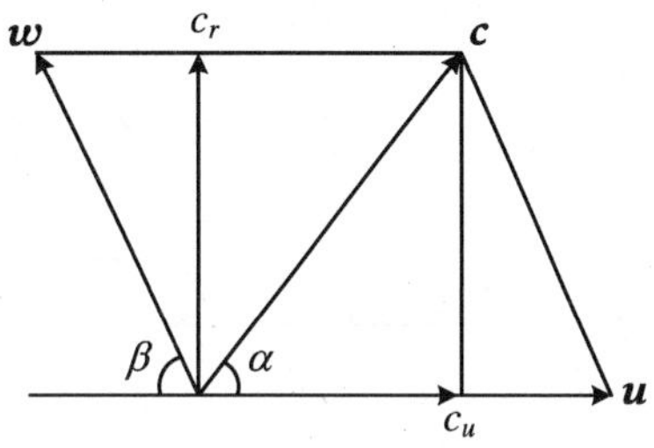

$$u_1 = \frac{\pi D_1 n}{60} \tag{13.4}$$

$$u_2 = \frac{\pi D_2 n}{60} \tag{13.5}$$

图 13.3 速度三角形

叶轮进口的径向分速度 c_{r1} 及出口径向分速度 c_{r2} 分别为

$$c_{r1} = \frac{Q}{\varepsilon_1 \pi D_1 b_1} \tag{13.6}$$

$$c_{r2} = \frac{Q}{\varepsilon_2 \pi D_2 b_2} \tag{13.7}$$

式中:ε_1、ε_2 为排挤系数,反映叶片厚度对流道过流面积的排挤程度,对于水泵 ε 值在 0.75~0.95 之间。小泵取低限,大泵取高限。

当已知圆周速度 u 和径向分速度 c_r 或叶轮的转速 n 和流体的流量 Q,又已知叶片安装角 β 时,则速度三角形不难绘出。

例 13.1 某一离心水泵叶轮尺寸为:进口宽度 $b_1 = 30$ mm,出口宽度 $b_2 = 16$ mm,进口直径 $D_1 = 160$ mm,出口直径 $D_2 = 350$ mm,叶片进口安装角 $\beta_1 = 16°$,叶片出口安装角 $\beta_2 = 22°$。流体在流道中与叶片弯曲方向一致,泵转速 $n = 2\,950$ r/min。试绘制出叶轮进、出口速度三角形,并求出叶轮中通过的流量 Q(叶片厚度不计)。

解 叶轮叶片进、出口圆周速度为

$$u_1 = \frac{\pi D_1 n}{60} = \frac{\pi \times 0.16 \times 2\,950}{60} = 24.71(\text{m/s})$$

$$u_2 = \frac{\pi D_2 n}{60} = \frac{\pi \times 0.35 \times 2\,950}{60} = 54.06(\text{m/s})$$

由叶片进口圆周速度 $u_1 = 24.71$ m/s 及流体在叶片进口的流入角 $\beta_1 = 16°$,作出叶片进口速度三角形,如图 13.4(a)所示。由进口速度三角形得

$$c_{r1} = u_1 \tan \beta_1 = 24.71 \times 0.286\,7 = 7.09(\text{m/s})$$

不计叶片厚度,叶轮中通过流体的流量为

$$Q = \pi D_1 b_1 c_{r1} = \pi \times 0.16 \times 0.03 \times 7.09 = 0.107(\text{m}^3/\text{s})$$

出口速度三角形中的径向分速度为

$$c_{r2} = \frac{Q}{\pi D_2 b_2} = \frac{0.107}{\pi \times 0.35 \times 0.016} = 6.08(\text{m/s})$$

根据出口径向速度 c_{r2}、出口圆周速度 u_2 及出口叶片安装角绘制出出口速度三角形,如图 13.4(b)所示。

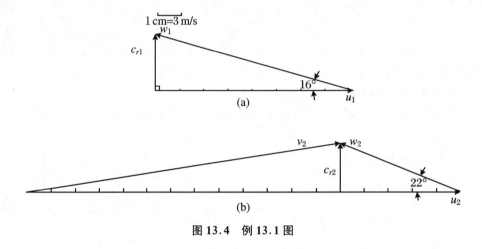

图 13.4　例 13.1 图

13.2　离心泵与风机的基本方程式

从理论上研究流体在叶轮中的运动情况和获得能量的关系式,就是泵与风机的基本方程式。

13.2.1　基本假设

鉴于流体在叶轮中流动的复杂性,为便于分析其流动规律,欧拉在其透平理论中做出以下几点假设:

(1) 假设流体通过叶轮之间的流动为稳定的层流流动状态,层与层的流面之间互不干扰;

(2) 流过叶轮的流体是不可压缩理想流体,在流动过程中不考虑由于黏性力造成的能量损失;

(3) 叶轮具有无限多个叶片,叶片厚度无限薄。流体在叶片之间的流道中流动时,流速方向与叶片弯曲方向相同,同一圆周上流速的大小是均匀的。

13.2.2　方程式推导

基于上述三条基本假设,当流体进入叶轮后,叶轮从外界获得的能量全部传递给流体。由动量矩定理得知:作用于控制体内流体上的外力对转轴的力矩等于单位时间内控制体内流体对该轴的动量矩的增量与通过控制面净流出的动量矩之和。

取叶轮的进口及出口圆柱面为控制面。当叶轮转速恒定时,流体运动是恒定流动,控制面内流体动量矩增量为零,则外力矩等于单位时间内通过控制面流出与流入的动量矩的差值。这里,将流通有关的参数注以"T∞"角标,例如 $Q_{T\infty}$、$H_{T\infty}$ 等,其中"T"表示理想流体,"∞"表示叶片为无限多。

由于假设叶轮有无穷多叶片,同一圆周上速度的大小是均匀的,故单位时间内通过叶轮整个出口截面流出的动量矩为 $\rho Q_{T\infty} c_{u_2T\infty} r_2$;单位时间内通过叶轮整个进口截面流入的动量矩为 $\rho Q_{T\infty} c_{u_1T\infty} r_1$。因此,对于流量为 $Q_{T\infty}$ 的流体,其动量矩变化率如下。

由动量矩定理可知,流体的动量矩变化率应等于作用在流体上的外力对转轴的力矩 M,即

$$M = \rho Q_{T\infty}(r_2 c_{u2T\infty} - r_1 c_{u1T\infty}) \tag{13.8}$$

若叶轮的旋转角速度为 ω,在式(13.8)两边乘以 ω,并考虑到 $u = \omega r$,得

$$M\omega = \rho Q_{T\infty}(u_{2T\infty} c_{u2T\infty} - u_{1T\infty} c_{u1T\infty}) \tag{13.9}$$

式中:$M\omega$ 为外力矩与叶轮角速度的乘积,表示叶轮旋转时传递给流体的功率,即单位时间内叶轮对流体所做的功 N。在没有能量损失的条件下,又全部转化为流体的能量,即 $N = \gamma H_{T\infty} Q_{T\infty}$,由此便得

$$N = M\omega = \gamma H_{T\infty} Q_{T\infty} = \rho Q_{T\infty}(u_{2T\infty} c_{u2T\infty} - u_{1T\infty} c_{u1T\infty}) \tag{13.10}$$

对上式进行简化,就可以得到理想条件下单位重量流体获得的能量增量与叶轮运动的关系,即欧拉方程,它是1754年首先由欧拉提出的:

$$H_{T\infty} = \frac{1}{g}(u_{2T\infty} c_{u2T\infty} - u_{1T\infty} c_{u1T\infty}) \tag{13.11}$$

由欧拉方程式看出:

(1) 流体所获得的理论压头 $H_{T\infty}$ 仅与流体在叶轮进口与出口处的速度有关,与叶轮内部的流动过程无关。

(2) 流体所获得的理论压头 $H_{T\infty}$ 与被输送流体的种类无关。也就是说,无论被输送的流体是液体还是气体,只要叶轮进、出口的速度三角形相同,都可以得到相同的流体柱高度(压头)。但它们所需的功率不同,因为功率和流体的重度成正比。

(3) 当进口切向分速度 $c_{u1T\infty} = c_{T\infty} \cos a_1 = 0$ 时,根据式(13.11)计算的理论压头 $H_{T\infty}$ 将达到最大值。因此,当 $a_1 = 90°$,$c_{u1T\infty} = 0$ 时,有理论最大扬程,即 $H_{T\infty} = \dfrac{u_{2T\infty} c_{u2T\infty}}{g}$。

13.2.3 欧拉方程式的修正

欧拉方程的推导是基于叶片和叶片无限薄的假设条件下得到的。实际叶轮的叶片是有一定厚度的,叶片数也是有限的,叶片之间的流道有一定宽度,流体在叶轮内的流动并不完全受叶片的约束。当叶轮旋转时,流体由于惯性产生与叶轮转动方向相反的相对涡流,如图13.5所示。

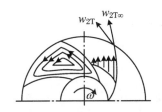

图 13.5 相对涡流对流速分布的影响

相对涡流与沿叶片的均匀流叠加,使顺转动方向的流道前部相对流速增大,后部相对流速减小,从而造成了同一半径圆周上速度分布不均匀,叶轮出口处相对速度的方向向叶轮转动的反方向偏移,而叶轮入口相对速度的方向朝叶轮转动方向偏移,如图 13.6 所示。

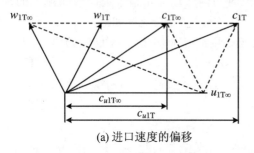 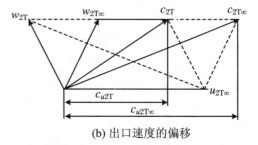

(a) 进口速度的偏移　　　　　　　　　　(b) 出口速度的偏移

图 13.6　进、出口速度图的变化

由于流量与转速不变,流体进、出口圆周速度不变,即 $u_{1T\infty}$ 与 $u_{2T\infty}$ 不变,从进、出口速度图(图 13.6)可以看出,相对速度的偏移使出口切向分速度 $c_{u2T\infty}$ 减小为 c_{u2T},而进口切向分速度从 $c_{u1T\infty}$ 减小为 c_{u1T}。因此,由公式(13.11)计算出来的"理想叶轮"的理论压头 $H_{T\infty}$ 要明显大于实际叶轮的压头 H_T 的值,可采用涡流修正系数 K 的方法对此进行修正,即

$$H_T = KH_{T\infty} \tag{13.12}$$

涡流系数 K 与叶轮的几何结构和尺寸相关,如叶片数目 Z、叶轮内径 r_1、叶轮外径 r_2、离心风机出口处叶片安装角 β_2 等。

对于水泵常采用斯基克钦(Stechkin)经验公式

$$K = \cfrac{1}{1 + \cfrac{2\pi}{3Z} \cdot \cfrac{1}{1-(r_1/r_2)^2}} \tag{13.13}$$

式中:Z 为叶片数;r_1、r_2 分别为叶轮进、出口半径。

离心风机风压修正方法有斯托多拉修正公式和爱克修正公式等。

斯托多拉修正公式:

对于后弯式叶片,$\beta_2 < 90°$,

$$K = 1 - \cfrac{\cfrac{\pi}{Z}\sin\beta_2}{1 - \cfrac{c_{r2}}{u_2}\cdot\cot\beta_2} \tag{13.14}$$

对于径向式叶片,$\beta_2 = 90°$,

$$K = 1 - \frac{\pi}{Z} \tag{13.15}$$

爱克修正公式:

若叶轮前盘与后盘平行,则

$$K = \cfrac{1}{1 + \sin\beta_2\cfrac{\pi}{Z[1-(r_1/r_2)^2]}} \tag{13.16}$$

上式适用于 $30° < \beta_2 < 50°$ 的范围。当 $\beta_2 > 50°$ 时,则采用下式计算:

$$K = \cfrac{1}{1 + \cfrac{1.5 + 1.1\cfrac{\beta_2}{90}}{Z[1-(r_1/r_2)^2]}} \tag{13.17}$$

粗略计算时,水泵的 K 值可取为 0.8,风机可取为 $0.8\sim0.85$。

在推导欧拉方程式时,假设流体是理想流体,流动过程中没有能量损失,而实际流体都有黏性,在叶轮内流动过程中必然产生能量损失。因此实际压头 H 必然小于理论压头 H_T。我们用水力效率 η_H 考虑此项能量损失,则有

$$H = \eta_H H_T = \eta_H K H_{T\infty} \tag{13.18}$$

为简便起见,以后写欧拉方程式时,将表示理想条件下的角标"T∞"省略。

13.2.4 理论压头 H_T 的组成

理论压头 H_T 是指单位重量流体通过泵或风机获得的机械能,包括流体的位能、压力能及动能等 3 部分。

由于叶轮的进口与出口截面是同轴圆柱面,平均位置高度 Z 相等,都在转轴上,因此理论压头中不包括位能。为了将理论压头中压力能与动能分开,将叶轮进、出口速度图(图 13.6)用余弦定理展开:

$$w_2^2 = u_2^2 + c_2^2 - 2u_2 c_2 \cos\alpha_2 = u_2^2 + c_2^2 - 2u_2 c_{u2}$$
$$w_1^2 = u_1^2 + c_1^2 - 2u_1 c_1 \cos\alpha_1 = u_1^2 + c_1^2 - 2u_1 c_{u1}$$

整理上式,得

$$u_2 c_{u2} = \frac{u_2^2 + c_2^2 - w_2^2}{2}, \quad u_1 c_{u1} = \frac{u_1^2 + c_1^2 - w_1^2}{2}$$

代入理论压头公式(13.11),经整理得

$$H_T = \frac{c_2^2 - c_1^2}{2g} + \frac{u_2^2 - u_1^2}{2g} + \frac{w_1^2 - w_2^2}{2g} \tag{13.19}$$

由此可见理论压头 H_T 由 3 部分组成,其中第一项中 c_1、c_2 是流体在叶轮进口与出口的绝对速度。出口绝对流速压头与进口绝对流速压头的差值,就是单位重量流体获得的动能,称为动压头,记为

$$H_d = \frac{c_2^2 - c_1^2}{2g} \tag{13.20}$$

其余两项虽然形式上也是流速压头差,但由伯努利方程可知,其实质是单位重量流体获得的压力能,称为静压头,记为

$$H_{st} = \frac{p_2 - p_1}{\gamma} = \frac{u_2^2 - u_1^2}{2g} + \frac{w_1^2 - w_2^2}{2g} \tag{13.21}$$

式(13.21)中 $\dfrac{u_2^2 - u_1^2}{2g}$ 是单位重量流体在叶轮旋转时,由于进、出口速度不同而转化的压力能增量,是静压头的主要部分。由第 2 章第 2.8 节得知,流体各点的压强为(不考虑位置高度)

$$\frac{p}{\gamma} = \frac{\omega^2 r^2}{2g} = \frac{u^2}{2g} \tag{13.22}$$

由于叶轮出口半径 r_2 大于进口半径 r_1,故出口压强 p_2 大于进口压强 p_1,其差值正是

$$\left(\frac{p_2 - p_1}{\gamma}\right)_u = \frac{u_2^2 - u_1^2}{2g} \tag{13.23}$$

式(13.21)中 $\dfrac{w_1^2 - w_2^2}{2g}$ 是由于叶片间流道宽度的增加,相对速度有所降低而获得的静压头的增量。由于相对速度变化不大,故其增量较小,所占比例较小。

13.3 叶轮叶片形式及其对理论性能的影响

泵与风机设计时,为了得到最大压头,一般选定一个合适的进口安装角 β_1,使得在设计工况下的进口工作角 $\alpha_1 = 90°$,进口切向分速度 $c_{u1} = c_1\cos\alpha_1 = 0$,理论压头 H_T 达到最大,即

$$H_T = \frac{1}{g}u_2 c_{u2} \tag{13.24}$$

这时流体沿径向流入叶片间的流道,绝对速度 c_1 与径向分速度相等,即 $c_1 = c_{r1}$,如图 13.7(a)所示。

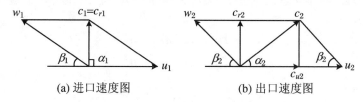

(a) 进口速度图　　　　(b) 出口速度图

图 13.7　叶轮进、出口速度图

当叶片进口安装角保证流体径向进入流道后,由流体出口速度图 13.7(b)可得

$$c_{u2} = u_2 - c_{r2}\cot\beta_2 \tag{13.25}$$

代入式(13.24),得

$$H_T = \frac{1}{g}(u_2^2 - u_2 c_{r2}\cot\beta_2) \tag{13.26}$$

式(13.25)表明,对于同一叶轮,在相同的转速下,出口安装角 β_2 对理论压头 H_T 有直接影响。按照出口安装角 β_2 的不同,叶轮可分为三种形式,如图 13.8 所示。

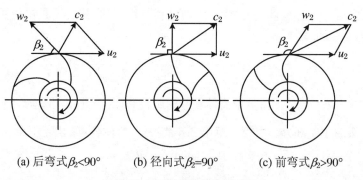

(a) 后弯式 $\beta_2<90°$　　(b) 径向式 $\beta_2=90°$　　(c) 前弯式 $\beta_2>90°$

图 13.8　离心式叶轮形式

(1) 叶片出口方向与叶轮旋转方向相反,如图 13.8(a)所示,称为后弯式叶片。其叶片出口安装角 $\beta_2<90°$,此时 $\cot\beta_2>0$,则 $H_T<\dfrac{u_2^2}{g}$。

(2) 叶片出口方向沿叶轮半径方向,如图 13.8(b)所示,称为径向式叶片。其叶片出口

安装角 $\beta_2 = 90°$,此时 $\cot \beta_2 = 0$,则 $H_T = \dfrac{u_2^2}{g}$。

(3) 叶片出口方向与叶轮旋转方向相同,如图 13.8(c)所示,称为前弯式叶片。其叶片出口安装角 $\beta_2 > 90°$,此时 $\cot \beta_2 < 0$,则 $H_T > \dfrac{u_2^2}{g}$。

根据上述分析可知,在流量、尺寸、转速相同的条件下,前弯式叶轮产生的理论压头最大,后弯式叶轮的理论压头最小,径向式居中。

下面进一步分析不同叶轮形式对理论压头组成的影响。通常在离心式泵与风机设计时,除要求流体径向进入流道外,叶轮的进口截面积与出口截面积相差不大。由连续性原理可知,此时进口和出口的径向分速度近似相等,即

$$c_1 = c_{r1} = c_{r2}$$

将上式代入式(13.20),得到动压头 H_d 与出口切向分速度 c_{u2} 之间的关系:

$$H_d = \frac{c_2^2 - c_1^2}{2g} = \frac{(c_{u2}^2 + c_{r2}^2) - c_{r1}^2}{2g} = \frac{c_{u2}^2}{2g} \tag{13.27}$$

由此可见,理论压头 H_T 中动压头 H_d 与出口切向分速度 c_{u2} 的平方成正比。

1. 后弯式叶片

$\beta_2 < 90°, \cot \beta_2 > 0, c_{u2} = u_2 - c_{r2}\cot \beta_2 < u_2, H_T = \dfrac{u_2 c_{u2}}{g} > \dfrac{c_{u2}^2}{g} = 2H_d$,即 $H_d < H_T/2$,动压头小于理论压头的一半。

2. 径向式叶片

$\beta_2 = 90°, \cot \beta_2 = 0, c_{u2} = u_2, H_T = \dfrac{u_2 c_{u2}}{g} = \dfrac{c_{u2}^2}{g} = 2H_d$,即 $H_d = H_T/2$,动压头等于理论压头的一半。

3. 前弯式叶片

$\beta_2 > 90°, \cot \beta_2 < 0, c_{u2} = u_2 - c_{r2}\cot \beta_2 > u_2, H_T = \dfrac{u_2 c_{u2}}{g} < \dfrac{c_{u2}^2}{g} = 2H_d$,即 $H_d > H_T/2$,动压头大于理论压头的一半。

由以上分析可见,流体通过前弯式叶轮所获得的压头中,动能占一半以上。后弯式叶轮则相反,压力能占一半以上。动能占的比重越大,相应的能量损失也越大,因而前弯式叶轮效率较低。

为了说明静扬程和动扬程在总扬程中所占的比例,引入反作用度的概念。所谓反作用度,就是静扬程在总扬程中所占的比例,常用希腊字母 τ 来表示,即

$$\tau = \frac{H_{st}}{H_T} = 1 - \frac{H_d}{H_T} = 1 - \frac{c_{u2}^2/2g}{u_2 c_{u2}/g} = 1 - \frac{c_{u2}}{2u_2} \tag{13.28}$$

1. 后弯式叶片

当 $\beta_2 = \beta_{2\min}(\beta_2 = \text{arccot}(u_2/c_{r2}))$ 时,$\tau = 1$。随着 β_2 的增大,压头增加,反作用度减小。后弯式叶片反作用度 τ 的变换范围为

$$0.5 < \tau < 1$$

2. 径向式叶片

由于 $\beta_2 = 90°, \cot \beta_2 = 0, c_{u2} = u_2$,所以 $\tau = 0.5$。径向式叶片中静扬程和动扬程各占一半。

3. 前弯式叶片

当 $\beta_2 = \beta_{2\max}(\beta_2 = \mathrm{arccot}(3u_2/c_{r2}))$ 时，$c_{u2} = 2u_2$，所以 $\tau = 0$。此时扬程全部转变为动扬程，静扬程为零。前弯式叶片反作用度 τ 的变换范围为

$$0 < \tau < 0.5$$

综上所述，随着叶片出口安装角 β_2 的增加，扬程也随之增加。与此同时，叶片的反作用度 τ 却逐渐降低。即随着 β_2 的增加，扬程中的静扬程不断下降，而动扬程却不断增加，如图 13.9 所示。

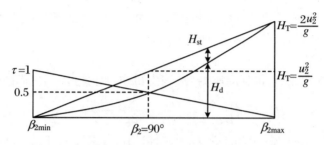

图 13.9　叶轮出口安装角 β_2 与扬程 H_T 及反作用度 τ 之间的关系曲线

例 13.2　一台送风机叶轮外径 $D_2 = 720$ mm，叶轮出口宽度 $b_2 = 180$ mm，叶片出口安装角 $\beta_2 = 45°$，转速 $n = 960$ r/min。设空气在叶轮进口处无预旋，空气密度 $\rho = 1.2$ kg/m³，输送的流量为 3.6 m³/s，风机叶片数 $Z = 12$。试求：

(1) 叶轮出口的相对速度 w_2 和绝对速度 c_2；
(2) 叶片无限多时的理论全压 $P_{\mathrm{T}\infty}$；
(3) 叶片无限多时的反作用度 τ；
(4) 环流系数 K 和有限叶片理论全压 P_T。

解　(1)

$$u_2 = \frac{\pi D_2 n}{60} = \frac{\pi \times 0.72 \times 960}{60} = 36.19 (\mathrm{m/s})$$

$$c_{r2} = \frac{q_{\mathrm{V,T}}}{\pi D_2 b_2} = \frac{3.6}{\pi \times 0.72 \times 0.18} = 8.84 (\mathrm{m/s})$$

根据出口速度图(图 13.10)，由 $\beta_2 = 45°$ 得

$$w_2 = \frac{c_{r2}}{\sin \beta_2} = \frac{8.84}{\sin 45°} = 12.50 (\mathrm{m/s})$$

$$c_2 = \sqrt{w_2^2 + u_2^2 - 2 w_2 u_2 \cos \beta_2} = \sqrt{12.50^2 + 36.19^2 - 2 \times 12.50 \times 36.19 \times \cos 45°}$$
$$= 28.75 (\mathrm{m/s})$$

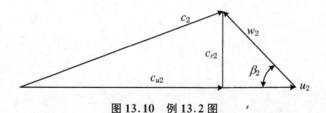

图 13.10　例 13.2 图

(2)
$$c_{u2} = u_2 - c_{r2}\cot\beta_2 = 36.19 - 8.84 \times \cot 45° = 27.35 \text{(m/s)}$$
$$P_{T\infty} = \rho u_2 c_{u2} = 1.2 \times 36.19 \times 27.35 = 1187.8 \text{(Pa)}$$

(3)
$$\tau = 1 - \frac{c_{u2}}{2u_2} = 1 - \frac{27.35}{2 \times 36.19} = 0.622$$

(4) 由爱克公式,得
$$K = 1 - \frac{\frac{\pi}{Z}\sin\beta_2}{1 - \frac{c_{r2}}{u_2}\cot\beta_2} = 1 - \frac{\frac{\pi}{12}\sin 45°}{1 - \frac{8.84}{36.19} \times \cot 45°} = 0.755$$
$$P_T = KP_{T\infty} = 0.755 \times 1187.8 = 896.8 \text{(Pa)}$$

对于离心式泵与风机的叶轮叶片出口安装角的选择一般原则如下：

(1) 为提高泵与风机的效率和降低噪声,工程上离心泵均采用后弯式叶轮,出口安装角 β_2 一般为 $20°\sim 30°$,离心风机多采用后弯式叶轮,出口安装角 β_2 通常取 $45°\sim 65°$;

(2) 对于中小型风机,由于本身功率较小,效率成为次要的问题,为了缩小风机的尺寸,常采用前弯式叶轮;

(3) 径向式叶轮的特点介于后弯式与前弯式之间,由于它加工容易,出口沿径向,不易积尘堵塞,叶片强度较好,多用于污水泵、排尘风机、耐高温风机等。

13.4　泵与风机的损失与效率

泵与风机在运行中由于摩擦、密封及液体撞击等原因会产生机械损失、容积损失和水力损失,这些损失的大小分别用机械效率、容积效率和水力效率等来衡量。由于流体在泵与风机内的流动情况的复杂性,目前仍不能用数学方法进行准确计算。本节从理论上分析这些损失,指出它产生的原因及影响因素,以找出减少损失的途径。

13.4.1　机械损失和机械效率

机械损失包括两部分的摩擦损失,第一部分为轴与轴承、轴端密封的摩擦损失,第二部分为叶轮圆盘摩擦损失。

轴与轴承、轴端密封的摩擦损失与轴承的结构形式、轴封的结构形式、填料种类、轴颈的加工工艺以及流体的密度有关,正常情况下,这项损失占到泵与风机轴功率 N 的 $1\%\sim 3\%$。
$$\Delta N_{m1} = (0.01 \sim 0.03)N \tag{13.29}$$

对于小型泵,如填料压盖压得过紧,损失会超过3%,而达到5%左右。

叶轮圆盘摩擦损失与腔室形状、叶轮结构、转速及圆盘外侧与机壳内侧的粗糙度等因素有关。
$$\Delta N_{m2} = K\rho g n^3 D_2^5 \tag{13.30}$$

式中:K 为实验系数。

泵与风机机械损失的大小,可用机械效率 η_m 来表示:

$$\eta_\mathrm{m} = \frac{N - \Delta N_\mathrm{m}}{N} = \frac{N_\mathrm{T}}{N} = \frac{\gamma H_\mathrm{T} Q_\mathrm{T}}{N} \tag{13.31}$$

式中: ΔN_m 为机械损失功率, $\Delta N_\mathrm{m} = \Delta N_\mathrm{m1} + \Delta N_\mathrm{m2}$ 。

离心泵机械效率一般在 0.90～0.97,离心风机机械效率一般在 0.92～0.98。

在机械损失中,叶轮圆盘损失占据主要部分,通常可采取下列措施降低泵与风机的圆盘损失。

(1) 将叶轮表面磨光或壳体内表面涂漆,降低叶轮盖板外表面和壳体内侧的粗糙度,效率可提高 2%～4%。

(2) 合理选择叶轮与壳体的间隙 B ,目前一般取 $B/D_2 = 2\%\sim5\%$ 。

(3) 提高能头,增加转速,相应减小叶轮直径。

13.4.2 容积损失和容积效率

在泵与风机中,由于转动部件与静止部件之间不可避免地存在一定的间隙,当叶轮转动时,间隙两侧产生压力差,从而使流体从高压侧通过间隙向低压侧泄漏,造成能量损失,这种能量损失称为容积损失,亦称泄漏损失。离心泵与风机的泄漏损失主要发生在以下几处:

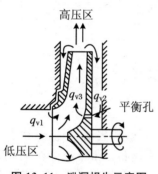

图 13.11 泄漏损失示意图

(1) 叶轮入口处与外壳间密封环间泄漏 q_v1 。由于叶轮出口压力高于进口压力,会有一小部分流体经密封环的间隙流回至叶轮的入口,如图 13.11 所示。

(2) 轴封泄漏 q_v2 。无论哪种密封,都存在一定的泄漏,但在正常情况下泄漏量很小,可以忽略不计。

(3) 通过平衡轴向力装置的泄漏 q_v3 。流体通过平衡孔、平衡管或平衡盘装置的间隙流回至叶轮的入口,其大小与平衡装置具体结构有关。

泵与风机的容积损失的大小,用容积效率 η_v 来表示:

$$\eta_\mathrm{v} = \frac{Q_\mathrm{T} - q}{Q_\mathrm{T}} = \frac{Q}{Q_\mathrm{T}} \tag{13.32}$$

式中: q 为泄漏的总回流量; $Q = Q_\mathrm{T} - q$ 为泵与风机的实际流量。因此,若提高容积效率 η_v ,就必然要减少回流量。一般可采取下列措施减少泵与风机的泄漏量:

(1) 增加密封间隙阻力。在叶轮进口装有密封环,增大间隙处流体的流动阻力。密封环的定环与动环分别装在机壳与叶轮上,并采用角环式、锯齿式及迷宫式等密封环形式,以增加间隙长度和流体入口、出口局部阻力,减少泄漏,如图 13.12 所示。

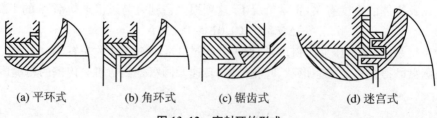

(a) 平环式　　(b) 角环式　　(c) 锯齿式　　(d) 迷宫式

图 13.12 密封环的形式

(2) 减小泄漏面积。选择尽可能小的密封环,降低其周长使流通面积减少,同时运行中保持合理间隙。

(3) 采取合适的消除轴向力措施取代叶轮后盘平衡孔,如在叶轮后盘外侧适当位置设置密封环,液体通过密封环,压强有所降低,从而与进口侧的低压相平衡。

13.4.3 水力损失与水力效率

流体从泵与风机进口流至出口的过程中,不可避免地遇到流动阻力,产生水力损失。水力损失主要由两部分组成:一是沿程阻力损失和局部阻力损失;二是流体在叶片进口处,相对速度方向与叶片进口安装角方向不一致而引起的冲击损失。

1. 流动阻力损失

流动阻力损失与过流部件的几何形状、壁面粗糙度以及流体的黏度等因素有关。一般而言,流动阻力损失与流量的平方成正比,即

$$\Delta H_1 = K_1 q_v^2 \tag{13.33}$$

式中: K_1 是流动阻力系数。

2. 冲击损失

冲击损失一般发生在泵与风机偏离设计工况下工作时。泵与风机工作在设计工况下运转 ($q_v = q_{vd}$),流体的流入角 β_1 与叶片进口安装角 β_{1g} 一致,冲角 $i = \beta_{1g} - \beta_1 = 0$,如图 13.13(a) 所示,此时无冲击损失。若 $q_v > q_{vd}$,则流入角 β_1 大于安装角 β_{1g},冲角 $i < 0$(称为负冲角),在叶片的工作面区流体脱壁形成旋涡,如图 13.13(b) 所示,导致冲击损失。反之 $q_v < q_{vd}$,冲角 $i > 0$(称为正冲角),流体在叶片的非工作面区形成旋涡,如图 13.13(c) 所示,导致冲击损失。

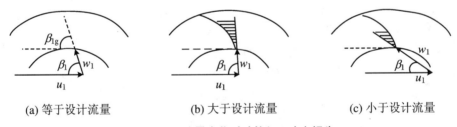

(a) 等于设计流量　　　　(b) 大于设计流量　　　　(c) 小于设计流量

图 13.13　流量变化时叶轮入口冲击损失

冲击损失也与流量的平方成正比,即

$$\Delta H_2 = K_2 (q_v - q_{vd})^2 \tag{13.34}$$

式中: K_2 是冲击损失系数。

泵与风机的流动损失和冲击损失与流量的关系如图 13.14 所示,图中 $\Delta H = \Delta H_1 + \Delta H_2$,从中可以看出泵与风机的最小水力损失对应的工况点在设计点左侧,两者并不重合。

泵与风机的水力损失的大小,用水力效率 η_H 来表示:

$$\eta_H = \frac{H_T - \Delta H}{H_T} = \frac{H}{H_T} \tag{13.35}$$

式中: $H = H_T - \Delta H$ 为泵与风机的实际压头。

泵与风机的效率主要受到水力阻力的影响,可采取合理设计叶片形状和流道、选择合适

的叶片进口安装角、降低流道表面的粗糙度以及提高检修质量等措施,来降低水力损失,提高泵与风机的效率。

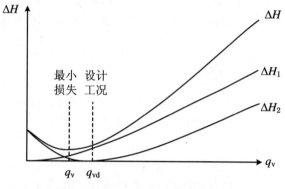

图 13.14 水力损失与流量的关系

13.4.4 泵与风机的总效率

泵与风机性能的好坏与机械损失、容积损失及水力损失有关,可用机械效率、容积效率及水力效率来衡量泵与风机的总效率。泵与风机的总效率为有效功率与轴功率之比,即

$$\eta = \frac{N_e}{N}$$

式中:N_e 为泵与风机实际获得的有效功率,$N_e = \gamma Q H$。

由此,按照风机总效率的定义并结合泵与风机的机械效率、容积效率及水力效率的计算公式:

$$\eta_m = \frac{N - \Delta N_m}{N} = \frac{N_T}{N} = \frac{\gamma H_T Q_T}{N}$$

$$\eta_H = \frac{H_T - \Delta H}{H_T} = \frac{H}{H_T}$$

$$\eta_v = \frac{Q_T - q}{Q_T} = \frac{Q}{Q_T}$$

可以得到泵与风机的总效率与机械效率、容积效率及水力效率的关系为

$$\eta = \frac{N_e}{N} = \eta_m \cdot \frac{H}{H_T} \cdot \frac{Q}{Q_T} = \eta_m \eta_v \eta_H \tag{13.36}$$

由此可见,泵与风机的总效率等于水力效率、容积效率及机械效率的乘积。

13.5 离心式泵与风机的性能曲线

泵与风机的性能是由流量 Q、压头 H、轴功率 N、效率 η 及转速 n 等参数表示的。这些参数之间存在着一定的函数关系,当其中一个参数变化时,其他参数都将随之而变化,将这种函数关系用曲线来表示,就是泵与风机的性能曲线。

泵与风机性能曲线主要有:压头与流量性能曲线、轴功率与流量性能曲线、效率与流量性能曲线等。泵与风机性能曲线可以用理论分析和实验测定两种方法绘制。实验测定的方法结果较为精确;理论绘制方法由于泵与风机内的损失难以精确计算,结果不够精确,主要用于泵与风机设计和改进时对影响其性能的多种因素进行分析。

13.5.1 理论性能曲线

理论性能曲线是从欧拉方程式出发,研究理想条件下的性能曲线。假设流体沿径向流入叶轮,则 $a_1 = 90°$,$c_{u1} = c\cos a_1 = 0$,由欧拉方程式(13.11)可得

$$H_T = \frac{1}{g}(u_2 c_{u2} - u_1 c_{u1}) = \frac{1}{g} u_2 c_{u2} \tag{13.37}$$

当泵与风机转速 n 不变时,其圆周速度 u_2 是一个固定值。泵与风机的理论压头 H_T 只随 c_{u2} 的变化而变化。由叶轮出口速度三角形(图13.10)可得

$$c_{u2} = u_2 - c_{r2} \cot \beta_2$$

而

$$u_2 = \frac{\pi D_2 n}{60}$$

$$c_{r2} = \frac{Q_T}{\varepsilon_2 \pi D_2 b_2}$$

将以上流速代入式(13.37),得

$$H_T = \frac{u_2^2}{g} - \frac{u_2}{g} \frac{Q_T}{\varepsilon_2 \pi D_2 b_2} \cot \beta_2$$

对于已定的泵或风机,其结构参数 u_2、D_2、b_2 及排挤系数 ε_2 也固定不变,理论压头 H_T 只是流量 Q_T 的函数。令

$$A = \frac{u_2^2}{g}, \quad B = \frac{u_2}{g} \frac{\cot \beta_2}{\varepsilon_2 \pi D_2 b_2}$$

则式(13.37)可简写为

$$H_T = A - B Q_T \tag{13.38}$$

式(13.38)表明,泵与风机的理论压头与理论流量是线性的,当 $Q_T = 0$ 时,$H_T = \frac{u_2^2}{g}$。直线的斜率与叶轮的出口安装角有关,如图13.15所示。

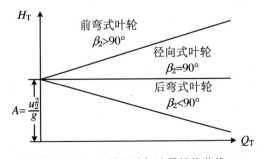

图 13.15 理论压头与流量性能曲线

在"理想叶轮"假设条件下,流动不存在能量损失,理论轴功率等于有效功率,即

$$N_T = N_e = \gamma H_T Q_T$$

将式(13.38)代入上式,可得

$$N_T = \gamma Q_T(A - BQ_T) \qquad (13.39)$$

由式(13.39)可知,当 $Q_T = 0$ 时,3 种形式的叶轮理论功率都等于零,3 条理论功率曲线交于原点,如图 13.16 所示。

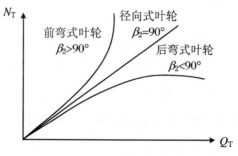

图 13.16　理论功率与流量性能曲线

对于径向式叶轮而言,$\beta_2 = 90°$,$\cot \beta_2 = 0$,函数的二次项 $B = 0$,理论功率曲线是一条直线。

对于前弯式叶轮而言,$\beta_2 > 90°$,$\cot \beta_2 < 0$,函数的二次项 $B < 0$,理论功率曲线是向上凹的二次曲线。

对于后弯式叶轮而言,$\beta_2 < 90°$,$\cot \beta_2 > 0$,函数的二次项 $B > 0$,理论功率曲线是向下凹的二次曲线。

在理想条件下,各项损失为零,因此效率恒为 100%。

上述分析可以定性地说明不同叶形的泵与风机性能曲线的变化趋势,如前弯式叶轮的轴功率随流量增加而迅速增长,风机在运行中增加流量时,电机容易超载,对于研究实际性能曲线具有指导意义。

13.5.2　实际性能曲线

前文我们已经得到理想条件下,离心泵与风机的性能曲线。然而,在实际运行中会产生机械损失、容积损失与水力损失,因此可在理论性能曲线的基础上进行一系列修正,得到实际性能曲线。下面以后弯式叶轮的泵与风机为例进行分析。

1. 压头与流量性能曲线

根据式(13.38)可以绘制出 $H_{T\infty}$-$Q_{T\infty}$ 曲线,曲线是一条向下倾斜的直线,即图 13.17 中的曲线 Ⅰ。

考虑到叶片数有限时,压头受到相对涡流的影响,用涡流修正系数 K 对理论压头进行修正,由于该系数只与叶轮结构参数相关,对于已定的泵与风机是个小于 1 的常数。因此,H_T-Q_T 曲线也是一条直线,即图 13.17 中的曲线 Ⅱ。曲线 Ⅰ 和曲线 Ⅱ 在横坐标上截距相同,交于同一点(A/B,0)。

在曲线 Ⅱ 的基础上扣除流动阻力损失和冲击损失,就可以绘制出实际压头与理论流量的关系曲线。将阻力损失 $\Delta H_1 = K_1 Q^2$ 的曲线和冲击损失 $\Delta H_2 = K_2(Q - Q_d)^2$ 的曲线画在图 13.17 下方。在同一横坐标系下,扣除以竖影线部分代表的流动阻力损失和斜影线部分代表的冲击损失,就可以得到实际压头与理论流量的关系曲线,即图 13.17 中的曲线 Ⅳ。

考虑到泵与风机存在泄漏损失,在单级泵与风机中,主要是叶轮密封环处的泄漏,泄漏量 q 与扬程的平方根成正比,曲线 Ⅳ 的横坐标基础上扣除 H_T 相对应的泄漏量 q,就可以得到泵与风机的实际性能曲线,即图 13.17 中的曲线 Ⅴ。

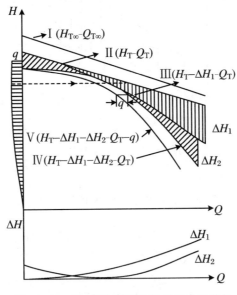

图 13.17 离心泵与风机实际性能曲线分析

常用的泵与风机实际压头曲线有 3 种类型:陡降型、缓降型与驼峰型,如图 13.18 所示。陡降型适用于流量变化较小,允许扬程有一定程度变化的情况;缓降型适用于流量变化较大而扬程变化较小的场合;具有驼峰型性能曲线的泵与风机,在运行过程中可能出现不稳定工况,一般其上升段为不稳定区,下降段为稳定区。

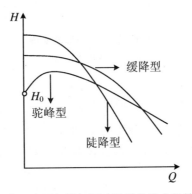

图 13.18 离心式泵与风机压头流量性能曲线的基本形式

2. 轴功率与流量性能曲线

由于存在机械损失,所以实际轴功率大于理论功率。即

$$N = N_T + \Delta N_m = \gamma H_T Q_T + \Delta N_m$$

上式中机械损失 ΔN_m 几乎与流量无关,对于一定的叶轮和轴承结构而言,可视作不变的值。因此,可在理论性能曲线纵坐标的基础上加上 ΔN_m,即可得到实际的轴功率与流量

性能曲线,如图 13.19 所示。由于空载运转时,机械摩擦损失仍然存在,所以当流量 $Q = 0$ 时,实际功率 N 并不等于零。

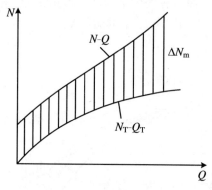

图 13.19 实际功率曲线

3. 效率与流量性能曲线

有了泵与风机的压头曲线和功率曲线后,就可求得各流量值下的效率,绘制出效率与流量性能曲线,如图 13.20 所示。

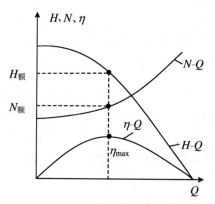

图 13.20 泵的性能曲线

效率 η 可由下式计算:

$$\eta = \frac{\gamma H Q}{N}$$

当流量 Q 为零和扬程 H 为零时,效率 η 都等于零。η-Q 曲线存在最高效率点,称之为最佳工况点或额定工况点,它的位置与设计流量是相对应的。一般以 $\eta \geqslant 0.9\eta_{max}$ 作为高效区。

4. 风机的性能曲线

风机常用风压 p 代替压头 H,$p = \gamma H$ 称为全压,γ 为标准状况下(大气压力为 1 atm,温度为 20 ℃)空气的重度。相应的效率 η 称为全效率,即

$$\eta = \frac{\gamma H Q}{N} = \frac{pQ}{N}$$

风机的性能曲线除 p-Q、N-Q、η-Q 曲线外,有时需要给出静压曲线 p_{st}-Q 和静压效率曲线 η_{st}-Q,如图 13.21 所示。其中静压指的是将流体获得的能量中扣去动能后剩余部分的

能量。

$$p_{st} = p - \frac{1}{2}\rho v^2 \tag{13.40}$$

$$\eta_{st} = \frac{p_{st}Q}{N} \tag{13.41}$$

式中：v 是风机出口的速度。

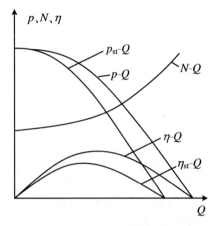

图 13.21　风机的性能曲线

由于目前泵与风机内部流动的复杂性，水力损失的计算仍然采用半理论半经验的估算方式，上述的分析方法只是一种近似的分析方法。精确绘制泵与风机性能曲线，只能通过实际测量才能得到。

13.6　泵与风机的相似律

泵与风机的实际性能曲线是在固定转速和一定运转条件下通过实验测试得到的。当泵与风机采取变速运行，输送条件又与测试条件不同时，如何将已有性能曲线关联到其性能曲线上以及工作点如何变化，可利用相似理论来解决这些问题。相似理论是设计泵与风机的基础，利用相似理论建立模型实验，对原型与模型之间的性能参数利用相似律进行换算，将模型实验结果转化为实际泵与风机的性能结果。另外，还可以利用相似原理进行泵与风机的系列化设计，对模型泵与风机的几何尺寸适当放大或缩小，设计出新的泵与风机，满足用户需要。

13.6.1　相似条件

为讨论方便，原型机的各参数用下角标"p"表示，模型机的各参数用下角标"m"表示。根据相似原理，两台泵或风机相似必须满足几何相似、运动相似和动力相似3个条件。

1. 几何相似

相似泵或风机的过流部分对应的几何尺寸成同一比例，对应的角度相等，即

$$\frac{D_{1p}}{D_{1m}} = \frac{D_{2p}}{D_{2m}} = \frac{b_{1p}}{b_{1m}} = \frac{b_{2p}}{b_{2m}} = \cdots = C_l \tag{13.42}$$

$$\beta_{1p} = \beta_{1m}, \quad \beta_{2p} = \beta_{2m} \tag{13.43}$$

式中：C_l 为几何相似倍数。

2. 运动相似

相似泵或风机的过流部分各对应点处速度三角形相似，同名速度大小比值相等，方向相同，即

$$\frac{c_{1p}}{c_{1m}} = \frac{c_{2p}}{c_{2m}} = \frac{u_{1p}}{u_{1m}} = \frac{u_{2p}}{u_{2m}} = \frac{w_{1p}}{w_{1m}} = \frac{w_{2p}}{w_{2m}} = \cdots = C_u \tag{13.44}$$

$$\alpha_{1p} = \alpha_{1m}, \quad \alpha_{2p} = \alpha_{2m} \tag{13.45}$$

式中：C_u 为运动相似倍数。

3. 动力相似

作用在相似泵或风机过流部分各对应点流体微团上的流体同名力比值相等，方向相同。作用在流体微团上的力一般有压力、重力、惯性力和黏性力。对于泵与风机而言，起主导作用的是黏性力和惯性力，因此，只需满足这两个力有同一比值即可，即惯性力和黏性力相似的判断准则数是雷诺数 Re 相等。由于泵与风机内的流动，一般 Re 数很大，处于阻力平方区，即便 Re 数不相等，阻力系数仍不变，因此自动满足动力相似要求，在实践中，通常不考虑动力相似这个因素。

3 个相似条件中，几何相似是基础，只有几何相似的泵或风机，讨论运动相似和动力相似才有意义。

13.6.2 相似律

全部符合 3 个相似条件的工况称为相似工况，表达相似泵或风机之间相似工况的各种对应关式，称为相似律。在相似工况下，原型机和模型机性能参数有如下关系。

1. 流量相似律

根据泵或风机的流量 $Q = \eta_v \varepsilon \pi D_2 b_2 c_{r2}$，在相似工况下，流量之比为

$$\frac{Q_p}{Q_m} = \frac{\eta_{vp} \varepsilon_p \pi D_{2p} b_{2p} c_{r2p}}{\eta_{vm} \varepsilon_m \pi D_{2m} b_{2m} c_{r2m}}$$

在几何相似条件下，有

$$\frac{b_{2p}}{b_{2m}} = \frac{D_{2p}}{D_{2m}} = C_l, \quad \varepsilon_m = \varepsilon_p$$

在运动相似条件下，有

$$\frac{c_{r2p}}{c_{r2m}} = \frac{u_{2p}}{u_{2m}} = \frac{D_{2p} n_p}{D_{2m} n_m}$$

因此，原型机与模型机之间的流量关系为

$$\frac{Q_p}{Q_m} = \left(\frac{D_{2p}}{D_{2m}}\right)^3 \frac{n_p}{n_m} \frac{\eta_{vp}}{\eta_{vm}} = C_l^3 \frac{n_p}{n_m} \frac{\eta_{vp}}{\eta_{vm}} \tag{13.46}$$

上式表明，两台相似的泵或风机的流量与转速及容积效率的一次方成正比，与几何相似倍数的三次方成正比。

2. 扬程(全风压)相似律

离心泵的扬程为 $H = \dfrac{u_2 c_{u2} - u_1 c_{u1}}{g}\eta_H$，在相似工况下，扬程之比为

$$\frac{H_p}{H_m} = \frac{\eta_{Hp}(u_{2p} c_{u2p} - u_{1p} c_{u1p})}{\eta_{Hm}(u_{2m} c_{u2m} - u_{1m} c_{u1m})}$$

在运动相似条件下，有

$$\frac{c_{u1p}}{c_{u1m}} = \frac{c_{u2p}}{c_{u2m}} = \frac{u_{2p}}{u_{2m}} = \frac{u_{1p}}{u_{1m}} = \frac{D_{2p} n_p}{D_{2m} n_m}$$

因此，原型机与模型机之间扬程的关系为

$$\frac{H_p}{H_m} = \frac{n_p^2 D_{2p}^2}{n_m^2 D_{2m}^2} \frac{\eta_{Hp}}{\eta_{Hm}} = C_l^2 \left(\frac{n_p}{n_m}\right)^2 \frac{\eta_{Hp}}{\eta_{Hm}} \tag{13.47}$$

上式表明，两台相似的泵的扬程与转速平方和几何相似倍数的平方成正比，与水力效率的一次方成正比。

对于离心风机，风压 $p = \gamma H$，γ 为流体的重度，则两台相似风机的风压之间的关系为

$$\frac{p_p}{p_m} = \frac{\gamma H_p}{\gamma H_m} = \frac{\rho_p}{\rho_m} C_l^2 \left(\frac{n_p}{n_m}\right)^2 \frac{\eta_{Hp}}{\eta_{Hm}} \tag{13.48}$$

上式表明，两台相似的泵的扬程与转速的平方和几何相似倍数的平方成正比，与水力效率和流体密度的一次方成正比。

3. 功率相似律

根据泵与风机的轴功率 $N = N_e/\eta = \gamma QH/\eta$，在相似工况下，轴功率之比为

$$\frac{N_p}{N_m} = \frac{\gamma_p Q_p H_p \eta_m}{\gamma_m Q_m H_m \eta_p}$$

式中：$\eta = \eta_V \eta_h \eta_m$，将式(13.46)和式(13.47)代入，整理得

$$\frac{N_p}{N_m} = C_l^5 \left(\frac{\rho_p}{\rho_m}\right)\left(\frac{n_p}{n_m}\right)^3 \left(\frac{\eta_{mm}}{\eta_{mp}}\right) \tag{13.49}$$

上式表明，两台相似的泵与风机的功率与几何相似倍数的五次方成正比，与转速的三次方成正比，与流体密度比的一次方成正比，与机械效率比的一次方成正比。

一般而言，原型泵的 η_{Vp}、η_{hp}、η_{mp} 要大于模型泵相应的 3 个效率。在实际应用时，如果 D_p/D_m 和 n_p/n_m 不太大时，可近似地将它们的效率视作相等。则相似律公式可简化为

$$\frac{Q_p}{Q_m} = \left(\frac{D_{2p}}{D_{2m}}\right)^3 \frac{n_p}{n_m} = C_l^3 \frac{n_p}{n_m} \tag{13.50}$$

$$\frac{H_p}{H_m} = \frac{n_p^2 D_{2p}^2}{n_m^2 D_{2m}^2} = C_l^2 \left(\frac{n_p}{n_m}\right)^2 \tag{13.51}$$

$$\frac{p_p}{p_m} = \frac{\gamma H_p}{\gamma H_m} = \frac{\rho_p}{\rho_m} C_l^2 \left(\frac{n_p}{n_m}\right)^2 \tag{13.52}$$

$$\frac{N_p}{N_m} = C_l^5 \frac{\rho_p}{\rho_m} \left(\frac{n_p}{n_m}\right)^3 \tag{13.53}$$

式(13.50)～式(13.53)是同一系列泵与风机在相似工况下流量、扬程、风压、轴功率的关系式。有时为应用方便，将公式中同一泵或风机的参数合并在一起，得到相似律的另一种表达方式，即

$$\frac{Q_p}{D_{2p}^3 n_p} = \frac{Q_m}{D_{2m}^3 n_m} = \frac{Q}{D_2^3 n} = \pi_Q \tag{13.54}$$

$$\frac{gH_p}{D_{2p}^2 n_p^2} = \frac{gH_m}{D_{2m}^2 n_m^2} = \frac{gH}{D_2^2 n^2} = \pi_H \tag{13.55}$$

$$\frac{p_p}{\rho_p D_{2p}^2 n_p^2} = \frac{p_m}{\rho_p D_{2m}^2 n_m^2} = \frac{p}{\rho D_2^2 n^2} = \pi_p \tag{13.56}$$

$$\frac{N_p}{\rho_p D_{2p}^5 n_p^3} = \frac{N_m}{\rho_m D_{2m}^5 n_m^3} = \frac{N}{\rho D_2^5 n^3} = \pi_N \tag{13.57}$$

对于同一系列泵或风机在相似工况下，各自的无因次准数 π_Q、π_H、π_p、π_N 相等。上式还可以用于不同系列的泵与风机之间的性能比较与选择。

13.6.3 相似律的应用

1. 转速改变时性能参数的换算

泵与风机的性能曲线都是在某一转速下通过试验获得的，当实际运行中转速与样本给定转速不同时，性能曲线将会发生相应变化。对于同一泵或风机 $C_l = 1$，输送介质条件相同时，可用相似律求出新的性能参数。

$$\frac{Q}{Q'} = \frac{n}{n'}, \quad \frac{H}{H'} = \left(\frac{n}{n'}\right)^2, \quad \frac{p}{p'} = \left(\frac{n}{n'}\right)^2, \quad \frac{N}{N'} = \left(\frac{n}{n'}\right)^3 \tag{13.58}$$

式中：n 为实际转速；n' 为额定转速。

式(13.58)称为离心泵与风机的比例定律，对于同一台泵或风机，当转速变化后其流量与转速的一次方成正比，扬程或全压与转速的二次方成正比，功率与转速的三次方成正比。将上述公式合并，则有

$$\frac{Q}{Q'} = \sqrt{\frac{H}{H'}} = \sqrt{\frac{p}{p'}} = \sqrt[3]{\frac{N}{N'}} = \frac{n}{n'} \tag{13.59}$$

2. 流体密度改变时性能参数的换算

对于泵或风机样本提供的性能曲线，都是在标准条件下实验测试获得的，如一般通风机，是按照《GB/T 1236—2000 工业通风机 用标准化风道进行性能试验》标准条件下测试的。当输送流体的条件与标准条件不同，即流体密度改变时，泵或风机的性能曲线应发生相应的变化。由相似律分析可知，因 $C_l = 1$，$n_p/n_m = 1$，泵或风机的流量和压头不会改变，只有功率和风机全压会变化，即

$$\frac{N}{N_0} = \frac{p}{p_0} = \frac{\rho}{\rho_0} = \frac{B}{101.325} \cdot \frac{t_0 + 273.15}{t + 273.15} \tag{13.60}$$

式中：B 为当地大气压强(kPa)；t 为被输送流体的温度(℃)。

3. 几何尺寸改变时性能参数的换算

对于同一系列的泵或风机，当其转速相同，且输送流体条件相同时，利用相似律即可求出性能参数关系为

$$\frac{Q}{Q'} = C_l^3, \quad \frac{H}{H'} = C_l^2, \quad \frac{p}{p'} = C_l^2, \quad \frac{N}{N'} = C_l^5 \tag{13.61}$$

例 13.3 离心风机在额定转速 $n = 1\,440$ r/min 时的 p-Q 性能曲线，如图 13.22

所示。

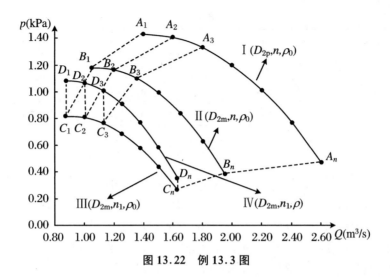

图 13.22 例 13.3 图

(1) 以该风机为模型机进行系列化设计,若原型机与模型机之间的几何相似倍数 $C_1 = 1.1$,试绘制模型机的 p-Q 性能曲线;

(2) 若此时风机转速改变为 $n_1 = 1\,200$ r/min,试绘制该风机的 p-Q 性能曲线;

(3) 若该风机安装在海拔高度为 $1\,954$ m 处(该处大气压力为 600 mmHg),输送温度 $t = 10\ ℃$,试绘制该风机的 p-Q 性能曲线;

(4) 若对于原型机,额定流量 $Q = 1.8$ m³/s,额定风压 $p = 1.33$ kPa,风机效率 $\eta = 0.85$,试求模型机在额定工况下的流量、风压及功率。

解 (1) 当模型机仅有几何尺寸改变时,由比例定律有

$$\frac{Q}{Q'} = C_1^3 = 1.1^3 = 1.331, \quad \frac{p}{p'} = C_1^2 = 1.1^2 = 1.21$$

在图 13.22 上,取流量 Q 为 1.40、1.60、1.80、2.00、2.20、2.40 及 2.60(单位:m³/s)七个工况点,并从其性能曲线 Ⅰ(D_{2p}, n, ρ_0)上找到相应的七个工况点的全压 1.43、1.41、1.33、1.20、1.01、0.77 及 0.47(单位:kPa)。计算模型机的 Q' 和 p',并列于表 13.1 中。

表 13.1

原型机 $n = 1\,440$ r/min	Q(m³/s)	1.40	1.60	1.80	2.00	2.20	2.40	2.60
	p(kPa)	1.43	1.41	1.33	1.20	1.01	0.77	0.47
模型机 $n = 1\,440$ r/min	Q'(m³/s)	1.05	1.20	1.35	1.50	1.65	1.80	1.95
	p'(kPa)	1.18	1.16	1.10	0.99	0.84	0.63	0.39

由表 13.1 中的七个流量 Q' 和全压 p' 的数据,绘制出模型机的 p-Q 性能曲线,如图 13.22 中的性能曲线 Ⅱ(D_{2m}, n, ρ_0)所示。

(2) 当模型机的转速改变时,由比例定律知

$$\frac{Q''}{Q'} = \frac{n''}{n'} = \frac{1\,200}{1\,440} = 0.833, \quad \frac{p''}{p'} = \left(\frac{n''}{n'}\right)^2 = \left(\frac{1\,200}{1\,440}\right)^2 = 0.694$$

由表 13.1 中模型机 $n = 1\,440$ r/min 时的流量 Q' 和全压 p' 的数据,求出当模型机转速 $n_1 = 1\,200$ r/min 时的流量 Q'' 和全压 p'' 的数据,列于表 13.2 中,并绘制出 p-Q 性能曲线,如

图 13.22 中的性能曲线 Ⅲ(D_{2m}, n_1, ρ_0)所示。

表 13.2

模型机 $n = 1\,440$ r/min	$Q'(\text{m}^3/\text{s})$	1.05	1.20	1.35	1.50	1.65	1.80	1.95
	$p'(\text{kPa})$	1.18	1.16	1.10	0.99	0.84	0.63	0.39
模型机 $n = 1\,200$ r/min	$Q''(\text{m}^3/\text{s})$	0.88	1.00	1.13	1.25	1.38	1.50	1.63
	$p''(\text{kPa})$	0.82	0.81	0.76	0.69	0.58	0.44	0.27

(3) 当模型机的输运条件改变时,由比例定律知

$Q = Q''$

$$\frac{p}{p''} = \frac{\rho}{\rho_0} = \frac{B}{101.325} \cdot \frac{t_0 + 273.15}{t + 273.15} = \frac{0.6 \times 13.6 \times 9.807}{101.325} \times \frac{200 + 273.15}{10 + 273.15} = 1.319$$

由表 13.2 中模型机 $n_1 = 1\,200$ r/min 时的流量 Q'' 和全压 p'' 的数据,求出当模型机在海拔 1 954 m 处、输送温度 $t = 10$ ℃ 时的流量 Q 和全压 p 的数据,列于表 13.3 中,并绘制出 p-Q 性能曲线,如图 13.22 中的性能曲线 Ⅳ(D_{2m}, n_1, ρ)所示。

表 13.3

模型机 $n = 1\,200$ r/min,设计工况	$Q''(\text{m}^3/\text{s})$	0.88	1.00	1.13	1.25	1.38	1.50	1.63
	$p''(\text{kPa})$	0.82	0.81	0.76	0.69	0.58	0.44	0.27
模型机 $n = 1\,200$ r/min,运行工况	$Q(\text{m}^3/\text{s})$	0.88	1.00	1.13	1.25	1.38	1.50	1.63
	$p(\text{kPa})$	1.08	1.07	1.01	0.91	0.77	0.58	0.36

(4) 原型机的功率为

$$N = \frac{pQ}{\eta} = \frac{1.33 \times 1.80}{0.85} = 2.816(\text{kW})$$

由相似律

$$\frac{Q_p}{Q_m} = \left(\frac{D_{2p}}{D_{2m}}\right)^3 \left(\frac{n_p}{n_m}\right) = C_l^3 \left(\frac{n_p}{n_m}\right)$$

$$\frac{p_p}{p_m} = \frac{\gamma H_p}{\gamma H_m} = \frac{\rho_p}{\rho_m} C_l^2 \left(\frac{n_p}{n_m}\right)^2$$

$$\frac{N_p}{N_m} = C_l^5 \left(\frac{\rho_p}{\rho_m}\right) \left(\frac{n_p}{n_m}\right)^3$$

可知

$$Q_m = \frac{n_m}{n_p} \left(\frac{1}{C_l}\right)^3 Q_p = \frac{1\,200}{1\,440} \times \left(\frac{1}{1.1}\right)^3 \times 1.8 = 1.13(\text{m}^3/\text{s})$$

$$p_m = \frac{\rho_m}{\rho_p} \frac{1}{C_l^2} \left(\frac{n_m}{n_p}\right)^2 p_p = 1.319 \times \left(\frac{1}{1.1}\right)^2 \times \left(\frac{1\,200}{1\,440}\right)^2 \times 1.33 = 1.01(\text{kPa})$$

$$N_m = \frac{1}{C_l^5} \frac{\rho_m}{\rho_p} \left(\frac{n_m}{n_p}\right)^3 N = \frac{1}{1.1^5} \times 1.319 \times \left(\frac{1\,200}{1\,440}\right)^3 \times 2.816 = 1.335(\text{kW})$$

13.6.4　风机的无因次性能曲线

对于同一系列风机而言,其性能的差异是由于受到结构尺寸、转速及介质密度等影响,可以通过相似律相互换算。如果能够去除风机性能参数中的这些影响因素,则对同一系列的风机就可以用一套性能曲线来表征,从而大大简化了曲线图表,可广泛应用于风机的设计和选型中。由于性能参数为无因次参数,所以由其描绘的曲线称为无因次性能曲线。

风机无因次性能参数包括流量系数 $\bar{Q}$、压力系数 $\bar{p}$ 及功率系数 $\bar{N}$,其定义式分别为

$$\bar{Q} = \frac{Q}{Fu_2}$$

$$\bar{p} = \frac{p}{\rho u_2^2}$$

$$\bar{N} = \frac{N}{\rho F u_2^3}$$

式中:$F = \frac{\pi D_2^2}{4}$ 是叶轮的面积;$u_2 = \frac{\pi D_2 n}{60}$ 是出口圆周速度。

将其代入上式,并结合相似律公式(13.55)~式(13.57),整理得

$$\bar{Q} = \frac{Q}{\frac{\pi D_2^2}{4} \frac{\pi D_2 n}{60}} = \frac{4 \times 60}{\pi^2} \frac{Q}{D_2^3 n} = \frac{240}{\pi^2} \pi_Q \tag{13.62}$$

$$\bar{p} = \frac{p}{\rho \left(\frac{\pi D_2 n}{60}\right)^2} = \frac{60^2}{\pi^2} \frac{p}{\rho D_2^2 n^2} = \frac{3\,600}{\pi^2} \pi_p \tag{13.63}$$

$$\bar{N} = \frac{N}{\rho \frac{\pi D_2^2}{4} \left(\frac{\pi D_2 n}{60}\right)^3} = \frac{4 \times 60^3}{\pi^4} \frac{N}{\rho D_2^5 n^3} = \frac{4 \times 60^3}{\pi^4} \pi_N \tag{13.64}$$

对于同一系列风机在相似工况下,各自的无因次准数 π_Q、π_H、π_p、π_N 相等,则同一系列所有风机在相似工况下 3 个无因次性能系数 $\bar{Q}$、$\bar{p}$ 和 $\bar{N}$ 也必然相等,用 $\bar{Q}$、$\bar{p}$ 和 $\bar{N}$ 作出的性能曲线 $\bar{p}$-$\bar{Q}$ 和 $\bar{N}$-$\bar{Q}$ 代表了同一系列风机的性能曲线。

风机的效率显然已是一个无因次量,但也可以利用无因次系数来计算。

$$\eta = \frac{\bar{p}\bar{Q}}{\bar{N}} = \frac{pQ}{N} = \frac{\pi_p \pi_Q}{\pi_N} \tag{13.65}$$

若已知某一台风机的 D_2、n 和 ρ 及其性能曲线,则可根据式(13.62)~式(13.64)计算得到其无因次性能曲线。反之,也可以根据风机的无因次性能曲线和 D_2、n 和 ρ 参数及无因次参数定义式,求出某一台风机的性能曲线。

例 13.4　现有 Y5-47-8C 型锅炉离心引风机一台,叶轮直径 $D_2 = 860$ mm。其铭牌参数为:$n = 1\,860$ r/min,$p = 2\,452$ Pa,$Q_0 = 17\,059$ m³/h,配用电机功率 $N_0 = 14.27$ kW。铭牌参数是按气体温度 $t_0 = 200$ ℃,大气压力 $p_0 = 101\,325$ Pa,烟气密度 $\rho_0 = 0.745$ kg/m³ 计算的。

(1) 求该风机在额定工况下的无因次性能系数;

(2) 求叶轮直径 $D_2 = 1\,270$ mm,转速 $n = 1\,480$ r/min 的同一系列 Y5-47-12D 在额定工况下的性能系数;

(3) 已知 Y5-47-8C 引风机的 p-Q 性能曲线,如图 13.23 所示,试绘制 Y5-47 系列风机的无因次 $\bar{p}$-$\bar{Q}$ 性能曲线和 Y5-47-12D 的 p-Q 性能曲线。

解 (1) 叶轮面积
$$F_2 = \frac{\pi D_2^2}{4} = \frac{\pi \times 0.86^2}{4} = 0.581(\text{m}^2)$$

叶轮出口圆周速度
$$u_2 = \frac{\pi D_2 n}{60} = \frac{\pi \times 0.86 \times 1\,860}{60} = 83.75(\text{m/s})$$

流量系数
$$\bar{Q} = \frac{Q}{F_2 u_2} = \frac{17\,059}{3\,600 \times 0.581 \times 83.75} = 9.7 \times 10^{-2}$$

全压系数
$$\bar{p} = \frac{p}{\rho u_2^2} = \frac{2\,452}{0.745 \times 83.75^2} = 0.469$$

功率系数
$$\bar{N} = \frac{N}{\rho F_2 u_2^3} = \frac{14.27}{0.745 \times 0.581 \times 83.75^3} = 5.61 \times 10^{-5}$$

风机的效率
$$\eta = \frac{\bar{p}\bar{Q}}{\bar{N}} = \frac{pQ}{N} = \frac{2\,452 \times 17\,509}{3\,600 \times 14.27 \times 1\,000} = 0.814$$

(2) Y5-47-12D 风机的叶轮直径 $D_2 = 1\,270$ mm,转速 $n = 1\,480$ r/min。

叶轮面积
$$F_2 = \frac{\pi D_2^2}{4} = \frac{\pi \times 1.27^2}{4} = 1.267(\text{m}^2)$$

叶轮出口圆周速度
$$u_2 = \frac{\pi D_2 n}{60} = \frac{\pi \times 1.27 \times 1\,480}{60} = 98.42(\text{m/s})$$

该相似工况下的性能参数:

额定流量
$$Q = F_2 u_2 \bar{Q} = 1.267 \times 98.42 \times 9.7 \times 10^{-2} \times 3\,600 = 43\,707.3(\text{m}^3/\text{h})$$

额定全压
$$p = \rho u_2^2 \bar{p} = 0.745 \times 98.42^2 \times 0.469 = 3\,384.2(\text{Pa})$$

额定功率
$$N = \rho F_2 u_2^3 \bar{N} = 0.745 \times 1.267 \times 98.42^3 \times 1.35 \times 10^{-4} = 50.50(\text{kW})$$

(3) 在图 13.23 的 Y5-47-8C 引风机 p-Q 性能曲线中,取出风机样本点对应的 8 个流量和全压,分别计算出 Y5-47 系列引风机的无因次参数 $\bar{p}$ 和 $\bar{Q}$ 的值,列于表 13.4 中,并绘制 $\bar{p}$-$\bar{Q}$ 曲线,如图 13.24 所示。

第13章　离心泵与风机的基本理论与性能

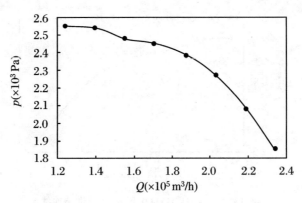

图 13.23　Y5-47-8C 引风机 $p\text{-}Q$ 性能曲线

表 13.4

Y5-47-8C 性能参数	$Q(\times 10^5 \ \text{m}^3/\text{h})$	1.24	1.40	1.55	1.71	1.88	2.03	2.19	2.34
	$p(\text{kPa})$	2.55	2.54	2.48	2.45	2.38	2.28	2.08	1.85
无因次参数	$\bar{Q}(\text{m}^3/\text{s})$	0.07	0.08	0.09	0.10	0.11	0.12	0.12	0.13
	$\bar{p}(\text{kPa})$	0.49	0.49	0.47	0.47	0.46	0.44	0.40	0.35

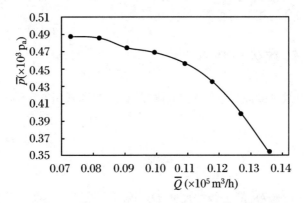

图 13.24　Y5-47 系列引风机无因次 $\bar{p}\text{-}\bar{Q}$ 性能曲线

根据表 13.4 中 Y5-47 系列引风机的无因次参数 $\bar{p}$ 和 $\bar{Q}$ 的值，Y5-47-12D 引风机的叶轮面积 $F_2=1.267 \ \text{m}^2$ 及叶轮出口圆周速度 $u_2=98.42 \ \text{m/s}$，利用无因次性能参数 $\bar{p}$ 和 $\bar{Q}$ 的定义式，计算出 Y5-47-12D 引风机各相似工况点的 p 和 Q 的值，列于表 13.5 中，并绘制 $p\text{-}Q$ 曲线，即 Y5-47-12D 的性能曲线，如图 13.25 所示。

表 13.5

Y5-47-12D 性能参数	$Q(\times 10^5 \ \text{m}^3/\text{h})$	3.18	3.58	3.97	4.37	4.81	5.20	5.60	6.00
	$p(\text{kPa})$	3.52	3.51	3.43	3.39	3.29	3.14	2.87	2.56

从图 13.23～图 13.25 中不难看出，同一系列的风机性能曲线形状完全相同。

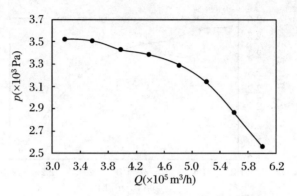

图 13.25　Y5-47-12D 引风机 p-Q 性能曲线

13.7　泵与风机的比转数

由于泵与风机的叶轮构造、性能及尺寸是多种多样的,要想直接对它们进行分类和比较十分困难。因此,就需要一个包括这些参数在内的综合指标,来表示同一系列相似泵或风机的综合性能。这个综合的相似特征数,称为比转数 n_s。

13.7.1　比转数公式的推导

对于同一系列相似泵或风机,按照相似律式(13.54)和式(13.55)有

$$\left(\frac{Q}{D_2^3 n}\right)^2 = (\pi_Q)^2 \tag{13.66}$$

$$\left(\frac{gH}{D_2^2 n^2}\right)^3 = (\pi_H)^3 \tag{13.67}$$

将式(13.66)除以式(13.67),消去线性尺寸 D_2,得

$$\frac{Q^2 n^4}{(gH)^3} = \frac{\pi_Q^2}{\pi_H^3}$$

或

$$\frac{n\sqrt{Q}}{H^{3/4}} = \frac{\sqrt{\pi_Q}}{(g\pi_H)^{3/4}} \tag{13.68}$$

对于同一系列相似泵或风机,在相似工况下,π_Q 及 π_H 的数值相等,g 为当地重力加速度,是一个常数。因此,凡是彼此相似的泵或风机,式(13.68)的比值是相等的,可以作为相似特征数,定义为比转数 n_s。

理论上说,比转数是相似准数,没有单位。但由于在 π_H 中消去了重力加速度 g,因此比转数 n_s 是有单位的,它的数值与所取单位有关。我国的泵的比转数公式习惯上在式(13.68)上乘以 3.65。

$$n_s = 3.65 \frac{n\sqrt{Q}}{H^{3/4}} \tag{13.69}$$

式中：n 为泵转速(r/min)；Q 为流量(m³/s)；H 为泵扬程(m)。

同样从式(13.54)和式(13.55)中，可以推导出风机比转数 n_s 的公式，即

$$n_s = \frac{n\sqrt{Q}}{p_{20}^{3/4}} \tag{13.70}$$

式中：n 为风机的转速(r/min)；Q 为流量(m³/s)；p_{20} 为标准进气状态($t = 20$ ℃，$p = 101.3$ kPa)时风机的全压(Pa)。

当气体为非标准条件时，需要考虑气体密度变化带来的影响，此时 p_{20} 可以由下式换算得出：

$$p_{20} = p\frac{\rho_{20}}{\rho}$$

13.7.2 比转数公式的分析

比转数是由相似泵或风机应用相似律得到的一个综合特征数，比转数不是转速。相似的泵或风机的比转数 n_s 相等。然而，比转数 n_s 相同的泵或风机未必相似，因为两者的 n、Q 及 H 不同时，式(13.68)运算得到的比值 n_s 也可能相同。因此，比转数 n_s 作为相似判别数只是必要条件，而非充分条件。

泵或风机在每一个工况下都可以计算出一个比转数。为了便于各种系列泵或风机性能的比较和分析，一般把最佳工况下的比转数作为某类泵或风机的比转数。

比转数是针对单级单吸入叶轮而言的，对于多级泵或风机，则

$$n_s = 3.65\frac{n\sqrt{Q}}{\left(\frac{H}{i}\right)^{3/4}}, \quad n_s = \frac{n\sqrt{Q}}{\left(\frac{p_{20}}{i}\right)^{3/4}} \tag{13.71}$$

式中：i 为叶轮的级数。

若泵或风机的叶轮为单级双吸，则

$$n_s = 3.65\frac{n\sqrt{Q/2}}{H^{3/4}}, \quad n_s = \frac{n\sqrt{Q/2}}{p_{20}^{3/4}} \tag{13.72}$$

比转数的大小与参与计算的参数的单位有关，表13.6给出了国际上常用流量和扬程单位时，各比转数之间的换算关系。

表13.6 不同单位比转数的换算关系

公式		$n_s = 3.65\frac{n\sqrt{Q}}{H^{3/4}}$					$n_s = \frac{n\sqrt{Q}}{H^{3/4}}$	
国家		中国、俄罗斯	美国	英国	日本	德国	—	—
单位	流量	m³/s	美 gal/min	英 gal/min	m³/min	m³/s	L/s	ft³/min
	压头	m	ft	ft	m	m	m	ft
	转速	r/min	r/min	r/min	r/min	r/min	r/min	r/min

续表

公式		$n_s = 3.65 \dfrac{n\sqrt{Q}}{H^{3/4}}$			$n_s = \dfrac{n\sqrt{Q}}{H^{3/4}}$			
国家		中国、俄罗斯	美国	英国	日本	德国	—	—
换算值	中国、俄罗斯	1	14.16	12.89	2.12	3.65	8.66	5.17
	美国	0.070 6	1	0.91	0.15	0.26	0.61	0.37
	英国	0.077 6	1.10	1	0.16	0.28	0.67	0.40
	日本	0.470 9	6.68	6.08	1	1.72	4.08	2.44
	德国	0.274 0	3.88	3.53	0.58	1	2.37	1.41
	—	0.115 5	1.64	1.49	0.25	0.42	1	0.60
	—	0.193 4	2.70	2.50	0.41	0.71	1.68	1

13.7.3 比转数的应用

比转数是泵与风机的主要参数之一,其应用主要有以下 3 个方面。

1. 比转数反映泵或风机的性能特点

分析泵与风机比转数公式(13.69)和式(13.70)可知,转速不变时,随着比转数的增加,泵与风机的流量由小变大,扬程、全压由高到低。

2. 根据比转数对泵与风机进行分类

随着比转数的增加,叶轮进口直径 D_0 和出口宽度 b_2 应是由小变大的,而叶轮的直径 D_2 由大变小,以满足流量由小变大,扬程、全压由高到低的变化。因此,比转数大,叶轮短宽;比转数小,叶轮狭长。当比转数增加到一定值时,流体经过叶轮前后两侧的路程相差很大,流体在叶轮中获得的能量就不均匀,于是引起二次回流,使流动损失增大。为了使能量分布均匀,须将叶轮出口做成倾斜的,流体流出的方向为斜向,从离心力式变为混流式。随着比转数的进一步增加,叶轮愈发倾斜,流体轴向流入轴向流出,最终变为轴流式,如图 13.26 所示。

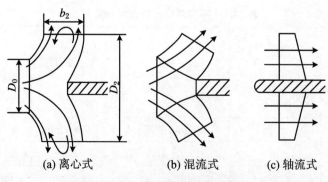

图 13.26 比转数与叶轮流向

由上述分析可知,比转数的大小反映了泵或风机的性能特点和叶轮的形状结构,因而可据此对泵或风机进行分类,见表 13.7。

表 13.7 泵按比转数的分类

泵的类型	离心泵			混流泵	轴流泵
	低比转数	中比转数	高比转数		
比转数	30～80	80～150	150～300	300～500	500～1 000
叶轮形状	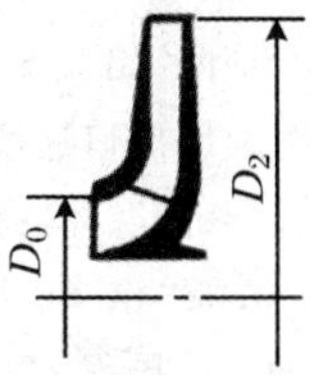	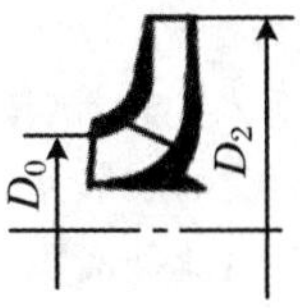	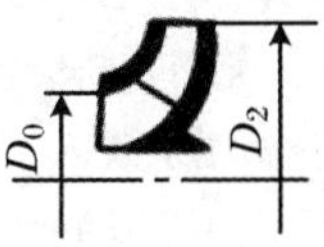	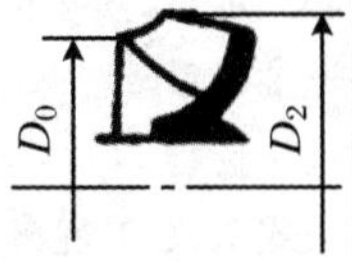	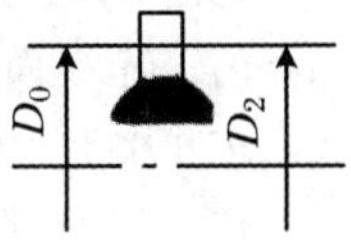
D_2/D_0	≈3	≈2.3	≈1.8～1.4	≈1.2～1.1	≈1
叶片形状	圆柱形	入口处扭曲、出口处圆柱形	扭曲	扭曲	机翼型
性能曲线形状	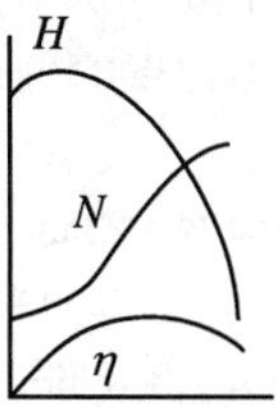	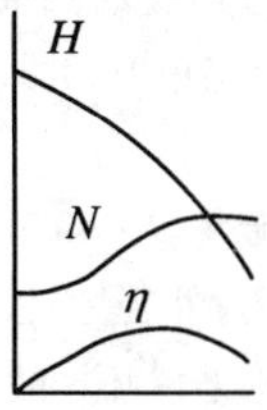	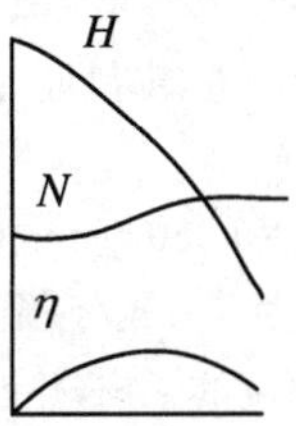	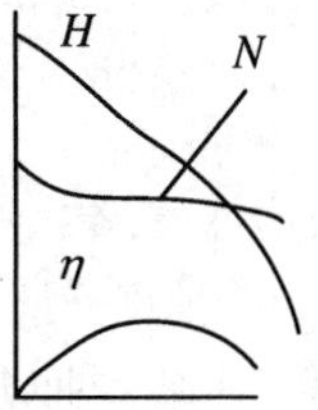	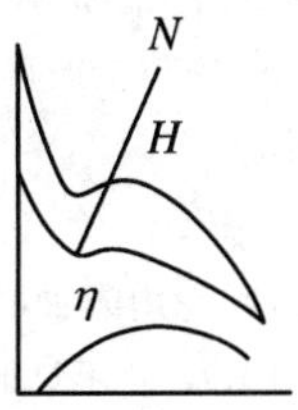

用比转数对泵进行分类:$n_s=30～300$ 为离心泵,$n_s=300～500$ 为混流泵,$n_s=500～1\,000$ 为轴流泵。在离心泵的设计中,$n_s=30～80$ 为低比转数离心泵,$n_s=80～150$ 为中比转数离心泵,$n_s=150～300$ 为高比转数离心泵。

用比转数对风机进行分类:$n_s=2.7～14.4$ 为离心通风机;$n_s=14.4～21.7$ 为混流通风机;$n_s=18～90$ 为轴流通风机。

3. 比转数反映泵与风机性能曲线的特点

泵与风机的结构特征,决定着其工作性能,随着比转数的增加,其工作性能的特征在性能曲线上的变化为:

(1) $H\text{-}Q$ 性能曲线。低比转数时,扬程随流量的变化较为平缓,随着比转数的增加 $H\text{-}Q$ 变陡,扬程随流量下降较快。

(2) $N\text{-}Q$ 性能曲线。低比转数时,$N\text{-}Q$ 曲线上升较缓,比转数越大,上升越缓。当比转数增加到一定数值后,功率曲线出现随流量加大,变化很小,甚至下降的趋势。

(3) $\eta\text{-}Q$ 性能曲线。高效率区随着比转数的增加而越来越窄。

除此之外,比转数还可以用于泵与风机的设计、选型及编制系列型谱等。

习 题 13

13.1 有一离心式水泵,其叶轮尺寸如下:$b_1 = 35$ mm,$b_2 = 19$ mm,$D_1 = 178$ mm,$D_2 = 381$ mm,$\beta_1 = 18°$,$\beta_2 = 20°$。设流体径向流入叶轮,如 $n = 1\,450$ r/min,试按比例画出出口速度三角形,并计算理论流量 Q_T 和在该流量时无限多叶片叶轮的理论扬程 $H_{T\infty}$。

13.2 有一离心式水泵,其叶轮外径 $D_2 = 220$ mm,转速 $n = 2\,980$ r/min,叶片出口安装角 $\beta_2 = 45°$,出口处的轴面(径向)速度分量 $c_{r2} = 3.6$ m/s。设流体径向流入叶轮,试按比例画出出口速度三角形,并计算无限多叶片叶轮的理论扬程 $H_{T\infty}$,又若涡流系数 $K = 0.8$,流动效率 $\eta_H = 0.9$,泵的实际扬程 H 是多少?

13.3 有一离心式水泵,叶轮外径 $D_2 = 360$ mm,出口过流截面积 $A_2 = 0.023$ m^2,叶片出口安装角 $\beta_2 = 30°$,流体径向流入叶轮。求转速 $n = 1\,480$ r/min,流量 $Q_T = 83.8$ L/s 时的理论扬程 H_T。设涡流系数 $K = 0.82$。

13.4 有一叶轮外径为 300 mm 的离心式风机,当转速为 $2\,980$ r/min 时,无限多叶片叶轮的理论全压 $p_{T\infty}$ 是多少?设叶轮入口气体沿径向流入,叶轮出口的相对速度设为半径方向,空气的密度为 1.2 kg/m^3。

13.5 有一离心式风机,转速 $n = 1\,500$ r/min,叶轮外径 $D_2 = 600$ mm,内径 $D_1 = 480$ mm,叶片进、出口处空气的相对速度为 $w_1 = 25$ m/s,$w_2 = 22$ m/s,它们与相应的圆周速度的夹角分别为 $\beta_1 = 60°$,$\beta_2 = 120°$,空气的密度 $\rho = 1.2$ kg/m^3。试绘出进、出口处的速度三角形,并求无限多叶片叶轮所产生的理论全压 $p_{T\infty}$。

13.6 有一离心式水泵,在转速 $n = 1\,480$ r/min 时,流量 $Q = 89$ L/s,扬程 $H = 23$ m。水以径向流入叶轮,叶轮内的轴面(径向)速度分量 $c_{r1} = 3.6$ m/s。已知内、外径之比 $D_1/D_2 = 0.5$,叶轮出口宽度 $b_2 = 0.12D_2$,若不计叶轮内的损失和叶片厚度的影响,并设叶轮进口叶片的宽度 $b_1 = 200$ mm,求叶轮外径 D_2、出口宽度 b_2 及叶片进、出口安装角 β_1 和 β_2。

13.7 有一离心式风机,叶轮外径 $D_2 = 600$ mm,叶轮出口宽度 $b_2 = 150$ mm,叶片出口安装角 $\beta_2 = 30°$,转速 $n = 1\,450$ r/min。设空气在叶轮进口处无预旋,空气密度 $\rho = 1.2$ kg/m^3。
(1)求当理论流量 $Q_T = 10\,000$ m^3/h 时,叶轮出口的相对速度 w_2 和绝对速度 c_2;
(2)求无限多叶片时的理论全压 $p_{T\infty}$;
(3)求无限多叶片时的反作用度 τ;
(4)设叶片数为 $Z = 12$,求涡流系数 K 和有限叶片时的理论全压 p_T。

13.8 已知离心式风机叶轮外径 $D_2 = 500$ mm,出口宽度 $b_2 = 100$ mm,出口安装角 $\beta_2 = 30°$,转速 $n = 1\,200$ r/min,风量 $Q = 8\,000$ m^3/h,忽略叶片厚度,试绘出出口速度三角形。若叶轮进口气流沿径向流入,空气密度 $\rho = 1.2$ kg/m^3,求理论风压 $p_{T\infty}$。

13.9 离心式水泵的叶轮出口直径 $D_2 = 178$ mm,进口直径 $D_1 = 59$ mm,进、出口净面积相等,$A_1 = A_2 = 5.14 \times 10^{-3}$ m^2,转速 $n = 2\,900$ r/min,流量 $Q = 120$ m^3/h,流体径向流入叶轮,试求进口安装角 β_1。如出口安装角 $\beta_2 = 25°$,问理论扬程是多少?

13.10 离心式水泵叶轮外径 $D_2 = 200$ mm,后弯式出口安装角 $\beta_2 = 30°$,出口径向分速度 $c_{r2} = 5.4$ m/s,转速 $n = 1\,800$ r/min。设流体径向流入,试计算理论扬程 $H_{T\infty}$。如叶轮反向旋转,理论扬程又为多少?将二者进行比较。

13.11 有一台多级离心泵,总扬程为 156 m,已知叶轮直径 $D_2 = 250$ mm,转速 $n = 1\,800$ r/min,出口切向分速度 c_{u2} 是圆周速度的 50%,涡流系数 $K = 0.8$,水力效率 $\eta_H = 92\%$,问需要多少级?

13.12 有一叶轮外径为 460 mm 的离心式风机,在转速为 $1\,450$ r/min 时,其流量为 5.1 m^3/s。试求风机的全压与有效功率。设空气径向流入叶轮,在叶轮出口处的相对速度方向为半径方向,设其 $p/p_{T\infty} =$

$0.85, \rho = 1.2 \text{ kg/m}^3$。

13.13 有一离心式通风机,全压 $p = 250 \text{ mmH}_2\text{O}$,风量 $Q = 10\,000 \text{ m}^3/\text{h}$,已知水力效率 $\eta_H = 0.95$,容积效率 $\eta_v = 0.93$,机械损失功率 $\Delta N_m = 0.5 \text{ kW}$。试求该风机的有效功率、轴功率及机械效率。

13.14 有一离心式水泵,转速为 480 r/min,总扬程为 136 m 时,流量为 5.7 m³/s,轴功率为 9 860 kW,其容积效率与机械效率均为 92%,求流动(水力)效率。设输入的水温及密度为: $t = 20\ ℃, \rho = 1\,000 \text{ kg/m}^3$。

13.15 设一台水泵流量 $Q = 25 \text{ L/s}$,出口压力表读数为 323 730 Pa,入口真空表读数为 39 240 Pa,两表位差为 0.8 m(压力表高,真空表低),吸水管和压水管直径分别为 100 mm 和 75 mm,电动机功率表读数为 12.5 kW,电动机效率为 0.95。求泵的轴功率、有效功率及总效率(泵与电动机用联轴器直接连接)。

13.16 有一台送风机,其全压为 1 962 Pa 时,产生 $Q = 40 \text{ m}^3/\text{min}$ 的风量,其全压效率为 50%,试求其轴功率。

13.17 要选择一台多级锅炉给水泵,初选该泵转速 $n = 1\,441 \text{ r/min}$,叶轮外径 $D_2 = 300 \text{ mm}$,水力效率 $\eta_H = 0.92$,流体出口绝对速度的圆周分量为其出口圆周速度的 55%,泵的总效率为 90%,输送流体密度为 $\rho = 961 \text{ kg/m}^3$,要求满足扬程 $H = 176 \text{ m}$,流量 $Q = 81.6 \text{ m}^3/\text{h}$。试确定该泵所需要的级数和轴功率(设流体径向流入叶轮,并且不考虑轴向涡流的影响)。

13.18 有一台 G4-73 型离心式风机,在工况 1(流量 $Q_1 = 70\,300 \text{ m}^3/\text{h}$,全压 $p_1 = 1\,441.6 \text{ Pa}$,轴功率 $N_1 = 33.6 \text{ kW}$)及工况 2(流量 $Q_2 = 37\,800 \text{ m}^3/\text{h}$,全压 $p_2 = 2\,038.4 \text{ Pa}$,轴功率 $N_2 = 25.4 \text{ kW}$)下运行,问该风机在哪种工况下运行较为经济?

13.19 水泵装置如图 13.27 所示。已知水泵出口处压力表读数 $M = 196.14 \text{ kPa}$,水泵入口处真空表读数 $V = 210 \text{ mmHg}$,吸水管与压水管直径相同,并测得 $x = 10 \text{ cm}, y = 35 \text{ cm}, z = 15 \text{ cm}$,流量 $Q = 80 \text{ L/s}$,轴功率 $N = 20.5 \text{ kW}$。试求水泵的扬程 H 及效率 η。

13.20 通风机的铭牌参数为 $n = 1\,250 \text{ r/min}, Q = 8\,300 \text{ m}^3/\text{h}, p = 79 \text{ mmH}_2\text{O}, N = 2 \text{ kW}, \eta = 89\%$。现将此风机装在海拔 3 000 m 的地区使用,当地夏季气温为 40 ℃,转速不变,试求该风机在最高效率点的运行参数 Q'、p'、N' 及比转数 n_s。

13.21 某系列 No.4 风机($D_2 = 0.4 \text{ m}$)在最佳工况下 $Q = 2\,882 \text{ m}^3/\text{h}$,全压 $p = 47.2 \text{ mmH}_2\text{O}, n = 1\,450 \text{ r/min}$,现若改用该系列 No.6 风机,问当 $n = 1\,250 \text{ r/min}$ 时,最佳工况的性能参数 Q'、p' 是多少?比转数 n_s 是多少?

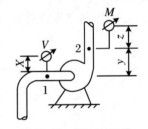

图 13.27 题 13.19 图

13.22 某离心泵原用电机皮带拖动,转速 $n = 1\,400 \text{ r/min}$,最高效率 $\eta_{max} = 0.75$ 时,流量 $Q = 72 \text{ L/s}$,扬程 $H = 15.5 \text{ m}$。今改为电机直联,转速增大为 1 450 r/min,试求最高效率时的流量及扬程;如电机功率为 17 kW,问转速提高后功率是否够?

13.23 有一离心式风机,转速 $n = 1\,450 \text{ r/min}$ 时,流量 $Q = 1.5 \text{ m}^3/\text{s}$,全压 $p = 1\,200 \text{ Pa}$,最佳效率 $\eta = 72\%$,输送空气的密度 $\rho = 1.2 \text{ kg/m}^3$。现用该风机输送密度 $\rho_g = 0.9 \text{ kg/m}^3$ 的烟气,要求全压与输送空气时相同,问此时的转速、流量及功率各为多少?并计算其比转数 n_s。

13.24 有一台泵当其转速 $n = 2\,900 \text{ r/min}$ 时,扬程 $H = 100 \text{ m}$,流量 $Q = 0.17 \text{ m}^3/\text{s}$,轴功率 $N = 185 \text{ kW}$,若用和该泵相似但叶轮外径 D_2 为其 2 倍的泵,当转速 $n' = 1\,450 \text{ r/min}$ 时,问扬程、流量和轴功率各为多少?并计算该泵的比转数 n_s。

13.25 G4-73 型离心式风机在转速为 $n = 1\,450 \text{ r/min}$ 和 $D_2 = 1\,200 \text{ mm}$ 时,全压 $p = 4\,609 \text{ Pa}$,流量 $Q = 71\,100 \text{ m}^3/\text{h}$,轴功率 $N = 99.8 \text{ kW}$,空气密度 $\rho = 1.2 \text{ kg/m}^3$。

(1) 若叶轮直径和流体密度不变,转速改为 $n' = 730 \text{ r/min}$,试计算其全压、流量和轴功率;

(2) 若转速和叶轮直径不变,现改为输送 200 ℃的锅炉烟气,烟气密度为 $\rho' = 0.75 \text{ kg/m}^3$,试计算其全压、流量和轴功率。

第 14 章 泵与风机的运行调节与使用

14.1 管路特性曲线与工作点

泵与风机性能上每一个工作点都对应一个工况。然而,泵或风机在管路系统中运行时,其工作点究竟是在哪一点,并不仅仅取决于泵或风机本身,而且还取决于管路系统的性能,即管路特性曲线。因此,为确定泵或风机的实际工作点,需要研究管路特性曲线。

14.1.1 管路特性曲线

管路特性曲线指的是泵或风机在管路系统中工作时,其实际扬程(或压头)与实际流量之间的关系曲线。图 14.1 为离心泵管路系统示意图,以 0—0 为基准面,对吸入容器液面 1—1 及压出容器液面 2—2 列伯努利方程式。

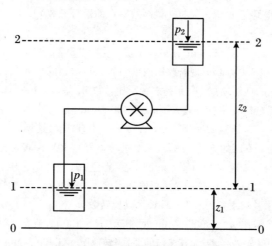

图 14.1 离心泵管路系统示意图

$$\frac{p_1}{\gamma} + z_1 + \frac{v_1^2}{2g} + H = \frac{p_2}{\gamma} + z_2 + \frac{v_2^2}{2g} + h_w$$

考虑液面速度较小,$\frac{v_1^2}{2g} = \frac{v_2^2}{2g} \approx 0$,则

$$H = \left(\frac{p_2}{\gamma} + z_2\right) - \left(\frac{p_1}{\gamma} + z_1\right) + h_w = H_{st} + h_w \tag{14.1}$$

式中:H 为管路中对应某一流量所需压头;$H_{st} = (p_2/\gamma + Z_2) - (p_1/\gamma + Z_1)$ 为管路所需的

静压头；h_w 为吸入管路及压出管路的压头损失。

由此可见，流体在泵或风机的带动下能够在管路系统中流动，所需能量包括：

(1) 用于克服管路系统两端的压差，即图 14.1 中的静压头 H_{st}。静压头包括压出容器的压强 p_2 和吸入容器 p_1 之间的压差，以及两容器之间的液位高度差，这项损失与流量无关，对于一定的管路系统，H_{st} 是一个不变的常量。

(2) 用来克服流体在管路中的流动阻力，即压头损失，取决于管路系统的阻力特性和流体流量，由流体力学知识可知

$$h_w = SQ^2 \tag{14.2}$$

式中：S 为阻抗，与管路系统的沿程阻力、局部阻力及管路长度及几何形状有关(s^2/m^5)；Q 为流体流量(m/s^3)。

将式(14.2)代入式(14.1)得

$$H = H_{st} + SQ^2 \tag{14.3}$$

式(14.3)反映了流体管路系统所需能量与流量的关系，即管路特性方程。当静扬程 H_{st} 和管路阻抗 S 一定时，将流量 Q 和扬程 H 的关系绘制在直角坐标图上，即可得到如图 14.2 所示的二次曲线，称之为管路特性曲线。

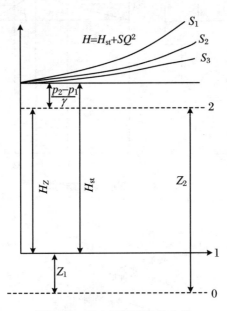

图 14.2 离心泵管路特性曲线

由式(14.3)可知，泵或风机所需提供的能量随着流量的增加而越来越大；管路特性的阻抗系数不同，对应的管路特性曲线的形状也不同，管路的阻抗系数越大，其对应的二次曲线越陡，如图 14.2 所示($S_1 > S_2 > S_3$)。

对于风机而言，由于被输送的介质为气体，气体重度很小，当风机吸入口和风管出口的高度差不是很大时，其产生的压头可忽略不计，静扬程可认为等于零。风机管路的特性曲线为

$$H = \gamma SQ^2 \tag{14.4}$$

式(14.4)所代表的风机管路特性曲线是一条通过坐标原点的二次曲线。

14.1.2 泵与风机的工作点

泵或风机在接入管路系统中运行时,只有当泵或风机所提供的能量与管路系统中所需要的能量相一致时,管网系统才能够正常运行。此时,所对应的流量和扬程或风压即为泵或风机的工作点。

泵或风机的工作点的求解有数解法和图解法两种。其中图解法简明、直观,在工程中广为使用。本节将以图解法为例,介绍如何求解管路系统中泵与风机的工作点。

将泵或风机的性能曲线与管路性能曲线用相同的比尺绘在一坐标图上,则两条曲线相交于 M 点。该 M 点表示泵或风机在管路系统中提供的总能量与管路系统流体所需要的能量相等的那个点,称为平衡工作点(也称工况点),如图 14.3 和图 14.4 所示。只要外界条件不发生变化,泵或风机就能够稳定在这点工作,其流量为 Q_M,扬程为 H_M。

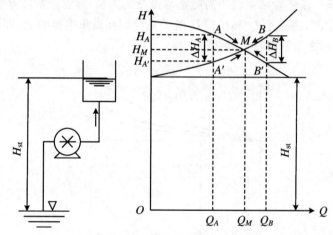

图 14.3 离心泵的工作点

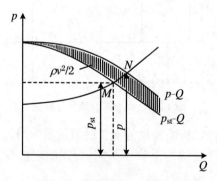

图 14.4 风机的工作点

以水泵为例,假设工作点不在 M 点,而在 A 点,此时流量为 Q_A,水泵产生的扬程为 H_A,而管路系统在该流量下所需的能量为 $H_{A'}$,由于 $H_A > H_{A'}$,供给的能量多于需求,所以富余的能量将以动能的形式加速管内流体,使得流量增大,由此,水泵的工作点将自动向流量增大的一侧移动,直至 M 点达到供需平衡为止。反之,若泵在 B 点工作,此时流量为 Q_B,水泵产生的扬程为 H_B,而管路系统在该流量下所需的能量为 $H_{B'}$,由于 $H_B < H_{B'}$,供给

的能量不能满足管路系统能量所需,所以管路中的流体能量不足,流速减缓,水泵的工作点将自动向流量减小的一侧移动,退回 M 点达到供需平衡为止。因此,只有泵在 M 点运行,工作才是稳定的。

对于风机,需要加以说明的是,真正用于克服管路阻力的是全压总的静压部分,风机样本数据中给出的也是静压和流量关系曲线。因而,对于风机一般用静压性能曲线 p_{st}-Q 与管路特性曲线来确定风机的工作点,如图 14.5 所示。

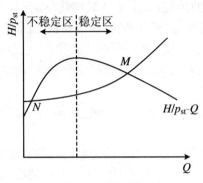

图 14.5　泵与风机的不稳定工作区

若泵或风机的扬程(静压)流量性能曲线呈现出驼峰形,如某些低比转数离心泵与风机,这时性能曲线与管路特性曲线可能出现两个交点,如图 14.5 所示,其中在泵或风机性能曲线下降段的交点 M 为稳定工作点,其上升段的交点 N 为不稳定工作点。假若泵或风机在 N 点工作,由于某种外界干扰,使得流量向增大的方向偏离,此时能量供给大于管路系统需求,流量增加,工况点继续向流量增大方向移动,直至越过顶峰,在下降段某一点(M 点)才能稳定下来;反之,若工作点向左移动,则能量供不应求,工况点就继续向流量减小方向移动,直至流量等于零为止。因此,在上升段的工作点都是不稳定的工作点,一旦有外界干扰,工作点就会向左或向右移动,再也回不到原来的工作点,是不稳定的工作区,运行时应避开这个区域。

14.2　泵的汽蚀与安装高度

汽蚀是泵和其他水力机械特有的现象,它的发散将影响泵运行的安全性和经济性,是泵在设计、制造、安装及运行中需要解决的一个重要问题。

14.2.1　汽蚀及其危害

由热力学可知,对于一定的液体,一定的温度对应一定的汽化压力。当压力低于温度所对应的饱和压力或温度高于压力所对应的饱和温度时,液体将发生汽化,且汽化发生的条件随着温度或压力的不同而不同。例如,水在一个大气压下,温度达到 100 ℃时,就开始汽化;而当压力降低到 1.225 kPa 时,水温达到 20 ℃时,也开始汽化。

泵在运转时,从水池吸水,沿着吸水管进入吸入室,进入叶轮。水流在流动过程中,由于速度的增加、势能的提高以及克服流动阻力,其压力逐渐降低。若水流的压力降低到该水温下的饱和压力时,部分液体开始汽化变为蒸汽,同时原来溶解在水中的气体逸出,形成大量的小气泡,并随着水流从低压区流向高压区。气泡在高压区的压力作用下,迅速破裂而凝结,在流道内形成局部高真空区,周围高压水以极高的速度冲向凝结中心而相互撞击,形成局部的高频水锤作用。随着冲击力不断持续,导致金属表面逐渐疲劳而损坏,表面被剥蚀,形成蜂窝状或海绵状。另一方面,从液体中逸出活泼性气体(如氧气),借助气泡凝结时放出的热量和水击时机械能转化的热能,对金属造成电化学腐蚀,加快了金属表面的破坏速度。这种在汽化压强下,气泡的形成、发展和破灭,以致材料受到破坏的过程,称为汽蚀现象。

叶轮进口处压力过低是造成泵产生汽蚀的主要原因,它与泵的几何安装高度过高,所输送流体温度过高,泵安装地点大气压力太低,以及泵内部流道结构设计不合理等影响相关。

14.2.2 泵的几何安装高度与吸上真空高度

泵的吸入管道入口与液面的垂直距离,称为泵的几何安装高度,是泵是否发生汽蚀的一个重要因素。当几何安装高度较大时,以至泵入口处压力过低而发生汽蚀,严重时甚至造成液体无法吸入,使得泵无法正常工作。因此,合理的几何安装高度,是控制泵运行时不发生汽蚀的关键。

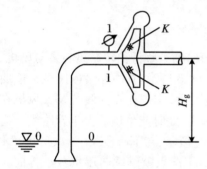

图 14.6 离心泵的几何安装高度

水泵运行中压强最低点发生在叶片进口处的背面,即图 14.6 中的 K 点附近。由于 K 点压强难以测量和控制,通常在泵的进口 1—1 截面安装真空表,用以监测和控制汽蚀的发生,它与吸入侧管路系统及吸水池液面压力等相关。

以吸水池为基准面,列出吸水池液面 0—0 和泵入口断面 1—1 之间的伯努利方程为

$$\frac{p_0}{\gamma} + \frac{v_0^2}{2g} = H_g + \frac{p_1}{\gamma} + \frac{v_1^2}{2g} + h_w \tag{14.5}$$

式中:p_0 为泵吸入液面压力(Pa);p_1 为泵吸入面压力(Pa);v_0 为吸水池液面平均下降速度(m/s);v_1 为泵吸入口处断面的平均流速(m/s);H_g 为泵几何安装高度(吸上高度)(m);h_w 为泵吸水管路系统阻力损失(m)。

一般而言,吸水池液面处流速很小,$v_0 \approx 0$,由此可得

$$\frac{p_0 - p_1}{\gamma} = H_g + \frac{v_1^2}{2g} + h_w$$

若作用在吸水面上的压力为大气压,即 $p_0 = p_a$,则

$$\frac{p_0 - p_1}{\gamma} = \frac{p_a - p_1}{\gamma} = H_s = H_g + \frac{v_1^2}{2g} + h_w \tag{14.6}$$

式中:H_s 为吸上真空高度(m)。

由式(14.6)可见,吸上真空高度与泵的几何安装高度、泵吸入口流速及管路系统阻力等有关。当流量一定时,吸上真空高度 H_s 将随着几何安装高度 H_g 的增加而增加。当 H_g 增加到某一最大值 H_{gmax} 时,泵内发生汽蚀,影响泵的正常工作,其值是由泵的制造工厂用实验方法确定的。为保证不发生汽蚀,我国机械工业部标准规定在最大吸上真空高度基础上预

留了一个 0.3 m 的安全量,称为允许吸上真空高度,用 $[H_s]$ 表示,即

$$H_s \leqslant [H_s] = H_{smax} - 0.3 \text{(m)} \tag{14.7}$$

因此,在已知泵的允许吸上真空高度 $[H_s]$ 的条件下,可以利用式(14.7)计算出允许几何安装高度 $[H_g]$,实际的安装高度 H_g 应满足以下条件:

$$H_g < [H_g] = [H_s] - \frac{v_1^2}{2g} - h_w \text{(m)} \tag{14.8}$$

使用此式时应注意以下几点:

(1) 当泵的流量增加时,流体的速度和流动损失都增加,使得叶轮进口处压强最低点 K 点的压强更低,$[H_s]$ 随着流速的增加而减小。因此,使用式(14.8)确定安装高度时,应以泵实际运行中可能的最大流量及相应的 $[H_s]$ 值为准。

(2) 可以通过选用直径稍大、稍短的吸水管,并尽可能减少弯头等措施,来降低动压头 $\frac{v_1^2}{2g}$ 和减小流动阻力损失 h_w,以提高泵的安装高度。由此,水泵调节流量的阀门一定装在压水管上,而不要装在吸水管上。

(3) 样本给出的允许吸上真空高度 $[H_s]$ 是在标准条件(大气压为 101.325 kPa 和水温为 20 ℃ 的清水)下试验得出的。当泵的使用条件不符时,可使用式(14.9)对样本规定的 $[H_s]$ 值进行修正。

$$[H_s]' = [H_s] - (10.33 - h_A) + (0.24 - h_v) \tag{14.9}$$

式中:h_A 为泵使用地点大气压,换算成水柱高度,可由表 14.1 查得;h_v 为泵输送液体温度下的汽化压力,换算成水柱高度,可由表 14.2 查得;10.33 为标准物理大气压的水柱高度(m);0.24 为水温为 20 ℃ 的汽化压力,换算成水柱高度(m)。

表 14.1 不同海拔高度的大气压

海拔高度(m)	0	100	200	300	400	500	600
大气压力(mH$_2$O)	10.33	10.20	10.09	9.95	9.85	9.74	9.60
海拔高度(m)	800	1 000	1 500	2 000	3 000	4 000	5 000
大气压力(mH$_2$O)	9.38	9.16	8.64	8.16	7.20	6.30	5.51

表 14.2 不同水温的饱和蒸汽压力

水温(℃)	5	10	15	20	30	40
饱和蒸汽压力(mH$_2$O)	0.08	0.13	0.17	0.24	0.43	0.75
水温(℃)	50	60	70	80	90	100
饱和蒸汽压力(mH$_2$O)	1.27	2.07	3.25	4.97	7.41	10.79

(4) 离心泵的几何安装高度 H_g 是指叶轮进口边的中心线到吸水池液面的垂直距离;大型水泵的几何安装高度应以吸水池液面至叶轮入口边最高点的距离来计算,如图 14.7 所示。

例 14.1 IS80-65-160 型离心泵,流量为 4 100 m³/h,吸水管直径 $d_1 = 600$ mm,样本给出的允许吸上真空高度 $[H_s] = 6.5$ m,吸入管路阻力损失 $h_w = 1$ m,当海拔为 1 200 m,水温为 25 ℃ 时,试计算其允许几何安装高度。

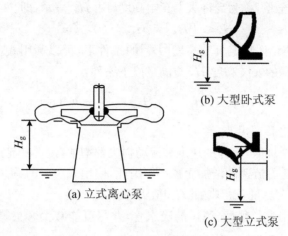

(a) 立式离心泵 (b) 大型卧式泵 (c) 大型立式泵

图 14.7　离心泵的几何安装高度

解　吸水管的流速为

$$v_1 = Q/(3\,600A) = 4\,100/(3\,600 \times 1/4 \times \pi \times 0.6^2) = 4.03\,(\text{m/s})$$

查表 14.1，利用插值法计算海拔为 1 200 m 时，

$$h_A = 9.16 + (1\,200 - 1\,000)/(1\,500 - 1\,000) \times (8.64 - 9.16) = 8.952\,(\text{m})$$

查表 14.2，利用插值法计算水温为 25 ℃ 时，

$$h_v = 0.24 + (25 - 20)/(30 - 20) \times (0.43 - 0.24) = 0.335\,(\text{m})$$

根据式(14.9)，得修正的允许吸上真空高度 $[H_s]'$ 为

$$\begin{aligned}[H_s]' &= [H_s] - (10.33 - h_A) + (0.24 - h_v) \\ &= 6.5 - (10.33 - 8.952) + (0.24 - 0.335) = 5.027\,(\text{m})\end{aligned}$$

根据式(14.8)，得泵允许几何安装高度为

$$[H_g] = [H_s]' - \frac{v_1^2}{2g} - h_w = 4.967 - \frac{4.03^2}{2 \times 9.807} - 1 = 3.20\,(\text{m})$$

14.2.3　泵的汽蚀余量

如前所述，泵内压强最低点不是发生在泵吸入口，而是在叶轮叶片进口的背面附近，如图 14.6 中的 K 点。因此，吸入口的能量除必须克服汽化压力的能量外，还应具有富余能量以克服从吸入口至 K 点之间的能量损失，也就是水泵吸入口截面能量与汽化压强之差，这部分富余能量也称为汽蚀余量。汽蚀余量分为有效汽蚀余量和必需汽蚀余量。

1. 有效汽蚀余量

有效汽蚀余量指的是在泵吸入口处，单位重量流体所具有的超过汽化压力的富余能量，用符号 $NPSHa$ 表示，即

$$NPSHa = \left(\frac{p_1}{\gamma} + \frac{v_1^2}{2g}\right) - \frac{p_v}{\gamma} \tag{14.10}$$

式中：p_1 为吸液池液面压强(Pa)；p_v 为汽化压强(Pa)。

有效汽蚀余量也可以用泵的安装高度 H_g 的形式来表示，将式(14.6)代入上式，得

$$NPSHa = \frac{p_0 - p_v}{\gamma} - H_g - h_w \tag{14.11}$$

由此可见,有效汽蚀余量只与泵的安装高度、被吸液体温度、吸入液面压力及吸入管路阻力等相关,与泵本身结构无关。有效汽蚀余量越大,出现汽蚀的可能性就越小,但并不能保证一定不出现汽蚀,这是因为它并不能保证叶轮进口 K 点处(泵内最低压力处)的压力值 p_k 一定大于汽化压力 p_v。

2. 必需汽蚀余量

必需汽蚀余量是指单位重量流体从泵吸入口到叶轮叶片进口压力最低处的能量损失,用符号 $NPSHr$ 表示,即

$$NPSHr = \left(\frac{p_1}{\gamma} + \frac{v_1^2}{2g}\right) - \frac{p_k}{\gamma} \tag{14.12}$$

由此可见,必需汽蚀余量与泵的结构形式、流体在叶轮进口处的流速等形式有关,并随着流量的增加而增加,与吸入管路装置系统无关,是泵本身性能决定的一个固有参数,故又称为泵的汽蚀余量。

3. 允许汽蚀余量

由前面分析可知,只有当泵内压力值处处大于液体的汽化压力,即 $p_k > p_v$ 时,才不会发生汽蚀现象。综合式(14.10)和式(14.12)可知:

当 $NPSHa > NPAHr$ 时,泵内不发生汽蚀;

当 $NPSHa < NPAHr$ 时,泵内发生汽蚀;

当 $NPSHa = NPAHr = NPAHc$ 时,泵内处于汽蚀临界状况,$NPAHc$ 称为临界汽蚀余量,无法精确计算,通常由制造商通过试验确定。

在实际运行中,为了避免汽蚀发生,通常给 $NPAHc$ 一个安全余量,一般为 $0.3 \sim 0.5\,\text{m}$,作为允许汽蚀余量,即

$$[NPSH] = NPSHc + (0.3 \sim 0.5) \tag{14.13}$$

允许几何安装高度 $[H_g]$,也可以用汽蚀余量 $[NPSH]$ 的形式来表达,即

$$[H_g] = \frac{p_0 - p_v}{\gamma} - h_w - [NSPH] \tag{14.14}$$

4. 汽蚀比转数

汽蚀余量只是反映泵汽蚀性能的好坏,而无法对不同泵汽蚀性能进行比较。由此,提出了一个包括设计参数在内的,表示泵抗汽蚀性能的综合性汽蚀相似特征数,即汽蚀比转数,用符号 n_c 表示。

$$n_c = 5.62 \frac{nQ^{1/2}}{[NPSHr]^{3/4}} \tag{14.15}$$

对于双吸泵,表达式中的流量以 1/2 流量代入。汽蚀比转数值与泵的扬程无关,提高泵的抗汽蚀性能,只需要研究泵的入口部分。

叶轮入口相似的泵,在相似工况下,具有相等的汽蚀比转数。必需汽蚀余量 $NPSHr$ 越小,汽蚀比转数就越大,泵的抗汽蚀性能就越好。因此,可以用汽蚀比转数的大小来评价泵抗汽蚀的性能。

14.3 泵与风机运行工况的调节

如前所述,泵与风机运行时其工况点的工作参数是由泵与风机的性能曲线与管路性能曲线所决定的。但是用户需要的流量经常变化,为了满足这种要求,必须进行调节。工况调节就是用一定方法改变泵或风机性能曲线或管路性能曲线,来满足用户流量变化的要求。常用的工况调节方法有节流调节、入口导流器调节、变速调节及叶片切割调节等。

14.3.1 节流调节

节流调节是指通过改变管路系统调节阀的开度,使管路特性曲线形状发生改变来实现工作点位置的改变,是泵与风机最简单的一种调节方式。节流调节分为出口端节流调节和入口端节流调节。

1. 出口端节流调节

出口端节流调节是将调节阀安装在泵或风机的出口端管路上,通过改变调节阀的开度进行工况调节。如图 14.8 所示,曲线 I 为调节阀全开时管路的特性曲线,此时与泵或风机的性能曲线(曲线Ⅲ)的交点为 A,所对应的流量为 Q_A。若运行中需要减小流量,则可将泵或风机的出口端调节阀开度减小,使得管路局部阻力增加,管路曲线变陡,即图 14.8 中的曲线Ⅱ,工作点由 A 点移到 B 点,使流量减小到 Q_B 以满足要求。此时,管路所需能量为 H_B;但在 Q_B 流量下,管路节流阀全开时,其需要的能量仅为 H_C,额外增加的能量损失 $H_B - H_C$ 全部消耗在节流阀的节流损失上了。

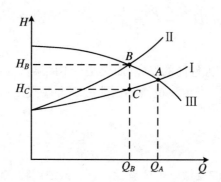

图 14.8 泵与风机出口端节流调节

2. 入口端节流调节

由于入口端节流增加吸入管路阻力,导致泵入口压力降低,引起汽蚀危险,所以这种方式主要应用在风机上。入口端节流调节是通过改变入口挡板开度来调节流量的。与出口端节流调节相比,入口挡板开度变小后,不仅管路特性曲线由曲线 I 变为曲线Ⅱ,由于入口处压力的减小,风机性能曲线也由曲线 1 变为曲线 2,如图 14.9 所示。因此,当挡板开度变小后,工作点从 M 点移动至 A 点,此时节流损失为 ΔH_1;如果用出口端节流调节方式,工作点将由 M 点移动至 A' 点,此时对应的节流损失为 ΔH_2。由于 $\Delta H_1 < \Delta H_2$,显然入口端节流调

节比出口端节流损失小,运行经济性好。

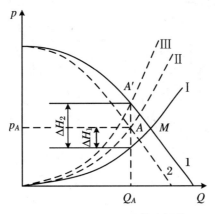

图 14.9 风机入口端节流调节

14.3.2 入口导流器调节

入口导流器调节是离心式通风机中广泛采用的一种调节方法。该方法是通过改变风机入口导流叶片装置的角度来实现调节的。导流器的作用是使气流进入叶轮之前产生预旋。由欧拉方程式(13.11)可知

$$p = \rho(u_2 c_{u2} - u_1 c_{u1}) \tag{14.16}$$

当导流器全开时,气流沿径向流入叶轮,即叶轮入口绝对速度方向角 $\alpha_1 = 90°$,如图 14.10 所示,$c_{u1} = 0$,此时风机的全压最大,流量也最大。当入口导流叶片角关小时,使得角 $\alpha_1 < 90°$,切向分速 $c_{u1} > 0$,风机的全压降低。

导流器叶片转动角度越大,产生预旋越强烈,风机全压 p 越低。

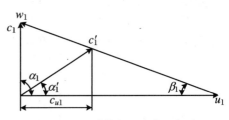

图 14.10 叶轮入口速度三角形

随着导流器叶片转动角度的减小,其对应的风机全压逐渐降低,风机的性能曲线发生相应的变化,如图 14.11 中曲线Ⅰ、曲线Ⅱ和曲线Ⅲ所示。随着导流器叶片转动角度的减小,风机在管路系统中流量也在减小,即图 14.10 中的 $Q_C < Q_B < Q_A$。

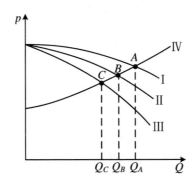

图 14.11 风机入口导流器调节性能曲线

常用的导流器有轴向导流器与径向导流器,如图 14.12 所示。导流器结构比较简单,可用装在外壳上的操作手柄进行调节,可以在不停机的情况下进行,操作方便灵活。

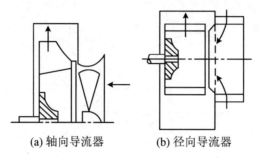

(a) 轴向导流器　　(b) 径向导流器

图 14.12　进口导流器简图

14.3.3　变速调节

1. 调节原理

变速调节是在管路特性曲线不变的条件下,通过改变泵与风机的工作转速,使其性能曲线变化,从而变更运行工作点实现调节的方法。其依据为相似定律,在相似工况下,泵与风机各性能参数存在以下比例关系:

$$\frac{Q}{Q'} = \frac{n}{n'}, \quad \frac{H}{H'} = \left(\frac{n}{n'}\right)^2, \quad \frac{p}{p'} = \left(\frac{n}{n'}\right)^2, \quad \frac{N}{N'} = \left(\frac{n}{n'}\right)^3 \tag{14.17}$$

如图 14.13 所示,当泵或风机的转速增加时,泵或风机的性能曲线上移,工作点上移,流量增加;反之,当泵或风机转速下降时,其性能曲线下移,工作点下移,流量减小,从而实现泵或风机的调节。变速调节由于不存在节流损失,其调节效率高。

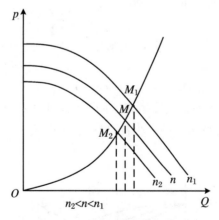

图 14.13　泵与风机变速调节

2. 变速措施

泵与风机变速调节的方式可分为两大类:一是采用可变速原动机进行变速,主要包括调速直流电机驱动、异步电机的变频调速、汽轮机直接变速驱动等;二是在定速电机与泵或风机之间采用传动装置进行变速,主要有液力耦合器、油膜(液黏)滑差离合器、电磁传差离合器以及调换皮带轮等方式。

例 14.2 某水泵在转速 $n_1 = 1\,200$ r/min 时的性能数据如表 14.3 所示。管路特性曲线方程为 $H = 10 + 0.5Q^2$ (m)。水泵在管路系统中工作点,若将流量调节为原流量的 80%,试求:

(1) 采用变速调节后的转速 n_2;

(2) 比较采用节流调节和变速调节各自所消耗的功率,假定泵原来的效率为 75%,节流调节后的效率为 72%。

表 14.3 水泵性能数据

$n_1 = 1\,200$ r/min	$Q(\mathrm{m^3/h})$	0.0	3.0	5.0	7.0	9.0	11.0	14.0	16.0	18.0
	$H(\mathrm{m})$	160.0	156.0	153.0	148.0	141.0	0.0	115.0	100.0	78.0

解 (1) 当模型机的转速改变时,由相似工况比例定律知

$$\frac{Q_2}{Q_1} = \frac{n_2}{n_1}, \quad \frac{H_2}{H_1} = \left(\frac{n_2}{n_1}\right)^2$$

此时的水泵转速为

$$n_2 = Q_2/Q_1 \times n_1 = 0.8 \times 1\,200 = 960 \,(\mathrm{r/min})$$

(2) 由表 14.3 中水泵 $n_1 = 1\,200$ r/min 时的流量和扬程数据,求出当转速 $n_2 = 960$ r/min 时的流量和扬程数据,列于表 14.4 中。

表 14.4 水泵性能数据

$n_2 = 960$ r/min	$Q(\mathrm{m^3/h})$	0.0	2.4	4.0	5.6	7.2	8.8	11.2	12.8	14.4
	$H(\mathrm{m})$	102.4	99.8	97.9	94.7	90.2	85.2	73.6	64.0	49.9

将表 14.3、表 14.4 及管路特性曲线方程 $H = 10 + 0.5Q^2$ 绘制在同一张图中,如图 14.14 所示,根据图 14.14 求出原系统水泵的工作点 A 为 $(14.2\,\mathrm{m^3/h}, 111\,\mathrm{m})$。需要调节的流量为

$$Q_2 = 0.8 \times Q_1 = 11.36\,(\mathrm{m^3/h})$$

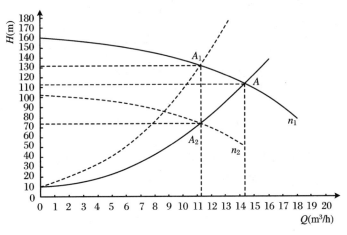

图 14.14 例 14.2 图

变速调节后的流量为 11.36 m³/h,其工作点为 A_2,由图可知其所对应的扬程约为 73 m。过 A_2 点向上作垂直线,与水泵在 $n_1 = 1\,200$ r/min 时性能曲线交于 A_1 点,即为采用节流调节后的工作点,其所对应的扬程约为 131 m。

原工作点 A 所对应的轴功率为

$$P = \frac{\rho g Q H}{1\,000\,\eta} = \frac{1\,000 \times 9.8 \times 14.2 \times 111}{1\,000 \times 3\,600 \times 0.75} = 5.55(\text{kW})$$

节流调节后 A_1 所对应的轴功率为

$$P = \frac{\rho g Q H}{1\,000\,\eta} = \frac{1\,000 \times 9.8 \times 11.36 \times 131}{1\,000 \times 3\,600 \times 0.72} = 5.63(\text{kW})$$

变速调节后 A_2 所对应的轴功率为

$$P = \frac{\rho g Q H}{1\,000\,\eta} = \frac{1\,000 \times 9.8 \times 11.36 \times 73}{1\,000 \times 3\,600 \times 0.72} = 3.13(\text{kW})$$

其中变速调节后近似认为水泵效率不变,仍为 75%。

由此可见,变速调节比节流调节经济,功耗低得多。

14.3.4 叶片切割调节

离心泵与风机在设计工况及其附近运行时,一般具有较高的效率。但实际使用中,经常存在设备容量由于装置改变、选型不当及配套性差等原因,使得所用设备略小或略大,不能满足要求。此时,可对叶轮长度进行适当改变,以改变其性能曲线,使得工况点发生移动,达到调节的目的。

1. 切削定律

叶轮经过切削与原来叶轮不符合几何相似条件,切削前后性能参数的关系不符合相似律。若切削量较小,可近似认为切削前、后出口安装角 β_2 和效率 η 不变,切削前、后的出口速度三角形相似,满足运动相似条件,如图 14.15 所示。

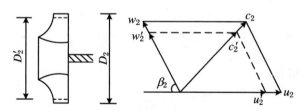

图 14.15　切削叶轮及速度图

叶轮切削前后的速度比为

$$\frac{u_2}{u_2'} = \frac{c_{u2}}{c_{u2}'} = \frac{c_{r2}}{c_{r2}'} = \frac{D_2}{D_2'}$$

当切削量较小时,可近似认为容积效率相等 $\eta_v \approx \eta_v'$,排挤系数相等 $\varepsilon \approx \varepsilon'$,水力效率相等 $\eta_H \approx \eta_H'$,涡流系数相等 $K \approx K'$,则有

$$\frac{Q}{Q'} = \frac{\eta_v \varepsilon \pi D_2 b_2 c_{r2}}{\eta_v' \varepsilon' \pi D_2' b_2' c_{r2}'} = \left(\frac{D_2}{D_2'}\right)^2 \frac{b_2}{b_2'}, \quad \frac{H}{H'} = \frac{\eta_H K \dfrac{u_2 c_{u2}}{g}}{\eta_H' K' \dfrac{u_2' c_{u2}'}{g}} = \left(\frac{D_2}{D_2'}\right)^2$$

对于低比转数的泵与风机 ($n_s = 30 \sim 80$),叶轮切削后出口宽度变化不大,可以近似认为 $b_1 \approx b_2$,则性能参数关系为

$$\frac{Q}{Q'} = \left(\frac{D_2}{D_2'}\right)^2, \quad \frac{H}{H'} = \left(\frac{D_2}{D_2'}\right)^2, \quad \frac{N}{N'} = \left(\frac{D_2}{D_2'}\right)^4 \tag{14.18}$$

式(14.18)又称为第一切削定律。

对于中、高比转数的泵与风机($n_s = 80 \sim 300$),叶轮切削后可以认为出口面积不变,$\pi D_2 b_1 \approx \pi D_1 b_2$,则性能参数关系为

$$\frac{Q}{Q'} = \frac{D_2}{D_2'}, \quad \frac{H}{H'} = \left(\frac{D_2}{D_2'}\right)^2, \quad \frac{N}{N'} = \left(\frac{D_2}{D_2'}\right)^3 \tag{14.19}$$

式(14.19)又称为第二切削定律。

需要注意的是式(14.18)和式(14.19)反映的并非切割前、后运行工况点之间的关系,而是切割前、后对应工况点之间的关系。

2. 切削定律的应用

如图 14.16 所示,曲线Ⅰ是叶轮直径为 D_2 的泵或风机性能曲线,曲线Ⅱ是管路性能曲线,则交点 A 是工况点。若将工况点由 A 点调节至 B 点,需要找出曲线Ⅰ上与 B 点运动相似的工况点。

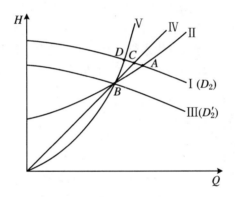

图 14.16 切削叶轮调节的工况分析

由于泵的比转数未知,所以对于低比转数泵或风机,由式(14.18)可得

$$\frac{Q}{Q'} = \frac{H}{H'}$$

则有

$$H = \left(\frac{H'}{Q'}\right)Q = \left(\frac{H_B}{Q_B}\right)Q$$

将 B 点的流量 Q_B 和扬程 H_B 代入,得到切削曲线是一条直线,即图 14.16 中的曲线Ⅳ。与叶轮切削前的性能曲线Ⅰ交于 C 点,C 点与 B 点满足运动相似条件。应用第一切削定律,得

$$\frac{D_2}{D_2'} = \sqrt{\frac{Q_C}{Q_B}} \tag{14.20}$$

对于中、高比转数泵或风机,由式(14.19)可得

$$\frac{H}{H'} = \frac{Q^2}{Q'^2}$$

则有

$$H = \left(\frac{H'}{Q'^2}\right)Q^2 = \left(\frac{H_B}{Q_B^2}\right)Q^2$$

将 B 点的流量 Q_B 和扬程 H_B 代入,得到切削曲线是二次曲线,即图 14.16 中的曲线 Ⅴ。与叶轮切削前的性能曲线 Ⅰ 交于 D 点,D 点与 B 点满足运动相似条件。应用第二切削定律,得

$$\frac{D_2}{D_2'} = \frac{Q_D}{Q_B} \tag{14.21}$$

例 14.3 某一水泵叶轮直径为 $D_2 = 180 \text{ mm}$,水泵性能数据见表 14.5,管路系统特性曲线方程为 $H = 0.02Q^2 + 10 (\text{m})$,若用切割叶轮外径的方法使得流量减少 10%,试求切削后的叶轮直径。

表 14.5 水泵性能数据

切削前	$Q(\text{L/s})$	0	5	10	15	20	25	30
	$H(\text{m})$	27	29	30	28	24	18	10

解 将水泵切削前的性能数据和管路系统特性曲线绘制于同一张图上,如图 14.17 所示。由图可知,切削前水泵在管路系统中的工作点 A 为 $(23 \text{ L/s}, 20.6 \text{ m})$。切削后的流量为 $Q_B = 0.9 \times Q_A = 20.7 (\text{L/s})$。将流量代入管路特性曲线方程,得 B 的扬程为

$$H_B = 0.02 Q_B^2 + 10 = 0.02 \times 20.7^2 + 10 = 18.6 (\text{m})$$

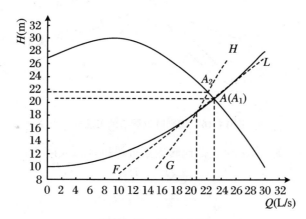

图 14.17 例 14.3 图

若该泵属于低比转数,则切割线曲线方程为

$$H = \left(\frac{H_B}{Q_B}\right)Q = \frac{18.6}{20.7} \times Q = 0.9Q$$

若该泵属于中、高比转数,则切割线曲线方程为

$$H = \left(\frac{H_B}{Q_B^2}\right)Q^2 = \left(\frac{18.6}{20.7^2}\right) \times Q^2 = 0.0434 Q^2$$

在图 14.17 上分别作低比转数切割线 FL 和中、高比转数切割线 GH,并与泵原性能曲线交于点 $A_1(23, 20.6)$ 和点 $A_2(22.3, 21.6)$。B、A_1 两点满足第一切削定律,B、A_2 两点满足第二切削定律,由此:

若该泵属于低比转数,则切削后的叶轮直径为

$$D'_2 = D_2 \times \sqrt{\frac{Q_B}{Q_{A_1}}} = 180 \times \sqrt{\frac{20.7}{23}} = 170.8 \text{(mm)}$$

若该泵属于中、高比转数,则切削后的叶轮直径为

$$D'_2 = D_2 \times \frac{Q_B}{Q_{A_2}} = 180 \times \frac{20.7}{22.3} = 167.1 \text{(mm)}$$

如前所述,切削定律是建立在相似工况的基础之上的,因此叶轮的切削量不宜过大。对于离心泵,其允许的最大切削量 ΔD_{max} 与比转数 n_s 有关,如表 14.6 所示。

表 14.6 离心泵叶轮最大切削量

泵的比转数 n_s	60	120	200	300	350	350~
允许最大切削量 ΔD_{max}	20%	15%	11%	9%	7%	0
效率下降值	每切 10% 下降 1%		每切 4% 下降 1%			

对于离心式通风机,通常切削量 $\Delta D/D \leqslant 7\%$。其中,7% 为叶轮前盘为锥形或弧形通风机的切削量,而 15% 为叶轮前盘为平直形通风机的切削量。

切削叶轮的调节方法,不增加额外的能量损失,机器效率下降很少,是一种节能的调节方法。其缺点是需要停机换装叶轮,常用于水泵的季节性调节。

14.4 泵与风机的联合运行

在泵与风机的实际使用中,有时需要将两台或两台以上的泵与风机联合在一起工作,以提高系统的流量或压头,其工作方式有串联工作和并联工作两种。联合运行的工作点由运行的泵或风机的总性能曲线和管路特性曲线的交点来确定。

14.4.1 并联运行

并联运行是指两台或两台以上泵或风机同时向同一管路系统输送流体的工作方式,其主要目的是增加输送流体的流量。并联运行一般应用于:

(1) 大流量的泵或风机制造困难或成本太高;

(2) 系统运行中所需的流量变动幅度过大,采用一台泵或风机进行调节时,运行经济性差;

(3) 当有一台机器损坏,仍需保证供给,作为检修及事故备用时。

1. 相同性能泵或风机并联运行

图 14.18 为两台性能相同的泵向同一管路系统中输送液体,其运行特点是两台泵在运行时具有相同的扬程和相同的流量。图 14.18 中曲线 Ⅰ、Ⅱ 为两台相同性能泵的性能曲线,DE 为管路特性曲线。由并联运行特点可知,总性能曲线 Ⅰ+Ⅱ 应为两台泵的性能曲线在同一扬程下的流量之和。由此,并联运行的工作点为曲线 Ⅰ+Ⅱ 和曲线 DE 的交点 M 点,对应的流量为 Q_M,扬程为 H_M。过 M 点作水平线与曲线 Ⅰ、Ⅱ 交于 C 点,该点为两台泵并联运行时各自的工作点。管路特性曲线 DE 与泵性能曲线 Ⅰ、Ⅱ 交点 B 为每一台泵在此系统

中单独运行时的工作点。

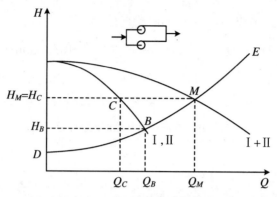

图 14.18　两台性能相同的泵并联运行

两台泵并联运行时，总流量为两台泵流量之和，即 $Q_M = 2Q_C$，每台泵的扬程与总扬程相等，即 $H_M = H_C$。虽然并联运行后总流量比单独一台泵独自运行时增加了，但每台泵的流量却比独自运行时减少了，即 $Q_C < Q_B$。因此，并联运行时的总流量小于两台泵独自运行时流量之和，且这种趋势随着并联台数的增加越来越明显，即并联的台数越多，流量增加的比例越少，如图 14.19 所示。

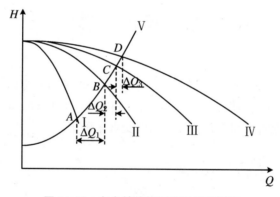

图 14.19　多台性能相同的泵并联运行

多台泵并联运行后比每台泵独自运行时，管路的总流量增加，管路阻力增加，由此需要提供的扬程提高了，因此每台泵的扬程都比独自运行时有所提高。

多台泵并联运行总流量增加的幅度与管路特性曲线形状有关，管路性能曲线越平坦，并联后流量增加的越多；反之亦然。因此当管路性能曲线很陡时，不宜于采用并联工作。此外，并联运行机组流量的增加还与泵与风机的性能曲线有关，泵或风机性能曲线越陡（即比转数较大），并联后流量增加的越多。

2. 不同性能泵或风机并联运行

如图 14.20 所示，Ⅰ、Ⅱ 为两台不同性能的泵的性能曲线，DE 为管路系统特性曲线，Ⅰ+Ⅱ 为两台泵并联运行后的综合性能曲线。

两台泵并联运行时，总流量为两台泵流量之和，即 $Q_M = Q_B + Q_C$，每台泵的扬程与总扬程相等。但是，两台不同性能泵并联运行时，只有在综合特性曲线 M' 点的右侧才能正常工作；M' 点左侧，只有一台泵工作，无法并联运行。

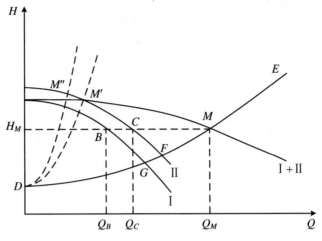

图 14.20 两台性能不同的泵并联运行

图 14.21 为一台具有驼峰状性能曲线的泵 I 和一台性能稳定的泵 II 并联运行。由图可见，并联后的综合性能曲线 I+II 也具有驼峰形状，但系统运行在 M 点左侧时，泵 I 就可能出现不稳定现象。因此，具有驼峰形状性能曲线的泵并联运行时，必须将合成工作点限制在 M 点右侧，否则系统会出现不稳定现象。

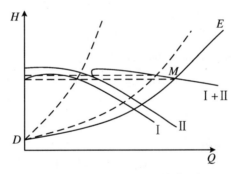

图 14.21 不稳定性能泵并联运行

此外，不同性能的泵或风机并联运行时，它们之间的性能曲线差异不宜过大，否则并联运行后所输送的流量差别太大。

14.4.2 串联运行

串联运行指的是依次通过两台或两台以上的泵或风机来输送流体的工作方式，其主要目的是为了提高泵或风机的扬程或全压。串联运行一般应用于：

(1) 制造一台高压的泵或风机困难较大或造价太高；
(2) 在改建或扩建时，原有泵或风机扬程或全压不足；
(3) 工作中需要分段升压。

1. 相同性能的泵或风机串联运行

图 14.22 为两台性能相同的泵串联在同一管路系统中运行，串联工作的特点是，通过每台泵的流量相同，而总压头为每台泵压头的总和。因此，泵串联运行时总性能曲线 I+II 是

同一流量下两台泵性能曲线对应工况点的扬程叠加而成的。

图 14.22 中，M 点为泵串联后的总的运行工作点，B 点为串联时每台泵的运行工况点，C 点为单台泵独自运行时的工作点。

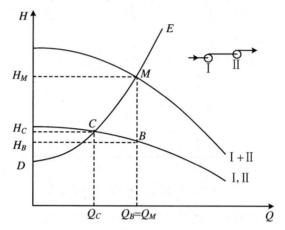

图 14.22　两台性能相同的泵串联运行

分析 M、B、C 三个工况点发现：

(1) 两台泵串联运行时，总压头为两台泵流量之和，即 $H_M = 2H_B$；每台泵的流量与总扬程相等，即 $Q_M = Q_B$。

(2) 虽然串联运行后总压头比单独一台泵独自运行时增加了，但每台泵的压头却比独自运行时减少了，即 $H_B < H_C$，且串联的台数越多，流量增加的比例越少。

(3) 泵或风机的性能曲线愈平坦(比转数较小)或管路特性曲线越陡峭，串联后压头增加得越明显。

(4) 串联运行时泵的压力逐级升高，要求工作在后面的泵具有更高的结构强度。

2. 不同性能的泵或风机串联运行

不同性能的泵或风机串联后运行的工作原理与相同性能的泵或风机串联运行类似，需要注意的是应尽量避免性能差别太大导致其中的一台泵超出运行范围而不能正常工作。图 14.23 为两台性能不同的泵串联后的运行，因为在 M' 的右侧，第 Ⅰ 台泵已经不产生扬程，因此串联后其有效运行范围有所缩小，有效工作点应在 M' 的左侧。

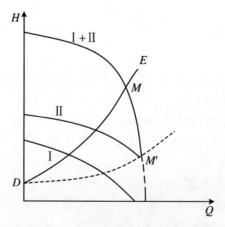

图 14.23　两台性能不同的泵串联运行

14.4.3 联合工作方式的选择

由前文分析可知,泵或风机的串联和并联运行都可以同时提高管路系统的流量和输送流体的压头。那么管道系统中选择泵或风机的联合工作方式,除与泵或风机的性能曲线性质有关外,还需要关注管道特性曲线的性质。

图 14.24 为两台性能相同的泵,曲线 Ⅰ 为其性能曲线,由此可绘出这两台泵并联工作的总性能曲线 Ⅱ 和串联工作的总性能曲线 Ⅲ。曲线 DE、DE_1 及 DE_2 分别为 3 条不同管道系统的特性曲线,比较联合工作点的工作点可知,对于较为平坦的管道特性曲线 DE_2,其并联工作点 M_2 的参数(流量和压头)都要高于串联工作点 M_2'。显然,此时联合工作的目的无论是要求增大流量还是提高扬程,都应该选择并联工作方式。对于较为陡峭的管道特性曲线 DE_1,其串联工作点 M_1 的参数(流量和压头)都要高于并联工作点 M_1'。此时,串联工作方式是一个更好的选择。若管道特性曲线正好过曲线 Ⅱ、Ⅲ 的交点 M,此时无论采取何种联合工作方式,效果是相同的。

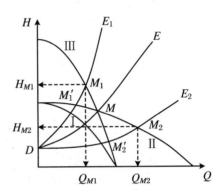

图 14.24 串、并联工作的比较

由此,对于泵与风机而言,选择何种联合工作方式,解决的方法是根据管道特性曲线形状选定。如果管道特性曲线比较陡峭,则串联的效果优于并联;反之,比较平坦时,则并联运行效果更好。管道特性曲线的陡、坦之分是以泵或风机的串、并联联合曲线的交点为分界点的。此外,在选择联合工作方式时,还应考虑到运行安全、经济性及技术条件等诸多因素。

例 14.4 两台性能完全相同的离心泵,该泵的性能曲线 Ⅰ 绘于图 14.25 中,试分别求出不同联合运行方式时流量增加的百分数。

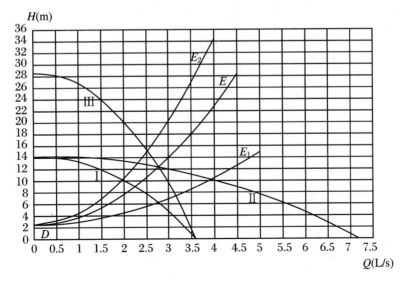

图 14.25 例 14.4 图

(1) 忽略非共用段的阻力时,输水管路特性曲线方程为 $H=2.5+0.5Q^2$。

(2) 当曲线方程为 $H=2.5+2Q^2$ 时,其流量增加的百分数又如何变化?

(3) 若输水管特性曲线方程为 $H=2.5+aQ^2$,当 a 为何值时流量(或扬程)的增加与联合工作的方式无关?

解 (1) 根据串联工作原理,在同一流量 Q 下将扬程 H 增大 2 倍,绘出两台性能完全相同的泵串联运行时的性能曲线,如图 14.25 中的曲线 Ⅱ 所示。根据并联工作原理,在同一扬程 H 下将流量 Q 增大 2 倍,绘出两台性能完全相同的泵并联运行时的性能曲线,如图 14.25 中的曲线 Ⅲ 所示。根据管路特性曲线 $H=2.5+0.5Q^2$ 绘出管路特性曲线 DE_1,其计算数值见表 14.7。

表 14.7

Q(L/s)	0	1	2	3	4
H(m)	2.5	3	4.5	7	10.5

管路特性曲线 DE_1 与泵性能曲线相交的三个运行工作点的流量分别为:

一台泵单独运行时:$Q=2.7$ L/s;

两台泵串联运行时:$Q=3.1$ L/s,流量是一台泵的 115%;

两台泵并联运行时:$Q=3.9$ L/s,流量是一台泵的 144%。

(2) 当管路特性曲线方程为 $H=2.5+2Q^2$ 时,绘出管路特性曲线 DE_2,其计算数值见表 14.8。

表 14.8

Q(L/s)	0	1	2	3	4
H(m)	2.5	4.5	10.5	20.5	34.5

管路特性曲线 DE_2 与泵性能曲线相交的三个运行工作点的流量分别为

一台泵单独运行时:$Q=1.9$ L/s;

两台泵串联运行时:$Q=2.5$ L/s,流量是一台泵的 132%;

两台泵并联运行时:$Q=2.3$ L/s,流量是一台泵的 121%。

(3) 当管路特性曲线过并联及串联性能曲线的交点,即该点为两台泵联合运行的工作点时,流量的增加与联合工作的方式无关,即过点(2.8,12.5),代入曲线方程 $H=2.5+aQ^2$ 中,求出 $a=1.276$。绘出管路特性曲线 DE,其计算数值见表 14.9。此时,一台泵单独运行的流量 $Q=2.2$ L/s。联合运行时,流量的增量为一台泵的 127%。

表 14.9

Q(L/s)	0	1	2	3	4
H(m)	2.5	3.8	7.6	14.0	18.1

14.5 泵与风机的选型

14.5.1 选型原则

泵与风机选型的一般原则为在能够满足管路系统所需的流量和扬程（风压）要求的条件下，保证所选设备能够经常稳定地运行在高效区，且具有合理的结构。对所选择的泵与风机应考虑以下几个主要原则：

（1）所选泵或风机应满足工作时所需的最大流量和扬程（风压），其正常运行工况点应靠近泵或风机的设计点；合理确定流量及扬程的裕量，保证泵或风机长期运行在高效区。

（2）具有两种及以上选择时，在综合考虑各种因素的基础上，应优先选择效率较高、功耗小、结构简单、体积小、重量轻、设备投资少以及调节范围较大的一种。

（3）选择合适的泵与风机的性能曲线形状，保证泵或风机的运行安全性和可靠性，避免喘振与汽蚀等现象发生。

（4）应考虑到具体使用条件对泵与风机的要求，包括安装环境、安装位置、输送介质等。

14.5.2 选型的程序和步骤

（1）确定泵或风机的种类及形式。充分了解泵或风机的工作条件，包括管路系统布置、地理条件（气压、海拔）、被输送流体温度和性质等，作为选型的原始依据。

（2）选型参数的计算和确定。根据原始依据及实际需要，计算出选型所需的各种基础数据，并留出合理的裕量，合理确定选型参数，作为选型的理论依据。

（3）选型。按照确定的参数，利用合理的选择方法，选出能够满足要求的一种或几种形式，并对其进行综合比较分析，确定一种形式。

（4）校核。对所选的泵或风机进行全面的校核，避免所选的泵或风机不能满足系统的要求，也要防止裕量过大，使得泵与风机长期运行在不经济区或不稳定区。还需检验泵与风机运行的工作点是否落在高效区内。

此外，需要注意的是，产品样本所提供的数据是在规定条件下得出的，若实际使用条件与样本规定条件不一致，则需要进行相应的修正；在选泵或风机时，应尽量避免采用联合工作的方式，当不可避免时，尽量选择同型号、同性能的泵或风机。

14.5.3 选型方法

14.5.3.1 水泵选型的方法

水泵的实际选型方法主要有两种。

1. 利用水泵性能表选择水泵

这种方法适用于水泵结构形式已定的情况下选择单台泵。其一般步骤为：

根据水泵使用的条件等原始依据,合理确定选型参数(流量、扬程等),并从确定形式的水泵性能表中查找与选型参数一致或接近的一种或几种型号的水泵。若有两种或两种以上都能基本满足要求,则对其进行综合分析,权衡利弊,最后确定一种。如果在这种形式水泵系列中找不到合适的型号,则可换另一系列,或者选定接近要求的水泵,通过改变叶轮直径,改变转速等措施,使其性能参数符合运行要求。

选定水泵型号后,还要进一步检查泵在系统中的运行情况,看它在流量、扬程变化范围内,水泵是否都处于高效率区。若不满足,需另行选择。

2. 利用水泵型谱选择水泵

所谓水泵型谱是将同一类型的原系列中型号不同的所有泵的性能曲线合理的工作范围表示在同一张图上,此工作范围是以叶轮切割与不切割的 Q-H 性能曲线和与设计点效率相差不大于8%的等效率组成的四边形。如图14.26所示,曲线1—2为水泵叶轮未切割时的性能曲线(Q-H);曲线3—4为切割后的性能曲线(Q-H);曲线1—4和曲线2—3为水泵高效率区的等效曲线。

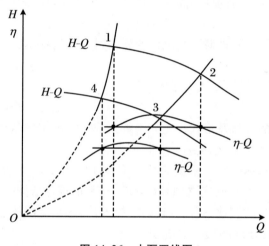

图14.26 水泵四线图

利用水泵型谱选型的步骤为：

(1) 根据使用要求、水泵用途及输送介质等,决定选择水泵的类型。

(2) 根据管路系统的布置、结构尺寸、地理条件及使用条件等,计算水泵选型参数,并给予合理的裕量。

(3) 根据所选定的泵类型和确定的流量、扬程等参数,在该类型的水泵型谱图上,选取合适的型号,确定转速、功率和效率等。具体做法为:按照计算参数的流量和扬程数值在水泵型谱图上找到交点,交点所对应的水泵型号作为初选型号。如果交点不在四线区域内,可在等流量线上与计算交点附近的1~2个四线图上将对应的水泵型号作为初选。

(4) 从水泵样本中查出该台泵的性能曲线及相关性能。

(5) 在该台泵的性能曲线图上,绘出管道系统特性曲线,确定泵在管路系统中的工作点,以校核其是否满足要求。如果各方面满足要求,则选型完成。否则,重复上述步骤,另选其他型号的泵,直到满足要求为止。

(6) 若有两种或两种以上的泵都能基本满足要求,最好还需要进行综合分析,选定一种泵。

14.5.3.2 风机选型的方法

由于风机设计规范中工作参数是按照标准入口状态确定的,而实际工作参数和大气条件与样本规定条件常常不一致,因此在选型之前应将实践参数换算为标准参数。

一般通风机按下式换算:

全压

$$p_{20} = p \frac{101\,325}{p_{amb}} \times \frac{273 + t}{293} \tag{14.22}$$

轴功率

$$N_{20} = N \frac{101\,325}{p_{amb}} \times \frac{273 + t}{293} \tag{14.23}$$

引风机按下式换算:

全压

$$p_{165} = p \frac{101\,325}{p_{amb}} \times \frac{273 + t}{438} \tag{14.24}$$

轴功率

$$N_{165} = N \frac{101\,325}{p_{amb}} \times \frac{273 + t}{438} \tag{14.25}$$

式中:p_{20}、N_{20} 分别为通风机在一般工作条件下的全压和功率折成通风机进口设计标准状态($p_0 = 101.325$ kPa,$t_0 = 20$ ℃)下相当的全压(Pa)和功率(kW);p_{165}、N_{165} 分别为通风机在一般工作条件下的全压和功率折成引风机进口设计标准状态($p_0 = 101.325$ kPa,$t_0 = 165$ ℃)下相当的全压(Pa)和功率(kW);p_{amb} 为在使用条件下的当地大气压(Pa);t 为在使用条件下风机进口气流温度(℃)。

风机的选型一般有三种方法。

1. 利用风机性能表选择风机

利用风机性能表选择风机的一般步骤为:

根据实际要求和工作条件等因素,计算流量和风压,并给予一定的裕量,然后在"风机性能表"中查出型号、规格符合要求的风机,同时确定风机的转速和电机功率。这种方法简单方便,但不能保障风机是否运行在高效区。

2. 利用风机性能选择曲线选择风机

风机性能选择曲线是将同系列而不同规格的风机的全压、功率、转速与流量的关系表示在同一张对数坐标图上构成的曲线。风机的工作范围一般规定为设计点最高效率的90%以上的一区段。

利用风机性能选择曲线选型的步骤为:

(1) 根据风机是否联合运行,确定单台风机的工作参数(流量和风压),并给予合理的裕量。

(2) 将已定的工作参数换算成标准状态下的选型参数。

(3) 根据选型参数查取选择曲线,其一般做法为:如图14.27所示,由选型参数,在风机选择曲线上作相应坐标轴的垂线,其交点即为所选风机,包括机号(直径 D_2)、转速和功率。

若流量和全压的交点不在性能曲线上,如图 14.27 中 1 点,则沿该点的等流量线向上查找,找到与之接近的性能曲线与等流量线的交点 2 点和 3 点。并由 2 点和 3 点所在的性能曲线分别查出其最高效率点时所选风机的机号、转速和功率。

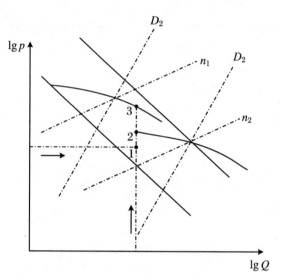

图 14.27　风机选择曲线的使用

（4）对所选型号的风机进行综合比较分析,最后选定一种。一般选取转速较高、叶轮直径较小、运行经济的点所决定的风机。

（5）根据风机的类型,选择合理的电动机安全系数,一般送风机取 1.15,引风机取 1.30,排风机取 1.20。

3. 利用风机的无因次性能曲线选择风机

风机的无因次性能曲线可适应不同的叶轮直径和转速,它代表几何相似和性能完全相似的同类型风机的性能曲线。

利用风机的无因次曲线选择风机的一般步骤为:

（1）根据风机工作条件,选择几种可用风机类型,查出其最高效率点所对应的流量系数 $\bar{Q}$、全压系数 $\bar{p}$、功率系数 $\bar{N}$ 以及效率 η；选择时可把几种形式进行列表计算,以便于比较。

（2）确定单台风机的流量 Q 和全压 p,并根据工作条件换算成标准状态下的性能参数 Q_{20} 和 p_{20}。

（3）利用流量系数和压力系数公式

$$Q_{20} = \frac{\pi D_2^2}{4} u_2 \bar{Q} \tag{14.26}$$

$$p_{20} = \rho_{20} u_2^2 \bar{p} \tag{14.27}$$

可求得

$$D_2 = \sqrt[4]{\frac{16 \rho_{20} Q_{20}^2 \bar{p}}{\pi^2 p_{20} \bar{Q}^2}} \tag{14.28}$$

由此,从风机样本中选择一个与 D_2 相等或接近的外径 D_2'。

（4）由选用的 D_2',按公式

$$n = \frac{60}{\pi D_2'} \sqrt{\frac{p}{\rho \bar{p}}} \tag{14.29}$$

求出风机所需的转速 n，并由此查出生产电机的转速 n'，从中选用一个与 n 值相等或接近的转速 n'。

(5) 由所确定的 D_2' 和 n'，按照式(14.26)和式(14.27)计算得 u_2'、$\bar{Q}'$ 和 $\bar{p}'$。

(6) 由 $\bar{Q}'$ 和 $\bar{p}'$ 查所选风机类型的因次性能曲线图，若由 $\bar{Q}'$ 和 $\bar{p}'$ 所对应的点在 $\bar{Q}$-$\bar{p}$ 曲线下，且紧靠该曲线，则选型完成。否则，需要调整叶轮直径或转速进行重选。

(7) 根据 $\bar{Q}'$ 和 $\bar{p}'$ 在 $\bar{\eta}$-$\bar{Q}$ 曲线上求得 η，利用公式

$$N = \frac{pq_v}{1\,000\,\eta} \tag{14.30}$$

或直接查 $\bar{Q}$-$\bar{N}$ 曲线查出 N。再考虑电动机功率的安全系数，选用标准的电动机。

(8) 将各类型风机加以比较，选出适合需要的风机。

习 题 14

14.1 12SA-10 型离心泵，安装在海拔高程 1 000 m 处，输送 20 ℃清水，流量 $Q = 240$ L/s，吸水管直径 $d = 380$ mm，压头损失 $h_w = 7\frac{u^2}{2g}$，允许吸上真空高度 $[H_s] = 6.0$ m。试计算泵的最大允许安装高度。若采取安装高度为 3 m，该泵改为输送 50 ℃热水，问能否正常运行？

14.2 有一冷凝水泵，工厂提供的必需汽蚀余量 $[\Delta h] = 2.4$ m，输送水温 80 ℃，冷凝水箱内液面压强即为汽化压强，吸水管压头损失 $h_w = 0.6$ mH$_2$O。试求水泵的安装高度。

14.3 有一台单级离心泵，在转速 $n = 1\,450$ r/min 时，流量为 $Q = 2.6$ m³/min，该泵的汽蚀比转数为 $n_c = 700$，现将这台泵安装在地面上进行抽水，问吸水面在地面以下多少米时发生汽蚀？设水面压力为 98.1 kPa，水温 80 ℃，密度为 $\rho = 972$ kg/m³，吸水管压头损失为 $h_w = 1.0$ mH$_2$O。

14.4 有一台离心式水泵，流量 $Q = 4\,000$ L/s，转速 $n = 495$ r/min，倒灌高度为 2 m，吸水管路阻力损失为 600 Pa，吸水面压力为 101.3 kPa，水温为 35 ℃，密度为 $\rho = 994$ kg/m³，试求水泵的汽蚀比转数。

14.5 有一台单级双吸泵，吸入口直径为 600 mm，输送 20 ℃清水时，流量为 0.3 m³/s，扬程为 47 m，转速为 970 r/min，汽蚀比转数 n_c 为 900。试问：

(1) 在吸水池液面为大气压力时，泵的允许吸上真空高度 $[H_s]$ 为多少？

(2) 如该泵用于海拔 1 500 m 的地方抽送 40 ℃的清水，泵的允许吸上真空高度 $[H_s]$ 又为多少？

14.6 有一台单级双吸泵，吸入口直径为 600 mm，输送 20 ℃清水，其流量为 880 L/s，允许吸上真空高度为 3.2 m，吸水管阻力损失为 0.4 mH$_2$O，试问该泵安装在离吸水池液面高 2.8 m 处，能否正常工作？

14.7 用一台水泵从吸水池液面向 50 m 高的水池水面输送 $Q = 0.3$ m³/s 的常温清水（$t = 20$ ℃，$\rho = 1\,000$ kg/m³），设水管的内径为 $d = 300$ mm，管道长度为 $L = 300$ m，管道阻力系数为 $\lambda = 0.028$，求泵所需要的有效功率。

14.8 试确定下列情况下泵的扬程及风机所需的风压，设管路能量损失 $h_w = 5.0$ m 流体柱。如图 14.28 所示。

(1) 水泵从真空度 $p_v = 0.3$ at 的密闭水箱中抽水，压水管从高层又下降 5.0 m（管中不漏气）；

(2) 通风机在海拔 2 100 m 处（当地大气压为 8 mH$_2$O），由大气送风到 100 mmH$_2$O 的压力箱。

14.9 某台离心泵叶轮的进、出口直径分别为 $D_1 = 140$ mm，$D_2 = 360$ mm，进、出口叶片宽度分别为 b_1

$=33\ \mathrm{mm}, b_2=20\ \mathrm{mm}$,进、出口相对气流角分别为 $\beta_1=20°, \beta_2=25°$,已知其转速 $n=1\ 450\ \mathrm{r/min}$,流量 $q_\mathrm{V}=90\ \mathrm{L/s}$,若滑移系数为 0.8,试求其理论扬程和理论功率(设进口绝对气流角 $\alpha_1=90°$)。

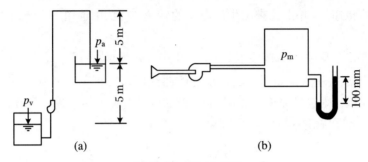

图 14.28 题 14.8 图

14.10 已知某电厂的锅炉送风机用 $960\ \mathrm{r/min}$ 的电机驱动时,流量 $q_{\mathrm{V}1}=261\ 000\ \mathrm{m^3/h}$,全压 $p_1=6\ 864\ \mathrm{Pa}$,需要的轴功率为 $P_1=570\ \mathrm{kW}$。当流量减小到 $q_{\mathrm{V}2}=158\ 000\ \mathrm{m^3/h}$ 时,问这时的转速应为多少?相应的轴功率、全压为多少?设空气密度不变。

14.11 用一台水泵从吸水池液面向 $50\ \mathrm{m}$ 高的水池水面输送 $Q=0.3\ \mathrm{m^3/s}$ 的常温清水($t=20\ \mathrm{℃}, \rho=1\ 000\ \mathrm{kg/m^3}$),设水管的内径为 $d=300\ \mathrm{mm}$,管道长度为 $L=300\ \mathrm{m}$,管道阻力系数为 $\lambda=0.028$,求泵所需要的有效功率。

14.12 某输送常温水的单级单吸离心泵在转速 $n=2\ 900\ \mathrm{r/min}$ 时的性能参数如表 14.10 所示。管路性能曲线方程为 $H_\mathrm{c}=20+78\ 000\ q_\mathrm{V}^2 (\mathrm{m})$;式中 q_V 的单位为 $\mathrm{m^3/s}$。泵的叶轮外径 $D_2=162\ \mathrm{mm}$,水的密度 $r=1\ 000\ \mathrm{kg/m^3}$。

(1) 求此泵系统的最大流量及相应的轴功率。
(2) 若拟通过车削叶轮方式达到所需的最大流量 $q_\mathrm{V}=6\times 10^{-3}\ \mathrm{m^3/s}$,问车削后叶轮直径 D'_2 为多少?
(3) 若设车削后对应工况泵效率不变,采用车削叶轮方式比节流调节能节省多少轴功率?

表 14.10

$q_\mathrm{V}\times 10^3\ (\mathrm{m^3/s})$	0	1	2	3	4	5	6	7	8	9	10	11
H(m)	33.8	34.7	35	34.6	33.4	31.7	29.8	27.4	24.8	21.8	18.5	15
η(%)	0	27.5	43	52.5	58.5	62.5	64.5	65	64.5	63	59	53

14.13 某电厂循环水泵的 $H\text{-}q_\mathrm{V}$、$\eta\text{-}q_\mathrm{V}$ 曲线,如图 14.29 中的实线所示。管道的直径 $d=600\ \mathrm{mm}$,管

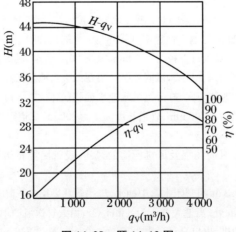

图 14.29 题 14.13 图

长 $l = 250$ m,局部阻力的等值长度 $l_e = 350$ m,管道的沿程阻力系数为 0.03,水泵房进水池水面至循环水管出口水池水面的位置高差 $H_z = 24$ m(设输送流体的密度为 998.23 kg/m³,进水池水面压强和循环水管出口水池水面压强均为大气压)。试根据已知条件绘制循环水管道系统的性能曲线,并求出循环水泵向管道系统输水时所需的轴功率。

14.14 某台离心式泵输水量 $q_V = 650$ m³/h,泵出口压强表读数为 4.5×10^5 Pa,泵进口真空表读数为 6.5×10^4 Pa,泵进、出口管径分别为 $d_1 = 350$ mm,$d_2 = 300$ mm,且泵进、出口两表位中心高度差 $Z_2 - Z_1 = 0.7$ m,水的密度 $\rho = 1\,000$ kg/m³,泵的效率为 78%,试求:

(1) 该运行工况下泵的扬程 H;

(2) 轴功率 P_{sh};

(3) 若管路静扬程 $H_{st} = 45$ m,管路系统性能曲线方程的具体形式。

14.15 已知某离心泵在转速为 $n = 1\,450$ r/min 时的参数见表 14.11。

表 14.11

q_V(m³/h)	0	7.2	14.4	21.6	28.8	36	43.2	50.4
H(m)	11.0	10.8	10.5	10.0	9.2	8.4	7.4	6.0
η(%)	0	15	30	45	60	65	55	30

将此泵安装在静扬程 $H_{st} = 6$ m 的管路系统中,已知管路的综合阻力系数 $\varphi = 0.001\,85$ h²/m⁵,试用图解法求运行工况点的参数。如果流量降低 20%,试确定这时的水泵转速。设综合阻力系数不变。

14.16 20sh-13 型离心泵,吸水管直径 $d_1 = 500$ mm,样本上给出的允许吸上真空高度 $[H_s] = 4$ m。吸水管的长度 $l_1 = 6$ m,局部阻力的当量长度 $l_e = 4$ m,设沿程阻力系数为 0.002 5,试问当泵的流量 $q_V = 2\,000$ m³/h,泵的几何安装高度 $H_g = 3$ m 时,该泵是否能正常工作?(水的温度为 30 ℃,当地海拔高度为 800 m。)

14.17 某风机在管路系统中工作。风机转速 $n_1 = 960$ r/min,风机的性能曲线如图 14.30 所示。管路性能曲线方程为 $p_c = 20\,q_V^2$(式中 q_V 的单位以 m³/s 计算)。若采用变速调节使风机向管路系统输送的风量为 $q_V = 25\,000$ m³/h,求这时风机的转速 n_2。

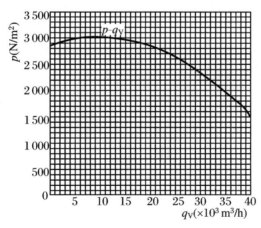

图 14.30 题 14.17 图

14.18 已知条件如题 14.17 所述,问:

(1) 若拟通过变速调节方式达到所需的最大流量 $q_V = 6 \times 10^{-3}$ m³/s,这时泵的转速为多少?

(2) 若设变速调节后对应工况效率不变,采用变速调节方式比出口节流调节方式能节约多少轴功率(不计变速调节时传动装置的功率损失)?

习题参考答案

习 题 1

1.1 $\rho = 795 \text{ kg/m}^3$;$S = 0.795$;$M = 159 \text{ kg}$;$G = 1\,560 \text{ N}$。

1.2 $\rho = 13\,600 \text{ kg/m}^3$;$\gamma = 13\,3416 \text{ N/m}^3$;$\nu = 7.353 \times 10^{-5} \text{ m}^3/\text{kg}$。

1.3 $\Delta \nu = 0.664 \text{ m}^3/\text{kg}$;$\Delta \nu/\nu_0 = 80\%$。

1.4 $\Delta V = 0.36 \text{ m}^3$。

1.5 $n = 12$ 转。

1.6 $\rho = 1061 \text{ kg/m}^3$。

1.7 $V = 150 \text{ m}^3$。

1.8 $\beta_p = 5.0 \times 10^{-10} \text{ m}^2/\text{N}$;$E = 2.0 \times 10^9 \text{ N/m}^2$。

1.9 $\nu = 5.294 \times 10^{-6} \text{ m}^2/\text{s}$。

1.10 $\mu = 1.88 \times 10^{-5} \text{ Pa·s}$。

1.11 $\tau_0 = 5.424 \times 10^{-4} \text{ N/m}^2$;$T = 4.258 \times 10^{-5} \text{ N/m}$。

1.12 $T = 0.12 \text{ N}$。

1.13 $M = \dfrac{\pi \mu \omega d^4}{32 \delta}$。

1.14 $\mu = \dfrac{60 M \delta}{\pi^2 r_1^2 n (4 r_2 h + r_1^2)}$。

1.15 $M = 39.6 \text{ N·m}$。

1.16 $\Delta p = 971 \text{ Pa}$。

1.17 $h_1 = 5 \text{ mm}$;$h_2 = 2.5 \text{ mm}$。

1.18 $h = 14.8 \text{ mm}$。

习 题 2

2.1 $p = -(2\,338.2 x + 10\,179 z) + C$。

2.2 $h_v = 36.7 \text{ mm}$。

2.3 $p_{mA} = 65\,760 \text{ Pa}$;$h = 0.7 \text{ m}$。

2.4 $p_v = 27\,083 \text{ Pa}$;$p_{m0} = -38\,063 \text{ Pa}$。

2.5 $p_{mA} = 37\,278 \text{ Pa}$。

2.6 $p_m = 37.87 \text{ kPa}$。

2.7 $\nabla_3 = 13.65 \text{ cm}$。

2.8 (1) $\Delta p = 2\,943$ Pa;(2) $\Delta p = 2\,043$ Pa。

2.9 $p_{mA} = -6\,867$ Pa;$p_{mB} = p_{mC} = 6\,867$ Pa;$p_{mD} = 24\,525$ Pa。

2.10 $p = 122.08$ kPa。

2.11 $h = 1.0$ mHg。

2.12 (1) $\Delta p = 89.0$ kPa;(2) $\Delta p = 96.06$ kPa。

2.13 $\gamma_1 = \dfrac{a-h}{a}\gamma$;$\gamma_2 = \dfrac{b+h}{b}\gamma$。

2.14 $S_{油} = 0.8$。

2.15 $p_1 < p_2 < p_3 = p_4$;$p_5 < p_4$。

2.16 $p_0 = 3.78 \times 10^5$ Pa。

2.17 $p_{m1} = 1962$ Pa。

2.18 $p_{mB} = -2.906 \times 10^4$ Pa。

2.19 $\gamma_g = 5.28$ N/m³。

2.20 $\Delta h = 235$ mmHg。

2.21 $h_1 = \dfrac{3a}{2\gamma_汞/\gamma_水 - 1} = 114.5$ mm;$h_2 = \dfrac{5a}{2\gamma_汞/\gamma_水 - 1} = 190.8$ mm;$h_3 = \dfrac{7a}{2\gamma_汞/\gamma_水 - 1} = 267.2$ mm。

2.22 $a = 3.27$ m/s²。

2.23 $a = 6.54$ m/s²。

2.24 $a = 3.92$ m/s²。

2.25 $\theta = 50.9°$。

2.26 $n = 199.5$ r/min。

2.27 $\omega = 18.68$ rad/s。

2.28 (1) $\omega = 16.5$ rad/s;(2) $p_a = 0$;$p_b = 0.4$ mH₂O;$p_c = 1.15$ mH₂O;$p_d = 1.65$ mH₂O;(3) $F_{顶} = 1\,510$ N;$F_{底} = 2\,840$ N。

2.29 $P = 88.29$ kN;距底面 1.5 m 处。

2.30 $F = 23.93$ kN。

2.31 $P = \dfrac{\gamma b h^2}{3}$;$M = \dfrac{\gamma b^2 h^2}{8}$。

2.32 $P = 588.6$ kN;$M = 1\,308$ kN·m。

2.33 $y = 0.444$ m。

2.34 $y_1 = 1.414$ m;$y_2 = 2.586$ m。

2.35 $P = 23.46$ kN;$\theta = 19.86°$。

2.36 $P = 1\,095.6$ kN;$\theta = 57.5°$。

2.37 $F = 11.6$ kN。

2.38 $F = 2\,511$ N;$G = 18\,823$ N;$S = 0.955$。

2.39 $P_x = -\dfrac{1}{2}R^2\gamma$;水平作用线距 A 点的距离为 $h_D = \dfrac{1}{3}R$;$P_z = -\dfrac{1}{4}\pi R^2\gamma$;垂直作用线距容器中心点的水平距离为 $\dfrac{4}{3\pi}R$。

2.40 $P = 2.44 \times 10^4$ N;$\theta = 78.4°$。

2.41 $P_x = 5\,045.6$ N;$P_z = 388.1$ N。

习 题 3

3.1 $u = 10.1$ m/s;$a = 22.93$ m/s²。

3.2　$u = 10.25$ m/s; $a = 43.15$ m/s²。

3.3　(1) 非稳定的均匀流;(2) $a = 7.21$ m/s²;(3) $(3x - 2y)^2 \tau = C, 3x - 2y = C$。

3.4　$x^2 - y^2 - y + 6 = 0; z = C$。

3.5　$Q = 5.89$ m³/s; $M = 7.10$ kg/s; $G = 69.63$ N/s。

3.6　$Q = \dfrac{4}{3} b u_{\max}$。

3.7　(2) 可以用来描述不可压缩流体二维流动;(3) 可以用来描述不可压缩流体二维流动。

3.8　(1) 可以用来描述不可压缩流体空间流动。

3.9　$u_x = -(2xy + 2x) + f(y)$。

3.10　$u_z = 4r^{-3}z + f(r, \theta)$。

3.11　(1) $u_z = -\left(2axz - dxz - \dfrac{1}{2} ez^2\right)$;(2) $u_z = 0$。

3.12　$a = 9.816$ m/s²。

3.13　grad $p = -72\boldsymbol{i} + 288\boldsymbol{j} - 282.8\boldsymbol{k}$ (kN/m³)。

3.14　(1) grad $p = -6\rho(x-y)(\boldsymbol{i} - \boldsymbol{j})$;(2) grad $p = 9\,000(\boldsymbol{i} - \boldsymbol{j})$ (N/m³)。

3.15　$p = p_0 - \dfrac{1}{2}\rho A^2 (x^2 + y^2) - \rho g z$。

3.16　(1) $p = \rho k^2 \ln r + C_1$;(2) $p = \dfrac{1}{2}\rho k^2 r^2 + C_2$;(3) $p = -\dfrac{1}{2}k^2 r^{-2} + C_3$。

3.17　$x^2 + y^2 = C$。

3.18　$Q_1/Q_2 = 0.28$。

3.19　$u_2 = 18.05$ m/s; $u_3 = 22.25$ m/s。

3.20　$u_2 = 4.77$ m/s。

3.21　$y_c = 0.24 r_0$。

3.22　$p_{m1} = 397.5$ kN/m²。

3.23　$Q = 0.011$ m³/s。

3.24　$u = 3.85$ m/s。

3.25　(1) $p_2 = 134.6$ kN/m²; $\Delta h = 40.6$ mm;(2) 同(1)。

3.26　$Q = 22.81$ m³/s。

3.27　$d_0 = 0.12$ m。

3.28　$H = 11.81$ m; $p_m = 79.2$ kN/m²。

3.29　$Q = 8.24 \times 10^{-3}$ m³/s; $\Delta h = 0.397$ m。

3.30　$h_1 y_1 = h_2 y_2$。

3.31　$p_0 = \dfrac{\gamma_{水} h}{(d_2/d_1)^4 - 1}$。

3.32　$F = 11.94$ kN。

3.33　(1) $F_{x1} = 3\,256.8$ N;(2) $F_{x2} = 5\,246$ N。

3.34　$F_{左} = F_{右} = 437.8$ N; $F_{上} = 358.2$ N; $F_{下} = 517.4$ N。

3.35　$W_0 = 2\,320$ N。

3.36　$F_x = 6\,806.6$ N; $F_y = 15\,307.5$ N。

3.37　$F_x = 527.3$ N。

3.38　$F_D = -8\,333$ N。

3.39　(1) $\dfrac{q_1}{q_2} = \dfrac{1 + \cos\theta}{1 - \cos\theta}$;(2) $T = \rho q_0 u_0 \sin\theta$。

3.40　(1) $T_1 = 3\,140$ N;(2) $T_2 = 4\,906$ N, $u_2 = 25$ m/s,方向径向。

3.41　$F_H = 4\,979$ N；$F_V = 7\,094$ N。

3.42　$F = 5.14$ kN；$M = 14.96$ kN·m。

3.43　(1) $F_1 = 924$ N；(2) $F_2 = 754$ N。

3.44　$Z = 11.2$ m。

3.45　$N = 2.51$ kW。

3.46　(1) $M_1 = 15.58$ N·m；(2) $M_2 = 16.36$ N·m。

3.47　$F = 1\,125$ N。

3.48　(1) $F_1 = 6.16$ N；(2) $F_2 = 10.66$ N；(3) $F_3 = 4.50$ N。

习　题　4

4.1　(1) 连续有旋；(2) 不连续有旋；(3) 连续无旋，$\theta = C$；(4) 连续无旋，$r = C$。

4.2　(1) 有旋、无角变形；(2) 无旋、有角变形。

4.3　$x^2 y + xy - \dfrac{1}{3} y^3 = \dfrac{4}{3}$。

4.4　$\omega = \dfrac{\sqrt{3}}{2}$；$\theta = \dfrac{5\sqrt{3}}{2}$。

4.5　$\left. \dfrac{\omega}{u} = \dfrac{k}{\sqrt{\phi(z) - 2k^2(x^2 + y^2)}} ; \dfrac{x^2 + y^2 = C_1}{\sqrt{[\phi(z) - 2k^2(x^2 + y^2)]^3} = C^2} \right\}$。

4.6　$x = C_1$，$y^2 + z^2 = C_2$。

4.7　$x = y + C_1$，$y = z + C_2$；$dI = 1.732 \times 10^{-4}$ m^2/s。

4.8　(1) $\Gamma = 2\pi$ m^2/s；(2) $\Gamma = 0$；(3) $\Gamma = 5\pi$ m^2/s。

4.9　(1) $\Gamma = 2\pi K$ m^2/s；(2) $\Gamma = 0$。

4.10　(1) $\Gamma = 0$；(2) $\Gamma = \Gamma_0$；(3) $\Gamma = 0$；(4) $\Gamma = 0$。

4.11　$u_x = 5x + 3$，$u_y = -5y + 4$；$\varphi = \dfrac{5}{2}(x^2 - y^2) + (3x + 4y) + C$；$u = 10$ m/s；$p = 57.5$ kN/m^2。

4.12　$\psi = -\dfrac{1}{2}(x^2 - y^2) + C'$；$(x^2 - y^2) = C$。

4.13　$\psi = -\dfrac{1}{3} x^3 + xy^2 + xy + C_1$；$\varphi = x^2 y + \dfrac{1}{2} x^2 - \dfrac{1}{3} y^3 - \dfrac{1}{2} y^2 + C_2$。

4.14　$\varphi = x^3 - 3xy^2 + C$；$u = 3(x^2 + y^2) = 3r^2$。

4.15　$u_x = 3a(x^2 - y^2)$，$u_y = -6axy$；$\psi = 3ax^2 y - ay^3 + C$；$Q = 2a$。

4.16　(1) 驻点$(-0.382, 0)$；(2) $10y + 3.82 \arctan \dfrac{y}{x} = 12$；(3) $y_1 = 0.6$ m，$y_2 = 1.2$ m；(4) $u = 11.86$ m/s。

4.17　$u(0,0) = 6.37$ m/s；$u(0,4) = 0.37$ m/s；$\psi(0,4) = 483.8$ m^3/s。

4.18　$u(0,1) = 4.15$ m/s；$u(1,1) = 5.14$ m/s；$p(0,1) = 21.02$ N/m^2；$p(1,1) = 12.74$ N/m^2。

4.19　(1) 驻点$(-2.236, 0)$和$(2.236, 0)$；$L = 4.472$ m；(2) $\arctan \dfrac{y}{x+2} - \arctan \dfrac{y}{x-2} + 4y = 0$；(3) $\Delta H = 0.367$ m。

4.20　$M = 500\pi$ m^3/s；$\psi(0,5) = -50$ m^2/s。

4.21　$r = \dfrac{1}{2} \sqrt{\dfrac{M}{\pi u_0 \cos 2\theta}}$。

4.22 $u\left(\frac{\pi}{2}\right) = -20.0 \text{ m/s}, u\left(\frac{5\pi}{8}\right) = -18.48 \text{ m/s}, u\left(\frac{6\pi}{8}\right) = -14.14 \text{ m/s}, u\left(\frac{7\pi}{8}\right) = -7.65 \text{ m/s},$
$u(\pi) = 0; p\left(\frac{\pi}{2}\right) = -150.0 \text{ kPa}, p\left(\frac{5\pi}{8}\right) = -120.71 \text{ kPa}, p\left(\frac{6\pi}{8}\right) = -50.0 \text{ kPa}, p\left(\frac{7\pi}{8}\right) = 20.71 \text{ kPa}, p(\pi) = 50.0 \text{ kPa}。$

4.23 $\psi = 13.33y + 1\,274\arctan\frac{y}{x}; \varphi = 13.33x + 1\,274\ln\sqrt{x^2+y^2}。$

4.24 (1) 驻点$(-2, 0)$;(2) $\tan\frac{y}{2} = \frac{-2xy}{x^2 - y^2 + 4}$;(3) $\arctan\frac{y-2}{x} + \arctan\frac{y+2}{x} + \frac{y}{2} = C。$

习 题 5

5.1 (1) 细管截面 Re 数大;(2) $Re_1/Re_2 = 2$。

5.2 (1) $Re = 76\,453$,紊流;(2) $u = 0.03$ m/s。

5.3 (1) $Q_c = 6.77 \times 10^{-3}$ m³/s;(2) $Re = 15\,626$,紊流。

5.4 $Re = 27\,523$,紊流。

5.5 $Q_c = 1.92 \times 10^{-5}$ m³/s。

5.6 $h_f = 0.742$ m 油柱。

5.7 $\mu = 7.73 \times 10^{-3}$ Pa·s; $\nu = 8.59 \times 10^{-6}$ m²/s。

5.8 $d = 19.4$ mm。

5.9 $r = 0.707 r_0$。

5.10 $Q = 5.19 \times 10^{-3}$ m³/s。

5.11 $\lambda = 0.02$;水力粗糙管区。

5.12 4.51×10^{-4} m³/s $< Q < 8.18 \times 10^{-3}$ m³/s。

5.13 (1) $\Delta p_f = 188$ Pa;(2) $\Delta p_f = 187$ Pa。

5.14 $h_f = 0.13$ mH$_2$O。

5.15 $\lambda = 0.014\,5$。

5.16 $h_f = 9.76$ mH$_2$O。

5.17 (1) $\dfrac{\Delta p_{f1}}{\Delta p_{f2}} = \dfrac{\pi}{4}$;(2) $\dfrac{\Delta p_{f1}}{\Delta p_{f2}} = \dfrac{\sqrt{\pi}}{2}$。

5.18 $Q_1/Q_2 = 1.06$。

5.19 $K = 12.83$。

5.20 $K = 6.4$。

5.21 当 $H > \dfrac{d}{\lambda}\sum K$ 时,流量随管长增加而减小;当 $H < \dfrac{d}{\lambda}\sum K$ 时,流量随管长增加而增大。

5.22 $u_2 = 1.5$ m/s, $d_2 = 495$ mm; $h_{max} = 0.23$ m。

5.23 $u = \dfrac{u_1 + u_2}{2}; h_j = \dfrac{(\bar{u}_1 - \bar{u}_2)^2}{4g}$。

5.24 $Q = 3.12 \times 10^{-3}$ m³/s, $\tau_0 = 101.1$ N/m²。

5.25 $\lambda = 0.043$。

5.26 $H = 43.90$ m。

5.27 $\Delta p_j = 90$ N/m², $h_2 = 110$ mmH$_2$O。

习题参考答案

5.28 (1) R 与 H 无关；(2) $R = \dfrac{H}{15}$。

5.29 $Q = 0.224 \text{ m}^3/\text{s}$。

5.30 $Q_1 = Q_3 = 30.1 \text{ L/s}, Q_2 = 49.9 \text{ L/s}, \Delta H = 1.95 \text{ m}$。

5.31 $Q = 3.62 \times 10^{-3} \text{ m}^3/\text{s}, H_2 = 1.9 \text{ m}$。

5.32 $h_1 = h_2 = 2.0 \text{ m}$。

5.33 $p_0 = 11.8 \text{ kN/m}^2$。

5.34 $Q = 2.45 \times 10^{-3} \text{ m}^3/\text{s}$。

5.35 (1) $Q = 2.79 \text{ m}^3/\text{s}$；(2) $Q = 1.30 \text{ m}^3/\text{s}, Q_{xi} = 0.31 \text{ m}^3/\text{s}$。

5.36 $Q = 0.014 \text{ m}^3/\text{s}, p_{vc} = 30.64 \text{ kN/m}^2$。

5.37 $d = 0.863 \text{ m}$。

5.38 $H = 45.2 \text{ m}$。

5.39 $Q = 0.069 \text{ m}^3/\text{s}$。

5.40 $Q = 2.15 \times 10^{-3} \text{ m}^3/\text{s}$。

5.41 $Q = 2.5 \times 10^{-3} \text{ m}^3/\text{s}, h = 0.19 \text{ m}$。

5.42 $Q = 0.016\,2 \text{ m}^3/\text{s}, \tau = 7.2 \text{ min}$。

5.43 (1) $Q = 0.078\,5 \text{ m}^3/\text{s}$；(2) $Q = 0.154 \text{ m}^3/\text{s}, 1.96$ 倍。

5.44 $Q = 0.085\,8 \text{ m}^3/\text{s}$。

5.45 $p_m = 4.8 \times 10^7 \text{ Pa}$。

5.46 $Q = 0.137 \text{ m}^3/\text{s}$。

5.47 (1) $Q_1 = 0.15 \text{ m}^3/\text{s}$；(2) $Q_2 = 0.19 \text{ m}^3/\text{s}, Q_1/Q_2 = 0.79$。

5.48 $Q_1 = 20.55 \times 10^{-3} \text{ m}^3/\text{s}, Q_2 = 4.45 \times 10^{-3} \text{ m}^3/\text{s}, h_w = 6.3 \text{ Pa}$。

5.49 阀门开度关小，流量 Q_1 和 Q 减小，Q_2 增大。

5.50 支管 2 接长，流量 Q_1 和 Q_2 减小，流量 Q_3 增大。

5.51 $Q_2 = 0.066\,7 \text{ m}^3/\text{s}, Q_3 = 0.033\,3 \text{ m}^3/\text{s}, H = 15.18 \text{ m}$。

5.52 $Q_1/Q_2 = 5.657$。

5.53 $p_0 = 535.7 \text{ Pa}$。

5.54 $p_0 = 64 \text{ kPa}$。

5.55 $p_M = 0.215 \text{ MPa}$。

5.56 $H = 19.75 \text{ m}$。

5.57 $Q_1 = Q_2 = 0.31 \text{ m}^3/\text{s}, Q_3 = 0.38 \text{ m}^3/\text{s}, h_w = 149 \text{ m}$。

5.58 (1) $h_f = 24.9 \text{ m}$；(2) $H_1 = 41.36 \text{ m}$；(3) $H_2 = 14.84 \text{ m}$。

习 题 6

6.1 $\sigma_{xx} = -66.592 \text{ Pa}, \sigma_{zz} = -34.336 \text{ Pa}, \tau_{xy} = \tau_{yx} = -7.488 \text{ Pa}, \tau_{yz} = \tau_{zy} = 3.456 \text{ Pa}, \tau_{zx} = \tau_{xz} = -41.472 \text{ Pa}$。

6.2 $u_{x1} = -\dfrac{k}{2\mu_1} y^2 + \dfrac{kb}{2\mu_1}\dfrac{\mu_2 - \mu_1}{\mu_2 + \mu_1} y + \dfrac{kb^2}{\mu_2 + \mu_1}$；$u_{x2} = -\dfrac{k}{2\mu_2} y^2 + \dfrac{kb}{2\mu_2}\dfrac{\mu_2 - \mu_1}{\mu_2 + \mu_1} y + \dfrac{kb^2}{\mu_2 + \mu_1}$。

6.3 证明略。

6.4 $T = 3.724 \text{ N}$。

6.5 (1) $R_m = 8\,714.8 \text{ Pa/m}$；(2) $Q = 1.38 \times 10^{-3} \text{ m}^3/\text{s}, F = 31.85 \text{ N}$。

6.6 $\delta = 5.48 x Re_x^{\frac{1}{2}}$; $F_f = 0.73 BL\rho u_\infty^2 Re_L^{\frac{1}{2}}$。

6.7 $\delta = 4.79 x Re_x^{\frac{1}{2}}$; $\tau_w = 0.328 \rho u_\infty^2 Re_x^{\frac{1}{2}}$; $C_f = 1.312 Re_L^{\frac{1}{2}}$。

6.8 $F_f = 0.015\, 2 \rho u_\infty^2 BL Re_L^{\frac{1}{7}} = 30.35\ \text{N}$。

6.9 $F_f = 0.269\ \text{N}$。

6.10 $\delta = 4.3\ \text{mm}$; $\tau_w = 0.082\, 8\ \text{N/m}^2$。

6.11   (1) $x_c = 0.5\ \text{m}$; (2) $\delta_c = 4.0\ \text{mm}$, $\tau_{wc} = 0.131\ \text{N/m}^2$; (3) $\delta_L = 0.265\ \text{m}$, $\tau_{wL} = 0.278\ \text{N/m}^2$; (4) $F_f = 70.47\ \text{N}$。

6.12 $F = 3\,255\ \text{N}$。

6.13 $N = 6.043\ \text{kW}$。

6.14   (1) $u_m = 109.65\ \text{m/s}$; (2) $u_m = 107.8\ \text{m/s}$。

6.15 $F_D = 2\,932.5\ \text{N}$。

6.16 $F_D = 210\ \text{N}$。

6.17 $M = 572.1\ \text{kN}\cdot\text{m}$。

6.18 $C_D = 0.42$。

6.19 $u_f = 0.2\ \text{m/s}$。

6.20 $S_s = 0.892$。

6.21 $u_f = 0.128\ \text{m/s} < 0.5\ \text{m/s}$,煤粉颗粒能够被气流带走。

6.22 $d_{max} = 58.3\ \mu\text{m}$; $u_f = 0.257\ \text{m/s}$。

6.23 $d_{max} = 516\ \mu\text{m}$。

6.24 $d_{max} = 255\ \mu\text{m}$。

习 题 7

7.1 $u_w = 5.33\ \text{m/s}, \Delta p_a = 11.95\ \text{Pa}$。

7.2 $u_m = 0.76\ \text{m/s}$。

7.3   (1) $L_m = 5.0\ \text{m}, Q_m = 3.33\times 10^{-5}\ \text{m}^3/\text{s}$; (2) $\Delta p/\gamma = 1.41\ \text{mH}_2\text{O}$。

7.4 $u_m = 37.5\ \text{m/s}, n = 3.7$ 倍。

7.5 $Q_m = 2.12\ \text{m}^3/\text{s}$。

7.6 $p_{2y} = 62.5\ \text{N/m}^2, p_{2b} = -37.5\ \text{N/m}^2$。

7.7 $h_m = 1.0\ \text{m}, F = 1.50\ \text{kN}$。

7.8   (1) $u_m = 45\ \text{m/s}$; (2) $\Delta p_m = 170.1\ \text{kN/m}^2$。

7.9 $F = 41.2\ \text{N}$。

7.10 $F = 8\,320\ \text{N}$。

7.11 $\tau = 150\ \text{min}$。

7.12 $Q = 536.7\ \text{m}^3/\text{s}, F = 2\,400\ \text{N}$。

7.13   (1) $Q_m = 2.5\ \text{L/s}, \nu_m = 6.7\times 10^{-6}\ \text{m}^2/\text{s}$; (2) $h_{min} = 300\ \text{mm}$。

7.14 $d = 50\ \text{mm}, H = 200\ \text{m}$。

7.15 $Q_m = 0.017\, 9\ \text{m}^3/\text{s}, H = 3.6\ \text{m}$。

7.16 $u_m = 950.87\ \text{m/s}, p_m = 8.82\times 10^5\ \text{N/m}^2$。

7.17 $u_m = 365.7\ \text{m/s}, F_D = 36\,766\ \text{N}$。

习题参考答案

7.18 $L_m = 8$ m, $B_m = 4$ m, $H_m = 1.6$ m, $d_{0m} = 0.12$ m; $Q_{0m} = 0.11$ m³/s。

7.19 $\Delta T_{0m} = 11.9$ ℃。

7.20 $s = 2.0$ m, $u_{max} = 0.9$ m/s。

7.21 $u_m = 30$ m/s, $d_{sm} = 0.052$ mm。

7.22 $u = \sqrt{\dfrac{\Delta p}{\rho}} \phi(Re, d_2/d_1)$。

7.23 $s = kg\tau^2$。

7.24 $F_D = k Re^a \rho u^2 l^2$。

7.25 $N = kM\omega$。

7.26 证明略。

7.27 证明略。

7.28 $Q = k Re^a Fr^b \left(\dfrac{H}{d}\right)^c \sqrt{gd}\, d^2$。

7.29 $Q = \phi_1 \left(\dfrac{\rho H^{\frac{3}{2}} g^{\frac{1}{2}}}{\mu}, \dfrac{b}{H}\right) \sqrt{g} H^{\frac{5}{2}} = \phi\left(Re, Fr, \dfrac{b}{H}\right) Hb \sqrt{2gH}$。

7.30 证明略。

7.31 $\dfrac{\Delta p}{\rho u^2} = f\left(\dfrac{s_1}{s}, \dfrac{s_2}{s}, Re, Fr, M\right)$。

7.32 $\dfrac{M}{\rho \omega^2 d^5} = f\left(\dfrac{H}{d}, \dfrac{\delta}{d}, \dfrac{\mu}{\rho \omega d^2}\right)$。

习 题 8

8.1 证明略。

8.2 $\Delta i = 45.88$ kJ/kg。

8.3 $M = 2.793, \alpha = 21°$。

8.4 (1) $M_1 = 0.835$; (2) $u_2 = 461.9$ m/s, $\alpha_2 = 41.8°$。

8.5 $u_2 = 244$ m/s。

8.6 $a_0 = 343$ m/s, $a = 323$ m/s, $u = 258.4$ m/s, $p = 3.21 \times 10^5$ N/m²。

8.7 $t_2 = 57$ ℃, $M_1 = 0.009, M_2 = 0.169, p_2/p_1 = 0.977$。

8.8 $T_2 = 266$ K, $u_2 = 246.3$ m/s。

8.9 $u = 663.4$ m/s, $G = 5.6$ kg/s。

8.10 $G = 14.25$ kg/s, $u_2 = 280$ m/s, $p_2 = 300$ kN/m²。

8.11 $G = 1.53$ kg/s。

8.12 $d = 100$ mm。

8.13 $d_c = 25.7$ mm。

8.14 $M = 0.717, u = 241.5$ m/s, $p_0 = 58\,256$ N/m²。

8.15 (1) $u = 236.9$ m/s; (2) $u = 253.4$ m/s。

8.16 $M_1 = 1.968, p_1 = 82.7$ kN/m², $t_1 = -79$ ℃, $u_1 = 550$ m/s。

8.17 $M_2 = 0.513, p_2 = 213.75$ kN/m², $t_2 = 364$ ℃, $u_2 = 259.5$ m/s, $p_{02} = 255.78$ kN/m²。

8.18 $p_2 = 192$ N/m², $T_2 = 370.4$ K, $\rho_2 = 1.81 \times 10^{-3}$ kg/m³, $u_2 = 273$ m/s。

8.19 $u_2 = 396$ m/s, $p_2 = 246$ kN/m², $t_2 = 738$ ℃。

8.20 $M_1 = 1.63, u_1 = 448$ m/s。

8.21 略。

8.22 $u_2 = 488$ m/s, $\Delta i = 92.18$ kJ/kg。

8.23 $u_2 = 607$ m/s, $p_2 = 4.6 \times 10^4$ Pa, $T_2 = 241$ K。

8.24 $p_2 = 1.12 \times 10^4$ Pa, $T_2 = 154$ K, $M_2 = 3.95, \varphi = 40°47'$。

8.25 $L_{max} = 2.42$ m, $p_* = 949$ kN/m², $T_* = 420$ K, $u_* = 391$ m/s。

8.26 $L = 186$ m。

8.27 $G = 128$ kg/s, $L = 12.46$ m。

8.28 $L_{max} = 98.8$ m, $T_* = 272$ K, $p_* = 36.0$ kPa。

8.29 $G = 1.38$ kg/s。

8.30 $\Delta H_d = 4.2$ kJ/kg。

8.31 (1) $G = 5.18$ kg/s, $M_2 = 0.113$; (2) $L_{max} = 3894$ m, $p_\Delta = 63.24$ kPa, $u_\Delta = 383.4$ m/s。

8.32 $G = 7.86$ kg/s。

8.33 $d = 51$ mm。

8.34 $p_1 = 167.91$ kN/m²。

8.35 (1) $\Delta p_f = 342.5$ kN/m²; (2) $\Delta p_f = 403.1$ kN/m²; (3) $\Delta p_f = 438.7$ kN/m²。

8.36 (1) $\dot{q} = 903$ kJ/kg; (2) $p_* = 108$ MPa, $p_{0*} = 205$ MPa; (3) $\Delta s = 1494$ J/(kg·K)。

8.37 $M_2 = 0.547$。

8.38 (1) $M_2 = 1, T_2 = 544$ K, $p_2 = 217$ kN/m²; (2) $G = 2.87$ kg/s。

习 题 9

9.1 $R = 0.68$ m, $Q = 1.354$ m³/s, $u_m = 3.6$ m/s, $\bar{u}' = 1.9$ m/s。

9.2 $R = 0.694$ m, $Q = 1.68$ m³/s, $u_m = 5.63$ m/s, $\bar{u} = 1.11$ m/s, $\bar{u}' = 2.65$ m/s。

9.3 $Q_0 = 1.65$ m³/s。

9.4 $d_0 = 0.14$ m, $Q_0 = 0.1$ m³/s。

9.5 $Q_0 = 3.89$ m³/s。

9.6 $Q_0 = 4.41$ m³/s。

9.7 $b = 0.887$ m, $u_m = 4.23$ m/s, $\bar{u}' = 2.96$ m/s, $Q = 3.756$ m³/s。

9.8 $u_m = 4.08$ m/s, $\bar{u} = 1.67$ m/s, $\bar{u}' = 2.83$ m/s, $Q = 2.83$ m³/s。

9.9 $Q/Q_0 = 8.0$。

9.10 $u/u_0 = 0.148$。

9.11 $T_m = 295$ K, $T' = 294$ K, $Q = 0.74$ m³/s。

9.12 $T_m = 292$ K, $T' = 295$ K, $y' = -3.27$ m, $H = 1.73$ m。

9.13 $t = 5.6$ ℃。

9.14 $y' = 0.0383 s^3 + 0.0331 s^2$。

9.15 (1) $s = 2.76$ m; (2) $d_0 = 0.5$ m, $u_0 = 6.21$ m/s; (3) $y' = -92$ mm。

9.16 $\bar{u}' = 0.92$ m/s, $t_m = 2.2$ ℃, $y' = -2.18$ m, $H = 2.82$ m。

9.17 $s_x = 8.08$ m, $t_m = 7.3$ ℃。

9.18 (1) $b_0 = 0.524$ m; (2) $u_m = 4.8$ m/s; (3) $s = 2.516$ m。

9.19 (1) $b_0 = 0.134$ m; (2) $c_m = 0.0684$ mg/L; (3) $\Delta c' = -0.042$ mg/L。

9.20　(1) $Sn = 0.488$,弱旋流;(2) $Sn = 0.844$,强旋流。

习　题　10

10.1　喷射器最佳尺寸简图如图 1 所示,单位 mm。$\eta = 37.7\%$。

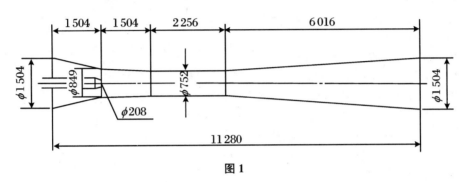

图 1

10.2　喷射器尺寸简图如图 2 所示,单位 mm。$\eta = 23.75\%$。

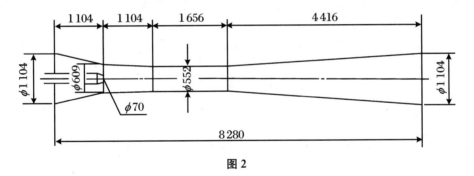

图 2

10.3　(1) $\Delta P = 132.57$ Pa;(2) 烟囱顶部直径 0.92 m,底部直径 1.38 m;(3) $H = 23.65$ m,取 24 m。

10.4　烟囱顶部直径 0.8 m,底部直径 1.2 m;$H = 33.55$ m,取 34 m。

习　题　13

13.1　$H_{T\infty} = 54.71$ m,$Q_T = 0.086$ m³/s。

13.2　$H_{T\infty} = 107.5$ m;$H = 77.41$ m。

13.3　50.33 m。

13.4　$p_{T\infty} = 2626.7$ Pa。

13.5　$v_{1u\infty} = 25.18$ m/s;$v_{2u\infty} = 58.1$ m/s;$p_{T\infty} = 2145.27$ Pa。

13.6　$D_1 = 39$ mm;$D_2 = 78$ mm;$b_2 = 9.36$ mm;$\beta_1 = 50°$;$\beta_2 = 128.85°$。

13.7　(1) $w_2 = 19.66$ m/s,$c_2 = 30.15$ m/s;(2) $p_{T\infty} = 1557.3$ Pa;(3) $\tau = 0.687$;(4) $K = 0.79$,$p_T = 1230.3$ Pa。

13.8 $p_{T\infty} = 260$ Pa。

13.9 $H_{T\infty} = 36.1$ m。

13.10 (1) $H_T = 18.23$ m;(2) 若使叶轮反向旋转,$H_T = 54.14$ m。

13.11 叶轮级数为 $a = 7.5$ 级。

13.12 $p_{T\infty} = 1462.14$ Pa;$p_e = 6.34$ kW。

13.13 有效功率 $N'_e = 6812.5$ W,理论功率 $N_T = 7710.81$ W,轴功率 $N = 8210.81$ W,机械效率 $\eta_m = 93.9\%$。

13.14 $\eta_h = 91\%$。

13.15 $P_e = 9.27$ kW;$P = 11.64$ kW;$\eta = 79.6\%$。

13.16 $P = 2.62$ kW。

13.17 $i = 6.66 \approx 7$ 级;$P = 41.7$ kW。

13.18 工况 1:$\eta_1 = 83.78\%$,工况 2:$\eta_2 = 84.26\%$,在工况 2 下运行更经济。

13.19 水泵扬程 $H = 23.256$ m,水泵总效率为 $\eta = 89\%$。

13.20 $Q' = 8300$ m³/h,$p' = 51.55$ mmH₂O,$N' = 1.3$ kW,$n_s = 71.6$。

13.21 $Q' = 8285$ m³/h,$p' = 78.9$ mmH₂O,$n_s = 72$。

13.22 $Q' = 74.6$ m³/h,$H' = 16.6$ m,$N' = 16.2$ kW,转速提高后,电机功率足够。

13.23 $n' = 1674$ r/min $Q' = 1.73$ m³/s,$n_s = 48.3$。

13.24 $H = 100$ mH₂O,$Q' = 0.668$ m³/s,$N' = 740$ kW,$n_s = 138$。

13.25 (1) $p_m = 1168.3$ Pa,$q_{Vm} = 35795.2$ m³/h,$P_m = 12.73$ kW;(2) $q_{Vm} = 71100$ m³/h,$p_m = 2930.56$ Pa,$P_m = 63.46$ kW。

习 题 14

14.1 $[H_g] = 3.04$ m;50 ℃热水时,$[H_g] = 1.79$ m,产生汽蚀不能正常运行。

14.2 $[H_g] = -3$ m。

14.3 $H_g = 1.076$ m。

14.4 $n_c = 877.8$。

14.5 (1) $[H_s] = 6.7$ m;(2) $[H_s] = 4.46$ m。

14.6 $[H_g] = 2.3$ m<2.8 m,不能正常工作。

14.7 $P_e = 222.7$ kW。

14.8 (1) $H_e = 13$ m;(2) $p_e = 1040$ Pa。

14.9 $H_T = 41.84$ m,$P_T = 36.94$ kW。

14.10 $n_2 = 581$ r/min,$p_2 = 2505.5$ Pa,$P = 126$ kW。

14.11 $P_e = 222.7$ kW。

14.12 (1) $P_{sh} = 3.04$ kW;(2) $D'_2 = 145.1$ mm;(3) $\Delta P = 0.65$ kW。

14.13 $P_{sh} = 356$ kW。

14.14 (1) $H = 53.40$ m;(2) $P_{sh} = 121.14$ kW;(3) 性能曲线方程 $H_c = 45 + 257.67 q_V^2$。

14.15 $n = 1347$ r/min。

14.16 几何安装高度 $H_g > [H_g] = 2.298$,不能正常工作。

14.17 $n_2 = 685.71$ r/min。

14.18 (1) $n' = 2597$ r/min;(2) 节约轴功率 $\Delta P = 0.66$ kW。

参 考 文 献

[1] 白桦,鲍东杰.流体力学 泵与风机[M].湖北:武汉理工大学出版社,2008.
[2] 杨诗成,王喜魁.泵与风机[M].4版.北京:中国电力出版社,2012.
[3] 付卫东,张军.泵与风机节能技术[M].北京:化学工业出版社,2011.